课堂实录

孙宇霞　郑千忠 / 编著

Linux课堂实录

清华大学出版社
北 京

内 容 简 介

本书结合教学的特点编写，将 Ubuntu Linux 操作系统以课程的形式进行讲解。全书共分为 16 课，通过通俗易懂的语言详细介绍了 Ubuntu Linux 操作系统。内容包括：Linux 产生背景、Linux 的主要结构、Linux 与其他操作系统的区别、Linux 的文件系统、Linux 系统的磁盘管理、用户权限管理、软件包管理工具、常用的办公软件、网络应用、常用的文本编辑器和终端命令、网络配置、网络安全、文件备份与压缩、系统性能检测、以及 Shell 基础知识、Shell 高级编程和 Linux 系统下的 C/C++编程等。

本书可以作为初、中级读者学习 Linux 操作系统的参考资料，也可以作为非计算机专业学生学习 Linux 系统的参考书。

图书在版编目（CIP）数据

Linux 课堂实录/孙宇霞，郑千忠编著. —北京：清华大学出版社，2016
（课堂实录）
ISBN 978-7-302-40400-2

Ⅰ. ①L… Ⅱ. ①孙… ②郑… Ⅲ. ①Linux 操作系统 Ⅳ. ①TP316.89

中国版本图书馆 CIP 数据核字（2015）第 122772 号

责任编辑：夏兆彦
封面设计：张 阳
责任校对：徐俊伟
责任印制：王静怡

出版发行：清华大学出版社
网 址：http://www.tup.com.cn, http://www.wqbook.com
地 址：北京清华大学学研大厦 A 座 邮 编：100084
社 总 机：010-62770175 邮 购：010-62786544
投稿与读者服务：010-62776969，c-service@tup.tsinghua.edu.cn
质量反馈：010-62772015，zhiliang@tup.tsinghua.edu.cn
印 刷 者：北京鑫丰华彩印有限公司
装 订 者：北京市密云县京文制本装订厂
经 销：全国新华书店
开 本：190mm×260mm 印 张：22.25 字 数：628 千字
版 次：2016 年 2 月第 1 版 印 次：2016 年 2 月第 1 次印刷
印 数：1～3000
定 价：49.00 元

产品编号：051599-01

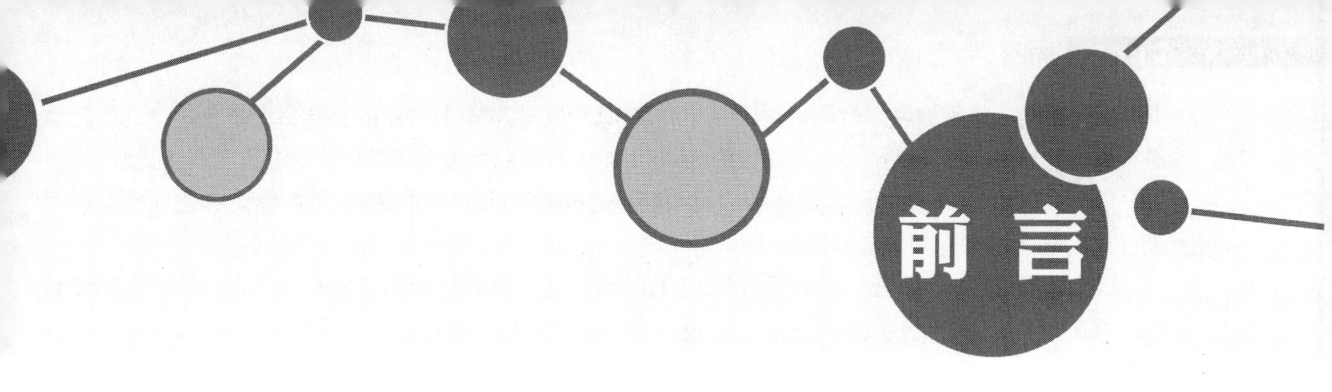

前言

Linux 是一套免费使用和自由传播的类 Unix 操作系统，是一个基于 POSIX 和 Unix 的多用户、多任务、支持多线程和多 CPU 的操作系统，并且以高效性和灵活性著称。Linux 操作系统有多个版本，Ubuntu 便是其中之一。

Ubuntu 是一个以桌面应用为主的 Linux 发行版，它的目标在于为一般用户提供一个最新的，同时又相当稳定的主要由自由软件构建而成的操作系统。Ubuntu 强调可达性和国际化，以便能为更多的人所用。与其他的大型 Linux 操作系统厂商不一样，Ubuntu 的所有发行版都是免费的，使用者只有在购买官方技术支援服务时才要付钱。Ubuntu 也为所有用户提供从某个版本升级到下一个版本的方便途径。

本书内容

本书以目前主流的 Ubuntu 12.04 系统为例进行介绍。全书共分为 16 课，主要内容如下：

第 1 课　Linux 系统的入门知识。本课着重介绍与 Linux 操作系统有关的知识，包括背景、优缺点、特性、用途、结构、与其他操作系统的区别，以及应用领域和发展前景等内容。

第 2 课　Ubuntu 系统入门。本课首先介绍如何安装 Ubuntu Linux 系统，然后介绍对系统默认桌面的环境设置，最后介绍了该系统其他常用的图形界面。

第 3 课　Linux 文件系统。文件是操作系统中必不可少的一部分，本课主要介绍与 Linux 文件系统有关的内容，包括工作原理、文件类型、文件目录和权限等。

第 4 课　用户权限管理。本课首先介绍与用户管理有关的文件和操作，然后介绍与用户组有关的文件和操作，最后介绍了用户身份切换和密码安全管理有关的命令。

第 5 课　Linux 系统的磁盘管理。磁盘是 Linux 操作系统重要的系统管理任务之一，本课主要介绍磁盘分区、磁盘管理命令和磁盘配额等内容。

第 6 课　软件包管理工具。本课首先介绍 Linux 的两大主流软件包，接着介绍与 Deb 软件包有关的内容，然后依次分别介绍 Deb 软件包的管理工具：命令行管理工具、文本窗口管理工具和图形界面管理工具。

第 7 课　Linux 系统的办公软件。本课介绍 Ubuntu 12.04 系统中的常用办公软件，包括 LibreOffice Writer、LibreOffice Calc、LibreOffice Impress 和 PDF 阅读器。最后实例应用以 LibreOffice Draw 软件来完成绘制流程图。

第 8 课　网络应用。网络的应用离不开浏览器，本课从系统命令和第三方工具两个方面介绍网络应用。

第 9 课　Linux 系统中的编辑器。本课介绍 Ubuntu 12.04 中常用的文本编辑器 gedit、nano、vi 和 vim，其着重介绍了 vi 和 vim 编辑器的常用操作。

第 10 课　常用的终端命令。本课主要介绍 Ubuntu 12.04 中常用的终端命令，包括自动匹配命令、管理命令和联机帮助命令等。另外，还将 Linux 常用的命令与 DOS 命令进行了简单比较。

第 11 课　Shell 基础。本课主要介绍 Shell 的技术基础，包括 Shell 的概念、作用、类型、变量、正则表达式和基础用法等知识。

第 12 课　Shell 编程。Shell 可以作为程序设计语言编写复杂语句的命令。本课除了介绍变量的高级应用外，还将介绍 Shell 语句、控制语句和函数的使用等。

第 13 课　系统性能检测。本课主要介绍与系统性能有关的知识，包括系统监视器、磁盘分析器、进程、日志文件和 logrotate 配置文件等。

第 14 课　网络配置与网络安全。本课从网络配置和网络安全两个方面进行介绍，网络配置包括网络发展、网络配置文件和常用的管理命令。网络安全包括安全的定义和对策、计算机病毒和防火墙。

第 15 课　文件压缩与备份。文件的压缩与备份可以减少存储空间和供不时需的作用。本课着重介绍文件压缩和解压缩、文件打包、归档管理器以及文件备份等。

第 16 课　Linux 下的 C/C++编程。本课以 C/C++编程为例介绍 Linux 下的编程，内容包括 C/C++编程介绍、GCC 编译器、GCC 编译流程、gdb 调试器和 make 工具等。

本书特色

本书是针对初、中级用户量身订做，以课堂课程学习的方式，由浅入深地讲解 Ubuntu Linux 系统的应用。本书具有以下特色：

1．结构独特

全书以课程为学习单元，每课安排基础知识讲解、实例应用、拓展训练和课后练习 4 个部分讲解 Ubuntu Linux 系统的知识。

2．知识点全

本书紧紧围绕 Ubuntu Linux 系统中常用的知识点展开讲解，具有很强的逻辑性和系统性。

3．应用广泛

对于精选案例，给了详细步骤、结构清晰简明，分析深入浅出，而且有些程序能够直接在项目中使用，避免读者进行二次开发。

4．基于理论，注重实践

在讲述过程中不仅仅只介绍理论知识，而且在合适位置安排综合应用实例，或者小型应用程序，将理论应用到实践当中，来加强读者实际应用能力，巩固系统基础知识。

5．视频教学

本书为实例配备了视频教学文件，读者可以通过视频文件更加直观地学习 Ubuntu Linux 操作系统。所有视频教学文件均已上传到 www.ztydata.com.cn，读者可自行下载。

6．网站技术支持

读者在学习或者工作的过程中，如果遇到实际问题，可以直接登录 www.itzcn.com 与我们取得联系，作者会在第一时间内给予帮助。

读者对象

本书适合作为学习 Linux 操作系统入门者的自学用书，也适合作为高等院校相关专业的教学参考书，还可以提供开发人员查阅和参考。

- 学习 Linux 系统的入门者。
- Linux 初学者以及在校学生。
- 各大中专院校的在校学生和相关授课老师。
- 准备从事与 Linux 操作系统有关的人员。

除了封面署名人员之外，参与本书编写的人员还有李海庆、王咏梅、康显丽、王黎、汤莉、倪宝童、赵俊昌、方宁、郭晓俊、杨宁宁、王健、连彩霞、丁国庆、牛红惠、石磊、王慧、李卫平、张丽莉、王丹花、王超英、王新伟等。在编写过程中难免会有漏洞，欢迎读者通过清华大学出版社网站 www.tup.tsinghua.edu.cn 与我们联系，帮助我们改正提高。

编者

目录

第 1 课 Linux 系统的入门知识

第 2 课 Ubuntu 系统入门

第 3 课 Linux 文件系统

第 4 课 用户权限管理

第 5 课 Linux 系统的磁盘管理

第 6 课 软件包管理工具

第 7 课 Linux 系统的办公软件

第 8 课 网络应用

第 9 课 Linux 系统中的编辑器

第 10 课 常用的终端命令

第 11 课 Shell 基础

第 12 课 Shell 编程

第 13 课 系统性能检测

第 14 课 网络配置与网络安全

第 15 课 文件压缩与备份

第 16 课 Linux 下的 C/C++编程

习题答案

第 1 课 Linux 系统的入门知识

计算机系统由计算机的硬件系统和软件系统共同组成。硬件是计算机的物质基础，而软件则是计算机的灵魂。软件系统中最重要的组成部分是操作系统。随着计算机技术的快速发展，操作系统也日趋成熟起来，目前最流行的操作系统有 Android、BSD、Mac OS X、Windows、Windows Phone 和 z/OS 等。

本书将向大家介绍一种目前比较流行的操作系统——Linux 操作系统。通过对本课的学习，读者可以详细了解 Linux 的概念和发展背景、Linux 操作系统的特性、与其他系统的区别以及应用领域和发展前景等。

本课学习目标：

- ❑ 了解 Linux 的概念和产生背景
- ❑ 熟悉 Linux 操作系统的优缺点
- ❑ 掌握 Linux 操作系统的特性和版本
- ❑ 掌握 Linux 操作系统的内核结构
- ❑ 了解 Linux 操作系统的十大用途
- ❑ 掌握 Linux 操作系统与其他操作系统的不同点
- ❑ 掌握 Linux 操作系统的应用领域
- ❑ 了解 Linux 操作系统的发展前景

1.1 Linux 概述

Linux 操作系统是一款相当优秀的操作系统，支持多用户、多线程、多进程、实时性好、功能强大且稳定。同时，它又具有良好的兼容性和可移植性，被广泛应用于各种计算机平台上。本节将简单介绍与 Linux 操作有关的基础知识，包括 Linux 的概念、发展历史和使用原因等内容。

1.1.1 Linux 简介

Linux 是一套免费使用和自由传播的类 Unix 操作系统，是一个基于 POSIX 和 Unix 的多用户、多任务，支持多线程和多 CPU 的操作系统。它能运行主要的 Unix 工具软件、应用程序和网络协议。它支持 32 位和 64 位硬件。Linux 继承了 Unix 以网络为核心的设计思想，是一个性能稳定的多用户网络操作系统。它主要用于基于 Intel x86 系列 CPU 的计算机上。Linux 系统是由全世界成千上万的程序员设计和实现的。其目的是建立不受任何商品化软件的版权制约且全世界都能自由使用的 Unix 兼容产品。

Linux 系统最有名的是它的高效性、灵活性以及 Linux 模块化的设计结构。该设计结构能够使它既能在价格昂贵的工作站上运行，也能够在廉价的 PC 机上实现全部的 Unix 特性，而且还具有多任务、多用户的能力。Linux 是在 GNU 公共许可权限下免费获得的，是一个符合 POSIX 标准的操作系统。

Linux 操作系统软件包不仅包括完整的 Linux 操作系统，而且还包括了文本编辑器、高级语言编译器等应用软件，还包括带有多个窗口管理器的 X Windows 图形用户界面，如同我们使用 Windows 一样，允许我们使用窗口、图标和菜单对系统进行操作。

Linux 是一种类似于 Unix 的操作系统，有的地方说“Linux 操作系统是 UNIX 操作系统的一种克隆系统”，其实这种说法不完全准确，因为它的内核代码是全部重写的，只是它符合 POSIX 1003.1 标准，且 Unix 中所有的命令它都有，与 Unix 十分相似。

严格地说，Linux 只是一个操作系统的内核，不能认为它是一个操作系统。用 Stallman 的话说：它只是一个内核，正确的叫法应该为 GNU/Linux 操作系统。不同的发行厂商发行的 Linux 发行版只是 GNU 操作系统的某个发行版，而 Linux 则是各种版本的 GNU 操作系统的内核。

1.1.2 Linux 产生背景

对于 Linux 操作系统的产生，可以追溯到另一个操作系统 Unix。1969 年，美国电话和电报公司贝尔实验室（AT&T Bell Laboratories）的 Ken Thompson、Dennis Ritchie 和其他人共同编写了 Unix 的第一个版本，这是一个多用户、多任务的操作系统。整个 20 世纪 70 年代，Unix 的代码都在免费传播，它迅速成为了大学和研究机构中流行的系统。

Linux 操作系统的诞生、发展和成长过程始终依赖着五个重要支柱，除了 Unix 操作系统外，还包括 Minix 操作系统、GNU 计划、POSIX 标准和 Internet 网络。

1981 年，IBM 公司正式推出微型计算机 IBM PC。

1991 年，GNU 计划已经开发出许多工具软件，最受期盼的 GNU C 编译器已经出现，GNU 的操作系统核心 HURD 一直处于实验阶段，没有任何可用性，实质上也没有开发出完整的 GNU 操作系统，但是 GNU 奠定了 Linux 用户基础和开发环境。

1991 年初，Linus Torvalds 开始在一台 386sx 兼容微机上学习 minix 操作系统。4 月，开始酝酿并着手编制自己的操作系统。4 月 13 日在 comp.os.minix 上发布说已经成功地将 bash 移植到了 minix 上。10 月 5 日，Linus Torvalds 在 comp.os.minix 新闻组上发布消息，正式向外宣布 Linux 内核的诞生(Freeminix-likekernel sources for 386-AT)。

1993 年，大约有 100 余名程序员参与了 Linux 内核代码编写/修改工作，其中核心组由 5 人组成，此时 Linux 0.99 的代码大约有十万行，用户大约有 10 万左右。

1994 年，Linux 1.0 发布，代码量 17 万行，当时是按照完全自由免费的协议发布，随后正式采用 GPL 协议。

1995 年，Bob Young 创办了以 GNULinux 为核心的 RedHat(小红帽)，集成了 400 多个源代码开放的程序模块，搞出了一种冠以品牌的 Linux，即 RedHat Linux，称为 Linux“发行版”，在市场上出售。

1996 年，Linux 2.0 内核发布，此内核有大约 40 万行代码，并可以支持多个处理器。此时的 Linux 已经进入了使用阶段，全球大约有 350 万人使用。

1998 年，以 Eric Raymond 为首的一批年轻的程序员终于认识到 CNULinux 体系的产业化道路的本质，并非是什么自由哲学，而是市场竞争的驱动，创办了“Open Source Intiative(开放源代码促进会)”的大旗，在互联网世界里展开了一场历史性的 Linux 产业化运动。

2001 年，Linux 2.4 发布，它进一步提升了 SMP 系统的扩展性，同时也集成了很多用于支持桌面系统的特性：USB、PC 卡(PCMCIA)的支持、内置的即插即用等功能。

2003 年，Linux 2.6 版内核发布，相对于 2.4 版内核 2.6 在对系统的支持都有很大的变化。

2004 年，SGI 宣布成功实现了 Linux 操作系统支持 256 个 Itanium 2 处理器。

1.1.3 Linux 优缺点

由于 Linux 是一套具有 Unix 全部功能的免费操作系统，它在众多的软件中占有很大的优势，为广大的计算机爱好者提供了学习、探索和修改计算机操作系统内核的机会。那么究竟为什么要将 Linux 作为主机系统呢? Linux 系统的主要优点如下：

1. 系统稳定

Linux 是基于 Unix 的概念而开发出来的操作系统，因此它具有与 Unix 系统相似的程序接口和操作方式，当然也会继承 Unix 的稳定性和高效率的特点。安装 Linux 的主机连续运行一年以上而不曾死机、不必关机是很平常的事。

2. 免费或少许费用

由于 Linux 是基于 GPL 授权下的产物，因此任何人都可以自由取得 Linux，至于一些安装套件的发行者，他们发行的安装光盘也只是需要一些费用即可获得。不同于 Unix 需要负担庞大的版权费用，当然也不同于微软需要不断更新的系统，并且缴纳大量的费用。

3. 安全性、漏洞的快速修补

经常玩网络的用户一定听到过这样的话：没有绝对安全的主机。这句话一点没有错，不过由于 Linux 的支持者众多，有相当多的热心团体和个人参与其中的开发，因此可以随时获得最新的安全信息，并且随时更新，因此相对安全。

4. 用户与用户组的规划

在 Linux 的机器中，文件的属性可以分为可读、可写和可执行等参数来定义一个文件的实用性。另外，这些属性还可以分为不同的种类，它们是文件拥有者、文件所属用户组、其他非拥有者与用户组。这对于项目或者其他项目开发者具有相当良好的系统保密性。

5. 适合需要小内存的嵌入式系统

由于 Linux 只需要几百 KB 的程序代码就可以完整驱动整个计算机硬件并成为一个完整的操作系统，因此适用于目前家电或者是小电子用品的操作系统，即嵌入式系统。Linux 是很适合如手机、家电和数字相机的操作系统。

6. 整合度好并且有多样的用户界面

虽然 Linux 的好处有很多，但是它有一个先天性的致命缺陷，使它的广泛应用受到了很大的限制：Linux 操作系统需要使用命令行的终端机模式进行系统的管理。虽然近几年来有很多的图形界面程序应用于Linux系统上，但是毕竟Linux 还是以终端命令行的使用为主的，因此要接受 Linux 的读者必须要熟悉其对计算机下命令的知识，而不是仅仅依靠鼠标来进行操作。

提示

Linux系统的好处非常多，上面只是列出了几个主要方面。一般情况下，也可以将该系统的部分特性作为其优点，例如多用户、多任务和良好的界面等。

如下列出了Linux系统的三个缺点，这些缺点还可以进行改进。实际上，Linux系统的缺点大部分都不是其自身的问题，而是从一些商业方面的考虑才成为了它最大的困扰。如下所示：

- **游戏的支持度不足** 游戏软件也是一个应用程序，所以它的操作与操作系统有相当紧密的关系，但是目前很多游戏开发商并没有在Linux平台上面开发大型游戏，这就间接导致了Linux无法进入一般家庭。
- **专业软件的支持度不足** 目前许多专业的绘图软件公司所推出的专业软件并不支持Linux操作系统，这让许多读者很难在不同的平台上面操作相同的软件。
- **没有特定的厂商支持** 由于Linux系统上的所有套件几乎都是自由软件，而每个自由软件的开发者可能并不是公司团体，而是非盈利性质的团体，因此Linux系统没有特定的厂商提供支持。如果遇到问题只能通过一些服务点或者在网络上搜索找到答案。

1.2 Linux的特性与版本

Linux与传统的计算机系统本身有着无与伦比的优点，正是由于这些优点才导致它的迅速发展，并被更多的人或集团所接受。同时，与其他操作系统（如Windows系统）一样，Linux系统也有多个不同版本。

1.2.1 Linux特性

无论是一门编程语言（如C++、C#和Java），还是一款操作系统（如Windows和Android），它们的快速发展都离不开自身的良好特性和发展优势。当然Linux系统也不例外，它包含了Unix的全部功能和特性，并且也有自己的独特优势。

如下从十一个方面分别说明了Linux系统的主要特性。

1．开放性

开放性是指系统遵循世界标准规范，特别是遵循开放系统互连（Open System Interconnect，OSI）国际标准。凡是遵循国际标准所开发的硬件和软件，它们之间都能够彼此兼容，这样可以方便实现互联。

2．多用户

顾名思义，多用户是指系统资源可以被不同的用户各自拥有并且使用，即使每个用户对自己的资源（例如文件和设备等）有特定权限，它们之间互不影响，Linux和Unix都具有该项特性。

3．多任务

多任务是现代计算机最主要的一个特点，它是指计算机能够同时执行多个程序，并且各个程序之间的运行相互独立。Linux系统调试每一个进程平等地访问CPU。由于CPU的处理速度非常快，因此应用程序的运行看起来好像是在并行计算。事实上，从CPU执行的一个应用程序中的一组指令到Linux调试CPU，再次运行这个程序之间只有很短的时间延迟，用户是感觉不到的。

4．良好的用户界面

Linux向用户提供了三种界面：用户界面、系统调用界面和图形用户界面。它们的说明如下：

（1）用户界面

Linux的传统用户界面基于文本的命令行界面，即Shell命令。它既可以联机使用，又可以存在文件上脱机使用。Shell有很强的程序设计能力，用户方便用它编写程序，从而为用户扩充系统功能提供了更高级的手段。可编程Shell是指将多条命令组合在一起形成一个Shell程序，这个程序可以单独运行，也可以与其他程序同时运行。

（2）系统调用界面

系统调用是给用户提供编程时使用的界面，用户可以在编程时直接使用系统提供的系统调用命令。系统通过这个界面为用户程序提供低级、高效率的服务。

（3）图形用户界面

Linux 还提供了一种图形用户界面，它利用鼠标、菜单和窗口等设施，给用户呈现一个直观、易操作、交互性强的友好图形化界面。从某一种情况来说，可以将图形用户界面归属于用户界面。

5．设备独立性

设备独立性是指操作系统把所有外部设备统一当作文件来看，只要安装它们的驱动程序，任何用户都可以像使用文件那样操作和使用这些设备，并且不必知道它们的具体存在形式。

具有设备独立性的操作系统，通过把一个外围设备看作一个独立文件来简化增加新设备的工作。当需要增加新设备时，系统管理员就在内核中增加必要的连接，这种连接可以称做设置驱动程序。它保证每次调用设备提供服务时，内核以相同的方式来处理它们。当新的以及更好地外围设备被开发并且交付给用户时，允许在这些设备连接到内核后，就能不受限制地立即访问它们。设备独立性的关键在于内核的适应能力，在其他操作系统只允许一定数量或一定种类的外部设备连接，因为每一个设备都是通过其与内核的专用连接独立进行访问的。

Linux 是具有设备独立的操作系统，它的内核具有高度的适应能力，随着更多程序员加入 Linux 编程，会有更多硬件设备加入到各种 Linux 内核和发行版本中。另外，由于用户可以免费得到 Linux 的内核源代码，因此用户可以修改内核源代码，以便适应新增加的外部设备。

6．丰富的网络功能

Linux 最大的一个特点是完善内置网络，它在通信和网络功能方面优于其他操作系统。其他操作系统不包含如此紧密地内核结合在一起的连接网络的能力，也没有内置这些联网特性的灵活性，而 Linux 为用户提供了完善的、强大的网络功能。

Linux 提供丰富的网络功能表现在以下三个方面。

（1）支持 Internet 是其网络功能之一

Linux 免费提供了大量支持 Internet 的软件。Internet 是在 Unix 领域中建立并发展起来的，在这方面使用 Linux 是相当方便的，用户能用 Linux 与世界上的其他人通过 Internet 网络进行通信。

（2）文件传输是其网络功能之二

用户能通过一些 Linux 命令完成内部信息或文件的传输。

（3）远程访问是其网络功能之三

Linux 系统不仅允许进行文件和程序的传输，还为系统管理员和技术人员提供了访问其他系统的窗口。通过这种远程访问的功能，一位技术人员能够有效地为多个系统服务，即使那些系统位于距离很远的地方。

7．可靠的安全性

Linux 操作系统采取了许多安全措施，包括对读和写操作进行权限控制、带保护的子系统、审计跟踪以及内核授权等，这些为网络多用户环境提供了必要的安全保障。

8．良好的可移植性

可移植性是指将操作系统从一个平台转移到另一个平台，使它仍然能按其自身的方式运行的能力。Linux 是一款具有良好可移植性的操作系统，能够在微型机到大型机的任何环境和任何平台上运行。该特性为 Linux 的不同计算机平台与其他任何机器进行准确而有效地通信提供了手段，不需要另外增加特殊的和昂贵的通信接口。

9．共享程序库

共享程序库是一个程序工作所需要的例程的集合，有许多同时被多于一个进程使用的标准库。因此使用户觉得需要将这些库的程序载入内存一次，而不是一个进程一次，通过共享程序库使这些成为可能。因为这些程序库只有当进程运行的时候才被载入，所以它们被称为动态链接库。

10．内存保护模式

Linux 使用处理器的内存保护模式来避免进程访问时分配给系统内核或者其他进程的内存。在理论上，对于系统的安全来说，这是一个主要的贡献，一个不正确的程序因此不再能够使用系统崩溃。

11. X Window 系统

X Window 系统是用于 Unix 机器的一个图形系统，该系统拥有强大的界面系统并支持许多应用程序。

1.2.2 Linux 版本

Linux 的版本可以分为两类：内核版本（Kernel）与发行版本（Distribution）。

- **内核版本** 它是指在 Linux 领导下开发小组开发出来的系统内核版本号。
- **发行版本** 一些组织或公司将 Linux 内核与应用软件和文档包装起来，并提供一些安装界面和系统设置与管理工具，这样就构成了一个发行版本。例如通常所说的 Mandriva Linux、Red Hat Linux、Debian Linux 和国产的红旗 Linux 等。

下面列举了读者常见的几个 Linux 版本。

1. Debian Linux

Debian Linux 是最古老的 Linux 发行版本之一，很多其他 Linux 发行版都是基于 Debian 发展而来的（例如 Ubuntu）。

Debian 最早由 Ian Murdock 于 1993 年创建，可以称得上迄今为止最遵循 GNU 规范的 Linux 操作系统。该版本有三个系统分支：Stable、Testing 和 Unstable。2005 年 5 月，三个版本分别为：Woody、Sarge 和 Sid。说明如下：

- **Unstable** 最新测试版本，其中包括最新的软件包，但是也有相对较多的 Bug，适合桌面用户。
- **Testing** 它的版本都经过 Unstable 中的测试，相对较为稳定，也支持了不少新技术（如 SMP）。
- **Woody** 一般只用于服务器，上面的软件包大部分都比较过时，但是稳定性能和安全性都非常高。

Debian Linux 版本的优点就是遵循 GNU 规范、100%免费、优秀的网络和社区资源、强大的 apt-get。其缺点就是安装相对不容易，stable 分支的软件极度过时。

2. Ubuntu Linux

Ubuntu 是一个以桌面应用为主的 Linux 发行版，Ubuntu Linux 的名称来自非洲南部祖鲁语或豪萨语的“ubuntu”一词（读作乌班图），意思是“人性”、“我的存在是因为大家的存在”，这是非洲传统的一种价值观，类似华人社会的“仁爱”思想。

Ubuntu 基于 Debian 发行版和 GNOME 桌面环境，与 Debian 的不同在于它每 6 个月会发布一个新版本。Ubuntu 的目标在于为一般用户提供一个最新的、同时又相当稳定的主要由自由软件构建而成的操作系统。Ubuntu 具有庞大的社区力量，用户可以方便地从社区获得帮助。

Ubuntu Linux 版本使用非常广泛，本书将以该版本为基础全面讲解 Linux 操作系统的相关知识。

3. Red Hat Linux

Red Hat 是全球最大的开源技术厂家，Red Hat 最早由 Bob Young 和 Marc Ewing 在 1995 年创建，目前 Red Hat 分为两个系列：由 Red Hat 公司提供收费技术支持和更新的 Red Hat Enterprise Linux 以及由社区开发的免费的 Fedora Core。说明如下：

- **Red Hat Linux** 这是一个收费的操作系统，它适用于服务器。
- **Fedora Core** 这是一个免费版本，该版本提供了最新的软件包，且其版本的更新周期也非常短只有六个月，目前最新版本为 Fedora Core 14。

Red Hat Linux 是一个比较成熟的 Linux 版本，无论是销量还是在装机量上都比较可观。该版本从 4.0 时就开始同时支持 Intel、Alpha 和 Sparc 硬件平台，并且通过 Red Hat 公司的开发，使得用户可以轻松地进行软件升级并彻底卸载应用软件和系统部件。

4. Redflag Linux

Redflag 直译为红旗，Redflag Linux 操作系统通常被称为中文操作系统，这是由中国科学软件所、北大方正电子有限公司和康柏计算机公司联合推出的具有自主版权的全中文化 Linux 发行版本。

红旗 Linux 是中国较大、较成熟的 Linux 发行版之一。实现的主要功能如下：

（1）它以全新优化整合的 KDE 图形环境、桌面设计、结构布局和菜单设计完整和谐，令人耳目一新。

（2）集成的硬件自动检测功能，满足 PC 用户硬件的随时更换。

（3）高质量中文字体显示，高效率文字输入法选择，确保用户系统办公的工作品质。

（4）高效完善的网络使用功能，快捷友好的打印机管理和配置工具。

（5）人性化设计的在线升级工具，身份注册、软件更新、数据库管理一线完成，用户可各取所需实时提升系统性能、定制个性化桌面环境、拥有完善的工作平台。

（6）图形图像软件从基本的 PS/PDF 文件阅读工具到看图、画图、截图再到图像的扫描、数据相机支持，全线集成满足用户的各种需求。

5. SURE Linux

SUSE 是 Linux 操作系统其中的一个发行版，也是德国的一个发行版。SUSE 属于 Novell 旗下的业务，它同时也是 Desktop Linux Consortium 的发起成员之一。

SUSE Linux 原是以 Slackware Linux 为基础，并提供完整德文使用界面的产品。1992 年 Peter McDonald 成立了 Softlanding Linux System（SLS）这个发行版。这套发行版包含的软件非常多，首次收录了 X Window 及 TCP/IP 等套件。Slackware 就是一个基于 SLS 的发行版。

6. Mandriva Linux

Mandriva Linux 于 1998 年 7 月在 Mandrake Linux 下发起，起初这只是一个重新优化了的包含更友好的 KDE 桌面的 Red Hat Linux 版本，但后续版本增加了更友好的体验，例如一个新的安装程序、改进的硬件检测和直观的磁盘分区实用工具等。由于这些改进的结果，Mandrake Linux 得以蓬勃发展。经过引进风险资本投资转变为商业公司，新成立的 MandrakeSoft 公司在 2003 年初到 2005 年的命运起伏很大甚至濒临破产。之后，经过巴西 Conectiva 公司的合并，公司更名为我们今天看到的 Mandriva。

Mandriva Linux 主要偏重于桌面版本，其最大特点是高级软件、一流的系统管理套件（DrakConf）、优秀的 64 位版本支持，以及广泛的国际支持。它比许多其他流行的发行有一个开放的开发模式，稳定版本发布前有密集和频繁的 beta 测试期。

近年来，其公司还开发了一个可安装的 live CD 系列，并已推出了 Mandriva 移动版——一个完整的可启动的 USB 移动 U 盘版 Mandriva Linux 系统。这是第一个主要为上网笔记本提供的发行版，如对华硕的 Eee PC 的支持。

7. CentOS Linux

CentOS（Community ENTerprise Operating System）是 Linux 发行版之一，它来自于 Red Hat Linux 依照开放源代码规定释出的源代码所编译而成。由于出自同样的源代码，因此有些要求高度稳定性的服务器以 CentOS 替代商业版的 Red Hat Linux 使用。两者最大的不同在于 CentOS 并不包含封闭源代码软件。

CentOS 常常被视为是一个可靠的服务器发行版。它继承配备了完善的测试和稳定的 Linux 内核和软件，与 Red Hat Linux 基础相同。CentOS 是一个企业也适合的桌面解决方案，特别是在稳定性，可靠性和长期支持方面，是最新的软件和功能的首选。

8. Slackware Linux

Slackware Linux 操作系统由 Patrick Volkerding 创建于 1992 年，是现存最古老的 Linux 发行版。Slackware 1.0 起始使用了 24 张软盘，并在 Linux 内核版本 0.99pl11 -α 之上。它迅速成为最流行的 Linux 发行版，有人甚至估计在 1995 年其高达 80%的 Linux 安装市场份额。其受欢迎程度大幅下降与 Red Hat Linux 和其他更易用发行版的发行有关，但 Slackware Linux 仍然是一个倍受赞赏且在经营中更面向系统管理员技术和桌面用户的系统。

Slackware Linux 是一个高度技术性的，干净的发行版，只有少量非常有限的个人设置。它使用简单，基于文本的系统安装和比较原始的包管理系统，没有解决软件依赖关系。因此

Slackware 被认为是今天最为纯净和最不稳定的 Linux 发行版。

9．Gentoo Linux

Gentoo Linux 是一套通用的、快捷的、完全免费的 Linux 发行版本，它的概念由 Daniel Robbins 在 2000 年提出，Daniel Robbins 以前是 Stampede Linux 和 FreeBSD 的开发者。2002 年 3 月的时候公布了该项目的 1.0 版本，Gentoo 的包管理被认为是一些二进制包管理系统更好的选择，特别是当时广泛使用的 RPM。

Gentoo Linux 操作系统是专为高级用户设计的，它是一种可以针对任何应用和需要而自动优化和自定义的特殊的 Linux 发行版。Gentoo 拥有优秀的性能、高度的可配置性和一流的用户及开发社区。

由于 Portage 技术的产生，Gentoo Linux 可以担当一个理想的安全服务器、开发平台、专业级桌面应用、游戏服务器、嵌入式应用等各种角色。

1.2.3 Linux 版本使用

上一节已经列举了读者常见的几个 Linux 版本，但是这些常见的版本不一定都会使用。如今，随着 Linux 的飞速发展，Linux 所支持的文件系统类型也在不断地进行扩充。伴随着 Linux 新版本的不断发行，出现了大量的文件系统可能性，其中每一个不同版本的 Linux 所支持的文件系统类型种类也有所不同，使得用户很难了解这些不同版本产品的特点和应用方式。另外，基于 Linux 开放源码的特性，越来越多大中型企业及政府也投入更多的资源来开发 Linux。现今世界上，越来越多国家逐渐的把政府机构部门的计算机转移到 Linux 操作系统上，加之传统的 Linux 用户一般都是专业人士，他们更愿意安装并设置自己的操作系统，使得这些用户愿意花更多的时间在安装并设置自己的操作系统上。

那么针对上面的情况来说，Linux 操作系统家族中划分了针对不同的用户群，比如 Ubuntu、Linux Mint 和 PCLinuxOS 被认为 Linux 新用户最容易操作的平台。而 Slackware Linux、Gentoo Linux 和 FreeBSD 是需要有一定应用基础的用户，才可以有效地利用更先进的发行版。CentOS 是一个企业级的发行版，特别适合对稳定性，可靠性和功能要求较高的用户。因此，通过以上概述，大家可以了解到，用户并不是想用什么就用什么的，而是根据自己的实际需要进行选择不同版本的 Linux 系统进行安装。

1.3 Linux 的结构

Linux 操作系统一般由内核、Linux Shell、文件结构和实用工具组成。本节将简单介绍这些组成部分。

1.3.1 内核

内核是 Linux 操作系统的心脏，它是运行程序和管理（例如磁盘和打印机等硬件）设备的核心程序，它从用户那里接受命令并把命令传递给内核去执行。

Linux 内核的主要模块（或组件）分为以下几个部分：内存管理、CPU 和进程管理、虚拟文件系统、设备管理和驱动、网络通信，以及系统的初始化（引导）和系统调用等。其中，内核最重要的部分是内存管理和进程管理，这两个部分和其他部分的说明如下。

1．内存管理

内存管理允许多个进程安全的共享主内存区域，它负责分配进程的存储区域和对换空间区域、内核的部件及 buffer cache。内存管理从逻辑上分为硬件无关部分和硬件相关部分，其中无关部分提供了进程的映射和逻辑内存的对换；相关部分为内存管理硬件提供了虚拟接口。

Linux 的内存管理支持虚拟内存，即在计算机中运行的程序，其代码、数据、堆栈的总量可以超过实际内存的大小。操作系统只是把当前使用的程序块保留在内存中，其余的程序块则保留在磁盘中。必要时，操作系统负责在磁盘和内存之间交换程序块。

2．CPU和进程管理

进程管理产生进程，以切换运行时的活动进程来实现多任务。一般情况下，进程管理也被称为进程调度，它控制了进行对CUP的访问。当需要选择下一个进程运行时，由调度程序选择最值得运行的进程。可运行进程实际上是仅等待CPU资源的进程，如果某个进程在等待其他资源，则该进程是不可运行进程。Linux使用了比较简单的基于优先级的进程调度算法选择新的进程。

3．虚拟文件系统

虚拟文件系统是从文件系统操作实现中抽象出来的文件系统，每个文件系统类型都提供了每个文件操作系统的实现。当一些实体企图使用一个文件系统时，请求通过虚拟文件系统送出，它将请求发送到适当的文件系统驱动。

虚拟文件系统可以分为逻辑文件系统和设备驱动程序。逻辑文件系统指Linux所支持的文件系统，如ext2和fat等；设备驱动程序指为每一种硬件控制器所编写的设备驱动程序模块。

4．设备管理和驱动

在系统最底层，内核对它支持的每种硬件包含一个硬件驱动，由于现实世界中存在大量不同的硬件，因此硬件设备的驱动数量很大。

5．网络通信

网络通信接口提供了对各种网络标准的存取和各种网络硬件的支持，它主要分为两个部分：网络协议和网络设备驱动程序。网络协议部分负责实现每一种可能的网络传输协议；网络设备驱动程序负责与硬件设备通信，每一种可能的硬件设备都有相应的设备驱动程序。

1.3.2 Linux Shell

Shell是系统的用户界面，提供了用户与内核进行交互操作的一种接口。它接收用户输入的命令，并把它送入内核去执行。

实际上，Shell是一个命令解释器，它解释由用户输入的命令，并把它们送到内核。不仅如此，Shell有自己的编程语言用于对命令的编辑，它允许用户编写由shell命令组成的程序。Shell编程语言具有普通编程语言的很多特点，比如它有循环结构和分支控制结构等，用这种编程语言编写的Shell程序与其他应用程序具有同样的效果。

操作环境在操作系统内核与用户之间提供操作界面，它实际上为一个解释器。Linux提供了像Microsoft Windows那样的可视的命令输入界面——X Window的图形用户界面（GUI）。它提供了很多桌面环境系统，其操作就像Windows一样，有窗口、图标和菜单，所有的管理都是通过鼠标控制的。现在比较流行的桌面环境系统是KDE和GNOME。

每个Linux系统的用户可以拥有自己的用户界面或Shell，用以满足他们自己专门的Shell需要。同Linux本身一样，Shell也有多种不同的版本。目前主要的Shell版本如下：

- **Bourne Shell** 是贝尔实验室开发的。
- **BASH** 是GNU的Bourne Again Shell，是GNU操作系统上默认的Shell。
- **Korn Shell** 是对Bourne SHell的发展，在大部分内容上与Bourne Shell兼容。
- **C Shell** 是SUN公司Shell的BSD版本。
- **Z Shell** Z是最后一个字母，表示终极Shell。它集成了bash、ksh的重要特性，同时又增加了自己独有的特性。

Linux系统的shell作为操作系统的外壳，为用户提供使用操作系统的接口。Shell是命令语言、命令解释程序及程序设计语言的统称，因此它是一个命令语言解释器，它拥有自己内建的shell命令集。Shell中的命令分为内部命令和外部命令。说明如下：

- **内部命令** 它包含在Shell之中，如cd和exit等，查看内部命令可用help命令。
- **外部命令** 它存在于文件系统某个目录下的具体可操作程序，如cp等，查看外部命令的路径可用which。

提示

Shell 可以是很简单的，也可以是很复杂的。上面只是简单地对 Shell 进行了说明，后面的课程中还会进行对 Shell 进行详细介绍。

1.3.3 文件结构

文件结构是存放在磁盘等存储设备上文件的组织方法，主要体现在对文件和目录的组织上。目录提供了管理文件的一个方便而有效的途径，用户能够从一个目录切换到另一个目录，而且可以设置目录和文件的权限，设置文件的共享程度。

使用 Linux，用户可以设置目录和文件的权限，以便允许或拒绝其他人对其进行访问。Linux 目录采用多级树形结构，如图 1-1 所示了这种树形等级结构。

在图 1-1 中，用户可以浏览整个系统，进入到任何一个已授权的目录中，并且可以访问当前目录的文件。

文件结构使相互关联性使用共享数据变得容易，几个用户可以访问同一个文件。Linux 是一个多用户系统，操作系统本身的驻留程序存放在以根目录开始的专用目录中，有时被指定为系统目录。例如，图 1-1 中根目录下的目录就是系统目录。此外，用户可以创建自己的子目录保存自己的文件，也可以把某个文件从一个子目录移动到另外一个子目录中。

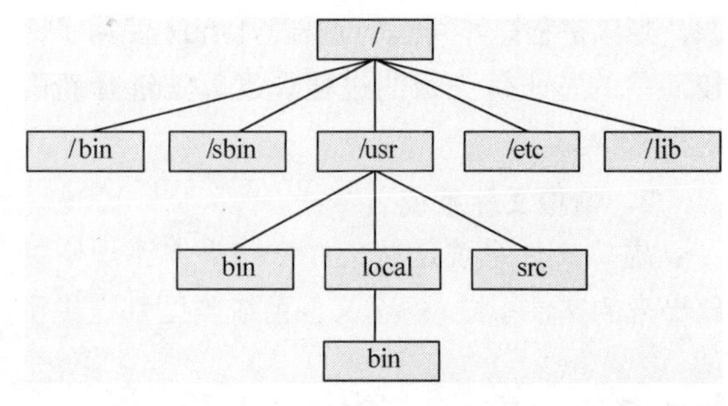

图 1-1 Linux 树形等级结构

1.3.4 实用工具

内核、Shell 和文件结构一起形成了基本的操作系统结构，它们使用户可以运行程序、管理文件以及使用系统。此外，Linux 操作系统还有许多被称为实用工具的程序，辅助用户完成一些特定的任务。

标准的 Linux 系统中都有一套叫做实用工具的程序，它们是专门的程序，例如编辑器和执行标准的计算操作等。

除了系统中提供的实用工具外，用户也可以产生自己的工具。实用工具可以分为三类：编辑器、过滤器和交互程序。

1. 编辑器

编辑器主要用于编辑文件，Linux 操作系统所提供的编辑器包括：ed、ex、vi 和 emacs。其中 ed 和 ex 表示行编辑器；vi 和 emacs 是全屏幕编辑器。

2. 过滤器

过滤器用于接收数据并过滤数据，它读取从用户文件或其他地方的输入，检查和处理数据，然后输出结果。从这个意义上说，它们过滤了经过它们的数据。

过滤器的输入可以是一个文件，也可以是用户从键盘键入的数据，还可以是另一个过滤器的输出。过滤器可以相互连接，因此一个过滤器的输出可能是另一个过滤器的输入。在有些情况下，用户可以编写自己的过滤器程序。

Linux 有不同类型的过滤器，一些过滤器用行编辑命令输出一个被编辑的文件，另外一些过滤器是按模式寻找文件并以这种模式输出部分数据，还有一些执行字处理操作，检测一个文件中的格式，输出一个格式化的文件。

3. 交互程序

交互程序是用户与机器的信息接口，它允许用户发送信息或接收来自其他用户的信息。Linux 是一个多用户系统，它必须和所有用户保持联系。信息可以由系统上的不同用户发送或接收。信息的发送有两种方式：一种方式是与其他用户一对一地链接进行对话；另一种是一个用户对多个用户同时链接进行通讯，即所谓的广播式通讯。

1.4 Linux 的用途

对于大多数的普通用户而言，从接触操作系统时就是 Windows，一切的习惯都源自于 Window，那么 Linux 究竟能做些什么，又有哪些用途呢？

世界上最大的技术支持、软件和硬件公司每天使用 Linux 完成各种任务与解决方案，那么这些大公司究竟是怎么使用的呢？实际上，大多数公司都不会使用 Linux 作为桌面操作系统，主要是用于后端服务器操作系统，经过这些大公司的大胆尝试，许多事实证明 Linux 完全可以担负起关键任务计算应用，并且有很多 Linux 系统从开始运行至今从未卡死机（有的地方称“从未宕过机”），100% 的正常运行时间让人无不惊叹，当然大家也可以做到。

1．虚拟化

从桌面虚拟化到云，现在又回到桌面虚拟化，VMware 是虚拟化产品做得最早也是目前最好的一家公司，现在它的主要产品也是基于 Linux 操作系统的，另外 Citrix、Red Hat 以及 Microsoft 公司也是 VMware 的有力竞争者。

2．数据库服务器

Oracle 和 IBM 都有企业级的软件运行在 Linux 上，这是因为它们在 Linux 上可以工作得很好，Linux 自身消耗的资源很少，因此它不会和数据库进行资源的抢夺。一个关系型数据库（Relational Database Management System，RDBMS）需要一个稳定的、无内存泄露的、快速磁盘 I/O 和无 CPU 竞争的操作系统，而 Linux 系统刚好符合这些条件。

世界上已经有很多开发人员使用 LAMP（Linux，Apache，MySQL 和 Perl/PHP/Python）和 LAPP（Linux，Apache，PostgreSQL，Perl/PHP/Python）作为开发平台，也有很多主要的应用系统是这么部署的。

3．Web 服务器

大多数人都知道 Apache 是世界上用的最多的 Web 服务器，至少最近 10 年大家是这样公认的。那么 Web 服务器标准所运行的平台在什么地方呢？答案是：所有的平台都支持 Web 服务器的运行，但是超过 90%的 Apache 都是与 Linux 操作搭配运行的。

4．应用服务器

大家通常所听的、所见的，例如 Tomcat、Geronimo、WebSphere 和 WebLogic 都是应用服务器，Linux 为这些服务器提供了一个稳定的、内存消耗很小的、可以长时间运行的平台。IBM 和 Oracle 也都非常支持 Linux，它们也逐渐将 Linux 作为其软件系统的首要运行平台。

5．跳转盒（Jump box）

对于企业而言，跳转盒是一个为公共网络（如互联网）到安全网络（如客户部）提供的网关，这样一个廉价的系统也可以为大量的用户提供服务。而相对应的 Windows 系统则需要成千上万美元的终端服务访问许可和客户端访问许可，并且对硬件的要求更高。

6．日志服务器

日志服务器是处理和存储日志文件的绝佳平台，它的低成本、低硬件要求和高性能是任何需要日志服务的人的首选平台。许多大公司也经常使用 Linux 系统作为日志服务的低成本平台。

7．开发平台

Linux 是世界上最流行的开发平台，它包含了成千上万的免费开发软件，这对于全球开发者都是一个好消息。

8．监控服务

如果用户想要做网络监控或系统性能的监测，那么 Linux 是一个不错的选择，大公司一般使用淘汰下来的硬件设备和自由软件搭建监控系统，如 Orca 和 Sysstat 都是 Linux 上不错的监控方案。IT 专业人员利用它们可以实现自动化监控，无论你的网络是大是小，它们都能应付自如。

9．Google 搜索设备

Google 在 Linux 平台上可以构建搜索设备，但是它比较特殊，需要专门进行定制和优化。如果刚好客户的公司需要使用搜索设备，那么就可以使用 Linux 系统。

10．入侵检测系统

Linux 天生就是一个完美的入侵检测服务平

台，不仅因为它是免费的，而且它可以运行在很多种硬件平台上，同时也是开源爱好者喜欢的平台。Linux 系统上最著名的入侵防御和检测系统要数 Snort，它也是开源且免费的。

Snort 网站中有这样一段话：Snort 是由 Sourcefire 开发的开源网络入侵防御/检测系统（IDS/IPS），结合了签名、协议和基于异常的检测，它是世界上部署最广泛的 IDS/IPS，数以百万计的下载量和超过 270,000 位注册用户，Snort 已经成为事实上的 IPS 标准。

1.5 Linux 与其他操作系统

操作系统有许多种，同时一台计算机上也可以安装多种操作系统。Linux 可以与其他操作系统（如 OS/2 和 Windows 等）共同存在于一台计算机上，它们虽然都为操作系统，都有一些公同特性，但是它们之间还存在着一些区别。本节将介绍 Linux 与其他操作系统的主要区别。

1.5.1 Linux 与 Unix

Unix 是一个功能强大、性能全面的多用户、多任务的操作系统，可以应用从巨型计算机到普通 PC 机等多种不同的平台上，是应用面最广、影响力最大的操作系统。

Linux 是一种外观和性能与 Unix 相同或更好的操作系统，但 Linux 不源于任何版本的 Unix 的源代码，并不是 Unix，而是一个类似于 Unix 的产品。Linux 产品成功的模仿了 Unix 系统和功能，具体讲 Linux 是一套兼容于 System V 以及 BSD Unix 的操作系统，对于 System V 来说，目前把软件程序源代码拿到 Linux 底下重新编译之后就可以运行，而对于 BSD Unix 来说它的可执行文件可以直接在 Linux 环境下运行。

最初的 Linux 系统与 Unix 同样都采用命令行形式，现在两款操作系统都使用标准的 X Window 系统，设计了同样精美的图形界面。但是它们之间也存在着很大的不同，以下从不同的方面列出了它们的不同点。

1．源代码不同

虽然 Unix 与 Linux 操作系统有不少命令是相同的，但是他们的源代码则是不同的。也就是说，在 Linux 操作系统开发的过程中，采用了很多 Unix 系统的设计理念，并遵循 Unix 操作系统的 POSIX 规范。但是其并没有采用 Unix 操作系统的源代码，并没有采用 Unix 操作系统的运行方式。从这一点来说，他们两个是不同的操作系统。

现在 Unix 操作系统走的是商业化的道路，它的源代码是受到保护的。也就是说，任何社会团体与个人都不能够抄袭或者随意修改 Unix 操作系统的源代码。而 Linux 在开发过程中，源代码都是重新书写的，所以就没有版权方面的限制。无论是个人还是商业团体，只要遵循一定的规范，就可以对 Linux 的源代码进行更改或者复制。不会涉及到版权的问题。

2．内核文件与外壳不同

无论是 Unix 还是 Linux，基本上是由内核、外壳和应用程序三部分组成。首先 Unix 操作系统与 Linux 操作系统内核文件是不同的。如 Unix 操作系统其内核程序对应的文件往往是 /stand/unix 文件；在 SUNOS 的 Unix 操作系统中对应的是/kernel/genuix 文件。而 Linux 操作系统采用的内核文件为/boot/vlinuz。

除了内核文件外，Unix 与 Linux 所采用的外壳也是不同的。当目前为止，Unix 操作系统主要支持四种外壳，分别为 SH、CSH、KSH 和 BASH。而 Linux 操作系统目前为止只支持三种外壳程序，分别为 BASH（默认采用的外壳程序）、CSH、KSH，比 Unix 操作系统少一种。

3．费用不同

Linux 是完全免费的，相比之下昂贵的 Unix 系统使它无法在个人计算机中得到广泛应用。另外，其他优秀的应用程序在 Linux 上都可以免费得到。即使购买一些商业软件，在 Linux 平台上的价格也远低于Unix平台上的价格。

4. 应用平台不同

Unix 适用于相对成熟的领域，例如安全方面和最尖端的硬件支持等。而对于个人计算机、服务器或工作站来说，Linux 操作系统则比较适合。

1.5.2 Linux与MS-DOS

在同一台系统中运行Linux和MS-DOS已经非常普遍，下面从三个方面对它们进行说明。

1. 发挥CPU性能方面

MS-DOS没有完全实现x86处理器的功能，而Linux系统则完全在CPU的保护模式下工作，并且开发了CPU的所有特性。Linux可以直接访问计算机内的所有内存，提供完整的Unix接口，而MS-DOS只提供了一部分Unix接口。

2. 费用方面

Linux和MS-DOS是两种完全不同的实体。与其他商业操作系统相比，MS-DOS价格比较便宜，而且在PC机用户中有很大的占有率。任何其他PC机操作系统都很难达到MS-DOS的普及程序，主要是因为其他操作系统的费用对于大多数PC机用户而言都是一个不小的负担。

Linux是免费的，用户可以从Internet上或者其他途径获取它的版本，而且可以任意使用，不用考虑费用问题。

3. 操作系统功能方面

MS-DOS是单任务的操作系统，一旦用户运行了一个MS-DOS的应用程序，它就独占了系统的资源，用户不可能再同时运行其他应用程序。而Linux是多任务的操作系统，用户可以同时运行多个应用程序。

1.5.3 Linux与Windows

Windows操作系统是在个人计算机上发展起来的，在许多方面受到个人计算机硬件条件的限制，这些操作系统必须不断地升级才能跟上个人计算机硬件的进步，而Linux操作系统却是以另外，一种形式发展起来，Linux是Unix操作系统用于个人计算机上的一个版本，Unix操作系统已经在大型机和小型机上使用了几十年，直到现在仍然是工作站操作系统的首先平台。

下面从开发性和价格说用它们的不同。

1. 源码开放性不同

Linux系统是开放源码系统，允许任何人对程序修改与编辑，而Windows服务器系统则不是开源操作系统，受微软版权保护，仅限微软内部开发修改等，所以Windows服务器系统在应用领域远不及开放的Linux系统。

2. 价格不同

Linux操作系统由于是开放源码系统，一般都是免费的，即使是经过再次开发的新版本Linux系统，由于基于核心是免费的，因此价格相比Windows服务器系统更加低廉。Windows系统不是开源操作系统，因此价格比Linux系统要贵的多，根据用户决定使用的操作系统类型不同，需要花费数百到数千美元不等。

Linux给个人计算机带来了能够与Unix系统获得速度、效率和灵活性，使个人计算机所具备的潜力得到了充分发挥。除了上面的抽象区别外，Linux与Windows操作系统的工作方式也存在着一些根本的区别。

（1）Linux的应用目标是网络而不是打印

Windows最初出现的时候，这个世界还是一个纸张的世界。Windows的伟大成就之一在于用户的工作成果可以方便地看到并打印出来。这样一个开端影响了Windows的整个后期发展。

同样，Linux也受到了其起源的影响。Linux的设计定位于网络操作系统。它的设计灵感来自于Unix操作系统，因此它的命令的设计比较简单，或者说是比较简洁。由于纯文本可以非常好地跨越网络进行工作，所以Linux配置文件和数据都以文本为基础。

对于熟悉图形环境的用户来说，使用文本命令行的方式看起来比较原始，但是Linux开发更多关注的是它的内在功能而不是表面文章。即使在纯文本环境中，Linux同样拥有非常先进的网络、脚本和安全性能。

（2）可选的GUI

目前，许多版本的Linux操作系统具有非常精美的图形界面。Linux 支持高端的图形适配器和显示器，完全胜任图形相关的工作。但是，图形环境并没有集成到 Linux 中，而是运行于系统之上的单独一层。这意味着用户可以只运行 GUI，或者在需要时使用图形窗口运行 GUI。

Linux 有图形化的管理工具以及日常办公的工具，比如电子邮件、网络浏览器和文档处理工具等。不过在 Linux 中，图形化的管理工具通常是控制台（命令行）工具的扩展。也就是说，用图形化工具能够完成的所有工作，用控制台命令行同样能够完成。而使用图形化的工具并不妨碍用户配置文件进行手工修改，其实际意义可能并不是显而易见，但是如果在图形化管理工具中所做的任何工作都可以以命令行的方式完成，就表示这些工作同样可以使用一个脚本来实现。脚本化的命令可以成为自动执行的任务。

Linux 中的配置文件是可读的文本文件，这与过去的 Windows 中的 INI 文件类似，但与 Windows 操作系统的注册思路上有本质的区别。每一个应用程序都有自己的配置文件，而通常不与其他配置文件放在一起。不过大部分配置文件都存放于一个目录树（/ect）下的单独位置，所以看起来在逻辑上是一起的。文本文件的配置方式可以不通过特殊的系统工具就可以完成配置文件的备份、检查和编辑工作。

（3）文件名扩展

Linux 不使用文件名扩展来识别文件的类型，这与 Windows 操作系统不同。相反 Linux 根据文件的头部内容来识别其类型。

Linux 通过文件访问权限来判断文件是否为可执行文件。任何一个文件都可以赋予可执行权限，这样程序和脚本的创建者或管理员可以将它们识别为可执行文件。这样做有利于安全。保存到系统上的可执行的文件不能自动执行，这样就可以防止许多脚本病毒。

（4）重新引导是最后的手段

当用户使用 Windows 操作系统时间过长时，可能会习惯性的因为各种原因（从软件安装到纠正服务故障）而重新引导系统。但是在 Linux 系统中就不一样了，Linux 本质上更遵循“牛顿运动定律”。简单来说，就是一旦开始运行，它将保持运行状态，直到受到外来因素的影响，比如硬件的故障。实际上，Linux 系统的设计使得应用程序不会导致内核的崩溃，因此不必经常重新引导（与 Windows 系统的设计相对而言）。所以除了 Linux 内核之外，其他软件的安装、启动、停止和重新配置都不用重新引导系统。

如果读者确实重新引导了 Linux 系统，问题很可能得不到解决，而且还会使问题更加恶化。此时学习并掌握 Linux 服务和运行级别是成功解决问题的关键，Linux 系统最困难的就是克服重新引导系统的习惯。

另外，读者可以远程地完成 Linux 中的很多工作。只要有一些基本的网络服务在运行就可以进入到某个系统。而且，如果系统中一个特定的服务出现了问题，还可以在进行故障诊断的同时让其他服务继续运行。当用户在一个系统上同时运行多个服务的时候，这种管理方式非常重要。

（5）命令区分大小写

所有的 Linux 命令和选项都区分大小写，如 -R 和 -r 不同，它们就会去做不同的事情。控制台命令几乎都使用小写，在后面的课程中会逐渐了解 Linux 操作系统中的命令，那时相信读者更能体会。

注意

上面所述的区别只有在用户对 Linux 和 Windows 操作系统都很熟悉之后才能体会，它们都是 Linux 思想的核心。

1.6 Linux 的应用领域与发展前景

近几年来，网络的快速发展越来越引起人们的关注。Linux 凭借其良好的稳定性、多平台、多任务、廉价的价格、良好的用户界面、开放的源代码等诸多优势，一跃成为当今受大家欢迎、非常流行的操作系统之一。下面将分别从两个方面（即应用领域和发展前景）来深入了解 Linux。

1.6.1 应用领域

Linux 操作系统从诞生到现在，已经在各个领域得到了广泛应用，显示了强大的生命力，并且其应用正日益扩大。下面列举其主要应用领域。

1．教育领域

设计先进和公开源代码这两大特性使Linux成为了操作系统课程的好教材。

2．网络服务器领域

稳定、健壮、系统要求低、网络功能强使Linux成为现在Internet服务器操作系统的首选，现已达到了服务器操作系统市场25%的占有率。

3．企业级服务器领域

利用 Linux 系统可以使企业用低廉的投入架设 E-mail 服务器、WWW 服务器、代理服务器、透明网关和路由器等，这不但为企业降低了营运成本，同时也获得了 Linux 系统带来的高稳定性和高可靠性。

4．视频制作领域

著名的影片《泰坦尼克号》就是由 200 多台装有 Linux 系统的机器协作完成其特技效果的。

随着 Linux 在服务器领域的广泛应用，近几年来，Linux 已经悄悄进入其他行业，例如政府、银行、学校和石油等行业。

5．嵌入式系统领域

嵌入式及信息家电的操作系统支持所有的运算功能，但是需要根据实际的应用对其内核进行定制和裁减，以便为专用的硬件提供驱动程序，并且在此基础上进行应用开发。目前，能够支持嵌入式的常见操作系统有 Palm OS、嵌入式 Linux 和 Windows CE。

虽然 Linux 在这个领域上刚刚开始，但是以 Linux 的特性正好符合 IA（基于 Intel 架构）产品的操作系统小、稳定、实时与多任务等需求，而且 Linux 开放源代码，不必支付许可证费用。许多世界知名厂商包括新力、IBM 等纷纷在其 IA 中采用 Linux，开发视频电话和数字监视系统等多种应用。例如，诺基亚和摩托罗拉公司都推出了 Linux 平台的手机。

1.6.2 发展前景

Linux 有着广阔的发展前景，大的软件开发商已经认识到了自由软件发展的潜力。到目前为止，已先后有 Informix、Sybase、Oracle 和 IBM 等大型数据库厂商将其数据库产品移植到 Linux 上。大型数据库厂商对 Linux 的支持，对 Linux 进入大、中型企业的信息系统建设具有决定性的作用。英特尔公司已决定将其无线“讯驰”芯片包向 Linux 开放。届时，Linux 用户同样可以享受到“讯驰”的无线体验。

用户可以从三个不同的方面对 Linux 的发展前景进行分析。如下所示：

（1）自由软件开发的新思维

由于 Linux 不属于哪一个公司私有，因此它不可能因为该公司的倒闭而消失。Linux 的通用公共许可证（General Public License，GPL）将得到保证，只要还有 Linux 的用户，就能够提供对操作系统的开发和维护。

（2）国际市场动态

现在，社会各界对免费发布的操作系统的支持力度大大增强了。在 2000 年，Linux 服务器操作系统的市场占有额已经达到了 27%，发货量也增长了 24%，它是增长最快的服务器操作系统。

微软强大的市场占有率已经成为全球关注的问题，这是促使政府向 Linux 倾斜的又一个原因。微软统治地位的逐渐增强。首先在桌面机市场，且在过去几年中向低端和中级服务器市场渗透，已经引起了各国政府决策者的担忧，他们已意识到在服务器领域扶持一个微软竞争对手是很有好处的。这给 Linux 的应用和发展再次创造了机遇。使用 Linux 可以节省巨额的软件成本，德国人强烈建议其联邦政府采用 Linux 服务器。不过他们的主要目标在于节约成本而不是针对微软。德国联邦政府和独立的州都在克服严重的财政赤字，所以他们在寻找一切可以节约开销的途径。主要的倡议者是内政部，最初甚至想要让 Linux 占据桌面市场。

如今，许多硬件厂商也都纷纷加入到 Linux 领域，将极大地促进 Linux 操作系统的发展。

（3）国内 Linux 的发展情况

我国 Linux 的应用已经扩展到服务器领域、嵌入式系统、互联网领域以及信息安全领域等各个方面。在金融、电信、邮政、传媒和烟草等行业的不断增多并开始逐步向 PC 桌面系统渗透。

中文 Linux 厂商的产品、应用以及合作方面都已经取得了很可观的局部胜利。例如在获得第三方厂商支持方面，Linux 厂商中科红旗已经取得了信息产业部通过中国电子信息产业发展研究院赛迪创业投资有限公司的注资。它专门致力于开发和推广基于 Linux 操作系统以及应用软件，先后与 Intel、NEC、IBM、HP、TCL、海星、南宁胜利、清华同方以及韩国等软硬件厂商建立了广泛而深入的战略合作关系。

中日韩三国准备联合研究和发展 Linux 系统，以打破某一公司对操作系统软件的垄断。无论如何，Linux 系统及 GNU GPL 的许可证体制为我国操作系统软件的发展提供了一次良好的发展机会。

预计在未来几年内很多国家的政府——包括德国、中国、印度、新加坡和芬兰，都会逐渐在其服务器体系结构中采用 Linux。在美国，NASA 早已开始在服务器上扩展 Linux，而 NIST、DoD 和 NSA 的开发工作也表明美国政府将来会增加更多的 Linux 服务器平台。

从以上三个方面来看，用户学习好、掌握好 Linux 操作系统是非常有必要的。

1.7 拓展训练

尝试安装 Linux 操作系统

通过对本课的学习，读者可以了解到 Linux 操作系统有多个不同的发行版本，读者可以试着从 Linux 的官方网站上下载 Linux 操作系统的版本（如 Ubuntu 或者 Red Hat），下载完成后进行安装。安装有两种方式：一种是直接将计算机的系统安装为 Linux；另一种是在计算机的虚拟机中安装 Linux。

1.8 课后练习

一、填空题

1. Linux 操作系统的__________是指系统遵循世界标准规范，特别是遵循开放系统互连国际标准。

2. Linux 操作的版本可以分为两类：内核版本和__________。

3. __________版本的 Linux 系统是基于 Debian 发行版和 GNOME 桌面环境。

4. 内核、__________和文件结构一起形成了基本的操作系统结构。

5. __________是运行程序和管理设备的核心程序。

6. Shell 是一种__________，它解析用户输入的命令并将其发送到内核。

7. 虚拟文件系统可以分为__________和设备驱动程序。

8. Linux 操作系统内核的内存管理包含两部分，其中________提供了进程的映射和逻辑内存的对换。

二、选择题

1. GNU 操作系统上默认的 Shell 版本类型是__________。

A. Bourne Shell

B. BASH

C. Korn Shell

D. C Shell

2. 下面关于 Linux 操作系统的说法，选项__________是不正确的。

A. Linux 是一套免费使用和自由传播的类 Unix 操作系统

B. Linux 是基于 GPL 授权下的产物，因此任何人都可以自由取得 Linux，至于一些安装套件的发行者，他们发行的安装光盘也只是需要一些费用即可获得

C. Linux 操作系统包含多个版本，例如 Red Hat Linux、Ubuntu Linux 和 Debian Linux 等

D. Linux 操作系统的诞生离不开 Unix 操作系统，其他内容（如 GNU 计划和 Internet 网络）则不需要

3. 下面列举了几种常见的 Shell 版本，__________是贝尔实验室开发的 Shell 版本。

A. Bourne Shell

B. BASH

C. Korn Shell

D. C Shell

4. 下面关于 Linux 与 Windows 操作系统的区别，选项__________是不正确的。

A. Linux 系统是开放源码系统，允许任何人对程序的修改与编辑；而 Windows 操作系统的源码受到微软版权保护，仅限微软内部开发修改

B. Linux 操作系统由于是开放源码系统，一般均是免费的。由于该系统的核心是免费的，即使需要付费，费用也比 Windows 服务器系统更加低廉

C. Linux 根据文件的头部内容来识别其类型，Windows 操作系统使用文件名扩展来识别文件的类型

D. Windows 操作系统的目标是网络和打印，而 Linux 操作系统的目标只有打印

5. Linux 操作系统的发行版本有许多，其中不包括__________。

A. Red Hat Linux

B. X Window

C. Ubuntu Linux

D. Debian Linux

6. 关于 Linux 的特点和优势，说法正确的是__________。

A. 该系统只支持命令模式界面，这样是为了防止病毒和攻击

B. 可移植性，可以将操作系统从一个平台转移到另一个平台，但是移植完成后都不能够再运行

C. 多用户，它是指系统资源可以被不同的用户各自拥有并且使用

D. Linux 可以随时获得最新的安全信息，并且随时更新，安全性能非常低

7. 用户也可以产生自己的工具，也可以使用系统中提供的实用工具。系统提供的实用工具包括__________。

A. 过滤器

B. 交互程序

C. 编辑器

D. 以上都包括

8. 关于 Linux 操作系统的应用领域和发展前景的说法中，不正确的是__________。

A. 虽然 Linux 操作系统自身有许多特色优势，但是就目前国内的 Linux 系统应用领域而言，Linux 的发展前景是不容乐观的

B. 目前 Linux 已经广泛应用到不同的领域中，如教育领域、银行和政府领域、嵌入式系统领域等

C. Linux 操作系统自身的特色优势和用途、广泛的应用领域、自由软件开发的新思维，以及国际市场动态使 Linux 系统的前景很被看好

D. Linux 操作系统不仅在网络服务器领域得到了应用，而且在企业级服务器领域也得到了应用

9. Linux 系统的实用工具不包括__________。

A. 编辑器

B. 交互程序

C. 文件结构

D. 过滤器

三、简答题

1. 简单说明 Linux 操作系统的产生背景。

2. 分别说出 Linux 操作系统的优点和缺点，至少三点。

3. 你所知道的 Linux 系统有哪些版本？对它们进行简单说明。

4. 请简述 Linux 的组成结构并加以说明。

5. Linux 分别与 Windows 系统和 Unix 系统有什么区别？

6. 你对 Linux 的发展前景怎么看？请条理清晰地说出自己的观点。

第 2 课 Ubuntu 系统入门

每一种系统都有最初的安装和初体验，系统的安装是系统使用的基础，而安装后的设计直接影响系统的使用。本课介绍 Ubuntu 系统的初体验，包括系统的安装，初次启动 Ubuntu 系统的图形界面以及环境配置等。

本课学习目标：

- ❑ 掌握 Ubuntu 系统的安装
- ❑ 掌握虚拟机下的系统安装
- ❑ 了解 Ubuntu 系统的桌面
- ❑ 掌握在 Ubuntu 系统中搜索文件和应用
- ❑ 了解桌面设置
- ❑ 了解隐私设置
- ❑ 了解 Ubuntu 中常用的登录界面
- ❑ 了解 Ubuntu 中常用桌面

2.1 系统安装

系统的安装方法有多种，而在系统安装之前，需要确定计算机的硬件是否支持系统的安装。本节介绍系统的安装条件及系统的安装过程。

2.1.1 系统安装需求

系统安装需要有安装文件和安装介质，接下来才能进行系统的安装。系统的安装文件需要准备一张 Ubuntu 安装的 DVD 盘或 U 盘。

由于 Linux 操作系统是开源的，因此可以根据需求，在 http://www.ubuntu.org.cn/download 上自行选择 32 位或者 64 位 Ubuntu 系统的 iso 格式文件，使用刻录软件将 iso 文件刻录至光盘或 U 盘上。

镜像下载默认为 64 位。从 Ubuntu 12.04 开始默认 64 位镜像下载，而不是以前的 32 位。这对于计算机用户的硬件条件又提出了更高的要求，建议硬件配置如下所示。

- 内存大小 2GB。
- 显存大小 128MB。
- 磁盘空间 8GB。
- 声卡支持。
- 互联网支持。

由于现在 Ubuntu 的 ISO 安装文件达到了 750MB，一张 CD 光盘装不下，所以，用户需要考虑用 DVD 或 U 盘来装载安装文件。

2.1.2 硬盘下覆盖性安装

有了安装程序介质，并确认硬件需求之后，即可进行 Ubuntu 系统的安装。将 Ubuntu 启动光盘或者 U 盘连接计算机，开机时在 BIOS 中设置从光盘启动或者是 U 盘启动。

因为机型不同，BIOS 类型也各不相同，所以具体如何开机便选择从光盘或者 U 盘启动。

1．默认安装方式

在进入了安装程序之后，如果不进行任何操作，则直接进入如图 2-1 所示的界面。在界面左侧选择中文（简体），则右侧界面中的文字将变成简体中文字体，如图 2-1 所示。

图 2-1　选择安装语言

此时单击【安装 Ubuntu】按钮，进入如图 2-2 所示的界面。该界面显示了安装 Ubuntu 所需要的此版资源，并提供了安装选项，详情如图 2-2 所示。

图 2-2　安装准备

在图 2-2 中可以根据需求，选择是否安装更新及第三方软件。在安装完成后，这些软件同样可以在系统中进行安装，本文安装系统时没有选择安装，单击【继续】按钮执行剩下的安装过程。

用户对系统的安装可能是在无操作系统下的安装，也可能是在别的操作系统下进行的多系统安装。如果硬盘中没有需要的文件或系统，则选择首选项【清除整个磁盘并安装 Ubuntu】选项，之后继续；否则选择第 2 个选项，如图 2-3 所示。这里首先介绍在无系统下的安装，也可以是覆盖性的安装，即选择首选项并继续，进入如图 2-4 所示的界面。

图 2-3　选择安装类型

图 2-4 选择位置

如图 2-4 所示，在该图中选择用户所在的位置。对于中国大陆用户来说，选择“Shanghai”地区即可。安装继续进行后，会进入键盘布局选择的界面，如图 2-5 所示。

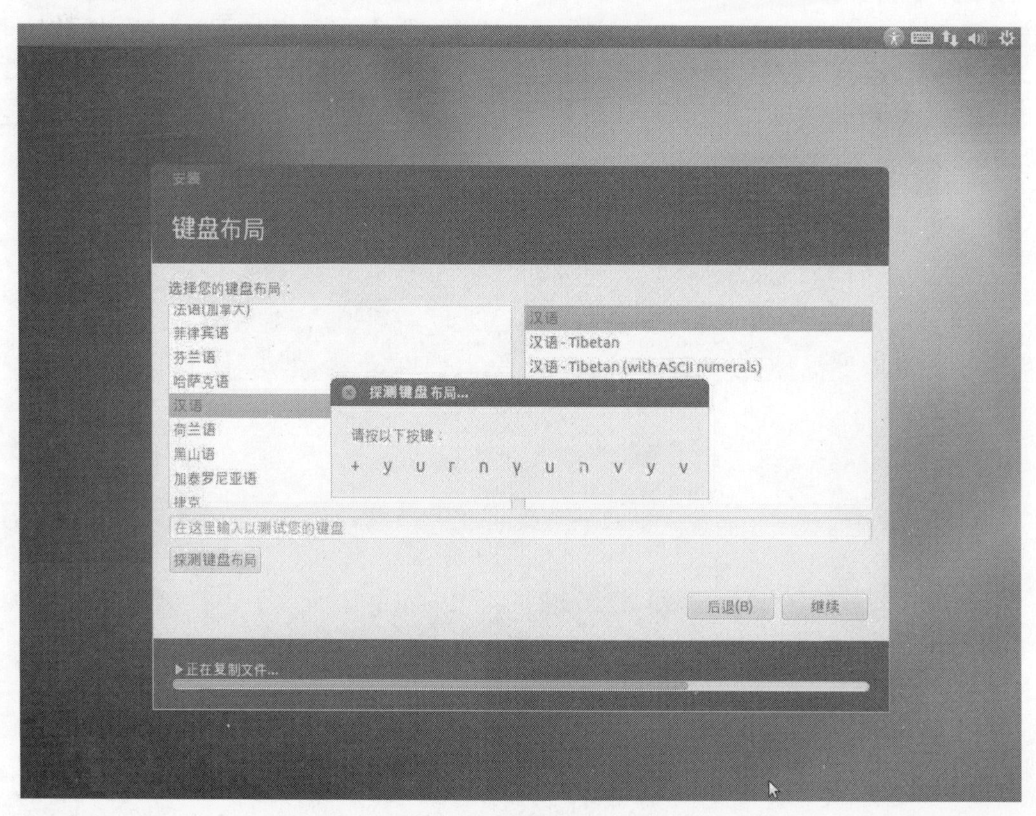

图 2-5 键盘类型选择

图 2-5 中所述的键盘选择，并不是语言的选择，而是对键盘的选择。由于在不同的地区中，键盘的布局不同，如法国的键盘布局与美国的键盘布局不完全相同，不是中国用户所常用的“ASDF”，而是根据法语及法国人民的习惯而设置的键盘布局，如图 2-6 所示。

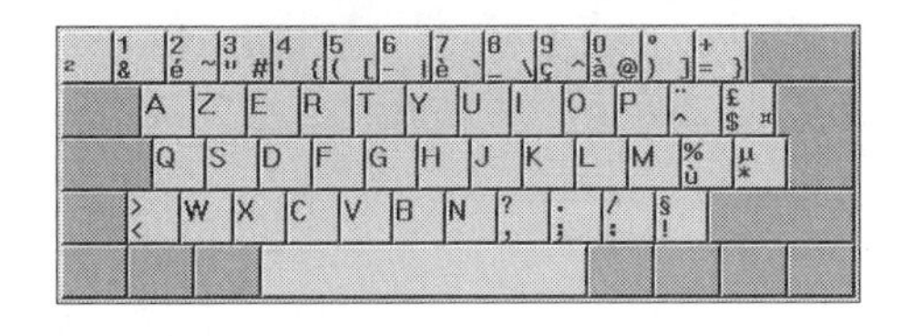

图 2-6 法国键盘

由于汉字过于复杂，因此中国用户所使用的键盘大多是“英语（美国）”式的键盘。如果用户不了解所使用的键盘布局，则可以单击【探测键盘布局】按钮，界面中将出现一个文本框如图 2-5 所示。

根据文本框中的提示来操作，安装程序将检测出用户所使用的键盘类型，如图 2-5 中，默认键盘类型是“汉语”类型，而在根据提示框执行指定操作后，系统更改键盘类型如图 2-7 所示。

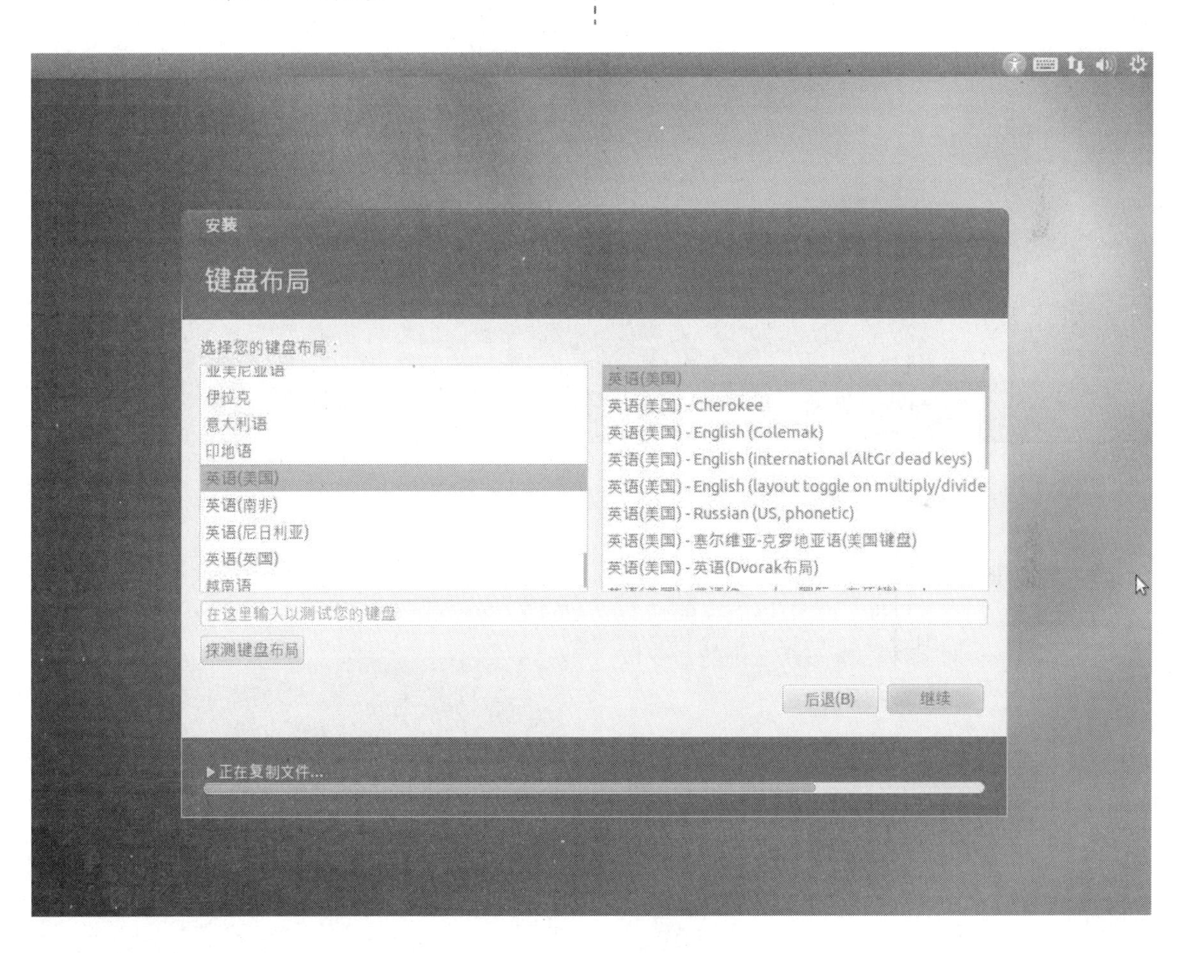

图 2-7 键盘类型

键盘布局的选择直接关系着系统安装后对键盘的使用，因此键盘的布局选择比较重要。在确定了键盘布局之后，需要为用户创建一个登录用户名及密码。这里的用户名及密码与 Windows 下的登录账户类似，但不同。

为了用户的安全，通常在设置时选择登录需要密码，以确保系统的其他用户（访客）无法执行对系统机密设置的修改。

如图 2-8 所示的用户信息设置界面完成设置，那么对系统安装时的设置就结束了。接下来会有几十分钟的时间来根据用户的设置进行安装。安装界面同时会播放幻灯片来帮助用户了解系统。界面安装完成后，会弹出对话框提示用户重启计算机。对计算机重启，即可完成系统安装。

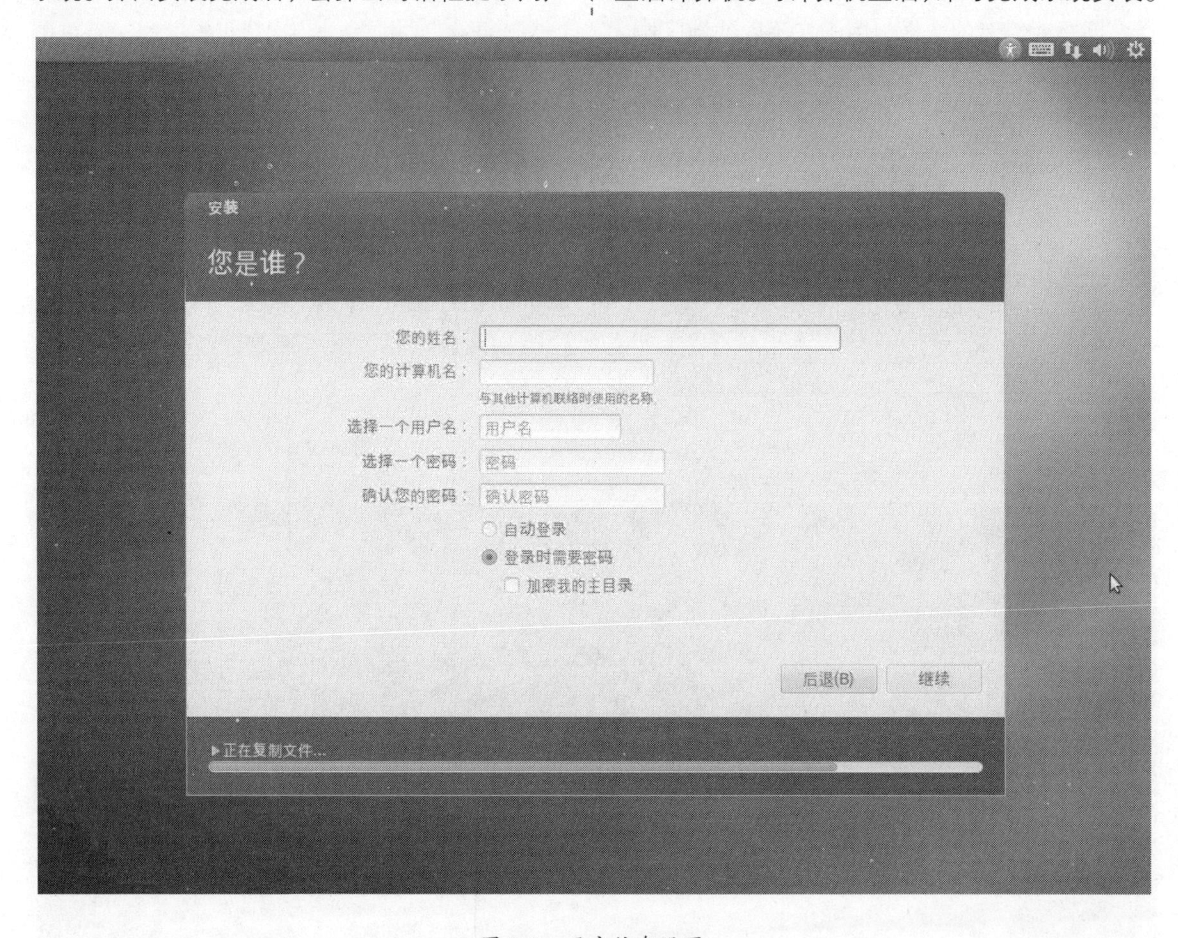

图 2-8　用户信息设置

2．简单安装模式

若在进入安装程序时，按下键盘中的任意键，则出现另一种安装模式。该模式下的命令以简单方式呈现，如图 2-9 所示。

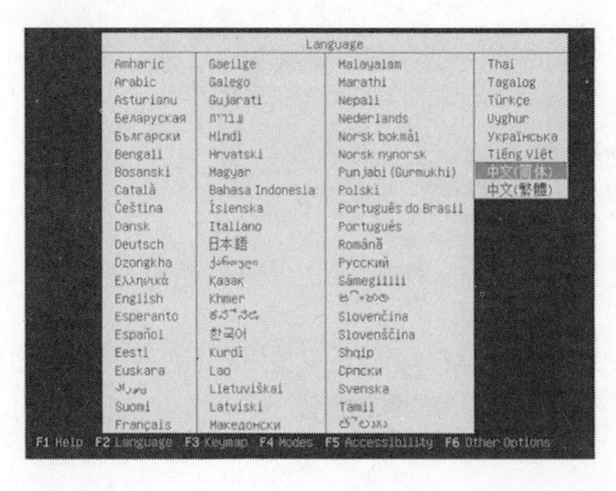

图 2-9　简单模式下选择语言

选择使用语言，并进行下一步，如图 2-10 所示。该图对应了图 2-1 中的步骤，选择安装选项。

图 2-10　安装选项

通过键盘上下键选择安装 Ubuntu，进入如图 2-11 所示的界面，选择“中文（简体）”选项，进入如图 2-2 所示的界面，以后的安装步骤与默认安装一致。

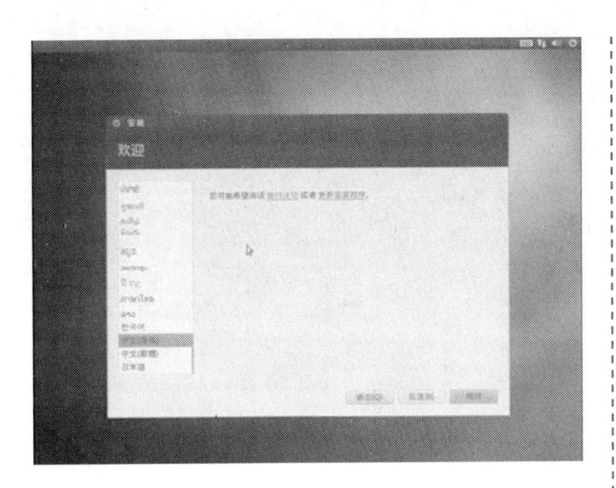

图 2-11　选择语言

无论使用哪种模式进行安装，在安装完成后都需要重启电脑，并进入系统的界面，如图 2-12 所示。

由于在安装过程中，设置了登录时需要的密码，因此在登录界面中提示了安装时注册的用户名，由用户输入密码。选择客人会话时不需要密码直接进入，但以客人的身份登录系统，将受到多种权限限制，无法进入系统安全设置。

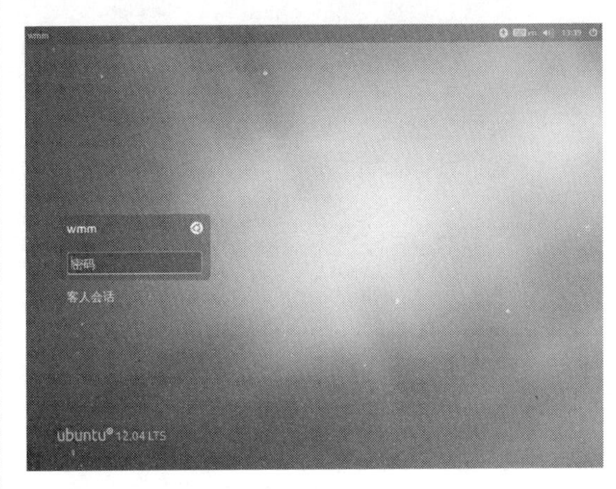

图 2-12　登录界面

2.1.3　在其他系统上安装

若在计算机中本身存在其他系统（一般是 Windows XP 或者是 Windows 7），界面会大不相同。此时需要选择图 2-3 中的“其他选项”，界面将列举系统中所存在的所有系统，供用户选择对原有系统的卸载、升级和删除等。

若要在原系统共存的情况下安装，则需要选择“其他选项”。此时界面为安装类型，在类型一栏中，有“ntfs”和“ext4”两种格式，一般 ntfs 格式是 XP 或者 WIN7 系统所拥有的分区，而 ext4 则属于 Ubuntu。从中找到计划中要安装的分区，注意分区的大小不能小于 Ubuntu12.04 所需的最小空间。选择后对分区进行设置并执行操作。接下来系统进入图 2-4 所示的界面，安装过程中的剩余步骤与硬件下覆盖性安装的步骤一样。

2.1.4　虚拟机下安装

在虚拟机下实现 Linux 的安装是较为常见的安装方式，其大部分的安装步骤一样，不同的是需要在虚拟机下进行创建和设置。

在虚拟机下安装系统，需要进入虚拟机程序，创建新的虚拟机。本文以 Oracle VM VirtualBox 虚拟机为例，介绍系统的安装。

首先需要新建虚拟计算机，在 Oracle VM VirtualBox 中单击【新建】打开如图 2-13 所示的窗口。为该虚拟电脑命名，并选择 Linux 系统和 Ubuntu 版本如图 2-13 所示。

图 2-13　创建虚拟电脑

接下来为新建的虚拟计算机配置硬件需求，步骤省略。对虚拟计算机的配置完成，相当于计算机的硬件配置完成，即可为计算机设置驱动及系统安装文件。

在虚拟机软件中选中新建的空虚拟计算机，单击【设置】按钮进入如图 2-14 所示的设置窗口。选择【存储】选项，为虚拟计算机分派光驱，选择 Ubuntu 安装文件进行添加，如图 2-14

所示。

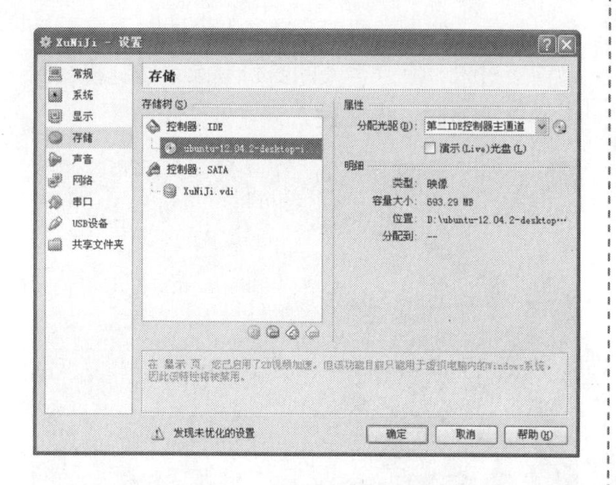

图 2-14　添加安装文件

添加完成后，单击【确定】按钮回到虚拟机管理器，单击菜单栏下方的按钮，执行系统的安装，如图 2-15 所示。

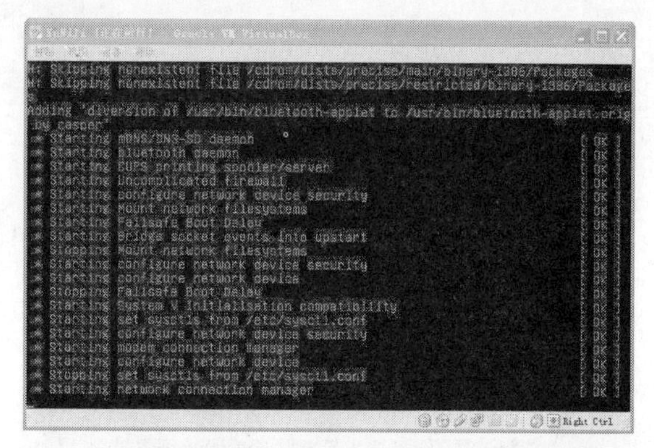

图 2-15　虚拟机下安装 Ubuntu

虚拟机下对系统的安装过程与硬盘下的安装过程一样，在启动了安装程序后进入如图 2-1 所示的界面，剩下的安装过程参考 2.1.2 小节。

安装完成后需要重启计算机，而对于虚拟计算机来说，只需要重启虚拟计算机即可，其他步骤与硬盘下的操作完全一样，重启后进入如图 2-12 所示的界面。

2.1.5 解决显卡问题

并不是所有的安装都能顺利进行。例如在安装完成后，由于显卡的问题而在重启计算机后无法进入如图 2-12 所示的图形界面，而是进入了如图 2-16 所示的界面。

```
Ubuntu 12.04.2 LTS wmm-VirtualBox tty1

wmm-VirtualBox login: 123456
Password:

Login incorrect
wmm-VirtualBox login:
Password:

Login incorrect
wmm-VirtualBox login: wmm
Password:
Welcome to Ubuntu 12.04.2 LTS (GNU/Linux 3.5.0-23-generic i686)

 * Documentation:  https://help.ubuntu.com/

160 packages can be updated.
81 updates are security updates.

The programs included with the Ubuntu system are free software;
the exact distribution terms for each program are described in the
individual files in /usr/share/doc/*/copyright.

Ubuntu comes with ABSOLUTELY NO WARRANTY, to the extent permitted by
applicable law.

wmm@wmm-VirtualBox:~$
```

图 2-16　提示框

显卡问题是安装过程中最常见的问题，进入如图 2-16 所示的界面后，可以根据提示进行用户名密码进行登录。

登录过后无法进入图形界面，而是出现了如图 2-17 所示的提示框。单击【OK】按钮后进入另一个提示框依次继续，进入了系统命令终端。

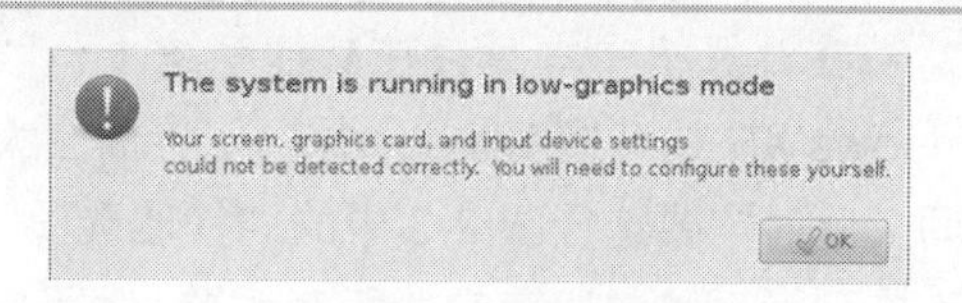

图 2-17　登录提示框

虽然用户可在系统终端对系统进行操作管理，但这样的操作事倍功半。上述问题需要依次执行两条命令来解决，命令如下：

```
sudo apt-get install fglrx
sudo reboot
```

上述两条命令需要逐个执行，首先执行“sudo apt-get install fglrx”命令，如图 2-18 所示。

```
Ubuntu 12.04.2 LTS wmm-VirtualBox tty1

wmm-VirtualBox login: wmm
Password:
Last login: Fri Apr 19 16:18:47 CST 2013 on tty1
Welcome to Ubuntu 12.04.2 LTS (GNU/Linux 3.5.0-23-generic i686)

 * Documentation:  https://help.ubuntu.com/

160 packages can be updated.
81 updates are security updates.

wmm@wmm-VirtualBox:~$ sudo apt-get install fglrx
[sudo] password for wmm:
Sorry, try again.
[sudo] password for wmm:
■■■■■■■■■ ... ■■
■■■■■■■■■■■■■■
■■■■■■■■■ ... ■■
■■■■■■■■■■■■■■
  dkms fakeroot fglrx-amdcccle linux-headers-3.2.0-40
  linux-headers-3.2.0-40-generic linux-headers-generic
■■■■■■■■■■■■■■
  dkms fakeroot fglrx fglrx-amdcccle linux-headers-3.2.0-40
  linux-headers-3.2.0-40-generic linux-headers-generic
■■■ 0 ■■■■■■■■■ 7 ■■■■■■■■ 0 ■■■■■■ 157 ■■■■■■■
■
■■■■ 57.9 MB ■■■■■
■■■■■■■■ 197 MB ■■■■■■
■■■■■■ [Y/n]y
```

图 2-18　命令安装界面

该命令将为用户提供一个选择，提示安装该文件所需要的磁盘空间。用户在确定了磁盘空间后，可输入【y】按钮并按 Enter 按钮继续。

该命令执行完成后，界面如图 2-19 所示，在该界面中输入第 2 条命令，继续执行文件的安装。

上述两条命令完成，系统已可以进入登录图形界面，此时需要重启虚拟电脑，进入如图 2-12 所示的界面。

```
update-alternatives: ■■ /usr/lib/fglrx/alt_ld.so.conf ■■■ /etc/ld.so.conf.d
/x86_64-linux-gnu_GL.conf (x86_64-linux-gnu_gl_conf)■■ ■■■■■ ■■
update-initramfs: deferring update (trigger activated)
Loading new fglrx-8.960 DKMS files...
First Installation: checking all kernels...
Building only for 3.5.0-23-generic
Building for architecture i686
Building initial module for 3.5.0-23-generic
sudo rebDone.

fglrx:
Running module version sanity check.
 - Original module
   - No original module exists within this kernel
 - Installation
   - Installing to /lib/modules/3.5.0-23-generic/updates/dkms/

depmod.......

DKMS: install completed.
update-initramfs: deferring update (trigger activated)
■■■■■■ bamfdaemon ■■■■ ...
Rebuilding /usr/share/applications/bamf.index...
■■■■ fglrx-amdcccle (2:8.960-0ubuntu1.1) ...
■■■■■■ initramfs-tools ■■■■ ...
update-initramfs: Generating /boot/initrd.img-3.5.0-23-generic

■■■■■■ libc-bin ■■■■ ...
ldconfig deferred processing now taking place
wmm@wmm-VirtualBox:~$ sudo reboot
```

图 2-19 fglrx 安装完成

2.2 系统体验

本节将介绍系统的基础应用，包括对系统桌面的认识，对文件及应用程序的搜索、桌面设置以及系统设置等内容。

2.2.1 系统桌面认识

在如图 2-12 所示的界面下，输入密码进入系统，其显示桌面如图 2-20 所示。在界面的左侧是系统可以直接单击进入的程序或目录，而在界面上方，是默认以输入法切换软件、电子邮件软件、上传下载图标、声音按钮、时间显示、当前登录用户以及系统菜单。系统菜单为下拉菜单，可执行系统操作如下所示。

图 2-20 Ubuntu 主界面

- 系统设置。
- 显示。
- 启动应用程序。
- 软件更新。
- 已连接的设备。
- 打印机。
- 锁定屏幕。
- 注销。
- 关机。

与 Windows 桌面不同的是，图 2-20 中左侧所示的应用及文件夹需要单击进入，而不是双击进入。

2.2.2 应用及文件搜索

系统中的应用程序并没有完全显示，单击界面左上方的按钮即可打开系统下的应用，如图 2-21 所示。由于该系统是新建系统，该界面所显示的内容较少，否则该界面将显示的内容如下所示。

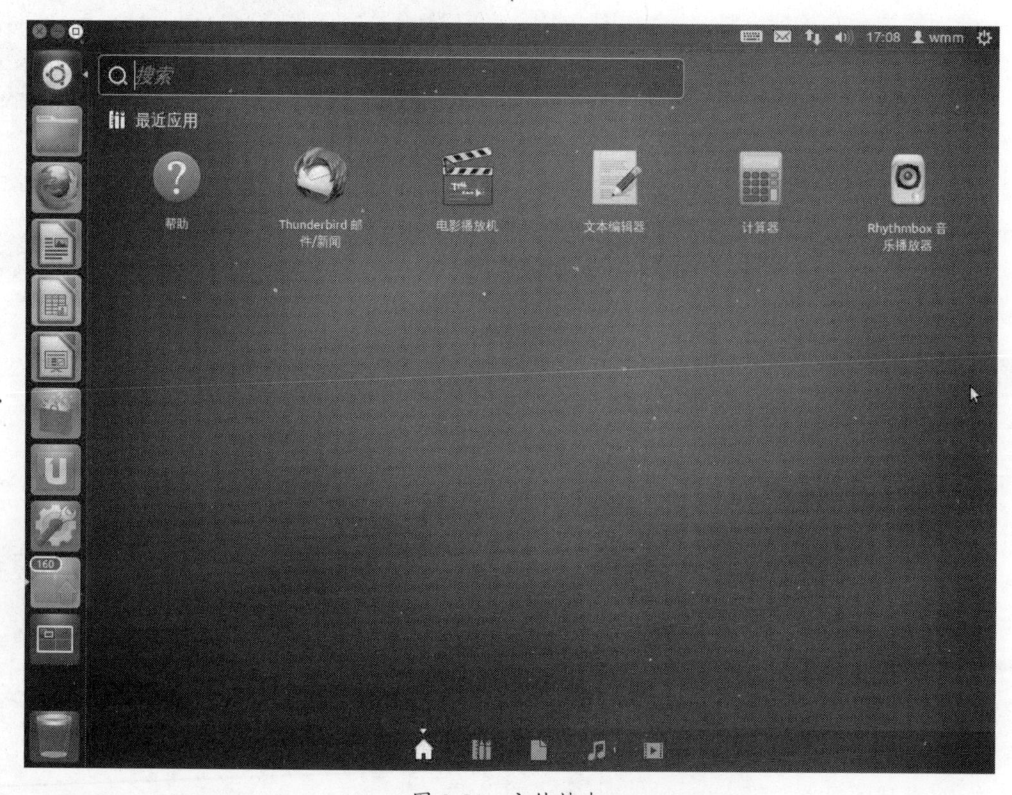

图 2-21　文件搜索

- **最近应用**　包括用户常用的应用，通过图 2-21 所示的搜索文本框中指定关键字，可以快速找到需求的应用程序。
- **最近文件**　包含文本文件、源代码文件、头文件和文档文件等。
- **下载**　所显示内容为主文件夹下的【下载】文件夹内容，下载文件的默认保存地址。

如图 2-21 所示，该界面下方有按钮、、、、，其所显示的主要内容及其分类如下所示：

- 显示系统内所有的应用及文件。
- 显示系统内所有的应用程序，包括最近使用、已安装和可供下载的软件 3 个分类。
- 显示显示系统内所有的文件和目录，包括：最近、下载和目录这 3 个分类。
- 显示显示系统内所有的音乐文件、音乐选集。
- 显示显示系统内所有的视频文件。

2.2.3 桌面设置

Ubuntu 中桌面显示的设置较为简单，在桌面单击鼠标右键，如图 2-22 所示。选择“更改桌面背景”选项，有如图 2-22 所示的对话框。

在图 2-22 右侧选项喜欢的桌面背景进行选

择，桌面将根据用户选择做出修改，而不需要用户确认。在选择了背景后，直接关闭该对话框即可，桌面已经被默认修改并保存设置。

除此之外，图 2-22 中右侧的【壁纸】按钮的下拉菜单有壁纸、图片文件夹、颜色和渐变这 3 个选项。可以根据图片文件夹中的图片为桌面选择背景，可以根据“颜色和渐变”选项为桌面设置纯色或者是颜色渐变的背景。

在图 2-22 右侧，壁纸图片详情的左下角有【+】和【-】两个按钮，【+】按钮可以为该壁纸详情中添加新的图片，而【-】按钮则删除壁纸。单击【+】按钮，显示如图 2-23 所示的对话框。

图 2-22 背景选择

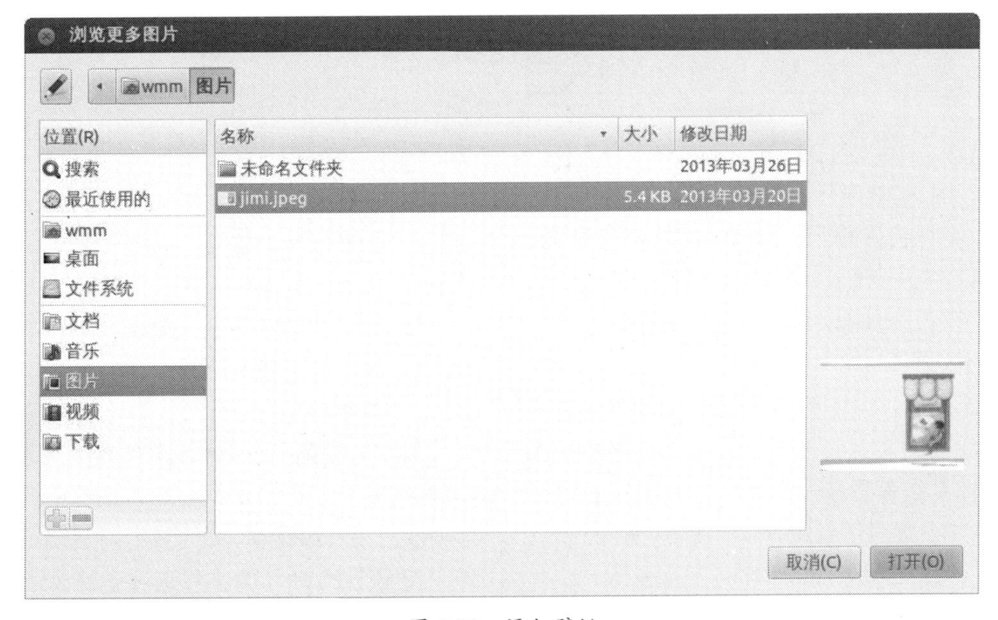

图 2-23 添加壁纸

如图 2-23 所示，该对话框打开了主文件夹下的【图片】文件夹，该文件夹默认存放用户图片。如该文件夹下有图片文件【jimi.jpeg】，选中该文件右侧显示该文件的缩略图供用户选择。

单击【打开】按钮，该文件被自动保存，放置在图 2-22 右侧下拉菜单中的图片文件夹中，如图 2-24 所示。而桌面背景已被默认修改，如图 2-24 所示。

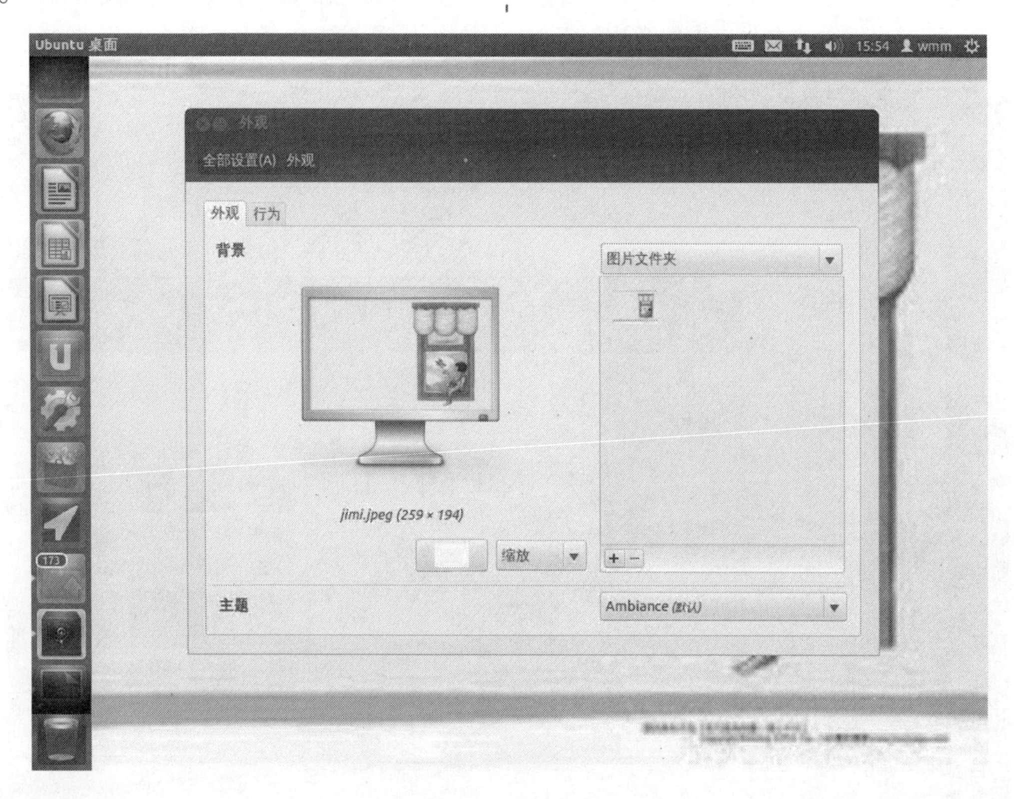

图 2-24　添加壁纸

试一试

对于桌面的背景和外观设置还有很多，这里不再详细介绍。用户可以在图 2-22 所示的对话框中尝试进行设置。

2.2.4　隐私设置

由于图 2-22 所示的界面中将列出用户最近的活动，包括打开哪些应用软件，浏览过哪些文档，音乐，电影等。这些内容有时将涉及用户的隐私，为了改变其显示内容，可以在系统设置中进行修改。

本课的 2.2.1 小节中，列举了桌面图标的应用，在界面的左上角的按钮可以打开系统菜单，选择系统设置选项即可打开系统设置对话框。在系统设置对话框中有 3 个分类，如下所示。

- **个人**　包括 Ubuntu One、键盘布局、锁屏、外观、隐私以及语言支持。
- **硬件**　包括 Wacom 图形手写板、打印、电源、附加驱动、键盘、蓝牙、色彩、声音、鼠标和触摸板、网络以及显示。
- **系统**　包括备份、管理服务、日期和时间、通用辅助功能、详细信息以及用户账号。

在个人分类下有隐私选项，选择该选项进入如图 2-25 所示的对话框。在对话框中选择文件选项及应用程序选项，即可进行对活动记录的设置，如图 2-25 所示为文件选项中的设置。

在该对话框中，除了对指定文件类型解除记

录，还可对指定的目录解除记录。选择左下角的【+】按钮可以打开【将目录选择到黑名单】对话框，将指定目录选择到黑名单。该选项通常用于对一个文件夹的活动。

在【将目录选择到黑名单】对话框中选择的目录将被添加至隐私对话框中，选定该文件夹后，可以使用【-】按钮将其删除。

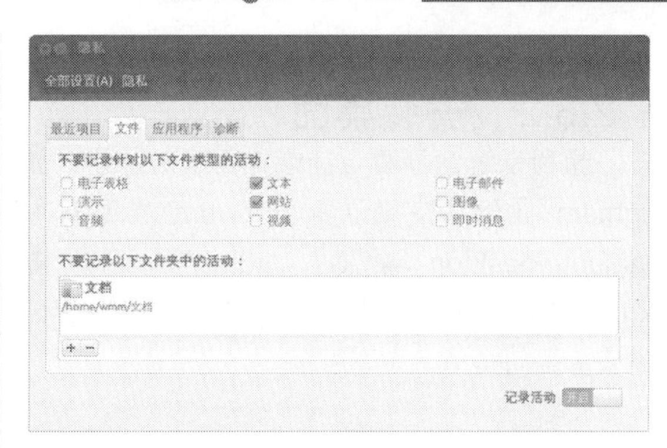

图 2-25　文件活动记录

2.3 图形界面

学习了 2.2 小节的内容后，用户可以发现，在 Linux 下并没有开始菜单和并排显示的已打开文件列表，其登录界面也毫无特色。

在 Ubuntu 版本下可以通过对图形界面的安装改变当前的图形界面，包括登录界面和用户桌面。

2.3.1 安装登录界面

对于登录界面有三种界面，默认为 lightdm 界面，还可以安装 xdm 界面、gdm 界面和 kdm 界面。通过执行语句来实现，语句如下：

```
sudo apt-get install xdm/gdm/kdm
```

命令语句需要在系统终端写入，终端的打开方式为组合键“Ctrl+Alt+F1/F2/F3/F4/ F5/F6”，而通过“Ctrl+Alt+F7”组合键回到用户登录界面，通过“Ctrl+Alt+F7”组合键直接回到系统桌面。以 kdm 界面为例，由于系统本身拥有 lightdm 界面，因此安装之后系统将有对话框，以供用户选择通过哪种界面登录，如图 2-26 所示。

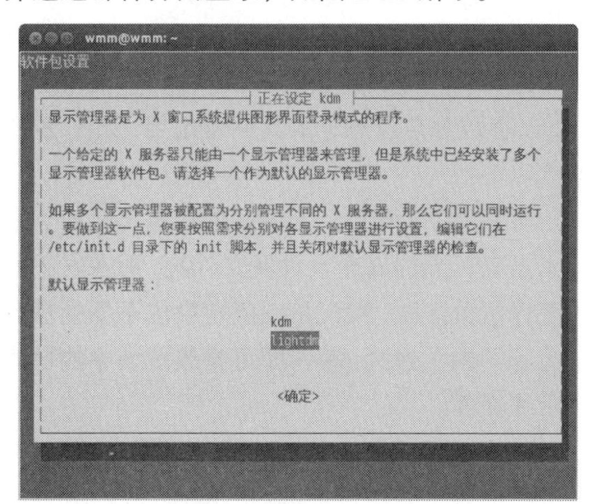

图 2-26　选择登录界面

通过键盘上下键选择登录界面，如选择图示界面，则登录界面不变。若选择 kdm 界面，则确定、安装并重新启动后，其登录界面如图 2-27 所示。

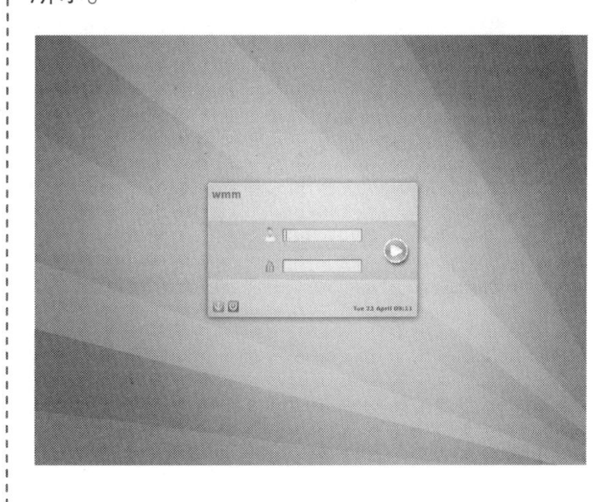

图 2-27　kdm 登录界面

如图 2-27 所示，在文本框中输入用户名并确定，则界面出现密码标志及输入框，输入密码并登录，登录后的界面没有变化。

试一试

用户可以自行安装 xdm 登录界面，查看其界面效果。

2.3.2 安装桌面

桌面系统的界面与登录界面是对应的，如 lightdm 界面对应默认桌面、xdm 界面对应 xubuntu-desktop 桌面、kdm 界面对应 kubuntu-desktop 桌面。其安装语句与登录界面的安装语句类似，如下所示：

```
sudo apt-get install ubuntu-desktop/
kubuntu-desktop/xubuntu-desktop/gnome
```

登录管理的使用与桌面的使用通常是对应的，如使用 kdm 登录管理来登录系统，则登录桌面通常为 kubuntu-desktop 桌面。

本节以 GNOME 桌面为例，安装 GNOME 图形系统使用语句如下所示：

```
sudo apt-get install gnome
```

安装完成后，界面如图 2-28 所示。界面中没有文件和应用程序的图标，而是在界面左上角有应用程序和位置下拉菜单。

图 2-28 GNOME 界面

如图 2-28 所示，界面左上角的这两个按钮如同 Windows 下的开始菜单，其与开始菜单的区别如下所示：

- ❑ 在 Windows 下的开始菜单中有“我的电脑”来找到指定位置的文件，在“所有程序”中找到指定的应用程序。
- ❑ 在 GNOME 图形界面中，将文件和应用程序分为两个下拉菜单。

与 Ubuntu 默认的界面相比，GNOME 界面更接近 Windows 桌面。在 GNOME 界面中，除了提供类似开始的菜单，还将处于启动状态的文件和应用程序放在界面的下端，并提供四个工作区，以存放开启状态下的文件及应用，如图 2-29 所示。

如图 2-29 所示，在 GNOME 任务栏中，显示了当前开启的 3 个文件及文件夹，而在右下角的工作区分区处，默认将任务栏中放不下的任务分为不同的工作区，单击即可将该区域中的任务显示在桌面。

对于处于运行中的文件或应用程序，可以在任务栏中直接对该任务进行右键操作，如图 2-29 所示。在弹出的菜单中，可以直接对文件或应用程序进行操作。

图 2-29 任务栏

由图 2-29 中的弹出菜单可以看到，该文件可以移动到其他的工作区，通常用户可将不同用途的文件和应用程序放在不同的工作区，方便文件和应用程序的查阅使用。

图形界面并不是安装后即可使用，如安装了 GNOME 图形界面之后，在登录界面将出现对于图形界面的选择，如图 2-30 所示。

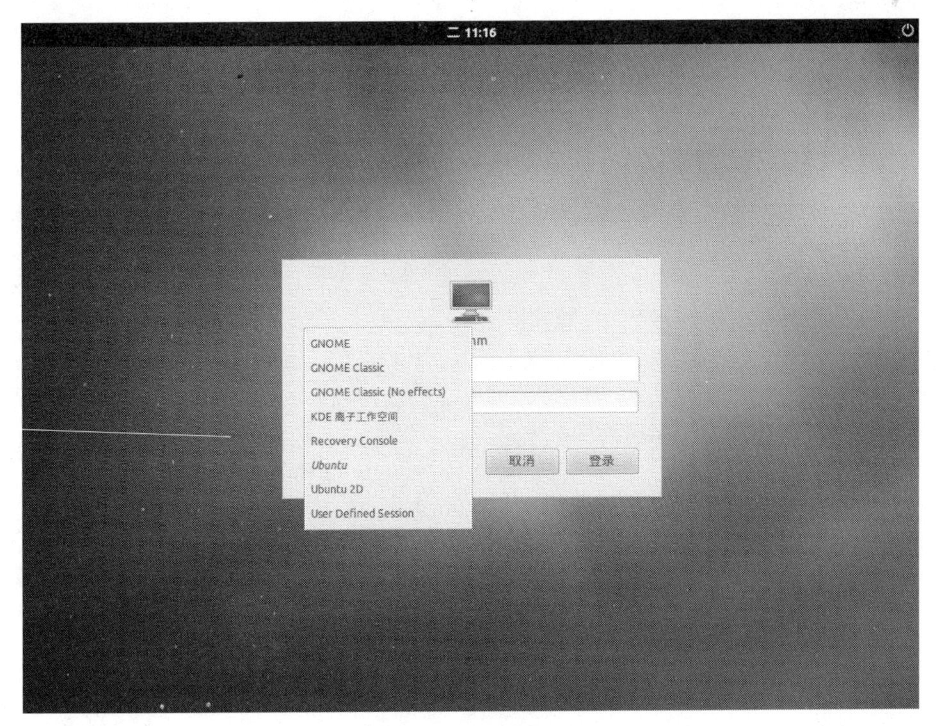

图 2-30 选择图形界面

在开机启动后，进入图 2-30 所示的图形界面选择界面，单击右下角的 Ubuntu 按钮，有如图 2-30 所示的菜单。该菜单列出了当前系统中所安装的可用界面，选择第一个选项“GNOME”才能进入如图 2-28 所示的界面。

如图 2-30 所示，在系统下选择 KDE 离子工作空间选项启动图形界面，其效果如图 2-31 所示。

如图 2-31 所示的界面是另外一种风格的界面，但由于系统属于新安装的系统，没有内容显示。左下角的蓝色图标相当与 Windows 下的开始菜单，单击该按钮如图 2-31 所示。

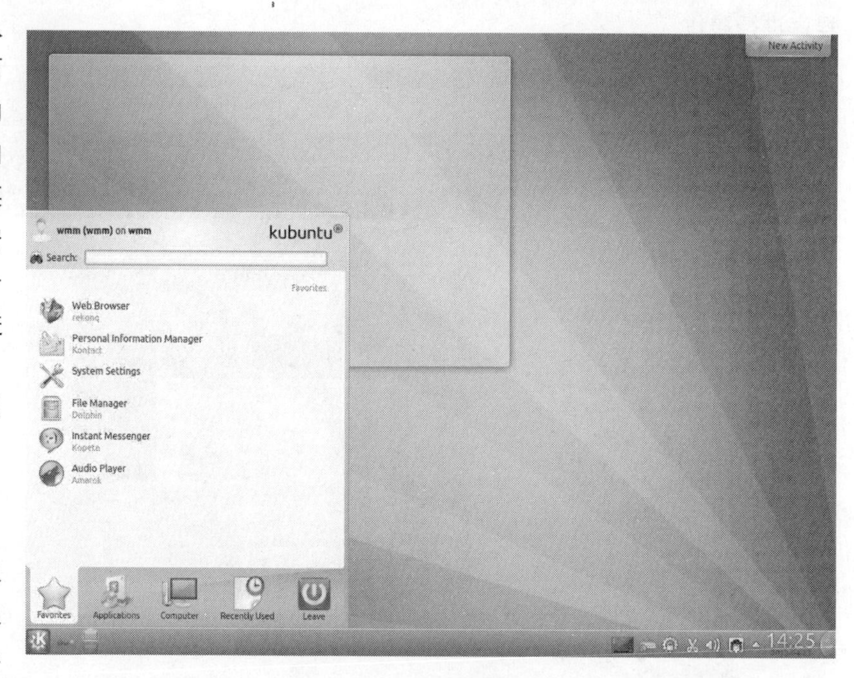

图 2-31　KDE 图形界面

与 GNOME 图形系统类似，KDE 图形界面同样支持任务栏，如图 2-32 所示。在图中打开了两个文件夹，在任务栏中选中指定任务，右击该任务，弹出的菜单如图 2-32 所示。

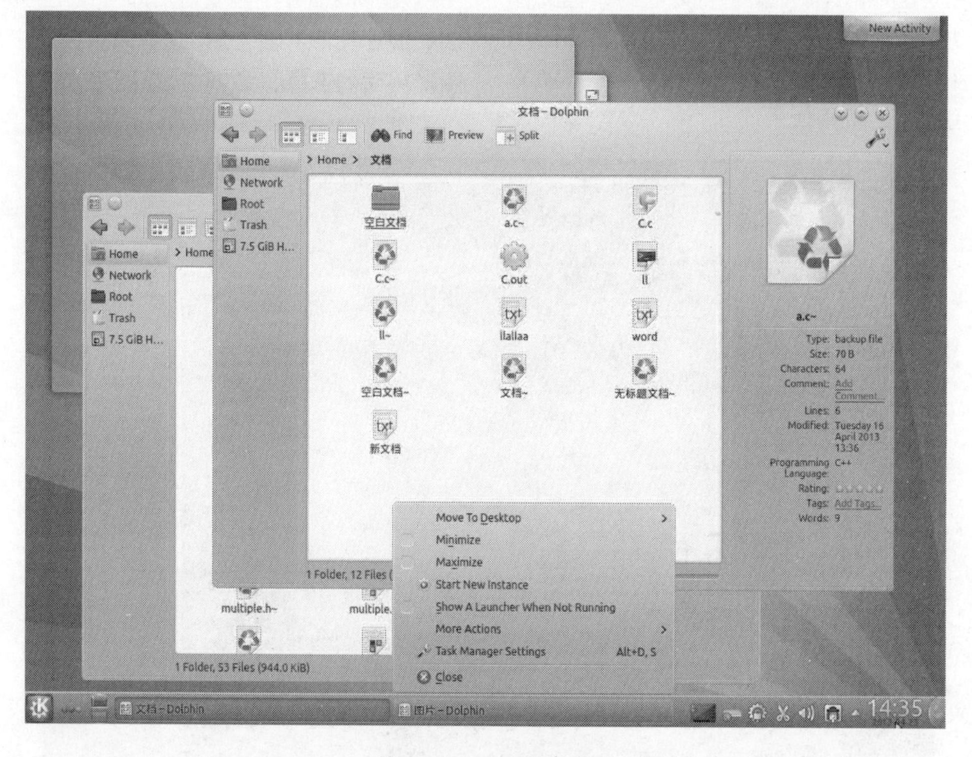

图 2-32　KDE 任务栏

如图 2-32 所示，通过任务栏操作，可直接对文件或应用程序进行操作管理。在 KDE 图形界面中，对文件夹的启动仍然是单击打开，而对单个文件的访问需要双击打开。

与 Ubuntu 默认的图像界面相比，GNOME 图形界面和 KDE 图形界面就能有着更好的视觉效果和便利的操作环境。

除此之外，由图 2-32 可以看出，【文档】文件夹下的隐藏文件也被显示出来，为文件的查询应用提供方便。而在 Ubuntu 默认的图像界面中是无法显示的，默认界面只提供主要的用户权限内的文件查看。

试一试

本节以 GNOME 图形界面为例，介绍 Ubuntu 下的图形系统，用户可以自行安装其他图形系统，查看界面效果。

2.4 拓展训练

xdm 桌面系统安装

尝试在 Ubuntu 中安装 xdm 登录系统及其对应的桌面系统，并对桌面系统的应用做了一个了解。安装成功后，在启动系统时出现如图 2-33 所示的启动界面。

图 2-33 xubuntu 启动界面

2.5 课后练习

一、填空题

1．中国用户所使用的键盘布局大多是__________式键盘。

2．Ubuntu 默认桌面左侧的图标，需要__________打开。

3．kdm 登录界面通常对应__________桌面。

4．系统设置对话框中有三个分类：个人、__________、系统。

5．在桌面设置中，若需要将桌面背景设置为纯色，则需要在图 2-21 中选择__________选项。

6．下载文件的默认保存在主文件夹下的__________文件夹中。

7．在其他系统下安装 Ubuntu 时，__________格式属于 Ubuntu 系统所拥有的分区。

二、选择题

1．安装过程中需要输入用户位置，中国大陆用户默认的位置是__________。

A．Beijing

B．Shanghai

C．Shenzhen

D．Guangzhou

2．当安装重启后，界面出现 the system is running in low-graphics mode 提示，则需要输入下列语句进行安装__________。

A．

```
sudo apt-get remove --purge gdm
```

```
sudo apt-get install gdm
```

B.

```
sudo chown lightdm:lightdm -R
sudo chown avahi-autoipd:avahi-autoipd-R
```

C.

```
sudo apt-get update
sudo apt-get -d install --reinstall gdm
```

D.

```
sudo apt-get install fglrx
sudo reboot
```

3. 通过查看系统下的应用和文件时，默认显示3类内容，不属于这3类的是__________。

A. 最近文档

B. 最近应用

C. 最近文件

D. 下载

4. 下列不属于壁纸设置选项的是__________。

A. 壁纸

B. 图片文件夹

C. 本地图片

D. 颜色和渐变

5. 在系统设置对话框中，不属于个人设置的是__________。

A. Ubuntu One

B. 键盘布局

C. 隐私

D. 用户账户

6. 下列不能打开终端的组合键为__________。

A. Ctrl+Alt+F4

B. Ctrl+Alt+F5

C. Ctrl+Alt+F6

D. Ctrl+Alt+F7

三、简答题

1. 简单说明 Ubuntu 12.4 安装的硬件需求。

2. 简单说明安装过程中需要设置的内容。

3. 简要概述默认的图形界面桌面中，可执行的操作。

4. 简单说明系统的桌面设置。

5. 简单说明系统个人隐私设置。

第 3 课 Linux 文件系统

人们对程序的使用即为对文件的使用，因此对系统的使用主要表现在对文件的使用。系统是一个中介，提供了对文件的操作方法。

本课将主要讲解 Linux 文件系统的内容，包括文件系统的工作原理、文件类型、文件目录和文件权限等。既有通过界面对文件的使用，也有通过命令对文件系统的管理。

本课学习目标：

- ❑ 了解 Linux 文件系统的组织方式
- ❑ 了解 Linux 文件系统的工作原理
- ❑ 掌握文件系统的挂载和卸载
- ❑ 了解 Linux 文件系统文件类型
- ❑ 掌握 Linux 文件查阅
- ❑ 掌握 Linux 文件属性和权限管理
- ❑ 理解 Linux 目录配置
- ❑ 掌握 Linux 目录操作
- ❑ 掌握硬链接的含义及其创建
- ❑ 掌握软链接的含义及其创建
- ❑ 理解软链接与硬链接的区别

3.1 Linux 文件系统

文件系统（file system）表示存储在计算机上文件和目录的数据结构，也可以用于存储文件的分区或磁盘。操作系统可以通过文件系统方便地查寻和访问其中所包含的磁盘块。

3.1.1 Linux 文件系统概述

在 Linux 系统中，每个分区都是一个文件系统，都有自己的目录层次结构。Linux 最重要的特征之一就是支持多种文件系统这样它更加灵活，并可以和其他种操作系统共存。由于系统已经将 Linux 文件系统的所有细节进行了转换，所以Linux核心的其他部分及系统中运行的程序将看到统一的文件系统。

1．文件记录形式

Linux 文件系统使用索引节点（inode）来记录文件信息，索引节点的作用类似于 Windows 操作系统中文件分配表。索引节点是一种数据结构，它包含了一个文件的长度、创建及修改时间、权限、所属关系、磁盘中的位置等信息。

一个文件系统维护了一个索引节点的数组，每个文件或目录都与索引节点数组中的惟一一个元素对应。系统给每个索引节点分配了一个号码，也就是该节点在数组中的索引号，称为索引节点号。

Linux 文件系统将文件索引节点号和文件名同时保存在目录中。所以，目录只是将文件的名称和它的索引节点号结合在一起的一张表，目录中的每一对文件名称和索引节点号称为一个连接。对于一个文件来说，有一个索引节点号与之对应、而对于一个索引节点号，却可以对应多个文件名。因此在磁盘上的同一个文件可以通过不同的路径去访问它，这就引入了连接的概念。ln 命令可以对一个已经存在的文件再建立一个新的连接，而不用复制文件的内容。连接有软连接和硬连接之分，其中软连接又叫符号连接。

- ❑ **硬连接** 原文件名和连接文件名都指向相同的物理地址。目录不能有硬连接，硬连接不能跨越文件系统（不能跨越不同的分区），文件在磁盘中只有一个复制，节省硬盘空间。由于删除文件要在同一个索引节点属于惟一的连接时才能成功，因此可以防止不必要的误删除。
- ❑ **符号连接** 用 ln -s 命令建立文件的符号连接。符号连接是 Linux 特殊文件的一种，作为一个文件，它的数据是它所连接文件的路径名。类似于 Windows 下的快捷方式，可以删除原有的文件而保存连接文件，没有防止误删除功能。

2．文件系统类型

文件系统具有不同的格式，它们决定了信息如何被存储为文件和目录，这些格式就被称为文件系统类型（file system types）。随着 Linux 的不断发展，它所支持的文件系统格式也在迅速扩充，特别是 Linux 2.4 内核正式推出后，出现了大量新的文件系统，其中包括日志文件系统 ext3、ReiserFS、XFSJFS 和其他文件系统，到目前最新版本内核的 Linux 支持更多文件系统，常见的有如下所示：

- ❑ **ext2** 早期 Linux 中常用的文件系统。
- ❑ **ext3** ext2 的升级版，带日志功能，是当前 Linux 系统默认的文件系统类型。
- ❑ **RAMFS** 内存文件系统，速度很快。
- ❑ **NFS** 网络文件系统，由 SUN 发明，主要用于远程文件共享。
- ❑ **MSDOS** ms-dos 文件系统。
- ❑ **VFAT** Windows95/98 操作系统采用的文件系统。
- ❑ **FAT** Windows XP 操作系统采用的文件系统。
- ❑ **NTFS** Windows NT/XP 操作系统采用的文件系统。
- ❑ **HPFS** OS/2 操作系统采用的文件系统。

- **PROC** 虚拟的进程文件系统。
- **ISO9660** 大部分光盘所用的文件系统。
- **ufsSun** OS 所用的文件系统。
- **HFS** Macintosh 机采用的文件系统。
- **NCPFS** Novell 服务器所采用的文件系统。
- **SMBFS** Samba 的共享文件系统。
- **XFS** 由 SGI 开发先进的日志文件系统，支持超大容量文件。
- **JFS** IBM 的 AIX 使用的日志文件系统。
- **ReiserFS** 基于平衡树结构的文件系统。

3. VFS

上面介绍了 Linux 支持的多种文件系统，其中 ex3 是当前 Linux 版本默认的文件系统。Linux 支持的所有文件系统称为逻辑文件系统，而 Linux 在传统的逻辑文件系统的基础上增加了一个虚拟文件系统（Virtual File System，VFS）的接口层。

虚拟文件系统（VFS）位于文件系统的最上层，管理各种逻辑文件系统，并可以屏蔽它们之间的差异，为用户命令、函数调用和内核其他部分提供访问文件和设备的统一接口，使得不同的逻辑文件系统按照同样的模式呈现在使用者面前。就用户使用角度而言，觉察不到逻辑文件系统的差异，可以使用同样的命令或操作来管理不同逻辑文件系统下的文件，如图 3-1 演示了 VFS 的层次结构。

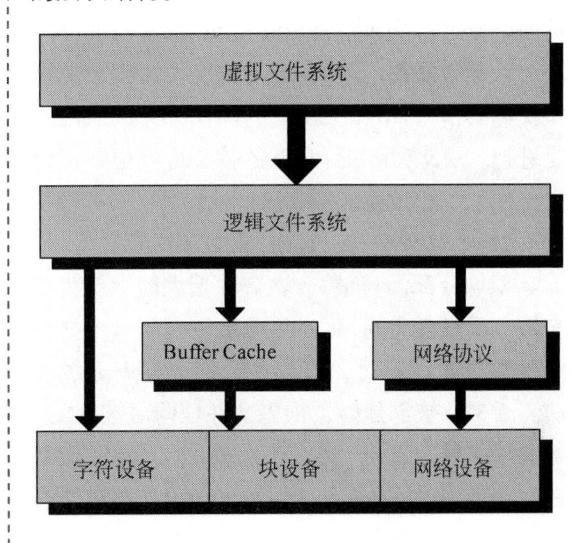

图 3-1 虚拟文件系统

3.1.2 Linux 文件系统组织方式

不同的系统对文件的组织方式也不同，所支持的文件系统数量和种类也不同。操作系统中文件的组织方式都是采用类似树状的目录结构。

Linux 文件系统也是树状结构，与 Windows 操作系统类似。但它们表示路径的方式不同，在 Windows 操作系统中，文件路径如下所示：

```
D:\My Documents\My Pictures
```

在 Linux 操作系统中使用“/”间隔根目录和子目录。在 Linux 操作系统中没有驱动器盘符，它将所有的文件放在文件系统中进行统一管理。其中除了本地文件，还包括网络文件、CD-ROM 文件和移动设备等。

3.1.3 Linux 文件系统工作原理

Linux 文件系统通过为每个文件分配文件块的方式把数据存储在存储设备中，这样就要维护每一个文件所有文件块的分配信息，而分配信息本身也要存储在磁盘上，不同的文件系统用不同的方式分配和读取文件块。Linux 下常见的文件系统分配策略为块分配（block allocation）和扩展分配（extent allocation）。

1. 块分配（block allocation）

传统的 Unix 文件系统使用了块分配机制，该机制提供了一个灵活而高效的文件块分配策略。磁盘上的文件根据需要分配给文件，这种方式可以避免存储空间的浪费。当一个文件不断扩充的时候，就可能会造成文件中文件块不连续，从而导致了过多的磁盘寻道时间。当读取一个文件时，可能要随机读取而非连续，所以读取文件效率会降低。

可以通过优化文件块分配策略（尽可能为文件分配连续的块）来避免文件块的随机分配。通过使用块分配策略，可以实现块的连续分配，便能减少磁盘的寻道时间。但是当整个文件系统块分配形成碎片时，就再也不能进行连续分配了。

每一次文件扩展的时候，块分配算法就要写入一些关于新分配块所在位置的信息。如果每一次文件扩展的时候只增加一个块，那么就需要很多额外的磁盘 I/O 用来写入文件块的结构信息。文件块结构信息也就是 meta-data（元信息：和文件有关的信息，例如权限、所有者以及创建、访问或更改时间等）。meta-data 总是与文件一起写入存储设备，这就意味着改变文件大小的操作要等到所有 meta-data 的操作都完成之后才能进行。因此，meta-data 的操作会明显降低整个文件系统的性能。

2．扩展分配（extent allocation）

对块分配而言，每一次文件增大时都要为该文件分配磁盘空间，而扩展分配则是当某个文件的磁盘空间不足时，一次性分配一连串连续的块。当文件被创建时，很多文件块同时被分配，当文件扩展时，也一次分配很多块。meta-data 在文件创建时写入，当文件的大小没有超过所有已分配文件块大小时，就不用写入 meta-data 直到需要再分配文件块的时候。

扩展分配可以优化磁盘寻道的方式，可以成组地分配块，有利于一次写入一大批数据到存储设备中，从而减少了 SCSI 设备写数据的时间。

基于扩展分配的文件系统在读取顺序文件时具有较好性能，因为文件块都是成组连续分配的。但如果 IO 操作是随机的，则基于扩展分配的文件系统的优势就非常有限了。例如当连续地读取一个基于扩展分配文件的时候，只要读取起始块号和文件长度，然后就可以连续地读取所有的文件块，这样在顺序读取文件的时候，读取 meta-data 的开销就最小；反之，如果随机地读取文件，则先要查找每一个所需要块的块地址，然后读取块中的内容，这样就和块分配很类似了。

文件块的组或块簇（block cluster）的大小是在编译时确定的。簇的大小对文件系统的性能确实有很大影响，而且簇的大小也是文件系统设计时需要考虑的一个很重要的因素。

3.1.4 文件系统挂载和卸载

硬件上的软件系统在经过挂载之后才能访问存储设备上的文件。在 Windows 操作系统中，挂载通常是指给磁盘分区（包括被虚拟出来的磁盘分区）分配一个盘符。

在 Linux 操作系统中，挂载是指将一个设备挂接到一个已存在的目录上。我们要访问存储设备中的文件，必须将文件所在的分区挂载到一个已存在的目录上，然后通过访问这个目录来访问存储设备。

Linux 系统的挂载需要执行挂载（mount）命令，即在 shell 命令环境中使用 mount 挂载文件系统。

在 Linux 中所有的内容都是以目录来组织的，所谓的挂载可以将光盘、软盘或其他文件系统当作一个目录来访问，这个目录就是挂载点。

挂载点可以不为空，但挂载后这个目录下以前的内容将不可用，对于其他操作系统建立文件系统的挂载也是相同的。但是需要理解的是光盘、软盘、其他操作系统使用的文件系统的格式与 Linux 使用的文件系统格式是不一样的。光盘是 ISO 9660，Windows XP 是 fat16、fat32、NTFS。挂载前还需要了解相关的知识，包括挂载时使用的命令。

在 shell 命令环境中使用命令，首先需要打开系统终端，打开方法同时按下 Ctrl 按钮、Alt 按钮和 T 按钮，如图 3-2 所示。图中的背景色和字体颜色是可以更改的，本文以白底黑字为例。

图 3-2　系统终端

图 3-2 中打开的即为系统终端，接收并执行用户的命令。系统的命令有很多，其格式基本相同，如下所示：

```
命令 [选项] [参数]...
```

根据 Linux 系统中的挂载和卸载过程，有以下几点内容。

1. mount 命令

mount 命令的作用是加载文件系统，它的使用权限是 root 用户或/etc/fstab 中允许的使用者，该命令的功能非常强大，因此用户需要好好掌握。命令格式如下所示：

```
mount [选项] [挂载设备] [挂载点]
```

mount 命令中的选项如下所示：

- **-h** 显示辅助信息。
- **-v** 显示信息，通常和-f 一起使用来排队错误。
- **-a** 将所有文件系统挂载。
- **-F** 这个命令通常和-a 一起使用，会为每一个 mount 动作产生一个执行线程，在系统需要挂载大量 NFS 文件系统时可以加快挂载速度。
- **-f** 通常用于除错，会使用 mount 不执行实际挂载动作，而是模拟整个挂载过程，通常会和-v 一起使用。
- **-t** 显示被加载文件系统的类型。
- **-n** mount 在挂载后会在/etc/mtab 中写入资料，在系统中没有可写入文件系统的情况下，可以用这个选项取消该动作。
- **-o** 指定挂载系统时的选项。

在 Linux 系统终端使用 mount 命令，显示系统中挂载的文件系统，如图 3-3 所示。将系统中的所有文件系统挂载，只能通过 root 才能进行。

```
wmm@wmm: ~
wmm@wmm:~$ mount
/dev/sda1 on / type ext4 (rw,errors=remount-ro)
proc on /proc type proc (rw,noexec,nosuid,nodev)
sysfs on /sys type sysfs (rw,noexec,nosuid,nodev)
none on /sys/fs/fuse/connections type fusectl (rw)
none on /sys/kernel/debug type debugfs (rw)
none on /sys/kernel/security type securityfs (rw)
udev on /dev type devtmpfs (rw,mode=0755)
devpts on /dev/pts type devpts (rw,noexec,nosuid,gid=5,mode=0620)
tmpfs on /run type tmpfs (rw,noexec,nosuid,size=10%,mode=0755)
none on /run/lock type tmpfs (rw,noexec,nosuid,nodev,size=5242880)
none on /run/shm type tmpfs (rw,nosuid,nodev)
gvfs-fuse-daemon on /home/wmm/.gvfs type fuse.gvfs-fuse-daemon (rw,nosuid,nodev,
user=wmm)
wmm@wmm:~$
```

图 3-3 mount 命令显示结果

使用 sudo su root 命令可以切换至 root 用户。

2. 确定设备名

在挂载文件系统时，被挂载的文件系统一定是 Linux 操作系统支持的文件系统，否则使用 mount 命令挂载时会报错。用户在挂载文件系统之前，一定要手动创建挂载点，因为 mount 命令无法自动创建挂载点。

Linux 系统中设备名称通常都保存在/dev 中，这些设备名称的命名都按照一定的规则，例如/dev/disk 是指硬盘，fd 是 Floppy Device（或是 Floppy Disk），a 代表第一个设备，通常 IDE 接口可以接上 4 个 IDE 设备，所以识别硬盘的方法是 hda、hdb、hdc 和 hdd。如果 hda1 中的"1"表示第一个分区，hda2 表示第二个主分区，第一个逻辑分区从 hda5 开始。

3. 挂载系统

在挂载系统之前，首先要确定挂载点是否存在，如果不存在一定要创建挂载点。在根目录下创建一个 mymount 目录，在该目录下创始子目录/mymount/cdrom 用于挂载光盘驱动器，执行命令如下所示：

```
mount -t iso9660/mymount/cdrom
```

目前市场上多种 Linux 发行版本，如红旗 Linux、中软 Linux、Mandrake Linux 都可以自动挂载文件系统。

在 ubuntu 系统下可以挂载 windows 系统分区，其挂载方式与其他文件系统的挂载方式一样。

4. 卸载文件系统

unmount 命令的作用与 mount 命令正好相反，主要用于卸载一个文件系统。它的使用权限也是 root 用户或/etc/fstab 中允许的使用者。

命令格式如下所示：

```
unmount -[参数] [挂载的设备] [挂载点]
```

unmount 命令是 mount 命令的逆操作，它们的使用方法和参数是完全相同的。Linux 挂载 CD-ROM 后会锁定 CD-ROM，这样就不能在 CD-ROM 面板上的 Eject 按钮弹出它。但是当不再需要使用光盘时，如果已经将/cdrom 作为符号连接，可使用 umount/cdrom 来卸载它。仅当无用户正在使用光盘时，该命令才会成功。

3.2 Linux 文件管理

文件是文件系统中存储数据的一个命名的对象，文件是 Linux 操作系统处理信息的基本单位。一个文件可以是空文件（即没有包含用户数据），但是它仍然为操作系统提供了其他信息。文件组成了 Linux 的一切，Linux 系统不会关心数据库文件、字处理文件或游戏文件之间的区别，只将它们认为是一个文件。

3.2.1 文件类型

在 ubuntu 中文件系统广泛使用 ext3 的文件格式，从而实现了将整个硬盘的写入动作完整的记录在磁盘的某个区域上。而且在 ubuntu 中可以实现主动挂载 Windows 的文件系统，并以只读的方式访问磁盘中 Windows 系统上的文件。

1．文件类型

Linux 系统中文件的类型包括：普通文件、目录文件、链接文件、设备文件、管理（FIFO）文件和套接字文件。通过对 Linux 使用 ls-al 命令，可以查看系统中的文件详情，如图 3-4 所示。

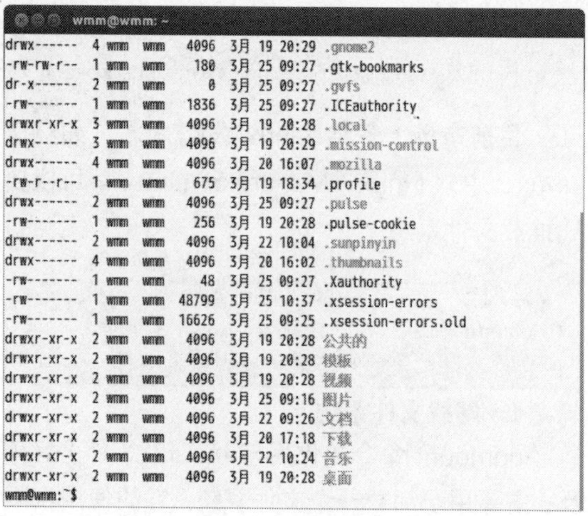

```
wmm@wmm: ~
drwx------ 4 wmm wmm  4096 3月 19 20:29 .gnome2
-rw-rw-r-- 1 wmm wmm   180 3月 25 09:27 .gtk-bookmarks
dr-x------ 2 wmm wmm     0 3月 25 09:27 .gvfs
-rw------- 1 wmm wmm  1836 3月 25 09:27 .ICEauthority
drwxr-xr-x 3 wmm wmm  4096 3月 19 20:28 .local
drwx------ 3 wmm wmm  4096 3月 19 20:29 .mission-control
drwx------ 4 wmm wmm  4096 3月 20 16:07 .mozilla
-rw-r--r-- 1 wmm wmm   675 3月 19 18:34 .profile
drwx------ 2 wmm wmm  4096 3月 25 09:27 .pulse
-rw------- 1 wmm wmm   256 3月 19 20:28 .pulse-cookie
drwx------ 2 wmm wmm  4096 3月 22 10:04 .sunpinyin
drwx------ 4 wmm wmm  4096 3月 20 16:02 .thumbnails
-rw------- 1 wmm wmm    48 3月 25 09:27 .Xauthority
-rw------- 1 wmm wmm 48799 3月 25 10:37 .xsession-errors
-rw------- 1 wmm wmm 16626 3月 25 09:25 .xsession-errors.old
drwxr-xr-x 2 wmm wmm  4096 3月 19 20:28 公共的
drwxr-xr-x 2 wmm wmm  4096 3月 19 20:28 模板
drwxr-xr-x 2 wmm wmm  4096 3月 19 20:28 视频
drwxr-xr-x 2 wmm wmm  4096 3月 25 09:16 图片
drwxr-xr-x 2 wmm wmm  4096 3月 22 09:26 文档
drwxr-xr-x 2 wmm wmm  4096 3月 20 17:18 下载
drwxr-xr-x 2 wmm wmm  4096 3月 22 10:24 音乐
drwxr-xr-x 2 wmm wmm  4096 3月 19 20:28 桌面
wmm@wmm:~$
```

图 3-4　系统文件

图 3-4 中显示了系统中所有的文件及其详细信息，第一列是文件的类型。文件的类型有以下几种。

- **普通文件**　普通文件通常是流式文件，包括程序文件、脚本文件、可执行文件和数据文件等。
- **目录文件**　目录文件即为 Linux 系统文件的目录，是一种特殊的文件，用于表示和管理系统中的全部文件。
- **链接文件**　Linux 系统允许一个物理文件有多个逻辑名，并且允许同一个物理文件的不同逻辑名可以有不同的访问权限。
- **设备文件**　包括块设备文件和字符设备文件，块设备文件表示磁盘文件、光盘等，字符设备文件联系着按照字符进行操作终端、键盘等设备。
- **管道（FIFO）文件**　提供进程间通信的一种方式。
- **套接字（socket）文件**　该文件类型与网络通信有关。

图 3-4 所示信息中第一个字符表示了该文件的文件类型，图中第 1 个文件是以“d”字符开始，表示目录文件。第 2 个文件是以“-”开始，表示普通文件。这些字符都代表了某种文件类型。文件类型和权限信息后面的数字表示了该文件或目录存在的链接数。系统中有多种字符来表示文件类型。如：“-”表示这是一个普通文件。“d”表示这是一个目录。“l”表示这是一个符号链接文件，实际上它指向另一个文件。“b”表示块设备，如硬盘、光盘或 U 盘等。“c”表示外围设备，是特殊类型的文件。“s”表示系统的套接字文件。“p”表示系统的管道文件。

与 Windows 操作系统一样，Linux 系统中的文件也可以通过扩展名来识别。如表 3-1 列举了一些常见文件的扩展名及其类别。

表 3-1　常用文件扩展名

扩展名	文件类型	扩展名	文件类型
.bz2	使用 bzip2 压缩的文件	.xpm	图像文件
.gz	使用 gzip 压缩的文件	.conf	配置文件，有时也使用.cfg

续表

扩展名	文件类型	扩展名	文件类型
.tar	使用 tar 压缩的文件	.rpm	Fedora 用来安装软件的软件包管理器文件
.tbz	用 tart 和 bzip 压缩的文件	.c	C 语言源码文件
.tgz	用 tar 和 bzip 压缩的文件	.tcl	TCL 脚本
.zip	使用 zip 压缩的文件，Windows 操作系统中常见的文件	.pdf	文档的电子映像，PDF 代表可移植文档格式
.au	音频文件	.cpp	C++程序语言的源码文件
.gif	Gif 图像文件	.h	C 或 C++语言的头文件
.html/.htm	HTML 文件	.o	程序的对象文件
.jpg	JPEG 图像文件	.pl	Perl 脚本
.png	PNG 图像文件，可移植网络图形	.py	Python 脚本
.ps	PostScript 文件，为打印而格式化过文件	.lock	锁文件，用来判定程序或设备是否正在使用
.txt	纯 ASCII 文本文件	.so	库文件
.wav	音频文件	.sh	Shell 脚本

2．文件结构

ubuntu 中文件系统广泛使用 ext3 的文件格式，文件的结构可以有系统磁盘划分的结构和文件的逻辑结构。

对于系统磁盘划分的结构，无论文件是一个程序、一个文档、一个数据库或者是一个目录，操作系统都会赋予它如表 3-2 所示的结构。

表 3-2 文件结构

Block	Superblock	inode	服务器存储块

Ext3 系统是 Ext2 系统的升级，Ext2 文件系统是延伸文件系统中较新的版本并支持访问控制列(ACL)。对表 3-2 中文件结构的解释如下所示：

（1）Block（区块）

文件在磁盘被储存在整数固定大小的区块中，区块的大小通常是 2 的次方。ext2 文件系统的区块默认大小是 4KB。

当一个文件被加载到内存时，磁盘区块会被放在主存储器中缓冲缓存区，假如它们已经变更了，区块在缓冲区中会被标记为“Dirty”，是指这些区块必须先写到磁盘中来维持磁盘上的区块及在主存储器中区块的一致性。

（2）Superblock

superblock 是在每个文件系统开始的位置，储存信息像是文件系统的大小，空的和填满的区块，它们各自的总数和其他诸如此类的数据。要从一个文件系统中存取任何文件都需要经过文件系统中的 superblock。如果 superblock 损坏了，它可能无法从磁盘中去取得数据。

（3）Inode

对于文件系统而言一个 Inode 是在 Inode 表格中的一个项目。Inode 包含了所有文件有关的信息，例如名称、大小、连接的数量、数据创建的日期，修改及存取的时间。它也包含了磁盘区块的文件指向（pointer）。pointer 是用来记录文件被储存在何处。

文件的逻辑结构是用户可见的，即从用户角度观察到的文件系统。文件的逻辑结构可以分为：字节流式的无结构文件和记录式有结构文件。

由字节流（字节序列）组成的文件是一种无结构文件或流式文件，不考虑文件内部的逻辑结构，只是简单地看作是一系列字节的序列，便于在文件的任意位置添加内容。很多操作系统都采用这种形式，如 Unix/Linux、DOS 和 Windows 等。

由记录组成的文件称为记录式文件。记录是这种文件类型的基本信息单位，通用于信息管理。

3．图形界面中的文件

在 Linux 界面中，文件的类型分为视频、图片和文档等，在界面中单击【主文件夹】图标，有如图 3-5 所示的窗口。

如图 3-5 所示，在主文件夹窗口空白位置右击，可以创建文件夹和创建新文档。同时有着对窗口内项目的排列设置、放大、缩小设置及属性设置。

Linux 系统中的文件和文件夹之间并没有文件类型的限制，例如在音乐文件夹下同样可以有文档文件。由于 Linux 系统中没有盘符，因此系统中的文件均以文件夹的形式供用户分类存储。

图 3-5 主文件夹

3.2.2 文件操作

人们对系统的使用主要是对文件的使用，包括对文件的创建、删除、查阅、搜索等。对文件的操作可以使用图形界面，也可以使用终端命令。

1．图形界面中的文件操作

存储在硬盘中的文件均被放在文件夹中，在 Linux 系统下，单击打开界面中的【主文件夹】，如图 3-6 所示。

图 3-6 Linux 系统主文件夹

在图 3-6 中即为 Linux 系统下的文件管理，单击打开主文件夹，即可在主文件夹下对文件进行创建和管理。另外，如图 3-6 所示的顶部，将鼠标移动到图示位置，将出现文件相关的部分操作，这样的菜单在打开文件时同样会有。

例如双击打开【文档】文件夹，如图 3-7 所示。新安装的系统下是没有文件的，在文件夹下右击弹出菜单，选择【创建新文档】|【空白文档】选项，即可创建一个空白的文档文件。

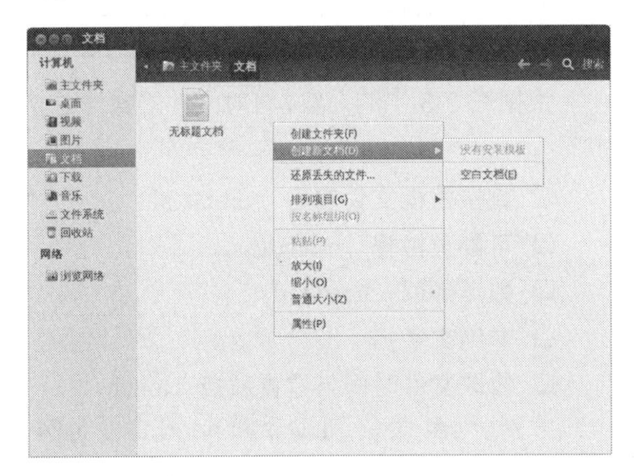

图 3-7 文档文件夹

如图 3-8 所示，以文档文件为例，在文件名处右击，有弹出菜单，可对文件进行复制、发送和压缩等操作。在 Linux 系统下同样支持使用 Ctrl 键和 C 字母键实现文件的复制。

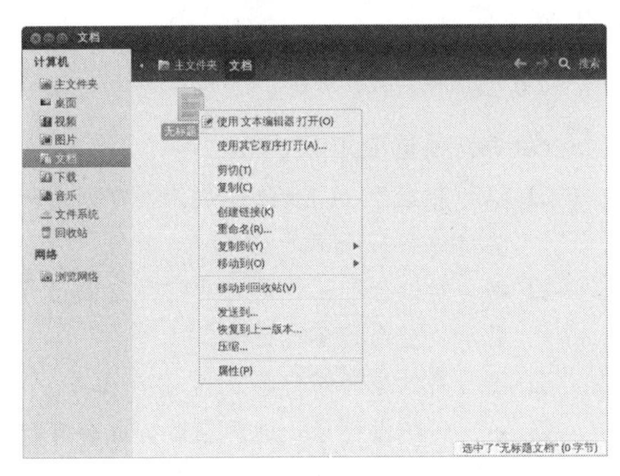

图 3-8 文档文件的属性

对文档文件的编辑和阅读，只需要在文件名处双击鼠标左键，如图 3-9 所示。

图 3-9 中打开了【傲慢与偏见】文档文件，位于主文件夹下的【音乐】文件夹下。在【音乐】文件夹中，有【音乐】文件夹的位置。

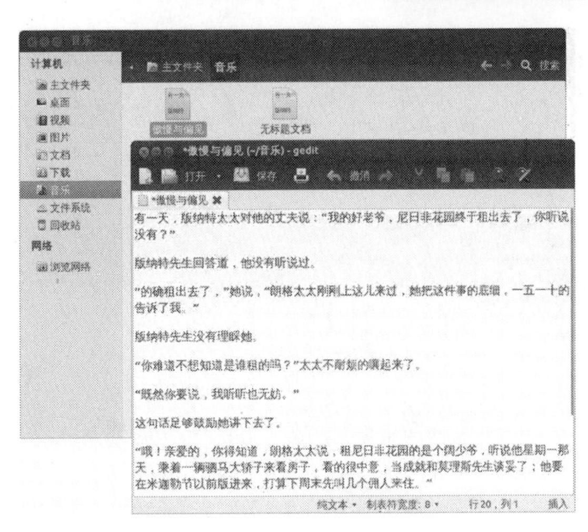

图 3-9 文档文件的编辑和阅读

文档文件是可以直接进行编辑和读取的，这一点与 Windows 操作系统中的 Word 文档类似。对文件的保存和撤销等操作在文件的工具栏处。

除了文档文件，Linux 系统还提供了与 Office 文件类似的表格文件、演示文档等文件，也能直接打开用于网络浏览的浏览器，如图 3-10、图 3-11、图 3-12 和图 3-13 所示。

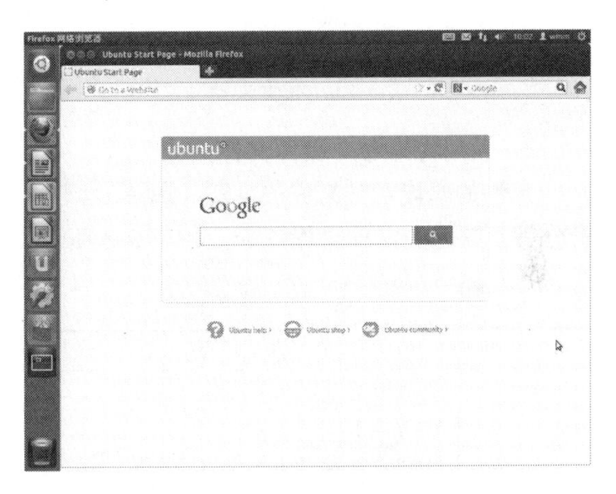

图 3-10 网页浏览器

图 3-11 文本编辑文档

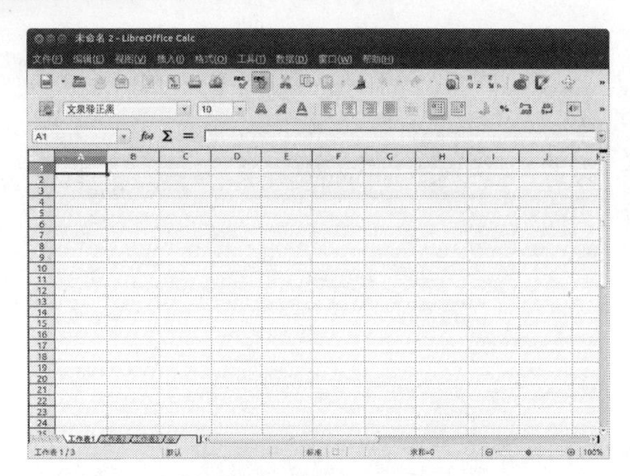

图 3-12　表格文档

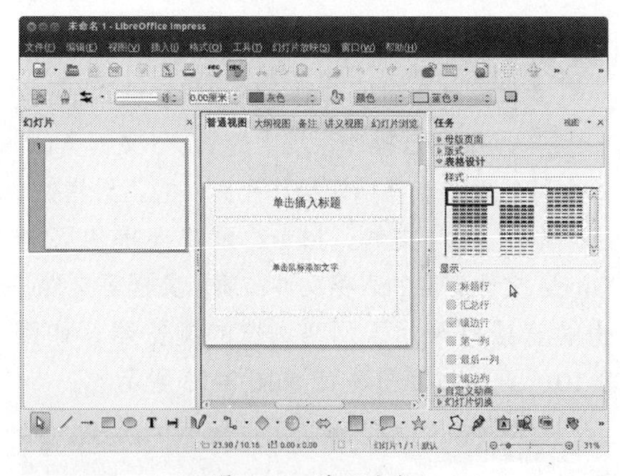

图 3-13　演示文档

2．使用终端命令操作文件

文件的操作包括文件的复制、删除、比较和拆分等。常见的文件操作命令，如表 3-3 所示。

表 3-3　文件常用命令

命　　令	说　　明
ls（dir）	列出当前目录内容
cd	修改目录
cp	复制文件或目录
rm	删除文件或目录
mkdir	创建目录
rmdir	删除空目录
mv	移动文件或目录
find	文件查询
grep	搜索指定字符串
chown	修改文件或目录所有者
chgrp	修改文件或目录用户组
cat	从首行开始显示文本
tac	从最后一行开始显示
nl	输出文本的行号
more	用于文件阅读，一次显示一名信息
less	显示文件时运行用户前后翻阅
head	查看文件头部内容
touch	修改文件时间
sort	对文件中所有行排序
comm.	比较已排序的两个文件
diff	比较两个文本文件
cut	移除文件中部分内容
locate	查询包含指定字符串名称的文件
split	文件拆分
I/O	重定向管道操作
tail	显示尾部几行
od	以二进位的方式读取文件

根据表 3-3 中的内容，将对文件的操作总结如下：

- ❑ 直接检视文件内容　cat,tac,nl。
- ❑ 可翻页检视　more,less。
- ❑ 数据撷取　head,tail。
- ❑ 非纯文字档　od。
- ❑ 修改文件时间与建置新档　touch。

分别以 cat 命令、nl 命令和 head 命令为例，查阅【傲慢与偏见】文档文件。如练习 1 所示。

【练习 1】

打开终端窗口，分别使用 cat 命令、nl 命令和 head 命令对【傲慢与偏见】文档文件进行查阅，步骤如下所示：

（1）使用 cat 命令对文件进行查阅，cat 命令的格式如下：

```
cat [选项] 文件地址
```

cat 命令的选项如下：

- ❑ **-A**　相当于-vET 的整合选项，可列出一些特殊字符而不是空白。
- ❑ **-b**　列出行号，仅针对非空白行做行号显示，空白行不标行号。
- ❑ **-E**　将结尾的断行字节 $ 显示出来。
- ❑ **-n**　列印出行号，连同空白行也会有行号，与 -b 的选项不同。
- ❑ **-T**　将 [tab] 按键以 ^I 显示出来。
- ❑ **-v**　列出一些看不出来的特殊字符。

文件的地址为/home/wmm/音乐/傲慢与偏见，因此需要在终端使用如下语句。执行效果如图 3-14 所示。

```
cat /home/wmm/音乐/傲慢与偏见
```

```
wmm@wmm:~$ cat /home/wmm/音乐/傲慢与偏见
有一天，版纳特太太对他的丈夫说："我的好老爷，尼日非花园终于租出去了，你听说没有？"

版纳特先生回答道，他没有听说过。

"的确租出去了，"她说，"朗格太太刚刚上这儿来过，她把这件事的底细，一五一十的告诉了我。"

版纳特先生没有理睬她。

"你难道不想知道是谁租的吗？"太太不耐烦的嚷起来了。

"既然你要说，我听听也无妨。"

这句话足够鼓励她讲下去了。

"哦！亲爱的，你得知道，朗格太太说，租尼日非花园的是个阔少爷，听说他星期一那天，乘着一辆驷马大轿子来看房子，看的很中意，当成就和莫理斯先生谈妥了；他要在米迦勒节以前版进来，打算下周末先叫几个佣人来住。"

"这个人叫什么名字？"

"宾利"
```

图 3-14 傲慢与偏见首行起查阅

（2）使用 nl 命令对文件进行查阅，nl 命令的格式如下：

```
nl [选项] 文件地址
```

nl 命令的选项如下：

- ❑ **-b** 指定行号指定的方式主要有两种：-b a 表示不论是否为空行，也同样列出行号（类似 cat -n）；-b t 如果有空行，空的那一行不要列出行号（默认值）。
- ❑ **-n** 列出行号表示的方法，主要有三种：-n ln 行号在屏幕的最左方显示；-n rn 行号在自己栏位的最右方显示，且不加 0；-n rz 行号在自己栏位的最右方显示，且加 0。
- ❑ **-w** 行号栏位占用的位数。

文件的地址为/home/wmm/音乐/傲慢与偏见，因此需要在终端使用如下语句。执行效果如图 3-15 所示。

```
nl /home/wmm/音乐/傲慢与偏见
```

如图 3-14 和图 3-15 所示，使用 nl 命令与使用 cat 命令相比，使用 nl 命令的每个段落有一个编号。根据文本编辑时的输入方式，由于换行的段落的末尾字符一样，因此对文本行号的显示可能变成段落显示。

```
wmm@wmm:~$ nl /home/wmm/音乐/傲慢与偏见
     1	有一天，版纳特太太对他的丈夫说："我的好老爷，尼日非花园终于租出去了，你听说没有？"

     2	版纳特先生回答道，他没有听说过。

     3	"的确租出去了，"她说，"朗格太太刚刚上这儿来过，她把这件事的底细，一五一十的告诉了我。"

     4	版纳特先生没有理睬她。

     5	"你难道不想知道是谁租的吗？"太太不耐烦的嚷起来了。

     6	"既然你要说，我听听也无妨。"

     7	这句话足够鼓励她讲下去了。

     8	"哦！亲爱的，你得知道，朗格太太说，租尼日非花园的是个阔少爷，听说他星期一那天，乘着一辆驷马大轿子来看房子，看的很中意，当成就和莫理斯先生谈妥了；他要在米迦勒节以前版进来，打算下周末先叫几个佣人来住。"

     9	"这个人叫什么名字？"

    10	"宾利"
```

图 3-15 阅读中使用行号

（3）使用 head 命令对文件进行查阅，head 命令的格式如下：

```
head [选项] 文件地址
```

head 命令只有一个选项参数，-n 表示为显示几行。为傲慢与偏见文档显示前 3 行，则使用如下语句。执行效果如图 3-16 所示。

```
head -n 3 /home/wmm/音乐/傲慢与偏见
```

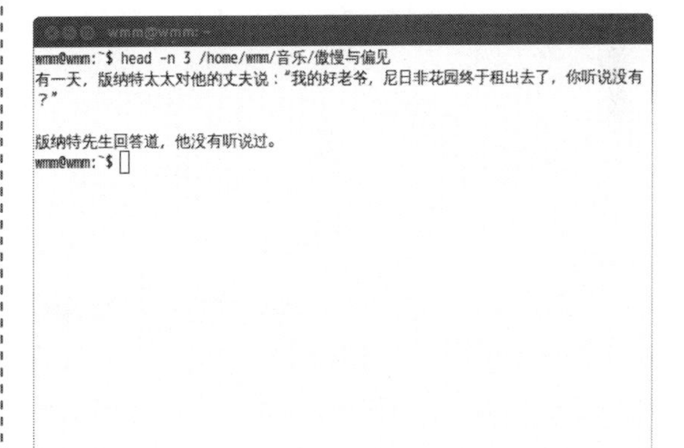

图 3-16 显示前 3 行

3.2.3 文件属性和权限

文件的属性和权限管理同样可以使用图形界面和使用命令这两种方式。其属性和权限内容与 Windows 操作系统中的文件属性和权限类似。

1. 图形界面中的属性和权限操作

在文件夹内找到需要操作的文件，在文件名处右击，选择【属性】选项，如图 3-17 所示。

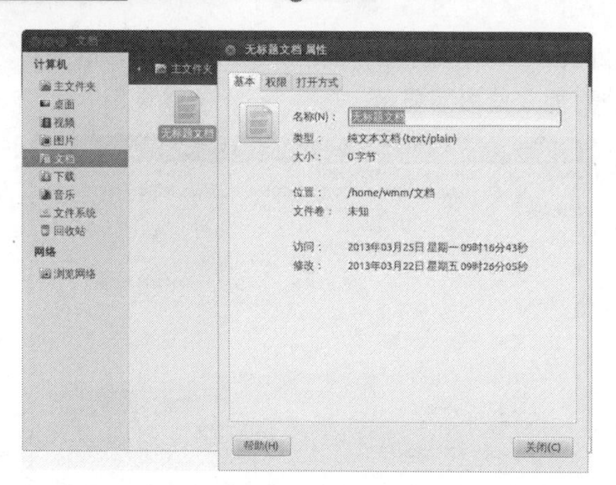

图 3-17　文档文件属性

文档文件的属性窗口分为三部分：基本、权限和打开方式。图 3-17 中打开的是基本属性，显示文件的基本属性内容，可以对文件重命名。而对文件的权限管理，需要打开权限窗口，如图 3-18 所示。

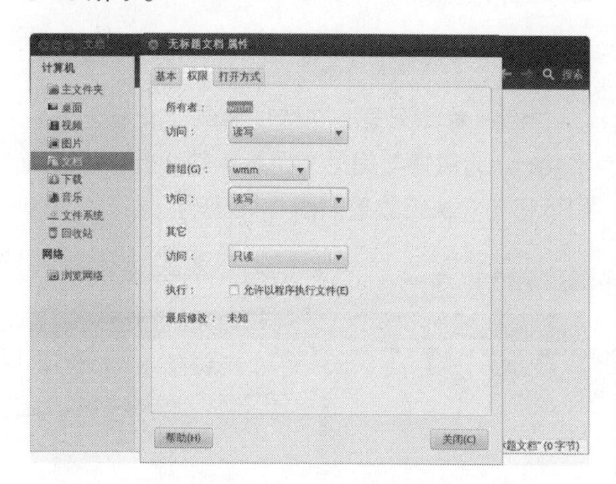

图 3-18　文档文件的权限

如图 3-18 所示的窗口内可以进行对文件的访问权限的管理，可以直接进行修改，完成修改后单击【关闭】按钮在关闭属性窗口的同时，对文件属性的修改进行了保存。

2．使用终端命令操作文件

使用命令来操作文件的属性和权限，主要表现在对权限的管理。在文件的属性中，对文件的操作在表 3-3 中已经介绍。

除了表 3-3 中的内容，还有一个对文件的重命名。在 Linux 系统下，文件的重命名相当于文件的移动，使用 mv 命令，如练习 2 所示。

【练习 2】

将/home/wmm/【文档】文件夹下的【无标题文档】重命名为【空白文档】，在终端使用语句如下：

```
mv /home/wmm/文档/无标题文档 /home/wmm/文档/空白文档
```

执行结果如图 3-19 所示。

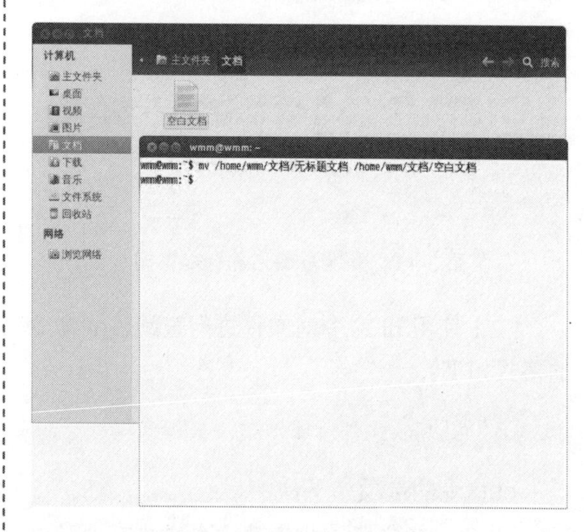

图 3-19　文档重命名

3．认识文件权限

在本课的 3.2.1 小节曾查询过系统中的文件类型，图 3-4 显示了系统中的文件列表。其中，文件信息的第一个字符表示了该文件的类型，而文件类型表示符后面的 9 个字符就表示了文件的权限。

文件的权限总体可以分为三种：读（R）、写（W）和执行（X），三种权限组合成 9 个字符来表示文件或目录的使用权限，如下所示。

- **r**　读权限，定义该文件是否可读，对于目录来说，它表示是否可列出目录中的内容。
- **w**　写入权限，定义该文件是否可以写或可修改。对目录来说，该权限表示是否能对目录进行修改。如果没有写权限，用户无法对目录进行删除、重命名或创建新文件等操作。
- **x**　执行权限，定义能否执行文件。对目录来说，该权限用于确定是否有权在该目录中进行搜索，或者执行该目录下的文件。

由 r、w 和 x 的顺序三个为一组，共分三组来表示文件或目录的权限，如果每组中不满三个字符，就使用“-”代替，如 drwx-----x。这三组 9 个字符分别指定了不同的权限，其中前 3 个字符表示文件或目录的所有者的权限；接下来 3 个字符表示文件所有者在组的权限；最后 3 个字符表示该组以外所有用户的访问权限，如下所示：

- **-rw--r--r-** 表示该文件是普通文件，并且所有者的权限为 rw（读和写），文件所有者所在组的权限为 r（只读），组外的所有用户对该文件的权限为 r(只读)。
- **drwx--x--x** 表示目录文件，且目录所有者具有进入目录并在能读取目录和写入目录的权限，而其他用户仅能进入该目录而无法读取任何信息。
- **-rwx------** 表示该普通文件对所有者具有读取、写入和执行的权限，对其他任何用户都没有任何权限。

文件权限还不止这些，还有一些文件具有特殊权限。特殊权限会拥有某些“特权”，因此用户如果没有特殊需要，不要启用这些权限，避免在安全方面出现问题。这些特殊权限如下所示：

- **S 或 s（SUID，SetUID）** 可执行文件如果启用了这个权限，就能任意存取该文件的所有者能使用的全部系统资源。
- **S 或 s（SGID，SetGID）** 文件启用这个权限，其效果和 SUID 相同，只不过将文件所有者更改为所有者所有组。该文件就可以任意存取整个用户组中所有可使用的系统资源。
- **T 或 t（Sticky）** 如果目录文件启用了该权限，那么该目录下所有的文件仅允许其拥有者去操作，从而可以避免其他用户的干扰。如果其他文件启用了该权限，则该文件的最后更新时间将不会改变。

上述三个特殊权限是区分大小写的，与之前 r、w 和 x 有所不同，这是因为 SUID、SGID 和 Sticky 只占用 x 的位置来表示。如果同时开启执行权限 SUID、SGID 和 Sticky，则权限表示符是小写的，如果要关闭执行权限，则表示字符会变成大写。

4．权限修改

认识了权限的表现形式，接下来实现对权限的修改。对于文件权限的更改，首先要了解权限类型所对应的数字，如 r、w 和 x 使用以下数字来表示：

- **r** 对应数字为 4。
- **w** 对应数字为 2
- **x** 对应数字为 1。
- **-** 对应数字为 0。

以上每组中三个字符依照对应的数字相加，三组字符以三个数字的先后顺序排列来表示权限。如 rwx 表示的数就是 4+2+1=7，而 rwxrwxrwx 表示权限的完全开放就可以用数字 777 来表示。再举例说明如下所示：

-rwx------ 使用数字表示为 700。

-rwxr--r-- 使用数字表示为 744。

dr--rw--- 使用数字表示为 460。

掌握了这些知识，就可以使用 chmod 命令并结合权限的数字表示更改文件的权限。chmod 是更改文件权限的命令，该命令的使用方法如下所示：

```
chmod [权限数字表示] 文件名
```

如图 3-20 所示为/home/wmm/【文档】文件夹下【空白文档】的当前权限，修改器权限如练习 3 所示。

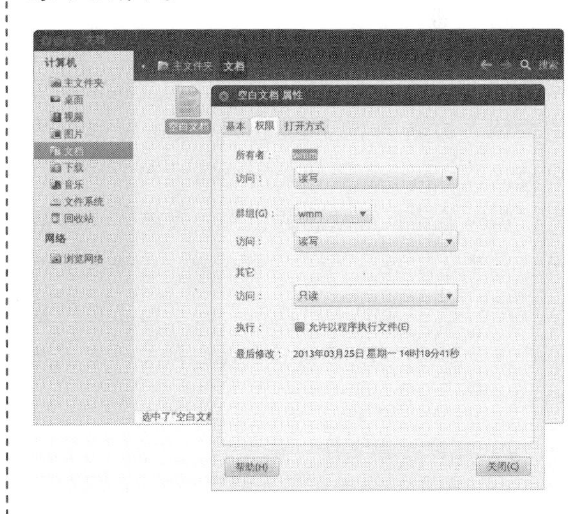

图 3-20 【空白文档】当前权限

【练习 3】

将/home/wmm/【文档】文件夹下的【空白文档】的【群组】权限改为【只读】；将【其他】权限改为【无】，步骤如下。

只读的权限值为 4，当没有其他权限时，权限值为 4。而无权限的权限值为 0。所有者的访问权限不变，所有权限都有，值为 4+2+1=7。因此需要将【空白文档】的权限值改为 740，使用语句如下：

```
chmod 740 /home/wmm/文档/空白文档
```

再次查看【空白文档】的权限，如图 3-21 所示。

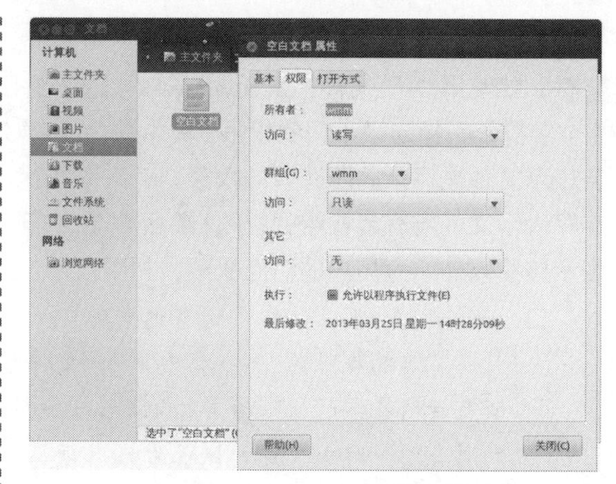

图 3-21 【空白文档】权限修改

3.2.4 日志文件

日志文件是 ext3 文件系统的特点，日志文件以明文存储，用户可以直接打开查看。日志文件功能强大，用户还可以编写脚本来扫描这些日志，并基于它们的内容去执行某些功能。

1. 日志简介

日志文件（Log files）是包含关于系统消息的文件，包括内核、服务、在系统上运行的应用程序等。不同的日志文件记载不同的信息。例如，有的是默认的系统日志文件，有的仅用于安全消息。

日志文件对网络安全和系统维护方面的作用非常重要，它记录了系统每天发生的各种各样的操作。用户可以根据这些记录来检查错误发生的原因，或者寻找受到攻击时攻击者留下的痕迹。日志两个重要的功能是审核和监测，它可以实时监测系统状态并追踪入侵者。大多数日志文件只有 root 用户才能读取，但修改文件权限后可以让其他用户读取。由于日志文件是不断记录系统信息，所以这种类型的文件在不断增大。

2. 定位日志文件

不论在系统维护还是网络管理方面，日志文件的作用是显而易见的。多数日志文件存储在 /var/log 目录中，需要在文件系统中打开，如图 3-22 所示。

目录中有几个由系统维护的日志文件，但其他服务和程序也可能会把它们的日志存储在这里。

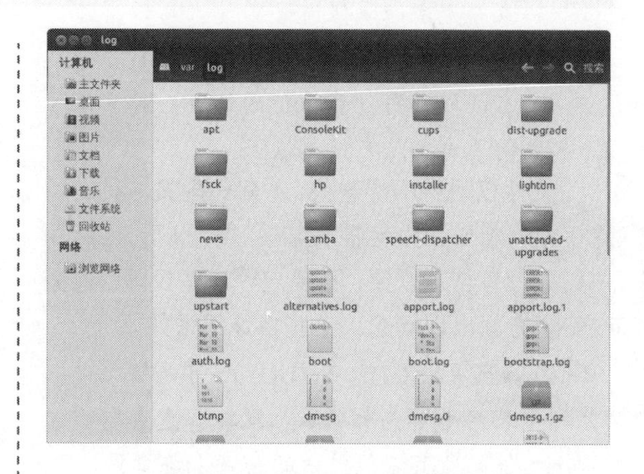

图 3-22 /var/log 目录下的文件

从图 3-22 可以看到，该目录下包含了许多日志文件，下面开始介绍一些重要的日志文件。

- **/var/log/cron** 该日志文件记录守护进程 cron 所执行的动作，在整个记录前面系统还自动添加了登录用户、登录时间和 PID，以及派生出进程的动作。
- **/var/log/maillog** 该日志文件记录了每一个发送到系统或从系统发出的电子邮件活动。该文件最大的缺点就是被记录的入侵企图和成功的入侵事件会被淹没在大量的正常记录中。
- **/var/log/yun** 应用程序日志。该日志记录了所有在系统中安装的应用程序。格式为日期、时间、应用程序。
- **/var/log/messages** 该日志记录了系统的安装报错信息，由 syslog 守护程序记录，syslog守护程序接受来自库、守护程序和内核的输入，这个文件是查找引导期间的。该文件是系统出现故障并进行诊断时首要查看的文件。

- **/var/log/secure** 系统安全日志，该日志记录了系统安全的相关信息。

所有日志文件都可以在/etc/rsyslog.conf文件中进行配置，包括日志文件的内容以及文件存储的位置等。

并不是所有的用户都能有权限显示上述文件。

3.3 Linux 目录

Linux目录文件的配置，是对文件系统管理的重要依据。所有对文件的操作都需要了解文件的目录才能进行。因此目录文件的配置、结构及其操作是必须要了解的。

3.3.1 目录配置

由于利用Linux来开发产品或distributions的社群/公司与个人，对Linux文件目录所进行的配置各有不同。因此为了统一Linux目录文件的配置，目录文件将遵循Filesystem Hierarchy Standard(FHS)标准

FHS的主要目的是希望让使用者可以了解到已安装软件通常放置于哪个目录下，它的重点在于规范每个特定的目录下应该要放置什么样子的数据。因此，Linux操作系统能够在目录架构不变的情况下发展开发者想要的独特风格。

FHS针对目录树架构仅定义三层目录下应该放置什么数据，分别是底下这三个目录的定义。

- **/(root,根目录)** 与开机系统有关。
- **/usr(unix software resource)** 与软件安装/执行有关。
- **/var(variable)** 与系统运作过程有关。

根目录是整个系统最重要的一个目录，因为所有的目录都是由根目录衍生出来的，同时根目录也与开机/还原/系统修复等动作有关。

由于系统开机时需要特定的开机软件、核心文件、开机所需要的程序、函式库等文件数据，若系统出现错误时，根目录也必须要包含有能够修复文件系统的程序。

根目录不要放在非常大的分割槽内，因为越大的分割槽会放入越多的数据，如此一来根目录所在的分割槽就可能会有较多发生错误的机会。因此根目录（/）所在分割槽应该越小越好，且应用程序所安装的软件最好不要与根目录放在同一个分割槽内，保持根目录越小越好。因此不但效能较佳，根目录所在的文件系统也不容易发生问题。有鉴于上述的说明，因此FHS定义根目录（/）底下应该要有这些次目录的存在才好。

表3-4 FHS定义下的目录及其放置内容

目 录	应放置文件内容
/bin	在单人维护模式下还能够被操作的指令。主要有：cat,chmod,chown,date,mv,mkdir,cp,bash等常用的指令
/boot	放置开机会使用到的文件，包括Linux核心文件以及开机选单与开机所需配置文件等
/dev	放置装备和接口设备
/etc	放置配置文件
/home	用户家目录
/lib	放置在开机时会用到的函式库，以及在/bin或/sbin底下的指令会呼叫的函式库
/media	放置可移除的装置，包括软盘、光盘、DVD等
/mnt	用途与/media相同，放置暂时挂载某些额外的装置
/opt	第三方协力软件放置的目录
/root	系统管理员(root)的家目录
/sbin	开机过程中所需要的，里面包括了开机、修复、还原系统所需要的指令
/srv	网络服务启动之后，这些服务所需要取用的数据目录
/tmp	一般使用者或者是正在执行的程序暂时放置的文件

表 3-4 列举了 FHS 针对根目录所定义的标准，另外 Linux 系统下还有一些重要目录，如表 3-5 所示。

表 3-5　Linux 系统下的目录

目　　录	应放置文件内容
/lost+found	当文件系统发生错误时，放置遗失的片段
/proc	虚拟文件系统，其放置的数据都是在内存中，例如系统核心、行程信息(process)、周边装置的状态及网络状态等
/sys	与/proc 类似，是一个虚拟的文件系统，主要是记录与核心相关的信息。包括目前已加载的核心模块与核心侦测到的硬件装置信息等

除了这些目录的内容之外，另外要注意的是因为根目录与开机有关，开机过程中仅有根目录会被挂载，其他分割槽则是在开机完成之后才会持续的进行挂载的行为。因此在根目录下与开机过程有关的目录，不能与根目录放到不同的分割槽。这些目录如下所示：

- ❑ **/etc**　配置文件。
- ❑ **/bin**　重要执行档。
- ❑ **/dev**　所需要的装置文件。
- ❑ **/lib**　执行档所需的函式库与核心所需的模块。
- ❑ **/sbin**　重要的系统执行文件。

一般情况下，用户使用最频繁的目录是 /usr，该目录包含着诸多子目录，各个子目录功能用途存在着很大差异，如下所示：

- ❑ **/usr/bin**　放置用户可以执行的命令程序，如 find、free、gcc 等。
- ❑ **/usr/lib**　许多程序和子系统所需要的函数库都放在该目录下。
- ❑ **/usr/local**　此目录提供用户放置自行安装的应用程序。
- ❑ **/usr/src**　存放源代码的目录，Linux 系统源代码就放在该目录下。
- ❑ **/usr/dict**　存放字典。
- ❑ **/usr/doc**　存放追加文档。
- ❑ **/usr/games**　存放游戏和教学文件。
- ❑ **/usr/include**　存放 C 开发工具的头文件。
- ❑ **/usr/info**　存放 GNU 信息文件。
- ❑ **/man**　在线帮助文件。
- ❑ **/usr/share**　存放结构独立数据。
- ❑ **/usr/X11R6**　存放 X Window 系统。

Linux 采用了树状目录结构，以根目录开始，向下扩展成整个目录结构。对于初学者需要注意的如下所示：

- ❑ Linux 目录之间的划分使用是“/”，而在 Windows 操作系统中使用“\”。
- ❑ Linux 中是区分大小写的，如“disk”目录和“DISK”目录是不同的。

Linux 中所有的文件和设备都存放在目录中，包括磁盘分区、光驱或 U 盘等都是以目录形式存在的，与 Windows 操作系统有很大不同。

3.3.2　目录的相关操作

对目录的操作是包括对目录的创建、删除和显示等。Linux 系统中的目录与书本中的目录一样，通过对目录的查询，即可获得文件的位置，因此对目录的查询也是对系统内文件的查询。

目录的表示方式在 3.3.1 小节中已经介绍，但还有一些目录比较特殊，在介绍对目录的相关操作之前，首先介绍一下特殊目录的表示符号，如下所示：

- ❑ .　当前层的目录。
- ❑ ..　上一层目录。
- ❑ -　上一个工作目录。
- ❑ ~　当前使用者所有目录。
- ❑ **~account**　account 使用者的目录。

注意

在所有目录底下都会存在两个目录，分别是“.”与“..”分别代表此层与上一级目录的意思。

目录的查询显示使用 ls 命令，该命令的多种选项和参数将实现各种类型的查询，其选项和参数如下所示：

- ❑ **-a**　全部的文件，连同隐藏档。
- ❑ **-A**　全部的文件，连同隐藏档，但不包括“.”与“..”这两个目录。
- ❑ **-d**　仅列出目录本身，而不是列出目录内的文件数据。
- ❑ **-f**　直接列出结果，而不进行排序。

- **-F** 根据文件、目录等资讯，给予附加数据结构，其中："*"代表可运行档；"/"代表目录；"="代表 socket 文件；"|"代表 FIFO 文件。
- **-h** 将文件容量比较易读的方式列出来。
- **-i** 列出 inode 号码。
- **-l** 长数据串列出，包含文件的属性与权限等数据。
- **-n** 列出 UID 与 GID 而不是使用者与群组的名称。
- **-r** 将排序结果反向输出。
- **-R** 连同子目录内容一起显示出来。
- **-S** 以文件容量大小排序。
- **-t** 依时间排序。
- **--color=never** 不要依据文件特性给予颜色显示。
- **--color=always** 显示颜色。
- **--color=auto** 让系统自行依据配置来判断是否给予颜色。
- **--full-time** 以完整时间模式输出。
- **--time={atime,ctime}** 输出 access 时间或改变权限属性时间。

由于 Linux 的文件所记录的资讯太多，因此使用 ls 命令查询，其结果不会将文件目录的信息全部列出，而只是列举了非隐藏档的档名、以档名进行排序及档名代表的颜色显示。

若使用 ls -al 命令查询，可以看到根目录下确实存在.与..两个目录，再仔细查阅，可发现这两个目录的属性与权限完全一致，这代表根目录的上一层(..)与根目录自己(.)是同一个目录。除了目录的查询，目录还有创建、删除和变换等操作，常见的目录处理命令如下所示。

- **cd** 变换目录。
- **pwd** 显示目前的目录。
- **mkdir** 创建一个新的目录。
- **rmdir** 删除一个空的目录。

3.4 硬链接与软链接

在 Linux 操作系统中，允许为一个文件创建多个路径以访问，通过这些路径可以连接到真实的文件。

使用连接可以在不同的位置连接到同一个文件，与 Windows 操作系统下的快捷方式类似，但 Linux 操作系统中的连接更为实用。Linux 操作系统中的连接有两种：软链接和硬链接。

3.4.1 建立硬链接

硬链接又称为链接。在 Linux 中，以单纯的复制文件到需要用户目录下可以实现文件的共享，但同一个文件在不同的用户目录下无疑会造成磁盘资源的浪费。

链接可以在不复制的情况下，实现文件共享。而且硬链接在创建之后，新建连接与原文件的地位和作用是一致的。使用 ln 命令实现，语法如下：

```
ln [真实文件路径] [连接文件路径]
```

以/home/wmm/音乐/【傲慢与偏见】文件为例，创建该文件的硬链接。首先查看"/home/wmm/音乐"文件夹下的文件信息，使用下面的命令，如下所示：

```
ls -l /home/wmm/音乐/傲慢与偏见
```

接下来在"/home/wmm/下载"文件夹，以下为【傲慢与偏见】文件创建硬链接，使用如下命令：

```
ln/home/wmm/音乐/傲慢与偏见/home/wmm/下载/傲慢与偏见
```

再次查看"/home/wmm/音乐"文件夹下的文件信息，使用下面的命令：

```
ls -l /home/wmm/音乐/傲慢与偏见
```

在执行了上述 4 条命令后，执行结果如图

3-23 所示。

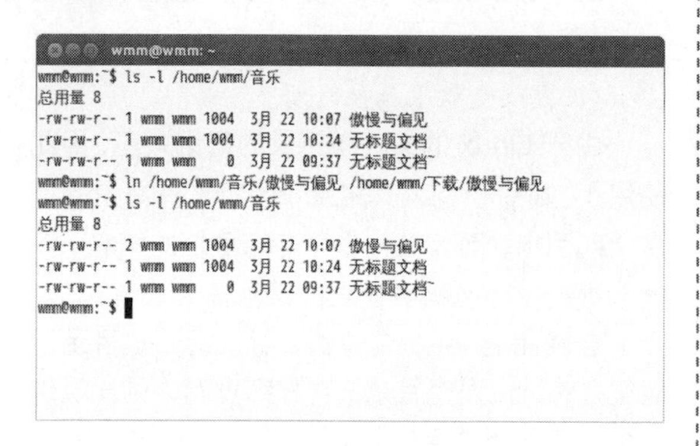

图 3-23 文件信息

由图 3-23 可以看到在目录中【傲慢与偏见】文件的连接数变成了 2，表示除了文件本身外还有另外一个副本，这就是刚刚创建的硬链接。

当用户删除带有硬链接的文件时，它的连接数就会递减直到连接数降低到 0 时文件才会真正从磁盘上删除。这也说明硬链接文件和原文件是同一个文件（但却不是复制），两个文件占有相同的索引节点，所以两个文件的索引节点编号也是相同的。此时，在“/home/wmm/下载”文件夹下的【傲慢与偏见】文件如图 3-24 所示。

图 3-24 硬链接图标

对于硬链接来说，实质是为文件创建一个新的名称，使用原名称和新建的名称指向同一个内存块，公用一个 inode 号。因此无论使用哪个名称，都将直接对文件本身进行操作。而在删除的时候，直到最后一个指向该文件的名称被删除，该文件才会被删除。

3.4.2 建立软链接

软链接又称为符号连接，这种连接方式与硬链接有所不同。硬链接是有文件系统限制的，而软链接克服了硬链接的不足，没有任何文件系统的限制，任何用户都可以创建指向目录的符号链接。因此，软链接的使用更为广泛，它具有更大的灵活性，甚至可以跨越不同机器、不同网络对文件进行链接。

符号连接并不保存文件数据，其真正的内容指向原来文件。若把真实文件删除，那么该文件的符号连接就会指向一个不存在的文件，其内容变成空白，但是符号连接会占用一个索引节点，并拥有属于自己的索引节点编号。

创建符号连接时使用 ln -s 命令，使用方法与创建硬链接时相同。例如，在图 3-23 的基础上，在“/home/wmm/下载”文件夹下为/home/wmm/音乐/【傲慢与偏见】文件创建软链接，修改器名称为【傲慢与偏见软链接】，使用命令如下：

```
ln -s /home/wmm/音乐/傲慢与偏见 /home/wmm/下载/傲慢与偏见软链接
```

执行上述命令，接下来再次查询“/home/wmm/音乐”文件夹下的文件目录，如图 3-25 所示。

```
wmm@wmm: ~
wmm@wmm:~$ ls -l /home/wmm/音乐
总用量 8
-rw-rw-r-- 1 wmm wmm 1004 3月 22 10:07 傲慢与偏见
-rw-rw-r-- 1 wmm wmm 1004 3月 22 10:24 无标题文档
-rw-rw-r-- 1 wmm wmm    0 3月 22 09:37 无标题文档~
wmm@wmm:~$ ln /home/wmm/音乐/傲慢与偏见 /home/wmm/下载/傲慢与偏见
wmm@wmm:~$ ls -l /home/wmm/音乐
总用量 8
-rw-rw-r-- 2 wmm wmm 1004 3月 22 10:07 傲慢与偏见
-rw-rw-r-- 1 wmm wmm 1004 3月 22 10:24 无标题文档
-rw-rw-r-- 1 wmm wmm    0 3月 22 09:37 无标题文档~
wmm@wmm:~$ ln -s /home/wmm/音乐/傲慢与偏见 /home/wmm/下载/傲慢与偏见软链接
wmm@wmm:~$ ls -l /home/wmm/音乐
总用量 8
-rw-rw-r-- 2 wmm wmm 1004 3月 22 10:07 傲慢与偏见
-rw-rw-r-- 1 wmm wmm 1004 3月 22 10:24 无标题文档
-rw-rw-r-- 1 wmm wmm    0 3月 22 09:37 无标题文档~
wmm@wmm:~$
```

图 3-25 创建软链接

由图 3-25 可以看出，原文件中的连接数依然是 2，没有增加。此时，在“/home/wmm/下载”文件夹下，新建的软文件图标如图 3-26 所示。与 Windows 系统中的快捷方式图标类似。

软链接与硬链接相比，在实现了跨文件系统的同时，也有着无法找到原文件的风险，总结软链接和硬链接的区别，如下所示：

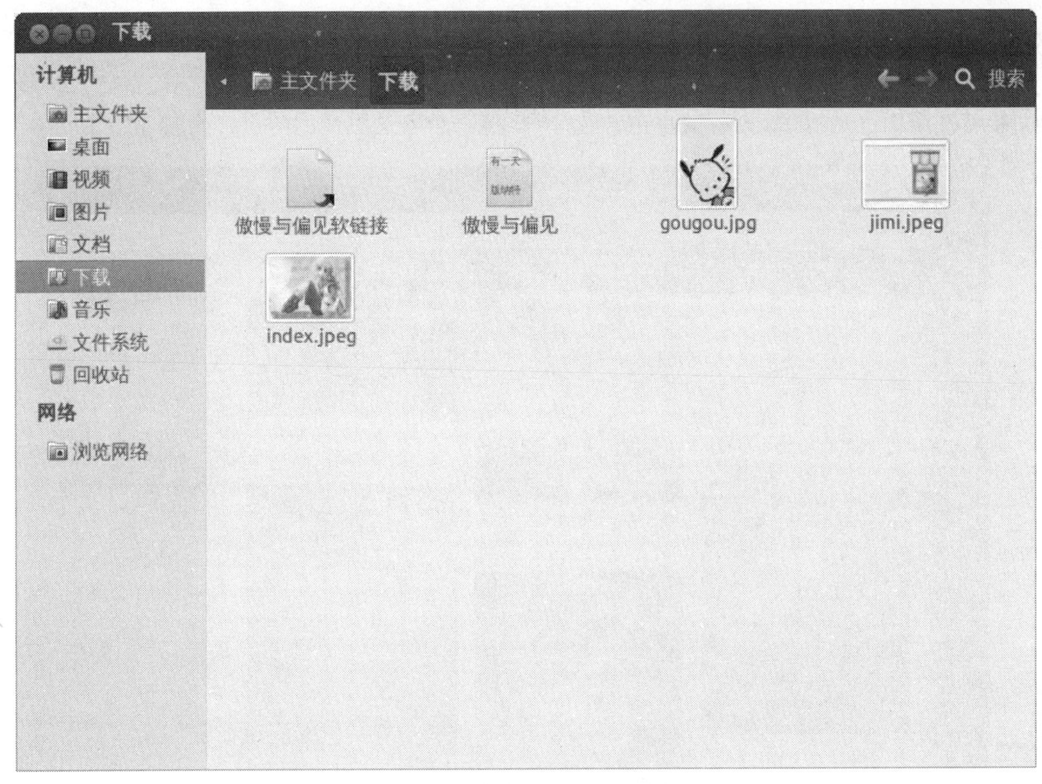

图 3-26 软链接文件图标

- 软链接可以跨文件系统 ，硬链接不可以。
- 硬链接索引节点作为文件指针,而软链接使用文件路径名作为指针。
- 硬链接文件只要结点的连接数不是 0，无论删除原文件还是硬链接文件， 文件都一直存在但是删除原文件，软连接文件就会找不到要指向的文件。
- 软链接可以对一个不存在的文件名进行连接。
- 软链接可以对目录进行连接。
- 硬链接文件显示的大小跟原文件是一样的，而软链接显示的大小与原文件不同。
- 移动原文件，对硬链接没有影响，但软链接将找不到链接文件。

3.5 实例应用：图片文件的使用

3.5.1 实例目标

打开浏览器，找到能够下载图片文件的网页下载图片，并对图片进行浏览、权限修改等操作。需要对文档完成的操作如下所示。

（1）将文件的权限改为所有者只读权限；群组只读权限；其他无权限。

（2）将文件重命名为下载文件。

（3）为文件创建【图片】文件夹下的软链接。

3.5.2 技术分析

图片的下载是文件下载中最为简单的，找到一个图片网站即可进行下载。而图片文件的使用与文档文件的使用是一样的，其权限管理、重命名和软链接的创建步骤一样。

3.5.3 实现步骤

首先单击桌面左侧的浏览器图标打开浏览器。接着在桌面上端的图标处单击，选择【汉语】选项将输入法设置为汉语输入。找到任意一个有这图片的网页，如图 3-27 所示。

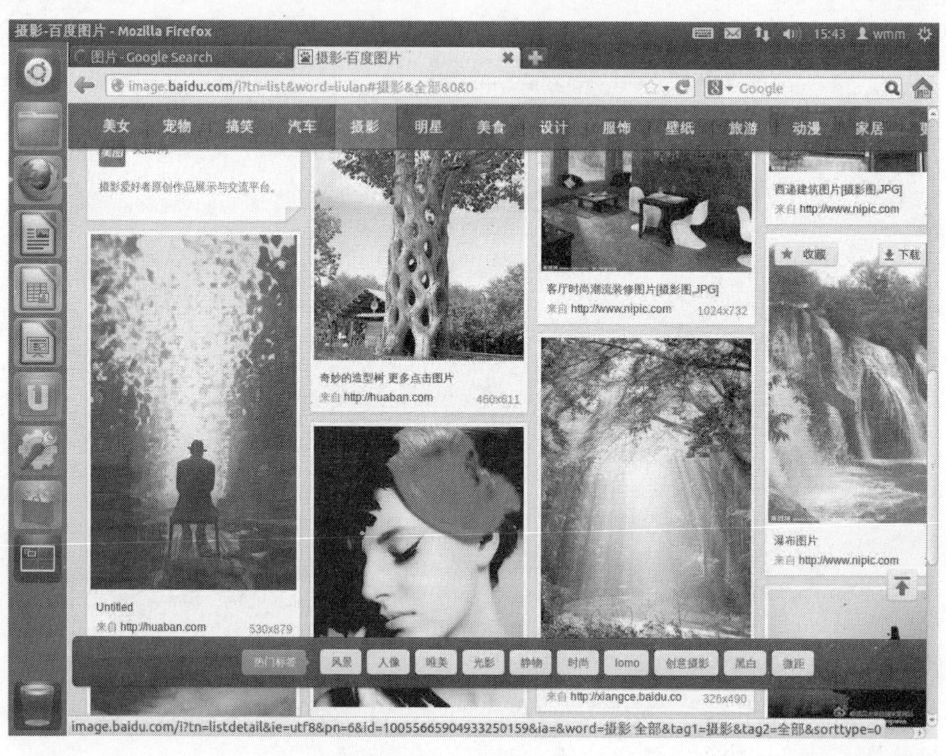

图 3-27　图片网页

如图 3-27 所示，将鼠标放在右侧的瀑布图片位置，则该图标上端出现【收藏】和【下载】两个选项按钮，单击【下载】按钮，有如图 3-28 所示的窗口。

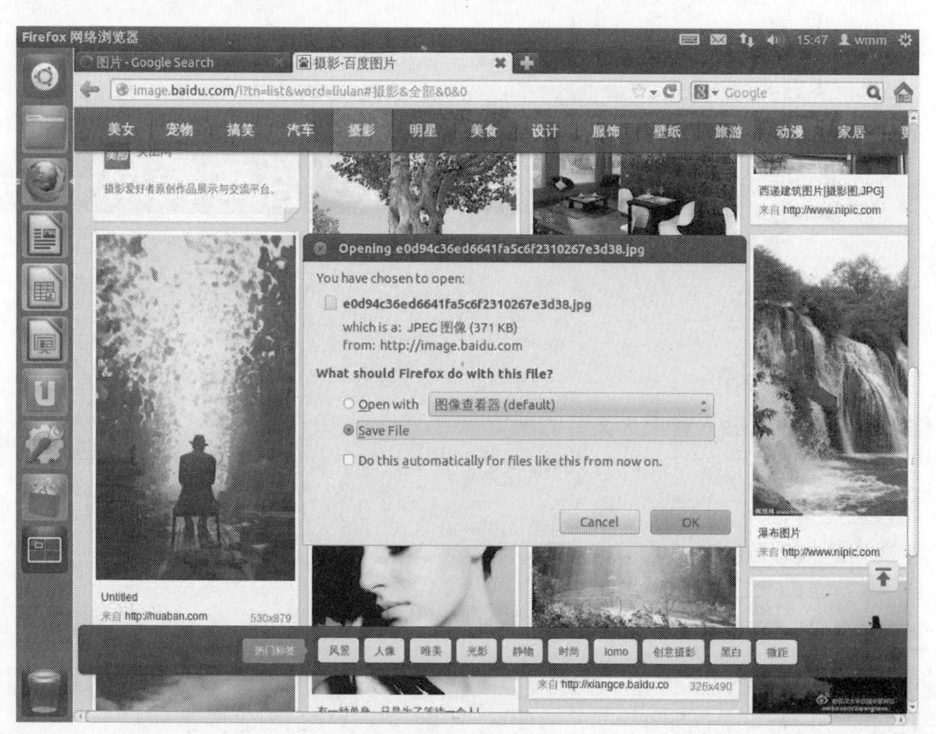

图 3-28　图片保存窗口

如图 3-28 所示，选择【Save File】选项并单击【OK】按钮保存文件，此时将出现如图 3-29 所示的下载列表。图片的下载完成。

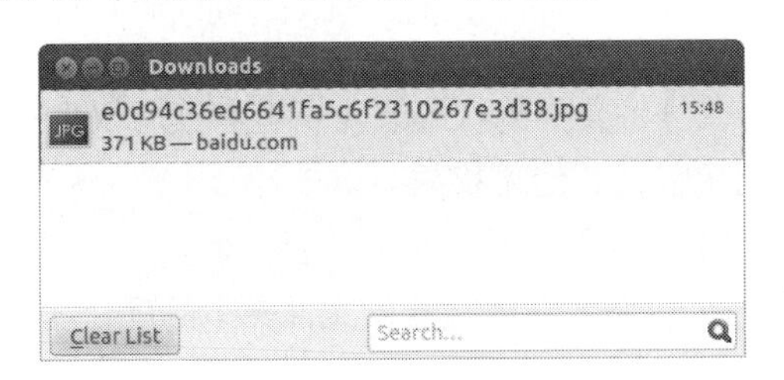

图 3-29　下载列表

此时打开主文件夹下的【下载】文件夹，如图 3-30 所示，刚刚下载的文件已经在文件夹下。

图 3-30　【下载】文件夹

接下来是对文件的操作，这里使用终端命令来操作文件，步骤如下。

（1）将文件的权限改为所有者只读权限；群组只读权限；其他无权限。

只读权限是 r 权限，权限值为 4。无权限的权限值为 0，因此该文件的权限值将改为 400，使用命令语句如下：

```
chmod 400 /home/wmm/下载/e0d94c36ed6641fa5c6f2310267e3d38.jpg
```

接着使用 ls 命令来查询【下载】文件夹下的文件，使用命令语句如下：

```
Ls -l/home/wmm/下载/e0d94c36ed6641fa5c6f2310267e3d38.jpg
```

执行上述命令，终端显示如图 3-31 所示。图片的权限被成功修改为 r，只有所有者有只读的权限。

（2）将文件重命名为下载文件。

图片文件在网络中的名字通常都过长，以便没有重复名称。但下载后的文件使用这样的名字只能增加文件操作的复杂程度，因此使用 mv 命令将其修改为【下载文件.jpg】，使用命令语句如下：

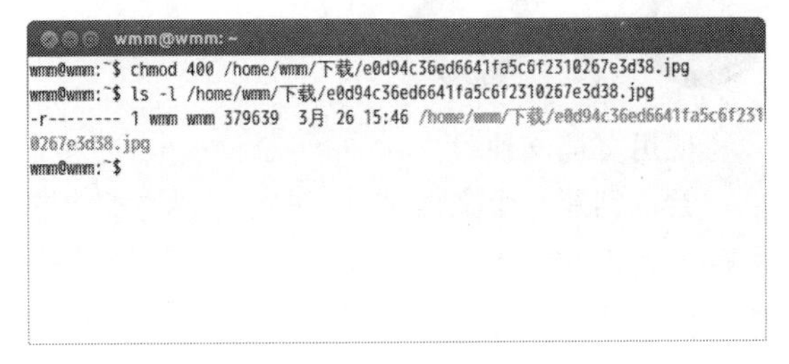

图 3-31　权限修改

```
mv /home/wmm/下载/e0d94c36ed6641fa5c6f2310267e3d38.jpg /home/wmm/下载/下载文件.jpg
```

此时，主文件夹下的【下载】文件夹，如图 3-32 所示。下载的瀑布图片除了名称发生改变，也因权限的修改而被标注了只读符号。

图 3-32　图片重命名

（3）为文件创建【图片】文件夹下的软链接。软链接的创建使用 ln -s 命令，对该图片创建软链接，需要使用图片的新名称，使用命令语句如下：

```
ln -s /home/wmm/下载/下载文件.jpg/home/wmm/图片/下载文件.jpg
```

执行后，有“/home/wmm/图片”文件夹如图 3-33 所示。文件图标中除了有软链接的箭头，还有只读文件的标志。

图 3-33　图片软链接

3.6 拓展训练

使用文档文件

尝试创建一个文档文件，进行内容的编辑并保存。找出文件的目录，并依次执行以下几个命令。

（1）使用命令查阅文档的最后 5 行内容。

（2）将文件的权限改为所有者读写权限；群组无权限；其他无权限。

（3）将文件重命名为扩展训练。

（4）为文件创建音乐文件夹下的硬链接。

3.7 课后练习

一、填空题

1. Ext3 文件系统是以__________文件系统为基础，并增加了日志功能。

2. 软链接又叫做__________。

3. 721 转换为权限__________。

4. 以字符“d”开头的文件类型为__________。

5. 连接有两种形式，符号链接和__________。

6. 文件权限有三种，读写权限、__________权限和无权限。

7. 日志文件可以在__________文件中进行配置。

二、选择题

1. 以下不属于 linux 文件类型的是__________。

A. 挂载文件

B. 管道文件

C. 目录文件

D. 链接文件

2. 以下不属于文件结构组成的是__________。

A. Block

B. Superblock

C. node

D. 服务器存储块

3. 文件的用户权限有三种，所有者权限、__________权限和群组权限。

A. 访客

B. 管理员

C. 用户

D. 其他

4. 下面字符表示的文件类型说法正确的是__________。

A. “l”表示目录文件

B. “c”表示外围设备

C. “b”表示普通文件

D. “d”表示数据结构

5. 指出下面字符中对文件权限描述正确的是__________。

A. rw-wx

B. r-w-w-x

C. rwwx

D. rww-x

6. 下面权限对应数字表示正确的__________。

A. rwxrwxrwx 对应的数字为 21

B. r--r--r--对应的数字为 111

C. -w--w--w-对应的数字为 222

D. ---------无对应数字

7. 下列说法正确的是__________。

A. 目录是文件系统中组织文件的形式

B. Linux 目录与 Windows 目录结构完全相同

C. Linux 目录为树状结构，根目录位于最下方

D. 父目录与子目录之间使用“\”

三、简答题

1. 简单说明文件系统的组织方式。

2. 简单概括 Ubuntu 中的文件类型。

3. 简要说明 Linux 中的目录结构。

4. 简单说明文件的权限类型。

5. 简要概述软链接和硬链接的区别。

第 4 课 用户权限管理

Linux 与其他 Unix 系统一样是一个多用户、多任务的操作系统。它的多用户特性允许大多数人在Linux中创建独立的账户以确保用户个人数据的安全性。一个系统的正常操作离不开用户，用户的角色不同，其操作也会不同。因此用户和用户的基本操作对操作系统有很大的作用，本课将介绍 Ubuntu Linux 操作系统中用户权限的管理。

通过本课的学习，读者可以熟悉与用户和用户组有关的文件结构，也能够对用户和用户组进行简单的添加和删除操作，还可以熟悉与权限和安全有关的信息。

本课学习目标：

- 熟悉 Linux 系统中的用户分类
- 了解/etc/passwd 文件的结构内容
- 了解/etc/shadow 文件的结构内容
- 掌握如何添加、修改和删除用户
- 掌握如何对用户设置密码
- 了解/etc/group 和/etc/gshadow 文件的结构内容
- 掌握如何添加、修改和删除用户组
- 熟悉 gpasswd 命令的常用操作
- 掌握常用的 su 和 sudo 命令

4.1 用户概述

Linux 系统的用户需要通过账号和密码进行登录，那么一个系统中的用户到底有哪些呢？下面将了解一下用户的分类，以及与用户账号信息有关的两个文件。

4.1.1 用户分类

Linux 是一个支持多用户、多任务的操作系统，每个用户（即普通用户）都可以同时多次登录，并且可以同时执行多个任务。Linux 系统下，root 用户控制整个系统的权限对整个系统管理。而普通用户虽然受到 root 限制，但是拥有独立的主目录。他们可以在自己的主目录上存储设置各种文件、程序配置文件、用户文档、邮件以及创建和删除文件等，而其他未被授权的用户则是无法进行读写操作。因此普通用户的账户安全对整个系统有非常重要的影响。

Linux 系统将用户分为三类：root 用户、普通用户和系统用户。说明如下：

（1）root 用户

即超级用户，它拥有整个系统的最高权限，拥有整个系统的完全控制权。可以对整个系统中的所有文件、目录和进程进行管理。可以执行系统中的所有程序，任何文件的权限对于 root 权限的用户都是无效的。

root 用户所拥有的权限仅次于内核，且受到内核的限制。拥有 root 权限的用户如果操作不当，则会对整个系统造成灾难性的损失。因此，除非有必要，否则尽量避免使用 root 用户登录系统。

（2）系统用户

系统用户通常被称为虚拟用户或伪用户，不具备登录系统的能力。系统用户的账号不属于任何人，这是在系统安装或软件安装中默认创建的。这些账户用于特定的系统目的，例如执行特定子系统完成服务所需要的进程。

（3）普通用户

普通用户是指登录系统后，拥有自己的主目录并能够在属于自己的目录中创建目录和操作文件的用户。由于受到 root 的限制，因此只可以执行极少数的系统级功能。

4.1.2 /etc/passwd 文件

Linux 系统与用户有关的主要文件有两个：/etc/passwd 和/etc/shadow。/etc/passwd 文件是用户账号管理中最重要的一个文件。每一个记录行定义一个用户账号，一个记录由多个字段构成，各个字段之间用“:”分隔，记录了此用户的必要信息。

用户可以找到根目录下的相应文件进行查看，也可以在终端窗口中输入命令查看。这个文件的主要内容格式如下：

```
root:x:0:0:root:/root:/bin/bash
daemon:x:1:1:daemon:/usr/sbin:/bin/sh
bin:x:2:2:bin:/bin:/bin/sh
sys:x:3:3:sys:/dev:/bin/sh
sync:x:4:65534:sync:/bin:/bin/sync
…
wmm:x:1000:1000:wmm,,,:/home/wmm:/
bin/bash
superadmin:x:1001:1001:superadmin,,,:
/home/superadmin:/bin/bash
```

上述文件内容中，首先在第一行显示超级用户 root，然后是系统用户，如 daemon、bin、sys 等，最后才会显示普通用户，如 wmm 和 superadmin。

该文件中的每一行都由 7 个字段组成，每个字段之间使用“:”分隔。这 7 个字段分别表示用户名、用户密码、用户标识号 UID、用户组标识号 GID、用户信息说明、主目录和 Shell 命令解析器。

1. 用户名

用户名就是账号，它是用来对应 UID 的。例如 root 用户的 UID 就是 0。

2. 密码

最早期的 UNIX 系统的密码都是放在该字

段上，但是由于该文件能够被所有的程序读取，这样会造成密码数据被窃取的后果。因此，将该字段的密码数据存放到/etc/shadow 文件中，这里只显示一个“x”。

3．用户标识 UID

UID 有一定的限制，在上一节介绍了 Linux 系统中的用户有三类，因此每一类用户的标识也不相同。以下对 UID 的范围进行了说明，如下所示：

- **0**　当 UID 为 0 时表示系统管理员，即 root 用户。
- **1～499**　保留给系统使用的 ID，这些账号通常是不能登录的。其中 1～99 范围内是由 distributions 自行创建的系统账号，100～499 则表示如果用户有系统账号需求时，可以使用账号 UID。
- **500～？**　这是给一般用户使用的可登录账号。Linux 内核的版本不同，其所支持的最大范围也不一样。

4．用户组标识 GID

该字段列与用户组文件/etc/group 有关，这个文件规定组名与 GID 对应。

5．用户信息说明

这个字段不重要，只是对这个用户登录账号进行解释。但是，当用户使用 finger 命令获取功能时，该字段可以提供很多的信息。

6．主目录

用户的主文件夹，例如 root 用户的主文件夹在/root 中。因此，当用户登录成功后就会立刻到相应的目录中。默认的用户主文件夹在/home/用户名中。例如 superadmin 用户的主文件夹在/home/superadmin 中。

7．Shell 命令解析器

当用户登录系统成功后会取得一个 Shell 与系统内核通信以进行用户的操作任务，这个字段指定了 Shell 会默认使用 bash。但是有一个 Shell 可以用来替代成让用户无法取得 Shell 环境的登录操作，那就是/sbin/nologin 文件。

4.1.3　/etc/shadow 文件

许多程序的运行都离不开权限，而权限则离不开 UID 和 GID。上一节已经介绍过与用户权限有关的/etc/passwd 文件，本节将介绍存放密码的文件——/etc/shadow 文件。

用户在终端窗口中输入命令查看/etc/shadow 文件，主要内容格式如下：

```
root@wmm:/home/superadmin# head -n 200/
etc/shadow
root:$6$xKskt4/f$TFwuzmLyLaS6j8S/a
6ekNhP1JSqmpyIpsafYe.LdM0rZhwRrs5X
tump0bJ503UNLG/RA.KSOvu.lCgifZCzEw1
:15807:0:99999:7:::
daemon:*:15749:0:99999:7:::
bin:*:15749:0:99999:7:::
sys:*:15749:0:99999:7:::
sync:*:15749:0:99999:7:::
games:*:15749:0:99999:7:::
man:*:15749:0:99999:7:::
…
superadmin:$6$Qo57rDXPZrD1QN9a$Vvp
OvLGulL8ZZxxQsgncfNhoGqzr6lCDYcNQgY8/
HxT0YrhcH.jX0w47g.DkSApMZTMv1HhN4O
SHSFLDB0Ob9.:15806:0:99999:7:::
vboxadd:!:15806::::::
```

上述文件内容中的每一行都由 9 个字段组成，每个字段之间使用“:”分隔。这 9 个字段分别表示用户名称、密码、最近更动密码的日期、密码不可被更动的天数、密码需要重新更改的天数、密码需要更改期限前的警告天数、密码失效时间、账号失效日期和保留。

1．用户名称

密码需要与用户进行对应，因此，该文件的第一列就是用户名。它与/etc/passwd 文件的第一列相同。

2．密码

这个字段保存了用户的真正密码，并且这个密码是经过加密的密码。因此，用户只能看到一些特殊符号的字母。这些加密后的密码很难被解析出来，但是并不是“不可能”。因此，这个文件的默认权限是“-rw-------”或“-r--------”，即只有 root 才能够进行读写。另外，由于各种密码编码的技术不一样，可能会造成该字段的长度也不相同。

3．最近更改密码的日期

这个字段记录更改密码的日期，其值是计算

以 1970 年 1 月 1 日作为 1 而累加日期。如果用户想要知道某个日期的累计天数，可以使用以下命令：

```
superadmin@wmm:~$ echo $(($(date --date="2013/4/11" +%s)/86400+1))
15806
```

上述命令中，2013/4/11 表示用户想要计算的日期，86400 表示每一天的秒数，%s 表示 1970/1/1 以来的累积总秒数。由于 bash 只支持整数，因此需要加上 1 补齐 1970/1/1 当天。

4．密码不可被更改的天数（与第 3 个字段相比）

这个字段记录了这个用户账号的密码，在最近一次被更改后需要经过多少天以后才能够被更改。如果该值为 0，则表示随时可以更改密码。

5．密码需要重新更改的天数（与第 3 个字段相比）

这个字段指定了用户在最近一次更改密码后在多少天内需要再次更改密码。用户需要在这个天数内重新设置其密码，否则这个账号的密码将会变为过期特性。如果该字段的值是 99999，则表示不会强制用户更改密码。

6．密码需要更改期限前的警告天数（与第 5 个字段相比）

当用户密码的有限期限快要到期时，系统会依据这个字段的设置发出“警告”给这个账号，提醒用户再过 n 天密码就要过期了。例如，上述格式内容中将此字段的值设置为 7，则表示密码到期之间的 7 天内容，系统会警告该用户。

7．密码失效时间（与第 5 个字段相比）

密码有效日期是“更新日期”(第 3 个字段)和“重新更改日期”(第 5 个字段)，如果过了期限后用户依然没有更改密码，那么该用户的密码就算过期了。虽然过期，但是用户还可以进行其他工作。当用户登录此账号时，就会强制要求用户重新设置密码才能使用，这是密码的过期性。

这个字段的功能就是在用户密码过期几天后，如果用户还是没有登录更改密码，那么这个账号将会“失效”，用户再也不能使用该密码进行登录了。

8．账号失效日期

这个字段的内容表示账号在此字段规定的日期之后将无法再使用，这个日期也是使用 1970 年以来的总日数设置。如果设置了该字体，无论用户的密码是否过期，这个用户账号都不能再使用。

9．保留字段

这是一个保留字段，介绍以后有没有新的功能加入。

4.2 普通用户管理

用户管理包括添加用户、为用户设置密码、修改用户以及删除用户等，下面将对这些操作进行详细介绍。

4.2.1 添加用户

普通用户在添加其他用户时可以有多种方法。例如通过 Shell 命令添加、通过图形界面添加，或者通过 useradd 命令或 adduser 命令添加。但是使用 Shell 命令添加用户并不常见，通常只使用后两种方式进行添加。

1．图形界面添加用户

Ubuntu 的用户图形界面直观方便，而且操作比较简单。创建方法非常简单，其主要步骤如下：

(1)在 Dash 主页中找到并单击【用户账户】选项，或者在界面的设置中单击【系统设置】选项，在弹出的对话框中选择【用户账户】选项。另外，用户还可以直接单击当前的登录用户，在下拉列表中选择【用户账户】选项，如图 4-1 所示。

(2)单击图 4-1 中的【用户账户】选项后弹

出对话框，将当前用户解锁后选择左下角的【创建用户账户】按钮，然后弹出创建用户的对话框，如图 4-2 所示。

图 4-1　界面中选择【用户帐户】选项

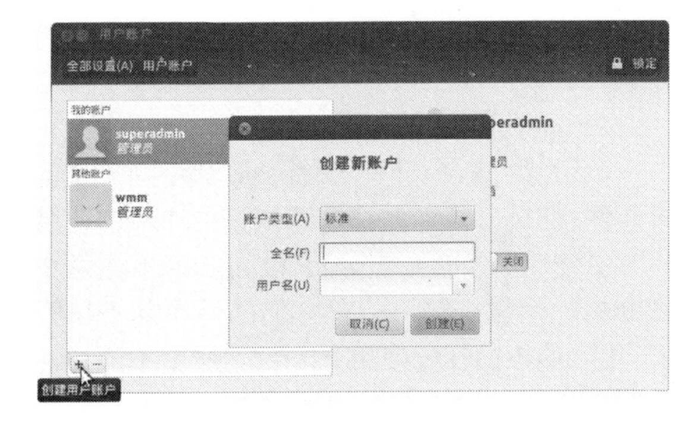

图 4-2　添加用户

（3）在图 4-2 所示的对话框中选择账户类型、输入要创建的用户名和全名，然后单击【创建】按钮完成创建。添加用户完成后会在用户账户中显示新添加的用户，默认添加的用户是没有密码的，用户可以单击“密码”文本后的按钮设置密码，如图 4-3 所示。

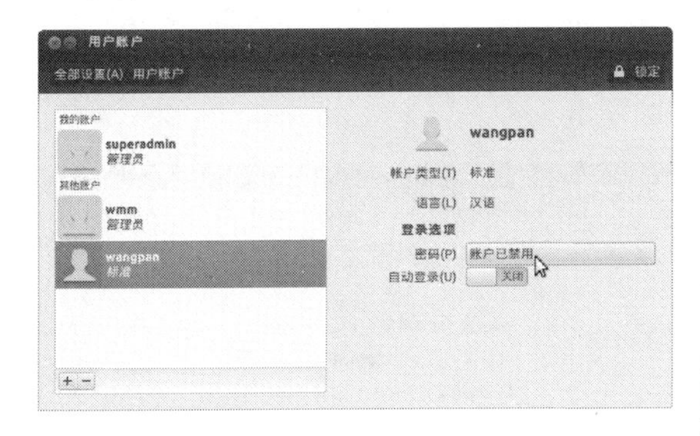

图 4-3　添加用户完成效果

2．useradd 命令添加

用户通常使用 adduser 命令或 useradd 命令来添加用户，无论使用哪一种命令创建用户，当前用户都需要来自 root 的权限才可以创建。adduser 命令非常简单，其程序主要放在 /usr/sbin 目录中。useradd 的语法格式如下：

```
adduser [选项] 登录
```

上述语法格式中，选项可以包含多个。常用选项值的说明如下所示：

- **-c**　新账户的信息说明，与/etc/passwd 的第 5 个字段相对应。
- **-d**　新账户的主目录（或主文件夹），用户需要指定某个目录为主文件夹，而不使用默认值。这里需要使用绝对路径。
- **-D**　显示或更改默认的 useradd 配置。
- **-e**　新账户的过期日期，格式为“YYYY-MM-DD”，写入/etc/shadow 文件的第 8 个字段，即账号失效时间的设置选项。
- **-f**　与/etc/shadow 的第 7 个字段对应，指定密码是否会失效。0 表示立即失效，-1 为永远不会失效。
- **-g**　用户组的名称或 GID，与/etc/passwd 文件的第 4 个字段相对应。
- **-G**　新账户的附加组列表，后面接的组名是这个账号还可以加入的组，它不会更改/etc/group 中的数据。
- **-r**　创建一个系统账户，这个账号的 UID 会有限制。系统账号的 UID 是比定义在/etc/login.defs 中的 UID_MIN 小的值，UID_MIN 的默认值是 500。
- **-s**　新账户登录的 Shell，如果没有指定默认为/bin/sh。
- **-u**　用户的 UID。
- **-U**　创建与用户同名的用户组。
- **-m**　创建用户的主文件夹（一般账号默认值）。
- **-M**　不创建用户的主文件夹（系统账号默认值）。
- **-h**　显示帮助信息并退出。

例如，用户可以直接使用参考的默认值，然后通过 useradd 命令创建一个新用户。命令如下所示：

```
root@wmm:/# useradd newuser
root@wmm:/# ll -d /home/newuser
drwxr-xr-x 2 newuser newuser 4096 4月
13 14:47 /home/newuser/
```

"useradd -r"命令所建立的账号不会创建用户主目录，也不会依据/etc/login.defs 对用户进行设置。如果想要创建用户主目录，需要额外的设置-m 参数。

【练习 1】

本次练习通过为 useradd 命令设置不同的参数完成不同的功能。如下所示：

（1）如果将 useradd 命令后添加-D 参数，则可以显示 useradd 的默认值。如下所示：

```
root@wmm:/home/superadmin# useradd -D
GROUP=100
HOME=/home
INACTIVE=-1
EXPIRE=
SHELL=/bin/sh
SKEL=/etc/skel
CREATE_MAIL_SPOOL=no
```

在上述所示的内容中，从 GROUP 向下依次表示默认的用户组、默认的主文件夹所有目录、密码失效日期、账号失效日期、默认的 Shell、用户主文件夹的内容数据参考目录以及是否主动帮用户创建邮件信箱。

（2）如果用户想要修改默认值，可以直接在上述命令之后添加修改的参数和值即可。命令如下：

```
root@wmm:/home/superadmin# useradd -D
-s/bin/bash
root@wmm:/home/superadmin# useradd -D
GROUP=100
HOME=/home
INACTIVE=-1
EXPIRE=
SHELL=/bin/bash
SKEL=/etc/skel
CREATE_MAIL_SPOOL=no
```

（3）添加一个新的用户，其 UID 是 722，用户组 ID 是 100（users 用户组的标识符是 100），用户目录为/home/mynew，用户的默认 Shell 是/bin/bash，账号的失效日期是 2013 年 4 月 13 日。创建命令如下：

```
root@wmm:/# useradd mynew -u 722 -d
/home/ mynew -s /bin/bash -e 2013-04-
15 -g 100
```

（4）创建完成后通过 grep 命令查看刚才添加的信息，命令如下：

```
root@wmm:/# grep mynew /etc/passwd
/etc/shadow
/etc/passwd:mynew:x:722:100::/home
/mynew:/bin/bash
/etc/shadow:mynew:!:15808:0:99999:
7::15810:
```

（5）如果用户要添加的用户已经添加过，则会向用户提示信息。命令如下：

```
root@wmm:/# useradd mynew
useradd: 用户"mynew"已存在
```

3. adduser 命令添加

useradd 命令只是 adduser 命令的一个链接文件，使用 useradd 命令可以很方便地创建用户方便使用。虽然 useradd 和 adduser 这两个命令的作用都一样，但是它们的用户却不尽相同。主要的不同在于使用 useradd 命令不添加任何参数选项直接创建用户时，创建出的用户将是默认的"三无"用户：无主文件夹、无密码、无系统 Shell。而使用 adduser 命令创建用户时，用户的创建过程更像是一种人机对话，系统会提示输入各种信息（例如密码和邮箱），然后根据这些信息创建新的用户。

用户使用 adduser 命令可以添加一个普通用户，可以添加一个管理员，可以添加一个用户组，也可以添加管理员用户组，还可以将一个已存在的用户移动至已存在的用户组。直接在命令中输入"adduser --help"查看帮助信息，如图 4-4 所示。

```
superadmin@wmm:/$ adduser --help
adduser [--home 用户主文件夹] [--shell SHELL] [--no-create-home（无主文件夹）] [
--uid 用户ID]
[--firstuid ID] [--lastuid ID] [--gecos GECOS] [--ingroup 用户组 | --gid 组ID]
[--disabled-password（禁用密码）] [--disabled-login（禁止登录）] [--encrypt-home
] 用户名
   添加一个普通用户

adduser --system [--home 用户主文件夹] [--shell SHELL] [--no-create-home （无主
文件夹）] [--uid 用户ID]
[--gecos GECOS] [--group | --ingroup 用户组 | --gid 组ID] [--disabled-password（
禁用密码）]
[--disabled-login （禁止登录）] 用户名
   添加一个管理员

adduser --group [--gid 组ID] 用户组名
addgroup [--gid ID] 用户组名
   添加一个用户组

addgroup --system [--gid 组ID] 用户组名
   添加一个管理员用户组

adduser 用户名 用户组名
   将一已存在的用户移至一已存在的用户组

常规设置:
  --quiet | -q      不要在标准输出中给出进度信息
  --force-badname   允许用户名不匹配:
                    NAME_REGEX[_SYSTEM] 配置变量
  --help | -h       给出本命令用法
  --version | -v    版本号和版权
  --conf | -c 文件  使用文件中的配置

superadmin@wmm:/$
```

图 4-4 adduser 命令的帮助信息

【练习 2】

例如，用户通过 adduser 命令添加名称是 liyan 的用户，然后根据提示信息依次添加登录密码、全名、房间号码、工作电话和联系电话等。添加完成后可以到相应的目录/home/liyan 下查看是否已经创建该用户，效果如图 4-5 所示。

即使 adduser 命令和 useradd 命令都可以用来创建用户，但是 adduser 命令更加适合初级使用者，因为不用去记那些繁琐的参数选项，只要跟着系统的提示一步一步进行下去就行。缺点就是整个创建过程比较复杂而漫长，而 useradd 比较适合有些高级经验的使用者，往往一行命令加参数就能解决很多问题，所以创建起来十分方便。读者可以根据自身的情况选择合适的方法进行创建。

```
root@wmm:/# adduser liyan
正在添加用户"liyan"...
正在添加新组"liyan" (1005)...
正在添加新用户"liyan" (1003) 到组"liyan"...
创建主目录"/home/liyan"...
正在从"/etc/skel"复制文件...
输入新的 UNIX 密码:
重新输入新的 UNIX 密码:
passwd: 已成功更新密码
正在改变 liyan 的用户信息
请输入新值，或直接敲回车键以使用默认值
        全名 []: 李烟
        房间号码 []: 723
        工作电话 []: 13213855692
        家庭电话 []: 13213855692
        其它 []:
chfn: 名称中有非 ASCII 字符: "李烟"
这些信息是否正确？ [Y/n] y
root@wmm:/#
```

图 4-5　adduser 命令添加用户

4.2.2 设置密码

密码是用户信息安全的第一道防线，它对用户信息安全起到了一定的作用，可以在某些情况下拒绝用户的访问。用户使用 useradd 命令创建用户时，默认情况下是不会创建密码的，创建密码时需要使用有关的 passwd 命令。

普通用户只能够修改自己的密码，而具有 root 权限的普通用户，使用 passwd 命令不仅可以修改自己的密码，还可以设置其他用户的密码。passwd 命令的语法格式如下所示：

```
passwd [选项] [用户名]
```

上述语法格式中，选项的值可以有多个。常用选项的值如下：

- ❑ **-k**　仅在密码过期后修改密码。
- ❑ **-l**　锁定指定的账户。
- ❑ **-u**　与-l 相反，是对锁定的用户进行解锁操作。
- ❑ **-d**　删除指定账户的密码。
- ❑ **-n**　设置到下次修改密码所需要等待的最短天数。
- ❑ **-x**　设置到下次修改密码所需要等待的天数。
- ❑ **-w**　设置密码过期前，发出警告的提前天数。
- ❑ **-I**　设置密码过期后到账号停用的天数。
- ❑ **-S**　显示指定账户当前密码的状态。
- ❑ **-h**　显示帮助信息并退出。

【练习 3】

例如，用户通过使用 passwd 命令更改或设置自己和其他用户的密码。具体步骤如下：

（1）直接执行 passwd 命令不跟任何参数，并且如果后面没有添加账号则表示更改自己的密码。如果用户输入的密码不符合要求（例如密码过短）则会对用户提示，知道输入成功为止。命令如下：

```
superadmin@wmm:/$ passwd
更改 superadmin 的密码。
（当前）UNIX 密码:
输入新的 UNIX 密码:
重新输入新的 UNIX 密码:
Bad: new password is too simple
输入新的 UNIX 密码:
重新输入新的 UNIX 密码:
passwd: 已成功更新密码
```

（2）如果用户想要更改上一节添加用户 wpp 的密码，直接在该命令之后添加用户即可。命令如下：

```
superadmin@wmm:~$ passwd wpp
passwd: 您不能查看或更改 wpp 的密码信息。
superadmin@wmm:~$ sudo passwd wpp
输入新的 UNIX 密码:
重新输入新的 UNIX 密码:
passwd: 已成功更新密码
```

从上述多行命令中可以看出，普通用户并不能使用 passwd 命令为其他的用户设置密码，如果要为用户设置密码必须使当前用户具有 root 权限或在命令前添加 sudo 命令。

（3）继续修改上个步骤中设置的密码，使用户 wpp 的密码具有 60 天更改，15 天密码失效的设置。命令如下：

```
root@wmm:/# passwd -S wpp
wpp P 04/15/2013 0 99999 7 -1
root@wmm:/# passwd -x 3 -i 15 wpp
passwd: 密码过期信息已更改。
root@wmm:/# passwd -S wpp
wpp P 04/15/2013 0 3 7 15
```

上述命令中首先通过将 passwd 命令的参数设置为-S 查看 wpp 用户的信息，然后通过设置该命令的-x 和-i 的参数设置密码过期失效，最后重新进行查看。

如果用户设置的密码过于简单，则不利于系统的安全。理论上，用户的密码最好符合几个要求。如下所示：

- ❑ 密码不能够与账号相同。
- ❑ 密码尽量不要选用字典里面会出现的字符串。
- ❑ 密码需要超过 8 个字符。
- ❑ 密码不要使用个人信息，如身份证、手机号码和其他电话号码等。
- ❑ 密码不要使用简单的关系式，如 1+1=2、lamvbird 等。
- ❑ 密码尽量使用大小写字符、数字、特殊字符（￥、_、或-等）的组合。

将 passwd 命令的参数设置为-S 时可以显示指定账户的当前密码状态，但是有一种命令能够比“passwd -S wpp（用户名）”命令更能显示密码参数的显示功能——chage 命令。chage 命令的语法格式如下：

```
chage [选项] [登录]
```

在上述语法格式中，选项包含许多内容，如-d、-E、-I 和-l 等。说明如下：

- ❑ **-l** 列出用户账号的详细密码参数。
- ❑ **-d** 将最近一次密码设置时间设为“最近日期”，对应/etc/shadow 文件的第 3 个字段。
- ❑ **-E** 账号失效过期时间，对应/etc/shadow 文件的第 8 个字段。
- ❑ **-I** 密码失效时间，对应/etc/shadow 文件的第 7 个字段。
- ❑ **-m** 两次改变密码之间相距的最小天数，即密码最短保留天数，对应/etc/shadow 文件的第 4 个字段。
- ❑ **-M** 两次改变密码之间相距的最大天数，即密码多久需要进行更改，对应/etc/shadow 文件的第 5 个字段。
- ❑ **-W** 密码过期前的警告天数，对应/etc/shadow 文件的第 6 个字段。
- ❑ **-h** 显示帮助信息并退出。

【练习 4】

例如，本次练习通过 chage 命令查看用户的密码详细信息。首先将 change 命令的参数指定为-l，指定查看 wpp 用户的密码信息。命令如下：

```
root@wmm:/# chage -l wpp
最近一次密码修改时间        : 4月 15, 2013
密码过期时间                : 4月 18, 2013
密码失效时间                : 5月 03, 2013
帐户过期时间                        : 从不
两次改变密码之间相距的最小天数      : 0
两次改变密码之间相距的最大天数      : 3
在密码过期之前警告的天数            : 7
```

使用 chage 命令时可以让用户在第一次登录时强制修改密码，这样才能够使用系统资源。命令如下：

```
root@wmm:/# chage -d 0 wpp
root@wmm:/# su wpp
您需要立即更改密码（root 强制）
su: 认证令牌已过期; 需要新的认证令牌
(忽略)
$ su wpp
密码:
您需要立即更改密码（root 强制）
更改 wpp 的密码。
（当前）UNIX 密码:
输入新的 UNIX 密码:
重新输入新的 UNIX 密码:
$ su wpp
密码:
警告: 您的密码将在 3 天后过期
```

在上述多行命令中，首先将用户的账号密码的新建时间修改为 1970 年 1 月 1 日，这样会出现问题。接着切换到 wpp 用户，切换到用户时会强制用户重新更改密码，更改完成后显示警告信息（根据实际情况）。

4.2.3 修改用户

添加完用户后若发现添加了一些错误的数据，可以到对应的文件 /etc/passwd 或 /etc/shadow 中修改相应的字段数据。也可以通过 usermod 命令进行修改，该命令的语法格式如下：

```
usermod [选项] 登录
```

usermod 命令会根据上述格式中的选项参数对用户账号进行修改，选项参数有多种。说明如下：

- ❑ **-c** 即 comment，更新用户的注释说明信息，对应/etc/passwd 的第 5 个字段。
- ❑ **-d** 更新用户登录的主目录，对应/etc/passwd 的第 6 个字段。
- ❑ **-e** 更新账户的过期日期，对应/etc/shadow 的第 8 个字段。
- ❑ **-f** 账号失效到永久停用的参数，对应/etc/shadow 的第 7 个字段。
- ❑ **-g** 更新用户的初始登录用户组，即第一用户组。它对应/etc/passwd 的第 4 个字段，即 GID 字段。
- ❑ **-G** 更新用户所属的用户组，修改的是/etc/group 文件。
- ❑ **l** 修改用户登录时的账号名称，即/etc/passwd 的第 1 个字段。
- ❑ **-s** 指定用户新的 Shell，如/bin/bash 或/bin/csh 等。
- ❑ **-u** 更新用户的 UID 的值，对应/etc/passwd 的第 3 列数据。
- ❑ **-L** 锁定（或冻结）用户账号。
- ❑ **-U** 解锁用户账号。

例如，通过 usermod 命令更改用户 wpp 的说明信息。命令如下：

```
root@wmm:/# usermod -c "new user" wpp
root@wmm:/# grep wpp /etc/passwd
wpp:x:1003:1004:new user:/home/wpp:
/bin/sh
```

例如，为 usermod 命令指定不同的选项参数的值修改不同的信息。命令如下：

```
root@wmm:/# usermod -e "2013-10-10" wpp
root@wmm:/# grep wpp /etc/shadow
wpp:$6$Pic5bLsG$oOjwF.o62rEi6oISWHHZ
AtzwJ51M.Y0kxoUDvscU4MwQyT5kODnMlm
C9GxRkJdwVTmrQ.E8oOWxD8cwvwg5sT0:
15810:0:3:7:15:15988:
```

试一试

在 usermod 命令后面不仅可以添加一个选项参数，也可以同时跟随多个选项参数，感兴趣的读者可以亲自动手试试。

4.2.4 删除用户

添加和删除用户是系统中经常进行的操作，Ubuntu 系统中删除用户最常用的方式为：终端命令删除和图形界面删除。

1. 终端命令删除

在终端命令中删除用户时需要使用 userdel 命令，但是无论是使用添加用户或者删除用户的命令时，如果是普通用户则需要添加 sudo，否则需要用户具有 root 权限。

userdel 命令的语法形式如下：

```
userdel [选项] 登录
```

在 userdel 命令的语法格式中，常用的选项参数有三个：-f、-h 和-r。

- ❑ **-f** 即使不属于此用户，也强制删除文件。
- ❑ **-h** 显示帮助信息并退出。
- ❑ **-r** 连同用户的主目录和邮箱等信息也被删除。

【练习 5】

在本次练习中，使用 userdel 命令删除 wpp 用户。命令如下：

```
root@wmm:/# userdel -r wpp
```

当用户使用选项参数-r 时会连同与用户有关的主文件夹和邮箱等相关的文档信息删除，同时该用户放在其他位置的文档也会被一一找出并删除。但是，用户在删除用户之前可以检查是否有该用户的相关进程正在运行，如果有正在运行的进程则会先删除相关进程，然后再删除用户。另外，用户在删除某个完整的账号之前，还可以通过执行 find / -user wpp 命令找出整个系统内属于 wpp 的文件，然后再进行删除。

2．图形界面删除

如果用户不想通过在终端窗口中输入命令的方式删除用户，还有另外一种方式——通过图形界面删除，如图 4-6 所示了如何通过图形界面进行删除。

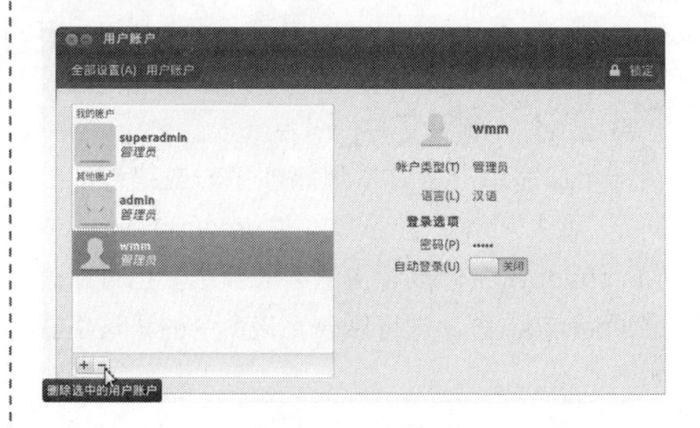

图 4-6　图形界面删除用户

4.3 用户组文件：/etc/group 和/etc/gshadow

认识了与账号有关的/etc/passwd 和/etc/shadow 文件之后，还需要了解与用户组有关的内容。用户组的配置文件在哪里，/etc/passwd 文件中第 4 个字段列的 GID 是什么，这就需要了解/etc/group 文件和/etc/gshadow 文件。

1．/etc/group 文件

/etc/group 文件是记录了 GID 与组名的对应，用户打开该文件时，其内容格式如下：

```
root:x:0:
daemon:x:1:
bin:x:2:
sys:x:3:
adm:x:4:wmm,admin,superadmin
```

上述格式中每一行都代表一个用户组，每一行的内容是通过冒号“:”作为字段的分隔，并且每行都包括四个字段，它们分别是用户组名称、用户名密码、GID 和用户组支持的账号名称。

（1）用户名密码

用户组密码通常不需要进行设置，这个设置通常是给用户组管理员使用的，目前很少有这个机会设置用户组管理员。而且密码已经设置到了/etc/shadow 文件中，该文件只是使用 x 显示。

（2）GID

很简单，就是用户组的 ID，/etc/passwd 文件中第 4 个字段使用的 GID 所对应的用户组名就是从这里对应的。

（3）用户组支持的账号名称

一个账号可以加入多个用户组，如果某个账号想要加入用户组时，可以将该账号填入这个字段。例如，如果用户想要让 wmm 用户也加入 root 这个用户组，那么在第一行的最后加上“,wmm”，使其成为“root:x:0:root,wmm”即可。

2．/etc/gshadow 文件

从系统管理员的角度来说，/etc/gshadow 文件最大的功能就是创建用户组管理员。用户组管理员就是能够将用户账号加入到自己管理的用户组中，可以减少 root 的忙碌，目前这个文件不经常被使用到。

打开/etc/gshadow 时内容格式如下：

```
root:*::
daemon:*::
bin:*::
sys:*::
adm:*::wmm,admin,superadmin
```

该文件与其他文件一样，同样使用冒号“:”作为字段的分隔字符。细心的用户可以发现，该文件几乎与/etc/group 一模一样，同样包含 4 个字段。它所包含的 4 个字段分别是用户组名、密码列、用户组管理员的账号、该用户组的所属账号（与/etc/group 文件的内容相同）。另外，如果该文件的第 2 个字段列开头为“!”表示没有合法密码，所以没有用户组管理员。

4.4 用户组管理

账号的管理是以“组”为单位在进行的，在 Linux 操作系统中，每个账号都属于一个用户组，即先把希望具有相同权限的用户分配到同一个用户组，然后再对该用户组的权限进行指定，以此来对用户进行统一管理。

使用用户组可以很方便地对用户进行管理，在对资源共享时它显得尤其重要。用户组管理包含添加用户组、删除用户组以及如何向用户中添加和删除用户等内容。

4.4.1 添加用户组

用户可以使用 groupadd 命令添加用户组，其语法格式如下：

```
groupadd [选项]组
```

在 groupadd 命令的语法中，选项包含多个参数。常用参数的说明如下：

- **-g** 为新组使用 GID。
- **-K** 不使用/etc/login.defs 文件中的默认值。
- **-o** 允许创建有重复 GID 的组。
- **-p** 为新组使用此加密的密码。
- **-h** 显示帮助信息并退出。
- **-r** 创建一个系统账户，与/etc/login.defs 文件内的 GID_MIN 有关。

如果用户使用 groupadd 命令创建用户组成功后，系统不会给出任何提示。如果用户要创建一模一样的用户组，则系统会给出用户组名已经存在的提示。

【练习 6】

例如，本次练习首先使用 groupadd 命令添加名称是 mygroups 的用户组，然后查看该用户组的信息，最后再添加重复的用户组进行查看。命令如下所示：

```
root@wmm:/# groupadd mygroups
root@wmm:/# grep mygroups /etc/group /etc/gshadow
/etc/group:mygroups:x:1004:
/etc/gshadow:mygroups:!::
root@wmm:/# groupadd mygroups
groupadd: “mygroups”组已存在
```

创建用户组就是为了要向用户组中添加成员用户，添加成员用户很简单，用户可以使用 useradd 命令。

【练习 7】

例如，向上一节练习中创建的 mygroups 用户组添加 3 个新用户：mygroups1、mygroups2 和 mygroups3。命令如下：

```
superadmin@wmm:~$ sudo useradd -G mygroups mygroups1
superadmin@wmm:~$ sudo useradd -G mygroups mygroups2
superadmin@wmm:~$ sudo useradd -G mygroups mygroups3
superadmin@wmm:~$ grep mygroups /etc/group
mygroups:x:1004:mygroups1,mygroups2,mygroup s3
mygroups1:x:1005:
mygroups2:x:1006:
mygroups3:x:1007:
```

4.4.2 修改用户组

修改用户时可以使用 usermod 命令。而修改用户组时，可以使用 groupmod 命令，其语法格式如下：

```
groupmod [选项] 组
```

常用选项参数的说明如下：

- -g 修改现有的用户组的 GID。
- -n 修改现有的用户组名称。
- -o 允许使用重复的 GID。
- -p 重新更改为加密的密码。
- -h 显示帮助信息并退出。

【练习 8】

例如，使用 groupmod 命令将上个练习中新建的 mygroups 用户组名称更改为 groupsmy，GID 更改为 1008。更改完成后重新查看相关文件中的信息，命令如下：

```
root@wmm:/# groupmod -g 1008 -n groupsmy mygroups
root@wmm:/# grep mygroups /etc/group /etc/ gshadow
/etc/group:mygroups1:x:1005:
/etc/group:mygroups2:x:1006:
/etc/group:mygroups3:x:1007:
/etc/group:groupsmy:x:1008:mygroups1,mygroups2,mygroups3
/etc/gshadow:mygroups1:!::
/etc/gshadow:mygroups2:!::
/etc/gshadow:mygroups3:!::
/etc/gshadow:groupsmy:!::mygroups1,mygroups2,mygroups3
```

注意

读者在更改用户组时可以通过 groupmod 命令更改用户组的 GID，但是一般情况下，不要随意更改 GID，这样容易造成资源的错乱。

4.4.3 删除用户组

删除用户组时需要使用 groupdel 命令，该命令的使用方法非常简单，直接将要删除的用户组名跟在命令之后即可。

例如，将刚才修改过后的用户组 groupsmy 删除。命令如下：

```
root@wmm:/# groupdel groupsmy
```

上述用户组删除成功后不会给出任何提示信息，如果删除的用户组不存在，系统则会给出提示信息。

注意

在删除用户组之前，用户必须确保/etc/passwd 文件内的账号没有被使用该用户组作为初始用户组。

4.4.4 gpasswd 命令

前面内容已经提到过用户组管理员，就是让用户组具有一个管理员，这个管理员可以管理账号的加入或者移除用户组，这时需要使用到 gpasswd 命令。

gpasswd 命令的语法格式如下：

```
gpasswd [选项]组
```

选项参数的说明如下：

- -a 向用户组中添加用户。
- -d 向用户组中删除用户。
- -A 设置组的管理员列表。
- -M 设置组的成员列表。
- -r 将用户组的密码删除。
- -R 向其成员限制访问用户组。
- -h 显示帮助信息并退出。

在上述参数中，-a 和-d 是用户组管理员常用的选项参数，而其他参数则是系统管理员常用的操作。除非使用-A 或-M 选项参数，否则不能结合使用这些选项。

gpasswd 命令实现的功能非常广泛，不仅可以为用户组设置密码，还可以为用户组添加成员和用户组管理员，下面通过一个简单的练习进行介绍。

【练习 9】

在本次练习中，首先创建新的用户组，然后新建用户组管理员，最后以用户组管理员进入系统然后设置相关信息。具体步骤如下：

（1）通过执行 groupadd 命令新建名称是 testgroups 的用户组。命令如下：

```
root@wmm:/# groupadd testgroups
```

（2）使用 gpasswd 命令设置 testgroups 用户组的密码。命令如下：

```
root@wmm:/# gpasswd testgroups
```

```
正在修改 testgroups 组的密码
新密码:
请重新输入新密码:
```

（3）设置用户组 testgroups 的管理员为 wmm 用户。命令如下：

```
root@wmm:/# gpasswd -A wmm testgroups
root@wmm:/# grep testgroups /etc/group
/etc/ gshadow
/etc/group:testgroups:x:1008:
/etc/gshadow:testgroups:$6$vj901Hf
R0v/hHd0$cNMu0.ldK84TD.blaV.2Tv6Tw
J9.x0cMWWYdQp1Lfp29MgalG.cBJsQ4GwP
JouUOSP2ghyGCyrKqyui4zsd1u.:wmm:
```

从上述命令行中可以看出，目前 wmm 用户并没有加入 testgroups 用户组，只是作为用户组管理员。

（4）继续通过执行 gpasswd 命令向用户组中添加用户。命令如下：

```
wmm@wmm:/$ gpasswd -a wmm testgroups
正在将用户“wmm”加入到“testgroups”组中
wmm@wmm:/$  gpasswd  -a  superadmin
testgroups
正 在 将 用 户 “ superadmin ” 加 入 到
“testgroups”组中
```

（5）重新使用 grep 命令查看/etc/group 文件中的信息。命令如下：

```
wmm@wmm:/$  grep  testgroups  /etc
/group
testgroups:x:1008:wmm,superadmin
wmm@wmm:/$
```

4.5 用户身份切换

很多情况下，用户需要对用户的身份进行切换，这时需要使用常用的两个命令：su 和 sudo。

4.5.1 su 命令

su 命令是最简单的一种命令，可以让一个普通用户切换到超级用户或其他用户，并且可以临时拥有所切换用户的权限，切换时需要输入想要切换用户的密码，也可以让超级用户切换到普通用户，临时以低权限身份处理事务，切换时不需要输入要切换用户的密码。

例如，创建用户时执行 useradd 或 adduser 命令，普通的用户没有这个权限，而这个权限是由 root 所拥有的。这时有两种解决办法：一种是退出当前登录的用户，重新以 root 用户登录，但是这种方法并不是最好的；另一种是使用 su 命令切换到 root 下进行添加用户，任务完成后再退出 root。

su 命令的常用语法如下：

```
su [选项] [登录]
```

常见的选项参数说明如下：

- **-c**<指令>或 **--command**<指令> 将 COMMAND 传递至启动的 Shell。
- **-** 单纯使用“-”或“su -”，代表使用 login-shell 的变量文件读取方式来登录系统。如果用户名没有添加上去，则代表切换到 root 的身份。
- **-l** 与-类似，但是后面需要加要切换的用户账号，也是 login-shell 的方式。
- **-m** 或 **-p** 不重置环境变量并保持同一个 Shell。
- **-s** 使用 Shell 而非 passwd 中的默认值。
- **-h** 或 **--help** 显示帮助信息并退出。
- **--versioin** 显示版本信息。

如果 su 命令后不添加任何的参数，单纯使用 su 命令时切换成 root 身份，读取的变量设置方式为 non-login shell 的方式，这种方式下很多原本的变量都不会被改变。简单来说，su 是切换到其他用户，但是不会切换环境变量（可以使用 export 命令查看结果），而“su-”则是完整的切换到一个用户环境。

【练习 10】

本次练习使用 su 命令切换到 root 用户，可以为 su 命令的选项参数设置不同的值。步骤如下：

（1）当前系统使用 supseradmin 身份登录，如果想要使用 non-login shell 的方式变成 root 可以直接使用 su 命令。命令如下：

```
superadmin@wmm:~$ su
密码:
root@wmm:/home/superadmin#
```

（2）直接在终端窗口执行 export 命令查看相关信息，查看完成后执行 exit 命令退出 su 环境，如图 4-7 所示。

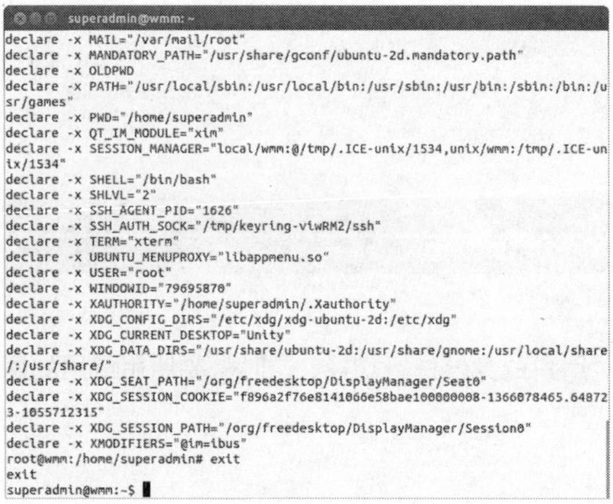

```
superadmin@wmm: ~
declare -x MAIL="/var/mail/root"
declare -x MANDATORY_PATH="/usr/share/gconf/ubuntu-2d.mandatory.path"
declare -x OLDPWD
declare -x PATH="/usr/local/sbin:/usr/local/bin:/usr/sbin:/usr/bin:/sbin:/bin:/u
sr/games"
declare -x PWD="/home/superadmin"
declare -x QT_IM_MODULE="xim"
declare -x SESSION_MANAGER="local/wmm:@/tmp/.ICE-unix/1534,unix/wmm:/tmp/.ICE-un
ix/1534"
declare -x SHELL="/bin/bash"
declare -x SHLVL="2"
declare -x SSH_AGENT_PID="1626"
declare -x SSH_AUTH_SOCK="/tmp/keyring-viwRM2/ssh"
declare -x TERM="xterm"
declare -x UBUNTU_MENUPROXY="libappmenu.so"
declare -x USER="root"
declare -x WINDOWID="79695870"
declare -x XAUTHORITY="/home/superadmin/.Xauthority"
declare -x XDG_CONFIG_DIRS="/etc/xdg/xdg-ubuntu-2d:/etc/xdg"
declare -x XDG_CURRENT_DESKTOP="Unity"
declare -x XDG_DATA_DIRS="/usr/share/ubuntu-2d:/usr/share/gnome:/usr/local/share
/:/usr/share/"
declare -x XDG_SEAT_PATH="/org/freedesktop/DisplayManager/Seat0"
declare -x XDG_SESSION_COOKIE="f896a2f76e8141066e58bae100000008-1366078465.64872
3-1055712315"
declare -x XDG_SESSION_PATH="/org/freedesktop/DisplayManager/Session0"
declare -x XMODIFIERS="@im=ibus"
root@wmm:/home/superadmin# exit
exit
superadmin@wmm:~$
```

图 4-7　使用 su 命令时查看相关信息

（3）继续在终端窗口中输入命令，使用 login shell 的方式切换为 root 的身份并且输入 root 的密码查看变量，命令如下：

```
superadmin@wmm:~$ su -
密码:
root@wmm:~#
```

（4）重新执行 export 命令再次查看有关的信息，然后执行 exit 命令退出当前登录，如图 4-8 所示。

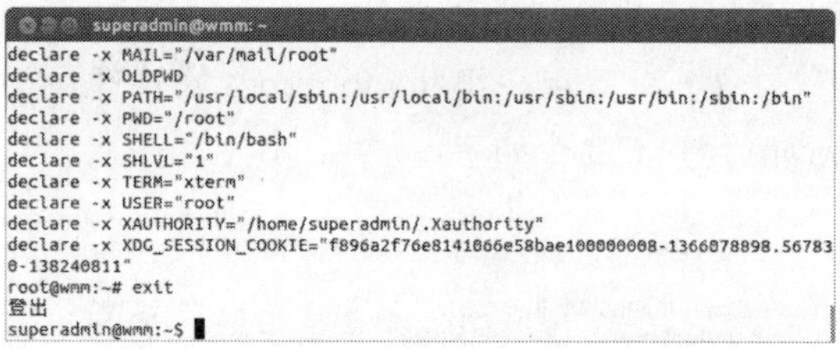

```
superadmin@wmm: ~
declare -x MAIL="/var/mail/root"
declare -x OLDPWD
declare -x PATH="/usr/local/sbin:/usr/local/bin:/usr/sbin:/usr/bin:/sbin:/bin"
declare -x PWD="/root"
declare -x SHELL="/bin/bash"
declare -x SHLVL="1"
declare -x TERM="xterm"
declare -x USER="root"
declare -x XAUTHORITY="/home/superadmin/.Xauthority"
declare -x XDG_SESSION_COOKIE="f896a2f76e8141066e58bae100000008-1366078898.56783
0-138240811"
root@wmm:~# exit
登出
superadmin@wmm:~$
```

图 4-8　使用 su -命令时查看相关信息

用户可以比较图 4-7 和图 4-8 的内容，例如 PATH、PWD、SHELL 和 MAIL 等变量内容，主要观察它们的不同。通过比较可以发现，用户单纯使用 su 命令切换到 root 时并没有改变成为 root 的环境，因此很多 root 常用的命令只能通过绝对路径来执行。但是使用“su -”命令可以完整的将变量切换到用户环境，因此，使用 su 命令时最好通过“su -”来切换到 root。

（5）前两种方式都是让用户的身份变成 root 并开始操作系统，如果退出 root 身份则需要使用 exit 命令。用户可以通过-c 参数执行一个 root 身份的命令，执行完成后恢复原来的身份。命令如下：

```
superadmin@wmm:~$ head -n 3 /etc/
shadow
head:无法打开"/etc/shadow" 读取数据:
权限不够
superadmin@wmm:~$ su - -c "head -n 3
/etc/shadow"
密码:
daemon:*:15749:0:99999:7:::
bin:*:15749:0:99999:7:::
sys:*:15749:0:99999:7:::
superadmin@wmm:~$
```

4.5.2　sudo 命令

当系统主机是多个人员管理的环境时，如果每个人员都需要使用 su 来切换成为 root 身份，这样就需要每个人都知道 root 的密码，从而造成密码安全性的降低。另外，切换到 root 身份后也不能明确哪些工作是由哪个管理员进行的操作。特别是对于服务器的管理有多人参与管理时，最好是针对每个管理员的技术特长和管理范围，并且有针对性的下放给权限，并且约定其使用哪些工具来完成与其相关的工作，这时需要使用 sudo 命令。

sudo 是 Linux 系统管理指令，是允许系统管理员让普通用户执行一些或者全部的 root 命令的一个工具，如 halt、reboot 和 su 等。这样不仅减少了 root 用户的登录和管理时间，也提高了系统安全性。

1．sudo 的特点

sudo 所扮演的角色注定了它要在安全方面格外谨慎，否则就会导致非法用户攫取 root 权限。同时它还要兼顾易用性，让系统管理员能够更有效、更方便地使用它。sudo 设计者的宗旨是给用户尽可能少的权限但是仍然能够完成工作。

（1）sudo 能够限制指定用户在指定主机上运行某些命令。

（2）sudo 提供了丰富的日志，并详细地记录了每个用户干了什么。它能够将日志传到中心主机或者日志服务器。

（3）sudo 为系统管理员提供配置文件（默认是/etc/sudoers），允许系统管理员集中地管理用户的使用权限和用户主机。

（4）sudo 使用时间戳文件来完成类似“检票”的系统。当用户执行 sudo 并且输入密码后，用户获得了一张默认存活期为 5 分钟的“入场券”(默认值可以在编译的时候改变)。超时以后，用户必须重新输入密码。

2．sudo 的语法

sudo 能够以其他用户身份执行一条命令。常见的语法形式如下：

```
sudo [-D level] -h | -K | -k | -V
sudo -v [-AknS] [-D level] [-g groupname|#gid] [-p prompt] [-u username|#uid]
sudo -l[l] [-AknS] [-D level] [-g groupname|#gid] [-p prompt] [-U username] [-u user name|#uid] [-g groupname|#gid] [command]
sudo [-AbEHknPS] [-C fd] [-D level] [-g groupname |#gid] [-p prompt] [-u username|#uid] [-g groupname |#gid] [VAR=value] [-i|-s] [<command>]
sudo -e [-AknS] [-C fd] [-D level] [-g groupname |#gid] [-p prompt] [-u username|#uid] file ...
```

从上述语法中可以看出，sudo 命令后可以跟随多个参数。直接在终端中执行 sudo -h 命令查看语法的帮助信息，如图 4-9 所示。

```
选项：
  -a type         使用指定的 BSD 认证类型
  -b              在后台运行命令
  -C fd           关闭所有 >= fd 的文件描述符
  -E              在执行命令时保留用户环境
  -e              编辑文件而非执行命令
  -g group        以指定的用户组执行命令
  -H              将 HOME 变量设为目标用户的主目录。
  -h              显示帮助消息并退出
  -i [command]    以目标用户身份运行一个登录 shell
  -K              完全移除时间戳文件
  -k              无效的时间戳文件
  -l[l] command   列出用户能执行的命令
  -n              非交互模式，将不提示用户
  -P              保留组向量，而非设置为目标的组向量
  -p prompt       使用指定的密码提示
  -S              从标准输入读取密码
  -s [command]    以目标用户身份运行 shell
  -U user         在列表时，列出指定用户的权限
  -u user         以指定用户身份运行命令(或编辑文件)
  -V              显示版本信息并退出
  -v              更新用户的时间戳而不执行命令
  --              停止处理命令行参数
superadmin@wmm:~$
```

图 4-9 sudo 命令的选项参数

在终端窗口中执行 su 命令切换到 root 身份时提示输入 root 密码，使用 sudo 命令也可以切换到 root 身份，但是不需要输入 root 的密码，只需要输入当前用户的密码。命令如下：

```
superadmin@wmm:~$ sudo su root
[sudo] password for superadmin:
root@wmm:/home/superadmin#
```

sudo 与 su 是两个命令，sudo 授权许可使用的 su，也是受限制的 su。

普通用户可以通过 sudo 命令修改其他用户的密码或者执行创建和删除用户、创建和删除用户组以及执行其他命令操作等。例如，通过 sudo 修改用户是 mygroups1 的密码。命令如下：

```
superadmin@wmm:~$ passwd mygroups1
passwd: 您不能查看或更改 mygroups1 的密码信息。
superadmin@wmm:~$ sudo passwd mygroups1
输入新的 UNIX 密码:
重新输入新的 UNIX 密码:
passwd: 已成功更新密码
```

3．visudo 和/etc/sudoers

除了 root 之外的其他用户，如果要使用 sudo 执行属于 root 的权限命令，则 root 需要使用 visudo 去修改/tc/sudoers 文件，让账号能够使用全部或部分的 root 命令功能。

/etc/sudoers 文件的内容是有语法的，如果设置错误则会造成无法使用 sudo 命令的不良后果。因此，通常使用 visudo 去修改，并且在结束离开修改界面时，系统会自动去检验/etc/sudoers 的语法。

在终端窗口执行 visudo 命令打开/etc/sudoers 文件，效果如图 4-10 所示。

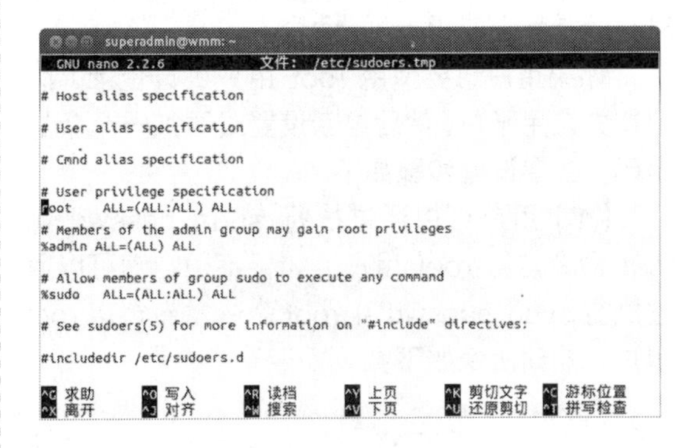

图 4-10 /etc/sudoers 文件

在图 4-10 中，光标所在的那一行包括 4 个参数：root、ALL、(ALL:ALL)、ALL。参数说明如下：

- **用户账号**　默认情况下系统的 root 账号可以使用 sudo 命令。
- **登录者的来源主机名**　这个账号由哪台主机连接到本台 Linux 主机，这个设置值可以指定客户端计算机。默认值 root 可能来自任何一台网络主机。
- **可以切换的身份**　这个账号可以切换成什么身份来执行后续的命令，默认 root 可以切换成任何人。
- **可执行的命令**　需要使用绝对路径来编写，默认 root 可以切换任何身份且进行任何命令。

如果想要让 superadmin 用户具有 root 的任何命令，可以在当前光标的下一行添加内容。如下所示：

```
superadmin      ALL=(ALL:ALL) ALL
```

在图 4-10 所示的内容中，最左边加上“%”表示在后面接的是一个“用户组”的意思，下面通过一个简单的练习来进行说明。

【练习 11】

本节练习首先通过 su 命令切换用户到 mygroups1，接着使用 sudo 命令查看 /etc/shadow 文件中的内容，再通过向用户组中添加信息进行设置。步骤如下：

（1）使用 su 命令将用户切换到 mygroups1 用户，然后通过 sudo 命令查看/etc/shadow 文件中的内容。命令如下：

```
mygroups1$@wmm sudo tail -n 3 /etc
/shadow
[sudo] password for mygroups1:
mygroups1 不在 sudoers 文件中。此事将被报告。
```

（2）切换到 root 身份，然后使用 usermod 命令将用户 mygroups1 添加到 admin 用户组中。命令如下：

```
root@wmm:/home/superadmin# usermod
-a -G admin mygroups1
```

（3）重新切换到 mygroups1 用户，然后重新通过执行 sudo 命令查看/etc/shadow 文件中的内容。命令如下：

```
mygroups1$@wmm sudo tail -n 3 /etc
/shadow
[sudo] password for mygroups1:
mygroups2:!:15810:0:99999:7:::
mygroups3:!:15810:0:99999:7:::
root:$6$45d0.8Le$VAoH5c1s./afD11bS
IUHo.mC6uGs1BXrdHISfOgxXVJ1wCS8gs5
m8k25eyAQFb..qTsKKfP4xpRdU62trn6bZ.
:15811::::::
```

4.6 密码安全管理

root 用户拥有最高的权限，系统的许多配置都需要由 root 来完成，如果 root 密码忘记会导致系统配置的无法进行，从而使系统管理员失去对系统的控制。用户在安装 Ubuntu 12.04 时并没有设置 root 的密码，登录时也没有使用 root 账户，当用户需要使用 root 权限时，通常都会使用 sudo 命令。

如果用户想要使用 root 用户进行登录，必须首先启用账户，然后重新设置或添加一个新的密码。主要设置步骤如下：

（1）用户可以通过执行 sudo passwd -u root 命令启用 root 用户，如果不想启动可以通过执行 sudo passwd -l root 命令重新锁定 root 用户。启动命令如下：

```
superadmin@wmm:~$ sudo passwd -u root
[sudo] password for superadmin:
passwd: 密码过期信息已更改。
```

（2）为 root 用户重新设置密码，其密码最好不要和其他用户的密码相同。如果 root 用户的密码忘记了也可以直接通过下面的命令进行设置。如下所示：

```
superadmin@wmm:~$ sudo passwd root
输入新的 UNIX 密码:
重新输入新的 UNIX 密码:
passwd: 已成功更新密码
```

（3）通过执行“sudo sh -c 'echo "greeter-show-manual-login=true" >> /etc/lightdm/lightdm.conf'”命令让 lightdm 可以手动输入 root 用户进行登录。

（4）在终端中通过 su 命令切换到 root 用户，或者重新启动系统找到 root 用户登录。

root 用户是系统管理员，存在很大的安全隐患，因此可以执行 sudo passwd -l root 命令禁用 root 账户。如果需要 root 权限可以使用 sudo，用户可以在一段时间内连续执行 sudo 而不用输入密码。

4.7 实例应用：用户组中的用户管理

4.7.1 实例目标

假设某个公司的一个项目计划由 chenyan、hufei 和 liyi 三个用户开发完成。现在要求如下：

（1）让 chenyan、hufei 和 liyi 在同一个目录下做，但是这三个用户还是拥有自己的主目录与基本的私有用户组。

（2）这三个用户的密码分别对应它们的名称。

（3）这个项目在/srv/project 目录进行开发。

（4）通过设置用户组，让这三个用户都能够管理系统。

4.7.2 技术分析

完成上述实例目录所需要的主要技术如下：

（1）使用 sudo 命令操作权限。

（2）使用 groupadd 命令创建用户组。

（3）使用 useradd 命令创建用户。

（4）使用 passwd 命令为用户设置密码。

（5）使用 mkdir 命令创建目录。

（6）使用 chmod 命令为目录创建权限。

（7）通过 visudo 命令打开/etc/sudoers 文件并更改文件的内容。

4.7.3 具体步骤

要完成本实例的实例目录，进行的步骤如下：

（1）通过 groupadd 命令创建名称是 projectgroup 的用户组，如下所示：

```
superadmin@wmm:~$ sudo groupadd projectgroup
[sudo] password for superadmin:
superadmin@wmm:~$
```

（2）向 projectgroup 用户组中分别添加用户，然后设置它们的密码，以添加 chenyan 用户为例，命令如下：

```
superadmin@wmm:~$ sudo useradd -G projectgroup -c "chenyan" chenyan
superadmin@wmm:~$ sudo passwd chenyan
输入新的 UNIX 密码:
重新输入新的 UNIX 密码:
passwd: 已成功更新密码
```

（3）通过执行 mkdir 命令创建/srv/project 目录，如下所示：

```
superadmin@wmm:~$ sudo mkdir /srv/project
```

（4）通过执行 chmod 命令设置权限内容，然后查看目录的权限信息。命令如下：

```
superadmin@wmm:~$ sudo chgrp projectgroup /srv/project
superadmin@wmm:~$ sudo chmod 2770 /srv/ project
superadmin@wmm:~$ ll -d /srv/project
drwxrws--- 2 root projectgroup 4096 4月 16 16:08 /srv/project/
```

提示

将目录的权限设置为 2770，它是指 SGID，用户可以在上一课中进行了解。为了让三个用户能够互相修改对方的文件，这个 SGID 是必须要存在的。

（5）通过 visudo 命令打开/etc/sudoers 文件，向该文件中添加用户组 projectgroup 能够执行的命令。如下所示：

```
%projectgroup ALL=(ALL) ALL
```

4.8 拓展训练

1．根据表中的提示创建用户组和用户

如表 4-1 所示了一个示例的账号数据。

表 4-1

账号名称	账号全名	支援用户组	是否可以登录主机	密码
user1	first user	group1	Yes	password
user2	second user	group2	Yes	password
user3	third user	没有额外支持	No	password

在表 4-1 中，所支援的用户组并不存在。因此必须动手创建用户组，然后再创建用户。另外 user3 用户是“不可登录系统”的账号，因此需要使用/sbin/nologin 这个 Shell 来实现。例如，创建 user3 用户时的命令如下：

```
root@wmm:/# useradd -c "third user"
-s /sbin/ nologin user3
```

2．用户管理

打开终端命令窗口，通过相关的命令完成对用户的管理操作，这些操作包括添加用户、删除用户、为用户设置密码和修改用户。

4.9 课后练习

一、填空题

1. Linux 系统中的用户可以分为 root 用户、__________和系统用户三类。

2. 在终端窗口中删除用户时需要使用到__________命令。

3. 通常情况下，__________命令在修改用户信息时被使用。

4. __________命令用来删除用户组。

5. 为用户设置密码时可以通过执行__________命令。

6. __________命令不仅减少了 root 用户的登录和管理时间，也提高了系统安全性。

二、选择题

1. 关于/etc/passwd 文件的说法，__________是正确的。

A. /etc/passwd 文件的格式内容有 7 个字段，其中前两个字段表示用户名和密码，用户可以从这里知道登录的用户名和密码，这样安全方便

B. 用户标识号 UID 的范围不同，所指的用户类型也不相同。例如当 UID 的范围在 1～99 时表示普通用户可以登录的账号

C. 该文件的格式内容中，用户组标识 GID 字段列与/etc/group 文件有关

D. 该文件的格式内容中，用户标识 UID 字段列与/etc/shadow 文件有关

2. 关于添加用户时的命令，正确的是________。

A. 用户只能够通过在终端窗口中执行命令的方式添加其他用户

B. 任何人都可以添加用户，最简单的方法就是通过图形界面添加

C. adduer 命令和 useradd 命令都可以用来添加用户，但是使用 useradd 命令添加用户时非常繁琐，需要一步步输入用户的信息

D. useradd 命令的选项参数-D 表示显示或更改默认的 useradd 配置

3. 关于 su 和 sudo 命令的说法，__________是不正确的。

A. sudo 允许系统管理员让普通用户执行一些或者全部的 root 命令

B. su 命令表示可以让一个普通用户切换到超级用户或其他用户

C. sudo 命令可以实现 su 命令切换用户的功能，同样 su 命令也可以实现 sudo 命令的全部功能

D. su 命令后不添加任何参数时，表示单纯的使用该命令时切换成 root 身份

4. 与用户有关的结构文件是__________。

A. /etc/passwd 和/etc/shadow

B. /etc/passwd 和/etc/group

C. /etc/passwd、/etc/shadow 和/etc/group

D. 以上全部包括

5. 当用户将 gpasswd 命令的参数设置为________时，表示设置用户组的管理员。

A. -A

B. -a

C. -M

D. -r

6. 关于 sudo 命令的特点，不正确的是__________。

A. sudo 为系统管理员提供了默认的配置文件/etc/sudoers

B. sudo 提供了用于不同用户之间的切换命令

C. sudo 使用时间戳文件来完成类似“检票”的系统

D. sudo 能够限制指定用户在指定主机上运行某些命令

7. 创建用户组时可以使用的命令是________。

A. addgroup

B. groupadd

C. addgroup 和 groupadd

D. 以上都不是

三、简答题

1. 请分别说明/etc/passwd、/etc/shadow、/etc/group 文件的内容结构。

2. 如果 root 用户的密码忘记了怎么办?

3. 列举 sudo 命令常用的参数列表，并对这些参数进行说明。

第5课
Linux 系统的磁盘管理

Linux 操作系统中的任何一个对象，都是以文件的形式存在的，例如系统软件、应用软件和文档等。这些对象都是存在磁盘中。磁盘管理是 Linux 操作系统重要的系统管理任务之一。磁盘管理包括磁盘分区、检测磁盘、修复磁盘、挂载和卸载磁盘等多个操作。本课将详细介绍 Linux 操作系统中的磁盘管理。

通过对本课的学习，读者可以了解磁盘的概念，可以了解与磁盘分区有关的内容，也可以掌握如何使用常用命令对磁盘进行简单操作，还可以了解如何使用与磁盘配额有关的常用命令进行操作等。

本课学习目标：

- ❑ 了解磁盘分区的概念和规划
- ❑ 掌握磁盘和目录容量的相关命令
- ❑ 掌握如何使用 fdsik 命令和 parted 命令
- ❑ 熟悉磁盘管理中与格式化相关的命令
- ❑ 掌握如何使用磁盘检验的命令
- ❑ 掌握磁盘挂载与卸载的命令使用
- ❑ 熟悉磁盘配额的相关知识和命令

5.1 磁盘分区

在 Windows 操作系统中，计算机用户可能有一块磁盘并且将它分区成为 C:、D:、E: 和 F: 盘等，C、D、E 和 F 就是分区。但是 Linux 操作系统的设备都是以文件的类型存在的，那它分区的文件名又是什么呢？本节会简单介绍磁盘分区的相关知识，在介绍这些知识之前，首先介绍一下磁盘。

5.1.1 磁盘概述

一个完整的磁盘主要有三部分组成：圆形的盘片、机械手臂与机械手臂上的磁头和主轴马达。说明如下所示：

- **圆形的盘片** 主要记录与数据相关的部分。
- **机械手臂与机械手臂上的磁头** 可以读写盘片上的数据。
- **主轴马达** 可以转动盘片，让机械手臂上的磁头在盘片上读写数据。

在上述三部分中，数据存储与读取的重点就在于盘片，假设某个磁盘为单盘片，则盘片上的物理组成包括扇区（Sector）、柱面（Cylinder）、起始柱面和结束磁柱等。扇区和柱面的说明如下：

- **扇区** 它是最小的物理存储单位，每个扇区为 512B。
- **柱面** 将扇区组成一个圆就是柱面，柱面是分区的最小单位。

磁盘单片中可以包含多个扇区，其中第一个扇区最为重要，因为它记录了整块磁盘的重要信息。如下所示：

- **主引导分区（Master Boot Record，MBR）** 可以安装引导加载程序的地方，有 446B。当系统在开机的时候会主动读取这个区块的内容，这样系统才知道程序放在哪里并且该如何开机。
- **分区表（partition table）** 记录整块硬盘分区的状态，有 64B。

个人计算机常用的磁盘接口有两种：IDE 接口与 SATA 接口。目前比较主流的是后者，但是比较老一点的主机大部分用 IDE 接口。各个接口的磁盘在 Linux 操作系统中的文件名是不相同的。文件名如下：

- **/dev/sd[a-p][1-15]** 表示 SCSI、SATA、USB 和 Flash 等接口的磁盘文件名。
- **/dev/hd[a-d][1-63]** 表示 IDE 接口的磁盘文件名。

5.1.2 磁盘分区

为了方便管理硬盘，通常将硬盘分为若干个分区。对于普通用户而言，每个分区都可以视为独立的磁盘。

最初，一个硬盘最多只能有 4 个分区，称为“主分区”，当系统中存在多个主分区时必须指定一个主分区为“活动分区”。这些分区是怎么区分的呢？从上一节可以了解到，柱面是分区的最小单位，下面就利用柱面的号码方式来进行处理。在分区表所在的 64B 中，总共分为 4 组记录区，每组记录区记录该区段的开始和结束柱面。如果将硬盘以长方形来看，64B 的记录区段如图 5-1 所示。

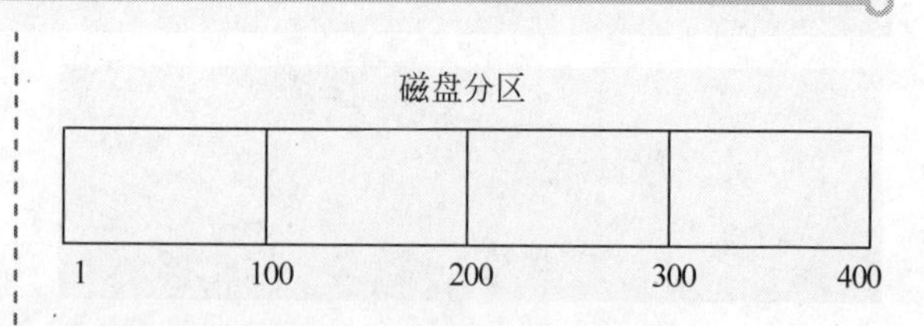

图 5-1 磁盘分区表作用

在图 5-1 中，假设硬盘的柱面有 400 个，共分成 4 个分区。那么 1 ~ 100 表示第一个分区；101 ~ 200 表示第二个分区；201 ~ 300 表示第三个分区；301 ~ 400 表示第四个分区。如果用户的操作系统是 Windows，则它们分别对应 C、D、E 和 F 磁盘；如果用户的操作系统是 Linux，并且硬件设备文件名为/dev/hda时，则它们分别对应 /dev/hda1、/dev/hda2、/dev/hda3 和/dev/hda4，这些数字与分区所在的位置有关。

另外，根据图5-1可以得到如下信息。

- 分区只是针对分区表进行的设置而已。
- 硬盘默认的分区表仅能写入四组分区信息。
- 这四组分区信息通常称为主分区或扩展分区。
- 分区的最小单位是柱面。

随着硬盘容量的不断增大，仅仅4个分区已经满足不了用户的需要，这时又添加了新的分区，这主要是通过扩展分区的方式进行处理的。在扩展分区内划分若干个更小的分区，这些分区成为逻辑分区，逻辑分区没有数量限制。图5-2使用了柱面的形式来解释了分区的概念作用，将该图中的长方形立体显示可以成为一个圆，也可以说是圆柱。如图5-2所示了Linux操作系统中主分区、扩展分区和逻辑分区之间的关系。

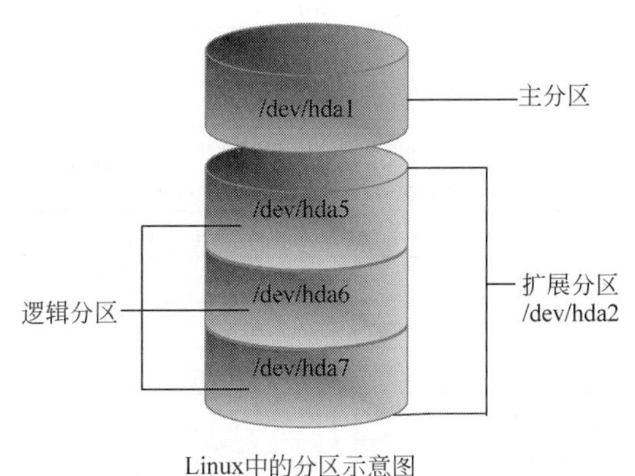

图5-2 Windows和Linux系统的分区图

在图5-2中，Linux操作系统的扩展分区对分区做出了3个新的逻辑分区，它们是由扩展分区继续切出来的分区。如果删除了扩展分区，则该扩展分区下面的所有的逻辑分区都将会被删除。

概括来说，磁盘分区是告诉操作系统“这块磁盘在该分区可以访问的区域是由A柱面到B柱面之间的块”，这样操作系统就能知道它可以在指定的块内进行文件数据的读、写和查找等操作了。

细心的读者可以发现，图5-2中逻辑分区的名称分别是/dev/hda5、/dev/hda6和/dev/hda7。而没有看到/dev/hda3和/dev/hda4，是因为它们俩属于后两个分区，该图只是对第二个分区进行了重新分区，因此将后面两个分区省略了。

以IDE硬盘为例，表5-1所示了该硬盘下不同分区时的分区名称。

表5-1 IDE硬盘下的分区名称

分　区	分区名称
第1个硬盘的第1个主分区	/dev/hda1
第1个硬盘的第2个主分区	/dev/hda2
第1个硬盘的第3个主分区	/dev/hda3
第1个硬盘的第4个主分区	/dev/hda4
第1个硬盘的第1个逻辑分区	/dev/hda5
第1个硬盘的第2个逻辑分区	/dev/hda6
…	…
第2个硬盘的第1个主分区	/dev/hdb1
第2个硬盘的第2个主分区	/dev/hdb2
…	…

试一试

图5-2以圆的形式显示了各个不同的分区，感兴趣的读者可以将图5-1进行重新扩展，添加新的逻辑分区，然后在平面图形的形式显示Linux操作系统的分区示意图。

下面关于主分区、扩展分区和逻辑分区进行了一个简单的总结。如下所示：

- 由于硬盘的限制，主分区与扩展分区最多可以有4个。
- 由于操作系统的限制，扩展分区只能有一个。
- 逻辑分区是由扩展分区持续切割出来的分区。
- 能够被格式化后作为数据访问的分区为主分区与逻辑分区。
- 扩展分区无法格式化。
- 逻辑分区的数量因操作系统的不同而不同。例如在Linux操作系统中，IDE硬盘上最多有59个逻辑分区（5 ~ 63），SATA硬盘上有11个逻辑分区（5 ~ 15）。

Linux支持的分区类型有很多，每一种分区类型对应一个系统标识号。系统标识号由两位十六进制数表示，包含了操作系统类型、文件系统类型和分区容量等信息。如表5-2所示了常用的系统标识和分区类型。

表 5-2 Linux 常用的系统标识和分区类型

标识	分区类型	标识	分区类型	标识	分区类型
0	Empty	1	FAT12	2	XENIX root
3	XENIX usr	4	FAT16<32M	5	Extended
6	FAT16	7	HPFS/NTFS	8	AIX
9	AIX bootable	a	OS/2 Boot Manager	b	Win95 FAT32
c	Win95 FAT32（LBA）	e	Win95 FAT16（LBA）	f	Win95 Ext'd(LBA)
10	OPUS	11	Hidden FAT32	12	Compaq diagnostics
14	Hidden FAT16<32M	16	Hidden FAT16	17	Hidden HPFS/NTF
18	AST SmartSl eep	1b	Hidden Win95 FAT3	1e	Hidden Win95 FAT16
24	NEC DOS	39	Plan 9	3c	PartitionMagic
40	Venix 80286	41	PPC PReP Boot	42	SFS
4d	QNX4.x	4e	QNX4.x 2nd part	4f	QNX4.x 3rd part
50	OnTrack DM	51	OnTrack DM6 Aux	52	CP/M
53	OnTrack DM6 Aux	54	OnTrackDM6	55	EZ-Drive
56	Golden Bow	5c	Priam Edisk	61	SpeedStor
63	GNU HURD or Sys	64	Novell Netware	65	Novell Netware
70	DiskSecure Mult	80	Old Minix	81	Minix/old Lin
82	Linux swap/So	83	Linux	84	OS/2 hidden C:
85	Linux extended	86	NTFS volume set	87	NTFS volume set
88	Linux plaintext	8e	Linux LVM	93	Amoeba
94	Amoeba BBT	9f	BSD/OS	a0	IBM Thinkpad hi
a5	FreeBSD	a6	OpenBSD	a7	NeXTSTEP
a8	Darwin UFS	a9	NetBSD	ab	Darwin boot
b7	BSDI fs	b8	BSDI swap	bb	Boot Wizard hid
be	Solaris boot	bf	Solaris	c1	DRDOS/sec(FAT-12)
c4	DRDOS/sec(FAT-16)	c6	DRDOS/sec(FAT-16)	c7	Syrinx
da	Non-FS data	db	CP/M/CTOS/.	de	Dell Utility
df	BootIt	e1	DOS access	e3	DOS R/O
e4	SpeedStor	eb	BeOS fs	ee	EFI GPT
ef	EFI (FAT-12/16/)	f0	Linux/PA-RISC b	f1	SpeedStor
f2	DOS secondar	f4	SpeedStor	fb	VMware VM
fd	Linux raid aut	fe	LANstep	ff	BBT

5.1.3 磁盘分区规划

读者将 Ubuntu Linux 安装到硬盘之前，必须建立磁盘分区。如表 5-3、表 5-4 和表 5-5 分别所示了入门级操作系统硬盘的规划方案、进阶级操作系统硬盘的规划方案和服务器系统硬盘的规划方案。

表 5-3 入门级操作系统硬盘的规划方案

挂载点	分 区名	说 明
/	/dev/hda1	根分区，必备
SWAP	/dev/hda2	交换分区

表 5-4 进阶级操作系统硬盘的规划方案

挂载点	分区名	说 明
/	/dev/hda1	根分区，必备
/boot	/dev/hda2	引导区，存放开机相关的核心文件
/home	/dev/hda3	个人用户主目录，独立成一个分区，在重新安装操作系统时，可以保留表扬数据
SWAP	/dev/hda4	交换分区

表 5-5　服务器系统硬盘的规划方案

挂载点	分区名	说　　明
/	/dev/hda1	根分区，必备
/boot	/dev/hda2	引导区，存放开机相关的核心文件
/home	/dev/hda3	个人用户主目录，独立成一个分区，在重新安装操作系统时，可以保留表扬数据

续表

挂载点	分区名	说　　明
	/dev/hda4	扩展分区，不能直接使用，需要细分为逻辑分区再使用
/var/log	/dev/hda5	存放日志信息文件，独立为一个分区，方便查询
/var/spool	/dev/hda6	电子邮件等队列存放目录，独立为一个分区，不受影响
SWAP		交换分区

5.2 磁盘管理命令

用户在终端中使用相关的命令可以完成对磁盘的基本操作，例如使用 df 命令查看磁盘的使用量；使用 fdisk 命令操作磁盘分区；使用 mkfs 对磁盘进行格式化;fsck 和 badblocks 检验磁盘等。

5.2.1 磁盘和目录容量命令

如果某个用户是系统管理员，因此该用户在使用计算机时需要时刻掌握系统内存的使用情况以及磁盘的剩余空间，以免由于内存或磁盘的剩余空间不够而造成数据丢失或系统崩溃的情况。Linux 系统提供了方便的内存和磁盘管理方法，通过一条简单的命令即可查看所有的硬盘及内存信息，大大提高了工作效率。

1．free 查看内存使用情况

在命令行下要查看内存的使用状况时可通过 free 命令。执行 free 命令后可以显示系统的物理内存和交换内存、总容量和已使用的、空闲的、共享的以及在内核缓冲区的和被缓存占用的内存等信息。

在 Shell 提示符下直接输入 free 命令即可查看当前内存的使用情况，运行效果如图 5-3 所示。

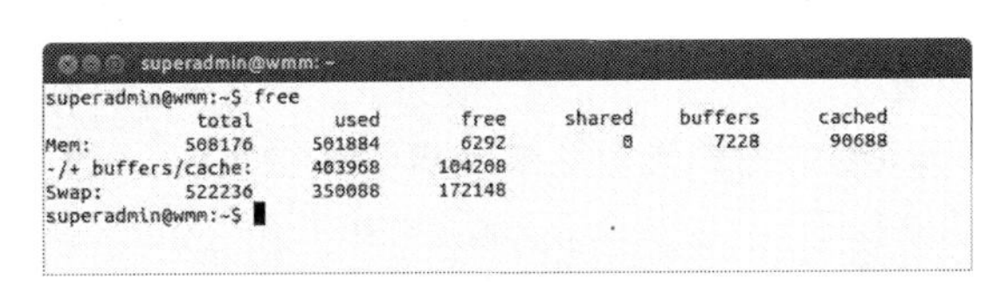

图 5-3　free 命令查看内存

2．df 查看磁盘信息

df 命令可以查看系统磁盘的使用情况，从而列出文件系统的整体磁盘使用量。该命令的语法形式如下：

```
[root@www ~]$ df [参数] [目录或文件名]
```

上述语法中，参数、目录或文件名选项都可以省略，参数所包含的值有多个。说明如下：

- **-a**　列出所有的文件系统，包括系统特有的/proc 等文件系统。
- **-B**　即 block-size，表示大小，使用指定字节数的块。例如-BM 以 1248576 字节为单位显示大小。
- **-h**　以可读性较高的形式（如 GB、MB 和 KB 等）自行显示。
- **-H**　以-h 的方式相同，但是以 M=1000K 替代 M=1024K 的进位方式。
- **-i**　不用硬盘容量，而是以 inode 的数量进行显示。
- **-k**　指定区块大小为 1024 字节，以 KB 的容量显示各个文件系统。
- **-l**　仅仅显示本地端的文件系统。
- **-P**　使用 POSIX 兼容的输出格式，取得使用量数据前先进行同步操作。
- **-m**　指定区块大小为 1048576 字节，以 MB 的容量显示各个文件系统。
- **-t**　即类型 type，只显示指定文件系统为指定类型的信息。

- **-T** 即 print type，将分区的文件系统名称（例如 ext3）也列出。
- **-x** 即 exclude type，只显示文件系统不是指定类型信息。

【练习 1】

本节练习通过使用 df 命令的不同参数形式显示不同的效果内容。如下所示：

（1）首先通过使用 df 命令将所有的磁盘信息显示，完成后的效果如图 5-4 所示。

```
superadmin@wmm:~$ df -a
文件系统             1K-块    已用    可用 已用% 挂载点
/dev/sda1          7739864 3216960 4129740   44% /
proc                     0       0       0     - /proc
sysfs                    0       0       0     - /sys
none                     0       0       0     - /sys/fs/fuse/connections
none                     0       0       0     - /sys/kernel/debug
none                     0       0       0     - /sys/kernel/security
udev                246184       4  246180    1% /dev
devpts                   0       0       0     - /dev/pts
tmpfs               101636     784  100852    1% /run
none                  5120       0    5120    0% /run/lock
none                254088     308  253780    1% /run/shm
none                254088     840  253248    1% /tmp/guest-mB3WIm
gvfs-fuse-daemon         0       0       0     - /home/admin/.gvfs
gvfs-fuse-daemon         0       0       0     - /home/superadmin/.gvfs
superadmin@wmm:~$
```

图 5-4 显示所有磁盘信息

该图中显示的目录是利用内存虚拟出来的磁盘空间。由于该目录是通过内存虚拟出来的磁盘，因此读者在这个目录下新建任何数据文件时，访问速度非常快（只在内存中工作）。但是，由于它是在内存中虚拟出来的，因此这个文件的大小在每部主机上都不一样，而且新建的东西在下次开机时就消失了。

> **注意**
>
> 如果 df 命令使用-a 这个参数时，系统就会出现/proc 这个挂载点，其里面的东西都是 0。/proc 中的东西都是 Linux 系统所需要加载的系统数据，而且是挂载在内存当中的，所以没有占用任何的硬盘空间。

（2）将 df 命令中的参数指定为-l，表示只显示本地的文件系统，其最终效果如图 5-5 所示。

```
superadmin@wmm:~$ df -l
文件系统             1K-块    已用    可用 已用% 挂载点
/dev/sda1          7739864 3216960 4129740   44% /
udev                246184       4  246180    1% /dev
tmpfs               101636     784  100852    1% /run
none                  5120       0    5120    0% /run/lock
none                254088     308  253780    1% /run/shm
none                254088     840  253248    1% /tmp/guest-mB3WIm
superadmin@wmm:~$
```

图 5-5 显示本地文件系统

（3）将 df 命令中的参数指定为-i，表示不以硬盘显示，而是以索引节点显示信息，效果如图 5-6 所示。

```
superadmin@wmm:~$ df -i
文件系统            Inode 已用(I) 可用(I) 已用(I)% 挂载点
/dev/sda1          491520  180883  310637     37% /
udev                61546     467   61079      1% /dev
tmpfs               63522     385   63137      1% /run
none                63522       3   63519      1% /run/lock
none                63522      13   63509      1% /run/shm
none                63522     133   63389      1% /tmp/guest-mB3WIm
superadmin@wmm:~$
```

图 5-6 显示索引节点信息

（4）除了设置 df 命令的参数外，也指定其文件名。分别将/etc 和/dev/block 下面的可用的磁盘容量以可读性较强的方式进行显示，效果如图 5-7 所示。

```
superadmin@wmm:~$ df -h /etc
文件系统           容量  已用  可用 已用% 挂载点
/dev/sda1          7.4G  3.1G  4.0G   44% /
superadmin@wmm:~$ df -h /dev/block
文件系统           容量  已用  可用 已用% 挂载点
udev               241M  4.0K  241M    1% /dev
superadmin@wmm:~$
```

图 5-7 以可读性较强的方式显示

（5）将各个分区中可用的 inode 数量一一列出，在 df 命令后可以直接跟两个参数，效果如图 5-8 所示。

```
superadmin@wmm:~$ df -ih
文件系统          Inode 已用(I) 可用(I) 已用(I)% 挂载点
/dev/sda1          480K    177K    304K     37% /
udev                61K     467     60K      1% /dev
tmpfs               63K     385     62K      1% /run
none                63K       3     63K      1% /run/lock
none                63K      13     63K      1% /run/shm
none                63K     133     62K      1% /tmp/guest-mB3WIm
superadmin@wmm:~$
```

图 5-8 显示 inode 的数量

图 5-8 中主要列出了可用的 inode 的剩余量与总容量，可以将该图与图 5-4 进行比较，细心的读者可以发现通常 inode 的数量剩余比 block 要多。

3. du 统计磁盘用量

du 命令统计每个文件的磁盘用量，对于目录则统计其总用量。该命令逐级进入指定目录的每一个子目录并显示该目录占用文件系统数据块的情况。如果未给出文件名，则对当前目录进行统计，即统计目录或者文件所占磁盘空间的大小情况。

du 命令的语法形式和 df 命令很相似，常用语法如下：

```
du [参数] [目录或文件名]
```

上述语法中，参数与目录或文件名选项都可以省略，参数所包含的值有多个。说明如下：

- **-a** 列出所有的文件与目录容量，因为默认仅统计目录下面的文件量而已。

- -B　使用指定字节数的块，例如-BM 以 1048576 字节为单位显示大小。
- -c　显示总计信息。
- -D　解除命令行中列出的符号连接。
- -h　以可读性较高的形式（如 GB、MB 和 KB 等）自行显示。
- -H　以-h 的方式相同，但是以 M=1000K 替代 M=1024K 的进位方式。
- -k　以 KB 的容量进行显示。
- -m　以 MB 的容量进行显示。
- -l　如果是硬链接，就多次计算其尺寸。
- -L　找出任何符号链接指示的真正目的地。
- -P　不跟随任何符号链接（默认）。
- -0　将每个空行视作 0 字节而非换行符。
- -s　只分别计算命令列中每个参数所占的总用量。
- -S　不包括子目录下的总计，与-s 有点差别。
- -x　跳过处于不同文件系统之上的目录。

【练习 2】

本节练习通过使用 du 命令的不同参数形式显示不同的效果内容。如下所示：

（1）直接通过 du 命令列出目前目录下的所有文件容量，开始效果和最后效果分别如图 5-9 和图 5-10 所示。

```
superadmin@wmm:~$ du
4       ./音乐
4       ./视频
8       ./.thumbnails/fail/gnome-thumbnail-factory
12      ./.thumbnails/fail
276     ./.thumbnails/normal
292     ./.thumbnails
4       ./图片
4       ./.cache/dconf
4       ./.cache/gvfs-burn
4       ./.cache/indicator/sound/album-art-cache
8       ./.cache/indicator/sound
12      ./.cache/indicator
8       ./.cache/update-manager-core
8       ./.cache/ubuntuone/log
12      ./.cache/ubuntuone
8       ./.cache/indicator-appmenu
8       ./.cache/unity
12      ./.cache/ibus/bus
```

图 5-9　显示所有文件容量 1

```
8       ./.config/ibus/bus
12      ./.config/ibus
4       ./.config/goa-1.0
4       ./.config/gnome-disk-utility/ata-smart-ignore
8       ./.config/gnome-disk-utility
80      ./.config
4       ./.gnome2/nautilus-scripts
12      ./.gnome2/keyrings
20      ./.gnome2
2148    .
superadmin@wmm:~$
```

图 5-10　显示所有文件容量 2

在图 5-9 中，没有为 du 命令添加任何的参数时，那么 du 命令会分析目前所在目录的文件与目录所占用的硬盘空间。但是在实际显示时，仅仅会显示目录的容量而不包含文件，因此目录有大多数的文件没有被列出来，所以全部的目录相加不会等于“.”的容量。

在图 5-10 中，最后一行返回这个目录（.）所占用的数量，所输出的数值数据为 1KB 大小的容量单位。

（2）继续使用 du 命令显示文件的磁盘使用量，并且指定参数的值是-a，这时将文件的容量也可以显示出来，如图 5-11 所示。读者可以将该图与 5-9 进行比较，观察它们的效果，找出它们的不同。

```
superadmin@wmm:~$ du -a
4       ./.profile
4       ./音乐
4       ./视频
12      ./examples.desktop
4       ./.thumbnails/fail/gnome-thumbnail-factory/606a1c08d54b3ec958ba03c23bc6d
e3c.png
8       ./.thumbnails/fail/gnome-thumbnail-factory
12      ./.thumbnails/fail
16      ./.thumbnails/normal/c52905933d0cd43c390a4d551c6f7d26.png
```

图 5-11　指定 du 命令的参数是-a

（3）du 命令与 df 命令一样，可以同时指定两个或两个以上的参数列表。例如检查 root 目录下的每个目录所占用的容量，效果如图 5-12 所示。

```
superadmin@wmm:~$ du -ah /root
du: 无法读取目录"/root": 权限不够
4.0K    /root
superadmin@wmm:~$ sudo su root
[sudo] password for superadmin:
root@wmm:/home/superadmin# du -ah /root
4.0K    /root/.profile
0       /root/.cache/dconf/user
4.0K    /root/.cache/dconf
8.0K    /root/.cache
4.0K    /root/.bash_history
4.0K    /root/.bashrc
0       /root/.pulse/f896a2f76e8141066e58bae100000008-runtime
4.0K    /root/.pulse
4.0K    /root/.dbus/session-bus/f896a2f76e8141066e58bae100000008-0
8.0K    /root/.dbus/session-bus
12K     /root/.dbus
4.0K    /root/.pulse-cookie
44K     /root
root@wmm:/home/superadmin#
```

图 5-12　root 目录下的容量占用

在图 5-12 中，首先通过普通用户指定 du 命令，如果提示权限不够则可以通过 sudo 命令转换为管理员权限，然后再指定 du 命令。

（4）如果只计算当前目录的总大小可以通过-s 参数，执行命令效果如图 5-13 所示。

```
superadmin@wmm:~$ du -s
2156    .
superadmin@wmm:~$
```

图 5-13　计算磁盘目录的总大小

提示

如果用户想要匹配某个目录可以使用*进行表示，例如 du -a /*或者 du -a /dev/sda*等。

由于目录和文件过多，在一个窗口中无法显示完整，在输入 du 命令时可以加上管道符号。语法如下：

```
[root@wmm ~]$ du | less
```

当目录和子目录显示完成后，总数会在列表的最下方显示。如果不需要查看每个子目录使用的磁盘容量，可以添加-hs 参数，这样结果将只显示目录总量。读者可以根据上面的语法动手一试。

5.2.2 磁盘分区命令——fdisk

磁盘管理是非常重要的，尤其是近年来硬盘已经渐渐被认为是消耗品了。如果用户想要在系统里面新增一块硬盘时，首先需要对磁盘进行分区，磁盘分区需要使用 fdisk 命令。

fdisk 是一种功能强大的磁盘分区工具，语法格式如下：

```
fdisk [参数] [设备名]
```

上述语法中常用的参数说明如下：

- **-b<size>** 指定每个分区的大小，其值包括 512、1024、2048 和 4096。
- **-c[=<mode>]** 定义类型，包括 dos 和 nondos。
- **-h** 获取帮助文本信息。
- **-u** 搭配“-l”参数列表，会用分区数目取代柱面数目来表示每个分区的起始地址。
- **-s** 在标准输出设备中列出指定分区的大小，默认以 block 为单位。
- **-S** 定义磁盘分区中每个磁盘包含的扇区数目。
- **-v** 显示版本信息。

【练习 3】

通过将 fdisk 命令的参数值指定为-l，显示当前设备的分区表信息，效果如图 5-14 所示。

```
root@wmm: /home/superadmin
root@wmm:/home/superadmin# fdisk -l

Disk /dev/sda: 8589 MB, 8589934592 bytes
255 heads, 63 sectors/track, 1044 cylinders, total 16777216 sectors
Units = sectors of 1 * 512 = 512 bytes
Sector size (logical/physical): 512 bytes / 512 bytes
I/O size (minimum/optimal): 512 bytes / 512 bytes
Disk identifier: 0x0000b8dc

   Device Boot      Start         End      Blocks   Id  System
/dev/sda1   *        2048    15728639     7863296   83  Linux
/dev/sda2        15730686    16775167      522241    5  Extended
/dev/sda5        15730688    16775167      522240   82  Linux swap / Solaris
root@wmm:/home/superadmin#
```

图 5-14 显示当前设备分区表

通过将 fdisk 命令的参数值指定为-s 显示指定的分区大小，如果不指定设备名，则显示该设备中所有分区大小的总和，如图 5-15 所示。

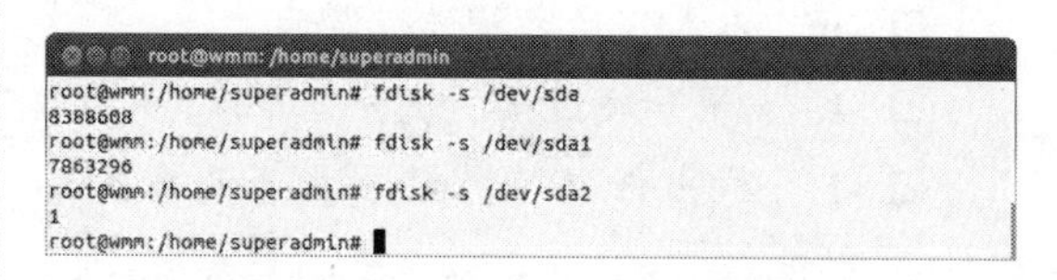

```
root@wmm: /home/superadmin
root@wmm:/home/superadmin# fdisk -s /dev/sda
8388608
root@wmm:/home/superadmin# fdisk -s /dev/sda1
7863296
root@wmm:/home/superadmin# fdisk -s /dev/sda2
1
root@wmm:/home/superadmin#
```

图 5-15 显示指定的分区大小

继续添加相关的代码，通过将 fdisk 命令的参数值指定为-v 来显示 fdisk 的版本号信息，效果如图 5-16 所示。

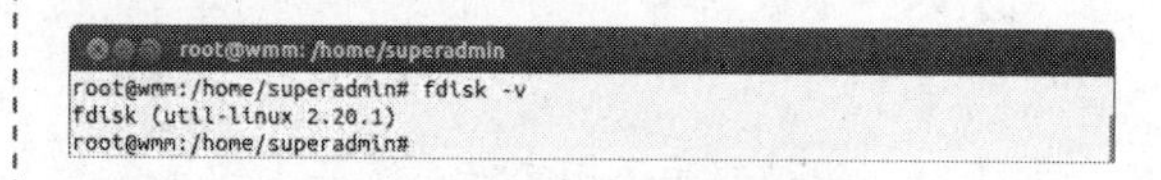

```
root@wmm: /home/superadmin
root@wmm:/home/superadmin# fdisk -v
fdisk (util-linux 2.20.1)
root@wmm:/home/superadmin#
```

图 5-16 显示版本号信息

注意

对于不同的机器，使用该命令时所看到的信息可能会不一样，以当前机器为例，当前的主设备是/dev/sda，该设备下有三个分区。

当读者执行“fdisk 设备名”命令时可以进入分区管理交互模式，用户可以通过输入指令执行相应的磁盘管理操作，效果如图 5-17 所示。

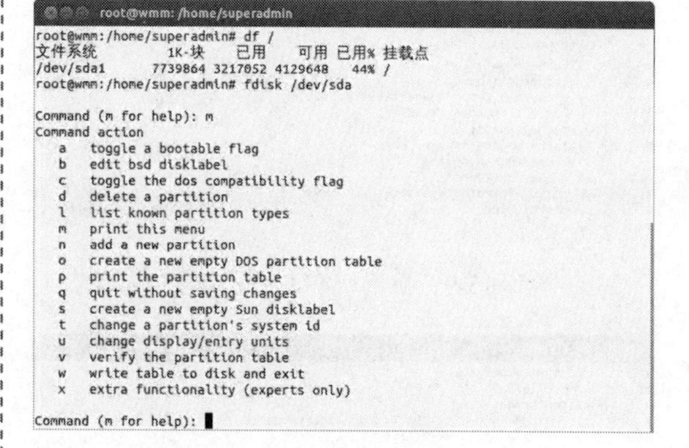

```
root@wmm: /home/superadmin
root@wmm:/home/superadmin# df /
文件系统         1K-块    已用    可用 已用% 挂载点
/dev/sda1       7739864 3217052 4129648   44% /
root@wmm:/home/superadmin# fdisk /dev/sda

Command (m for help): m
Command action
   a   toggle a bootable flag
   b   edit bsd disklabel
   c   toggle the dos compatibility flag
   d   delete a partition
   l   list known partition types
   m   print this menu
   n   add a new partition
   o   create a new empty DOS partition table
   p   print the partition table
   q   quit without saving changes
   s   create a new empty Sun disklabel
   t   change a partition's system id
   u   change display/entry units
   v   verify the partition table
   w   write table to disk and exit
   x   extra functionality (experts only)

Command (m for help):
```

图 5-17 磁盘管理相应的命令

在图 5-17 中，读者首先通过 df 命令找出磁盘文件名，然后通过 fdisk 命令进入分区管理模式，在提示中输入 m 获取所有的帮助指令信息。这些指令的说明如表 5-6 所示。

表 5-6　fdisk 操作指令

操作指令	说　明
a	切换到可指导标志，硬盘驱动器应至少有一个主分区为可引导分区
b	编辑 bsd 磁盘标签
c	设置 DOS 兼容标志
d	删除一个分区
l	列举出已知的分区类型，共有 100 多个类型，83 是 Linux 分区，82 是 Linux swap 分区
m	显示可使用的 fdisk 命令
n	新增一个分区
o	创建一个新增的 DOS 分区表
p	在屏幕上显示分区表
q	不存储，离开 fdisk 程序
s	创建一个空的 Sun 磁盘标签
t	更改分区的 ID
u	改变显示单位
v	对当前的分区进行验证
w	保存修改结果并退出 fdisk
x	一些额外的功能（专家只有）

注意

如果出现删除错误，只需要使用 q 指令退出 fdisk，则本次的所有操作都不会生效，用户只需要重新进入 fdisk 并重新配置。如果使用 w 指令退出 fdisk，则 fdisk 会在退出之前进行写入操作，删除的分区将无法恢复。另外，如果删除了扩展分区，则该分区下的所有逻辑分区都会被删除。

1. p 指令

输入指令 p 将会列出当前/dev/sda 设备上的分区信息，读者可以查看磁盘的当前状态，效果如图 5-18 所示。

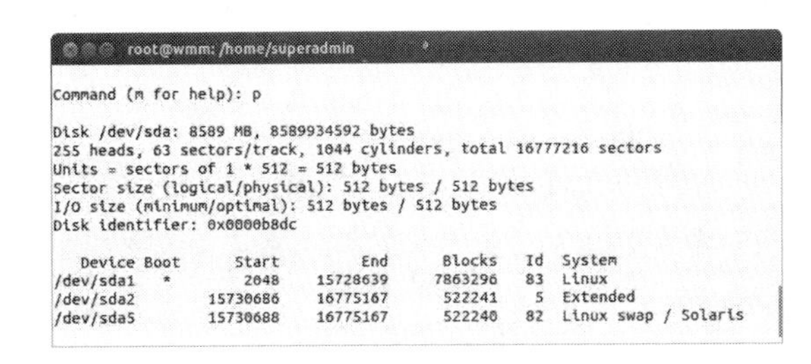

图 5-18　p 指令

在图 5-18 中可以看到，当前/dev/sda 设备的容量为 8589MB，其中包括 255 个磁头，每道磁道 63 个扇区，磁盘柱面总共 1677 个。列表以柱面进行显示，其中一个柱面等于 512 字节。另外，在图 5-18 中所显示的内容依次表示设备文件名、开机区否、开始柱面、结束柱面、1KB 大小容量以及磁盘分区的系统。说明如下：

- **Device**　设备文件名，依据不同的磁盘接口/分区位置而变。
- **Boot**　表示是否为开机引导模块，通常 Windows 系统的 C 盘需要此模块。
- **Start 和 End**　表示这个分区在哪个柱面号码之间，可以决定此分区的大小。
- **Blocks**　以 1KB 为单位的容量，如上所示 /dev/sda1 大小为 7863296KB=7679MB。
- **ID 和 System**　代表这个分区内的文件系统应该是什么，这只是一个项目提示，并不代表此分区内的文件系统。

2. u 指令

如果用户希望以扇区为单位进行显示，可以在执行 fdisk 命令时加入-u 选项，然后通过 p 指令进行查看。另外，用户也可以在进入 fdisk 交互模式后直接输入 u 指令完成单位切换，效果如图 5-19 所示。

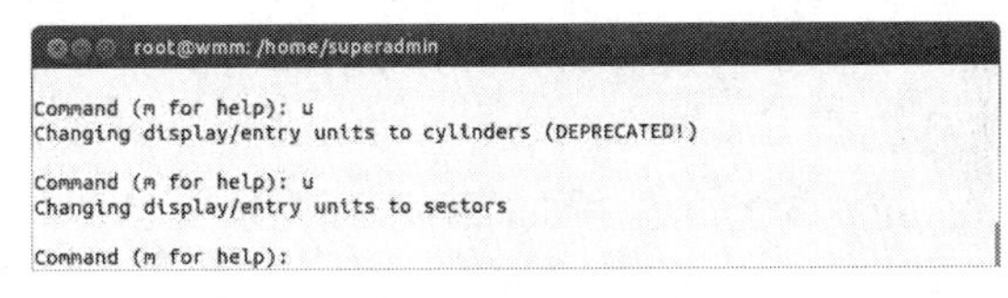

图 5-19　u 指令

3. d 指令

D 指令可以删除已经存在的某个分区，例如通过该指令删除指定的分区，然后再查看其分区，如图 5-20 所示。

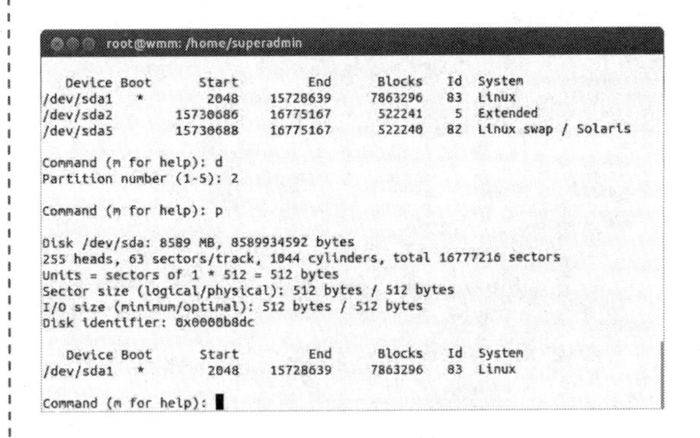

图 5-20　d 指令

在图 5-20 中首先显示设备上的分区信息，接着输入 d 命令进行删除。执行完成后再输入 p 命令显示设备上的分区信息，比较这两次的结果，可以发现通过 d 指令删除分区已经成功。

4. n 指令

n 指令刚好与 d 指令相反，该指令用来创建一个新的磁盘分区。直接输入指令进行测试，效果如图 5-21 所示。

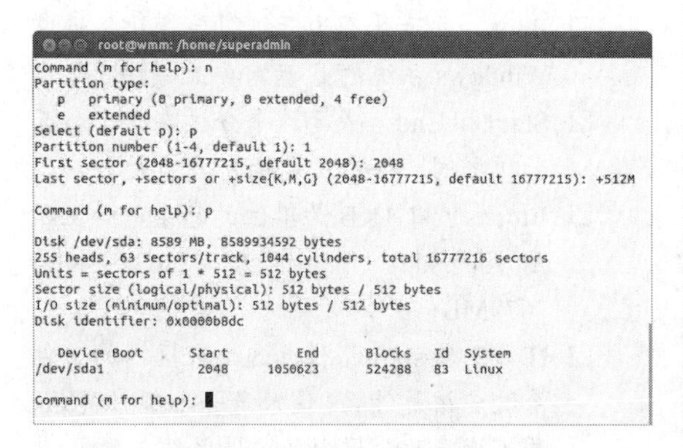

```
root@wmm: /home/superadmin
Command (m for help): n
Partition type:
   p   primary (0 primary, 0 extended, 4 free)
   e   extended
Select (default p): p
Partition number (1-4, default 1): 1
First sector (2048-16777215, default 2048): 2048
Last sector, +sectors or +size{K,M,G} (2048-16777215, default 16777215): +512M

Command (m for help): p

Disk /dev/sda: 8589 MB, 8589934592 bytes
255 heads, 63 sectors/track, 1044 cylinders, total 16777216 sectors
Units = sectors of 1 * 512 = 512 bytes
Sector size (logical/physical): 512 bytes / 512 bytes
I/O size (minimum/optimal): 512 bytes / 512 bytes
Disk identifier: 0x0000b8dc

   Device Boot      Start         End      Blocks   Id  System
/dev/sda1            2048     1050623      524288   83  Linux

Command (m for help):
```

图 5-21　n 指令添加主分区

在图 5-21 中输入 n 指令创建一个新的分区，由于是一个全新的磁盘，因此只有主分区和扩展分区两个选项。选择 p 创建一个主分区，设置其值为 1，然后分别设置柱面的值，这里使用“+XXM”（其中 XX 必须是数字）的形式让系统自己分柱面的大小，添加完成后重新输入指令 p 进行查看。

继续向上个图中添加 n 指令，这次实现一个扩展分区的效果，如图 5-22 所示。

```
root@wmm: /home/superadmin
Command (m for help): n
Partition type:
   p   primary (1 primary, 0 extended, 3 free)
   e   extended
Select (default p): e
Partition number (1-4, default 2):
Using default value 2
First sector (1050624-16777215, default 1050624):
Using default value 1050624
Last sector, +sectors or +size{K,M,G} (1050624-16777215, default 16777215):
Using default value 16777215

Command (m for help): p

Disk /dev/sda: 8589 MB, 8589934592 bytes
255 heads, 63 sectors/track, 1044 cylinders, total 16777216 sectors
Units = sectors of 1 * 512 = 512 bytes
Sector size (logical/physical): 512 bytes / 512 bytes
I/O size (minimum/optimal): 512 bytes / 512 bytes
Disk identifier: 0x0000b8dc

   Device Boot      Start         End      Blocks   Id  System
/dev/sda1            2048     1050623      524288   83  Linux
/dev/sda2         1050624    16777215     7863296    5  Extended

Command (m for help):
```

图 5-22　n 指令添加扩展分区

在图 5-22 中输入 n 指令后选择 e 指令添加扩展分区，然后根据提示信息直接按 Enter 键，输入默认的值进行添加。所有的内容添加完成后重新输入 p 指令查看设备的分区内容，效果如图 5-22 所示。

主分区和扩展分区添加完成后依然可以通过 n 指令执行添加分区操作，这时的效果如图 5-23 所示。

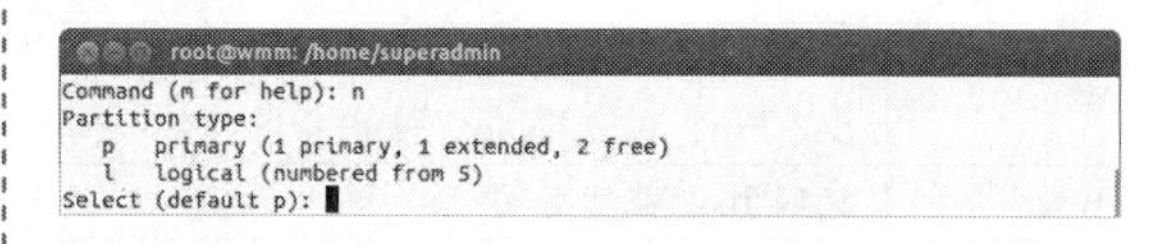

```
root@wmm: /home/superadmin
Command (m for help): n
Partition type:
   p   primary (1 primary, 1 extended, 2 free)
   l   logical (numbered from 5)
Select (default p):
```

图 5-23　继续添加效果

读者可以根据提示添加主分区和逻辑分区，感兴趣的读者可以亲自动手试一试。

在使用 n 指令添加磁盘分区时不要轻易按下 w 指令键，这样会导致用户的系统损坏。使用 n 指令时最重要的在于创建分区的形式（primary/extended/logical）以及分区的大小。一般来说创建分区的形式有以下几种情况：

（1）1-4 号有剩余，且系统未有扩展分区。

这时会出现让读者挑选的 primary/exetended 选项，并且用户可以通过 1-4 号来指定号码。

（2）1-4 号有剩余，且系统有扩展分区。

这时会出现让读者挑选的 primary/logical 选项，如果选择 p，则用户还可以通过 1-4 号来指定号码；如果选择 l，则不需要设置号码，因为系统会自动指定逻辑分区的文件名称号码。

（3）1-4 号没有剩余，且系统有扩展分区。

这时不会再让用户挑选分区类型，直接会进入 logical 的分区形式，即逻辑分区。

5. t 指令

细心的读者可以发现，用户新建立的分区，其系统默认的分区类型是 83，即 Linux 分区。如果用户希望设置其他的分区类型时可以使用 t 指令。

继续在上个指令中进行扩展，如下通过在终端中输入 t 指令来演示它的具体用法，效果如图 5-24 所示。

在图 5-24 中，首先输入要操作的分区号，这里输入 2，紧接着在提示中输入 Linux 分区 16 进制标识码 8e，弹出的信息如上所示，该提示表示“您无法更改分区成一个扩展，反之亦然。首先要删除它”。然后重新输入 t 指令进行更改，更改完成后输入 p 指令重新查看设备的分区信息。

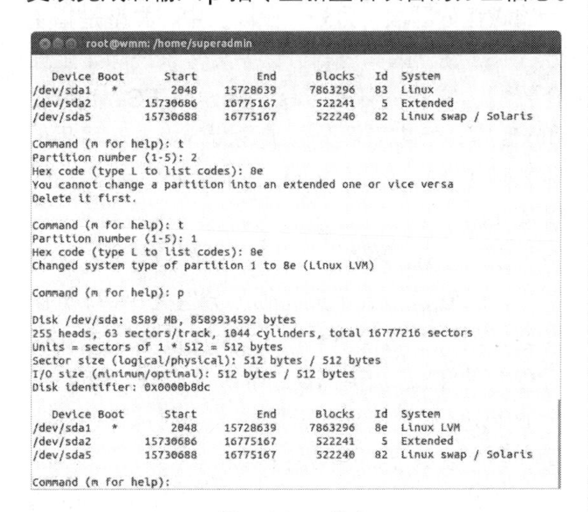

```
root@wmm: /home/superadmin
   Device Boot      Start         End      Blocks   Id  System
/dev/sda1   *        2048    15728639     7863296   83  Linux
/dev/sda2        15730686    16775167      522241    5  Extended
/dev/sda5        15730688    16775167      522240   82  Linux swap / Solaris

Command (m for help): t
Partition number (1-5): 2
Hex code (type L to list codes): 8e
You cannot change a partition into an extended one or vice versa
Delete it first.

Command (m for help): t
Partition number (1-5): 1
Hex code (type L to list codes): 8e
Changed system type of partition 1 to 8e (Linux LVM)

Command (m for help): p

Disk /dev/sda: 8589 MB, 8589934592 bytes
255 heads, 63 sectors/track, 1044 cylinders, total 16777216 sectors
Units = sectors of 1 * 512 = 512 bytes
Sector size (logical/physical): 512 bytes / 512 bytes
I/O size (minimum/optimal): 512 bytes / 512 bytes
Disk identifier: 0x0000b8dc

   Device Boot      Start         End      Blocks   Id  System
/dev/sda1   *        2048    15728639     7863296   8e  Linux LVM
/dev/sda2        15730686    16775167      522241    5  Extended
/dev/sda5        15730688    16775167      522240   82  Linux swap / Solaris

Command (m for help):
```

图 5-24　t 指令

试一试

8e 是磁盘分区系统标识的一种，在 1.1.2 节的表 5-2 中已经列出了 Linux 系统中常用的分区类型和标识符，感兴趣的读者可以通过使用不同的标识符，亲自动手试一试查看效果。

6．q 指令

q 指令不会保存所修改的磁盘信息，直接退出 fdisk。退出完成后的效果如图 5-25 所示。

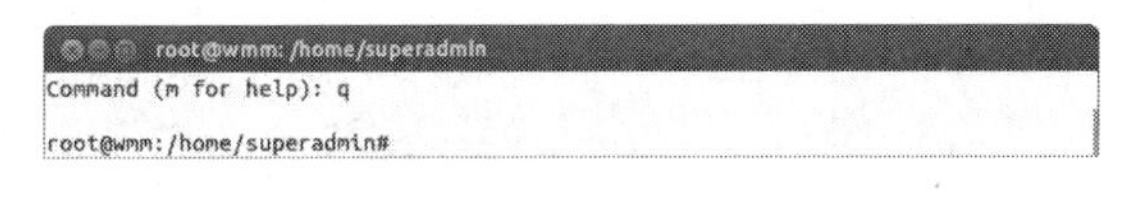

```
root@wmm: /home/superadmin
Command (m for help): q

root@wmm:/home/superadmin#
```

图 5-25　q 指令

5.2.3　磁盘分区命令——parted

在安装 Linux 操作系统的过程中需要对磁盘进行分区。另外，在系统硬盘空间不够用的情况下需要为系统添加新硬盘，此时就需要对磁盘进行分区操作。Linux 操作系统中通常使用 fdisk 和 parted 命令工具对磁盘进行分区。

与 fdisk 命令相比，parted 命令具有更加丰富的功能，它除了能够进行分区的添加、删除等常见的操作外，还可以进行移动分区、创建文件系统、调整文件系统大小、复制文件系统等操作。parted 同时还支持 fdisk 所不支持的 GUID 分区表（GUID Partition Table），这在 IA64 平台上管理磁盘时非常有用。

读者在使用 parted 命令时要求分区所在的设备不能正在被使用（即分区不能被挂载，并且交换空间不能被启用）。parted 命令有两种运行模式：命令行模式和交互模式。与 fdisk 的交互模式不同，在 parted 的交互模式下执行命令，一旦按回车键 Enter 确认，命令就马上执行，对磁盘的更改就立刻生效。

parted 命令的常用格式有两种，如下所示：

```
parted [选项] <硬盘设备名>
parted [选项] <硬盘设备名> <子命令> [<子命令参数>]
```

上述语法形式中，第一种用于进入 parted 的交互模式，在该模式下输入 parted 的子命令对指定的硬盘进行分区等操作，其中 quit 命令用于退出交互模式。第二种形式表示直接在命令行方式下对指定的硬盘进行分区等操作。

上述两种语法形式中都提供了选项，这些选项的可选值如下所示：

- **-h**　help，显示帮助信息。
- **-i**　interactive，在必要时提示用户，交互模式。
- **-l**　list，显示所有磁盘设备的分区表。
- **-s**　script，从来不提示用户，脚本模式。
- **-v**　version，显示版本信息。

【练习 4】

例如用户通过 parted 命令来显示所有磁盘设备的分区表，其效果如图 5-26 所示。

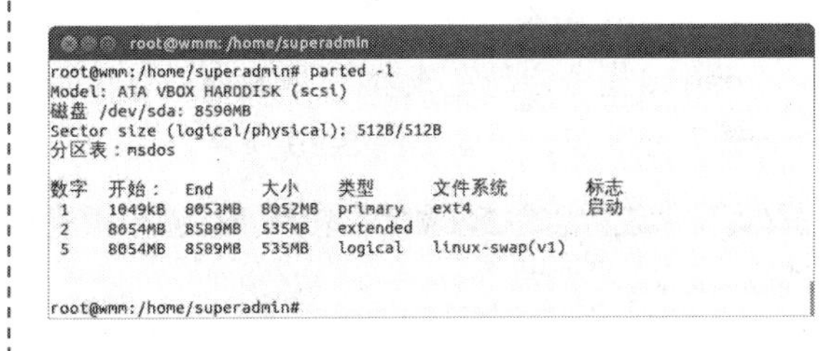

```
root@wmm: /home/superadmin
root@wmm:/home/superadmin# parted -l
Model: ATA VBOX HARDDISK (scsi)
磁盘 /dev/sda: 8590MB
Sector size (logical/physical): 512B/512B
分区表：msdos

数字  开始：  End     大小    类型      文件系统         标志
 1    1049kB  8053MB  8052MB  primary   ext4             启动
 2    8054MB  8589MB  535MB   extended
 5    8054MB  8589MB  535MB   logical   linux-swap(v1)

root@wmm:/home/superadmin#
```

图 5-26　显示所有磁盘设备分区表

接着添加相关的命令，通过使用 parted 命令对/dev/sda 进行分区操作，效果如图 5-27 所示。

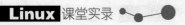

```
root@wmm: /home/superadmin
root@wmm:/home/superadmin# parted /dev/sda
GNU Parted 2.3
使用 /dev/sda
欢迎使用 GNU Parted! 输入 'help'可获得命令列表.
(parted)
```

图 5-27 对/dev/sda 进行分区操作

用户在启动 parted 命令后，系统会进入交互模式。这时用户可以通过操作指令完成对分区的管理，也可以输入 help 指令查看帮助信息，如图 5-28 所示。

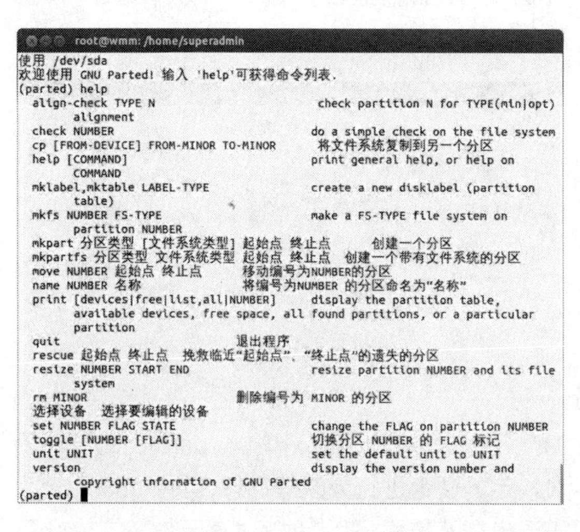

```
root@wmm: /home/superadmin
使用 /dev/sda
欢迎使用 GNU Parted! 输入 'help'可获得命令列表.
(parted) help
  align-check TYPE N                       check partition N for TYPE(min|opt)
        alignment
  check NUMBER                             do a simple check on the file system
  cp [FROM-DEVICE] FROM-MINOR TO-MINOR      将文件系统复制到另一个分区
  help [COMMAND]                           print general help, or help on
        COMMAND
  mklabel,mktable LABEL-TYPE               create a new disklabel (partition
        table)
  mkfs NUMBER FS-TYPE                      make a FS-TYPE file system on
        partition NUMBER
  mkpart 分区类型 [文件系统类型] 起始点 终止点       创建一个分区
  mkpartfs 分区类型 文件系统类型 起始点 终止点   创建一个带有文件系统的分区
  move NUMBER 起始点 终止点          移动编号为NUMBER的分区
  name NUMBER 名称                  将编号为NUMBER 的分区命名为"名称"
  print [devices|free|list,all|NUMBER]     display the partition table,
        available devices, free space, all found partitions, or a particular
        partition
  quit                               退出程序
  rescue 起始点 终止点   挽救临近"起始点"、"终止点"的遗失的分区
  resize NUMBER START END                  resize partition NUMBER and its file
        system
  rm MINOR                           删除编号为 MINOR 的分区
  选择设备   选择要编辑的设备
  set NUMBER FLAG STATE                    change the FLAG on partition NUMBER
  toggle [NUMBER [FLAG]]                   切换分区 NUMBER 的 FLAG 标记
  unit UNIT                                set the default unit to UNIT
  version                                  display the version number and
        copyright information of GNU Parted
(parted)
```

图 5-28 parted 命令的帮助信息

在图 5-28 中，已经详细地列出了 parted 常用的操作指令，并对这些指令进行了说明。例如 quit 指令退出程序；print 指令查看分区表；unit 设置默认的单位以及 version 指令查看版本信息等。另外，在图 5-28 中 NUMBER 用来指定 Linux 操作系统的分区号，主分区号是 1 到 4，逻辑分区号大于或等于 5，START 和 END 用于磁盘定位，可以采用如 4GB 或 10%的方式来表示。如果该值为负数，表示从磁盘的末端开始计算。例如，"-ls"表示从磁盘末端开始的第一个扇区，即磁盘的最后一个扇区。

1. print 指令

parted 指令启动完成后，可以直接通过 print 指令查看分区表，效果如图 5-29 所示。

```
root@wmm: /home/superadmin
(parted) print
Model: ATA VBOX HARDDISK (scsi)
磁盘 /dev/sda: 8590MB
Sector size (logical/physical): 512B/512B
分区表：msdos

数字  开始：   End     大小    类型      文件系统          标志
 1    1049kB  8053MB  8052MB  primary   ext4             启动
 2    8054MB  8589MB  535MB   extended
 5    8054MB  8589MB  535MB   logical   linux-swap(v1)

(parted)
```

图 5-29 print 指令

在图 5-29 中 model 行用来显示磁盘的类型，紧接着下一行显示了磁盘的容量，再下一行用来显示逻辑/物理扇区的大小，然后再显示各行的磁盘分区表。另外，在该图中，类型是指主分区、扩展分区和逻辑分区。文件系统除了上面介绍的，常用的还有 hfs、jfs、NTFS、hp-ufs 和 xfs 等；标志表示分区被设置的标准，可用的标志有 boot、root、swap、hidden、arid、lvm 以及 lba。

2. resize 指令

resize 指令表示重新划分分区大小，而分区类型必须包含这些值之一：FS_TYPEs、Ext3、Ext2、FAT32、FAT16、hfsx、hfs+、hfs 和 linux-swap。重新划分分区的大小时，可用的空间容量必须大于新建分区的大小。

用户在使用该指令之前可以先使用 print 指令查看分区号，然后在该指令后跟随分区号以及以 MB 为单位的起始点和终止点。例如：

```
(parted) resize 2 8054 8589
```

如果使用上述指令操作完成后，可以使用 print 指令查看是否已经重新划分了大小，并且是否具备正确的分区类型和文件系统类型，还可以通过 df 命令查看该分区是否已经挂载，以及分区的大小和类型。

提示

不能使用 parted 命令重新划分正在使用设备上的分区大小，因此划分分区之前必须确保该分区没有被使用。

3. rm 指令

rm 指令非常简单，删除磁盘中的某个分区。例如，用户想要通过 parted 指令删除分区/dev/sda2，首先需要通过 print 指令查看该分区所在的分区码。找到分区码后直接通过"rm 分区码"进行删除。

如果当前的磁盘正在被用户使用，弹出删除失败的提示如图 5-30 所示。

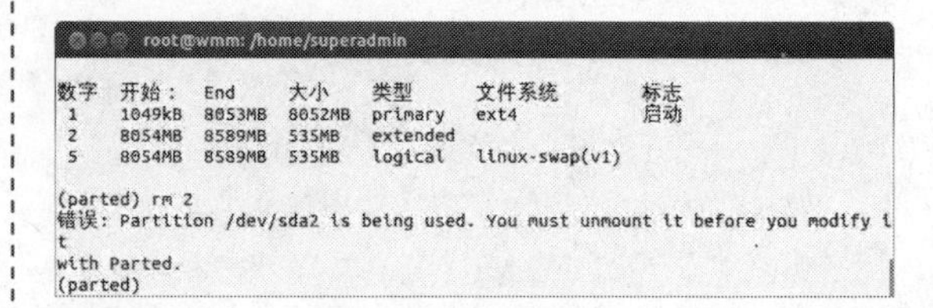

```
root@wmm: /home/superadmin
数字  开始：   End     大小    类型      文件系统          标志
 1    1049kB  8053MB  8052MB  primary   ext4             启动
 2    8054MB  8589MB  535MB   extended
 5    8054MB  8589MB  535MB   logical   linux-swap(v1)

(parted) rm 2
错误: Partition /dev/sda2 is being used. You must unmount it before you modify i
t
with Parted.
(parted)
```

图 5-30 rm 指令删除失败效果

4．select 指令

用户当前正处于/dev/sda 设备下，如果用户想要选择不同的设备，在不重新启动 parted 的情况下，应该在交互模式下使用 select 命令即可。

例如通过 select 指令分别查看/dev/sda 和/dev/sda2，输入下面的指令后就可以查看或配置分区表了，效果如图 5-31 所示。

```
root@wmm: /home/superadmin
欢迎使用 GNU Parted! 输入 'help'可获得命令列表.
(parted) select /dev/sda2
使用 /dev/sda2
(parted) select /dev/sda
使用 /dev/sda
(parted)
```

图 5-31　select 指令

5．mkfs 指令

mkfs 指令是 parted 命令中常用的指令之一，用户创建磁盘分区完成后需要为每一个分区创建文件类型系统，这时就需要使用 mkfs 指令。

mkfs 指令的语法形式如下：

```
mkfs [-v] [-t fstype] [fs-options]
filesys [blocks]
```

在上述语法中，常用的参数的说明如下：

- -v　该选项仅仅用于测试，表示以冗余模式进行输出。
- -t　定义创建的文件系统类型。
- fs　建立文件系统时的参数。

例如，在硬盘中创建 ext3 的文件系统，在终端窗口中可以执行 mkfs -t ext3 /dev/sda3 命令，创建系统失败时的提示效果如图 5-32 所示。

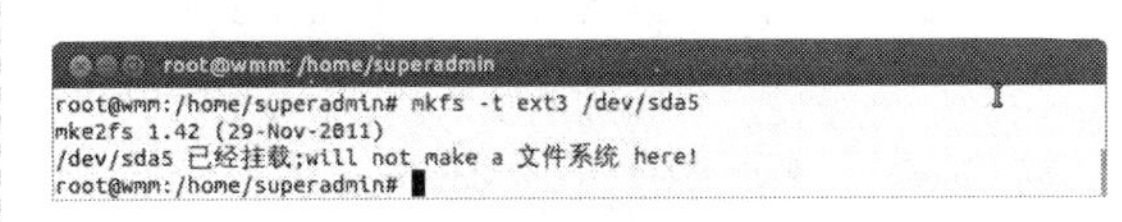

图 5-32　失败提示

5.2.4　格式化命令

顾名思义，格式化操作类似于 Windows 系统中的 format 命令，也就是针对某一个分区，在它上面创建一个新的文件系统，或者可以看作是将该分区的文件系统格式化为指定的格式。

安装 Ubuntu 时常常用于 fdisk 命令之后，在使用 Ubuntu 的过程中，如果要改变某一分区的文件系统格式，就必须做好目标分区文件的备份工作，再使用该命令。Ubuntu Linux 操作系统中有两种命令进行格式化：mkfs 和 fdformat。

1．mkfs 命令

上一节在介绍 parted 命令时介绍过 mkfs 命令，该命令也可以直接使用，用于格式化的操作。格式化分区时最常用的形式如下：

```
mkfs [options] [-t systemtype] [name]
```

上述语法形式中，options 表示参数，systemtype 表示文件系统类型，name 表示分区名称。常用的参数有-v 和-V，其中-v 显示版本和详细的使用方法，而-V 表示显示版本信息和简要的使用方法，主要用于测试。

【练习 5】

本节通过 mkfs 命令格式化文件系统的磁盘时的用法来介绍该命令的具体使用，效果如图 5-33 所示。

```
root@wmm: /home/superadmin
root@wmm:/home/superadmin# mkfs -v
Usage: mkfs.ext2 [-c|-l filename] [-b block-size] [-C cluster-size]
        [-i bytes-per-inode] [-I inode-size] [-J journal-options]
        [-G meta group size] [-N number-of-inodes]
        [-m reserved-blocks-percentage] [-o creator-os]
        [-g blocks-per-group] [-L volume-label] [-M last-mounted-directory]
        [-O feature[,...]] [-r fs-revision] [-E extended-option[,...]]
        [-T fs-type] [-U UUID] [-jnqvFKSV] device [blocks-count]
root@wmm:/home/superadmin# mkfs -V
mkfs (util-linux 2.20.1)
root@wmm:/home/superadmin# mkfs -t ext3 /dev/sda1
```

图 5-33　mkfs 格式化磁盘

图 5-33 中 mkfs 命令通过指定-v 参数显示该命令的具体使用方法。通过-V 参数显示版本信息，最后将/dev/sda1 的文件系统建立为 ext3 分区类型。

2．fdformat 命令

虽然 U 盘的出现，使软盘几乎退出了历史的舞台，但是在 Linux 操作系统中依然包含格式化软盘的命令。一个新买的软盘不经过低级格式化的话是不能使用的，需要使用 fdformat 命令对软盘进行低级格式化。

fdformat 命令实现了对软盘的格式化操作，该格式化属于低级格式化。该命令的语法格式如下：

```
fdformat [options] 设备名
```

在上述形式中，设备名就是软盘在 Linux 系统中显示的名称，一般是 fd0、fd1 和 fd2

等。options 有三个相关表示方式的值。说明如下：

- **-n** 即 no-verify，格式化完成以后，不进行验证。如果不加此参数，则软盘格式化后就会做校验。
- **-V** 即 version，显示版本信息。
- **-h** 即 help，显示帮助信息。

【练习 6】

本次练习简单使用了 fdformat 命令和参数，如图 5-34 所示。

读者在使用 fdformat 命令时有两个注意事项，如下所示：

- 格式化软盘之前，如果软盘已经被挂载在某个挂载点下，需要使用 umount 命令来卸下软盘。

```
root@wmm: /home/superadmin
root@wmm:/home/superadmin# fdformat -h
Usage: fdformat [options] device

Options:
 -n, --no-verify  disable the verification after the format
 -V, --version    output version information and exit
 -h, --help       display this help and exit

root@wmm:/home/superadmin# fdformat -V
fdformat from util-linux 2.20.1
root@wmm:/home/superadmin# fdformat -n /dev/fd0
```

图 5-34 fdformat 命令

- fdformat 只是格式化软盘，但是并不建立文件系统类型，格式化后仍然不能使用，需要使用 mkfs 命令建立相应的文件系统类型后才能正常使用。

5.2.5 磁盘检验命令

系统在运行的过程中，谁也不能确保不会出现任何错误，例如硬件出现问题，或者电源有问题，会造成电脑突然死机。死机可能会导致文件系统的错乱，如果文件系统真的错乱则需要进行检验。

1. fsck 命令

fsck（file system check）命令用来检查和维护不一致的文件系统。若系统掉电或磁盘发生问题，可利用 fsck 命令对文件系统进行检查。

fsck 命令的语法形式如下：

```
fsck [-t 文件系统] [-ACay] 设备名称
```

以下对上述语法进行了说明：

- **-t** 指定文件系统的类型，但是 Linux 可以自动通过 super block 去分辨文件系统，因此该参数可以省略。
- **-A** 依据/etc/fstab 的内容，需要将设备再扫描一次。
- **-a** 自动修复检查有问题的扇区，所以不用一直按 y。
- **-y** 与-a 一致，但是某些文件系统仅支持-y 这个参数。
- **-C** 可以在检验的过程当中使用一个直方图来显示目前的进度。
- **-f** 强制检查，一般来说，如果 fsck 没有发现任何 unclean 的标志，不会主动进入细化检查的。如果想要强制进入检查，需要加上-f 标志。
- **-D** 针对文件系统下的目录进行优化设置。

如果读者想要将新建的设备进行强制检查，可以执行以下命令：

```
root@wmm:/# fsck -C -f -t ext3 /dev
/sda4
```

用户在使用 fsck 命令时需要注意以下四点：

（1）通常只有身为 root 且文件系统出现问题时才使用此命令，否则在正常情况下使用此命令可能会对系统造成危害。

（2）执行 fsck 命令时，被检查的分区务必不挂载到系统上，即是需要在卸载的状态下。

（3）ext2/ext3 文件系统的最顶层会存在一个 lost+found 目录，使用 fsck 命令检查文件后，如果出现问题则会被放置到这个目录中。如果系统产生数据在该文件中，那么用户就需要注意文件系统了。

（4）用户调用执行的 fsck 命令时，实际上是调用 e2fsck 命令。

2. e2fsck 命令

e2fsck 命令是 Linux 操作系统中非常实用的一个命令，主要功能是检查文件系统的正确性，并对受损害的文件系统进行修复。e2fsck 命令最简单的使用是直接在终端中输入该命令，然后显示该命令的使用方法，如图 5-35 所示。

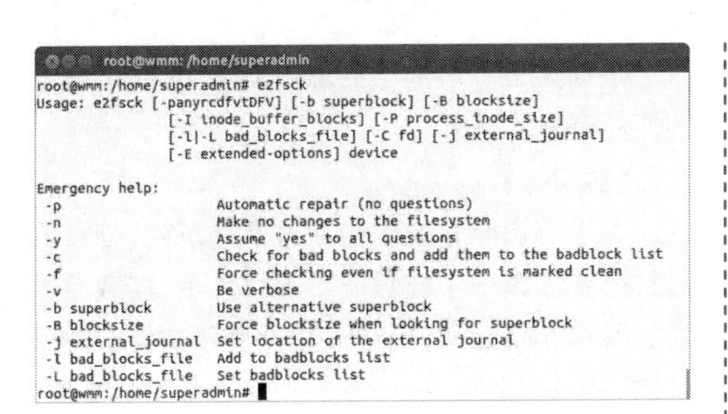

图 5-35　e2fsck 命令的操作说明

图 5-35 中所示了 e2fsck 命令经常使用的一些参数，例如 p 表示不再进行询问，自动修复文件系统；c 表示调用 badblock 程序对磁盘做只读性扫描，查找存在的坏块。除了上面所列的参数外，还包含一种常用的参数选项-V，它用来显示版本的相关信息，效果如图 5-36 所示。

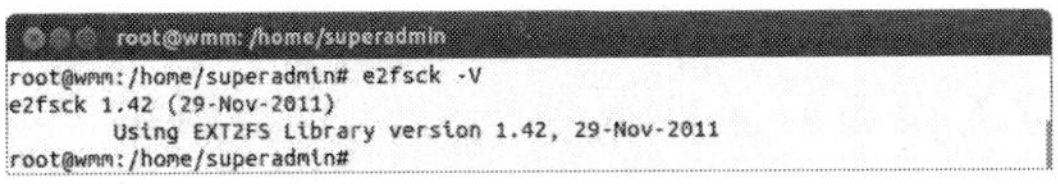

```
root@wmm: /home/superadmin
root@wmm:/home/superadmin# e2fsck -V
e2fsck 1.42 (29-Nov-2011)
        Using EXT2FS Library version 1.42, 29-Nov-2011
root@wmm:/home/superadmin#
```

图 5-36　e2fsck 使用参数-V

用户在使用 e2fsck 命令时也需要注意一些问题，如下：

（1）e2fsck 是专门针对 Linux 操作系统的 Ext2 文件系统设计的修复工具。

（2）使用 e2fsck 命令时，必须将要被修复的文件系统卸载，否则将是极不安全的，甚至会造成文件系统的崩溃。

3．badblocks 命令

fsck 命令用来检验文件系统是否出错，而 badblocks 命令则是用来检查硬盘或软盘扇区有没有坏轨的命令。语法形式如下：

> **技巧**
> 用户在安装 Linux 文件系统时，可以创建至少两个以上的主文件系统，这样在一个文件系统受到损坏时，可以通过另一个文件系统对其进行修复。

```
badblocks [-svw] 设备名称
```

上述语法中，主要包含三个参数：-s、-v 和 -w。说明如下：

- **-s**　在屏幕上列出进度。
- **-v**　可能在屏幕上看到进度。
- **-w**　使用定入的方式进行测试，建议不要使用此参数，尤其是待检查设备已有文件时。

【练习 7】

下面通过为 badblocks 命令指定参数进行测试，正在检查以及检查完成后的效果如图 5-37 和图 5-38 所示。

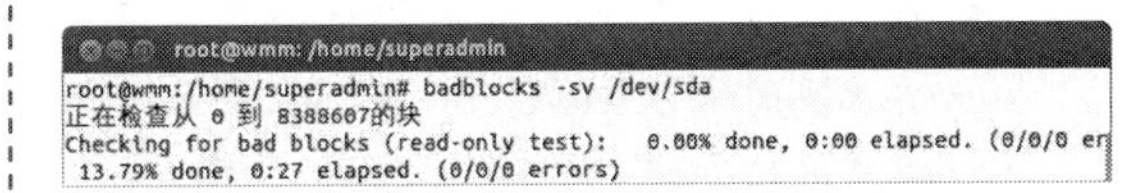

图 5-37　badblocks 命令正在检查

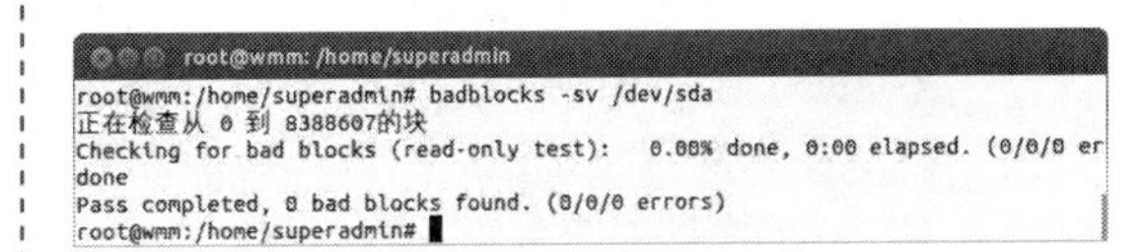

图 5-38　badblocks 命令检查完成

5.2.6　磁盘挂载与卸载

在本节内容之前，读者肯定已经看到过有关挂载点的相关知识。在 Ubuntu Linux 系统中，可以将所有的设备都看作是一个文件，如果要使用某个设备，或某个文件之前，都必须将其挂载到系统中。

1．挂载

挂载的含义就是把磁盘的内容放到某一个目录下，用户在进行挂载之前，需要确定以下三点。

（1）单一文件系统不应该被重复挂载在不同的挂载点（目录）中。

（2）单一目录不应该重复挂载多个文件系统。

（3）作为挂载点的目录理论上应该都是空目录。

上述三件事中后两件事尤其重要，如果挂载的目录里面并不是空的，那么挂载了文件系统之后，原目录下的东西就会暂时消失。

挂载时主要使用 mount 命令进行操作。操作时需要指定需挂载的文件系统的类型、名称、目的地目录（即挂载点）。mount 命令的语法形式如下：

```
mount [options] [-t 文件系统类型] [设备名称] [目的地目录]
```

如下列出了 mount 命令常用的参数：

- **-a** 依照配置文件/etc/fatab 的数据将所有未挂载的磁盘都挂载上。
- **-l** 单纯输入 mount 会显示目前挂载的信息，加上-l 可以增加列 Label 名称。
- **-L** 系统除了利用设备文件名外，还可以利用文件系统的卷标名称进行挂载。
- **-t** 文件系统类型，该参数可以不被指定。
- **-V** 显示程序版本信息。
- **-h** 显示帮助信息。
- **-v** 显示执行时的详细信息，通常和-f 一起使用用来排错。
- **-f** 通常用来排错，它会使 mount 并不执行实际挂上的动作，而是模拟整个挂上的过程，通常和-v 一起使用。
- **-n** 默认情况下，系统会将实际挂载的情况实时写入/etc/fstab 中，以利于其他程序的运行。但是在某些情况下，为了避免问题出现，会刻意不写入。
- **-o** 其后面可以跟一些挂载时额外加上的参数，例如账号、密码和读写权限等。这些参数如下：
  - **ro** 挂载文件系统成为只读。
  - **rw** 挂载文件系统成为可读写。
  - **async** 文件系统是否使用同步写入的内存机制，默认值。
  - **sync** 文件系统是否使用异步的内存机制。
  - **auto 和 noauto** 允许分区被以 mount –a 自动挂载。
  - **dev 和 nodev** 是否允许分区上可创建设备文件，dev 表示允许。
  - **suid 和 nosuid** 是否允许分区含有 suid/sgid 的文件格式。
  - **exec 和 noexec** 是否允许分区拥有可执行的 binary 文件。
  - **loop** 使用 loop 模式用来将一个档案当成硬盘分割挂上系统。

下面通过一个简单的练习演示 mount 命令的使用方法。

【练习 8】

为了不影响系统中的原有文件系统，挂载前通常需要创建一个挂载点（即目录）。挂载点通常放置在 mnt 目录文件下，这是为了方便归类和查询。首先通过 ls 命令查看 mnt 目录下的文件，然后创建一个名称为 temp 的目录，创建完成后依然使用 ls 进行查看，挂载点完成后的效果如图 5-39 所示。

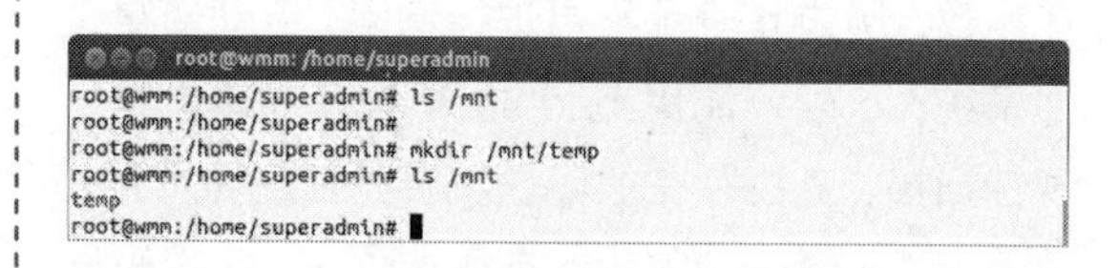

图 5-39　创建挂载点

针对已经创建的挂载点，可以将任何一种类型的设备分区挂载到挂载点中。例如，将/dev/sda1 挂载到/mnt/temp 文件中，如图 5-40 所示。

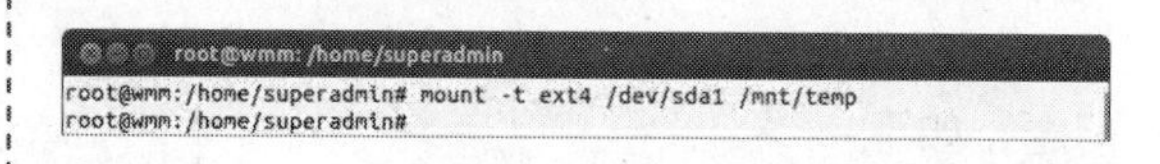

图 5-40　终端挂载命令

挂载完成后用户可以找到文件系统中的该目录进行查看，效果如图 5-41 所示。

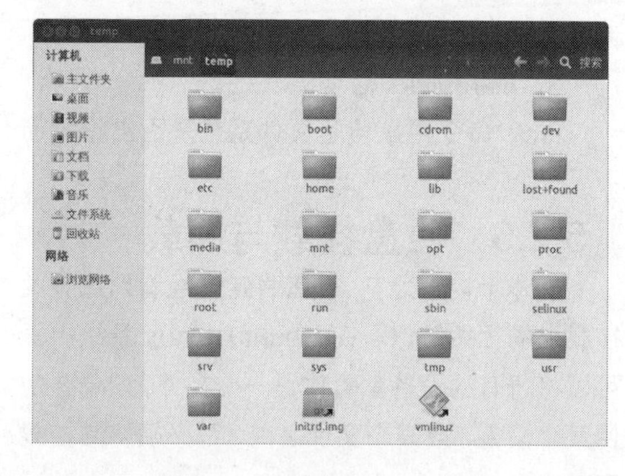

图 5-41　挂载成功目录效果

用户可以直接使用 mount 命令查看目录文件的挂载信息，如图 5-42 所示。

如果使用 mount 命令挂载某个分区时，如果该分区或目录正在被使用或挂载，则会提示相应的内容，如图 5-43 所示。

```
root@wmm:/home/superadmin# mount
/dev/sda1 on / type ext4 (rw,errors=remount-ro)
proc on /proc type proc (rw,noexec,nosuid,nodev)
sysfs on /sys type sysfs (rw,noexec,nosuid,nodev)
none on /sys/fs/fuse/connections type fusectl (rw)
none on /sys/kernel/debug type debugfs (rw)
none on /sys/kernel/security type securityfs (rw)
udev on /dev type devtmpfs (rw,mode=0755)
devpts on /dev/pts type devpts (rw,noexec,nosuid,gid=5,mode=0620)
tmpfs on /run type tmpfs (rw,noexec,nosuid,size=10%,mode=0755)
none on /run/lock type tmpfs (rw,noexec,nosuid,nodev,size=5242880)
none on /run/shm type tmpfs (rw,nosuid,nodev)
gvfs-fuse-daemon on /home/superadmin/.gvfs type fuse.gvfs-fuse-daemon (rw,nosui
d,nodev,user=superadmin)
/dev/sda1 on /mnt/temp type ext4 (rw)
root@wmm:/home/superadmin#
```

图 5-42 mount 命令查看挂载

```
root@wmm:/home/superadmin# mount /mnt/temp
mount: /dev/sda1 已被挂载或 /mnt/temp 正忙
mount: 根据 mtab 中的信息，/dev/sda1 已经被挂载到 /mnt/temp 了
root@wmm:/home/superadmin#
```

图 5-43 挂载分区出现问题

2．卸载

与挂载相反的操作就是卸载，当用户不再需要那些已经挂载的文件系统或设备时，需要对其进行卸载操作。与挂载命令 mount 相对应，卸载时可以使用 umount 命令。该命令的语法形式如下：

```
umount [options] [-t 文件系统类型] [文件系统]
```

根据上述语法形式，umount 命令最常用的参数如下：

- **-a** 卸载/etc/mtab 中记录的所有文件系统。
- **-h** 显示帮助信息。
- **-v** 执行时显示的详细信息。
- **-V** 显示版本信息。
- **-n** 卸载时不要将信息存入/etc/mtab 文件中。
- **-r** 如果没有成功卸载内容，则尝试以只读的方式重新挂入文件系统。
- **-t<文件系统类型>** 仅在卸载选项中指定的文件系统。

用户可以通过-h 来显示 umount 命令来帮助，或者直接通过输入 umount 命令来查看帮助信息。输入命令后的效果如图 5-44 所示，读者可以发现，除了上述列举出的参数外，还包含几个参数。

```
root@wmm:/home/superadmin# umount
Usage: umount -h | -V
       umount -a [-d] [-f] [-r] [-n] [-v] [-t vfstypes] [-O opts]
       umount [-d] [-f] [-r] [-n] [-v] special | node...
root@wmm:/home/superadmin# umount -V
umount (util-linux 2.20.1)
root@wmm:/home/superadmin#
```

图 5-44 umount 命令

卸载的方法非常简单，用户可以通过 mount 命令查找到已经挂载的信息，然后通过 umount 命令进行卸载。例如，用户使用设备名进行卸载，代码如下：

```
root@wmm:# umount /dev/sda5
```

由于挂载点比较容易记录，因此可以通过挂载点进行卸载。代码如下所示：

```
root@wmm:# umount /mnt/temp
```

用户在使用 umount 命令卸载分区时还可能会需要以下情况，如图 5-45 所示。

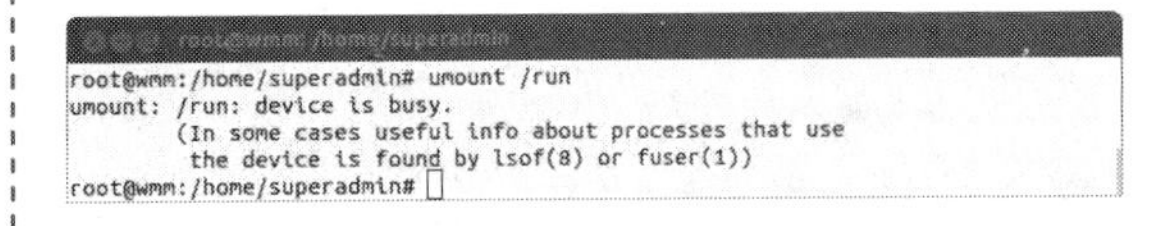

root@wmm:/home/superadmin# umount /run
umount: /run: device is busy.
(In some cases useful info about processes that use
the device is found by lsof(8) or fuser(1))
root@wmm:/home/superadmin#

图 5-45 卸载情况

由于用户目前正在该目录内，即用户要卸载的分区（或文件系统）正在被使用，因此无法卸载该设备。只要离开该文件系统的挂载点即可，用户可以执行“cd /”命令回到根目录，然后就能够卸载了。

5.3 磁盘配额

Linux 操作系统具有多用户、多任务的特点，支持客户端、多用户使用。在多用户系统中，加入的磁盘空间越多，用户使用的也就越多，浪费的磁盘空间也就越多，同时系统的可靠性也会降低。

保证系统拥有足够的磁盘空间最好的方法就是有效地限制用户的使用量，这时就需要使用到磁盘配额（Quota）技术。如果用户使用的磁盘空间过多或分区占用过大时，磁盘配额会向系统管理员发出警告，从而使用管理员采取有效地措施。

5.3.1 配额的概念

配额可以有效地分配磁盘空间，其常用的用途有多个。比较常用的情况如下：

- 限制某一用户组所能使用的最大磁盘配额（使用用户组限制）。
- 限制某一用户的最大磁盘配额（使用用户限制）。
- 以 Link 的方式使邮件可以作为限制的配额。

虽然配额非常好用（下面几节会具体介绍），但是它也存在着一些弊端。如下所示了配额的限制。

1．仅能针对整个文件系统

配额在实际运行的时候，是针对整个文件系统进行限制的。例如，用户的/dev/sda1 是挂载在/home 目录下，则该目录下的所有子目录都会受到限制。

2．内核必须支持配额

用户所安装的 Linux 操作系统必须支持配额这个功能。例如，用户安装的是 Ubuntu Linux 系统，则需要判断该系统的内核是否已经支持配额。如果支持可以直接使用，否则需要进行创建。

3．只对一般用户有效

并不是 Linux 系统中的所有账号都可以设置配额，例如 root 就不能设置配额，因为整个文件系统中的数据几乎都是它的。所以用户不能针对某个目录进行配额设计，但是可以针对某个文件系统来设置。

用户可以直接在终端窗口中执行 quota 命令来查看相关信息，如果没有安装则会提示使用“sudo apt-get install quota”命令进行安装，执行效果如图 5-46 所示。

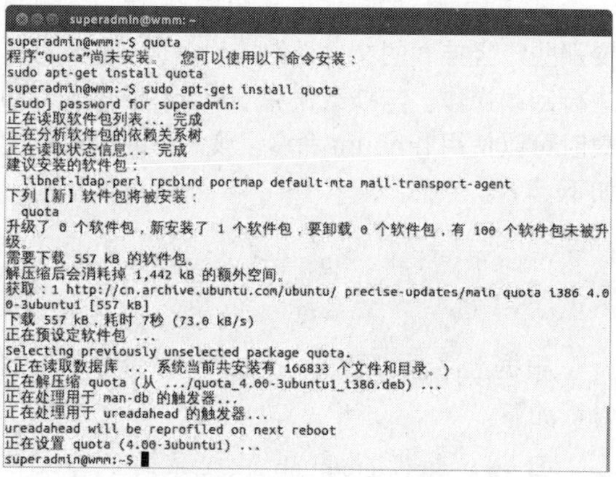

```
superadmin@wmm:~$ quota
程序“quota”尚未安装。 您可以使用以下命令安装：
sudo apt-get install quota
superadmin@wmm:~$ sudo apt-get install quota
[sudo] password for superadmin:
正在读取软件包列表... 完成
正在分析软件包的依赖关系树
正在读取状态信息... 完成
建议安装的软件包：
  libnet-ldap-perl rpcbind portmap default-mta mail-transport-agent
下列【新】软件包将被安装：
  quota
升级了 0 个软件包，新安装了 1 个软件包，要卸载 0 个软件包，有 100 个软件包未被升级。
需要下载 557 kB 的软件包。
解压缩后会消耗掉 1,442 kB 的额外空间。
获取：1 http://cn.archive.ubuntu.com/ubuntu/ precise-updates/main quota i386 4.00-3ubuntu1 [557 kB]
下载 557 kB，耗时 7秒 (73.0 kB/s)
正在预设定软件包 ...
Selecting previously unselected package quota.
(正在读取数据库 ... 系统当前共安装有 166833 个文件和目录。)
正在解压缩 quota (从 .../quota_4.00-3ubuntu1_i386.deb) ...
正在处理用于 man-db 的触发器...
正在处理用于 ureadahead 的触发器...
ureadahead will be reprofiled on next reboot
正在设置 quota (4.00-3ubuntu1) ...
superadmin@wmm:~$
```

图 5-46 安装 quoto 提示

5.3.2 系统配置

如果用户要使用配额必须要内核与文件系统支持，上一节已经安装了配额 quota，那么接着需要启动文件系统的支持。但是，由于配额是针对整个文件系统来进行规划，所以首先需要查一下/home 目录是否是一个独立的文件系统。命令如下：

```
root@wmm:/# df -h /home
文件系统   容量  已用  可用 已用% 挂载点
/dev/sda1  7.4G  3.1G 4.0G 44% /home
root@wmm:/# mount | grep home
/dev/sda1 on / type ext4 (rw,
usrquota,grpquota)
```

从上面的数据（主要是挂载点）可以知道，这台机器的主机/home 确定是一个独立的文件系统，因此可以直接限制/dev/sda1。如果从数据得到/home 不是一个独立的文件系统，那么需要针对根目录进行规范了。

测试完成后，用户可以向磁盘分区中添加参数，在/home 分区中通过手动的方式添加 quota 的支持。效果如下所示：

```
root@wmm:/#  mount  -o  remount,
usrquota,grpquota  /home
root@wmm:/# mount | grep home
/dev/sda1 on /home type ext4 (rw,
errors=remount-ro, usrquota,grpquota)
```

如果/home 不是一个独立的系统时需要针对根目录进行规范，规范后的效果如图 5-47 所示。

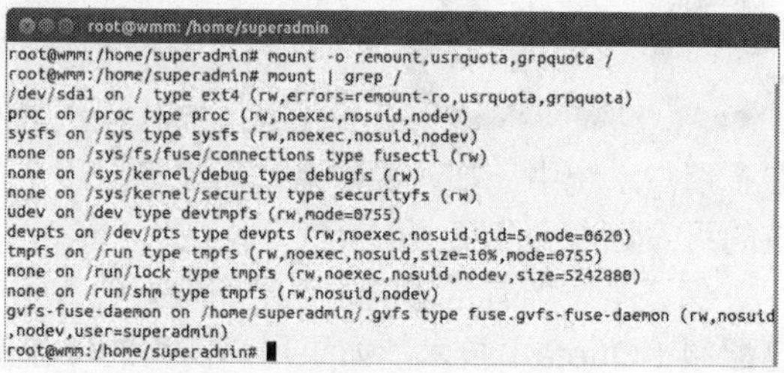

```
root@wmm:/home/superadmin# mount -o remount,usrquota,grpquota /
root@wmm:/home/superadmin# mount | grep /
/dev/sda1 on / type ext4 (rw,errors=remount-ro,usrquota,grpquota)
proc on /proc type proc (rw,noexec,nosuid,nodev)
sysfs on /sys type sysfs (rw,noexec,nosuid,nodev)
none on /sys/fs/fuse/connections type fusectl (rw)
none on /sys/kernel/debug type debugfs (rw)
none on /sys/kernel/security type securityfs (rw)
udev on /dev type devtmpfs (rw,mode=0755)
devpts on /dev/pts type devpts (rw,noexec,nosuid,gid=5,mode=0620)
tmpfs on /run type tmpfs (rw,noexec,nosuid,size=10%,mode=0755)
none on /run/lock type tmpfs (rw,noexec,nosuid,nodev,size=5242880)
none on /run/shm type tmpfs (rw,nosuid,nodev)
gvfs-fuse-daemon on /home/superadmin/.gvfs type fuse.gvfs-fuse-daemon (rw,nosuid,nodev,user=superadmin)
root@wmm:/home/superadmin#
```

图 5-47 针对目录进行规范

为了使系统能够按照磁盘配额进行正常工作，必须建立磁盘配额文件 aquota.group 和 aquota.user，这时需要使用 quotacheck 命令完成配额文件的自动创建。

quotacheck 命令除了创建配额文件外，还可以检查文件系统、建立硬盘使用率列表，以及检查每个文件系统的空间限额等功能。常用的参数说明如下：

- **-a** 扫描在/etc/mtab 文件中所有挂载的非 NTFS 文件系统。
- **-d** 启动调试模式会产生大量的调试信息，有详细的输出结果但是扫描速度较慢。
- **-u** 针对用户扫描文件与目录的使用情况，新建 aquota.user。
- **-g** 针对用户组扫描文件与目录的使用情况，新建 aquota.group。
- **-v** 显示扫描过程的信息。
- **-V** 显示配额工具的版本信息。
- **-b** 强制 quotacheck 在建立新配额文件前对旧配额文件进行备份。
- **-f** 强制扫描文件系统，并写入新的 quota 配置文件（比较危险）。
- **-M** 强制以读写的方式扫描文件系统，只有在特殊情况下才能使用。

/etc/mtab 与/etc/fstab 两个文件的内容非常相似，后者表示系统开机时默认加载的分区，而前者表示目前系统加载的分区。例如扫描前面的文件，建立 aquota.user 和 aquota.group 磁盘配额文件。命令如下：

```
root@wmm:/# quotacheck -augv
```

5.3.3 启动和终止

除 quotacheck 命令外，磁盘配额中还包含其他的一些命令，如磁盘配额启动命令 quotaon 和终止命令 quotaoff。

quotaon 命令常用的两种语法形式如下：

```
quotaon [-avug]
quotaon [-vug][/mount_point]
```

上述语法中两种形式的参数说明如下：

- **-u** 针对用户启动 quota（quota.user）。
- **-g** 针对用户启动 quota（quota.group）。
- **-v** 显示启动过程的相关信息。
- **-a** 根据/etc/mtab 内的文件系统设置启动有关的 quota，如果不加该参数，则后面需要添加特定的文件系统。

quotaon 命令的使用如下所示：

```
root@wmm:/# quotaon -auvg
```

quotaoff 表示关闭 quota 服务，两种语法形式如下：

```
quotaoff [-a]
quotaoff [-ug][/mount_point]
```

quotaoff 语法形式中的参数说明如下：

- **-a** 全部的文件系统的 quota 都关闭（根据/etc/mtab）。
- **-u** 针对后面的那个/mount_point 关闭 user quota。
- **-g** 针对后面的那个/mount_point 关闭 group quota。

试一试

上面只是简单介绍了磁盘配额的简单操作，除了上面的命令外，还包含其他的一些命令，如 edquota 和 repquota 命令。感兴趣的读者可以重新查找资料，亲自动手体验一下他们的用法吧！

5.4 实例应用：划分磁盘分区

5.4.1 实例目标

在本节内容之前，已经通过大量的命令、语法和简单的练习演示了与磁盘管理相关的知识，本节将通过磁盘分区命令 fdisk 完成一个综合的实例应用。

假如当前硬盘的容量是 8.5GB 左右，对该硬盘进行分区，其中主分区有两个：一个是 100MB；另一个是 5GB。其余的空间将会被分配给扩展分区，扩展分区又有两个逻辑分区，一个 2GB，另一个是 1GB。

5.4.2 技术分析

完成磁盘分区非常简单，主要使用 fdisk 命令，然后通过该命令的相关操作指令进行操作。如下所示：

（1）使用 p 指令查看所有的分区列表。

（2）使用 d 指令删除某一个分区。

（3）使用 n 指令完成分区的添加。

（4）使用 q 指令离开 fdisk 命令程序。

5.4.3 具体步骤

完成磁盘分区的划分功能，主要步骤如下：

（1）首先通过 fdisk 命令查看/dev/sda 磁盘分区，然后输入 p 指令查看该分区下的所有硬盘。命令如下：

```
root@wmm:/# fdisk /dev/sda
Command (m for help): p
Disk /dev/sda: 8589 MB, 8589934592 bytes
255 heads, 63 sectors/track, 1044 cylinders, total     16777216 sectors
Units = sectors of 1 * 512 = 512 bytes
Sector size (logical/physical): 512 bytes / 512 bytes
I/O size (minimum/optimal): 512 bytes / 512 bytes
Disk identifier: 0x0000b8dc
   Device Boot    Start        End          Blocks     Id   System
/dev/sda1   *     2048         15728639     7863296    83   Linux
/dev/sda2         15730686     16775167     522241      5   Extended
/dev/sda5         15730688     16775167     522240     82   Linux swap / Solaris
```

（2）连续通过两个 d 命令将分区全部删除，然后通过 p 命令重新查看。命令如下：

```
Command (m for help): d
Partition number (1-5): 2
Command (m for help): d
Selected partition 1
Command (m for help): p
Disk /dev/sda: 8589 MB, 8589934592 bytes
255 heads, 63 sectors/track, 1044 cylinders, total     16777216 sectors
Units = sectors of 1 * 512 = 512 bytes
Sector size (logical/physical): 512 bytes / 512    bytes
I/O size (minimum/optimal): 512 bytes / 512 bytes
Disk identifier: 0x0000b8dc
  Device     Boot    Start   End     Blocks      Id       System
```

（3）创建容量为 100MB 的主分区，创建完成后重新使用 p 指令进行查看。命令所示：

```
Command (m for help): n                          //创建分区
Partition type:                                  //选择分区类型
   p   primary (0 primary, 0 extended, 4 free)
```

```
  e   extended
Select (default p): p                                  //创建主分区
Partition number (1-4, default 1): 1                   //输入分区号
First sector (2048-16777215, default 2048):            //开始柱面
Using default value 2048
Last sector, +sectors or +size{K,M,G} (2048-16777215, default 16777215): +100M
//结束柱面
Command (m for help): p
Disk /dev/sda: 8589 MB, 8589934592 bytes
255 heads, 63 sectors/track, 1044 cylinders, total 16777216 sectors
Units = sectors of 1 * 512 = 512 bytes
Sector size (logical/physical): 512 bytes / 512 bytes
I/O size (minimum/optimal): 512 bytes / 512 bytes
Disk identifier: 0x0000b8dc
   Device Boot  Start      End     Blocks   Id  System
/dev/sda1       2048      206847   102400   83  Linux
```

上述命令行中首先通过 n 指令创建分区，然后输入类型 p 表示要创建的主分区，接着输入主分区号，这里输入 1，然后设置柱面的值。在结束柱面设置时，可以直接输入柱面号，也可以直接输入空间大小，这里采用后种方式。

（4）接着使用 n 指令创建容量是 5GB 的第二个主分区。命令如下：

```
Command (m for help): n                                //创建主分区
Partition type:                                        //需要选择分区类型
  p   primary (1 primary, 0 extended, 3 free)
  e   extended
Select (default p): p                                  //创建主分区
Partition number (1-4, default 2): 2                   //分区号
First sector (206848-16777215, default 206848):        //开始柱面
Using default value 206848
Last sector, +sectors or +size{K,M,G} (206848- 16777215, default 16777215):
+5000M
```

上面的命令行执行完成后重新输入 p 指令查看。主要命令如下：

```
Command (m for help): p
......                  //省略部分显示内容
   Device Boot     Start         End      Blocks   Id  System
/dev/sda1           2048      206847      102400   83  Linux
/dev/sda2         206848    10446847     5120000   83  Linux
```

（5）创建主分区完成之后需要创建扩展分区，依然使用 n 指令进行创建，但是需要选择 e 类型创建扩展分区。创建完成后依然需要使用 p 指令，命令如下所示：

```
Command (m for help): n                                  //创建主分区
Partition type:                                          //选择分区类型
  p   primary (2 primary, 0 extended, 2 free)
  e   extended
Select (default p): e                                    //创建扩展分区
Partition number (1-4, default 3): 3                     //创建扩展分区号
First sector (10446848-16777215, default 10446848):      //起始柱面
```

```
Using default value 10446848
Last sector, +sectors or +size{K,M,G} (10446848-16777215, default 16777215):
                                                    //结束柱面
Using default value 16777215
Command (m for help): p                             //p 指令查看
......                                              //省略部分显示内容
  Device Boot      Start         End      Blocks   Id  System
/dev/sda1           2048      206847      102400   83  Linux
/dev/sda2         206848    10446847     5120000   83  Linux
/dev/sda3       10446848    16777215     3165184   5   Extended
```

（6）扩展分区创建完成后，可以在该分区上创建大小为 2GB 的逻辑分区。命令如下：

```
Command (m for help): n                                         //创建主分区
Partition type:                                                 //选择分区类型
  p   primary (2 primary, 1 extended, 1 free)
  l   logical (numbered from 5)
Select (default p): l                                           //创建逻辑分区
Adding logical partition 5                                      //创建逻辑分区号
First sector (10448896-16777215, default 10448896):             //起始柱面
Using default value 10448896
Last sector, +sectors or +size{K,M,G} (10448896-16777215, default 16777215):
+2000M
Command (m for help): p
......                      //省略部分内容
  Device Boot      Start         End      Blocks   Id  System
/dev/sda1           2048      206847      102400   83  Linux
/dev/sda2         206848    10446847     5120000   83  Linux
/dev/sda3       10446848    16777215     3165184   5   Extended
/dev/sda5       10448896    14544895     2048000   83  Linux
```

（7）继续使用 n 指令创建容量大小是 1GB 的逻辑分区，命令行稍后显示。

（8）磁盘分区创建完成后直接输入 w 指令，该指令保存上面写入的操作并退出；如果用户不要保存上面的内容，直接输入 q 指令，退出 fdisk 交互模式即可。上一步和此步的效果如图 5-48 所示。

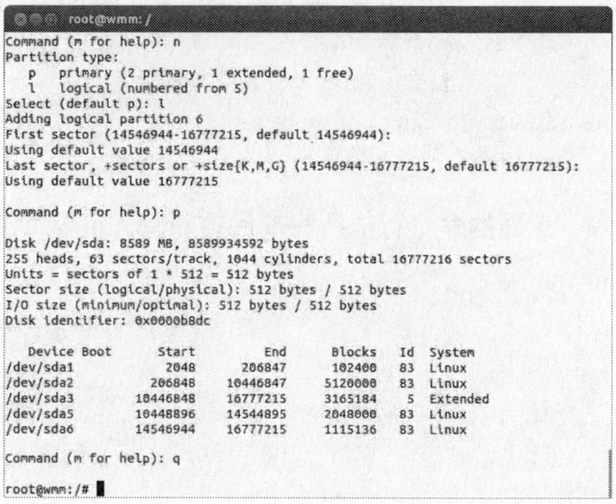

```
root@wmm: /
Command (m for help): n
Partition type:
   p   primary (2 primary, 1 extended, 1 free)
   l   logical (numbered from 5)
Select (default p): l
Adding logical partition 6
First sector (14546944-16777215, default 14546944):
Using default value 14546944
Last sector, +sectors or +size{K,M,G} (14546944-16777215, default 16777215):
Using default value 16777215

Command (m for help): p

Disk /dev/sda: 8589 MB, 8589934592 bytes
255 heads, 63 sectors/track, 1044 cylinders, total 16777216 sectors
Units = sectors of 1 * 512 = 512 bytes
Sector size (logical/physical): 512 bytes / 512 bytes
I/O size (minimum/optimal): 512 bytes / 512 bytes
Disk identifier: 0x0000b8dc

   Device Boot      Start         End      Blocks   Id  System
/dev/sda1            2048      206847      102400   83  Linux
/dev/sda2          206848    10446847     5120000   83  Linux
/dev/sda3        10446848    16777215     3165184    5  Extended
/dev/sda5        10448896    14544895     2048000   83  Linux
/dev/sda6        14546944    16777215     1115136   83  Linux

Command (m for help): q

root@wmm:/#
```

图 5-48　命令执行效果

5.5 拓展训练

1．fdisk 操作磁盘分区

读者需要打开 Ubuntu Linux 操作系统的终端，然后在终端中通过 fdisk 命令以及该命令下的相关指令操作磁盘分区。全部操作完成后，使

用q指令退出fdisk交互模式，并且不保存相关内容。

2．parted操作磁盘分区

读者需要打开Ubuntu Linux操作系统的终端，然后在终端中通过parted命令的相关指令（如print、select、rm和mkfs）进行操作。全部操作完成后，使用quit指令退出parted模式。

3．磁盘配额命令

读者需要打开Ubuntu Linux操作系统的终端，然后在终端中通过磁盘配额的相关命令完成不同的内容。例如使用quotacheck命令扫描文件，建立aquota.user和aquota.group磁盘配额文件；quotaon命令和quotaoff命令启动和终止配额文件；以及练习使用edquota命令对用户设置配额等。

5.6 课后练习

一、填空题

1．文件名/dev/hd[a-d][1-63]表示__________接口的磁盘文件名。

2．入门级操作系统硬盘的规划方案需要使用根挂载点/和__________挂载点。

3．如果系统管理员想要查看系统的内在，可以使用__________命令。

4．__________命令可以查看系统磁盘的使用情况，从而列出文件系统的整体磁盘使用量。

5．将du命令的参数设置为__________时表示以MB的容量系统信息。

6．如果李想同学想要启动配额，需要使用__________命令。

二、选择题

1．下面选项中，选项__________不是与配额相关的命令。

A．quotacheck

B．mount

C．edquota

D．quotaon

2．磁盘挂载需要通过__________命令进行操作。

A．parted

B．umount

C．mount

D．fdisk

3．关于磁盘分区的有关说法，__________选项是不正确的。

A．磁盘分区可以包括主分区、扩展分区和逻辑分区，如果用户删除扩展分区，则该分区下的逻辑分区也会被删除

B．磁盘分区就是告诉操作系统“这块磁盘在该分区可以访问的区域是由A柱面到B柱面之间的块”

C．在Windows操作系统中，计算机的一块磁盘可以将其分为C:、D:、E:和F:等，其中C、D、E和F就是分区；在Linux操作系统中与它是一样的

D．在Windows操作系统中，计算机的一块磁盘可以将其分为C:、D:、E:和F:等，其中C、D、E和F就是分区；但是Linux操作系统的设备都是以文件的类型存在的，因此与Windows操作系统分区名有所不同

4．关于fdisk命令和parted命令的说法，__________是正确的。

A．fdisk和parted虽然都是与磁盘分区相关的命令，但是它们之间也有不同，后者比前者的功能更加强大

B．fdisk和parted虽然都是与磁盘分区相关的命令，但是它们之间也有不同，前者比后者的功能更加强大

C．parted命令有两种运行模式：命令行模式和交互模式。而fdisk命令只有一种交互模式，这两种交互模式执行的命令相同

D．fdisk命令有两种运行模式：命令行模式

和交互模式。而 parted 命令只有一种交互模式，并且在该命令的交互模式下执行命令，一旦按回车键确认，命令就会马上执行

5. 使用 fdformat 命令实现对软盘的格式化操作时，通过将参数设置为__________时可以显示版本信息。

A. -l

B. -n

C. -h

D. -V

6. __________选项关于磁盘检验的说法是正确的。

A. fsck 命令执行时，被检查的分区务必不可挂载到系统上，即是需要在卸载的状态

B. fsck、e2fsck 和 badblocks 命令都是与磁盘检验有关的命令，除了这些命令外，mkfs 命令也可以用于磁盘检验

C. e2fsck 是专门针对 Linux 操作系统进行修复的工具，其文件类型可以是任何一种

D. badblocks 命令和 fsck 命令一样，它们都是用来检验文件系统是否出错，这两者之间没有任何的区别，可以相互使用

三、简答题

1. 如果由于用户的主机磁盘的容量不够大，想要增加一块新的磁盘，并且将该磁盘全部分区成单一分区，并且需要将该分区挂载到/home 目录，该怎么办?

2. 请列举出至少 5 种以上的分区类型。

3. 请分出磁盘配额的好处、用途以及启动和终止时的常用命令。

4. Ubuntu Linux 操作系统与 Windows 操作系统的磁盘分区有什么不同?

第 6 课
软件包管理工具

对于任何一个操作系统来说，如果没有软件包管理器的帮助，操作系统发行版的制作者将面临很多难题，用户安装、升级、卸载与发布软件包也是非常麻烦的，而且系统管理也会出现问题。因此，有一个完整的、像样的软件包则显得非常重要。有了专门的软件包管理器，软件制作者就会非常方便制作和发行自己的软件。对于普通用户来说，软件包的安装维护也将变得简单方便。

Ubuntu Linux 操作系统采用了 Debian 的软件包管理机制。本课将对 Deb 软件包的相关知识进行介绍。另外，还将介绍软件包常用的几种管理工具。以及如何使用相应的工具进行基本操作。

本课学习目标：

- ❑ 了解 Linux 系统的两个主流软件包以及在线升级机制
- ❑ 熟悉软件包的类型和优先级别
- ❑ 掌握如何为软件包命令
- ❑ 熟悉软件包的状态和依赖性
- ❑ 了解软件包管理工具的功能
- ❑ 掌握如何使用 dpkg 进行常用操作
- ❑ 掌握如何使用 APT 进行常用操作
- ❑ 掌握 aptitude 常用的操作命令
- ❑ 熟悉 dselect 和 taasksel 命令的使用
- ❑ 了解图形界面管理工具新立得包管理器的简单使用

6.1 Linux 的两大主流

Linux 开发商首先在固定的硬件平台与操作系统平台上将安装或升级的软件编译好，然后将软件的所有相关文件打包成为一个特殊格式的文件，这个软件文件内还包含预先检测系统与依赖软件的脚本，并且提供了记载该软件提供的所有文件信息等，最终将软件文件进行发布。客户端取得文件后，只要通过特定的命令来安装，那么该软件文件就会按照内部的脚本来检测相关的前驱软件是否否在，如果安装的环境符合要求则开始安装。安装完成后将软件的信息写入到软件管理机制中，以完成以后的升级和删除等操作。

目前，Linux 操作平台中软件安装方式最常见的有两种：Deb 软件包和 RPM 软件包。

（1）Deb 软件包

最初，基于 Linux 系统的开发者在完成应用程序开发后，将很多二进制文件发给用户，用户使用之前需要将相关程序逐个安装。因此，Debian Linux 首先提出“软件包”的管理机制——Deb 软件包，将应用程序的二进制文件、配置文档、man/info 帮助页面等文件合并打包在一个文件中，用户使用软件包管理器直接操作软件包，完成获取、安装、卸载、查询等操作。

只要是派生于 Debian 的其他 Linux distributions，大多数都使用 Deb 软件包来管理软件，例如 B2D 和 Ubuntu。

（2）RPM 软件包

这个机制最早是由 Red Hat 公司所开发出来的，Redhat Linux 基于这个理念推出了自己的软件包管理机制——RPM 软件包。由 RPM 包管理器负责安装、维护、查询，甚至软件包版本管理。由于 Redhat Linux 系统的普及，RRM 软件包被广泛使用，甚至出现第三方开发的软件管理工具，专门管理 RPM 格式的软件包。

RPM 软件包非常好用，很多 distributions 会使用该软件包为软件安装新的管理方式，包括 Fedora、CentOS 和 SuSE 等。

随着 Linux 操作系统规模的不断扩展壮大。无论是 Deb 软件包，还是 RPM 软件包，这些系统中软件包之间复杂的依赖关系，导致 Linux 用户麻烦不断。为了解决这个问题，目前新的 Linux 开发商都提供了“在线升级”机制，通过这个机制，原版光盘只在第一次安装时用到而已，其他时候只要有网络就能够获取开发商所提供的任何软件。

Debian Linux 开发出了 APT 软件包管理器，这是一个在线升级机制，它能够自动检查和修复软件包之间的依赖关系。并且利用 Internet 网络带来的快捷的连通手段，APT 工具可以帮助用户主动获取软件包。因此，APT 工具再次促进了 Deb 软件包更为广泛地使用，成为 Debian Linux 的一个无法替代的亮点。

Red Hat 公司研发的 RPM 的在线升级机制根据各个系统版本的不同而设定，例如 Red Hat 和 Fedora 系统的 YUM。

6.2 Deb 软件包概述

Ubuntu Linux 操作系统采用了 Deb 软件包管理机制。由于软件包具有易用性、灵活性和扩展性的特点，再加上 Internet 的支持，使用户随时都能拥有最新的 Ubuntu 系统。因而，Deb 软件包管理也成为 Ubuntu 中最有活力的部分。

6.2.1 软件包的类型

Debian 软件包中包含了许多二进制的可执行文件、库文件、配置文件和 man/info 帮助页面等文件，通常 Debian 的包文件以.deb 为后缀名，因此 Deb 软件包由此而来。Ubuntu 有两种类型的软件包：二进制软件包和源码包。说明如下：

- 二进制软件包（**Binary Packages**） 包含可执行文件、库文件、配置文件、man/info 页面、版权声明和其他文档。
- 源码包（**Source Packages**） 包含软件源代码、版本修改说明、构建指令以及编译工具等。先由 tar 工具归档为.tar.gz 文件，然后再打包成为.dsc 文件。

如果用户不确定某一个软件包的具体类型时，可以在终端窗口中输入 file 命令查看文件类型。例如下面命令确定一个软件包的文件类型是否是 Deb 软件包文件，命令如下：

```
root@wmm:/#file/var/cache/apt/archives/ wbritish_ 7.1-1_all.deb
/var/cache/apt/archives/wbritish_7.1-1_all.deb: Debian binary package (format 2.0)
```

除了二进制软件包和源码包外，Ubuntu Linux 系统中用户还需要了解虚拟软件包的概念。将系统中具有相同或相近功能的多个软件包作为一个软件包集合，称为虚拟软件包，并指定其中一个软件包作为虚拟软件包的默认首选项。

虚拟软件包的目的是为了防止软件安装过程中发生冲突。例如，exim、sendmail 和 postfix 软件包都是用于邮件传输的代理，将“mail-transport-agent”指定为它们的虚拟软件包。当用户安装“mail-transport-agent”时，将会选择安装 exim、sendmail 和 postfix 其中的首选项。

6.2.2 软件包的命名

对于任何一种语言(例如 Java 和 C#)，类、接口或者包的命令都必须要规范。当然，操作系统也不会例外。在 Ubuntu Linux 操作系统中，软件包的命名必须要规范。它需要遵循以下的规定：

```
Filename_Version-Reversion_Architecture.deb
```

上述语法规定中，Filename 表示软件包的文件名；Version 表示软件版本号；Reversion 表示修订版本号；Architecture 表示适用计算机架构。一般情况下，修订版本号是由 Ubuntu 开发者或者创建这个软件包的人员来指定的。在软件包被修改过之后，会将修改版本号的数量加 1。

以 wbritish_7.1-1_all.deb 软件包为例，wbritish 表示软件包的文件名；7.1 则表示软件的版本号；3 是指修改的版本号；all 是适用的计算机架构。又再如 ure_3.5.7-_i386.deb 软件包为例，ure 则表示软件包的名称；3.5.7 是软件版本号；0ubuntu4 是指修订的版本号；i383 则表示所适用的计算机架构。

6.2.3 软件包的优先级

软件包也有一定的优先级，优先级作为软件包管理器选择安装和卸载的一个依据。常用的软件包有 5 个，如表 6-1 按照优先级别从高到低进行了说明。

针对上述表中的优先级别，Ubuntu 做出了明确规定：任何高优先级的软件包都不能够依赖于低优先级的软件包。这样可以实现按照优先级一层层的冻结系统，在系统新版本发布准备阶段，优先级的作用就显得更为重要。

基本的系统是由 Required 和 Important 两个级别的软件包组成，因此属于这类优先级的软件包首先会被冻结。由于这些软件包是其他软件包所依赖的，它们能够保证整个系统的稳定，这是 Ubuntu 发布新版本所必需的，然后冻结 Standard 级软件包，紧接着在发布新版本之前对 Optional 级和 Extra 级的软件包进行冻结。

6.2.4 软件包的状态

只要用户使用系统就不会避免系统中软件包的安装和卸载。为了记录用户的安装行为，Ubuntu 对软件包定义了两种状态：期望状态和当前状态。

表 6-1 软件包的优先级

优先级别	含义	补充说明
Required（必需）	该级别软件包是保证系统正常运行所必须的	包含所有必要的系统工具。尽管 Require 级别的软件不能满足整个系统的服务，但至少能够保证系统正常启动。如果删除其中一个软件包，系统将受到损坏而无法恢复。例如 bash、mount、upstart
Important（重要）	若缺少该级别软件包，系统会运行困难或不好操作	该级别软件包是一些实现系统底层功能的程序。例如，aptitude、ubuntu-keyring、cpio
Standard（基本）	该级别软件包是任何 Linux 系统的标准件	该级别的软件包可以支持命令行控制台系统运行，通常作为默认安装选项。例如 memtest86、telnet、pppconfig、ed
Optional（可选）	该级别软件包是否安装不影响系统的正常运行	该级别的软件包用于满足用户特定的需求或服务，它们不会影响系统的正常运行。例如 X11、mysql、openoffic.org
Extra（额外）	该级别软件包可能与其他高级别软件包存在冲突	

期望状态是标记用户希望将某个软件包处于的状态，它包括未知（unknown）、已安装（install）、删除（remove）、清除（purge）和保持（hode）5 个状态值。这些内容的说明如下：

- **未知** 用户并没有描述想对软件包进行什么操作，其状态操作符是 u。
- **已安装** 该软件包已安装或者升级，状态符是 i。
- **删除** 软件包已删除，但不想删除任何配置文件，状态符是 r。
- **清除** 用户希望完全删除软件包，包括配置文件，状态符是 p。
- **保持** 用户希望软件包保持现状，例如，用户希望保持当前的版本和当前的状态。保持情况下的状态符是 h。

当前状态是标记用户操作该软件包后的最终状态，它包括未安装(Not)、已安装(installed)、仅存配置（config-file）、仅解压缩（Unpacked）、配置失败（Failed-config）和不完全安装（Half-installed）。说明如下：

- **未安装** 该软件包描述信息已知，但仍未在系统中安装，状态操作符是 n。
- **已安装** 已完全安装和配置了该软件包，状态操作符是 i。
- **仅存配置** 软件包已删除，但配置文件仍保留在系统中，状态操作符是 c。
- **仅解压缩** 已将软件包中的所有文件释放，但尚未执行安装和配置，状态操作符是 U。
- **配置失败** 尝试安装该软件包，但由于错误没有完成安装，状态操作符是 F。
- **不完全安装** 已开始进行提取后的配置工作，但由于错误没有完成安装，状态操作符是 H。

6.2.5 软件包的依赖性

大家都知道，Linux 是一个多用户、多任务，并且支持多种平台的复杂系统，这个系统包含了大量的软件组件。但是，如果要求它们能够成为一个有机整体，支撑 Linux 系统的正常运转，那么就必须要求各个组件之间密切配合。因此，Linux 操作系统要求尽可能地提高软件系统内部的耦合度。

在 Linux 操作系统中，各个软件组件是否能够正常运行或运行的更好，则依赖于其他一些软件组件的存在。这样可以使系统更加致密和紧凑，从而减少中间环节可能引发的错误信息。同时，这样做会带来软件组件依赖和软件组件之间的冲突，因此，Debian 提出了程序依赖性机制。

程序依赖性机制描述了独立运行程序与当前系统中程序之间所存在的关联程度。它包括依赖（depends）、推荐（recommends）、建议（suggests）、替换（replaces）、冲突（conflicts）以及提供（provides）6 种依赖性关系。如表 6-2 对这些常用的依赖性关系进行了简单的说明。

表 6-2 依赖性关系的定义说明

依赖关系	说 明
依赖	要运行软件包 A 必须安装软件包 B，甚至还依赖于 B 的特定版本，通常版本依赖有最低版本限制
推荐	软件包维护者认为所有用户都不会喜欢缺少软件包 A 的某些功能，而这些功能需要 B 来提供
建议	软件包 B 能够增强软件包 A 的功能
替换	软件包 B 安装的文件被软件包 A 中的文件删除或覆盖了
冲突	如果系统中安装了软件包 B，那么软件包 A 将无法运行。“conflicts” 常和 “replaces” 同时出现
提供	软件包 A 中包含了软件包 B 中的所有文件和功能

Ubuntu 系统中的软件包管理器将会依据软件包的依赖关系完成组件的安装或卸载。例如，包含 GNU C 编译器（gcc）的软件包依赖于包含链接器和汇编器的 binutils 软件包。如果用户试图在没有安装 binutils 的情况下安装 gcc，那么软件包管理器将会中止安装，并出现错误提示，要求用户首先安装 binutils。

6.3 Deb 软件包管理工具概述

Deb 软件包将二进制应用程序、配置文档和帮助页面等都整合在一个文件中，这样便于传递、安装、升级和备份。Deb 软件包的管理不能单纯地依靠用户手工来完成，还需要通过软件包管理工具。

使用软件包管理工具能够实现许多功能，主要功能如下所示。

- 从 Ubuntu 软件源的镜像站点自动获取与安装软件有关的所有软件包。
- 将应用软件的相应文档打包成 Deb 软件包。
- 查询和检索 Deb 软件包信息。
- 检查当前操作系统中软件包的依赖关系。
- 安装和卸载 Deb 软件包。

Ubuntu Linux 操作系统中为用户提供了不同层次和类型的软件包管理工具，根据用户交互方式的不同，可以将常见的软件包管理工具分为三类。它们分别是命令行管理工具、文本窗口界面管理工具和图形界面管理工具。如表 6-3 对这些常见的管理工具进行了说明，其中包含常用的工具示例。

表 6-3 依赖性关系的定义说明

工具类型	常见工具示例	说明
命令行	dpkg、dpkg-deb、apt	在命令行模式下完成软件包管理任务。为完成软件包的获取、查询、软件包依赖性检查、安装以及卸载等任务，需要使用不同的命令
文本窗口界面	dselect、aptitude、tasksel	在文本窗口模式中，使用窗口和菜单可以完成软件包管理任务
图形界面	sysnaptic	在 X-Window 图形桌面环境中运行，具有更好的交互性、可读性、易用性等特点

6.4 命令行管理工具

在上一节已经提到过，命令行管理工具是在终端命令窗口的命令行模式下完成的软件包管理任务。这些任务可以是使用命令完成安装或卸载的功能，或者对软件包的依赖性进行检查，又或者是查询系统中已经安装的所有软件等。

6.4.1 常用工具介绍

dpkg、dpkg-deb 和 APT 都是 Ubuntu Linux 操作系统中最基础、最传统的命令行模式的软件包管理工具，其中 APT 工具是最受大家瞩目的。从另一个方面来说，这些管理工具都可以看作是一个软件工具集，它们都包含了很多的应用程序，并且它们各自都具有独立的功能。

dpkg 是最早的一种 Deb 包管理工具，Ubuntu 软件包采用 Debian 的软件包管理器 dpkg 来管理 Ubuntu 软件包，这类似于 RPM 系统中所有 packages 的信息都在/var/lib/dpkg/目录下，其子目录/var/lib/dpag/info/用于保存各个软件包的配置文件列表。该目录下包含多种格式的配置文件，主要文件说明如下。

（1）.confifiles 文件

以.confifiles 结尾的文件记录了软件包的配置文件列表。

（2）.list 文件

以.list 结尾的文件保存软件包中的文件列表，用户可以从.list 的信息中找到软件包中文件的具体安装位置。

（3）.md5sums 文件

这些文件记录了软件包的 md5 信息，这个信息是进行包验证的。

（4）.prerm 文件

脚本在 Debian 包解包之前运行，其主要作用是停止作用于即将升级的软件包的服务，一直到软件包安装或升级完成。

（5）.postinst 文件

脚本是完成 Debian 包解开之后的配置工作，通常用于执行所安装软件包相关的命令和服务重新启动。

除了/var/lib/dpkg/info/目录文件外，还有一个文件——/var/lib/dpkg/available。该文件的内容是用来描述软件包的信息。这个软件包括当前系统所使用的 Debian 安装源中的所有软件包，其中包括当前系统中已安装的和未安装的软件包。

dpkg 在 Debian Linux 操作系统提出包管理模式后就诞生了。使用 dpkg 可以实现软件包的安装、编译、卸载、查询以及应用程序打包等功能。但是由于当时 Linux 系统规模和 Internet 网络条件的限制，没有考虑到操作系统中软件包存在如此复杂的依赖关系，以及存在帮助用户获取软件包（获取存在依赖关系的软件包）的需要。

为了解决软件包依赖性问题和获取问题，就出现了 APT 工具，它是 Deb 软件包的在线升级机制。但是，作为基本的包管理工具，Ubuntu Linux 仍然支持 dpkg。

APT 系列工具可能是 Deb 软件包管理工具中功能最强大的，Ubuntu 将所有的开发软件包存放在 Internet 上的许许多多镜像站点上，用户可以选择其中最适合自己的站点作为软件源。然后在 APT 工具的帮助下就可以完成所有的软件包的管理工作，包括维护系统中的软件包数据库、自动检查软件包依赖关系、安装和升级软件包、从软件源镜像站点主动获取相关软件包等。常用的 APT 实用程序有多个，例如 apt-get、apt-cache、apt-file 以及 apt-cdrom 等。

与 APT 有关的目录或文件有多个，这里介绍常用的两个：/var/cache/apt/archives/ 和 /etc/apt/sources.list。说明如下：

（1）/var/cache/apt/archives/目录

这个目录是用户在使用“apt-get install ×××”命令安装软件时，软件包的临时存放路径。

（2）/etc/apt/sources.list 文件

这个文件存放的是软件源站点，当用户执行“sudo apt-get install ×××”命令时，Ubuntu 就会去这些站点下载 Ubuntu 软件包到本地并执行安装。

dpkg-deb 是 dpkg 的后端工具，为 dpkg 提供更底层的软件包管理功能。用户在使用 dpkg 命令时将会自动调用 dpkg-deb。

6.4.2 dpkg 命令

使用上述的管理工具可以完成多个不同的操作。下面我们将学习常用工具的操作命令 dpkg。

dpkg 通常被用于安装、卸载和供给.deb 软件包相关的信息。其语法格式如下：

```
dpkg [<选项> ...] <命令>
```

上述语法格式中，无论是选项还是命令都有多个。直接在终端窗口中执行“dpkg --help”命令查看帮助，帮助信息详细列出了与选项和命令有关的内容，以及其他一些信息。如图 6-1 和图 6-2 分别所示了与 dpkg 有关的选项(如-O 和-B) 和命令 (-s 和-L)，并且对这些选项和命令进行了详细说明。

```
root@wmm: /
选项：
  --admindir=<目录>          使用 <目录> 而非 /var/lib/dpkg。
  --root=<目录>              安装到另一个根文件系统。
  --instdir=<目录>           改变安装的根目录的同时保持管理目录不变。
  -O|--selected-only         忽略没有被选中安装或升级的软件包。
  -E|--skip-same-version     忽略版本与已安装软件版本相同的软件包。
  -G|--refuse-downgrade      忽略版本早于已安装软件版本的的软件包。
  -B|--auto-deconfigure      就算会影响其他软件包，也要安装。
  --[no-]triggers            跳过或强制随之发生的触发器处理。
  --no-debsig                不去试图验证软件包的签名。
  --no-act|--dry-run|--simulate
                             仅报告要执行的操作 - 但是不执行。
  -D|--debug=<八进制数字>    开启调试功能(参见 -Dhelp 或者 --debug=help)。
  --status-fd <n>            发送状态改变的更新信号到文件描述符<n>。
  --log=<文件名>             把状态的更动和操作信息记录到 <文件名>。
  --ignore-depends=<软件包名>,...
                             忽略关于 <软件包名> 的所有依赖关系。
  --force-...                忽视遇到的问题(参见 --force-help)。
  --no-force-...|--refuse-...
                             当遇到问题时中止运行。
  --abort-after <n>          遇到 <n> 个错误后终止。
```

图 6-1　选项列表

```
root@wmm: /
命令：
  -i|--install       <.deb 文件名> ... | -R|--recursive <目录> ...
  --unpack           <.deb 文件名> ... | -R|--recursive <目录> ...
  -A|--record-avail  <.deb 文件名> ... | -R|--recursive <目录> ...
  --configure        <软件包名> ... | -a|--pending
  --triggers-only    <软件包名> ... | -a|--pending
  -r|--remove        <软件包名> ... | -a|--pending
  -P|--purge         <软件包名> ... | -a|--pending
  --get-selections [<表达式> ...]  把已选中的软件包列表打印到标准输出。
  --set-selections                 从标准输入里读出要选择的软件。
  --clear-selections               取消选中所有不必要的软件包。
  --update-avail <软件包文件>      替换现有可安装的软件包信息。
  --merge-avail <软件包文件>       把文件中的信息合并到系统中。
  --clear-avail                    清除现有的软件包信息。
  --forget-old-unavail             忘却已被卸载的不可安装的软件包。
  -s|--status <软件包名> ...       显示软件包详尽的状态信息。
  -p|--print-avail <软件包名> ...  显示可供安装的版本详情。
  -L|--listfiles <软件包名> ...    列出所有 属于 该软件包(或多个)的文件。
  -l|--list [<表达式> ...          简明地列出软件包的状态。
  -S|--search <表达式> ...         搜寻拥有该文件(或多个文件)的包。
  -C|--audit                       检查搜寻残损的软件包。
  --print-architecture             显示 dpkg 体系架构。
  --compare-vesions <a> <关系> <b> 比较版本号 - 见下。
  --force-help                     显示本强制选项的帮助信息。
  -Dh|--debug=help                 显示有关出错调试的帮助信息。

  -h|--help                        显示本帮助信息。
  --version                        显示版本信息。
```

图 6-2　命令列表

使用图 6-1 和图 6-2 中的选项和命令可以实现软件的安装、移除和读取等功能，如表 6-4 所示了 dpkg 命令的常用操作。

表 6-4　dpkg 的常用命令

常用命令	说　明
dpkg -l package_name	列出该 package 的相关信息
dpkg -l	显示所有已经安装的 Deb 包，同时显示版本号以及简短说明
dpkg -l | less	显示已经安装的 Deb 包，可以通过翻页键或上、下键查看
dpkg -L package_name	列出该 package 所有档案摆放位置
dpkg -I filename [cont rol-file]	显示一个 Deb 软件包的说明
dpkg -S filename-search-pattern	搜索指定包里面的文件（模糊查询）
dpkg -i package_name	软件安装
dpkg -r package_name	软件移除
dpkg -r --purge --force-deps package_name	强制移除软件
dpkg -x package_name.deb target_di	解 deb 档案成数个档案
dpkg-i--force-over write-ipackage_name	强制安装软件
dpkg -i --force-all package_name	不顾一切的强制安装软件
dpkg --get-selections	列出系统中所有安装的软件
dpkg --pending -remove	移除多余的软件
dpkg -R	安装一个目录下面所有的软件包。例如 dpkg -R /usr/local/src
dpkg -unpack package_file	释放软件包，但是不进行配置。如果和-R 一起使用，参数可以是一个目录
dpkg-configure package_file	重新配置和释放软件包。如果和-a 一起使用，将配置所有没有配置的软件包
dpkg-update-avail <Packages-file>	替代软件包的信息
dpkg-merge-avail <Packages-file>	合并软件包信息
dpkg -Apackage_file	软件包里面读取软件的信息
dpkg -P	删除一个已经安装的软件包
dpkg -forget-old-unavail	丢失已被卸载的不可安装的软件包信息
dpkg -clear-avail	清除现有的软件包信息
dpkg -compare-versions ver1 op ver2	比较同一个包的不同版本之间的差别
dpkg -version	显示 dpkg 的版本号
dpkg -p package-name	显示包的具体信息

试一试

表 6-4 中所示了许多与 dpkg 有关的常用命令，当然其命令远远比表中所列举的这些命令要多。感兴趣的读者可以通过其他途径（例如在网络上）查找相关信息。

【练习 1】

本次练习通过使用不同的命令完成 dpkg 版

本的查看、系统已安装软件的查看和某个安装软件的详细信息。步骤如下：

（1）打开终端命令端口切换到 root 权限，然后中断执行 dpkg -version 命令查看 dpkg 的版本号。命令如下：

```
root@wmm:/# dpkg --version
Debian dpkg软件包管理程序1.16.1.2(i386)版。
此软件是自由软件；要获知复制该软件的条件，请参阅 GNU 公共许可证
第二版或其更新的版本。本软件【不】提供任何担保。
```

（2）继续执行 dpkg -l 命令查看所有已经安装的软件包信息，并且显示各个软件包的版本号和简短说明，执行效果如图 6-3 所示。

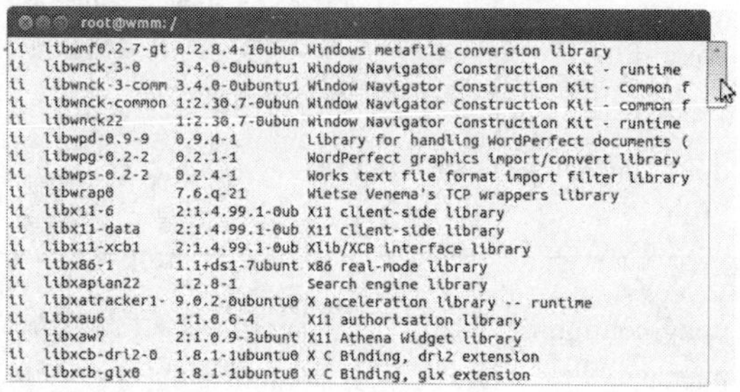

图 6-3　dpkg -l 命令

（3）用户可以拖动图 6-3 中的滚动条查看所有的已经安装的软件信息，但是这样非常麻烦，可以直接执行 dpkg -l | less 命令通过翻页键或者上、下键查看信息，效果如图 6-4 所示。

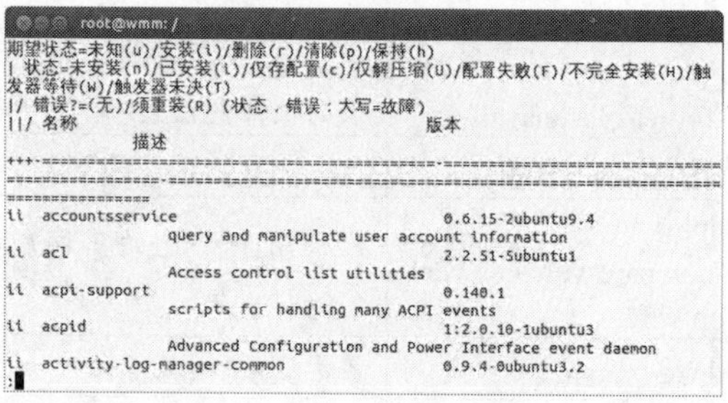

图 6-4　dpkg -l | less 命令

（4）前面的步骤主要用来查看所有的已经安装的软件。如果用户想要查看某一个软件包的详细信息时，可以直接在执行命令“dpkg -l”的后面添加要查看的软件包名称即可。如下命令所示了名称是 acl 的 Deb 包的信息。

```
root@wmm:/# dpkg -l acl
期望状态=未知(u)/安装(i)/删除(r)/清除(p)/保持(h)
| 状态=未安装(n)/已安装(i)/仅存配置(c)/仅解压缩(U)/配置失败(F)/不完全安装(H)/触发器等待(W)/触发器未决(T)
|/ 错误?=(无)/须重装(R) (状态，错误：大写=故障)
||/ 名称          版本           描述
+++-================================
ii   acl    2.2.51-5ubuntu   Access control list utilities
```

在系统中安装软件是用户经常进行的操作，下面继续通过一个详细的练习演示如何在 Ubuntu 中安装 Chrome 浏览器。

【练习 2】

用户在 Ubuntu 中安装 Chrome 浏览器时必须已经确保 Chrome 浏览器的软件包已经存在，如果不存在，用户可以去网络上进行下载。下载完成后，用户可以发现，下载的软件包是以“.deb”结尾的。安装步骤如下：

（1）用户需要找到已经下载的 Google 浏览器的软件包所在的路径，然后通过在终端窗口中输入“dpkg -i 路径+名称”进行安装。安装时会出现错误，执行命令后的提示信息如图 6-5 所示。

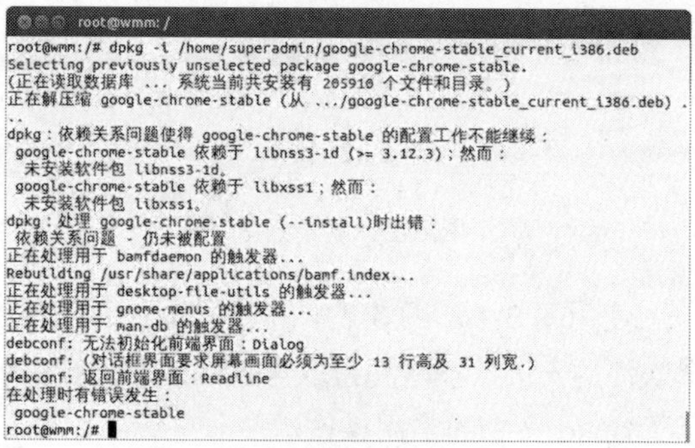

图 6-5　安装出错的提示信息

从图 6-5 的出错信息中可以看出，用户在安装 Google 浏览器时由于出现了依赖关系问题而无法安装。因此，安装浏览器之前必须安装依赖包 libnss3-1d 和 libxss1。

（2）在终端窗口执行安装 libnss3-1d 软件包的命令，安装过程中出现的提示如图 6-6 所示。

（3）在上一步中提示信息显示“依赖 libxss1，但是它不会被安装”，因此不能再使用相似的命令安装 libxss 软件包。但是，可以在终端中通过提示的“apt-get -f install”执行命令，

如图 6-7 所示。

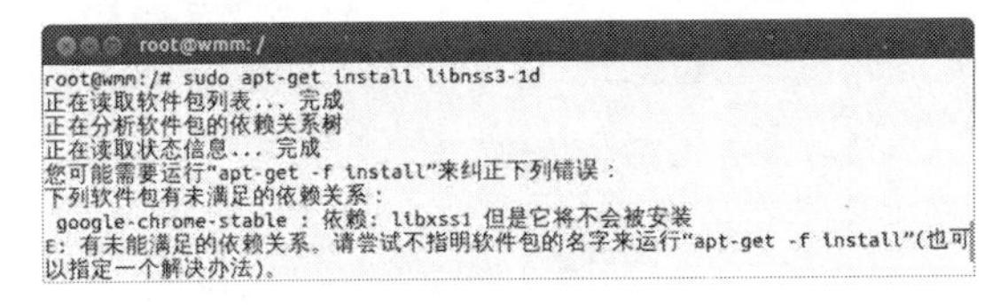

```
root@wmm:/# sudo apt-get install libnss3-1d
正在读取软件包列表... 完成
正在分析软件包的依赖关系树
正在读取状态信息... 完成
您可能需要运行“apt-get -f install”来纠正下列错误：
下列软件包有未满足的依赖关系：
 google-chrome-stable : 依赖: libxss1 但是它将不会被安装
E: 有未能满足的依赖关系。请尝试不指明软件包的名字来运行“apt-get -f install”(也可
以指定一个解决办法)。
```

图 6-6　安装 libnss3-1d 的提示

```
root@wmm:/# sudo apt-get -f install
正在读取软件包列表... 完成
正在分析软件包的依赖关系树
正在读取状态信息... 完成
正在更正依赖关系... 完成
将会安装下列额外的软件包：
  libnss3-1d libxss1
下列【新】软件包将被安装：
  libnss3-1d libxss1
升级了 0 个软件包，新安装了 2 个软件包，要卸载 0 个软件包，有 89 个软件包未被升
级。
有 1 个软件包没有被完全安装或卸载。
需要下载 22.0 kB 的软件包。
解压缩后会消耗掉 158 kB 的额外空间。
您希望继续执行吗？[Y/n]y
获取：1 http://cn.archive.ubuntu.com/ubuntu/ precise-updates/main libnss3-1d i38
6 3.14.3-0ubuntu0.12.04.1 [13.4 kB]
获取：2 http://cn.archive.ubuntu.com/ubuntu/ precise/main libxss1 i386 1:1.2.1-2
 [8,604 B]
下载 22.0 kB，耗时 0秒 (46.7 kB/s)
Selecting previously unselected package libnss3-1d.
(正在读取数据库 ... 系统当前共安装有 206015 个文件和目录。)
正在解压缩 libnss3-1d (从 .../libnss3-1d_3.14.3-0ubuntu0.12.04.1_i386.deb) ...
Selecting previously unselected package libxss1.
正在解压缩 libxss1 (从 .../libxss1_1%3a1.2.1-2_i386.deb) ...
正在设置 libnss3-1d (3.14.3-0ubuntu0.12.04.1) ...
正在设置 libxss1 (1:1.2.1-2) ...
正在设置 google-chrome-stable (26.0.1410.63-r192696) ...
update-alternatives: 使用 /usr/bin/google-chrome 来提供 /usr/bin/x-www-browser (
x-www-browser)，于 自动模式 中。
update-alternatives: 使用 /usr/bin/google-chrome 来提供 /usr/bin/gnome-www-brows
er (gnome-www-browser)，于 自动模式 中。
正在处理用于 libc-bin 的触发器...
ldconfig deferred processing now taking place
root@wmm:/#
```

图 6-7　执行 apt-get -f install 命令

在图 6-7 中通过执行 apt-get -f install 命令来安装额外的包 libxss1，然后根据提示信息输入“y”继续执行安装。

（4）重新执行安装 Google 浏览器时的命令，效果如图 6-8 所示。

```
root@wmm:/# dpkg -i /home/superadmin/google-chrome-stable_current_i386.deb
(正在读取数据库 ... 系统当前共安装有 206027 个文件和目录。)
正预备替换 google-chrome-stable 26.0.1410.63-r192696 (使用 .../google-chrome-sta
ble_current_i386.deb) ...
正在解压缩将用于更替的包文件 google-chrome-stable ...
正在设置 google-chrome-stable (26.0.1410.63-r192696) ...
正在处理用于 bamfdaemon 的触发器...
Rebuilding /usr/share/applications/bamf.index...
正在处理用于 desktop-file-utils 的触发器...
正在处理用于 gnome-menus 的触发器...
正在处理用于 man-db 的触发器...
root@wmm:/#
```

图 6-8　重新运行安装 Google 的命令

（5）如果出现图 6-8 所示的效果则表示已经安装成功。用户可以在 Dash 主页中通过搜索找到安装的 Google 浏览器，效果如图 6-9 所示。直接单击图标进入页面，然后输入内容进行搜索。

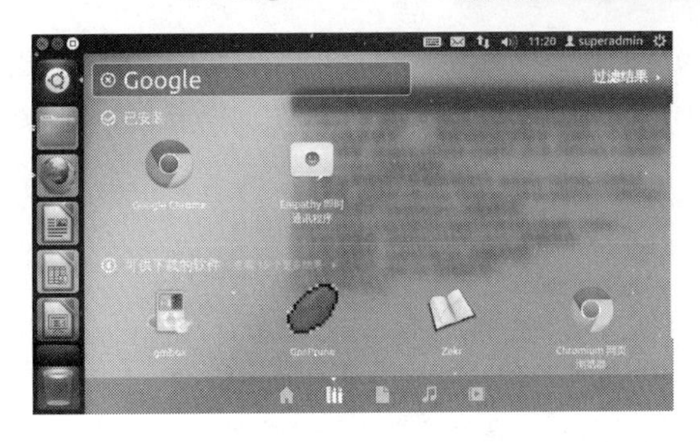

图 6-9　查看 Google 浏览器

在练习 1 中用户通过执行 dpkg -l acl 命令查看指定软件 acl 的相关信息，这些信息包括版本、简短说明、安装状态和当前状态。但是，它并没有显示该软件包所适用的架构、安装时的大小以及它所依赖的软件包等信息。那么获取这些信息呢，可以通过执行 dpkg -p acl 就可以了。

【练习 3】

直接在打开的终端窗口中执行 dpkg -p acl 命令，该命令执行成功可以显示详细信息，效果如图 6-10 所示。

```
root@wmm:/# dpkg -p acl
Package: acl
Multi-Arch: foreign
Priority: optional
Section: utils
Installed-Size: 184
Maintainer: Ubuntu Developers <ubuntu-devel-discuss@lists.ubuntu.com>
Architecture: i386
Version: 2.2.51-5ubuntu1
Depends: libacl1 (>= 2.2.51-5), libc6 (>= 2.4)
Size: 42870
Description: Access control list utilities
 This package contains the getfacl and setfacl utilities needed for
 manipulating access control lists.
Homepage: http://savannah.nongnu.org/projects/acl/
Original-Maintainer: Anibal Monsalve Salazar <anibal@debian.org>
root@wmm:/#
```

图 6-10　查看 acl 软件包的详细信息

既然软件能够进行安装，那么用户如何删除已经安装的多余的软件呢? dpkg 与软件删除的命令有多个，但是它们之间也存在着区别。例如，通过“-r”正常卸载一个已经存在的软件包；remove 只是删除相关数据和可执行文件；而 purge 则是强制删除软件包的配置信息。

例如，用户使用-r 卸载某个 gedit 软件时的命令如下：

```
root@wmm:# dpkg -r gedit
```

6.4.3 APT 命令

前面已经介绍过，APT 是 dpkg 机制的在线升级机制，使用 APT 工具有关的命令同样可以完成 dpkg 所完成的操作，例如软件安装和卸载。

一般情况下，与 APT 工具有关的命令是以

apt 开头，然后再通过“-”连接其他的字母。通常所用的与 APT 工具有关的命令是 apt-cache 命令和 apt-get 命令。

1. Apt-cache 命令

apt-cache 是一个 APT 软件包管理工具，它可以查询 apt 的二进制软件包缓存文件，也可以查询软件包的状态信息。如表 6-5 所示了使用 apt-cache 命令时经常进行的操作。

表 6-5　与 APT 工具有关的常用命令

常用命令	说　明
apt-cache search package	搜索包
apt-cache show package	获取包的相关信息，如说明、大小和版本等
apt-cache showpkg package	显示包裹细节信息，包括和其他包裹的关系
apt-cache policy package	显示包的安装状态和版本信息
apt-cache depends package	了解使用依赖
apt-cache rdpends package	了解某个具体的依赖
apt-cache stats	显示相关的统计信息
apt-cache dump	显示缓存中的每个软件包的简要描述信息
apt-cache pkgnames	列出所有的软件包

试一试

表 6-5 中只是列举了一些非常常用的操作命令，读者可以在网络和其他地方查找更加详细的资料。另外，用户也可以在 apt-get 或 apt-cache 命令之后添加--help 参数查看这些命令的相关信息。

【练习 4】

本次练习主要通过表6-5所示的常用命令完成对软件的基本操作，具体步骤如下。

（1）打开终端命令窗口输入执行 apt-cache show less 命令，查看 less 软件包的相关信息。包括包名称、大小、版本、简短说明、依赖和 Deb 软件包文件等，如图 6-11 所示。

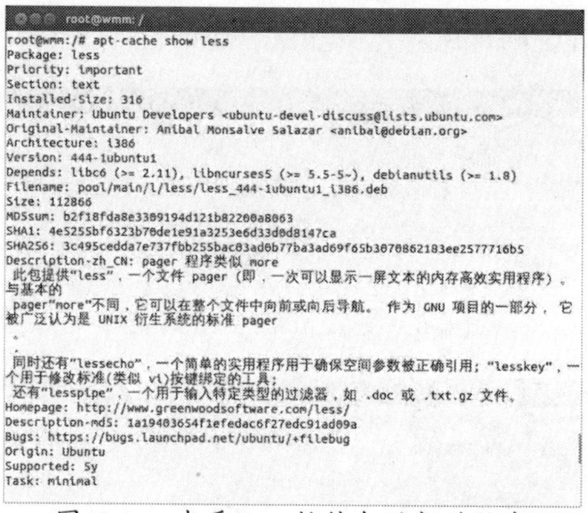

```
root@wmm: /
root@wmm:/# apt-cache show less
Package: less
Priority: important
Section: text
Installed-Size: 316
Maintainer: Ubuntu Developers <ubuntu-devel-discuss@lists.ubuntu.com>
Original-Maintainer: Anibal Monsalve Salazar <anibal@debian.org>
Architecture: i386
Version: 444-1ubuntu1
Depends: libc6 (>= 2.11), libncurses5 (>= 5.5-5~), debianutils (>= 1.8)
Filename: pool/main/l/less/less_444-1ubuntu1_i386.deb
Size: 112866
MD5sum: b2f18fda8e3309194d121b82200a8063
SHA1: 4e5255bf6323b70de1e91a3253e6d33d0d8147ca
SHA256: 3c495cedda7e737fbb255bac03ad0b77ba3ad69f65b3070862183ee2577716b5
Description-zh_CN: pager 程序类似 more
 此包提供"less"，一个文件 pager（即，一次可以显示一屏文本的内存高效实用程序），与基本的
 pager"more"不同，它可以在整个文件中向前或向后导航。 作为 GNU 项目的一部分，它被广泛认为是 UNIX 衍生系统的标准 pager
 .
 .
 同时还有"lessecho"，一个简单的实用程序用于确保空间参数被正确引用；"lesskey"，一个用于修改标准(类似 vi)按键绑定的工具；
 还有"lesspipe"，一个用于输入特定类型的过滤器，如 .doc 或 .txt.gz 文件。
Homepage: http://www.greenwoodsoftware.com/less/
Description-md5: 1a19403654f1efedac6f27edc91ad09a
Bugs: https://bugs.launchpad.net/ubuntu/+filebug
Origin: Ubuntu
Supported: 5y
Task: minimal
```

图 6-11　查看 less 软件包的相关信息

（2）继续在终端窗口中输入 apt-cache search fping 命令，它用来查找软件仓库中是否有 fping 软件。命令如下：

```
root@wmm:/# apt-cache search fping
nagios-plugins-standard-Plugins
fornagios compatible monitoring
systemsfping - sends ICMP ECHO_
REQUEST packets to network hosts
hobbit-plugins - plugins for the
Xymon network monitor
oping - sends ICMP_ECHO requests to
network hosts
```

（3）继续输入相关命令，其命令用于查找 fping 软件依赖哪些包。命令如下：

```
root@wmm:/# apt-cache depends fping
fping
  依赖: libc6
  冲突: <suidmanager>
  替换: <netstd>
```

（4）通过执行 apt-cache rdepends fping 命令来查找哪些包依赖 fping 包，执行效果如图 6-12 所示。

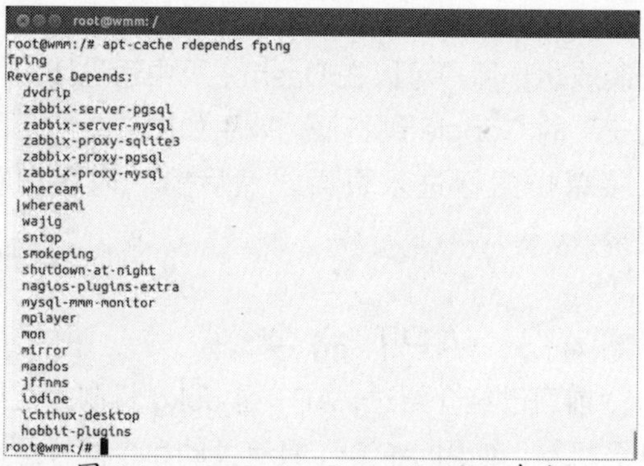

```
root@wmm: /
root@wmm:/# apt-cache rdepends fping
fping
Reverse Depends:
  dvdrip
  zabbix-server-pgsql
  zabbix-server-mysql
  zabbix-proxy-sqlite3
  zabbix-proxy-pgsql
  zabbix-proxy-mysql
  whereami
 |whereami
  wajig
  sntop
  smokeping
  shutdown-at-night
  nagios-plugins-extra
  mysql-mmm-monitor
  mplayer
  mon
  mirror
  mandos
  jffnms
  iodine
  ichthux-desktop
  hobbit-plugins
root@wmm:/#
```

图 6-12　apt-cache rdepends fping 命令

depends 和 rdepends 是两个不同的概念，只有 depends 才能够确定真正的依赖性，而反向的依赖性不一定可靠。

2．apt-get 命令

apt-get 适用于 Deb 包管理式的操作系统，它也是 Ubuntu Linux 系统中最常用的一种操作系统。apt-get 命令一般都需要 root 权限，默认情况下，用户是不具有 root 权限的。因此该命令通常跟着 sudo 命令。例如，用户可以使用 sudo apt-get install ×××命令，具有 root 权限的用户可以将 sudo 命令省略。

用户使用 apt-get 命令可以完成多个功能，如表 6-6 对这些常用功能进行了说明。

表 6-6　apt-get 命令的常用操作

常用命令	说　明
apt-get install package	安装一个新的软件包
apt-get -reins tall install package	重新安装某个软件包
apt-get -f install package	强制安装软件包
apt-get remove package	卸载一个已安装的软件包，保留配置文档
apt-get --purge remove package	卸载一个已安装的软件包，包括删除包的配置文件等
apt-get autoremo ve package	卸载一个已安装的软件包，比上面两个卸载的更加彻底
apt-get update	更新源
apt-get upgrade	更新已安装的包
apt-get dist -upgrade	升级系统到新版本
apt-get dselect -upgrade	使用 dselect 升级
apt-get build-dep package	安装相关的编译环境
apt-get source package	下载该包的源代码
apt-get clean	清理下载文件的存档。执行该命令时会清理 /var/cache/apt/ archives/和/var/cache/apt/ archives/ partial/中没有被锁定的文件。
Apt-get autoclean	清理过时的文件。执行该命令会清理旧版本的 /var/cache/apt/ archives/ 和 /var/cache/apt/archives/ partial/中的文件。旧版本是指已经有更新的版本的软件了，再下载应该下载最新的而不是这个旧版本
apt-get check	检查是否有损坏的依赖
apt-get install	下载以及所有依赖的包裹，同时进行包裹的安装或升级。如果某个包裹被设置了 hold（停止标志，会被搁置在一边），则不会升级

【练习 5】

本次练习主要通过表 6-6 所示的常用命令完成基本操作。步骤如下：

（1）首先在终端窗口中执行 apt-get autoclean 命令清理过时的软件。命令如下：

```
root@wmm:/# apt-get autoclean
正在读取软件包列表... 完成
正在分析软件包的依赖关系树
正在读取状态信息... 完成
```

（2）接着检查系统中是否有损坏的依赖，其命令是“apt-get check”。命令如下：

```
root@wmm:/# apt-get check
正在读取软件包列表... 完成
正在分析软件包的依赖关系树
正在读取状态信息... 完成
```

（3）直接执行 apt-get upgrade 命令更新已经安装的软件包，然后根据提示信息输入“y”继续执行，如图 6-13 所示。全部软件更新完成的主要命令效果如图 6-14 所示。

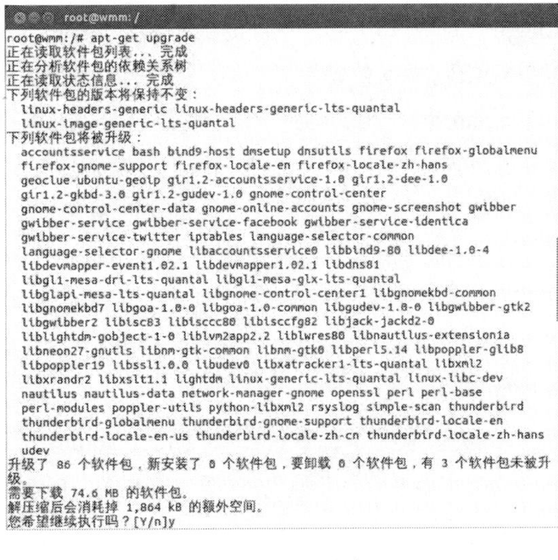

图 6-13　更新软件包提示

```
root@wmm: /
正在设置 thunderbird-globalmenu (17.0.5+build1-0ubuntu0.12.04.1) ...
正在设置 thunderbird-locale-en (1:17.0.5+build1-0ubuntu0.12.04.1) ...
正在设置 thunderbird-gnome-support (17.0.5+build1-0ubuntu0.12.04.1) ...
正在设置 thunderbird-locale-en-us (1:17.0.5+build1-0ubuntu0.12.04.1) ...
正在设置 thunderbird-locale-zh-cn (1:17.0.5+build1-0ubuntu0.12.04.1) ...
正在设置 perl-modules (5.14.2-6ubuntu2.3) ...
正在设置 libdevmapper1.02.1 (2:1.02.48-4ubuntu7.3) ...
正在设置 dmsetup (2:1.02.48-4ubuntu7.3) ...
update-initramfs: deferring update (trigger activated)
正在设置 libdevmapper-event1.02.1 (2:1.02.48-4ubuntu7.3) ...
正在设置 liblvm2app2.2 (2.02.66-4ubuntu7.3) ...
正在设置 perl (5.14.2-6ubuntu2.3) ...
正在处理用于 libc-bin 的触发器...
ldconfig deferred processing now taking place
正在处理用于 initramfs-tools 的触发器...
update-initramfs: Generating /boot/initrd.img-3.5.0-26-generic
root@wmm:/#
```

图 6-14 更新完成效果图

（4）用户可以安装软件包，安装的方式非常简单，直接在“apt-get install”命令后跟要安装的软件就可以了。例如，用户安装 vim 编辑器，命令如下。

```
root@wmm:/# apt-get install vim
```

如果某个命令没有安装，用户也可以进行安装。如下所示：

```
root@wmm:/# apt-get install dpkg-dev
```

（5）除了安装和卸载外，用户还可以下载某个软件包的源代码。例如，下面 gedit 源代码的效果如图 6-15 所示。

```
root@wmm: /
root@wmm:/# apt-get source gedit
正在读取软件包列表... 完成
正在分析软件包的依赖关系树
正在读取状态信息... 完成
提示：gedit 的打包工作被维护于以下位置的 Bzr 版本控制系统中：
https://code.launchpad.net/~ubuntu-desktop/gedit/ubuntu
Please use:
bzr branch https://code.launchpad.net/~ubuntu-desktop/gedit/ubuntu
to retrieve the latest (possibly unreleased) updates to the package.
需要下载 2,924 kB 的源代码包。
获取：1 http://cn.archive.ubuntu.com/ubuntu/ precise/main gedit 3.4.1-0ubuntu1 (
dsc) [2,078 B]
获取：2 http://cn.archive.ubuntu.com/ubuntu/ precise/main gedit 3.4.1-0ubuntu1 (
tar) [2,901 kB]
获取：3 http://cn.archive.ubuntu.com/ubuntu/ precise/main gedit 3.4.1-0ubuntu1 (
diff) [20.8 kB]
下载 2,924 kB，耗时 1秒 (1,651 kB/s)
gpgv: 于 2012年04月17日 星期二 03时17分48秒 CST 创建的签名，使用 DSA，钥匙号 A2D
7D292
gpgv: 无法检查签名：找不到公钥
dpkg-source: 警告：对 ./gedit_3.4.1-0ubuntu1.dsc 校验签名失败
dpkg-source: info: extracting gedit in gedit-3.4.1
dpkg-source: info: unpacking gedit_3.4.1.orig.tar.xz
```

图 6-15 下载 gedit 的源代码

6.5 文本窗口管理工具

在文本窗口模式中，使用窗口和菜单可以完成软件包的管理任务，能够完成这些任务的工具称为文本窗口管理工具。Ubuntu Linux 系统中的文本窗口管理工具包括 aptitude、dselect 和 tasksel。

6.5.1 aptitude 命令

aptitude 是非常神奇的软件包管理器，基于大名鼎鼎的 APT 机制，它整合了 dselect 和 apt-get 的所有功能，并且提供的更多特性，特别是在依赖关系处理上。

aptitude 与 apt-get 一样，都是 Debian 及其衍生系统中功能极其强大的包管理工具。但是它与 apt-get 最大的不同在于：aptitude 在处理依赖问题上更佳一些。举例来说，aptitude 在卸载（即删除）一个包时，会同时卸载本身所依赖的包。这样，系统中不会残留无用的包，使整个系统更为干净。

在默认情况下，系统不会安装 aptitude 工具，这时用户可以通过执行 apt-get install aptitude 命令安装。安装完成后执行 aptitude 的相关命令进行操作，基本语法格式如下：

```
aptitude [-S 文件名] [-u|-i]
aptitude [选项] <动作> ...
```

在上述语法格式中，选项可以有多个。选项说明如下：

- **-h** 帮助文本。
- **-s** 模拟动作，但是并不真正执行。
- **-d** 仅仅下载软件包，不安装或者卸载任何东西。
- **-P** 总是提示确认执行动作。
- **-F** 指定显示搜索结果的格式。
- **-O** 指定如何排列显示搜索结果。
- **-w** 指定显示搜索结果的格式宽度。
- **-f** 积极地尝试修复损坏的软件包。
- **-V** 显示要安装的软件包版本。

- **-D** 显示自动改变的软件包的依赖关系
- **-Z** 显示每个软件包的安装尺寸的变化。
- **-v** 显示附加信息（可能会提供多次）。
- **-t [release]** 设置将要从中安装软件包的发布版本。
- **-q** 在命令行状态下，不显示增量进度指示器。
- **-u** 开始运行时下载新的软件包列表。
- **-i** 开始运行时执行安装。

如果在 aptitude 命令的语法格式中没有指定动作，那么 aptitude 将会进入交互模式。aptitude 命令常用的动作有很多，例如 update、upgrade、dist-upgrade 等，如表 6-7 所示了这些动作常用的命令。

表 6-7 aptitude 命令的常用操作

常用命令	说　明
aptitude install package	安装或升级软件包
aptitude -reinstall package	下载并重新安装一个已存在的软件包
aptitude remove package	卸载软件包
aptitude purge package	卸载软件包并删除其配置文件
aptitude hold	将软件包置于保持状态
aptitude unhold	取消对一个软件包的保持命令
aptitude update	更新可用的包列表
aptitude upgrade	升级可用的包
aptitude dist -u pgrade	将系统升级到新的发行版
aptitude search package	按照名称或表达式搜索软件包
aptitude clean	删除已下载的软件包文件
aptitude autoclean	删除旧的已下载的软件包文件
aptitude download package	下载软件包的.deb 文件

从表 6-7 所示的命令中可以看到，aptitude 命令与 apt-get 命令非常相似，都可以用来安装、卸载、升级或搜索软件。用户打开终端命令窗口后直接输入 aptitude 命令，然后按下 Enter 键，界面效果如图 6-16 所示。

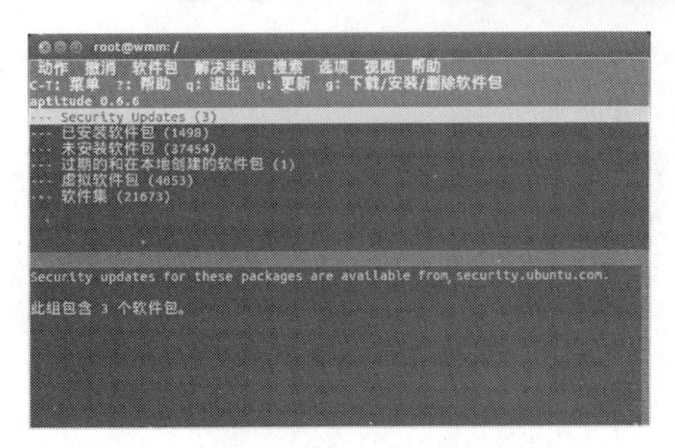

图 6-16 直接在终端窗口执行 aptitude 命令

从图 6-16 中可以看出，aptitude 的界面非常简单，用户可以在上方区域中的树形列表中选择软件包。同时，也可以在窗口下方区域中显示相应的软件包描述信息。aptitude 窗口具备功能强大的菜单以及丰富的联机帮助，操作起来也相当简便，例如按下 q 键就可以退出 aptitude 窗口。

图 6-16 所示的 aptitude 界面是以树状结构组织的，用户可以使用方向键→、↑、←、↓以及 Enter 等键进行操作，也可以通过鼠标进行操作。

【练习 6】

例如，用户可以直接摆脱在终端窗口中输入命令的烦恼，通过直接操作界面完成查看和更新的功能。很简单，将光标移动到已安装的软件包按 Enter 键进入，接着通过控制向下键找到 doc 软件后进入，效果如图 6-17 所示。

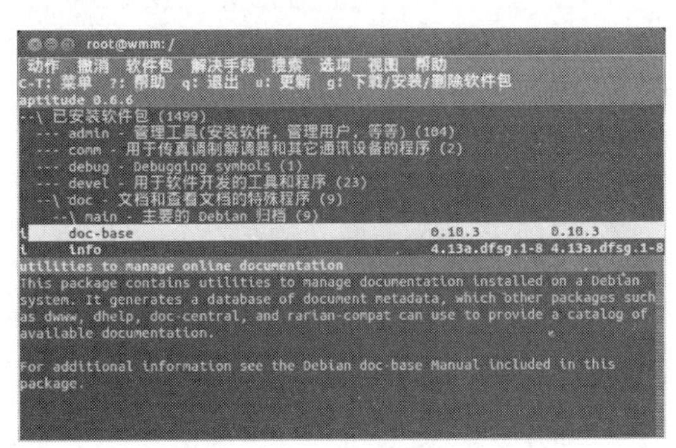

图 6-17 查看效果

在图 6-17 中 aptitude 展开的视图分为四列，它们分别是：软件包状态和请求动作、软件包名称、当前版本和最新版本或可用版本。有时，第一列（即左手边）有 3 个字母，这 3 个字母决定了软件包的当前状态。第一个字母是“状态”标签；第二个字母是“动作”标签；第三个字母则是“自动”标签。

查看完成后用户可以直接更新软件，根据顶

部的提示直接按 u 键进行更新，更新效果如图 6-18 所示。

图 6-18 更新软件时的效果

【练习 7】

本次通过一个练习演示如何搜索软件包中包含“acl”字符串的软件。可以直接通过在终端窗口中执行 aptitude search acl 命令，效果如图 6-19 所示。在该图中所示的列分别表示软件包的状态和请求动作、包名称和简短说明。

```
root@wmm:/# aptitude search acl
i A acl                            - 访问控制列表工具
v   acl-dev                        -
p   acl2                           - A Computational Logic for Applicative Comm
p   acl2-books                     - A Computational Logic for Applicative Comm
p   acl2-books-certs               - A Computational Logic for Applicative Comm
p   acl2-books-source              - A Computational Logic for Applicative Comm
p   acl2-doc                       - A Computational Logic for Applicative Comm
p   acl2-emacs                     - A Computational Logic for Applicative Comm
p   acl2-infix                     - A Computational Logic for Applicative Comm
p   acl2-infix-source              - A Computational Logic for Applicative Comm
p   acl2-source                    - A Computational Logic for Applicative Comm
p   aclock.app                     - Analog dockapp clock for GNUstep
p   cl-acl-compat                  - Compatibility layer for Allegro Common Lis
p   cl-sql-oracle                  - CLSQL database backend, Oracle
p   dbacl                          - 贝叶斯的文本分类器
i   libacl1                        - 访问控制列表共享库
p   libacl1-dev                    - Access control list static libraries and h
p   libdatetime-format-oracle-perl - module for parsing and formatting Oracle d
p   libmono-oracle2.0-cil          - Mono Oracle library (for CLI 2.0)
p   libmono-oracle4.0-cil          - Mono Oracle library (for CLI 4.0)
p   libplasmaclock4abi3            - library for Plasma clocks
p   librdf-acl-perl                - access control lists for the semantic web
```

图 6-19 执行 aptitude search acl 命令

细心的用户可以发现，无论是图 6-17 还是图 6-19 的第一列都表示软件包的状态或动作信息，那这些信息（例如，i、v、p 以及 A）都表示什么意思呢？用户直接在界面中按下“？”键查看帮助信息，如图 6-20 通过界面获取帮助信息显示了状态和动作的可能值。

```
动作 撤消 软件包 解决手段 搜索 选项 视图 帮助
C-T: 菜单 ?: 帮助 q: 退出 u: 更新 g: 下载/安装/删除软件包
软件包                                   帮助
软件包的"状态"标签有以下可能的值:

 v - 虚拟
 B - 损坏
 u - "未解包的"
 C - 配置完成一半
 H - 安装完成一半
 c - 卸载，但会保留配置文件(即，非"清除")
 i - 已安装
 E - 内部错误(这不应该发生)

软件包的"动作"标签有以下可能的值:

 h - 保持
 p - 清除
 d - 删除(卸载)
 B - 损坏
 i - 安装
 r - 重新安装
 u - 升级
 F - 可能的升级已被"F"禁止

 如果存在，"自动"标签会是"A"，以说明软件包是自动安装的而且在没有其他软件包依赖它时会被自动移除。
[1(1)/...] 建议 删除 6 个包
e: 检测 !: 应用 .: 下一个
```

图 6-20 帮助信息查看状态和动作

读者通过 aptitude 命令可以实现对软件的多个操作功能，感兴趣的读者可以分别通过界面和在终端窗口中输入命令两种方式动手尝试。

6.5.2 dselect 命令

dselect 是 Debian 中的一种软件包窗口管理工具，它不仅可以用来安装软件包，也可以用来删除和升级软件包，是一个全能的软件包管理工具。它的功能也非常强大，但是它也很复杂，并且可能不太容易掌握。但是，dselect 的工作方式非常自然，用户只要按照它的提示一步步进行操作就可以把软件包安装好。

与 aptitude 工具一样，用户在使用之前必须确定软件包已经存在，直接在终端窗口中执行 dselect 命令，如果不存在则会提示用户通过执行 apt-get install dselect 命令进行安装。安装完成后重新执行 dselect 命令启动管理界面，如图 6-21 所示。

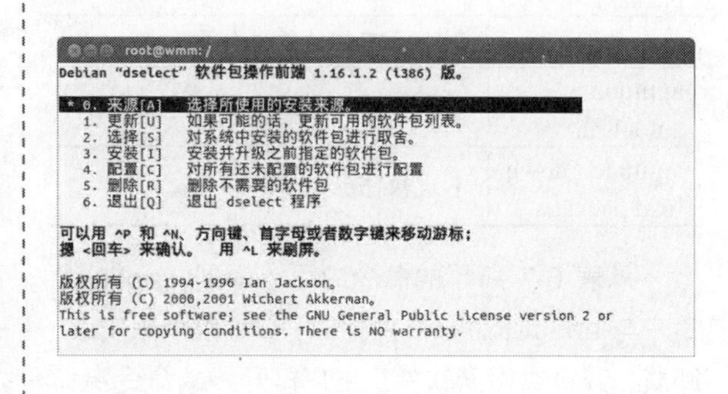

图 6-21 dselect 界面效果

从图 6-21 中可以看到，dselect 安装软件包经过 7 个步骤，首先需要选择安装来源，接着根据安装的来源更新可用的软件包列表，然后再依次按照图中的顺序进行操作。另外，界面还提供了一些常用的操作。

【练习 8】

本次练习根据图 6-21 所提供的主要安装步骤来进行说明。步骤如下：

（1）图 6-21 默认选中安装来源后，用户直接按 Enter 键进行安装手段界面，如图 6-22 所示。

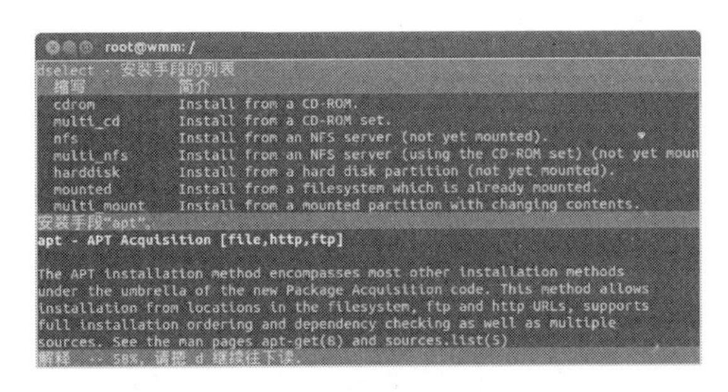

图 6-22　安装手段列表界面

图中的几种安装方式都有简介信息，用户可以使用 apt 方式，这样只要编辑 /etc/apt/sources.list 文件，其他的交给 apt，就可以享受 apt 所带来的软件包维护的乐趣了。

（2）根据用户的安装手段更新可以安装软件包列表数据库。这一步相当简单，一般只要按 Enter 就行了。例如用户选择使用 apt 来安装，dselect 会自动去连接 sources.list 里面的 debian 镜像服务器，并读取服务器上的软件包列表数据。如果使用 apt 安装时发生无法连接服务器错误时，dselect 会给出出错信息和一些建议，然后在用户确认返回主界面后，光标还是停在 Update 这一行，表示刚刚进行的 Update 操作没有成功。

（3）上一步成功后自动跳转到下个步骤，按下 Enter 键进入操作界面，如图 6-23 所示。

在图 6-23 所示的界面中，dselect 界面主要完成三个功能，如下所示：

- 选择需要安装或者删除的软件包。
- 解决软件包间的相互依赖关系。
- 解决所选软件包间的相互冲突。

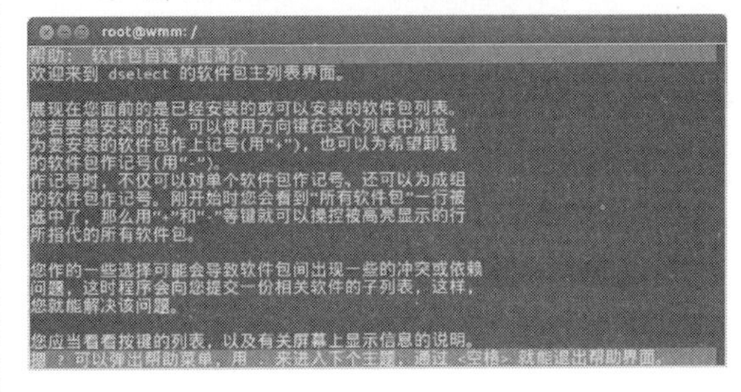

图 6-23　软件包自选界面

（4）按下“<空格>”键退出帮助，进入选择软件包的界面，如图 6-24 所示。

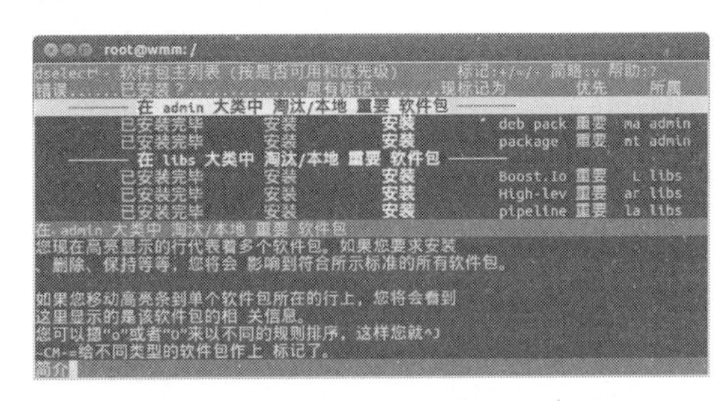

图 6-24　选择软件包界面

在图 6-24 中，选择软件包的界面分为上下两部分。上半部分列出了可选用的软件包，下半部分给出了所选择的软件包的简单解释。根据图中的信息进入需要安装的软件包类中进行安装。

提示

用户在第（4）步中安装软件包时可能会出现错误，例如关联包没有安装，或者软件包间的冲突等。这些 dselect 都会向用户提示，并让用户做出选择，以便决定下一步的操作方法。

（5）安装软件包完成后继续进行后面的操作，例如配置和删除软件包，最后直接退出等。配置和删除软件包的操作很简单，这里不再具体进行演示。但是，用户在使用 dselect 时，一般都要完整操作图 6-21 界面中的步骤。

6.5.3 tasksel 命令

除了 aptitude 和 dselect 窗口管理命令工具外，还有一种文本窗口管理工具——tasksel。tasksel 也是一种软件包管理工具，它提供了一种简易安装软件包的方式。tasksel 的主要任务是负责安装任务套件，管理面向某一方面任务的一套软件包。如果用户为了使系统完成某一种常规功能，而需要安装多个软件包时就可以使用 tasksel。

例如，用户需要安装一个 Web 服务器，为了实现这个功能，用户一般需要安装很多个软件包。如果使用 APT 工具需要分别安装这些包以便构成一个完整的系统，但是如果使用 tasksel 就可以很方便地安装成一个完整的套件，而不需要去关心具体需要由哪些包来构成这个统一的套件。

tasksel 的使用方法与前两种工具相同，使用之前必须确定已经安装，启动 tasksel 成功后的界面如图 6-25 所示。

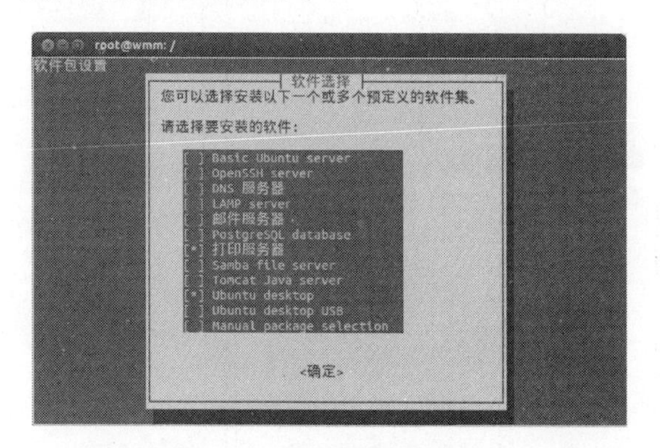

图 6-25　启动 tasksel 界面

图 6-25 所示的 tasksel 任务列表中，使用星号（*）标识已经安装的任务组件，使用空格键选择要安装的任务组件，光标移动到【确定】按钮后按 Enter 键开始安装。任务安装结束后，按 Esc 键退出 tasksel 窗口。

用户可以在终端窗口中执行 tasksel -help 命令查看 tasksel 的帮助信息。该命令的语法格式如下：

```
tasksel install <软件集>
tasksel remove <软件集>
tasksel [选项]
    -t, --test          测试模式，不会真正
                        执行任何操作
    --new-install       自动安装某些软件集
    --list-tasks        列出将要显示的软
                        件集并退出
    --task-packages 列出某软件集中的软件包
    --task-desc 显示某软件集的说明信息
```

从上述的语法格式中可以知道：用户使用 install 可以安装某个软件集；使用 remove 可以删除或卸载某个软件集；在 tasksel 后跟选项可以进行其他操作。

【练习 9】

例如，本次练习通过在终端中输入命令显示 tasksel 的任务列表和安装软件。步骤如下：

（1）在终端窗口中执行 tasksel --list 命令或 tasksel --list-tasks 命令显示 tasksel 的任务列表，如图 6-26 所示。在执行的结果中，i 表示组件已安装，u 表示该任务组件未安装。

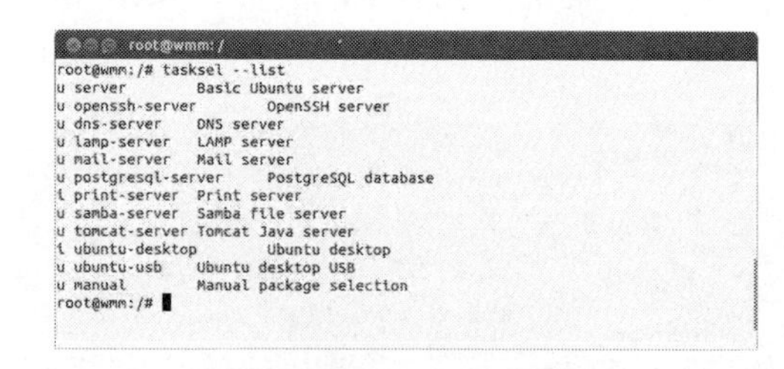

图 6-26　显示任务列表

（2）用户在安装套件之前可以输入命令查看安装这些套件时需要自动安装的软件包。命令如下：

```
    root@wmm:/# tasksel --task-package
print-server
    hpijs
    cups-client
    hp-ppd
    cups
    cups-driver-gutenprint
    cups-bsd
    foo2zjs
```

（3）在终端中执行 tasksel --new-install 命令自动安装某些软件集，也可以通过执行 tasksel install 命令安装。例如，执行 tasksel install print-server 命令安装打印机服务器时的效果如图 6-27 所示。

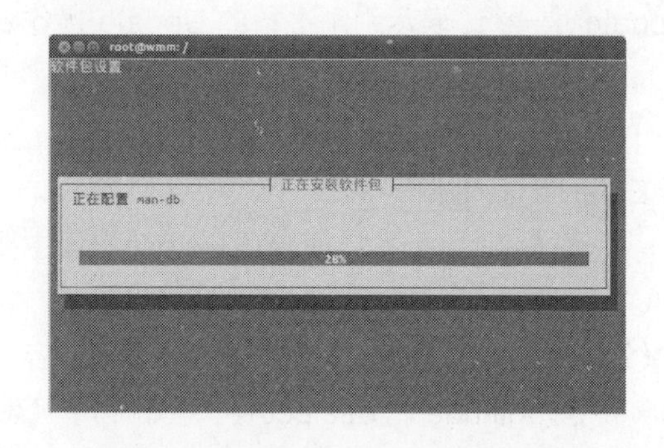

图 6-27　安装打印机服务器时的效果

6.6 图形界面管理工具

synaptic 是 Ubuntu Linux 在图形桌面环境下使用最广泛的软件包管理工具。在中文 Ubuntu 系统中，被称为“新立得软件包管理器”。synaptic 底层仍是依赖于 APT 包管理命令，除了具有软件包的安装、卸载、升级和查询等功能，同时还增加了软件包过滤、版本锁定和强制安装等功能。

synaptic 利用主菜单、关联菜单、工具栏、视窗和标记符号等可视化工具，使用户很快掌握操作方法。因此，synaptic 具有的非常优良的交互性、可读性、易用性，吸引了大量的桌面用户。

用户在启动 synaptic 时有两种方式：一种是直接在 Dash 主页中找到“新立得软件包管理器”单击启动；另一种是在终端窗口中执行 sudo /usr/sbin/synaptic 命令。启动成功后的界面如图 6-28 所示。

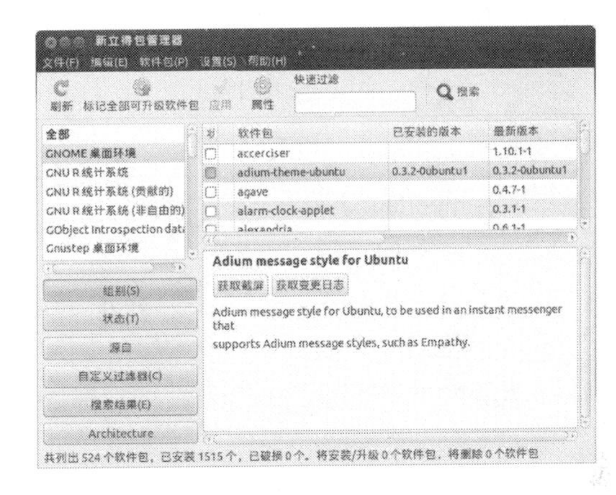

图 6-28 启动新立得包管理器成功

6.7 拓展训练

1. apt-get 命令的使用

读者在打开的终端命令窗口中查看 apt-get 命令的帮助信息，然后实现某个软件包的安装、卸载和升级功能。

2. dselect 工具的使用

读者需要安装文本窗口管理工具 dselect，然后根据启动成功的界面按步骤进行操作，完成软件的更新、配置、安装和卸载等操作（注意：每个步骤都不能省略）。

6.8 课后练习

一、填空题

1. Ubuntu 系统中常用的软件包有两种类型：__________和源码包。

2. Linux 系统有__________和 RPM 两种软件包来安装软件。

3. __________和当前状态是 Linux 系统针对软件包定义的两种状态。

4. __________机制描述了独立运行程序与当前系统中程序之间所存在的关联程度。

5. dpkg、dpkg-deb 和__________是常用的命令行管理工具。

6. 如果用户想要清理系统中过时的软件包，可以执行__________命令。

7. tasksel、dselect 和__________是常用的三种文本窗口管理工具。

二、选择题

1．对于软件包 xview-clients_3.2p1.4-28_i386.deb 来说，3.2p1.4 表示__________。

A．适用的计算机架构

B．软件包的文件名称

C．软件的修订版本号

D．软件的版本号

2．下面关于软件包的优先级别中，优先最高的是__________。

A．Extra

B．Required

C．Important

D．Optional

3．下面针对当前状态中已安装的说明，选项__________是正确的。

A．该软件包已安装或者升级，状态操作符是 i

B．已完全安装和配置了该软件包

C．软件包已删除，但配置文件仍保留在系统中

D．已开始进行提取后的配置工作，但由于错误没有完全安装

4．关于软件包的依赖性的说法，__________说法是错误的。

A．Linux 操作系统中各个软件组件都是一个独立的整体，它们之间不存在任何的依赖性

B．如果要求 Linux 操作系统中的软件组件能够成为一个有机的整体，那么它们之间必须密切配合

C．软件包的程序依赖性包括 6 种依赖关系，例如推荐关系、建议关系和替换关系等

D．程序依赖性中提供包含是指软件包 A 中包含了软件包 B 中的所有文件和功能

5．__________选项不是 Deb 软件包管理工具能够实现的主要功能。

A．查询和检索 Deb 软件包信息

B．检查当前操作系统中软件包的依赖性关系

C．将应用软件的相应文档打包成 Deb 软件包

D．能够查看某个软件包的类型、命名是否规范以及设置软件包的状态等

6．用户在安装某个软件时，通常在 dpkg 命令中__________命令。

A．dpkg -i

B．dpkg -r

C．dpkg -P

D．dpkg -S

7．与软件包管理工具有关的说法中，选项__________是正确的。

A. dpkg 命令和 APT 相关的命令可以实现完全相同的命令，但是由于 dpkg 是 APT 的在线升级机制，因此 dpkg 比 APT 的命令更加强大

B．aptitude 和 tasksel 都属于文本窗口管理工具，它们都有自己的窗口界面，但是 tasksel 命令的功能更加强大

C．虽然读者使用 tasksel 工具可以安装服务器（例如打印机服务器），但是使用它比 APT 相关命令更加复杂，因此，不建议读者使用 tasksel 工具安装服务器软件

D．Ubuntu 系统中提供的软件包管理工具有多种，用户可以使用命令行工具，也可以使用窗口界面管理工具或图形界面管理工具

三、简答题

1．请对 3 种类型的 Deb 软件包管理工具进行举例，并且进行说明。

2．启动 tasksel 工具的两种方式分别是什么？

3．分别说出使用 dpkg 和 APT 工具安装、升级和卸载软件时的命令。

第 7 课

Linux 系统的办公软件

为了利用计算机系统为人类的生产、生活和学习等诸多活动提供更加丰富多彩的功能，就必须要了解怎样使用不同的操作系统中形形色色、各有所用的应用软件。在 Linux 操作系统中，Ubuntu 版本的桌面是最具有特色的，也是最为人所津津乐道的。由于 Linux 系统是开源并且免费的缘故，因此该系统平台中通常不会用到微软公司的产品。但是在 Linux 操作系统平台中，可以使用相似的办公软件完成与 Windows 平台同样的事情，本课将详细介绍 Ubuntu Linux 系统中的办公软件。

通过对本课的学习，读者可以了解 Ubuntu Linux 操作系统中常用的办公软件，还可以熟悉使用 Ubuntu 12.04 中的办公软件（例如 Writer、Cale、Impress 和 Draw 等）进行不同的操作。

本课学习目标：

- ❑ 熟悉 Ubuntu Linux 操作系统中常用的办公软件
- ❑ 了解 LibreOffice 办公软件的发展历史、常用组件以及特色优势
- ❑ 掌握 LibreOffice Writer 软件的使用
- ❑ 掌握 LibreOffice Cale 软件的使用
- ❑ 掌握 LibreOffice Impress 软件的使用
- ❑ 熟悉如何使用 PDF 文档查看器查看 PDF 格式的文件
- ❑ 了解如何使用 Draw 绘制流程图

7.1 Ubuntu的常用办公软件

我们在日常的计算机应用中总是少不了处理像文档写作、图表或幻灯片制作这样的事情，在Ubuntu系统上，如果能找到一款功能强大的办公软件，无疑将使我们的工作更加轻松、高效。本节将介绍Ubuntu Linux系统上的Office办公软件。

7.1.1 常用的办公软件

Linux操作系统为用户提供了工作的平台，它是调度软件与计算机硬件的接口，其本身并无法满足用户具体的工作，如编辑文稿、绘制表格、处理数据或处理图像等。这些工作需要借助操作系统中的软件。

Linux提供了许多丰富的软件，其中就包含了常用的办公软件，下面将对常用的这些软件的进行说明。

1．与集成桌面环境相关的办公软件

Linux操作系统中有两大主流桌面环境它们分别是GNOME和KDE。它们各自开发或附带了适用于其桌面环境的Office办公软件，包括GNOME Office和KOffice软件系列。

（1）GNOME Office软件系列

GNOME集成桌面环境拥有一套自己的办公软件，其中比较出名的就是Abiword字处理软件。Abiword是一款轻量型的字处理软件，体积虽小但是功能强大，适合处理文书、信件、报告、备忘录等常用办公文件。Ubuntu Linux操作系统默认没有安装Abiword，但是用户可以使用“sudo apt-get install abiword”命令从Ubuntu软件源中下载，下载完成后可以进行安装。

GNOME Office系列软件的特点是Abiword默认支持英文模板格式，而使用中文模板文件需要用户自己设置。Abiword支持将文档保存为doc、pdf等多种格式的文件。

（2）全功能的KOffice软件系列

KOffice办公软件是适用于KDE集成桌面环境的办公软件。它提供了包括文字处理、电子表格、幻灯片演示、项目管理、图表制作以及桌面数据库等在内的几乎所有与办公相关的软件，所有这些功能软件由一个称为KOffice的主控程序来组织和管理。Ubuntu Linux操作系统默认没有安装KOffice软件，用户可以使用“sudo apt-get install koffice”命令从Ubuntu软件源中下载并安装此软件。

全功能的KOffice软件的特点是：KOffice提供中文化的操作界面和友好的操作向导功能，对于使用KDE桌面环境的用户而言，KOffice是办公首选。

2．JAVA类办公软件

JAVA类的办公软件主要基于JAVA语言的开发，由于JAVA语言自身的跨平台特性，这些办公软件也具备跨平台的能力。JAVA类的这类软件包括OpenOffice.org、StarOffice、永中集成Office、RedOffice、ThinkFree以及IBM Lotus Symphony等。其中OpenOffice.org和永中集成Office办公软件的说明如下：

（1）大而全的OpenOffice.org

OpenOffice.org是Linux平台上最为有名的办公软件，几乎所有的主流Linux桌面发行版均自带该软件。OpenOffice.org是在Sun公司的StarOffice基础上发展起来的开源办公软件。它提供的办公组件包括文字处理、电子表格、幻灯片演示、制图以及桌面级数据库等。

OpenOffice.org是自由软件，任何人都可以免费下载、使用以及推广。大多数用户习惯性地将OpenOffice.org软件称为OpenOffice。另外，在国外以及网络上，通常会将OpenOffice.org称为OOo。

（2）与微软Office高度兼容的永中集成Office

永中集成Office是一款自主研发的优秀国产软件，它在一套标准的用户界面下集成了文字处理、电子表格和简报制作三大应用。永中集成Office不仅可以轻松胜任快速编排各种复杂文稿、书籍、小报、图文及标准公文，还可以进行便捷的数据获取与输入、快速准确的复杂数据运算、多样的报表输出、效果丰富的简报编辑和放映等工作。永中集成 Office 2009 虽然是免费软件，但它全面支持中文文档标准 UOF，兼容微软 Office 97-07 文档。

现在 Ubuntu 中文源中已经加入了永中集成 Office 个人版软件的安装包，因而用户在 Ubuntu 系统中安装永中集成 Office 很简单。在终端窗口中输入“sudo apt-get install eioffice-personal”命令即可。命令执行后，将在线下载并安装永中集成 Office 的个人版本。

3．系统自带的办公软件

熟悉 Linux 操作系统的用户可以知道，系统安装成功后的默认办公软件是 OpenOffice.org。然而，近几年来，Linux 的迅猛发展，使它逐渐成为操作系统市场不容忽视的一股力量。LibreOffice 在 2011 年已经取代 OpenOffice 成为 Ubuntu 11.04 的默认办公软件，其强大的功能一出现立刻引来众多爱好者的支持，成为微软办公软件 Office 的最强竞争对手。

7.1.2 LibreOffice 办公软件

LibreOffice 是一套自由的办公软件，它可以在 Windows、Linux 以及 Macintosh 等多个平台上运行。另外，LibreOffice 是 OpenOffice.org 办公软件的衍生版本，它们同样免费开源，以 GPL 许可证分发源代码。但是与 OpenOffice 相比，LibreOffice 增加了很多特色功能。例如 LibreOffice 拥有强大的数据导入和导出功能，能直接导入 PDF 文档、微软 Works 和 LotusWord，并且支持主要的 OpenXML 格式。软件本身并不局限于 Debian 和 Ubuntu 平台，支持 Windows、Mac、PRM package Linux 等多个系统平台。

1．发展历史

目前 LibreOffice 办公软件最新的版本是 4.0.1，在此之前，LibreOffice 软件经过了一段很长时间的发展。

2011 年 1 月 25 日，LibreOffice 3.3 正式版发布，该版本的发布取代 OpenOffice.org 软件成为 Ubuntu 11.04 以上版本的默认办公软件。

2011 年 2 月和 3 月，LibreOffice 3.3.1 和 3.3.2 版本依次发布。

2011 年 6 月，LibreOffice 3.3.3 发布，这是第三次更新的稳定版本，包含安全代码更新以及翻译更新。

2011 年 7 月初，LibreOffice 3.4.1 发布。7 月底将会发布 3.4.2 版本。

2011 年 8 月，LibreOffice 3.4.4 发布。

2012 年 1 月，LibreOffice 3.4.5 发布。

2012 年 3 月，LibreOffice 3.5.1 发布。

2012 年 4 月，LibreOffice 3.5.2 正式发布。

2012 年 5 月，LibreOffice 3.5.3 发布。

2012 年 5 月，LibreOffice 3.5.4 发布。

2012 年 7 月，LibreOffice 3.5.5 正式版发布。

2012 年 8 月，LibreOffice 3.5.6 最终版发布。同月 29 日，LibreOffice 3.6.1 最终版发布。

2012 年 10 月，LibreOffice 3.6.2 最终版发布。

2012 年 11 月，LibreOffice 4.0 Alpha 1 可用于测试。

2013 年 2 月，LibreOffice 4.0.0.3 发布。

2013 年 3 月，LibreOffice 4.0.1 最终版发布。

2．组件内容

LibreOffice 办公软件是一套可以与其他主要办公软件相容的软件，Ubuntu 12.04 版本中自带安装的 LibreOffice 软件有四大组件：Writer、Cale、Impress 和 Draw。它们的说明如下所示：

（1）LibreOffice Writer

文本文档处理软件，与 Microsoft Office 中的 Word 功能等价，界面相似。

（2）LibreOffice Calc

电子表格，可以用电子表格的形式对数据进行处理和计算。与 Micorsoft Office 中的 Excel 功能等价，界面相似，但是不支持 VBA 编程。

（3）LibreOffice Impress

可以制作包含图片、表格、文字和图标等内容的 PPT 演示文稿及幻灯片。与 Microsoft Office 中的 PowerPoint 功能等价，界面相似。

（4）LibreOffice Draw

这个绘图软件可以为 LibreOffice 其他组件提供图片。它可以导入多种图片格式，但是只能导出 LibreOffice 图片格式。

除了上面所述的组件外，LibreOffice 还拥有四大组件，Ubuntu 12.04 中并没有默认安装，有需求的用户可以根据个人需求自行安装。

（1）LibreOffice 数据库

这是一个全功能跨平台的数据库应用软件。

（2）公式编辑器 Math

公式编辑器 Math 可以帮助用户编写包含特殊字体和符号的复杂公式，它与文字处理软件并行使用。

（3）项目管理软件

项目管理软件是一个功能与 Microsoft Project 等价的项目管理软件，不过该软件与 Microsoft Project 不兼容。

3．十大优势

前面已经介绍过，LibreOffice 是一套可以与其他主要办公室软件相容的软件，包含文本文档 Writer、电子表格 Calc、演示文稿 Impress、公式编辑器、绘图和数据库六大组件。LibreOffice 与 Microsoft Office 的操作习惯并不相同，所以新手开始的时候可能会不习惯，但是当用户初步了解 LibreOfficed 之后，就会发现 LibreOffice 的强大。

与 Microsoft Office 常用的组件相同，Writer、Cale 和 Impress 是 LibreOffice 软件中最常用的三个组件。既然 2011 年 LibreOffice 应用软件已经替换 OpenOffice.org 软件成为 Ubuntu 11.04 的默认应用软件，那该软件的优势在哪里，与 OpenOffice.org 软件相比，到底有什么改进呢？将从十个方面介绍，如下所示。

（1）操作导入的 Word 文档

LibreOffice Writer 作为文档处理工具，其带有一个对话框，Writer 有一个格式化标题页及其编号的简单方法，但是最好的改进还是支持导入 Word 文档，并进行编辑和标注。虽然之前 OpenOffice.org 的 Writer 也能够加载 Word 文档，但是并不稳定，经常会出现各种错误。

（2）改进语法检查功能

LibreOffice Writer 组件引入了新的英语和其他语言语法检查器，能够把特殊的组链接到相关文章，并且提高了帮助功能。

（3）电子表格的改进

Calc 最高支持 1 万个表格，LibreOffice 软件中的 Calc 随附在 Excel 中有助于用户更习惯于使用电子表格工具工作，它也支持 Excel 公式语法和改进的数据透视表，并且支持无限多的领域。

（4）演示文稿 Impress 的改进

LibreOffice 的演示应用程序 Impress 帮助客户更轻松地调整幻灯片的时间，从而能够更加吸引人。

（5）兼容性更好

LibreOffice 比 OpenOffice.org 能够更好的兼容 Office 文档，支持 Visio 文件导入，甚至支持 PDF 文档。

（6）支持 SVG

LibreOffice 支持 SVG（可伸缩矢量图形）图像文件，SVG 图像是基于行的图纸，可以在不损失分辨率质量的前提下重新调整大小。LibreOffice 的应用程序可以直接导入到他们的 SVG 文件。

（7）Flat XML 载入并存储 ODF 文件，让外部的 XSLT 处理更容易。

（8）支持更多的语言版本

OpenOffice.org 已经支持将近 100 个常见的语言版本可供下载，但 LibreOffice 能够提供 107 办公套件的语言版本。

（9）开发代码更加简单

LibreOffice 的主要目标之一就是让 OpenOffice.org“瘦”下来，到目前为止，LibreOffice 的开发商明确表示，他们已经清除超过 5000 行的死代码。

（10）使用内存更少，更容易管理

随着代码库的清理完成，LibreOffice 开发人员的另一个目标是提高软件管理系统内存的方式，从而更加容易管理软件。

4．特色

LibreOffice 是一个全功能的办公软件，这就意味着它与之前办公软件的拥有相同的功能，甚至超过了其余的办公软件（免费）。总的来说，虽然LibreOffice办公软件的界面没有微软 Office 华丽，但是它非常简单实用。它对系统的配置要求比较低，并且占用的资源很少。

LibreOffice 软件最好的一个特性就是可以随身携带。用户可以将它安装在你的 U 盘或便携式硬盘里，甚至是一个 SD 卡，你可以把它放在哪儿都可以。如下所示了该软件的主要特色：

（1）LibreOffice 支持导入 SVG 图片，并直接在文档中对其进行修改和编辑。

（2）使组件书页名的设置方法更简单，选项清晰且便于操作。

（3）导航功能能够让用户在树状组织中单击打开某个文档。

（4）支持众多扩展插件，可增加许多实用功能。

（5）允许对多个表添加颜色标签。

（6）Excel 具备全部的常用功能，行数扩展到 100 万行。

7.2 LibreOffice Writer

LibreOffice Writer 是一个功能非常强大的文字处理器。该工具不仅是用户编辑文稿、排版文稿和设计文案的优秀助手，还附带了许多功能，包括画廊、图像和文件数据库等。另外，还包括媒体播放器，可以娱乐与工作同行。LibreOffice Writer 在出版、广告等行业中该软件广泛流行。

7.2.1 Writer 介绍

LibreOffice Writer 是 LibreOffice 的文字处理程序，类似于 Microsoft Office 的 Word，同时也是使用频率最高的组件。此外，文字处理程序 Writer 还支持标签、名片、信纸等特殊文档的制作。当然专业的 HTML 编辑器、XML 编辑器和公式编辑器也可以算作 Writer 的附加程序。

1．功能介绍

Writer 应用程序提供了许多功能内容，其主要功能如下：

（1）丰富的文字处理功能

Writer 可以用来创建文本文档、手册和信函等，提供适用于各种用途的模板，用户还可以创建自己的文件模板。

（2）文档排版功能

Writer 提供了广泛的设计文档选项。使用“格式”菜单可以对段落、文字格式和框等内容进行设计和修改；使用简繁体转换功能可以方便简体文字和繁体文字之间的互换；用户可以在文件中创建表格、索引和目录，同时还可以根据需要定义文档的结构和外观。

（3）灵活多样的样式

Writer 不仅提供了对标题和正文等基本样式的设置运用，还可以使用编号样式和页面样式等。

（4）强大的绘图功能

绘图工具提供了直线、矩形、椭圆、自由形曲线、符号、箭头等多种图形工具，通过使用这些工具，用户可以在文件中自行绘制图形。

（5）专业表格的计算功能

Writer 独有的表格计算功能，可以使用户方便地在自己所创建的表格中执行计算，显示结果。

2．支持的文件格式

Writer 应用程序可以兼容多种格式的文件，为用户的日常工作和学习带来了极大地便利。LibreOffice Writer 软件应用程序可以支持多种文件格式，其中包括.odt、ott、.sxw、. doc、.docx、. rtf、.sdw、.vor、.txt、.htm、.html 和.xml。另外，LibreOffice Writer 软件还支持多种文档类型，其中包括正式公函、商业表格、学术论文、新闻简报和报告等类型。

3．特点

OpenOffice.org Writer 特点鲜明，与 Microsoft Office Word 相比具有自己独特的优势。主要特点如下所示：

（1）支持增强的文档格式。

（2）可存取性与自定义特性。

（3）国际化特性，使它可以遵循世界各种存在的书写以及表达方式。

7.2.2 认识 Writer

Ubuntu 12.04 版本中已经默认安装了 LibreOffice Writer 应用软件，如果系统中不存在该应用软件，用户可以重新安装该软件。安装完成后可以打开 Writer 软件，然后对这些软件进行操作。

1．检测 Writer 是否安装

一般情况下，用户在使用 Writer 软件之前，需要查看系统中是否存在此软件。用户可以单击左侧程序 Ubuntu 软件中心，接着在弹出的窗口中选择办公选项，然后在列表中选中 LibreOffice 文档，如图 7-1 所示。

在图 7-1 中，选中 LibreOffice 文档选择后可以看到【卸载】按钮，表示 Writer 软件已经被安装。如果此软件没有被安装，则会显示【安装】按钮。另外，单击图中的【更多信息】按钮可查看关于该软件的更多内容。

图 7-1　检测 LibreOffice Writer 是否安装

2．打开 Writer 界面

安装 LibreOffice Writer 软件完成后，在 Dash 主页中找到 LibreOffice Writer 项，或者直接单击左侧的 LibreOffice Writer 选项，然后弹出 LibreOffice Writer 文档窗口，效果如图 7-2 所示。

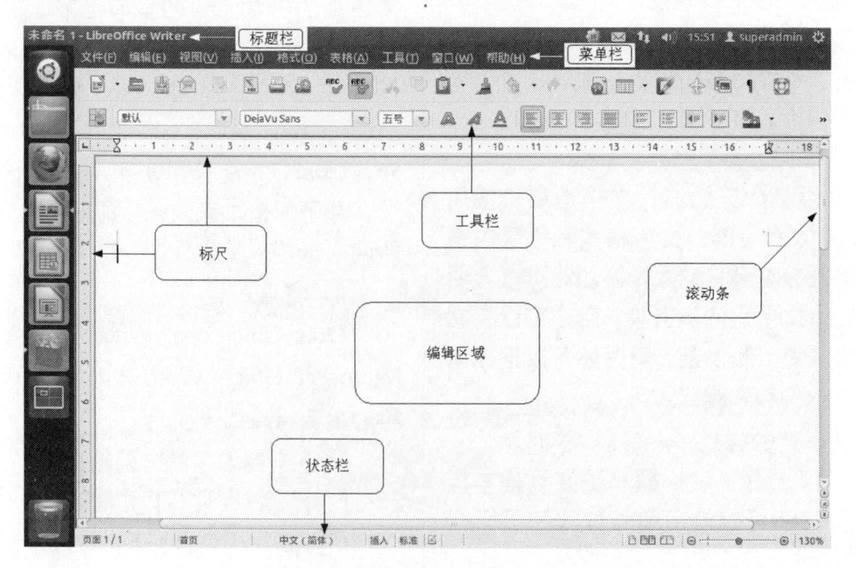

图 7-2　LibreOffice Writer 界面

从图 7-2 中可以看出，LibreOffice Writer 的主界面包括标题栏、菜单栏、工具栏、标尺、滚动条、状态栏、编辑区域和状态栏等内容。

（1）标题栏

标题栏显示了文档的名称和使用的软件名称。当鼠标悬浮到标题栏最左侧时可以显示文档窗口的控制按钮：最小化、最大化和关闭。

（2）菜单栏

菜单栏是整个软件的操作核心部分。对文档操作的全部命令都可以由菜单栏发出，它的作用与 Microsoft Office Word 中菜单栏的功能相同。但是不同的是，LibreOffice Writer 中菜单栏是固定不动的；而 Microsoft Office Word 是可以移动到窗体的任何位置。

（3）工具栏

工具栏用于旋转一些快捷按钮，如【新建】按钮、【打开】按钮、【保存】按钮和【打印】按钮等。默认情况下，一个新建文档中的工具栏有两种：标准工具栏和格式工具栏。标准工具栏上保存了一些诸如【打印】、【保存】和【发送邮件】等快捷按钮；而格式工具栏则放置一些与输入相关的内容，如【字体加粗】按钮、【左对齐】按钮、【左右对齐】按钮或【字符背景】等按钮。

当用户单击格式工具栏最右侧的更多按钮时，还可以设置字符背景、背景颜色和可视按钮等，效果如图 7-3 所示。

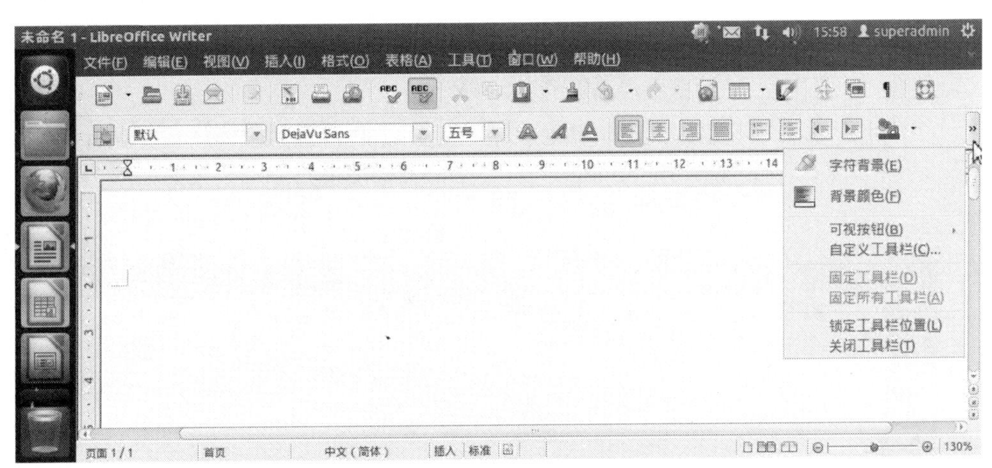

图 7-3 工具栏的更多设置

（4）编辑区域

编辑区域是 Writer 软件中最大的一部分，它被标尺、滚动条和状态栏包围。编辑区域是 Writer 软件中最主要的部分，用户所有的文稿内容都是在这里完成的。当编辑区域没有文字输入时，它是一片空白的只有闪烁的光标。

（5）滚动条

当屏幕无法完整显示用户编辑内容时，就会在软件的右侧或编辑区域的下方产生垂直或和水平方向的滚动条，通过拖动它们显示完整的文件内容。

（6）标尺

标尺位于工具栏下方和软件的左侧。其中工具栏下方的标尺由一系列数字和一些滑标组成。它可以调整文稿的整体布局或单行布局，以及文稿的宽度等参数，还能定位当前光标的所处位置。而软件操作界面右侧的标尺，用于标识当前页共有多少行，还可以定位当前光标所处的行数。

（7）状态栏

状态栏主要用来显示当前文档的一些信息，它被分为多个部分，这些部分分别显示不同的内容。这些内容主要包括：显示当前页数/文稿总页数，默认字体、插入和标准操作以及当前文档的缩放比例等。

用户右击状态栏可以根据显示的列表显示不同的内容，可以进行“插入”操作与“改写”之间的切换，其中改写相当于覆盖，也可以将文档中超链接的活动状态进行改变，默认情况下是标准，单击依次改变为扩展、补充、BLK。

7.2.3 操作界面

打开 Writer 应用软件后，可以在操作界面的编辑区域中输入内容，用户可以输入简单的文字，也可以插入特殊字符和表格，还可以插入图片等。下面将对常用的一些操作进行介绍。

1. 插入特殊字符

用户在新建立了文档后，就可以在文档的编辑区域中输入内容了。对于一些不能使用键盘输入的内容应该使用特殊符号列表进行插入。单击【插入】|【特殊字符】菜单项打开如图 7-4 所示的特殊字符窗体。

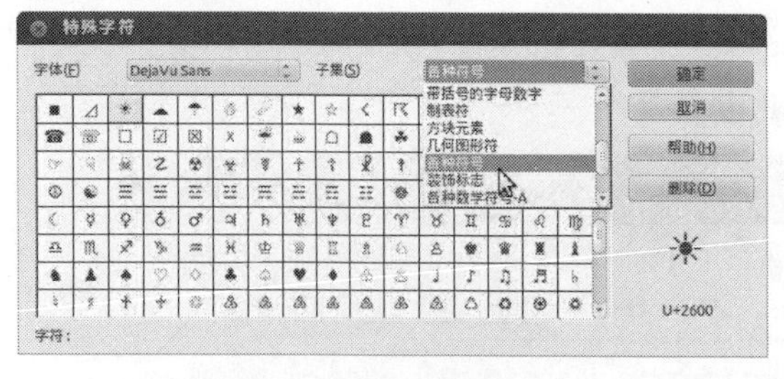

图 7-4　插入特殊字符

在图 7-4 中，用户可以选择要插入的特殊字符。选择完成后单击【确定】按钮，即可将所选的特殊字符插入到文档中。另外，用户可以使用默认的字体和子集选项，也可以根据下拉框中的内容进行选择。

2. 插入表格

有些情况下，用户需要在文档中插入一些表格数据，例如统计三天内李想的消费情况，或者统计某两个短语的相同点或不同点等。向文档中插入表格有 3 种方式。如下所示：

（1）单击工具栏中的表格按钮，直接添加多行多列的表格，也可以单击【更多】按钮进行添加。

（2）在菜单栏中选择【表格】|【插入】|【表格】菜单项进行添加，效果如图 7-5 所示。

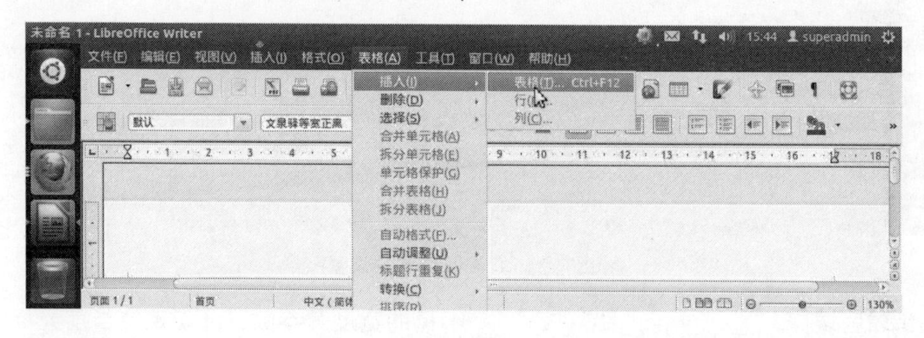

图 7-5　选择菜单项插入表格

（3）直接通过快捷键 Ctrl+F12 进行添加。

用户选择完成后弹出如图 7-6 的效果，在该图中可以设置表格的行数和列数，添加完成后直接单击【确定】按钮。

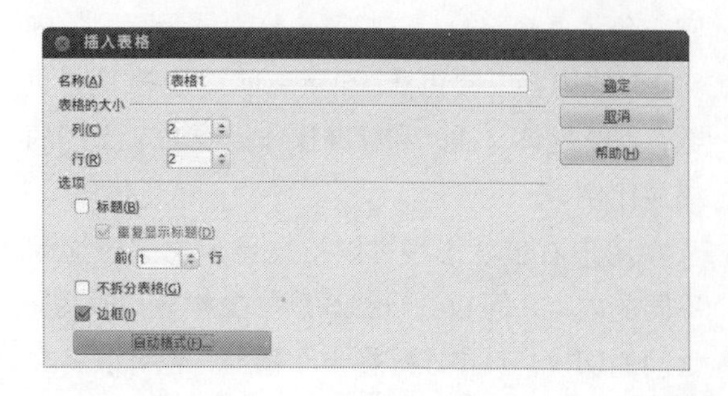

图 7-6　插入表格的列和行

用户在图 7-6 中选择 6 列 4 行，单击【确定】按钮添加完成后可以完成表格的添加，单击【自动格式】按钮也可以设置表格的样式，添加完成后的效果如图 7-7 所示。

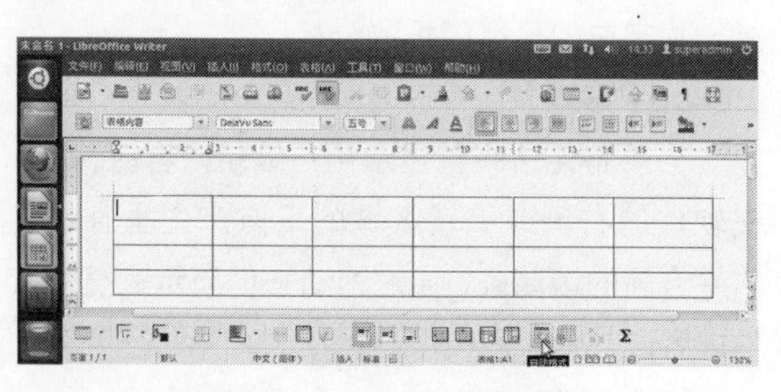

图 7-7　添加表格完成效果

3. 插入图片

除了特殊字符和表格外，用户也可以插入与图片有关的信息，插入图片时非常简单，单击【插

入】|【图片】|【来自文件】菜单项弹出【插入图片】的对话框。在该对话框中，用户可以在弹出的对话框中选择要添加的图片，也可以选择预览和链接的复选框，还可以根据样式选择图片，效果如图 7-8 所示。

图 7-8　插入图片

4．实现绘图

Writer 应用软件可以实现绘图功能，直接单击工具栏选项中的【绘图功能】按钮可以在状态栏中显示可以绘制的各种图形，其效果如图 7-9 所示。

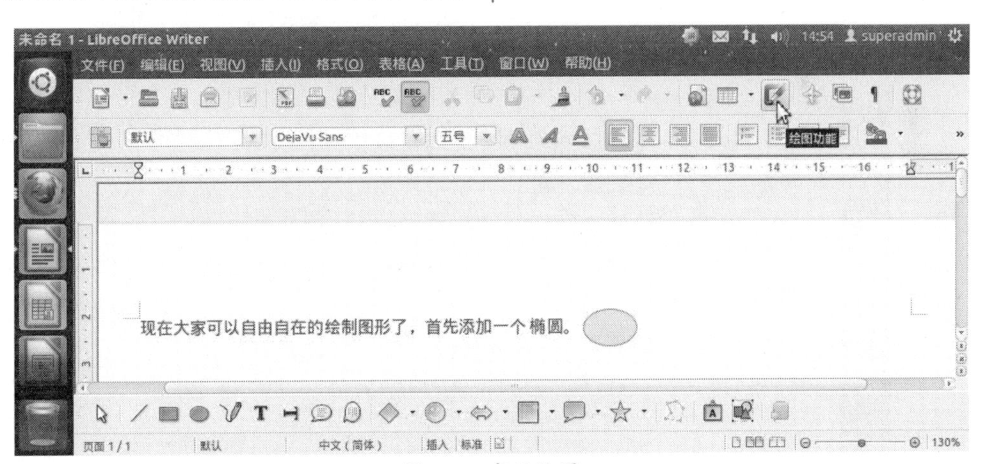

图 7-9　实现绘图

7.2.4　基本设置

上一节已经介绍过了在 Writer 软件中比较常见的一些操作。实际上，在该软件中还离不开对内容的设置。例如设置页面的背景、字体背景或字体大小。又如，用户在添加图片后设置图片与文字的样式，能否将图片显示在文字的中间或底部呢？本节将介绍 Writer 软件中常见的基本设置。

1．页面设置

页面设置是用户经常使用到的内容，例如将设置整个页面的背景颜色或背景图片、设置页面的宽度和高度、为页面添加页眉和页脚、设置页面的边框效果以及设置页面的脚注信息等。

用户单击菜单栏中的【格式】|【页面】菜单项弹出与【页面样式】有关的对话框，在该对

话框中用户可以设置背景、页眉、页脚、边框、脚注以及文字网络等内容，效果如图 7-10 所示。

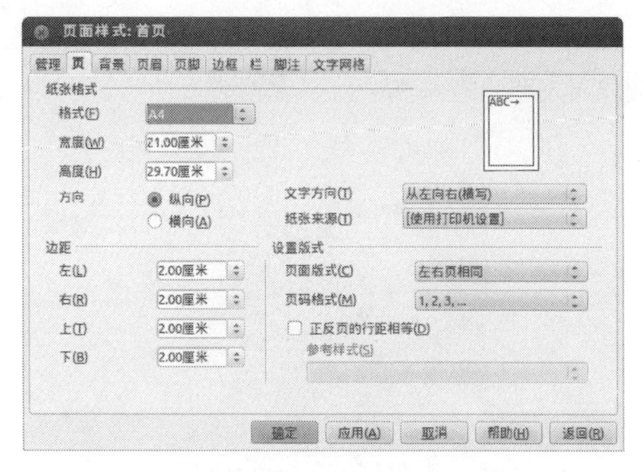

图 7-10 页面设置

2. 段落设置

一篇完整的文档中可以包含几十个、甚至几百个段落，每个段落之间的样式可以相同，也可以不同，那么究竟该如何设置呢？设置段落样式有两种方式：一种是单击菜单栏中的【格式】|【段落】菜单项；另一种是选中该段落，然后单击右键选择【段落】选项。无论单击哪个选项，都会弹出如图 7-11 所示的对话框。

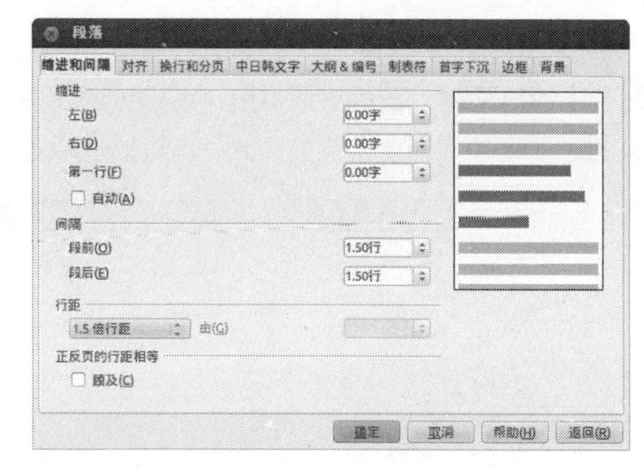

图 7-11 段落设置

从图 7-11 中可以看到，用户可以设置段落的缩进和间隔，也可以设置段落文本的对齐方式，还可以设置换行和分页效果等。

向文档中添加内容，然后选中第二段文档设置其段前和段后的间隔，以及该段落中的每行间距，设置完成后单击【确定】按钮，效果如图 7-12 所示。

3. 样式和格式设置

样式和格式设置也是 Writer 软件中经常使用的一种样式，例如设置某字体样式、字体大小、字体是否加粗、字体是否倾斜以及字体是否添加链接等。

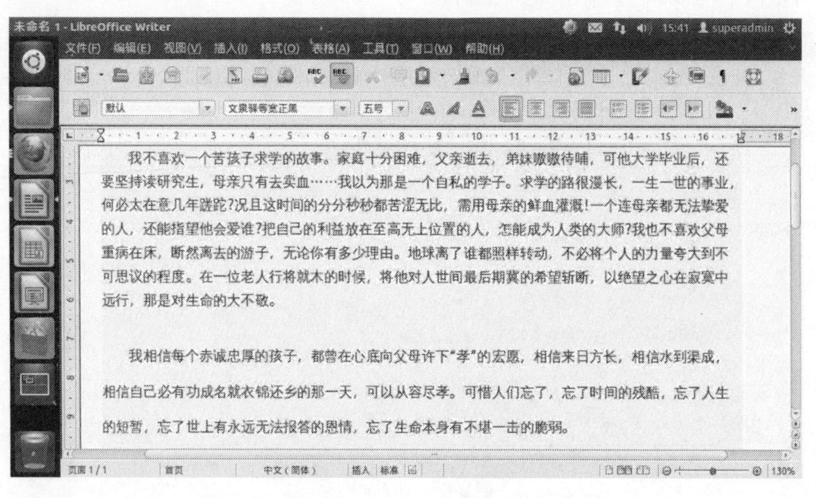

图 7-12 设置段落效果

用户可以直接通过工具栏中的字体样式、字体大小和相关按键设置字体信息，也可以在样式和格式框中进行设置。设置方法非常简单，直接按 F11 键或者单击工具栏中名称是“样式和格式（F11）”的按钮。单击完成后可以双击右侧软件所提供的样式进行设置，效果如图 7-13 所示。

在图 7-13 中，将内容标题的名称设置为右侧的“标题 1”样式，而将正文的第二段内容设置为右侧的“标题 8”样式。

4. 图文框设置

简单来说，图文框设置就是设置图片和文字之间关系的设置。通常情况下，用户可以向文档中添加多张图片。但是有时候，用户需要设置图片与文字的样式，例如将图片放置在文字的右侧、文字环绕图片以及将图片放置在文字的左侧等。

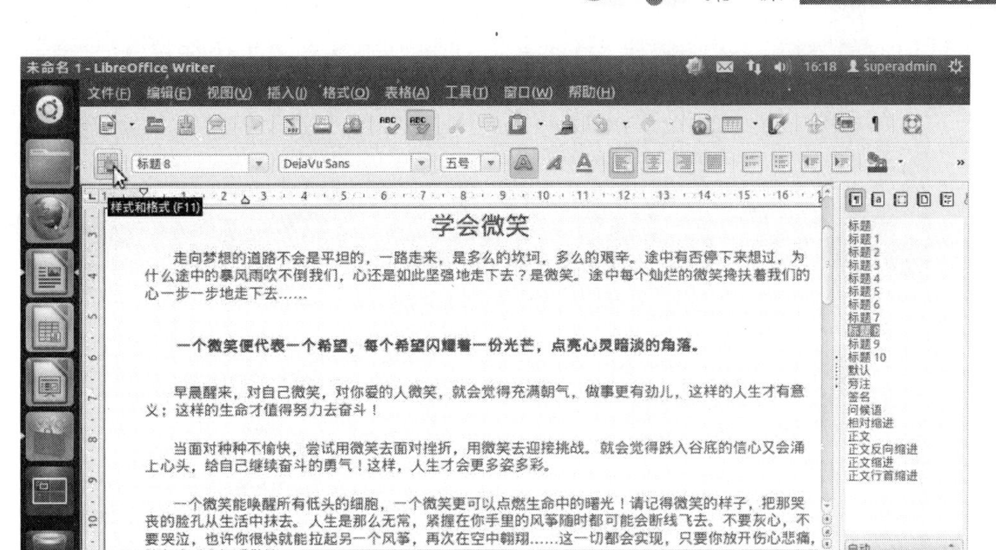

图 7-13　样式和格式设置

图文框设置的主要步骤如下：

（1）单击菜单栏中的【插入】|【图片】|【来自文件】的菜单项，在弹出的对话框中选择一张图片进行添加，添加效果不再显示。

（2）选中添加的图片后双击弹出【图片】对话框，默认显示【类型】选项卡页，效果如图 7-14 所示。

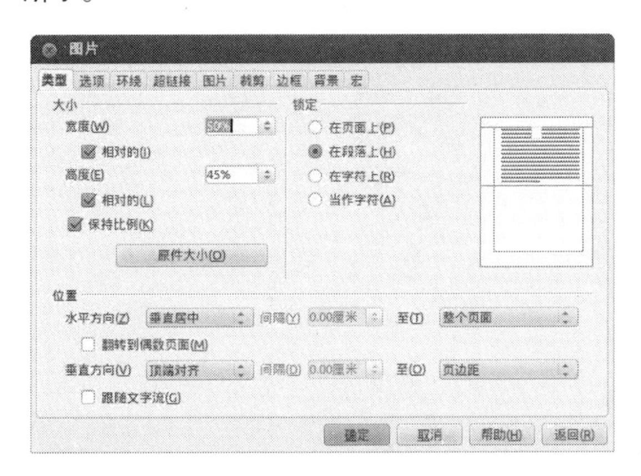

图 7-14　图片类型

在图 7-14 中，用户可以根据原件大小进行显示，但是如果图片过大，可以根据比例进行设置，然后显示图片的大小。

（3）单击图 7-14 中的【环绕】选项卡，然后显示文字与图片之间的环绕效果，例如使用默认效果或者将图片嵌套在文字中间，或者文字贯穿整张图片，也可以根据最佳效果进行显示。另外，在该选项卡中还可以设置文字与图片之间的间隔，效果如图 7-15 所示。

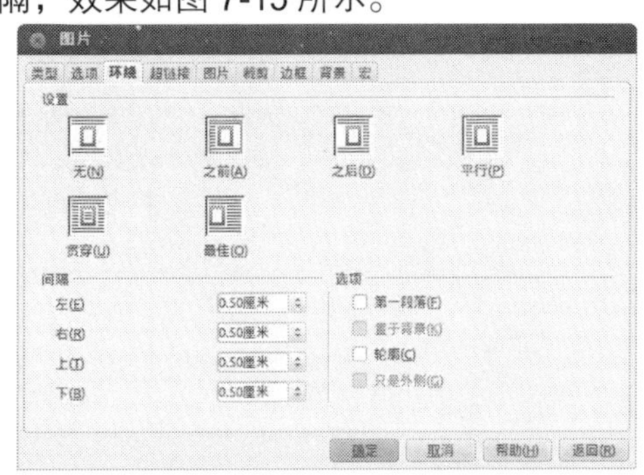

图 7-15　【环绕】选项卡

（4）可以对其他的选项卡（例如图片、裁剪、边框和背景等）进行设置，具体的效果不再显示。

（5）所有的选项卡内容设置完成后单击【确定】按钮，最终效果如图 7-16 所示。

5．其他设置

除了上面介绍的设置外，还有其他的一些设置，例如项目符号、项目编号、缩进距离和标题页等。用户可以直接单击菜单栏中的【格式】选项下的子菜单项进行设置，也可以选中某部分内容（可以是一整段或一部分，也可以是一个字，还可以什么都不选）后单击右键进行设置，效果如图 7-17 所示。

6．文档保存

文档编辑区域的所有内容设置完成后就需要进行最后一步操作了——保存。用户可以直接按 Ctrl+S 快捷键进行保存，也可以单击菜单栏中

的【文件】|【保存】选项进行保存操作，单击选项完成后弹出如图 7-18 所示的对话框。

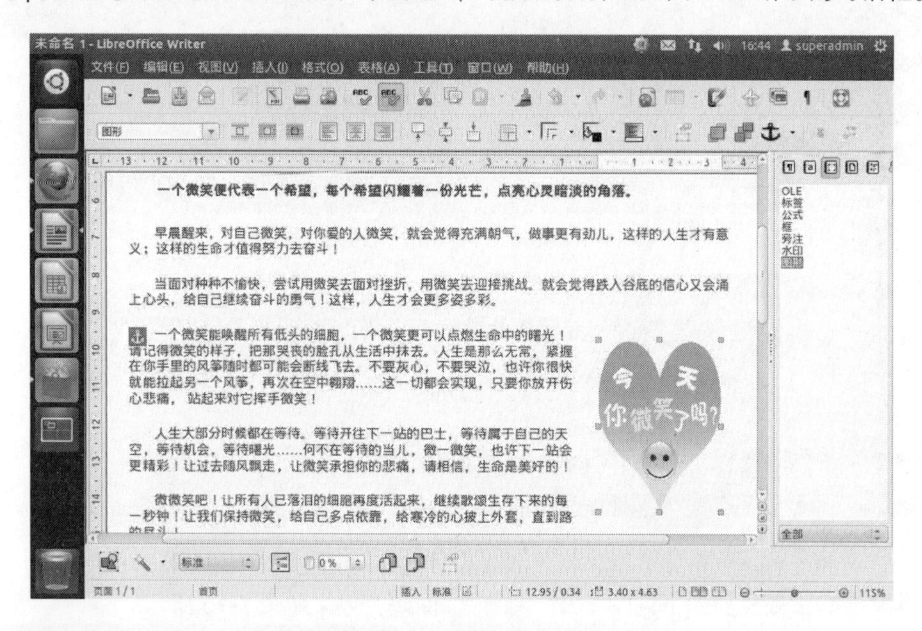

图 7-16　设置完成效果

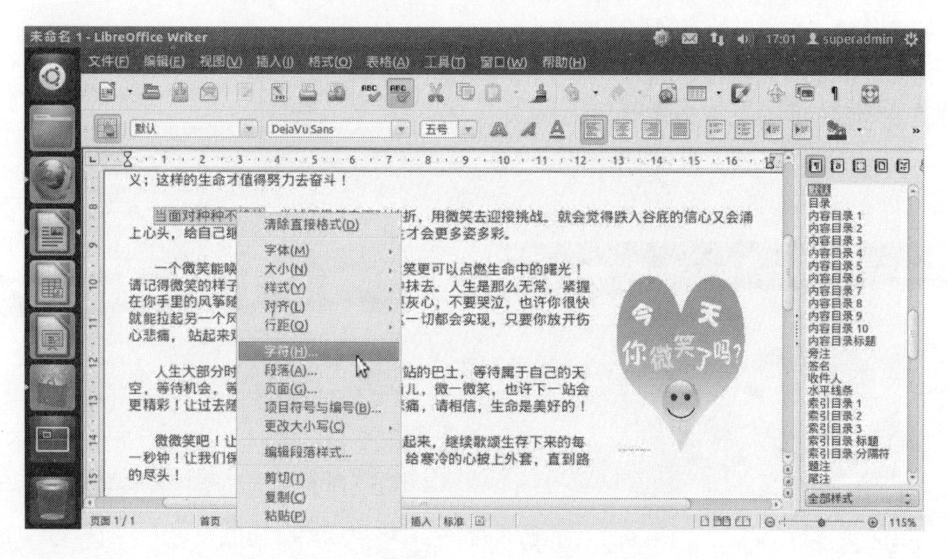

图 7-17　其他设置

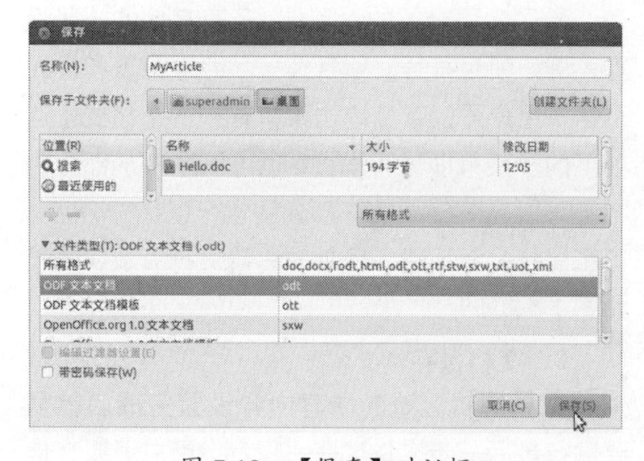

图 7-18　【保存】对话框

在该对话框中，首先需要输入保存的文档名称，接着在左侧的位置处选择要保存文档的位置，这里保存到桌面。用户可以单击名称是“所有格式”的对话框查看该文档所有支持的格式文件类型，然后选择要保存的类型，最后单击【保存】按钮进行保存。另外，用户也可以选中“带密码保存”复选框，以密码的形式保存文档。

如果用户对已经打开的文档进行更改，可以直接进行保存，也可以按 Ctrl+Shift+S 组合键或者菜单栏中的【文件】|【另存为】选项进行保存。无论是以哪种方式保存，下次用户都可以方便地打开进行修改。

7.3 LibreOffice Cale

很多时候，用户需要使用表格来记录一些东西，例如统计公司所有员工某个月的考勤情况，或者统计某班同学某次月考的情况，又或者是某个公司在本年度所有的收入和支出情况等。这时如果用户再使用 Writer 软件已经不能够满足他们的需求，那么在 Linux 操作系统中，有一种软件工具和 Windows 系统中 Microsoft Office Excel 软件的功能一样的工具就是 LibreOffice Cale，简称 Cale。

7.3.1 Cale 介绍

Cale 是一种电子表格应用程序，它有着与 Windows 操作系统中 Microsoft Excel 相同的功能和可视化界面。使用 Cale 可以创建电子表格并加以处理，也能够完成从数据录入、统计计算到打印输出等一系列电子表格处理功能，还可以导入和修改 Microsoft Excel 应用程序中的电子表格。

1. 功能

Cale 软件的功能非常强大，主要表现在以下几个方面：

（1）计算

Calc 就是一个出色的电子表格组件，包含了统计函数和累计函数，可以使用这些函数创建公式，对数据执行复杂的计算。另外，用户也可以使用函数向导创建自己的公式。

（2）直观图表显示

Cale 电子表格能将表中的数据以一种非常直观的方式表示出来，而且还可以通过双击图表进行编辑。

（3）专业数据统计

Cale 电子表格可以对数据进行统计，通过已有的条件，计算其他变量。例如，知道基数，增加百分比，求多长时间可以达到某一数额。

（4）使用各种参数的计算方式

在 Calc 应用软件中，对于由多个因子组成的计算，在修改其中一个因子后，立即可以查看计算的结果。除此之外，也可以使用不同的预定义方案管理相对比较大的表格。

（5）对数据进行排列、存储和筛选

使用 Calc 电子表格可以直接从数据库拖放表格，也可以将电子表格作为数据源，在 Writer 中创建格式信函。

（6）数据分类

在 Calc 电子表格中可以方便地重新组织电子表格，以显示或者隐藏特定的数据区域，按照特定的条件格式化区域或者进行快速计算、分类汇总等。

（7）打开和保存 Microsoft Excel 文件

可以使用 Cale 转换 Excel 文件，或者以其他格式打开和保存 Excel 文件。

2. 支持的文件格式

与 Writer 应用软件一样，Cale 电子表格也可以兼容多种格式和类型的文件。例如，它支持的文件格式包括：.ods、.ots、.sxc、. stc、. dif、.dbf、.xls、.xlt、.sdc、.vor、.slk、.csv、.html 和.xml 等。它所支持的文档类型有电子表格、图表、人事通讯录、地址簿、收据和单以及预算等。

7.3.2 认识 Cale

Ubuntu 12.04 版本在安装时会默认安装 LibreOffice Cale 软件，用户在使用之前需要确定该软件是否安装。如果用户确定已经安装，单击默认桌面的 LibreOffice Cale 按钮即可打开一个电子表格，效果如图 7-19 所示。

从图 7-19 中可以看出 Cale 电子表格中可以包含标题栏、菜单栏、滚动条、工具栏、数据编辑区域以及多个工作表名称。电子表格数据编辑区域又是由单元格、列标题和行标题组成，Cale 电子表格默认有 3 个工作表，用户可以根据这些工作表标签页的实际需要进行添加和重命名。

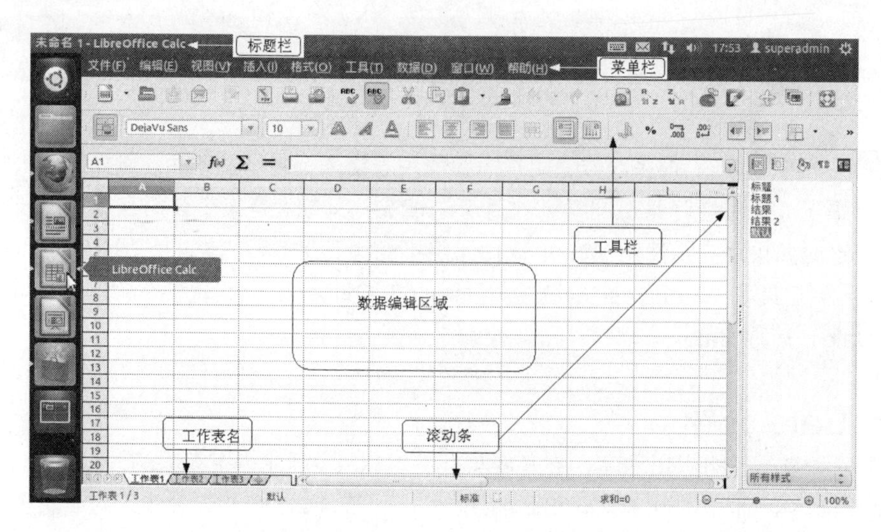

图 7-19　认识 Cale 电子表格

Writer 软件中的基本文件区域是编辑区域，而在 Cale 电子表格中也是编辑区域。通常情况下，用户在使用 Cale 电子表格时将这些编辑区域称为工作簿。每一个工作簿包含若干个工作表，工作表可用来对数据进行组织和分析。每个工作表都由多个行和列组成，每个行列交叉处的小格称为单元格。单元格用行号和列标作为其地址，其中行号用数字表示，例如 1、2、3、4、5 等；列标使用字母表示，例如 A、B、C、D、E 等。在同一时刻，只有一个单元格是活动单元格，它被用黑色边框框住，并且用户只能在活动单元格中输入和修改数据。

7.3.3　操作和设置

前面已经介绍了与 Cale 电子表格有关的内容，对 Cale 电子表格简单了解之后，可以向表格中添加内容，并且设置相关信息。

1．输入数据

单元格处于激活状态下才可以进行输入，输入时用户可以通过鼠标定位单元格，也可以通过使用 Tab 键，用户输入内容后的效果如图 7-20 所示。

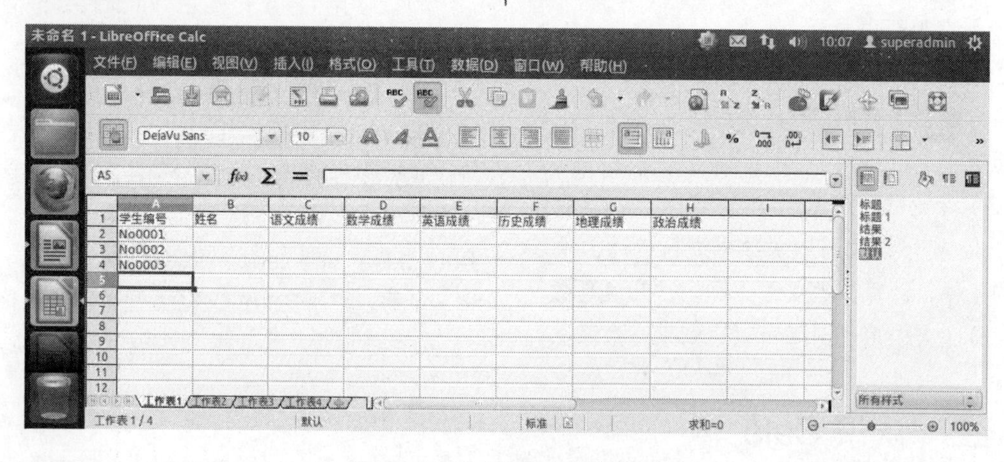

图 7-20　输入数据的初步效果

用户可以对单个或多个单元格中的内容进行设置，设置单元格常用的方法有两种：一种是单击菜单栏中的【格式】|【单元格】选项（或直接按 Ctrl+1）；另外一种是选中要设置的一个或多个单元格，然后单击右键选择【单元格格式】选项。

例如，用户要对图 7-20 中与学生编号、姓名、不同科目的成绩的表头进行设置，弹出【单元格格式】对话框效果如图 7-21 所示。

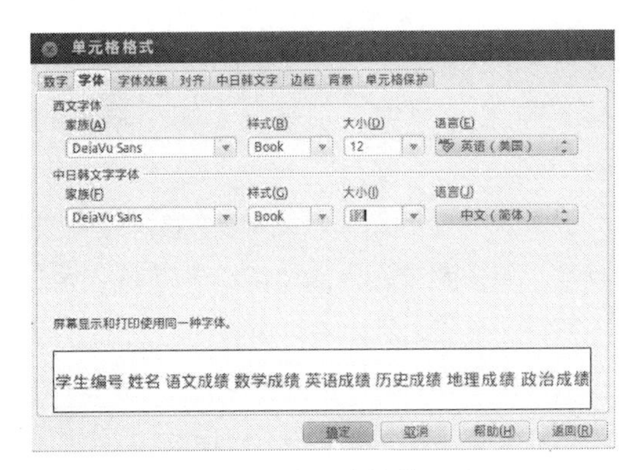

图 7-21　单元格格式设置

在图 7-21 中，可以对单元格的字体大小、字体效果和对齐方式进行设置，也可以设置边框和背景效果，将表头中的字体设置大小为 12 号后单击【确定】按钮，效果如图 7-22 所示。

2．自动增加数据

大多数情况下，用户都需要手动输入内容，但是有些内容过于重复。例如用户在输入学生编号时都是连续的，只是文本最后的字符不一样，这时就需要使用自动增加数据。

自动增加某一列的数据非常简单，用户选中一行或多行单元格的数据后将鼠标移动到最后一个单元格的右下角，鼠标会进行改变，效果如图 7-23 所示。

当鼠标变成图 7-23 所示的效果后，单击该十字效果向下进行拖动，拖动过程中会显示学生的编号信息，拖动完成后的效果如图 7-24 所示。

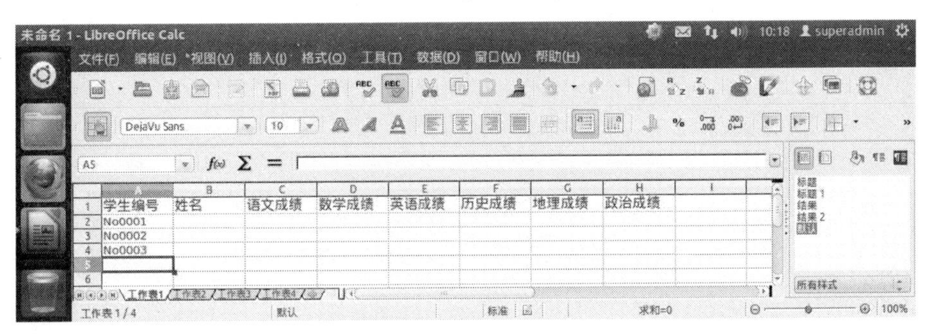

图 7-22　设置表头格式

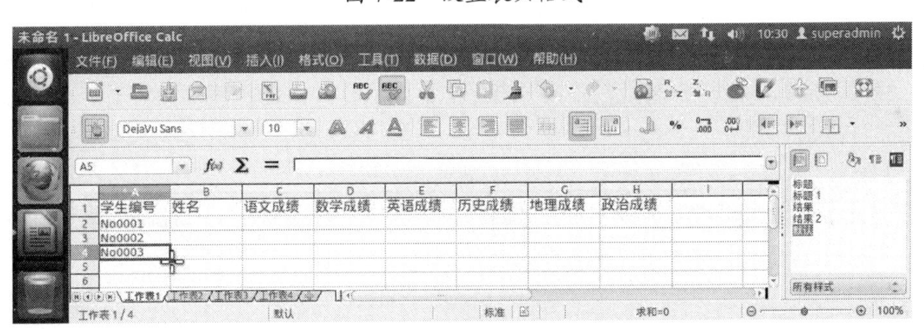

图 7-23　自动增加数据效果

图 7-24　增加数据完成后效果

试一试

如果用户想要依次复制某一列的数据，例如，让常用的编号依次从 No0001、No0002 和 No0003 循环复制显示。很简单，当鼠标悬浮时出现图 7-23 的效果时，按着 Ctrl 键后再进行拖动即可，读者可以亲自动手试一试。

3. 冻结窗口

细心的用户从图 7-24 中发现一个问题，如果学生过多时，在拖动查看信息的过程中，不会再看到与表头的信息。如果是这样，用户怎么会清楚记得某一列到底用来显示哪个科目的分数呢？

要解决这个问题非常简单，直接冻结窗口就可以了。单击菜单栏中的【窗口】|【冻结窗口】选项即可，完成之后用户可以拖动滚动条进行查看，效果如图 7-25 所示。如果用户不想冻结窗口，找到菜单项取消选中该项即可。

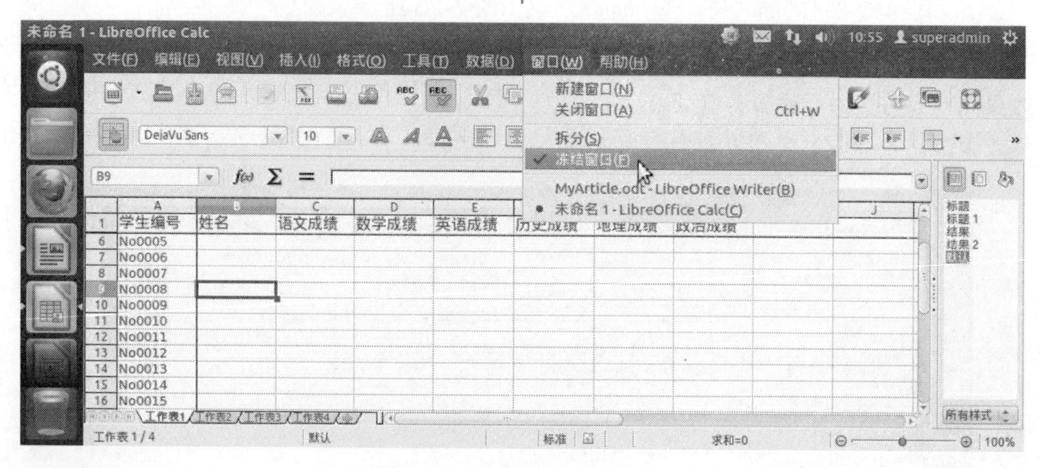

图 7-25 冻结窗口后的效果

4. 求和计算

用户将学生的成绩输入完成后可以计算某个学生的总成绩，如果使用计算器进行单个计算则显得繁琐而且麻烦，现在有一种非常简单的办法进行计算。实现其求和计算的主要步骤如下：

（1）用户可以单击总成绩列的单元格，然后找到工具栏中名称是 f(x)的函数向导按钮，单击该按钮弹出如图 7-26 所示的【函数向导】对话框。

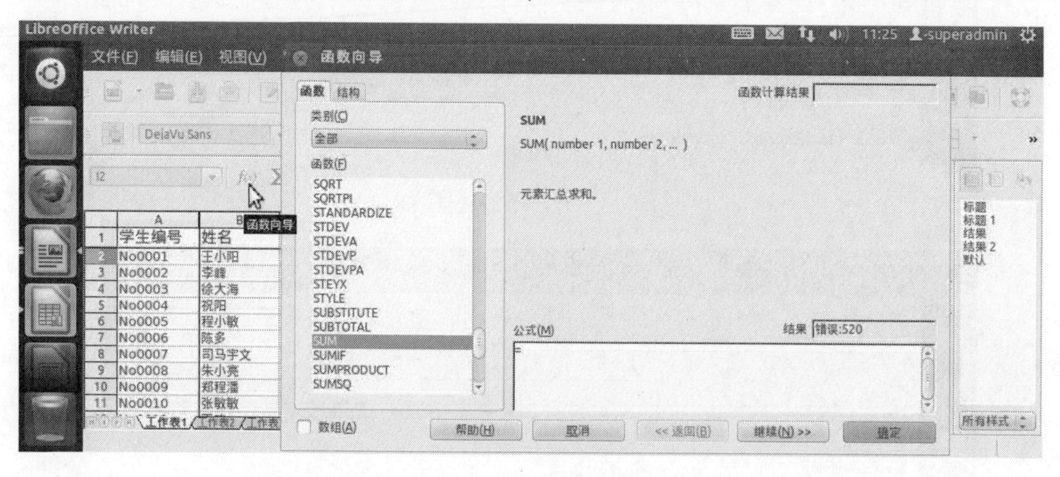

图 7-26 函数向导对话框

（2）在图 7-26 所示的函数中找到 SUM 函数，找到完成后单击【继续】按钮显示进行求和的各个元素。单击每个元素后面的【选择】按钮，在弹出的提示中选择要计算的元素值，或者直接在输入框中输入 D2、E2、F2 等内容，效果如图 7-27 所示。

（3）所示的元素列填写完成后直接单击图 7-27 中的【确定】按钮，该按钮完成了计算效果，如图 7-28 所示。

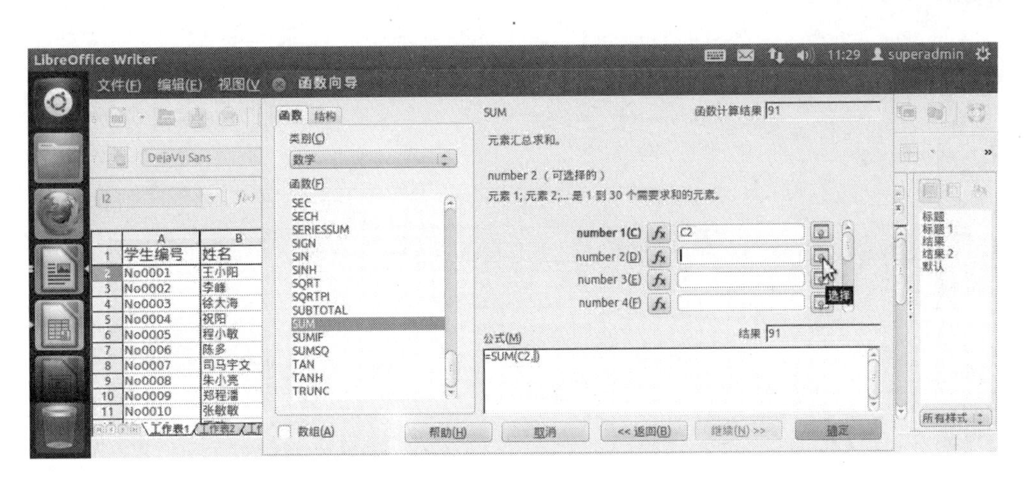

图 7-27　向函数向导中添加信息

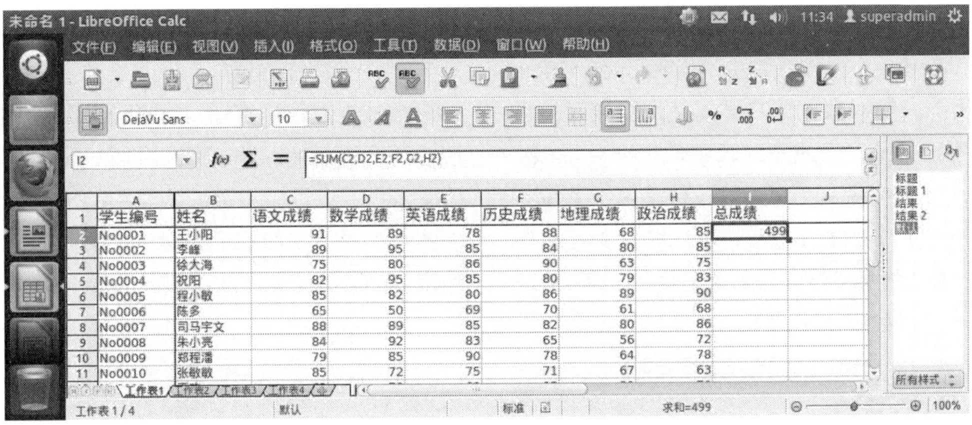

图 7-28　计算求和结果

用户进行求和计算时，如果计算的数据量较小可以采用上面的方法，但是如果用户有几百条数据，再计算数据时显得非常麻烦。还有一种更加简单的方法来进行求和计算。

首先选择总成绩列，选中后找到工具栏中的【求和】按钮，效果如图 7-29 所示。

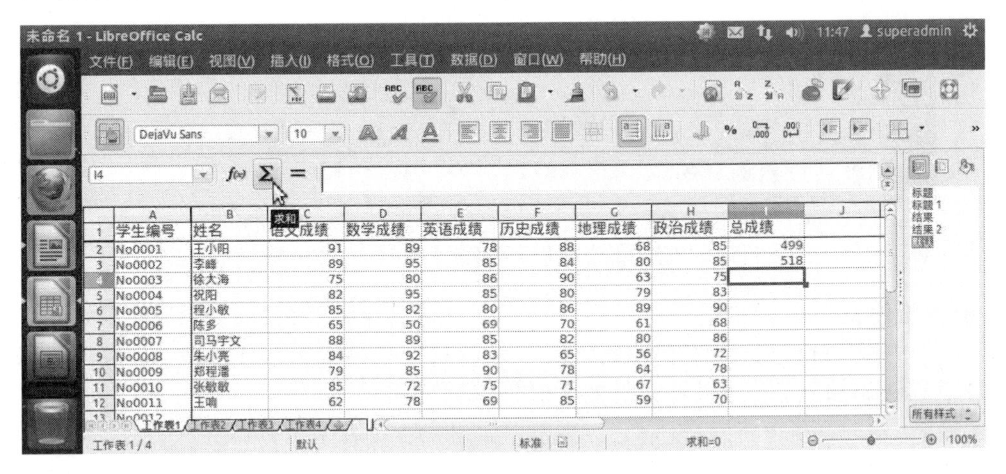

图 7-29　选择【求和】按钮

单击图 7-29 中的【求和】按钮后会显示图 7-30 所示的效果，在该图中会自动计算结果，直接单击【采用】按钮即可。如果不是进行求和计算，而是其他计算的话，可以单击左侧的下拉框进行选择。

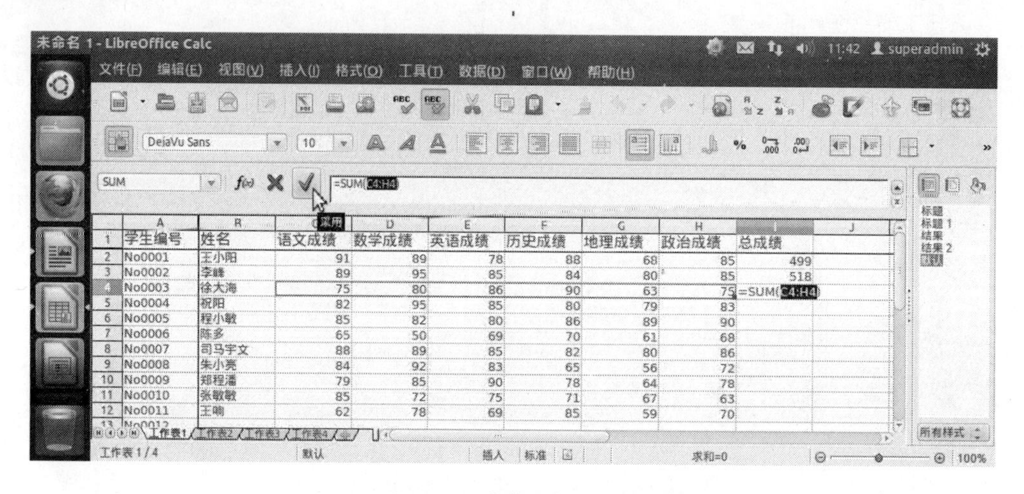

图 7-30 简单的求和计算

5. 插入图表

与 Windows 操作系统中的 Microsoft Office Excel 相同，针对数据用户可以使用图表来表示它们的明细关系，使用户对表中数据一目了然。

插入图表有两种方式：第一种是单击菜单栏中的【插入】|【图表】选项；第二种是直接单击工具栏中的【图表】按钮。无论选择哪一种方式，单击图表时都会弹出【图表向导】对话框，如图 7-31 所示。

用户在图 7-31 中选择图表类型，也可以选中三维外观显示逼真信息，然后依次单击【继续】按钮进行下一步操作，用户可以显示学生总成绩的图表图，也可以将某一位学生的成绩显示为图表图。如图 7-32 所示为司马宇文同学各科成绩的直观图表，该图可以直观地显示该同学科目最好和最差的成绩。

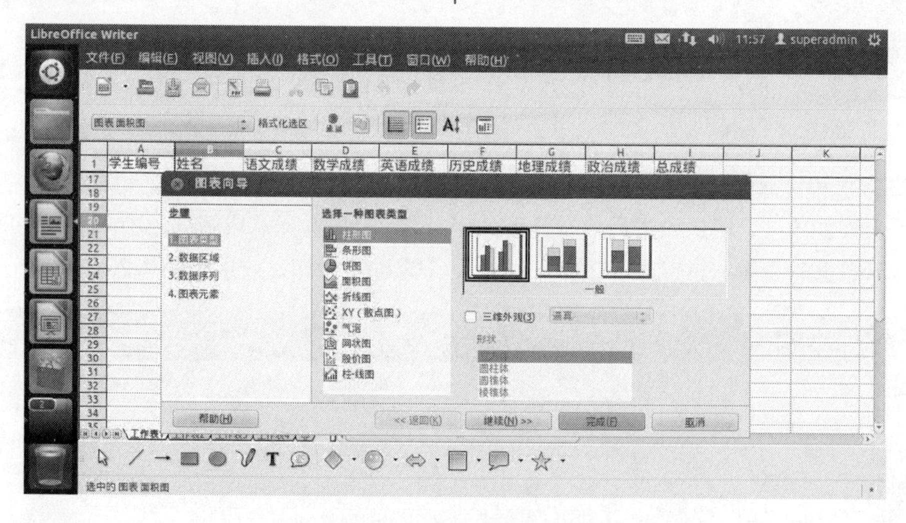

图 7-31 【图表向导】对话框

6. 插入工作表

除了上面的操作外，还有一种常用的操作：插入工作表默认添加的工作表并不能够完全适应用户的需求，这时需要重新插入工作表以满足用户的需要。用户插入工作表有两种方式：第一种是单击菜单栏中的【插入】|【工作表】选项；第二种是单击工作表名称右侧的绿色添加按钮。

当用户的工作表较多时，可能无法显示所有的标签。这时可以单击翻页按钮滚动工作表或者左右拖动标签分隔条以增加或者减少标签的显示。

7. 保存工作表

用户可以随时保存工作表，也可以在内容编辑完成后进行保存。保存工作表可以直接保存，也可以通过【另存为】按钮进行保存。单击菜单项中的【文件】|【保存】按钮时可以弹出【保存】

对话框，在该对话框中可以查看和选择要保存的格式文件，也可以选择带密码保存复选框，效果如图 7-33 所示。

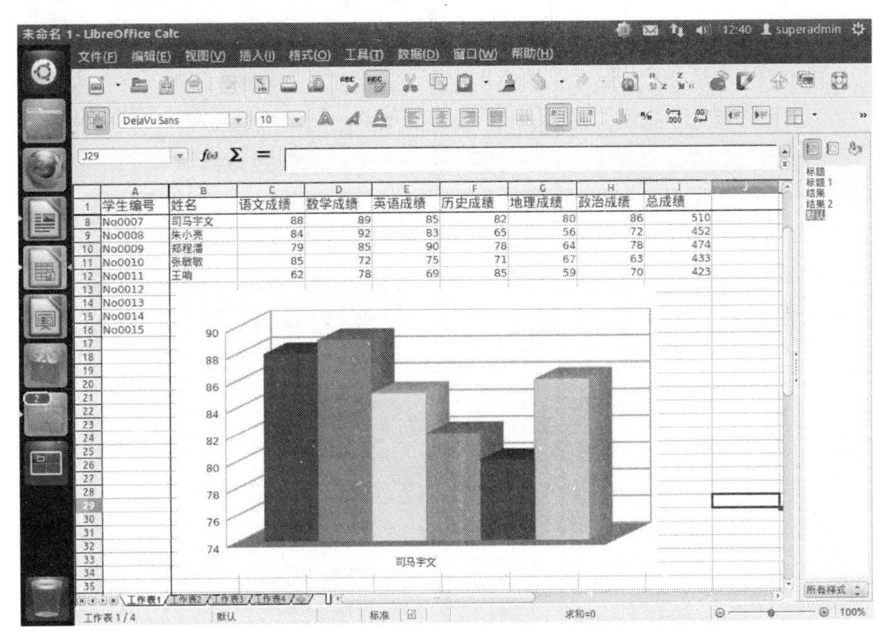

图 7-32 图表显示

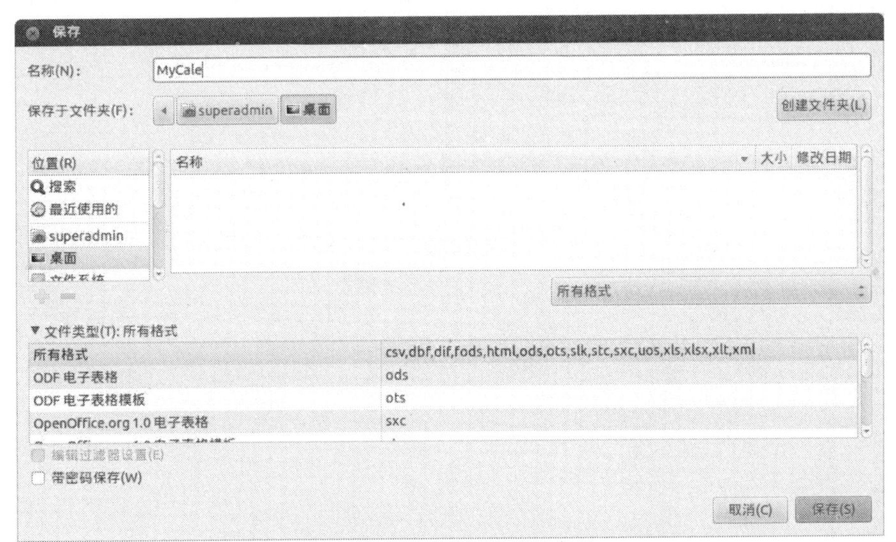

图 7-33 保存 Cale 电子表格

7.4 LibreOffice Impress

使用 LibreOffice Impress 可以建立包含文本、图表、图形、多媒体和其他许多内容的幻灯片。而且使用它还可以载入和修改 Microsoft Office PowerPoint 演示文稿。通过使用动画、幻灯片切换以及多媒体等技术可以使幻灯片的放映更加生动。通常情况下，LibreOffice Impress 可以被称为 Impress。

7.4.1 Impress 介绍

Impress 是一个幻灯片制作工具，通常也会被称为 PPT 制作工具。使用 Impress 可以制作出精美而富有个性的幻灯片，其操作简单，使用方便是制作教学、报告，以及演示等方面的首选。

1．功能

Impress 应用软件包含许多功能，主要功能如下：

（1）制作幻灯片

Impress 提供了多种模板和效果，可以在一个文档里管理多个页面，可以让用户制作的幻灯片保持同一种风格。

Impress 支持中英文各种字体，可以制作带有图形、图表、自绘图形的幻灯片，可以插入各种对象，并对对象进行各种操作，支持各种幻灯片过渡效果、各种对象动画效果，支持多种配色方案。

（2）灵活的播放方式

Impress 提供多种播放方式，可以实现自动播放、循环播放等多种播放方式。

（3）多种导出方式

Impress 提供不同格式的输出，可以将演示文稿导成 JPEG、PNG 等多种图片格式。此外，还可以将演示文稿导出成 HTML 格式，在 Firefox、IE 等浏览器上播放。

2．支持的格式文件

Impress 可以通常用来表示商业和学术演示文稿，它支持多种格式文件，包括.odp、.otp、.sxi、.sti、.ppt、.pot、.sxd、.sda、 .sdd、.vor 和.odg。用户在保存 Impress 幻灯片时可以选择查看这些格式文件。

3．Impress 界面

用户在使用 Impress 幻灯片之前，首先需要确定 Impress 软件是否存在，如果不存在需要进行安装。如果存在，则直接找到该软件的运行程序单击进入页面，运行效果如图 7-34 所示。

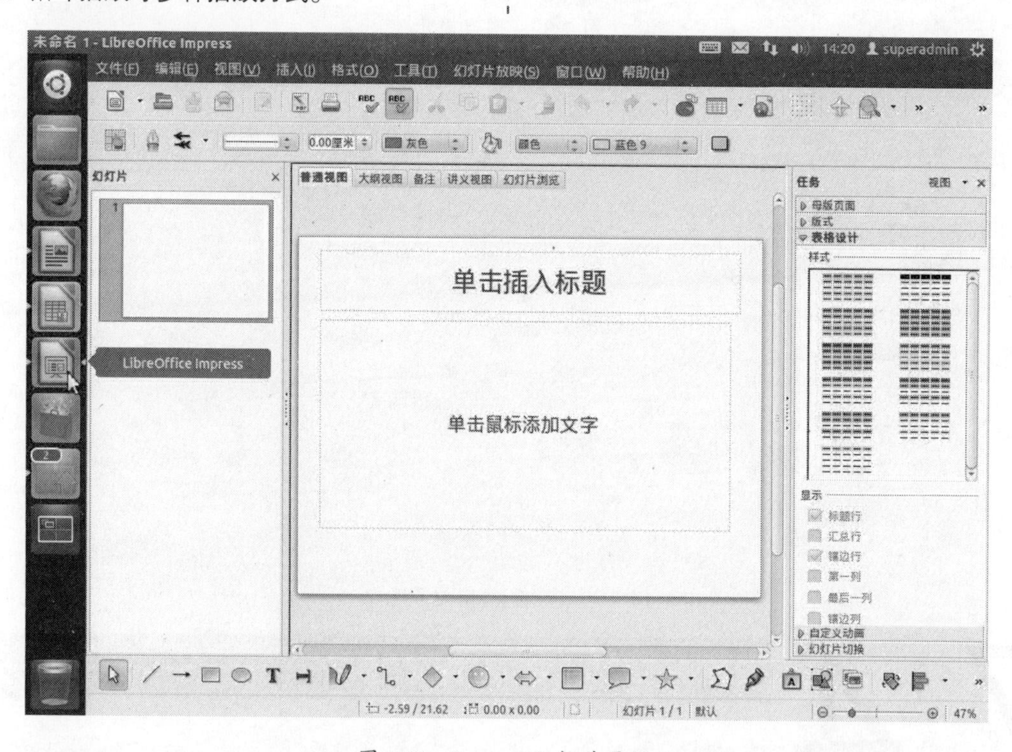

图 7-34 Impress 幻灯片界面

从图 7-34 中可以看到，Impress 幻灯片的操作界面比 Cale 和 Writer 都复杂，该软件除了包含标题栏、菜单栏、工具栏和滚动条外，还包含幻灯片编辑区域、视图切换区、幻灯片区和任务设置区等。主要区域的说明如下：

- ❑ **幻灯片编辑区** 用于编辑幻灯片的内容，包括添加文本，插入图表和图片等。
- ❑ **视图切换区** 包含普通视图、大纲视图、备注视图和讲义视图四种视图模式和一个幻灯片浏览模式标签。
- ❑ **任务设置区** 该区域用于设置对幻灯布局、显示效果等进行设置。

7.4.2 Impress 操作

打开 Impress 幻灯片后，用户可以对单击界面的相关内容进行一些基本操作了，下面介绍几种常用的操作。

1．添加文字

文字和图片是一个 Impress 幻灯片最常插入的内容，文字插入非常简单，直接在文本是“单击插入标题”或者“单击鼠标添加文字”，然后进行添加即可。默认情况下，会有两个文本框，如果这两个文本框都不是用户想要的，用户可以选中将其删除，然后单击底部的文字标签或直接按 F2 拖动添加文本，效果如图 7-35 所示。

2．添加母版页

图 7-35 中的内容是不是有点单一呢？很多时候，用户需要为所有的幻灯片添加母版页，在 Impress 软件中如何添加母版页呢？很简单，单击菜单栏中的【视图】|【母版】|【幻灯片母版】选项可以弹出添加母版页的页面，效果如图 7-36 所示。

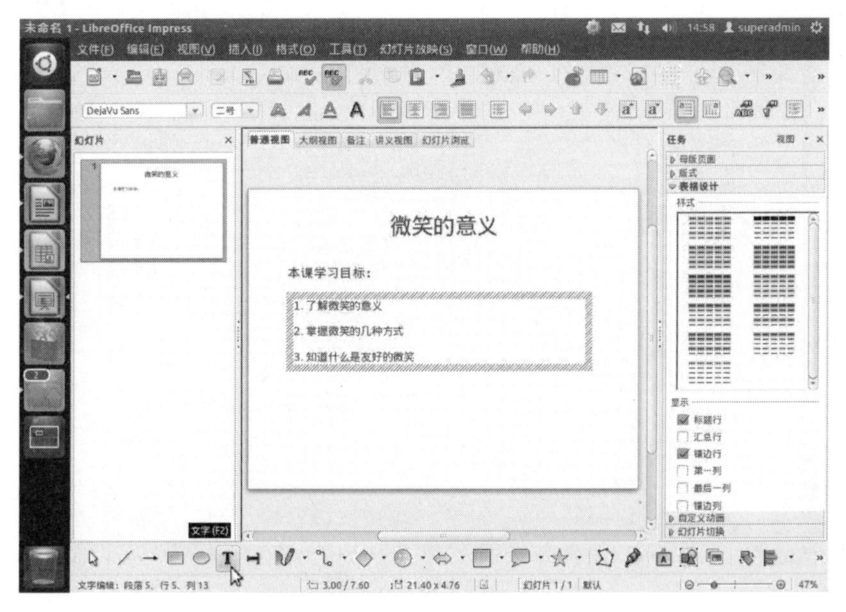

图 7-35 添加文字

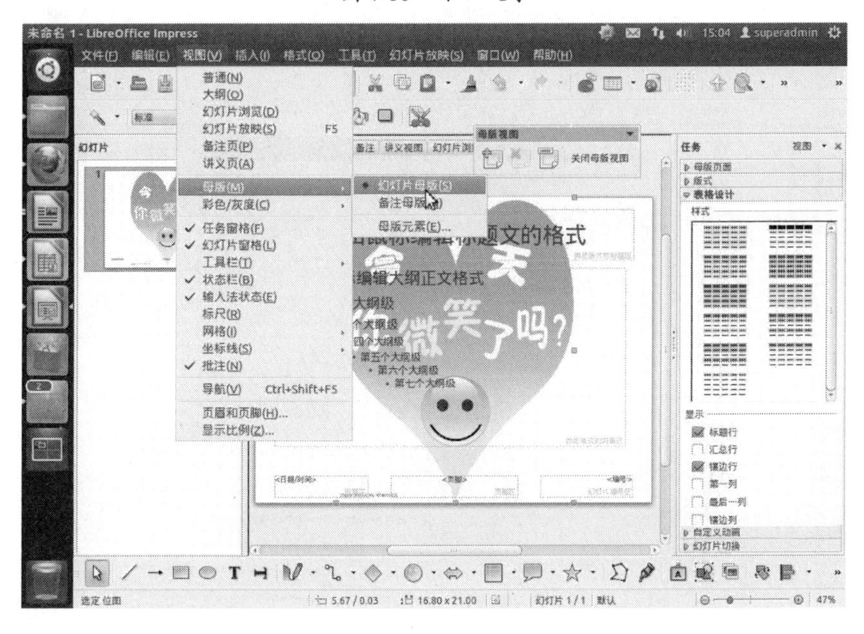

图 7-36 添加母版页

在图 7-36 中，用户添加了一张图片作为其母版页的惟一内容，当用户设计母版页完成后可以单击【关闭母版页】按钮选项。系统会自动将该母版页应用到当前所在的幻灯片中，鼠标悬浮时的效果如图 7-37 所示。

3. 添加新的幻灯片

当设计幻灯片完成后需要添加新的幻灯片，添加新的幻灯片有三种方式。如下所示：

- ❑ 将鼠标悬浮到当前的幻灯片中（如图 7-37），然后选择【复制幻灯片】进行添加。
- ❑ 选中当前的幻灯片后单击右键，直接选择【新建幻灯片】选项。
- ❑ 单击幻灯片区域空白处的内容后单击右键，然后选择【新建幻灯片】选项。

用户可以选择上面的任何一种方式进行幻灯片的添加，添加完成后单击工具栏中的【图表】按钮添加图表，找到相关选项后可以弹出【数据表格】对话框。在该对话框中根据权威的数据表填写不同年龄层（老年、上班族和青少年）的微笑指数，效果如图 7-38 所示。

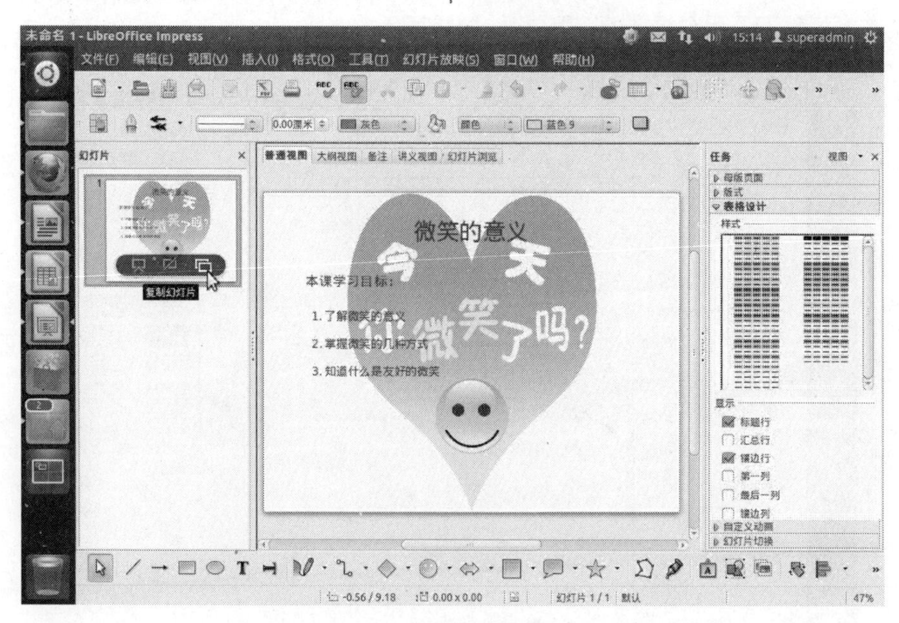

图 7-37 添加幻灯片母版

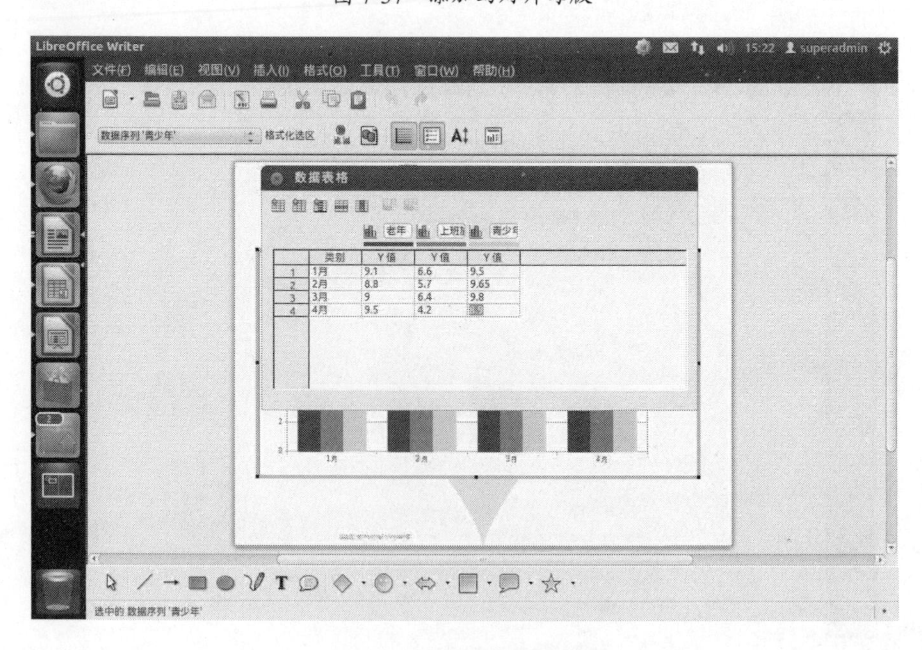

图 7-38 添加图表时的效果

4．添加动画效果

熟悉 Microsoft Office PowerPoint 工具的用户可以知道，该工具做的东西非常炫丽，用户可以对文字、图片设置不同的动画效果，那么 Impress 能不能像 PowerPoint 一样做出那样炫丽的效果呢？下面大家一起动手来试一试吧！

在普通视图窗体中选中要设置动画的内容，然后在任务设置区找到自定义动画的内容，接着单击【添加】按钮弹出相应的对话框，如图 7-39 所示。

在图 7-39 中选择合适的动画效果，然后双击自动添加的任务设置区，或者设置完成后单击【确定】按钮。添加完成后用户可以在图中的【开始】处设置什么时候开始显示，全部设置完成后可以单击【播放】按钮进行播放。

5．放映动画效果

为所有的内容添加动画效果（例如为图表添加棋盘效果，慢速显示）后就可以进行放映预览了，用户可以单击菜单栏中的【视图】|【幻灯片放映】选项，也可以按 F5 键，幻灯片放映图表时的效果如图 7-40 所示。

图 7-39　添加自定义动画

图 7-40　放映幻灯片效果

6. 保存幻灯片

保存幻灯片的方式与 Writer 和 Cale 一样，直接单击 Ctrl+S 快捷键即可，在弹出的对话框中进行选择，效果如图 7-41 所示，设置完成后单击【确定】按钮。

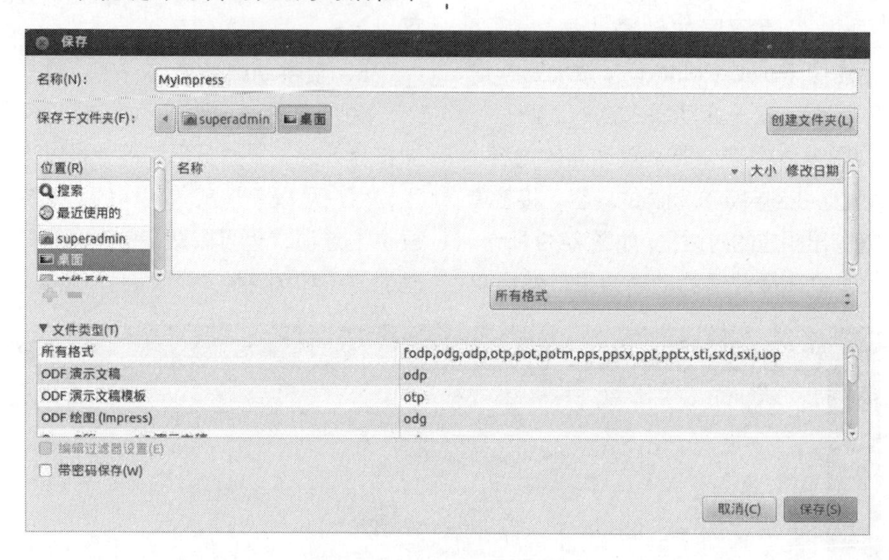

图 7-41 保存幻灯片效果

7.5 文档查看器——PDF

只要有互联网就避免不了用户下载文件，用户可以下载不同格式的文件，例如.txt、.doc、.mp3、.mp4、.rmvb 以及 pdf 格式等。用户使用 Word 文档可以打开.doc 的文件，使用视频播放器可以打开.rmvb 的文件，那么 pdf 格式的文件如何打开呢？这时需要使用 Linux 系统中的文档查看器。

7.5.1 PDF 介绍

PDF（Portable Document Format，可移植文档格式）是文档的电子映像，它是由 Adobe 公司开发出来的，长期以来一直是互联网事实上的标准之一。要阅读 PDF 格式的文件，必须使用 PDF 阅读器。在 Linux 操作系统中，一般情况下会把 PDF 阅读器称为文档查看器。

Ubuntu 12.04 在默认安装时会安装文档查看器，即默认安装时的软件名称是 Evince。它可以用来查看.pdf 格式的文件，只要双击要查看的.pdf文件，或者使用键盘选中该文件并按Enter键即可启动该程序。但是有时候，当用户需要填写 PDF 中提供的表格时，Evince 并不能完成这个功能，因为这个功能是 Adobe 专用的，但是用户可以在Ubuntu软件中心下载AdobeReader软件。

7.5.2 PDF 使用

使用文档阅读器之前必须确保该软件已经被安装，可以在 Ubuntu 软件中心进行查看，然后进行确定（参考 Writer 软件）。如果用户已经确定安装完成，可以在 Dash 主页中进行搜索，然后双击打开该 PDF 阅读器。

打开该阅读器完成后选择菜单项中【文件】|【打开】选项，或者直接按 Ctrl+O 快捷键找到要查看的 PDF 文档，效果如图 7-42 所示。

在图 7-42 中，用户可以通过输入页数进行查看，也可以放大或者缩小右侧的幻灯片内容，还可以直接单击【上一页】和【下一页】按钮进行操作。

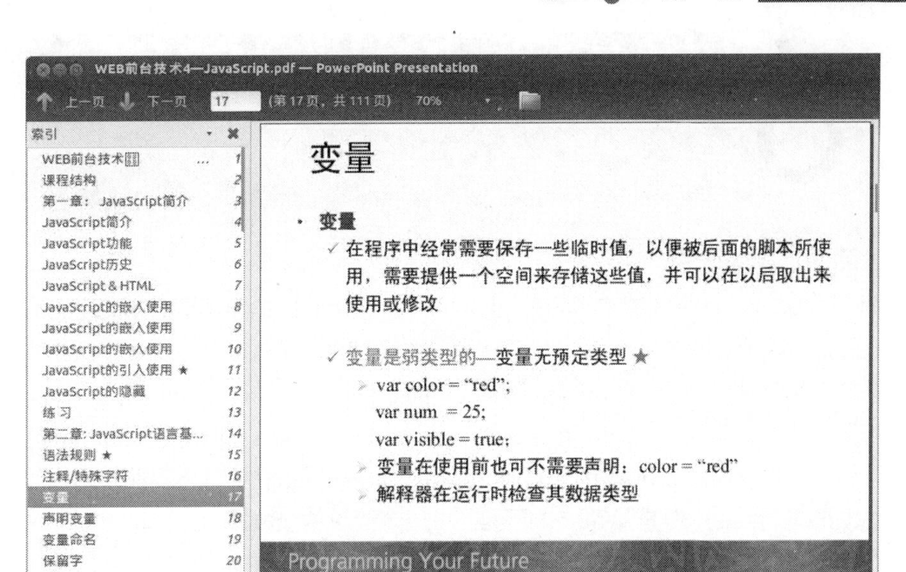

图 7-42　PDF 文档查看器阅读 PDF 文档

7.5.3　PDF 编辑

PDF 文档还可以进行编辑，对于 PDF 文档的编辑，用户可以安装专门编辑 PDF 文档的软件 PDFEditor。在终端处敲入以下命令：

```
$sudo apt-get install pdfedit
```

用户在终端窗口中执行以下命令后就可以安装了，安装时需要根据提示进行操作，安装完成的效果如图 7-43 所示。

全部内容安装成功后用户可以在 Dash 主页中找到 PDFEditor，PDFEditor 是一个功能强大的软件。单击打开要编辑的文档，找到相应的内容进行更改，效果如图 7-44 所示。

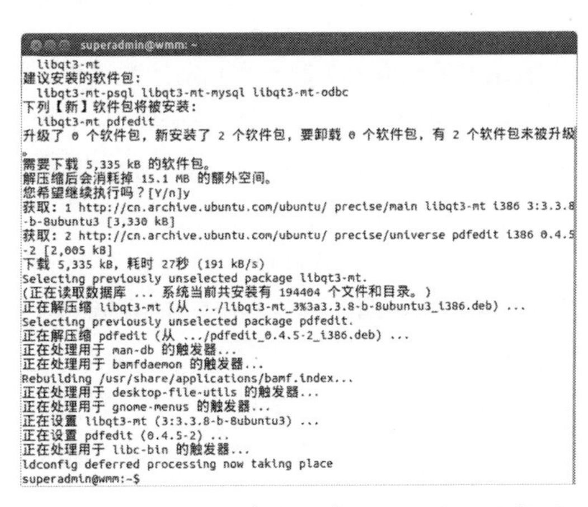

图 7-43　通过执行命令安装 PDF 文档的编辑器

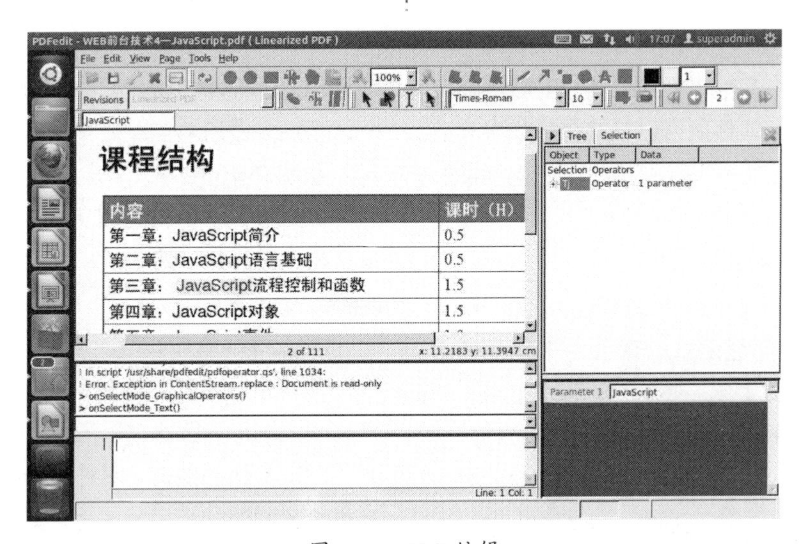

图 7-44　PDF 编辑

7.6 实例应用：Draw 绘制流程图

7.6.1 实例目标

稍微了解一点 Java、C++或者 C#等语言知识的读者可以知道，在介绍控制语句时，为了使读者能够简单快速地理解和掌握控制语句，通常需要使用流程图对控制语句进行说明。流程图的绘制非常简单，用户可以使用 LibreOffice Writer 软件中提供的图形进行绘制，但是 Writer 并不是真正的用于绘制图形工具，Windows 操作系统中可以使用专门的绘图软件 Microsoft Office Visio 进行绘制，那么在 Linux 操作系统中有与之类似的工具。

LibreOffice Draw 是 Ubuntu 12.04 中提供的一种绘图软件，本节实例就是通过该软件完成一个简单的流程图。

7.6.2 技术分析

本节的实例标题是“Draw 绘制流程图”，因此本节实例所使用到的技术就是 LibreOffice Draw，下面将简单的介绍这项技术。

LibreOffice Draw 是一个向量绘图软件，可以帮助用户建立各种绘图，并以一些常见的影像格式将其输入。LibreOffice Draw 与 Windows 系统中的 Microsoft Office Visio 软件很相似。都是用来绘制图形的。使用 Draw 绘制的图形可以直接使用于 LibreOffice Writer 或 LibreOffice.org Impress 中。

LibreOffice Draw 功能非常强大，它支持多种图形，包括 fodg、odg、otg、std 和 sxd。使用 Draw 软件时可以完成以下内容。

- **向量图形** 使用 Draw 可以完成由数学向量所定义的线条和曲线建立向量图形。
- **3D 图形** 通过 Draw 软件用户可以建立 3D 图形，如立方体、球体、圆柱体或圆锥体等，甚至可以设置这些图形的光源效果。
- **显示物品间关系** Draw 软件中物品可以使用被称为【连接符】的特殊线条相连接，以显示物品之间的关系。移动物品时，连接符附加至绘图物品上的会保持附加状态。连接符在建立机械结构图和技术性图示时很有用。

7.6.3 具体步骤

用户在使用 Draw 绘图之前首先要确定 LibreOffice Draw 软件是否已经安装，如果没有安装则需要进行安装，安装完成后再打开进行绘图。

绘制流程图的步骤如下：

（1）在绘图区域添加图形

首先需要打开 LibreOffice Draw 软件，打开完成后在界面底部显示了一系列用于操作的主要绘图工具，例如文字、长方形、箭头汇总、符号形状、点、星形以及图例等。用户可以拖动底部的图形添加一个长方形（可以直接拖动长方形，也可以在流程图中拖动第一个图形，还可以是拖动基本形状中的第一个图形）到绘图区域中，添加完成后的简单效果如图 7-45 所示。

从图 7-45 中可以看出，LibreOffice 所提供的软件组成大体都相同，Draw 软件包括标题栏、菜单栏、工具栏、滚动条、编辑区域和状态栏等内容。

（2）继续添加其他图形

无论是哪个控制语句，它的流程图肯定不会只有一个图形。因此，用户可以继续通过上面的方法添加其他的图形。另外，还有两种方式可以简单快速的添加相同的图形：第一种方式是选中图形，然后按着 Ctrl 进行拖动，这样可以复制一个新的图形；另一种方式是选中图形，通过快捷键 Ctrl+C 进行复制，然后按快捷键 Ctrl+V 进行粘贴，粘贴完成后还是要原来的位置，用户可以拖动到合适位置。完成后的效果如图 7-46 所示。

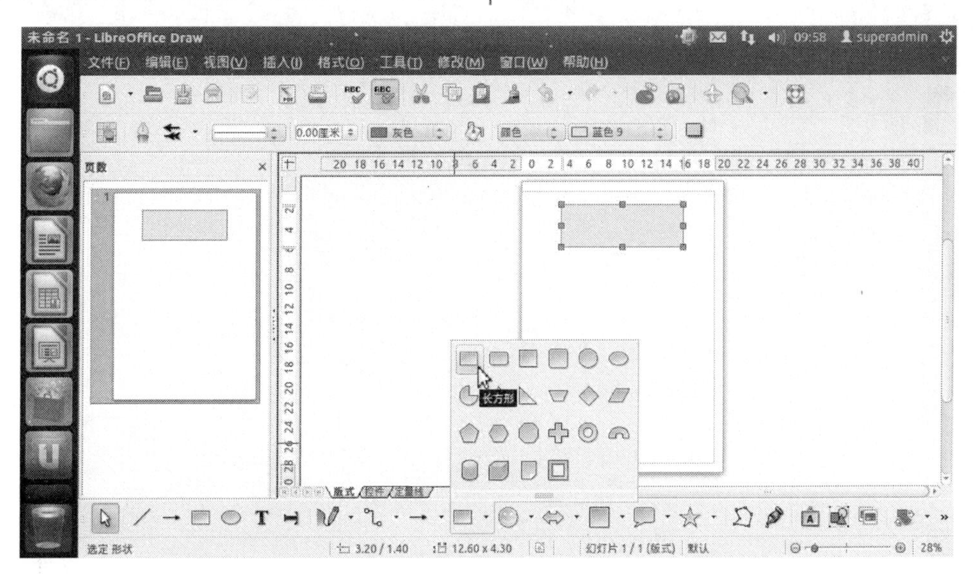

图 7-45 向绘图区域添加图形

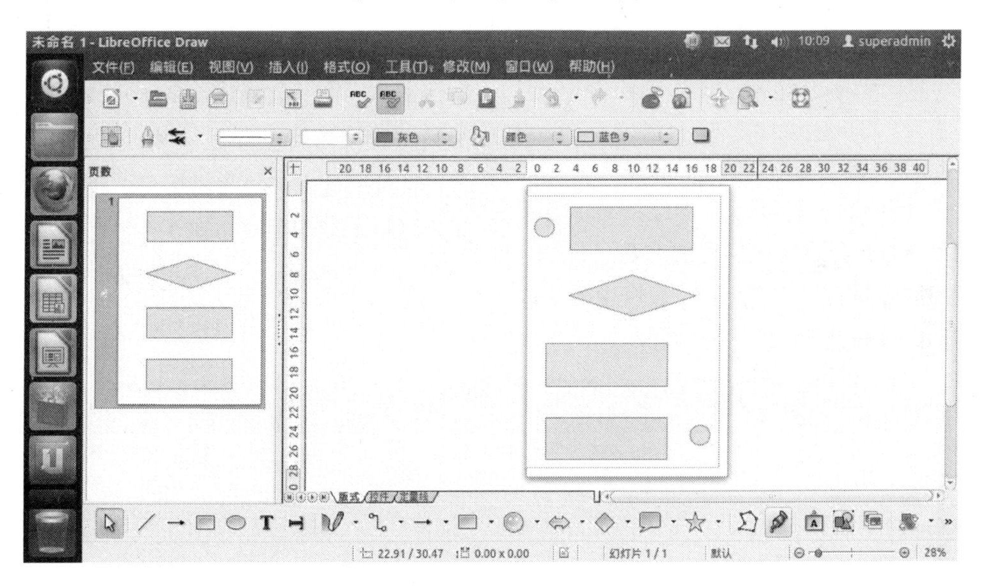

图 7-46 添加图形完成后的效果

在图 7-46 中，两个圆圈分别表示控制语句的起始和结束位置，菱形表示对表达式信息的判断。

（3）向图形中添加文字

流程图是一定要向图形中添加文字信息的，添加的方式非常简单，选中某个需要添加文字的内容，然后直接双击即可进入编辑区域，然后输入文字内容。输入内容完成后可以对这些文字进行操作，将这些文字的大小设置为“初号”，然后拖动底部的【文字】按钮对圆圈进行说明，将字体大小设置为“初号”，最终效果如图 7-47 所示。

（4）向图形中添加连接线

所有的图形添加完成后还需要相当重要的一步，就是使用连接线连接起各个图形之间的关系。连接线很简单，可以是单纯的箭头，也可以是双向箭头，还可以是一条简单的直线，用户可以根据自己的需要进行添加。

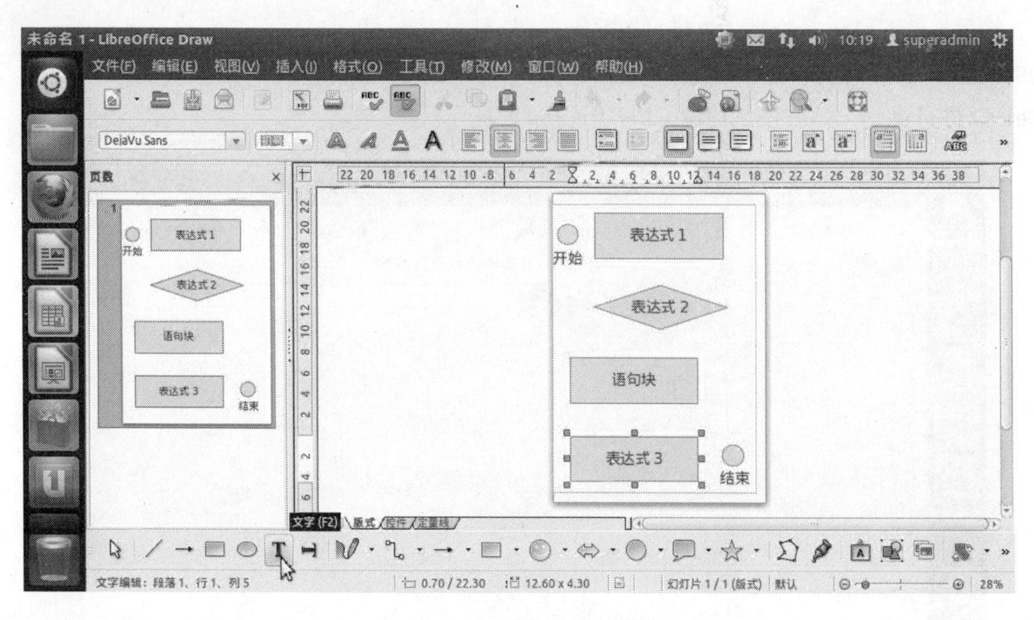

图 7-47　添加文字效果

一般情况下，用户使用连接线时主要是通过底部【线条和箭头】按钮中的各个连接线进行添加，当然也可以使用该按钮左侧的【连接符】按钮所提供的连接线，完成后的效果如图 7-48 所示。

（5）向连接线上添加文字

一个简单的流程图，可以根据连接线中箭头的方向判断流程，从而做出正确的判断。但是，如果一个流程图相对比较复杂，并且使用的连接线比较多时，如果没有任何的提示信息怎样才能快速准确地做出判断呢？这时需要向连接线添加文字信息。

并不是所有的连接线都需要添加文字，例如本实例中只需要向表达式2分叉出的两个箭头添加简单说明即可。向连接线添加文字有两种方式：一种是选中连接线然后双击直接添加；另一种是拖动【文字】按钮到合适位置进行添加。用户可以采用任何一种方式进行添加，这里采用第二种，添加完成后的效果如图 7-49 所示。

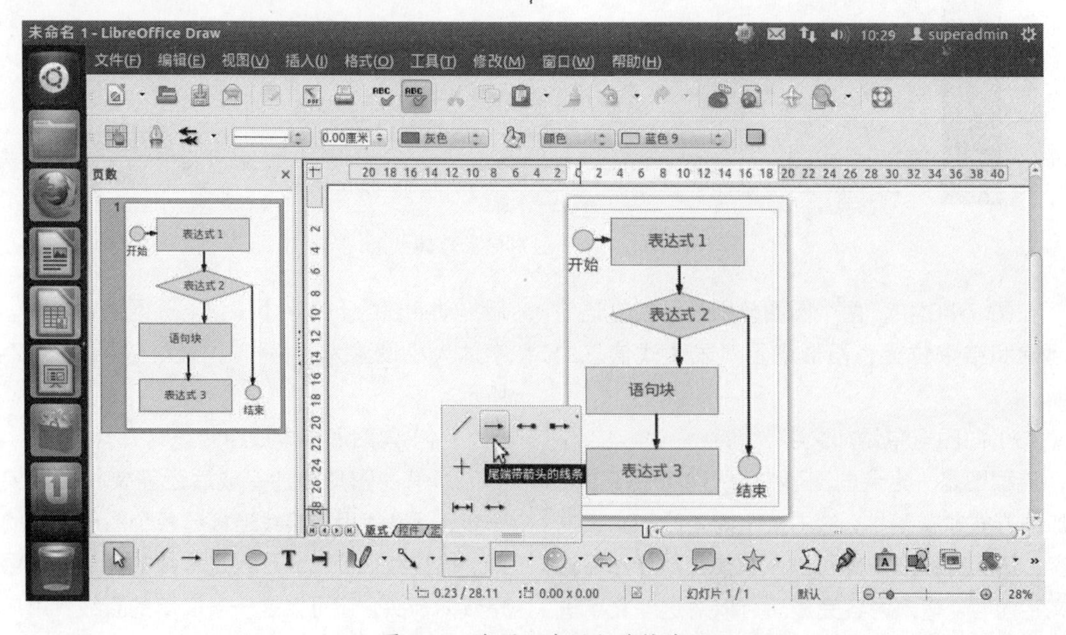

图 7-48　向图形中添加连接线

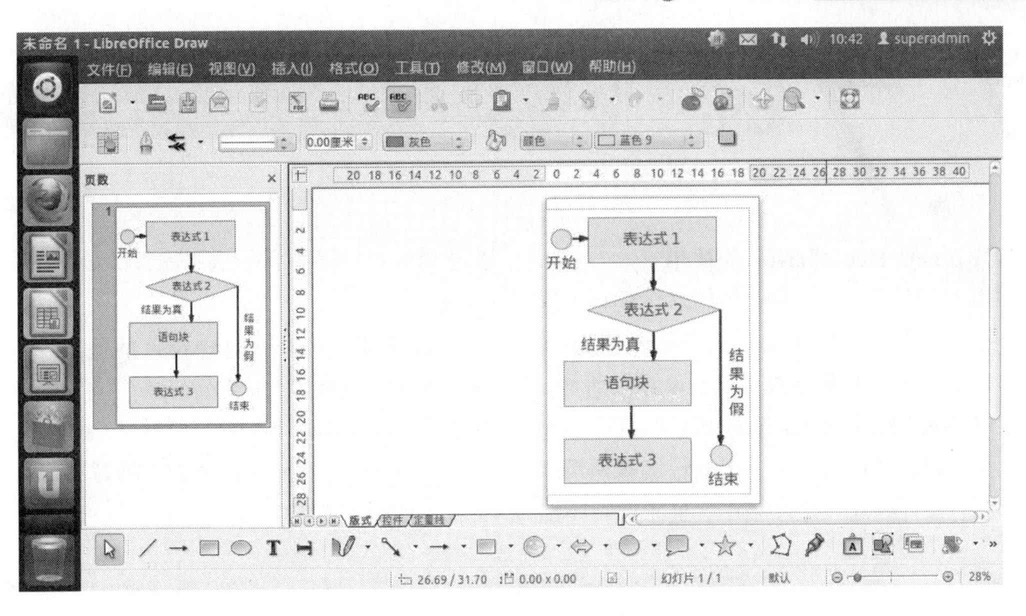

图 7-49 向连接线添加文字

（6）保存并退出

内容添加和修改完成以后可以执行最后的操作了，如果用户不需要保存本次操作的流程图，可以直接单击【关闭】按钮进行退出，也可以单击菜单栏中的【文件】|【退出】选项进行退出操作，这样就不会保存用户本次进行的所有操作。

如果用户需要保存本次操作，并且希望下次打开该流程图时可以直接修改，这样可以进行保存了，保存的方式很简单，也有多种方式。直接单击 Ctrl+S 快捷键保存时弹出【保存】对话框，在该对话框中单击文本是“文件类型”类型，查看 Draw 所支持的格式文件，也可以单击文本是“所有格式”的下拉框查看所有能够保存的格式，这两种效果所显示的类型是一致的，效果如图 7-50 所示。

试一试

本次实例应用只是使用该软件绘制了一个简单的流程图。实际上，LibreOffice Draw 的功能是非常强大的，它提供的网格和坐标线为用户提供了视觉辅助，以协助用户对齐绘图中的物品。还提供了画廊用户使用该功能可以向图形中插入影像、动画以及声音等内容，感兴趣的读者可以使用 Draw 软件亲自动手试一试。

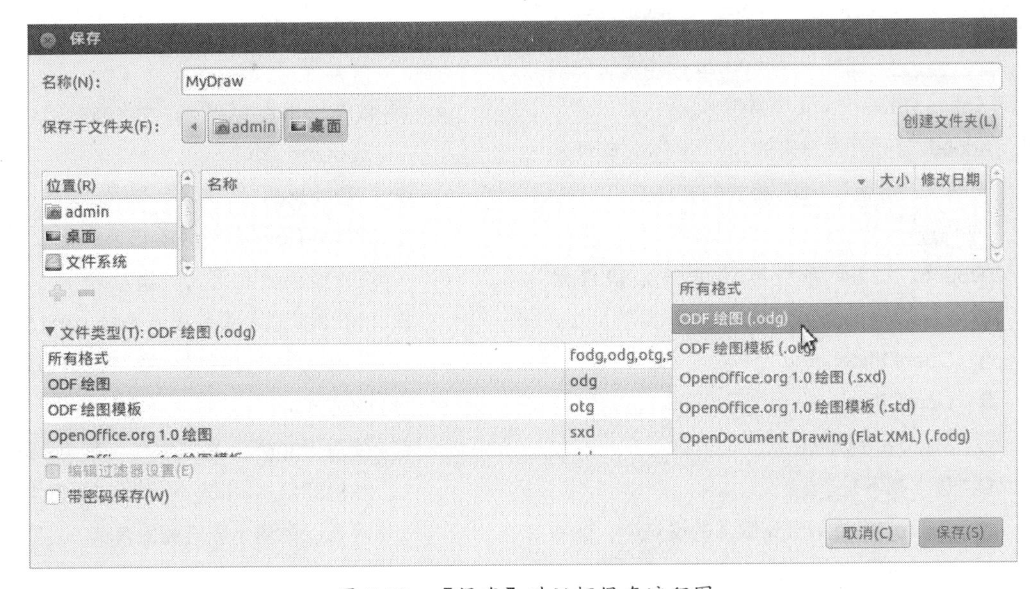

图 7-50 【保存】对话框保存流程图

7.7 拓展训练

1．LibreOffice Writer 的使用

利用 LibreOffice Writer 应用软件编辑一篇文档，要求尽量多地使用格式控制格式。例如设置文本大小、插入图表、图片以及设置段落等。

2．LibreOffice Cale 的使用

利用 LibreOffice Cale 应用软件编辑两份表格，将它们保存在同一个文档中，要求数目不能少于 10 条，并且希望读者能够尽量地使用有关函数。

3．LibreOffice Impress 的使用

利用 LibreOffice Impress 选择自己喜欢的版式和设计方案，制作一个完整的演讲稿，要求每一张 PPT 幻灯片中都要有动画效果。

7.8 课后练习

一、填空题

1．__________是 LibreOffice 中的文字处理程序。

2．在 Writer 软件中，标题栏显示了文档的名称和使用的软件名称，而__________是整个软件的操作核心部分。

3．能够完成从数据录入、统计计算到打印输出等一系列电子表格处理功能时需要使用__________软件。

4．在 Cale 电子表格中，如果用户要完成某些数值的求和计算，需要借助__________函数。

5．__________软件与 Windows 操作系统中的 Microsoft Office PowerPoint 非常相似。

6．Adobe 公司开发出来的__________软件是文档的电子映像，能查看 PDF 格式的文件。

二、选择题

1．Ubuntu 12.04 系统默认的办公软件是__________。

A．OpenOffice

B．LibreOffice

C．Microsoft Office

D．以上都不是

2．关于 LibreOffice Writer 软件的说法中，选项__________是正确的。

A．LibreOffice Writer 软件中工具栏是整个软件的核心内容，它提供了一些常用的快捷按钮

B．LibreOffice Writer 软件的菜单栏与 Microsfot Office Word 软件一样，它们之间没有任何区别

C．LibreOffice Writer 软件中包含标尺、滚动条、状态栏、编辑区域以及工作表名称等

D．LibreOffice Writer 软件包含许多功能，例如提供了对标题和正文等基本样式的设置运用，还可以使用编号样式和页面样式等

3．下面关于 LibreOffice Impress 的说法，__________选项是正确的。

A．Impress 幻灯与 Microsoft Office PowerPoint 软件没有任何的相似之处，它们之间不能混为一谈

B．Impress 软件没有播放方式，因此实现不了视频的自动播放、循环播放等多种播放方式

C．使用 Impress 可以制作出精美而富有个性的幻灯片，该软件已经成为制作教学、报告以及演示等方面的首选

D．Impress 软件支持多种格式文件，其中包括扩展名是.doc 和.docx 的文件

4. ___________选项不属于 LibreOffice Cale 电子表格的功能内容。

A. LibreOffice Cale 软件中提供了直线、矩形、椭圆、自由形曲线、符号、箭头等多种图形工具

B. 可以使用 LibreOffice Cale 转换 Excel 文件，或者以其他格式打开和保存 Excel 文件

C. Cale 电子表格能将表中的数据以一种非常直观的方式表示出来，而且还可以通过双击图表进行编辑

D. 使用 Cale 电子表格能够对数据进行排列、存储和筛选

5. 关于文档查看器 PDF 的说法，下面选项___________是错误的

A. PDF 的全称是 Portable Document Format，直译为可移植文档格式

B. 安装 PDF 编辑软件时需要在终端中输入命令“sudo apt-get install pdfedit”

C. PDF 只能够查看 PDF 格式的文件，其他的任何文件都不能够查看

D. 对于 PDF 文档的编辑，用户可以安装专门编辑 PDF 文档的软件 PDFEditor

6. 能够帮助用户建立各种绘图，并且还是一个向量绘图软件的工具是指___________。

A. LibreOffice Cale

B. LibreOffice Draw

C. LibreOffice Impress

D. LibreOffice Writer

三、简答题

1. 请列举 Linux 系统中常用的三种办公软件。

2. 简单说明如何在 LibreOffice Impress 中插入幻灯片母版。

3. 你能够说出如何判断 LibreOffice Writer 和 LibreOffice Cale 等软件是否已经安装了吗?

4. 在 LibreOffice Cale 电子表格中计算多列数值的和时有哪两种方式? 请具体说明。

第 8 课 网络应用

在网络高速发展的今天，网络的应用不得不详细了解一下。网络的应用离不开浏览器，浏览器类似于本地的桌面，能打开需要的程序或文件。在使用浏览器的基础上，从网络中下载所需要的网络应用工具，如下载工具、即时通讯工具和电子邮件等。这些应用有些通过 Ubuntu 系统的设置和命令来实现，有些通过第三方工具来实现。本课主要讲解网络中的常用应用，包括系统的命令和第三方的工具。

本课学习目标：

- 了解 Ubuntu 平台下的常用浏览器
- 掌握 FireFox 浏览器设置
- 掌握浏览器插件的下载安装使用
- 了解文件下载的常用工具
- 掌握至少一种下载工具的使用
- 了解 Thunderbird 工具的特点
- 掌握 Thunderbird 工具的使用
- 了解 Empathy 工具的特点
- 掌握 Empathy 工具的使用

8.1 Firefox 浏览器

Ubuntu 系统中是有自带的网页浏览器，自带的浏览器是 FireFox 浏览器。FireFox 浏览器在 Windows 操作系统中也被广泛使用，它是由 Mozilla 基金会与开源团体所开发，是开源而且免费的。

除了 FireFox 浏览器以外，在 Ubuntu 操作系统中较为常见的还有 Opera 浏览器、Chrome 浏览器和 Trident 浏览器。

FireFox 浏览器是 Ubuntu 操作系统中自带的，开源而且免费的网页浏览器。除了拥有使用标签页、拼写检查、即时搜索和使用书签等自带的功能，还支持添加、安装和使用第三方的插件。

8.1.1 常用工具

大多数浏览器中都有设置主页、添加收藏页等自带工具，在 FireFox 浏览器中也是如此。此外，对 FireFox 浏览器的使用还包括了浏览器的外观设置、配置文件设置、临时文件设置和第三方插件的管理等。

打开 FireFox 浏览器，如图 8-1 所示。将鼠标移至界面的上端，有一系列的菜单，这个菜单类似于 Windows 操作系统中浏览器的菜单栏。这里放置的即为 FireFox 浏览器的常用工具。

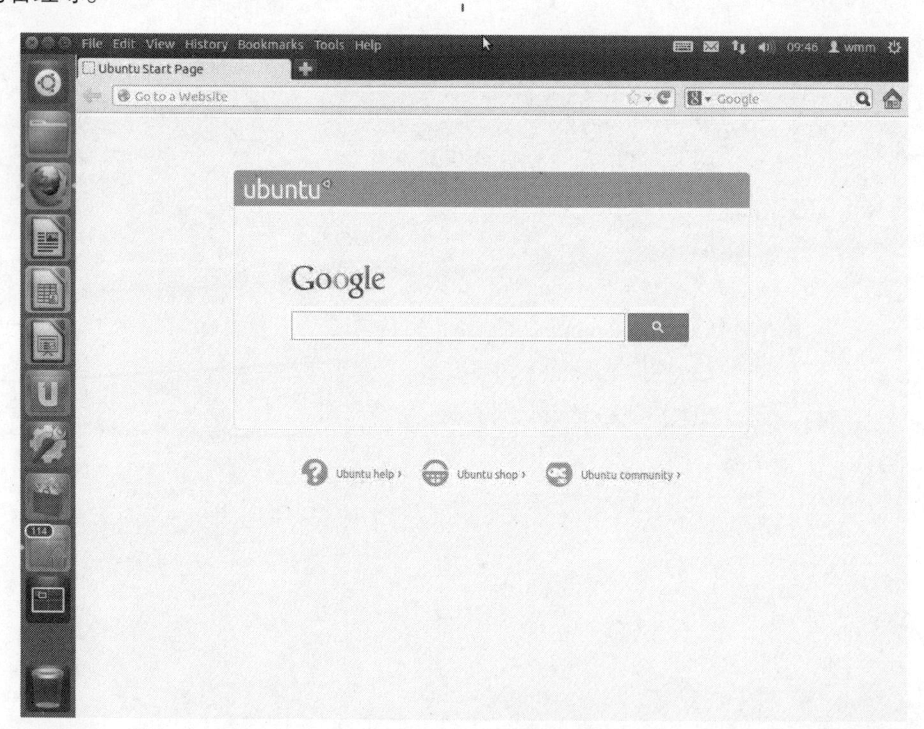

图 8-1　FireFox 浏览器菜单栏

图 8-1 中的 FireFox 浏览器是英文版，其菜单对应的汉语名称依次为：文件、编辑、查看、历史、书签、工具和帮助。浏览器中菜单的用法与其他浏览器差别不大，具体应用如下所示。

1．设置主页

主页的设置需要选择 Edit 菜单，选择 Preferences 选项，如图 8-2 所示。这里包含了浏览器的所有重要设置。

在该窗口中，又有多个选项，包括主要选项、标签浏览、内容、应用程序、隐私、安全和高级选项。在主要选项中，有主页的设置下载的设置，如图 8-2 所示。

试一试

浏览器菜单中的相关设置还有很多，用户可自行选择，查看设置效果。

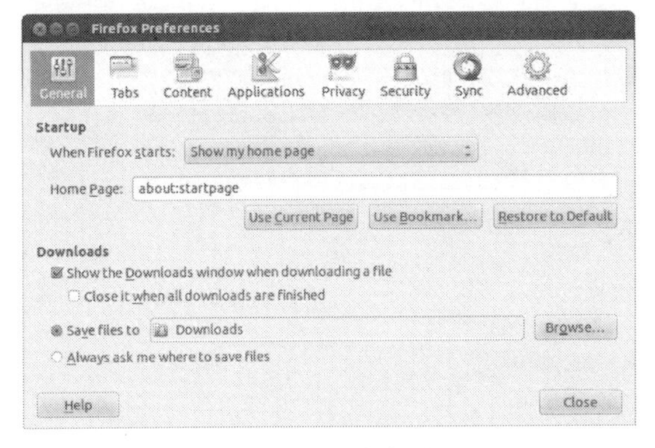

图 8-2 设置主页

2. 即时查找

浏览器的即时查找功能并不是通过菜单来实现的，而且这里的查找并不是对文件或页面的查找，而是对页面中指定字符的查找。

在页面开启的情况下，按下快捷键 F3 或 Ctrl 键加 F 键，即可看到如图 8-1 所示的窗口下端，打开【查找】工具栏。在如图 8-3 所示的页面中，搜索“作曲”字样，效果如图 8-3 所示。

图 8-3 网页字符搜索

如图 8-3 所示，搜索了“作曲”字样之后，文中“作曲”字符、字体的背景色被换成了绿色，搜索栏中的 Next 选项还可以查找该字符下一处所出现的位置。

3. 使用书签

书签的使用相当于 IE 浏览器中的收藏夹，在收藏了该书签之后，下次进入浏览器，可以快速的进入需要的页面。

书签的添加可以使用菜单栏中的 Bookmarks 菜单，其中包含有将此页加为书签、订阅此页、管理书签和将所有标签页加为书签等选项。

标签页即为当前浏览器打开的所有页面，如图 8-3 所示。在窗体的上端可以选择按钮打开新的标签，而在按钮左侧是已经打开的标签页。

除了使用菜单添加书签，在浏览器地址栏中有☆按钮，单击两次该按钮即可打开添加书签的文本框，如图 8-4 所示。

如图 8-4 所示，在该对话框中可以为书签编辑显示名称、保存位置和标签描述。编辑上述内容，单击 Done 按钮完成书签的添加。

书签添加后，需要在 Bookmarks 菜单下使用。单击 Bookmarks 菜单，如图 8-5 所示。在下拉菜单中选择需要的页面，单击即可进入。

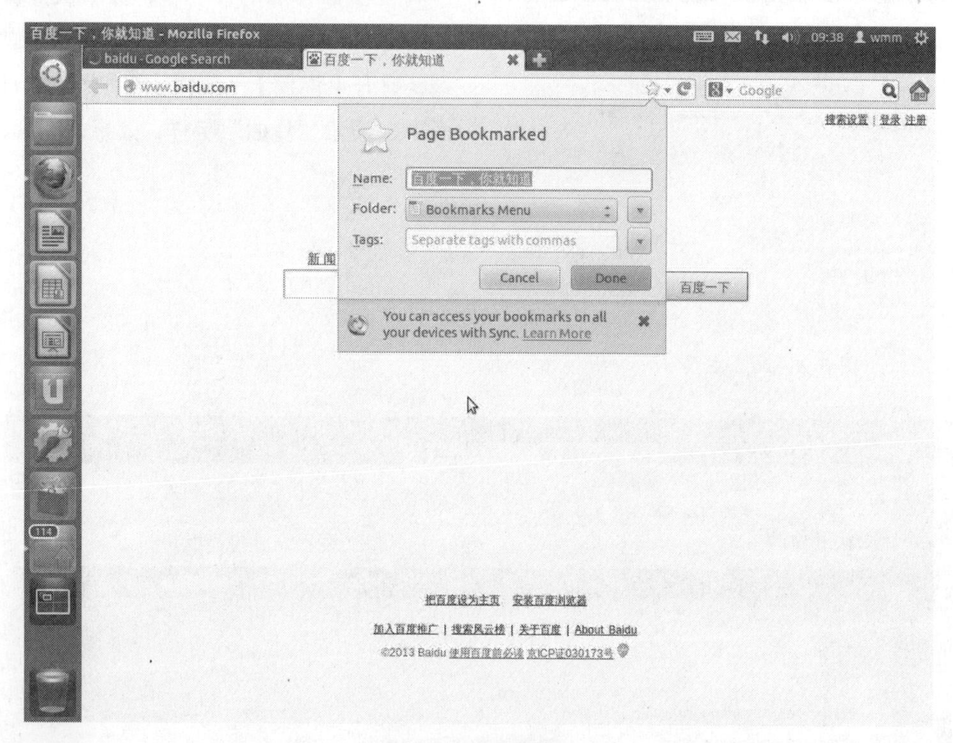

图 8-4 添加书签

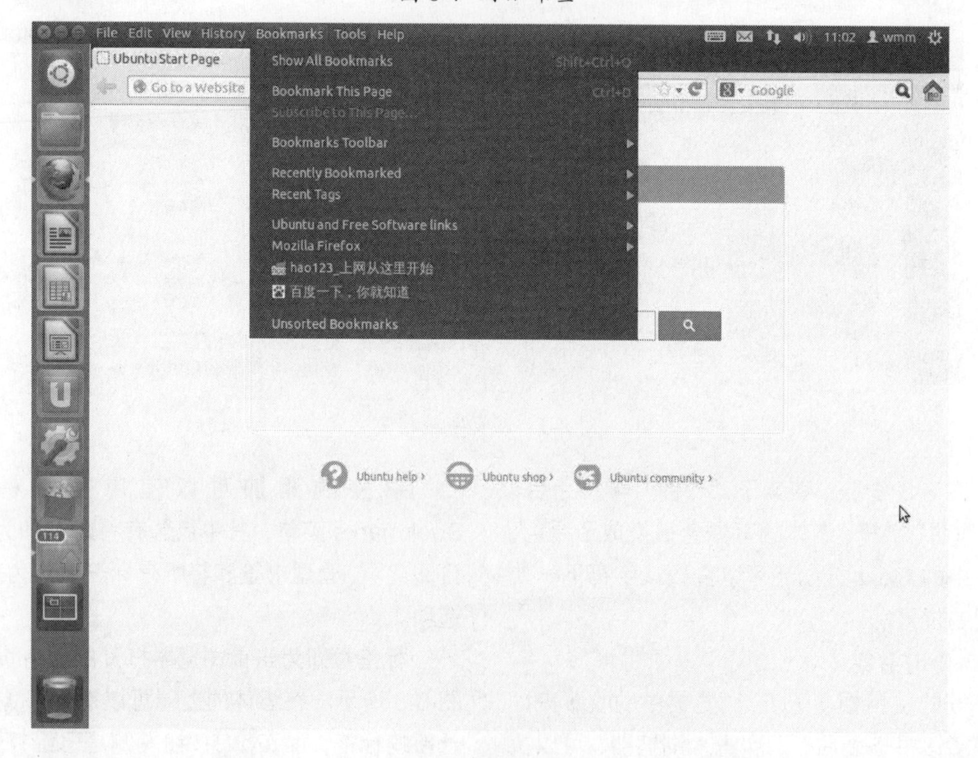

图 8-5 使用书签

4. 外观设置

对浏览器的使用除了了解自带的工具外，还要了解如何改变外观显示，以便在页面字体过小、无法看清或出现其他问题是可以很好显示。对浏览器的外观设置主要表现在字体的设置。

字体的设置使用 Edit|Preferences|content|advanced 选项，打开如图 8-6 所示的对话框，修改为需要的数据。

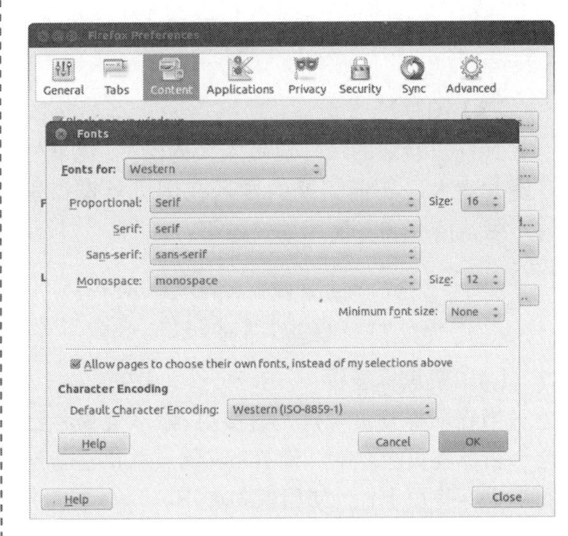

图 8-6 字体设置

8.1.2 配置文件

配置文件通常是不允许用户使用的，其中涉及浏览器的重要配置，因此只有确实需要改变配置，并且确保所修改内容的准确性的情况下才能修改。

打开配置文件的方法是在浏览器的地址栏中输入配置文件，打开时需要在地址栏中输入语句如下：

```
about:config
```

进入页面，浏览器将提出警告。单击提示框上的按钮，确保在配置文件中执行命令的准确性。进入配置文件，文件中列举了配置相关的所有信息，并有搜索框供用户快速找出需要的配置信息。

对配置文件的修改，主要是对 user.js 和 userContent.css 的修改。

user.js 包含一些选项参数，浏览器每次启动的时候会读入这些参数。Firefox 启动时，总会把 user.js 中有效的参数设置复制到 prefs.js 中，而 prefs.js 就是 Firefox 用来存储用户的所有设置的地方。

userContent.css 设置了网页内容的显示规则，位置在配置文件夹的"chrome"子目录中。

user.js 和 userContent.css 一样，在系统中默认是不存在的，所以在开始添加设置之前需要建立这两个文件。注意，一定要把 user.js 放在和 prefs.js 相同的目录下。

1. user.js 配置

对 user.js 的修改，可以将有限的参数以 user_prefs 命令设置，可以直接复制到 user.js 文件里。其常用的参数和命令语句如下：

（1）Type-Ahead-Find

允许用户在一个网页上直接输入查找关键字就开始搜索文本或链接。

开启 Type-Ahead-Find 选项，默认值为 true。使用语句如下：

```
user_pref("accessibility.typeaheadfin
d",true);
```

让 type-ahead-find 不仅搜索链接，还搜索文本。默认值 true 只搜索链接。使用语句如下：

```
user_pref("accessibility.typeahead
find.linksonly",false);
```

（2）网站图标显示

访问网站时，网站图标会显示在地址栏里。Favicons 是 IE 对网站图标的一个实现。如果有网站图标，网页应该告诉浏览器，默认值为 true。使用语句如下：

```
user_pref("browser.chrome.favicons",
true);
```

如果网站声明了使用网站图标，则查找并显示网站图标，默认值为 true。如果网页指明使用网站图标，则加载它。使用语句如下：

```
user_pref("browser.chrome.site_icons",
true);
```

（3）图片尺寸

允许以合适的尺寸显示太大的图片，这发生在图片太大、不能完整的显示在浏览器窗口里时，默认值 true。使用语句如下：

```
user_pref("browser.enable_automati
c_image_resizing",true);
```

（4）聚焦标签页

当在新标签页里打开链接时，默认会聚焦到这个新标签页上。默认值 false(焦点总是在最新的那个标签页上)。使用语句如下：

```
user_pref("browser.tabs.loadInBack
ground",true);
```

（5）多标签关闭警告

如果在关闭窗口时还有多个标签开着，默认会警告用户还有打开的标签页。默认值为 true。有多个标签页时关闭窗口时警告。使用语句如下：

```
user_pref("browser.tabs.warnOnClos
e",false);
```

（6）地址栏地址匹配列表

用户在地址栏输入地址时，显示与输入匹配的下拉列表，默认值为 true。使用语句如下：

```
user_pref("browser.urlbar.showPopu
p",true);
```

2. userContent.css 配置

对 userContent.css 的修改更为简单，顺序将命令语句添加进 userContent.css 文件即可。常用的命令如下所示。

```
隐藏"书签工具栏文件夹"
.bookmark-item[id = "NC:Personal
ToolbarFolder"] {display: none !
impor tant;}
停止按钮无效时隐藏
#stop-button[disabled="true"]{disp
lay:none;}
删除主页按钮
#home-button { display: none; }
隐藏转到按钮
#go-container { display: none; }
活动指示器不活动时隐藏
#navigator-throbber:not([busy]){displ
ay: none; }
标签栏移动到底部
#content > tabbox {-moz-box- direc
tion: reverse;}
标签栏移动到左侧/右侧
   #content > tabbox { -moz-box-
orient: horizontal;}
   .tabbrowser-strip {
       -moz-box-orient: vertical;
       /* note: you can set this to
-moz- scrollbars-vertical instead,
       but then the scrollbar will
*always* be visible. this way
       there is never a scrollbar, so
it behaves like the tab bar
       normally does */
       overflow:-moz-scrollbars-none;
   }
   .tabbrowser-tabs {
       -moz-box-orient: horizontal;
       min-width: 10ex; /* you may
     want to increase this value */
       -mox-box-pack: start;
       -moz-box-align: start;
   }
   .tabbrowser-tabs > hbox {
       -moz-box-orient: vertical;
       -moz-box-align: stretch;
       -moz-box-pack: start;
   }
   .tabbrowser-tabs > hbox > tab {
       -moz-box-align: start;
       -moz-box-orient: horizontal;
   }
   /* remove the close-tab button */
   .tabbrowser-tabs > stack { display:
     none;}
移动到右侧
   #content > tabbox {-moz-box- direc
     tion: reverse;}
删除多余的右键菜单选项
把下面这行加入 userChrome.css 文件，将可
以隐藏任何右键菜单选项。
#id1,#id2{display:none!important; }
```

把 #id1, #id2 替换为需要隐藏的项，例如，隐藏 "View Background"(查看背景) 菜单选项以及之后的水平线：

```
#context-viewbgimage,
#context-sep-viewbgimage {
  display: none !important;
 }
```

隐藏书签工具栏书签图标

```
toolbarbutton.bookmark-item:not([
type="menu"])image.toolbarbutton-icon{
    display: none !important;
}
```

隐藏主菜单条

```
#toolbar-menubar    {    display:
none !important; }
```

把侧边栏放到右边

```
#main-window > hbox { direction:
rtl;}
#main-window > hbox > * { direction:
ltr;}
```

8.1.3 常用插件

插件是浏览器的辅助工具。正如仅有浏览器可以浏览网页，却不能实现网页中音乐和视频的播放，如图 8-7 所示。

图 8-7 视频无法播放

当前的音乐和视频在线播放通常都是以 flash 的格式播放，因此只有安装使用 flash 播放插件，才能让音乐和视频顺利播放。

对插件的安装，首先需要打开 Ubuntu 系统中的 Ubuntu 软件中心。如果需要安装 flash 播放器插件，则可以在搜索文本框中输入 “flash” 字样，如图 8-8 所示。

如图 8-8 所示，找出网络中的 flash 播放器插件，其中第一个即为当前最常用的 flash 播放器插件。单击第一个选项，如图 8-8 所示。单击【安装】按钮，有弹出的提示框，输入登录用户密码，单击【授权】按钮开始安装。

安装成功后，该页面中 Adobe Flash 插件一栏中，【安装】按钮变成了【卸载】按钮。再次查看图 8-7 中的标签页，如图 8-9 所示。

图 8-8　搜索安装 flash 播放器插件

图 8-9　在线视频播放

如图 8-9 所示，在视频能够正常播放的同时，右侧的标签页中的在线音乐也能够顺利播放。

除了 flash 播放器插件以外，常用的插件还有广告过滤插件、上网助手插件和截图插件等。

浏览器插件的安装使用方法类似，这里不再介绍。尝试安装截图查看其效果。

8.2 文件下载

网络中的通信离不开文件的下载，在信息高速发展的今天，越来越多的文件需要下载使用。而在 Linux 操作系统中的一些版本中并没有文件下载工具。

如本书所使用的 Ubuntu 版本的系统，其常用的下载工具有 FireFox 浏览器、APT 下载工具、Wget 下载工具和 Multiget 多线程下载工具等。

APT 是系统中自带的工具，在 Ubuntu 软件中心对插件或文件进行下载安装的，即为 APT 工具。

8.2.1 使用 FireFox 浏览器下载

Linux 操作系统中自带的 FireFox 浏览器除了显示页面，也能够获取页面中的下载链接，实现文件的下载。其下载窗口如图 8-10 所示。

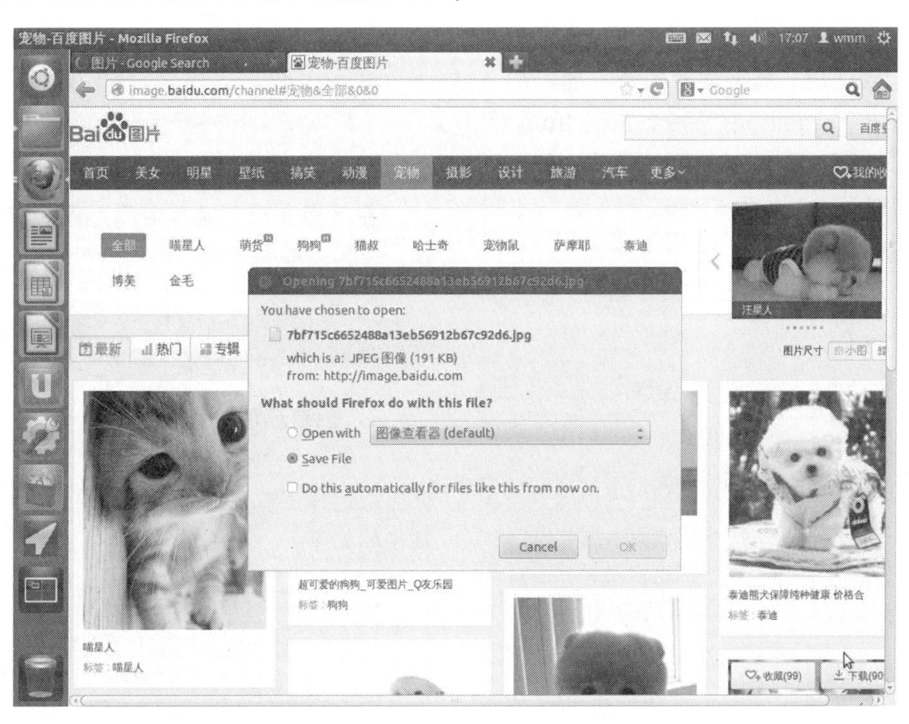

图 8-10 FireFox 浏览器下载对话框

如图 8-10 所示，该图是一个图片下载的例子，在对话框中选择保存文件，即可执行图片下载。

文件的下载与图 8-10 所示例子类似，在网页中找到下载的链接地址直接单击，浏览器将直接执行下载。下载的文件默认放在【下载】文件夹下。

8.2.2 Wget 批量下载工具

Wget 是一个命令行的下载工具，可用于文件的批量下载和制作网站镜像。Wget 下载工具的主要优点如下：

- 支持递归下载。
- 生成本地浏览镜像。
- 转换页面。
- 支持代理服务器。
- 稳定性强。

Wget 作为一个命令行的下载工具，其使用方式主要是执行相关的命令语句。Wget 命令语句的格式如下：

```
wget [选项参数] [下载地址]
```

Wget命令行中的选项参数可以分为启动参数、下载参数、目录参数、文件参数、HTTP参数、递归参数和拒绝选项参数等，其含义及其参数如下所示。

1．启动参数

这一类参数主要提供软件的一些基本信息，参数及其说明如下：

```
-V,--version 显示软件版本号然后退出；
-h,--help 显示软件帮助信息；
-e,--execute=COMMAND 执行一个".wgetrc"命令
```

以上每一个功能有长短两个参数，长短功能一样，都可以使用。需要注意的是，这里的-e参数是执行一个.wgettrc的命令，.wgettrc命令其实是一个参数列表，直接将软件需要的参数写在一起就可以了。

2．下载参数

定义下载重复次数、保存文件名等，相关参数及其说明如下：

```
-t,--tries=NUMBER 是否下载次数(0表示无穷次)
-O --output-document=FILE 指定下载目录和文件名
-nc, --no-clobber 不要覆盖已经存在的文件
-N,--timestamping 只下载比本地新的文件
-T,--timeout=SECONDS 设置超时时间
-Y,--proxy=on/off 关闭代理
```

3．目录参数

主要设置下载文件保存目录与原来文件的目录对应关系，相关参数及其说明如下：

```
-nd --no-directories 不建立目录
-x,--force-directories 强制建立目录
```

4．文件参数

定义软件log文件的输出方式等，相关参数及其说明如下：

```
-o,--output-file=FILE
将软件输出信息保存到文件；
-a,--append-output=FILE 将
软件输出信息追加到文件；
-d,--debug 显示输出信息；
-q,--quiet 不显示输出信息；
-i,--input-file=FILE 从文件中取得URL;
```

5．HTTP参数

设置一些与HTTP下载有关的属性。主要设置HTTP和代理的用户、密码，相关参数及其说明如下：

```
--http-user=USER 设置 HTTP 用户
--http-passwd=PASS 设置 HTTP 密码
--proxy-user=USER 设置代理用户
--proxy-passwd=PASS 设置代理密码
```

6．递归参数

在下载一个网站或者网站的一个目录的时候，设置下载的层次，相关参数及其说明如下：

```
-r,--recursive 下载整个网站、目录(小心使用)
-l,--level=NUMBER 下载层次
```

7．拒绝选项参数

下载一个网站的时候，为了尽量快，有些文件可以选择下载，比如图片和声音，相关参数及其说明如下：

```
-A,--accept=LIST 可以接受的文件类型
-R,--reject=LIST 拒绝接受的文件类型
-D,--domains=LIST 可以接受的域名,用逗号分隔
--exclude-domains=LIST 拒绝的域名,用逗号分隔
-L,--relative 下载关联链接
--follow-ftp 只下载 FTP 链接
-H,--span-hosts 可以下载外面的主机
-I,--include-directories=LIST 允许的目录
-X,--exclude-directories=LIST 拒绝的目录
```

8.2.3 Multiget 多线程下载工具

Multiget 工具是一个图形界面多线程的下载工具，其功能类似于Windows操作系统中的迅雷下载工具。可以运行在Windows/Linux/MacOs/BSDs桌面环境而不需要任何安装配置。

它支持基本的http/ftp协议，支持断点续传，

动态语言转换，下载速度限制，自动/手动 MD5 校验，任务日志，文件分类管理，支持所有类型的 SOCKS 代理和 FTP、HTTP 代理，可以动态增加、减少线程数量。

另外，从 0.8.0 版本开始，MultiGet 支持跨协议的多地址下载，即可以通过指定任务的多个地址来加速下载，也可以为 FTP 协议的任务指定 HTTP 协议的镜像地址或是相反。通过多个地址的传送可以绕开服务器的连接数限制，在某些情况下可以极大地提高下载速度。

Multiget 下载工具并不是系统自带的，需要自行下载安装。其下载安装步骤与本课 8.1.3 小节中插件的安装步骤一样。

如图 8-11 所示，在搜索栏输入“下载”字样，找到 Multiget 工具，单击【安装】按钮即可。安装后，在系统的桌面左侧会有该工具的图标，如图 8-12 所示。

Multiget 工具安装后，使用浏览器找到所需文件的下载地址。Multiget 工具拥有捕捉剪贴板下载地址的功能，因此只需将网页中的下载地址复制，该地址将自动出现在 Multiget 工具的新建任务下，如图 8-12 所示。

图 8-11　安装 Multiget

在如 8-12 所示的界面中，可以为下载文件设置下载地址和下载文件的名称。如图 8-12 将文件放在/home/wmm/【下载】文件夹下，其保存名称为 JJmatch_13558.zip。设置完成，单击【确定】按钮完成下载。

图 8-12　文件下载

8.3 电子邮件

电子邮件是纸质邮件的替代品，也是常用的。通过网络实现相互传送和接收信息的现代化通信方式。

Linux 中的电子邮件可以在不访问网络页面的情况下使用；通过对电子邮件工具的使用，还可以实现多个邮箱同时进行。

在 Ubuntu 平台下常用的电子邮件工具有 Evolution 工具、Thunderbird 工具和 opera 工具等。而系统自带的 Evolution 工具已经被替换成了 Thunderbird 工具，本节以 Thunderbird 工具为例，介绍电子邮件工具的使用。

Thunderbird 工具能够实现多个邮箱的同时使用，但在使用之前，需要将电子邮件的账户添加至 Thunderbird 工具。

账号的添加有两种：一种是用户将已经申请好的账号添加；一种是在没有账号的情况下由 Thunderbird 工具为用户搜索可用账户。

8.3.1 添加已有账号

Thunderbird 工具是一个管理电子邮件的工具，但其本身并不是一个网站，而是一个本地工具，因此并不能提供账户和存储空间。

Thunderbird 工具账号的添加，首先需要打开 Thunderbird 工具的窗体。系统已安装工具的打开，需要单击桌面中的图标，打开的界面如图 8-13 所示。

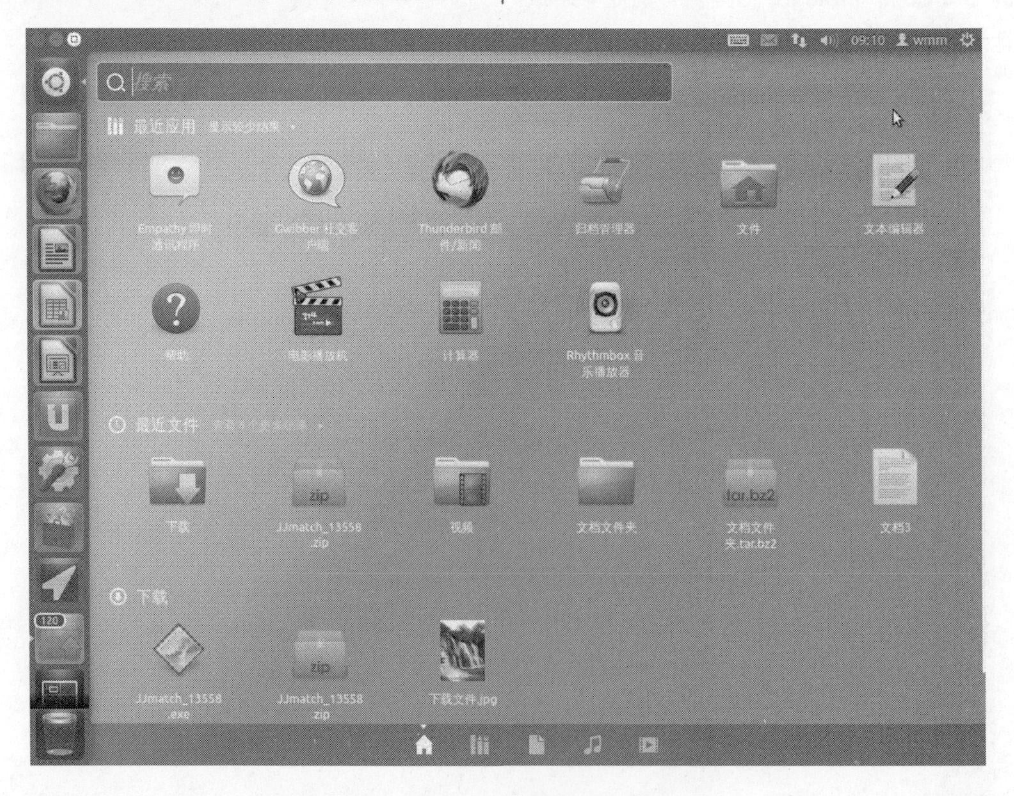

图 8-13　系统目录

如图 8-13 所示，在 Thunderbird 图标处单击，即可打开 Thunderbird 工具。另外，在桌面的上端有着按钮，单击该按钮选择【邮寄】选项即可打开 Thunderbird 界面，界面的右侧有如图 8-14 所示的功能。

如图 8-14 所示，在没有任何账户的情况下，选择【账户】菜单下的【新帐号】命令打开如图 8-15 所示的页面。

若 Thunderbird 工具中已经有了添加的账户，在界面的右侧会有显示，如图 8-17 所示。如图 8-15 所示，这是添加账户的窗体，本节介绍将已有的账户添加进 Thunderbird 工具，需要单击窗口下侧的【跳过并使用已有的电子邮件】按钮，进入已有账户的设置页面，如图 8-16 所示。

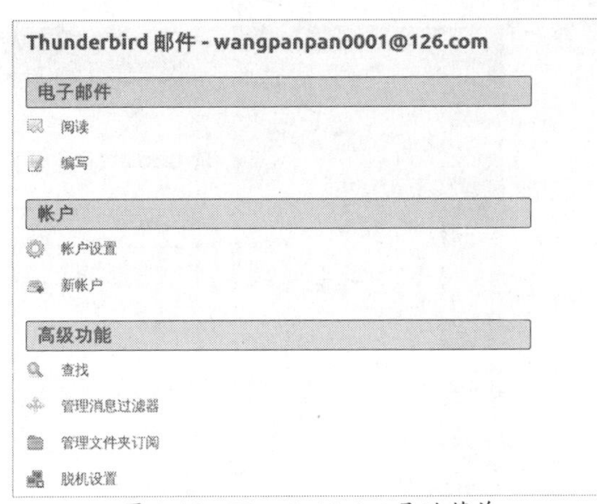

图 8-14 Thunderbird 工具的菜单

图 8-15 新账户

图 8-16 新账户添加

在图 8-16 所示的文本框中填入真实的电子邮箱地址和密码，Thunderbird 工具将执行对邮箱和密码的检测。只有邮箱和密码正确，Thunderbird 才能控制对邮箱收发邮件的管理，同时，Thunderbird 也提供了相关的安全设置。

对邮箱和密码编辑完成后，单击【继续】按钮，Thunderbird 转换窗口内容，接下来单击【完成】按钮，Thunderbird 执行对密码的验证，并完成对该账户的添加。如图 8-17 所示，账户已经被添加在窗口左侧。同时，在窗口左侧有邮箱账户中的邮件类型列表，如图 8-17 所示的页面中有着账户的收件箱和本地发件箱等。

试一试

Thunderbird 可添加多个邮箱账户共同管理。用户可以尝试添加多个账户。

图 8-17　已添加账户

8.3.2　新建账户

没有账户的用户在使用 Thunderbird 时，首先需要新建用户。

使用 Thunderbird 工具的合作邮箱注册并创建账户，则需要在如图 8-15 所示的页面中输入用户自定义的邮箱名称，单击【查找】按钮，进入如图 8-18 所示的页面，Thunderbird 列举了可以使用的邮箱及其使用费用。

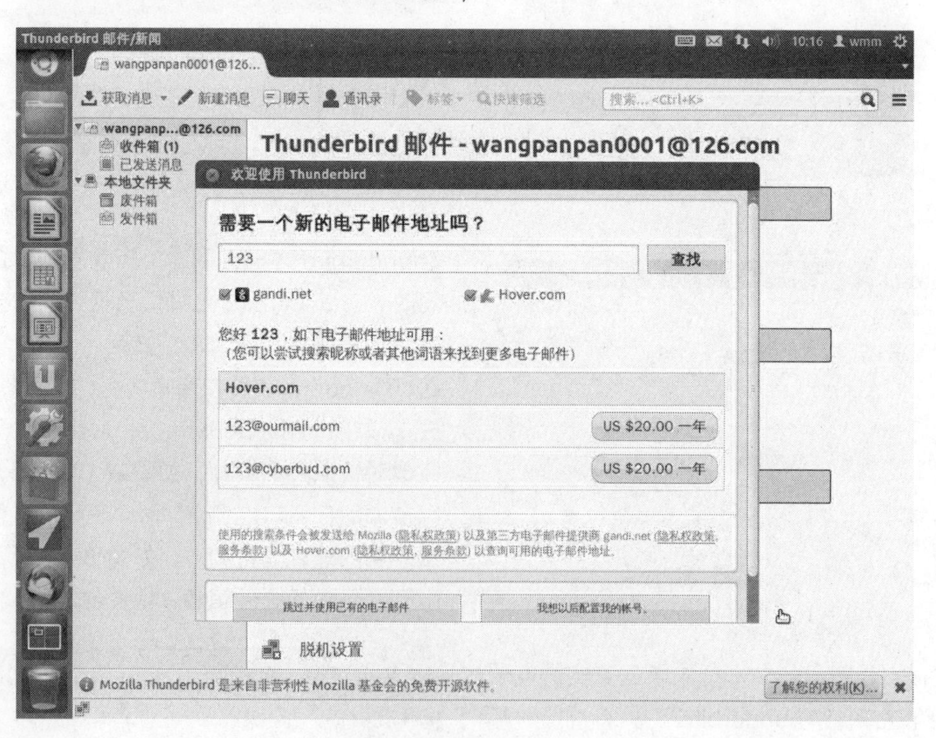

图 8-18　可用邮箱列表

选择喜欢的邮箱，进入邮箱的注册页面如图 8-19 所示。用户选择的邮箱不同，其所显示的页面也会不同。在页面中注册的账户和密码不能够被 Thunderbird 获取，用户在注册成功后需要使用 8.3.1 小节中的步骤，将账户添加。

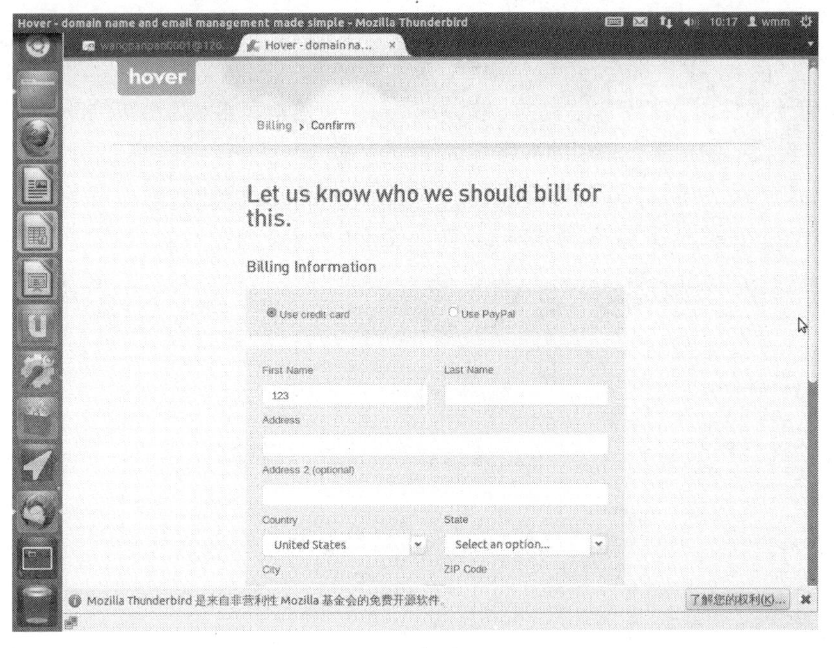

图 8-19 邮箱注册

用户可以选择一个不容易查询的昵称，Thunderbird 将给出无法推荐的警示，并给出一个链接，提供多个免费邮箱注册网址，用户可以选择一个进行注册，接下来再使用 8.3.1 小节中的步骤完成邮箱的添加。

8.3.3 写信

由于在 Thunderbird 中可以有多个邮箱待命，因此在写信时首先需要选中发件的邮箱，并在右侧的【电子邮件】菜单下选择【编写】命令，如图 8-20 所示。

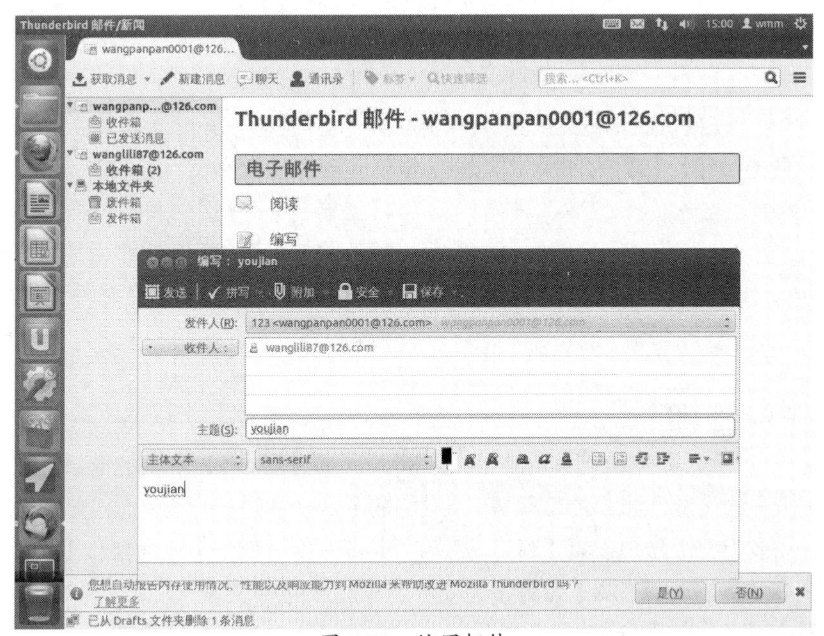

图 8-20 编写邮件

如图 8-20 所示，Thunderbird 弹出对邮件进行编辑的对话框，有收件人、主题和主题文本的编辑框，其发件人一栏也是可选的，能够选择在 Thunderbird 中添加的所有账户。编辑完成后单击【发送】按钮即可发送。

8.3.4 收信

当邮箱中有新邮件时，在窗体左侧的【收件箱】菜单后会有含数字的括号，其中的数字标注收件箱中的未读邮件数量。如图 8-20 中，wanglili87@126.com 邮箱下就有两条未读信息。在进行了 8.3.3 小节的邮件发送过程之后，该邮箱下有 3 条未读邮件。单击 wanglili87@126.com 邮箱下的【收件箱】如图 8-21 所示。

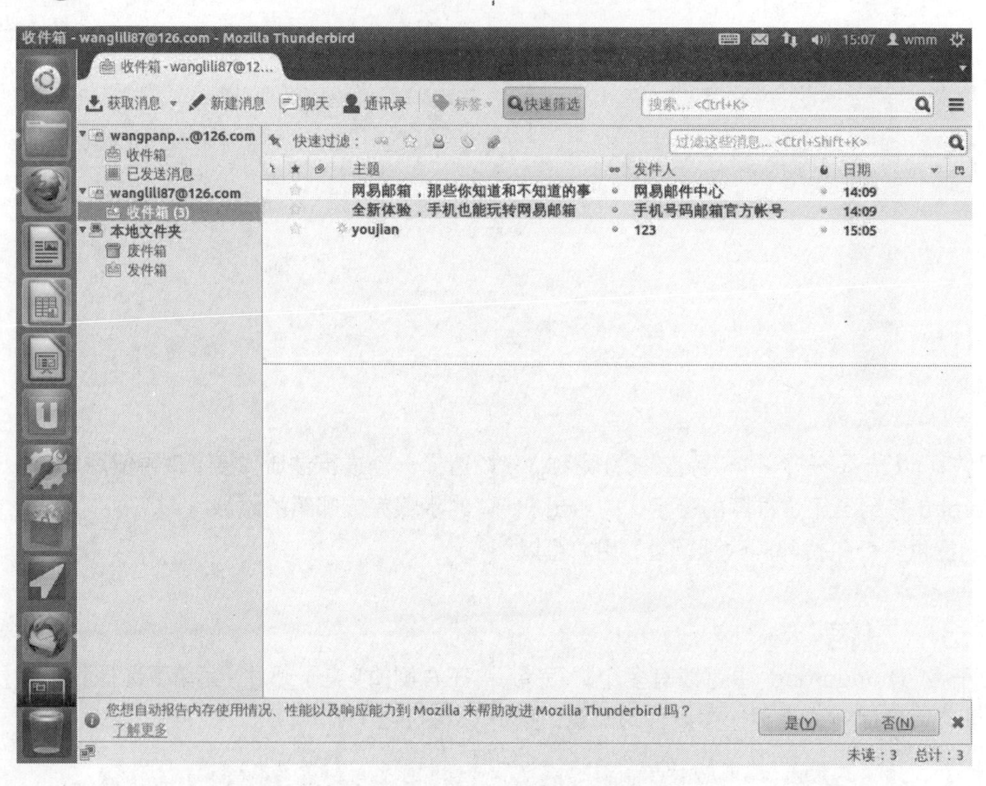

图 8-21 收件箱

如图 8-21 所示，在窗口右侧的“快速过滤”字样后，有一系列的按钮，它们的作用依次是：

- 仅显示未读消息。
- 仅显示加星标消息。
- 仅显示来自此地址簿中联系人的消息。
- 仅显示一家标签消息。
- 仅显示带附件的消息。

当某个邮件处于选中状态，图 8-21 所示窗口上端的【标签】按钮处于显示状态，即可为该邮件添加标签。标签的作用是为邮件添加一个容易查询的标记，以便在邮件过多的情况下快速搜索。

8.3.5 账户管理

账户在添加成功后，即可执行对账户的操作，包括对默认账户的设置和账户的删除等。要进行这些设置，需要打开【账户设置】窗口。在已经存在的账户名称处右击，选择【设置】选项进入【账户设置】窗口，如图 8-22 所示。

通过图 8-22 所示的窗口，用户可自行寻找需要的功能进行设置，而对账户的管理需要单击窗口左侧下部的【账号操作】按钮，才能显示按钮上方的相关操作，直接单击即可执行相关操作。

窗口的左侧将呈现用户所添加的所有账户，单击需要设置的账户名，即可对该账户进行设置。不同的账户可使用不同的设置，对所有账户的设置完成后，单击【确定】按钮可关闭窗口。

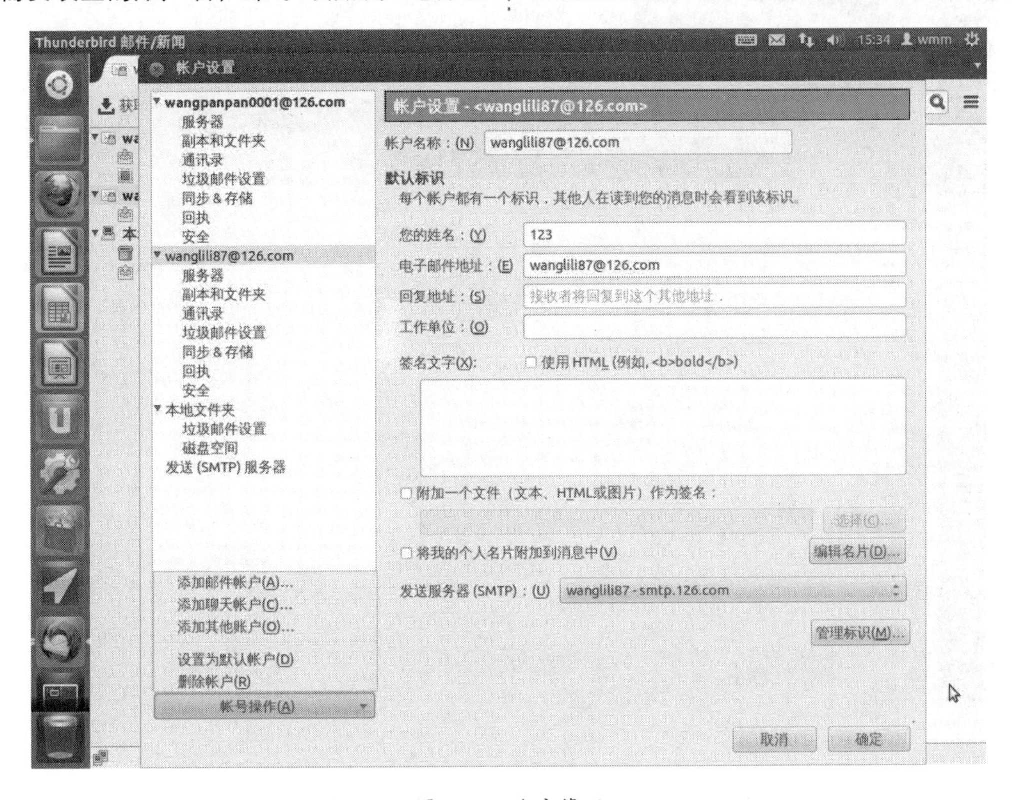

图 8-22 账户管理

8.4 即时通讯

即时通讯是一种基于互联网的即时交流消息的业务。即时通讯是一个终端服务，允许两人或多人使用网路即时的传递文字、档案、语音与视频信息。

在 Ubuntu 12 的平台下，系统自带的 Empathy 工具是一个与 Thunderbird 工具类似的媒介，它本身并不能够注册用户，也没有用户信息的相关数据，而是通过连接与之合作的即时通讯系统获取用户信息，再执行相关操作。

Empathy 工具的功能特性包括：支持多协议，语音/视频支持，以及强调协作等方面。Empathy 所支持的即时聊天系统包括多种，而系统自带的 Empathy 工具中包含的账户类型有：Jabber、MSN、IRC、ICQ、Facebook、Google Talk、AIM、gadugadu、GroupWise、mxit、myspace、sametime、Yahoo 和 zeohyr。

本节以 MSN 和 ICQ 即时通讯技术为例，介绍 Empathy 工具的使用。

8.4.1 Empathy 账户

由于 Empathy 工具是一个即时通讯的中介，因此 Empathy 工具本身并不提供账户的注册，但它支持多种账户类型。因此在使用 Empathy 工具之前，首先要进行账户的添加。打开 Empathy 工具如图 8-23 所示。

1. Empathy 添加账户

在窗体的上端有菜单栏，选择【编辑】|【账户】命令打开【消息和 VoIP】窗口如图 8-23 所示。

图 8-23 添加账户

在【消息和 VoIP】窗口的左侧是账户栏，包含所添加的账户。在该栏的下方有＋和－两个按钮，其中＋按钮打开添加新帐号的窗口，而－按钮表示选中账户的删除。单击＋按钮如图 8-23 所示，在【添加新帐号】的窗口中选择账户类型、账号及密码。

Empathy 工具将会对帐号和密码进行验证并登录，而且支持多类型多账户的同时进行，如图 8-24 为 ICQ 账户和 MSN 账户的同时登录。

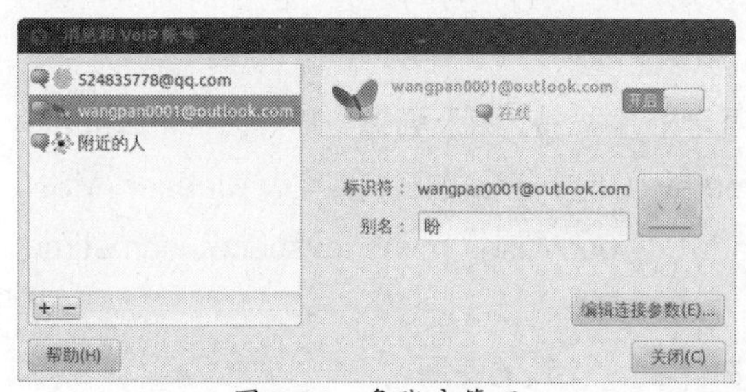

图 8-24 多账户管理

如图 8-24 所示，窗口右侧是选中账户的信息，可以对选中账户进行开启和关闭。账户的关闭并不是对 Empathy 工具中的账户进行删除，而是该账户的退出状态，该账户前方的绿色状态图标将会变成灰色。

2. Empathy 删除账户

账户的删除操作简单，如图 8-23 所示，只需要单击【消息和 VoIP】窗口左侧、账户栏下方的－按钮，即可打开如图 8-25 所示的提示框，

图 8-25 账户删除

如图 8-25 所示，在该提示框中单击【删除】按钮即可删除该账户，而此时该账户将从账户栏中消失。

账户添加后，即可对账户进行操作，包括对接收到的信息的处理、添加联系人和发送消息等，在 8.4.2 小节和 8.4.3 小节中分别对 MSN 和 ICQ 作出详述。

8.4.2 MSN

MSN 全称是 MICROSOFT SERVICE NETWORK。MSN Messenger 网络是一个出自

微软的个人实时通信网络。

MSN 客户端协议由在客户端之间发送的消息组成。客户端通过服务器和其他的客户端收发消息。一些信息没有处理，仅仅通过服务器简单传递。

在 Empathy 工具下对 MSN 的使用分为多种情况，包括账户对联系人添加信息的处理、添加联系人的处理、打开对话框和打开通话等。

1．处理联系人添加请求

在 Empathy 工具打开之后，会有图 8-26 中左侧的窗口，当有联系人添加请求发过来时，该窗口有图示的问号和消息标题，单击消息标题，有图 8-26 右侧的消息详情。在窗口中选择自己的决定即可。

若选择了对该联系人的添加，可以在如图 8-26 所示的窗口，为该联系人进行分组。新建账户可以添加新的分组。

2．添加联系人

对联系人的添加需要在界面顶端的菜单栏选择【聊天】|【添加联系人】命令，有如图 8-27 左边所示的对话框。

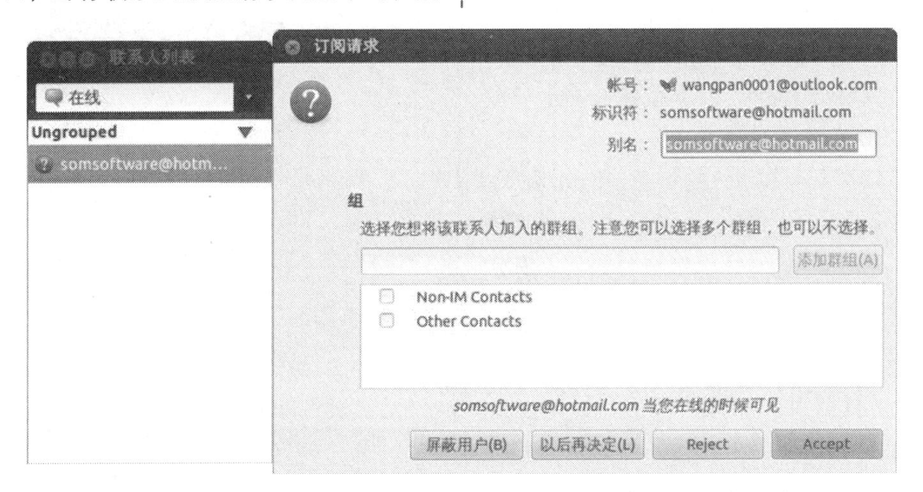

图 8-26　接收联系人添加请求

图 8-27　联系人分组

为新联系人填写标志符和显示名称，并对联系人进行分组，单击【添加】按钮实现添加，此时新的联系人出现在【联系人列表】窗口中，如图 8-27 右侧所示的窗口。

3．接收消息

用户账户处于连接状态并有新消息时，界面上端的图标会变成蓝色。当有消息发过来时，则界面中出现如图 8-28 所示的提示，该提示为联系人“立”发送的消息“123”。

图 8-28 消息提示

此时单击图标，上述消息将出现在下方的菜单中。单击该消息，如图 8-29 所示显示的是对话信息，在窗口上部是已经接收和发送的信息，下端的文本框中编辑需要发送的信息。如对“立”回复信息“321”，效果如图 8-29 所示。

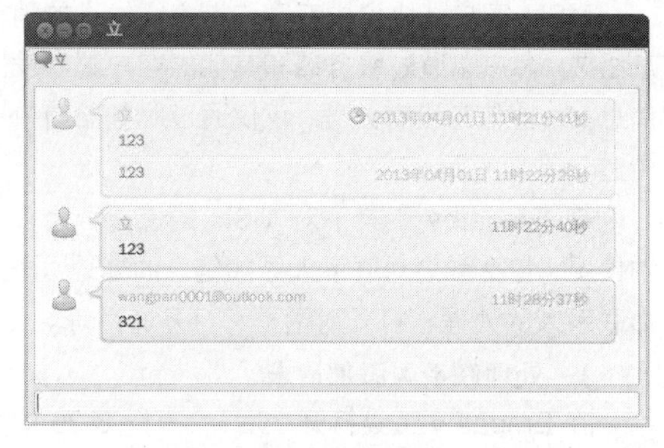

图 8-29 信息查看

4. 发送消息

用户登录账户并不只是为了等着联系人来练习，用户也有发送消息的权利。消息的发送需要在菜单栏中单击【聊天】|【新建对话】命令打开如图 8-30 左侧的对话框。

在该窗口中填入联系人的信息，单击【聊天】按钮打开图 8-30 中右侧的对话框，即可进行通信。在图 8-30 所示的对话框中进行通信，其显示样式与图 8-29 中的样式一样。

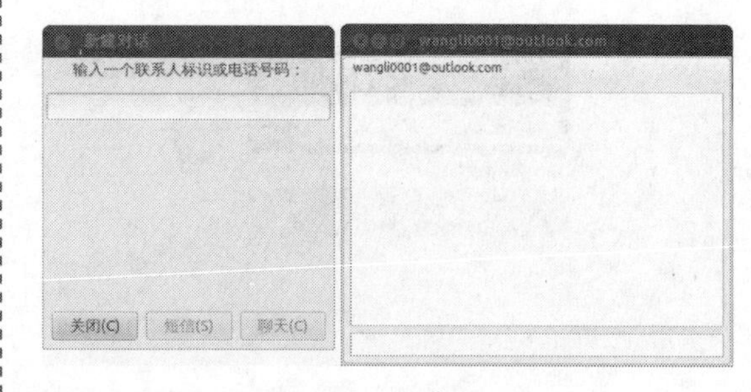

图 8-30 新建对话

8.4.3 ICQ

ICQ 是互联网上最早流行的即时信息传递软件，它支持在 Internet 上聊天、发送消息和文件等。能够提示朋友和同事何时连接到互联网上，并可以通过这个软件相互交流进行实时聊天并且可以回放保存的聊天内容，可以在聊天中插入动作和表情等。

ICQ 工具是 QQ 工具的前身，其用户是全球范围内最多的。在 Empathy 工具下使用了 MSN 的情况下，也可以同时使用 ICQ。其账户的添加和删除方式与 MSN 一样，这里不再介绍。

ICQ 的使用首先需要注册用户，而用户的注册必须在客户端进行，因此在注册前需要首先下载安装，之后通过邮箱进行注册。

ICQ 的使用与 QQ 的使用基本相同，而在 Empathy 工具下，所有的即时通讯技术的使用方式都一样。如在 Empathy 工具下有了 MSN 的情况下添加 ICQ 用户，其账户的添加、联系人的添加、消息的收发都与 MSN 一样。而在联系人列表中，不同账户的联系人，若其分组的名称一样，则联系人将出现在同一个分组中，如图 8-31 所示。

图 8-31 不同账户联系人列表

如图 8-31 所示，MSN 账户中的联系人“立”与 ICQ 联系人中的“panpan wang”放在同一个分组中。

当联系人不在线时图标变成灰色，其显示名称可以为其注册邮箱号，也可以是即时通讯工具分配的注册号，也可以是在 Empathy 工具下设置的别名。

而对于联系人列表中的联系人，在其名称处右击，选择【聊天】命令，打开如图 8-32 右侧所示的对话框。该对话框与图 8-29 中的对话框作用一样。

图 8-32 打开聊天对话框

8.4.4 邮箱与即时通讯

对于即时通讯技术 MSN 和 ICQ 来说，除了实现简单的即时消息收发，还能进行邮件的收发，目前的即时通讯技术已经逐渐成为一个完善的通讯系统，而不仅仅是两个用户间的消息传递。

单击桌面上端的![]按钮，可以看到其中含有即时通信的内容和邮箱内容，在 Ubuntu 12 中已经将即时通讯工具和邮箱工具结合在一起。但这两个工具本质是独立的，因此需要手动的将他们进行结合，只需要将 Empathy 工具中的账户邮箱加载进 Thunderbird 工具，即可在接收即时消息的同时接收电子邮件。

邮箱工具与即时通讯工具的结合，实现的多邮件账户和多即时通讯账户的共同管理，方便有较多账户的用户对自己网络通信的管理。

8.5 拓展训练

1．FireFox 浏览器应用

执行对 FireFox 浏览器的应用，要求如下：

（1）将 FireFox 浏览器主页设置为“www.baidu.com”。

（2）为浏览器安装广告过滤插件。

（3）将浏览器中的显示字体变大

2．互联网应用程序

使用浏览器查询 Ubuntu 平台下的互联网常用的应用程序，使用 Multiget 工具对其进行下载。下载完成后，安装并执行该应用。

3．使用电子邮件工具

创建至少两个电子邮箱，并在 Thunderbird 工具中为这些邮箱创建账户。要求使用其中一个邮箱，向其他的邮箱中发送邮件，查看邮箱接收效果。

4．使用即时通讯工具

使用即时通讯注册至少两个账户，将这些账户分别在 Empathy 工具下和 Empathy 工具意外登录，将同类型的账户互加好友发送信息，查看执行效果。

8.6 课后练习

一、填空题

1. Thunderbird 是一个__________工具。

2. Ubuntu 版本常用的下载工具有 APT 工具、__________和 Multiget 工具等。

3．浏览器在线播放视频，通常需要安装__________播放器插件。

4．浏览器的即时查找功能，可以使用快捷键【F3】或__________键加【F】键开启。

5．打开浏览器配置文件使用的命令是__________。

6．Wget 下载工具常用于文件的批量下载和__________。

7．Ubuntu 12 版本自带的即时通讯工具是__________。

二、选择题

1．下列说法正确的是__________。

A．Thunderbird 电子邮件与网易邮箱一样，能够注册账户和收发邮件

B．Multiget 是一个命令行下载工具

C．Multiget 能够获取剪切板下载链接

D．Multiget 只能对一个地址进行下载

2．下列说法正确的是__________。

A．Thunderbird 只能使用同一个网站系统的多个邮箱

B．Thunderbird 能够同时使用不同网站系统的多个邮箱

C．Multiget 是单线程的下载工具

D．使用 Thunderbird 注册用户，则网页中的注册信息将直接添加至 Thunderbird 账户

3．下列不是电子邮件工具的是__________。

A．Evolution

B．Twitter

C．Thunderbird

D．opera

4．下列不是下载工具的是__________。

A．Jabber

B．APT

C．Wget

D．Multiget

5．下列不是即时聊天工具的是__________。

A．MSN

B．ICO

C．IRC

D．LRC

6．下列不是常用浏览器的是__________。

A．Opera

B．Chrome

C．Evolution

D．Trident

7．下列不能被 Empathy 工具所支持的是__________。

A．mxit

B．myspace

C．Multiget

D．sametime

三、简答题

1．简要概述 Thunderbird 与网易邮箱的区别。

2．简要概述 Empathy 与 ICO 的区别。

3．简单概括插件的下载安装步骤。

4．简单概括 Multiget 的优点。

第 9 课
Linux 系统中的编辑器

系统管理员最重要的一项工作就是修改某些重要软件的配置文件，因此用户需要掌握文本编辑器的使用。无论是 Windows 操作系统，还是 Linux 操作系统，用户在编辑普通文本时，首先想到的便是文本编辑器。在 Linux 操作系统中，用户提供了类似 Windows 操作系统中写字板的编辑器，也提供了一些与命令行有关的编辑器。本课将介绍 Linux 中常用的编辑器 gedit、nano、vi 和 vim。

通过对本课的学习，读者不仅可以掌握 gedit 编辑器的使用，也可以熟悉 nana 编辑器的使用，还可以熟练掌握 vi 和 vim 编辑器。

本章学习目标：

- 掌握 gedit 编辑器的具体使用
- 熟悉如何使用 nano 编辑器
- 掌握如何启动 vi 编辑器
- 了解 vi 编辑器的三种模式
- 熟悉 vi 编辑器的常用命令操作
- 掌握如何启动 vim 编辑器
- 熟悉常用的移动光标命令
- 掌握如何使用 vim 的操作命令实现基本（如插入、删除、复制等）效果
- 了解:set 的常用设置选项
- 掌握 vim 中与块选择有关的命令
- 掌握与多窗口操作文件有关的主要命令

9.1 gedit 编辑

如果用户需要编辑比较简单的 XML 文档，Ubuntu 12.04 自带了一种 gedit 编辑器，这种编辑器在 Dash 主页中被称为“文本编辑器”。

9.1.1 gedit 概述

在 Linux 操作系统中会将编辑器分为两种：一种是基于控制台的文本编辑器；另一种则是提供常用的菜单栏和工具栏等的图形界面。基于控制台的文本编辑器包括 emacs、nano、vi 和 vim。并不是所有的文本编辑器都基于控制台，也就是说支持终端使用的，这样把另一种编辑器称为图形界面。它们被设计用来提供带有菜单栏、工具栏、按钮和滚动条等内容，例如 gedit、kate 和 kedit。

gedit 编辑器类似于 Windows 中的写字板，但是它的功能要更加强大一些，使用 gedit 编辑器既可以创建纯文本文件，也可以打开、编辑和保存文本文件，还可以从其他图形化桌面程序中剪切和粘贴文本，以及打印文件。

gedit 编辑器不仅支持输出、删除、查找和替换等基本文本操作，还支持拼写检查、突出显示等功能。除此之外，还可以根据需要进行定制，例如，可以通过增加相应的插件来增强其功能。gedit 有一个清晰而又通俗易懂的界面，它使用活页标签，因此可以不必打开多个 gedit 窗口就能同时打开多个文本文件。

9.1.2 gedit 简单使用

简单的了解 gedit 之后，就需要使用 gedit 编辑器了。使用 gedit 编辑器时有两种启动方式：命令启动和菜单启动。

1．命令启动

命令启动的方式非常简单，打开终端页面，在终端窗口中执行 gedit 命令即可打开如图 9-2 所示的界面。

2．菜单启动

菜单启动是比较常用的一种方式，在默认桌面中找到文本名称是“Dash 主页”的选项进入，通过搜索“gedit”或者“文本编辑器”找到结果，如图 9-1 所示。

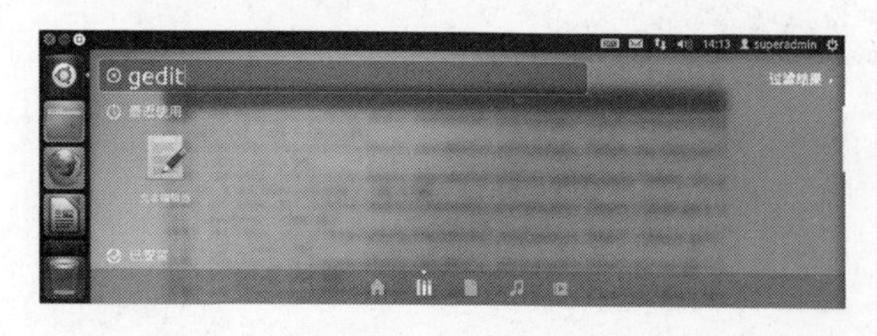

图 9-1　Dash 主页

在图 9-1 找到的结果中打开编辑器，效果如图 9-2 所示。从该图中可以看出，编辑器包含菜单栏、工具栏、状态栏、编辑区域和标题等部分。

在图 9-2 中，用户可以输入不同的内容进行操作，例如用户单击状态栏中名称是“纯文本”之后的黑色按钮，在弹出的内容列表项中选择 C#，然后在文本编辑区域输入一段 C#语言的程序代码，这段代码表示一个实体类，效果如图 9-3 所示。

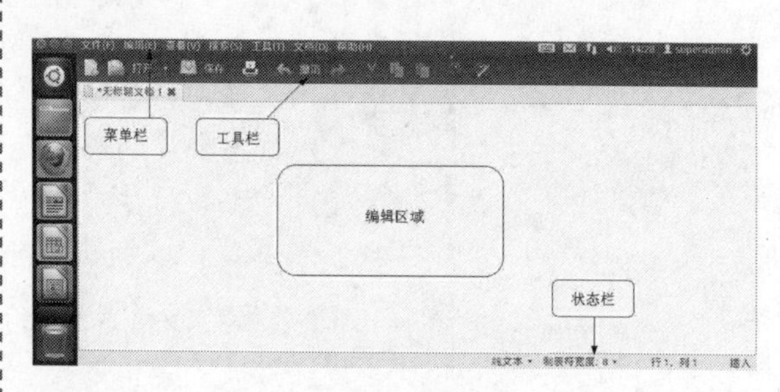

图 9-2　打开 gedit 编辑器

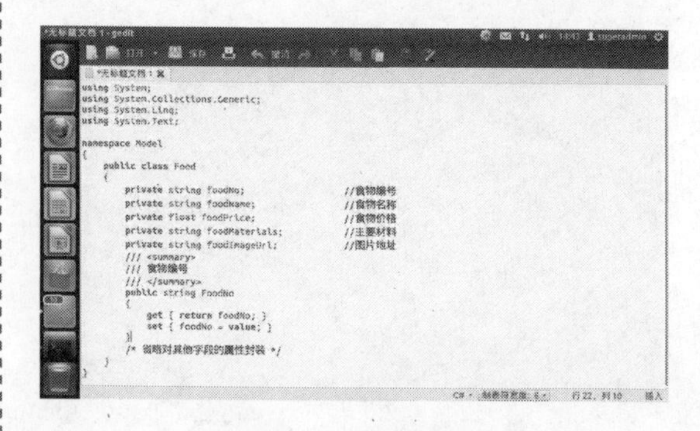

图 9-3　C#语言代码

输入内容完成后单击菜单栏中的【文件】|【保存】或【另存为】选项，或者直接按快捷键 Ctrl+S 或 Ctrl+Shift+S 进行保存，然后弹出【另存为】对话框，在弹出的对话框中进行选择，效果如图 9-4 所示。

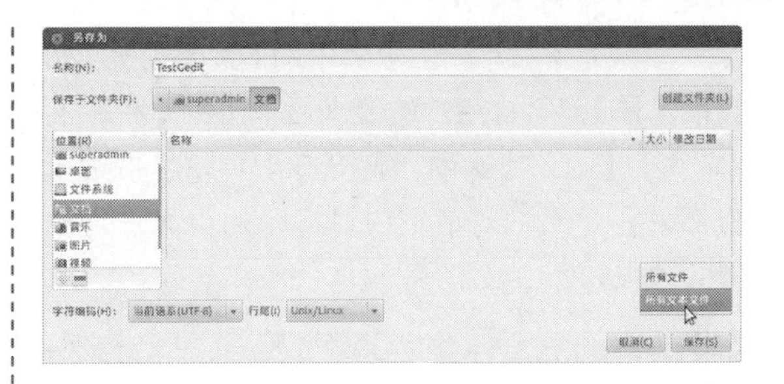

图 9-4 【另存为】对话框

9.1.3 gedit 常用操作

编辑器完成一个文本内容后通常还需要进行一些操作，下面将简单对这些操作进行说明。

1．复制、粘贴和剪切

复制、粘贴和剪切是对文本操作最常见的三种形式，gedit 编辑器中也可以实现文本内容的这些操作。用户可以将直接单击工具栏中的【复制】按钮进行操作，也可以直接选中单击右键选择【复制】进行操作，还可以直接按 Ctrl+C 快捷键进行复制操作。剪切内容也有三种方式：第一种是直接单击工具栏中的【剪切】按钮；第二种是选中剪切的内容后单击右键选择【剪切】；第三种是直接按 Ctrl+X 快捷键。剪切或复制完成后才需要进行粘贴操作，粘贴内容也有 3 种方式，与前两种相似，这里不再介绍。

2．首选项

gedit 编辑器可以对软件的很多参数进行设置，这些设置有利于文本编辑和软件的使用。用户单击菜单栏中的【编辑】|【首选项】菜单项弹出【Gedit 首选项】对话框，在弹出的对话框中可以进行不同的设置（例如显示行号），效果如图 9-5 所示。

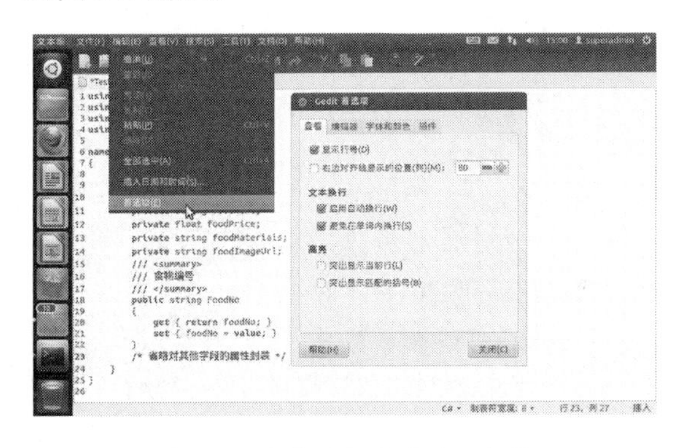

图 9-5 首选项中设置显示行号

除了设置查看时显示的内容外，用户也可以单击【编辑器】选项卡、【字体和颜色】选项卡和【插件】选项卡进行设置。例如，单击【字体和颜色】选项卡设置配色方案，选中后的效果如图 9-6 所示。

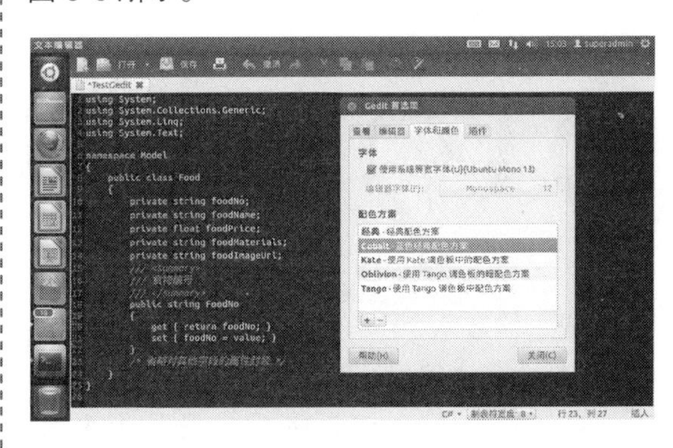

图 9-6 设置编辑器的配色方案

3．打印预览和打印

代码或文本内容编写保存完成后，常常需要打印这些文件。gedit 编辑器中也提供了与打印有关的功能。用户打印文件之前通常会将文件浏览一遍，查看文件是否符合用户的条件，单击菜单栏中的【文件】|【打印预览】选项，或者直接按 Ctrl+Shift+P 快捷键进行打开预览，效果如图 9-7 所示。

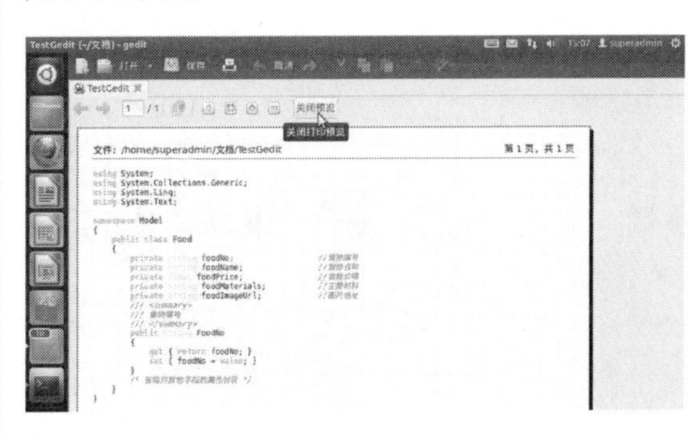

图 9-7 打印预览效果（默认配色方案）

预览完毕后单击图 9-7 中的【关闭预览】按钮取消预览，符合用户的要求后单击菜单栏中的【文件】|【打印】选项，或按 Ctrl+P 快捷键进行打印，在弹出的对话框中对打印的页面进行设置，效果如图 9-8 所示。

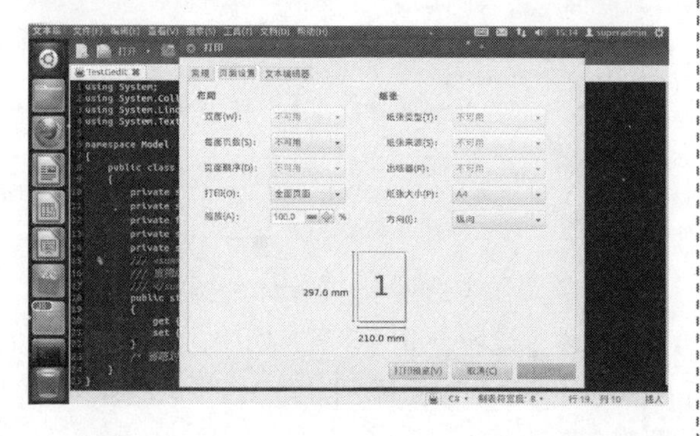

图 9-8 打印效果（蓝色经典配色方案）

gedit 编辑器适用于比较简单的文本编写，如果用户需要编写大量的格式文档时，需要使用 Ubuntu 中的另一种编辑器。该编辑器没有被安装，用户可以在终端窗口中执行以下命令进行安装：

```
root@wmm:/# sudo apt-get install publican
```

Publican 不仅是一个文本编辑器，同时也是一个 DocBook 的发布系统。它会检查用户的 XML 确保它是一个有效的 DocBook，使得文件满足发布标准。同时它能自动的输出多种格式，包括 HTML 和 PDF 等。

9.2 nano 编辑器

Linux 系统中存在许多编译器，下面将介绍与终端命令行有关的编辑器，nano 是一种与命令行有关的最简单的文本编辑器。nano 编辑器的使用非常简单，通过在终端窗口中执行该命令，然后在该命令后加上文件名就能够打开一个新文件或旧文件。

例如，执行 nano 命令打开的名称是 NewText 的文件，在终端中直接执行 nano MyName.txt 命令，然后按 Enter 键（即回车键）。如果 MyName.txt 文件存在则直接打开；如果不存在则创建该文件并且打开，效果如图 9-9 所示。

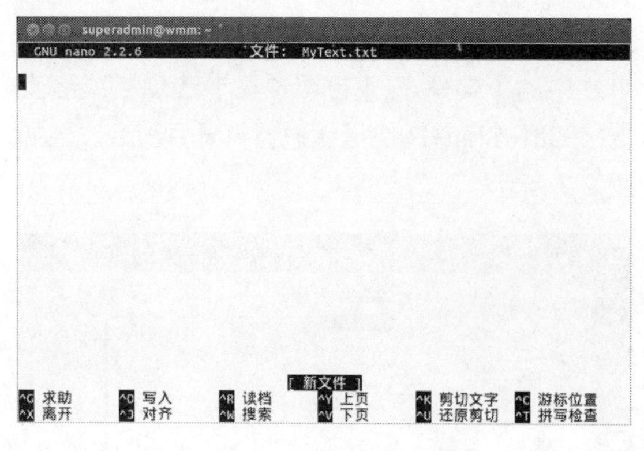

图 9-9 打开一个新文件

图 9-9 的第一行内容是在声明 nano 的版本与文件名；第二行光标则表示在此处输入内容；最后三行分别表示文件的状态与两行命令说明。命令说明行反白的部分就是组合键，后面的则是快捷键的功能。其中指数符号^代表键盘的 Ctrl 键，下面对比较重要的组合键进行了说明。如下所示：

- ❑ **^G** 即 Ctrl+G，获取在线帮助信息。
- ❑ **^X** 即 Ctrl+X，离开 nano 软件，如果修改过文件则会弹出提示信息。
- ❑ **^O** 即 Ctrl+O，如果有仅限的话就可以保存文件了。
- ❑ **^R** 即 Ctrl+R，从其他文件读入数据，可以将某个文件的内容贴在文本文件中。
- ❑ **^W** 即 Ctrl+W，查询字符串，这个命令也非常有用。
- ❑ **^C** 即 Ctrl+C，说明目前光标所在处的行数与列数等信息。

如果用户想要获取完整的功能说明，可以在 nano 的界面中按 Ctrl+G 快捷键或直接按 F1 键获取帮助，如图 9-10 所示了完整的帮助内容。在该图中用户可以通过 Ctrl+V 和 Ctrl+Y 快捷键查看上一页和下一页的内容。

图 9-10 查看 nano 的帮助信息

用户在打开的文件中输入文本内容，输入内容完成后按下 Ctrl+X 快捷键出现如图 9-11 所示的界面。

在图 9-11 中，如果用户不要保存数据只是想要离开，可以按下 N 即可离开。如果该文件确实需要保存，那么按下 Y 后出现如图 9-12 所示的界面。

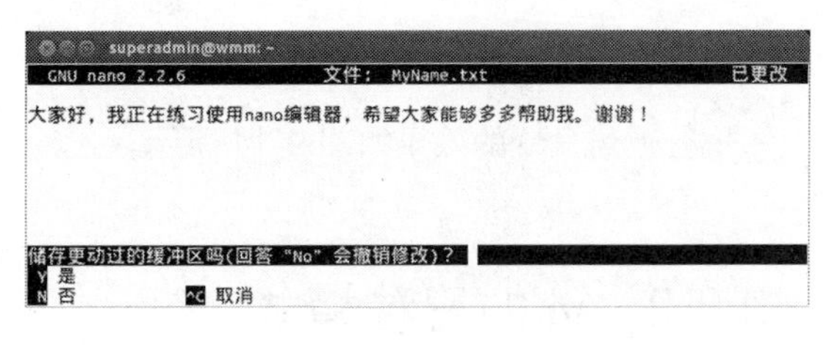

图 9-11 保存文件界面

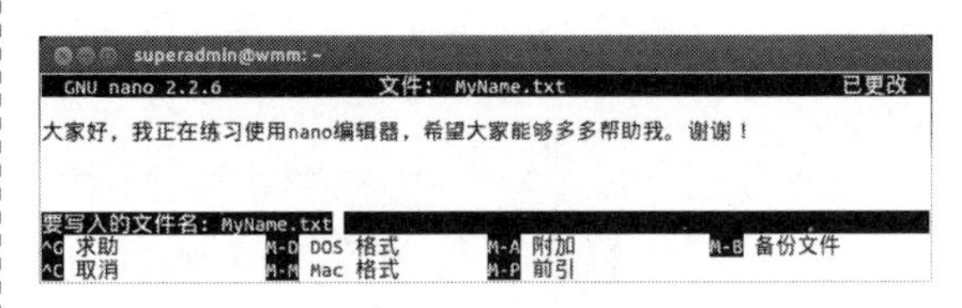

图 9-12 确定保存文件界面

用户如果只想单纯的保存文件直接按下 Enter 键即可保存离开 nano 程序，保存完成后用户可以找到文件打开进行查看。另外，在图 9-12 中，指数符号^表示 Ctrl，而 M 则代表键盘中的 Alt 键。

9.3 vi 编辑器

前面已经提到过，Linux 系统中有许多的文本编辑器，既然前面两节已经介绍了常用的两种简单编辑器，为什么还需要使用 vi 和下一节的 vim 编辑器呢？很简单，主要三点原因如下：

- 所有的 Linux 系统中都会内置 vi 文本编辑器，而其他的文本编辑器则不一定会存在。
- 很多软件的编辑接口都会主动调用 vi。
- 程序简单，编辑速度相当快。

vi 的全称是 Visual interface，表示视觉交互界面，使用 vi 编辑器能够在任何 Shell、字符终端或基于字符的网络连接中使用，不需要 GUI 就能够高效地在文件中进行编辑、删除、替换和移动等操作。

9.3.1 启动 vi

启动 vi 非常简单，在终端窗口中执行 vi 命令，然后后面紧接着文本文件的名称。例如，启动 vi 打开特定的 MyTestName.txt 文件。命令如下：

```
superadmin@wmm:~$ vi MyTestName.txt
```

如果该文件是一个新文件，则会出现如图 9-13 所示的界面。

在图 9-13 中，上面显示的应该是文件的实际内容，而最后一行则是状态显示行，或者是命令执行行。

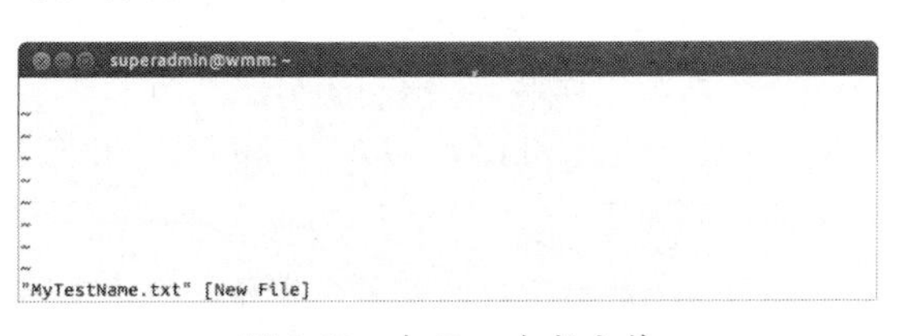

图 9-13 打开一个新文件

如果打开的文件是一个已经存在的文件，终

端命令如下：

```
superadmin@wmm:~$ vi MyName.txt
```

执行上述命令的效果如图 9-14 所示。

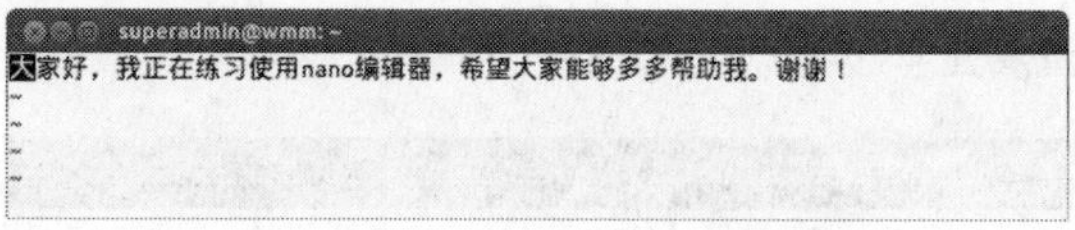

图 9-14　打开一个存在的文件

9.3.2　vi 的三种模式

vi 基本上有 3 种运行模式：一般模式、编辑模式和命令行模式。这三种模式的关系如图 9-15 所示。

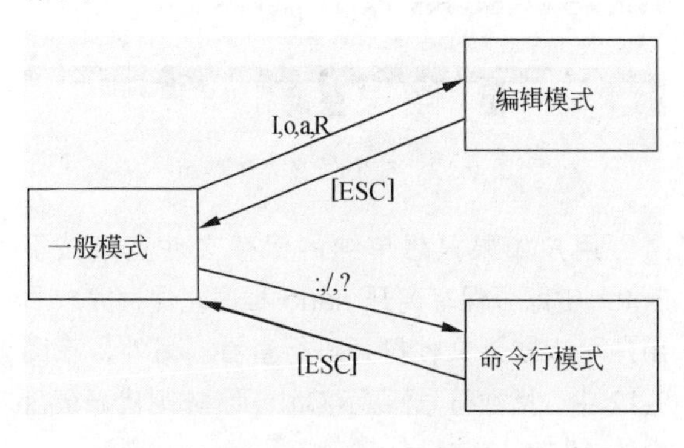

图 9-15　3 种模式关系图

从图 9-15 中可以看出，一般模式与编辑模式和命令行模式之间可以正常切换，但是编辑模式与命令行模式之间不可以互相切换。这三种模式的说明如下：

（1）一般模式

使用 vi 命令打开一个文件就直接进入一般模式了（默认模式）。在该模式中，用户可以使用上下左右键来移动光标，可以删除字符或删除整行，也可以复制和粘贴文件中的相关数据。

（2）编辑模式

在一般模式中可以进行删除、复制和粘贴等操作，但是无法编辑文件内容。需要用户按下“i、I、o、O、a、A”等任何一个字母之后才会进入编辑模式。通常在 Linux 系统中，按下这些键时，在界面的左下方会出现 INSERT 或 REPLACE 的字样，此时可以进入编辑。而如果要返回到一般模式时，则必须按下 Esc 键即可退出编辑模式。

（3）命令行模式

在一般模式中输入“:、/、?”3 个中的任何一个按钮，就可以将光标移动到最下面的一行。在这个模式中，可以提供用户查找的操作，而读取、保存、大量替换字符、离开 vi 和显示行号等操作就是在该模式中完成的。

9.3.3　vi 的命令操作

使用 vi 命令打开一个文件之后，如何在打开的文件中进行简单操作成为一个重要的问题。例如，向打开的文件中添加内容、删除内容、替换内容或者保存后退出等操作。下面将介绍 vi 常用的命令操作。

1. 一般模式切换到编辑模式（或输入模式）的命令

一般模式并不能编辑文件内容，因此需要进入编辑模式进行操作，切换到编辑模式时需要使用的命令按钮有 i 和 I、a 和 A、o 和 O、r 和 R。它们的说明如下：

- **i**　从光标所在的位置前开始插入文本。
- **I**　该命令是将光标移动到当前行的行首，然后在其前插入文本。
- **a**　用于在光标当前所在位置之后追加新文本。
- **A**　将光标移动到所在行的行尾，并在那里插入新的文本。
- **o**　在光标所在行的下面新开一行，并将光标置于该行的行首，等待输入文本。
- **O**　在光标所在行的上面插入一行，并将光标置于该行的行首，等待输入文本。
- **r**　只会替换光标所在的那一个字符一次。
- **R**　会一直替换光标所在的文字，直到按下 Esc 键为止。

【练习 1】

用户首先在终端窗口输入 vi 命令打开名称

为 work.txt 的文件。命令如下：

```
superadmin@wmm:~$ vi work.txt
```

命令执行成功时，如果该文件是一个新文件，则会显示新内容。显示效果如下：

```
~
~
~
"work.txt" [新文件]     0,0-1          全部
```

用户可以按下 i 键进行插入，按下该键后输入一些文本内容。命令如下：

```
my name is jim.
~
~
-- 插入 --              1,16          全部
```

输入内容完成后按 Esc 键重新返回一般模式，然后按下 R 键进行文本替换，将“jim”替换为文本“Jack”。命令如下：

```
my name is Jack
~
~
-- 替换 --              1,16          全部
```

替换文本完成后重新按 Esc 键回到一般模式进行其他操作。

2．一般模式切换到命令行模式的命令

一般模式到命令行模式非常简单，直接输入以“:”开头的命令即可。常用的命令行命令如下：

- **:n** 输入要移动到的行号实现行跳转。
- **:w** 将当前编辑的内容数据进行存盘，即写入到硬盘文件中。
- **:q** 退出 vi。
- **:q!** 如果曾经修改过文件并且不想存储，使用“!”为强制离开不保存文件。
- **:wq** 保存后退出 vi。
- **:wq!** 保存后强制退出 vi。
- **:w[filename]** 将编辑的数据保存到另一个文件中，类似于另存为操作。其中 filename 表示要保存的文件名。
- **:r[filename]** 打开另一个文件内容进行读取。
- **e[filename]** 新建一个文件。
- **f[filename]** 将当前的文件名更改为新的文件名 filename，类似于重命名操作。
- **:n1,n2 w[filename]** 将 n1 行到 n2 行的内容保存成 filename 这个文件。
- **:/str/ w[filename]** 将包含 str 的行写到文件 filename 中。
- **:d** 删除当前行。
- **:nd** 删除从当前行开始的 n 行。
- **:n2,n2 d** 删除从 n1 行到 n2 行为止的所有内容。
- **:/str1/,/str2/ d** 删除从 str1 到 str2 为止的所有内容。
- **:.,$d** 删除从当前行到结尾的所有内容。
- **:!command** 暂时离开 vi 到命令行模式下执行 command 的结果。例如“:! ls /home”即可以在 vi 当中查看/home 下面以 ls 输出的文件信息。
- **:?str?** 从当前光标开始往左移动到有 str 的地方。

【练习 2】

本次练习主要使用与命令行相关的命令完成不同的操作。步骤如下：

（1）用户需要在终端窗口中执行命令打开一个已经存在的文件。命令如下：

```
superadmin@wmm:~$ vi work.txt
```

执行上述命令显示的效果如图 9-16 所示。

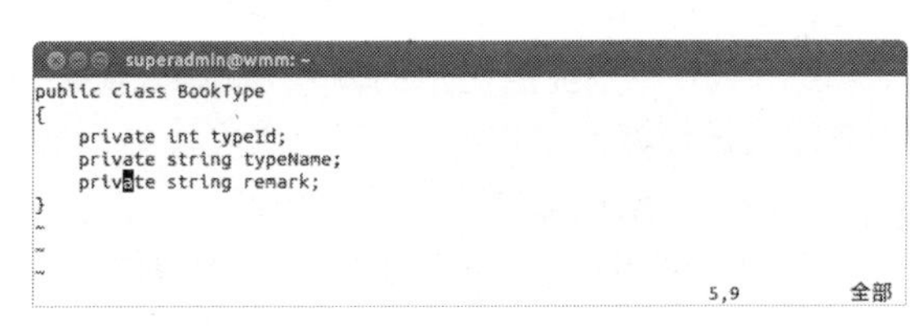

图 9-16 打开一个已经存在的文件

在图 9-16 中，最后一行的“5,9”表示当前光标所在的位置。其中 5 表示所在的行，而 9 可以表示列，也可以看作光标在该行所处的位置。

（2）使用“:n”命令将当前光标定位到第 3 行，直接执行:3 命令的效果如图 9-17 所示。

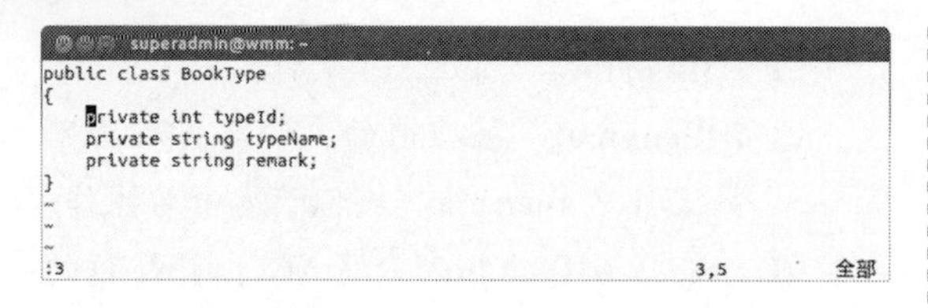
```
public class BookType
{
    private int typeId;
    private string typeName;
    private string remark;
}
~
~
~
:3                                        3,5        全部
```

图 9-17 定位后的效果

（3）使用“! command”命令显示相关结果，在终端窗口中输入“:! ls /dev/sda”命令后按下 Enter 键。命令如下：

```
superadmin@wmm:~$ vi work.txt
/dev/sda
请按 Enter 或其他命令继续
```

（4）使用“:n1,n2 d”命令删除第 3 行到第 5 行的所有内容，输入“:3,5 d”后按下 Enter 键。命令如下：

```
public class BookType
{
```

```
}
~
~
少了 3 行                    3,1          全部
```

（5）直接执行“:wq”命令进行保存，保存完成后退出 vi，然后重新返回到终端页面进行其他命令操作。

提示

上面介绍了使用 vi 编辑器时将一般模式转换为编辑模式和命令行模式时常用的操作。实际上，除了上述命令外，还有其他的命令，例如复制、删除和粘贴命令，与光标有关的命令，这些命令将在 vim 编辑器进行介绍。

使用上面的“:w、:wq、:q、:wq!”等相关的命令行命令后可以保存或退出文件，除了上面的命令外，还有两种命令：ZZ 和 ZQ。其中 ZZ 表示存盘之后再退出；ZQ 直接作废并退出。

9.4 vim 编辑器

vi 是一种老式的文字处理器，虽然它的功能已经很齐全，但是它还有很大的进步空间。vim 编辑器可以说是程序开发者一项很好用的工具，读者可以将 vim 视作 vi 的高级版本。vim 编辑器可以使用颜色或底线来显示一些特殊的信息，本节将详细介绍与 vim 编辑器有关的操作。

9.4.1 启动 vim

vim 是英文 Visual Interface Improved 的缩写，它是 Linux 操作系统中最常用的一种编辑器。使用 vim 可以完成文本的输入、删除、查找、替换和块操作等信息，用户还可以根据需要对其进行定制，使用插件扩展 vim 的功能。

用户在使用 vim 编辑器之前必须先确定 vim 编辑器已经安装，如果没有安装用户可以在终端中输入代码进行安装。命令如下：

```
superadmin@wmm:~$ sudo apt-get install vim
```

vim 编辑器安装完成后就可以启动了，启动的方式非常简单，在终端界面中输入 vim 后按下 Enter 键，系统会自动启动 vim 编辑器，启动完成后的界面效果如图 9-18 所示。

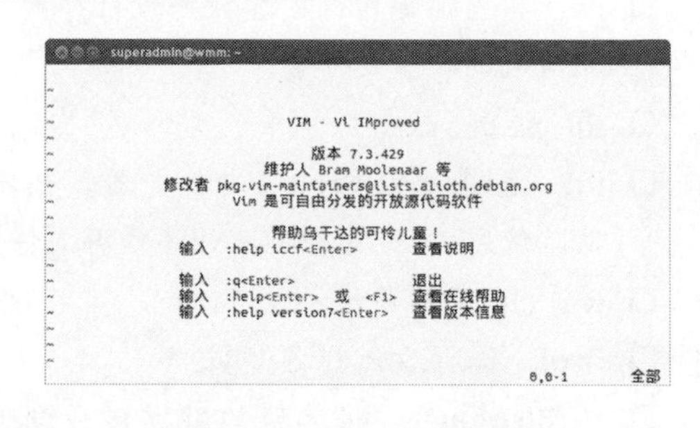

图 9-18 vim 工作界面

9.4.2 移动光标命令

vim 中的移动是指在 vim 编辑器中移动光标的位置，无论是 vi 还是 vim，在三种模式下都可

以按键盘上的上、下、左、右方向键进行移动。它们在方向键的基础上提供了更多更快的移动方式，这些移动方式包括：字符移动、单词移动、行移动和页面移动。这些移动方式的说明如下所示：

- **字符移动** 每次向前或向后移动一个字符的位置。
- **单词移动** 每次向前或向后移动一个单词的位置。
- **行移动** 每次向上或向下移动一整行。
- **页面移动** 每次向上或向下移动一页。

提示

vi 编辑器中也可以通过下面介绍的这些命令进行操作，只不过没有在 vi 编辑器中进行详细说明而已。

1．字符移动

字符移动时光标只能移动一个字符，在一般模式下可以使用 h、j、k、l 来移动光标。说明如下：

- **h** 光标向左移动一个字符，等同于向左箭头键（←）。
- **j** 光标向下移动一个字符，等同于向下箭头键（↓）。
- **k** 光标向上移动一个字符，等同于向上箭头键（↑）。
- **l** 光标向右移动一个字符，等同于向右箭头键（→）。

注意

字符移动时使用的命令都是小写的，不能使用大写代替。这些命令都是键盘上“H”（包含 H）右边的四个字母，非常便于使用。

2．单词移动

普通模式下可以使用 w 和 b 命令进行单词的移动操作，w 命令表示将光标向右移动一个单词，而 b 命令与它相反，表示将光标向左移动一个单词。

可以在这两个命令之前添加一个数字前缀，添加后光标会向右或者向左移动指定数目的单词。例如，按下 5w 命令可以将光标向右移动 3 个单词；按下 3b 命令可以将光标向左移动 3 个单词。

3．行移动

vim 编辑器中存在与行相关的非常丰富的移动命令，这些行移动功能可以完全取代图形界面（例如 gedit 编辑器）中的滚动条。与行移动有关的功能包含 0、$、^、:n、j、nG、gg 和百分比。说明如下：

- **0 命令** 可以将光标移动到当前行的每一个字符上，相当于 Home 的功能，该命令不接受数字前缀。
- **$命令** 与 0 命令的功能完成相反，可以将光标移动到当前行的结尾，相当于 End 的功能。该命令可以接受一个数字的前缀，表示向后移动若干个行的行尾。例如，3$表示将光标移动到第 3 行（当前行为第 1 行）行尾。
- **^命令** 该命令表示将光标移动到当前行的第一个非空白字符上，如果在该命令前添加数字，则没有任何效果。
- **:n 命令** 这是一种最简单的方法，输入完成后会直接跳转到该行。例如，用户输入:5 表示将光标移动到第 5 行。
- **j 命令** 表示向下跳转若干行，可以在该命令之前添加数目。例如，3j 表示向下跳转 3 行（不包含光标所在的当前行，即不从当前行查起）。
- **nG 命令** n 表示数字，nG 表示移动到这个文件的第 n 行。如果不为 n 指定数字，则自动把光标定位到最后一行。例如，指定为 4n 则会自动将光标移动到第 4 行的位置。
- **gg 命令** 与 1G 命令的效果一样，表示将光标移动到该文件的第一行。
- **百分比命令** 使用%进行表示，需要在%之前添加一个命令计数，将文件定位到这个指定百分比的位置上。例如，70%命令会自动将光标定位到文件的 70%位置。

一个文件最容易区分的部分就是文件的头部、底部和中间部分。vim 编辑器中还提供了 3 个命令显示当前屏幕的行。如下所示：

- **H 命令** 光标移动到当前屏幕第一行的第一个字符。

- **M 命令**　光标移动到当前屏幕中央一行的第一个字符。
- **L 命令**　光标移动到当前屏幕最后一行的第一个字符。

4. 页移动

页移动即实现翻页的效果，即 vim 可以实现所显示页面的向上或向下滚动。这种效果相当于图形界面中拖动滚动条时实现的翻页滚动，页移动功能实现时需要使用相关命令。常用的命令如下：

- **Ctrl+u 命令**　该命令可以使文本向上滚动半屏。
- **Ctrl+d 命令**　它与 Ctrl+u 命令相对应，表示将窗口向下移动半屏。
- **Ctrl+e 命令**　当用户需要一次仅向上滚动一行文本数据时可以使用该命令。
- **Ctrl+y 命令**　它与 Ctrl+e 命令完成相反，表示一次向下滚动一条数据。
- **Ctrl+f 命令**　屏幕向下移动一页，相当于 Page Down 按键。
- **Ctrl+b 命令**　屏幕向上移动一页，相当于 Page Up 按键。
- **zz 命令**　zz 命令表示把光标所在的行滚动到屏幕正中央。
- **zt 命令**　该命令表示把光标所在的行滚动到屏幕顶端。
- **zb 命令**　该命令表示把光标所在的行滚动到屏幕底部。

9.4.3 基本操作命令

使用文本编辑器最基本的功能就是进行文本编辑，然后对文件中的文本进行简单操作，本节将简单介绍 vim 中进行基本操作的命令，例如插入命令、复制命令、粘贴命令、删除命令以及查找和替换命令等。

1. 插入命令

插入命令是指在光标位置的前后行、前后字符处插入新行或新字符，也可能是删除指定数目的行和字符，然后输入新的内容。vim 编辑器中与插入操作相关的命令有多个，这些命令都是在普通模式下进行的。除了 vi 编辑器中介绍的 i 和 I、o 和 O、a 和 A、r 和 R 外，还包括 s 和 S、ncw 和 nCW 以及 nCC。说明如下：

- **s**　从当前光标位置处开始，以输入的文本替代指定数目的字符。
- **S**　删除指定数目的行，并以输入的文本进行代替。
- **ncw/nCW**　修改指定数目的字符。
- **nCC**　修改指定数目的行。

【练习 3】

本节练习通过插入命令向文本中添加内容。步骤如下：

（1）打开终端命令界面，然后执行 vim hello.txt 命令打开已存在的文件，原始效果如图 9-19 所示。

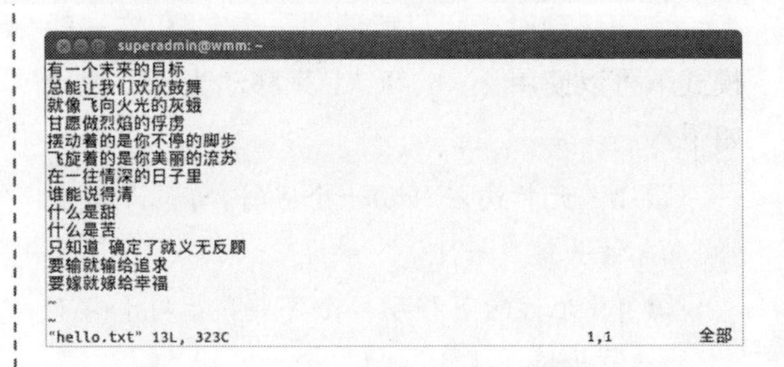

图 9-19　打开文件的初始效果

（2）直接按下 nCC 命令修改指定数目的行，实际上是删除当前光标所在的行，然后再插入内容“要嫁就”，按下命令后的效果如图 9-20 所示。

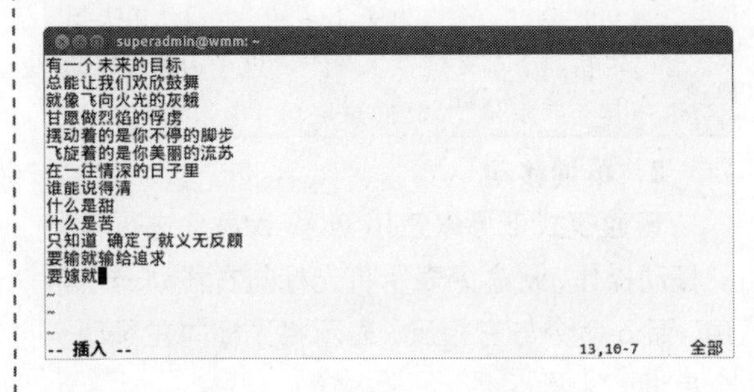

图 9-20　插入命令的界面效果

（3）全部的内容输入完成后按 Esc 键，然后返回到正常模式。

2. 复制和粘贴命令

顾名思义，复制就是将当选行的文本内容复制到另一个位置。vim 提供了许多与复制相关的命令，例如 yy 命令、nyy 命令。这些命令说明如下：

- **yy 命令** 复制光标所在的那一行文本。
- **nyy 命令** n 表示数字，复制光标所在的向下 n 行。例如，5n 表示复制从光标开始向下的 5 行文本。
- **y1G 命令** 复制光标所在行到第一行的所有数据。
- **yG 命令** 复制光标所在行到最后一行的所有数据。
- **y0 命令** 复制光标所在的那个字符到该行行首的所有数据。
- **y$命令** 复制光标所在的那个字符到该行行尾的所有数据。

使用上述命令完成内容的复制后，如何将复制的文本进行粘贴呢？需要使用 p 或者 P 命令。其中 p 命令是指将已复制的数据在光标下一行粘贴，而大写 P 命令则表示将已复制的数据粘贴在光标的上一行。

【练习 4】

本次练习通过 nyy 命令复制第三行到第六行的数据，然后使用 p 命令进行粘贴。首先执行:3 命令将当前光标的位置移动到第三行，接着执行 3yy 命令完成复制功能，效果如图 9-21 所示。

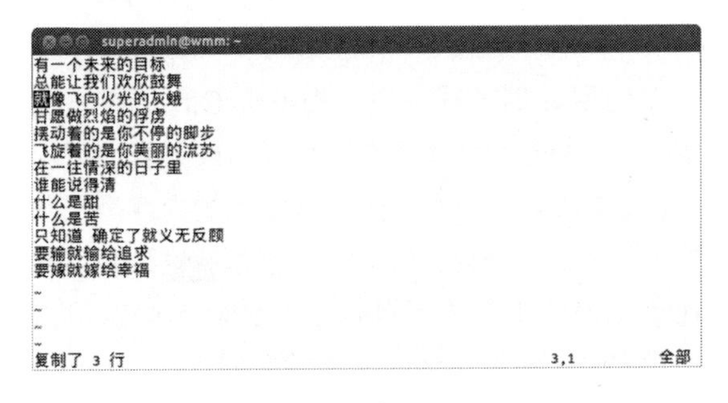

图 9-21 界面复制时的效果

执行:5 命令将当前光标移动到第五行，然后按下 p 键完成粘贴操作，效果如图 9-22 所示。

3．删除命令

vim 编辑器提供的删除命令对光标处的字符进行删除，也可以对单词或整行文本进行删除。常用的删除命令说明如下所示：

- **x 和 X 命令** 在一行字符中，x 命令表示向后删除一个字符（相当于 Del 键）；X 命令表示向前删除一个字符（相当于 Backspace 键）。

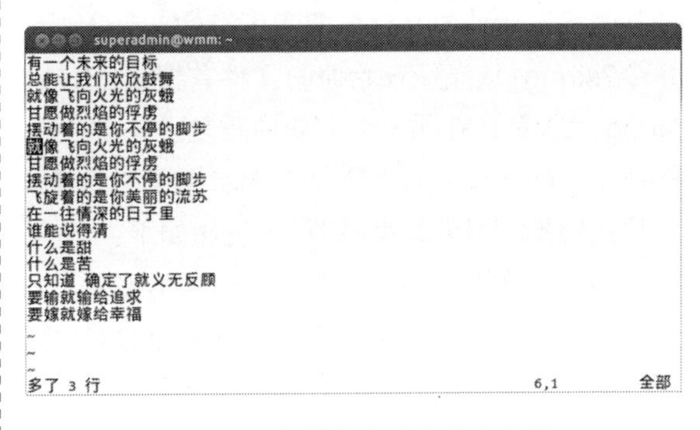

图 9-22 复制完成时的界面效果

- **ndw 命令** 删除光标处开始及其后的 n-1 个单词。
- **ndd 命令** 删除光标所在的向下 n 行。例如 3dd 表示删除光标向下的 2 行，包含光标所在的行。
- **d0 命令** 删除当前行光标以前的所有字符。
- **d$命令** 删除从光标所在处到最后一行的所有数据。
- **dd 命令** 删除光标所在的那一整行。

【练习 5】

上一小节在使用复制命令进行复制操作时多添加了三行记录，这次练习就通过简单的 ndd 命令删除多余的 3 行。很简单，在终端界面直接执行 3dd 命令。删除成功后的效果如图 9-23 所示。

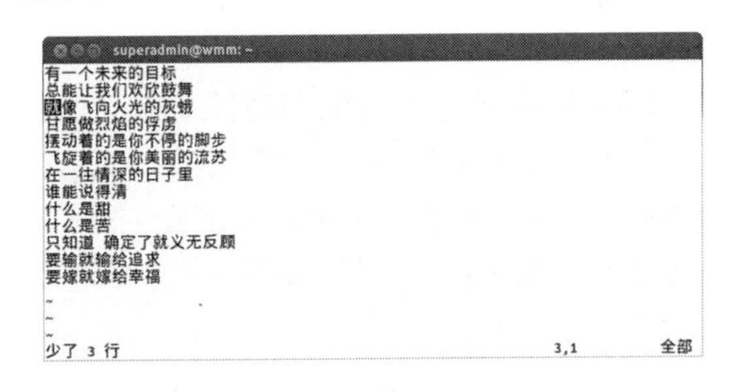

图 9-23 删除后的界面效果

4．查找和替换命令

一般情况下，用户需要将字符是“张”替换成“李”字，但是由于文件中的内容行数过多，自己进行查看需要耗费很大的精力。有一种方法非常简单，用户可以通过相关的命令进行查找，查找完成后再进行替换。这就需要使用到 vim 编辑器中所提供的与查找和替换相关的命令。

命令/string 用于搜索一个字符串 string，它会从光标开始处向文件尾搜索所有的 string。而命令?string 从光标开始处向文件首搜索所有的 string。命令 n 在同一个方向中重复上一次搜索的命令，N 在反方向上重复上一次搜索的命令。常用的特殊字符匹配有*和? 。说明如下：

- ❑ * 在查找的字符串中匹配任意字符。
- ❑ ? 在查找的字符串中匹配一个字符。

用户在查找时“.*[]%/?~$”等字符具有特殊的含义，如果需要查找的内容中包含这些字符，那么要在这些字符前加一个反斜杠“\”对字符进行转义。

vim 编辑器所提供的功能非常强大，除了进行字符串替换以外，还可以使用正则表达式进行替换。常用的替换命令如下：

- ❑ **s/p1/p2/g 命令** 将当前行中所有字符串 p1 使用字符串 p2 进行替代。
- ❑ **n1,n2s/p1/p2/g 命令** 将第 n1 到 n2 行中的所有字符串 p1 使用 p2 字符串替代。
- ❑ **g/p1/s//p2/g 命令** 将文件中的所有 p1 均替换成 p2。

【练习 6】

本次练习继续针对 hello.txt 文件进行操作，首先查出该文件的文本内容是“飞”的字符串，然后使用替换命令将该文字替换为“fei”。步骤如下：

（1）在终端界面中打开 hello.txt 文件，具体效果不再显示。

（2）使用 vim 编辑器打开文件时默认的是普通状态，直接按键执行“/飞”命令，表示在文本中查找字符串“飞”。用户可以通过按 n 或 N 键来查看所有的字符串，按 n 时的效果如图 9-24 所示。

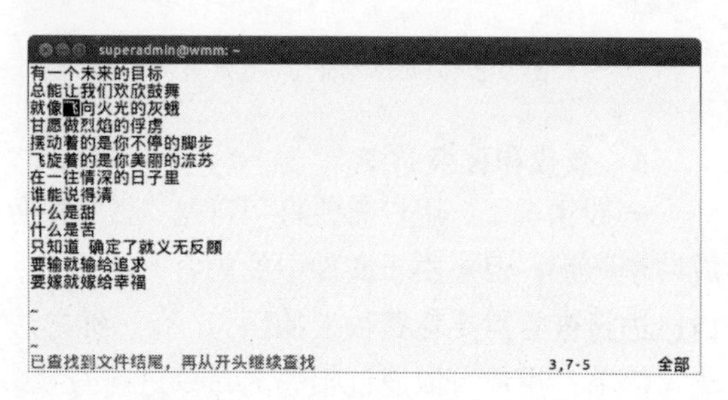

图 9-24 查找文本字符串“飞”

（3）继续执行“:g/飞/s//fei/g”命令，表示将文本中所有的“飞”都替换为“fei”，如图 9-25 所示。

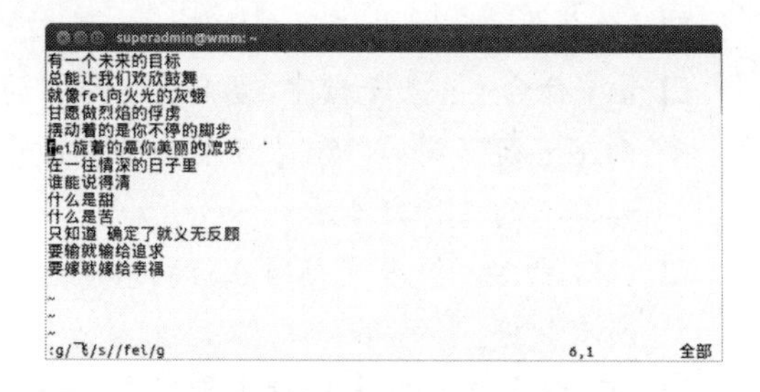

图 9-25 替换完成后的效果

5．取消命令

用户在编辑文本时，如果因为错误的操作而修改了原有的文本，可以使用取消命令来取消之前所有的修改操作。vim 编辑器中也提供了相关的命令，使用这些命令可以多次取消之前的错误操作。这些命令的说明如下所示：

- ❑ **.（英文句号）命令** 用于重复上一次修改。
- ❑ **u 命令** 取消上一次修改。

例如，用户在终端界面的文件中输入相关的内容后按下 Esc 键退出，在一般模式中按下 u 键。界面效果如下：

```
~
~
1 行被去掉; before #13  8 秒之前 14,0-1
全部
```

使用 u 时的操作效果相当于 Ctrl+z 键，连续按 u 或句号可以多次执行取消或重复上一次操作。有时候用户发现刚才所修改的内容是正确的，但是由于一时失误取消了修改，这时有没有简单的办法重新恢复到修改前的状态呢？可以使用 Ctrl+r 命令，该命令能够重做上一个动作。界面效果如下：

```
~
1 行被加入; after #13  99 秒之前  14,1
全部
```

6．文件保存命令

在介绍文件保存命令之前，用户可以在终端界面中执行:! ls 命令，这时会执行外部命令查看当前的目录。界面效果如下：

```
[已修改但尚未保存]
examples.desktop hello.txt~ man.
```

```
config work.txt~ 模板 图片 下载 桌面
hello.txt lll.txt work.txt 公共的
视频 文档 音乐
请按 Enter 或其他命令继续
```

从上面提示中可以看出，用户已经修改了文件中的内容，但是还没有保存。vim 编辑器中提供了一系列与保存有关的命令，实现保存、另存为、覆盖保存和追加保存等操作。常用命令说明如下：

- **:w 命令**　保存文件，这个命令需要文件已经保存过。
- **:x 命令**　保存文件并退出，这个命令需要文件已经保存过。
- **:w[filename]命令**　将文件内容写入到 filename 文件，覆盖以前的文件。
- **:w>>[filename]命令**　将缓冲区内容附加保存到文件 filename 的后面。

例如，用户执行:w newhello.txt 命令将文件写入到 newhello.txt 新文件中。保存成功后的提示如下：

```
~
~
"newhello.txt" [新] 14L, 331C 已写入
14,1      全部
```

7．退出命令

vim 编辑器工作完成后需要退出，在退出之前需要对编辑的文件进行处理。用户使用:X 命令保存文件后可以退出，但是如果用户不想使用该命令退出，那么有没有其他的命令呢？有。说明如下：

- **:q 命令**　退出 vim，如果文件没有保存则不会退出。
- **:q!命令**　不保存文件，强制退出 vim。
- **ZZ 命令**　保存并且退出。

例如，用户对文件编辑完成后没有进行保存，而是直接执行:q 命令进行退出。效果如下：

```
~
E37: 已修改但尚未保存 (可用 ! 强制执行)
16,5      全部
```

9.4.4　设置选项

除了上面介绍的相关命令操作外，vim 编辑器还可以使用 set 命令来设置一些特定的选项来定制编辑环境。例如，命令:set nu 可以显示行号；命令:set nonu 可以取消行号，如表 9-1 列出了 set 命令的部分选项。

【练习 7】

下面主要通过上面的选项进行设置。步骤如下：

（1）如果用户想要查看所有选项的设置，在一般模式下执行:set all 命令，vim 会显示 vim 的详细配置列表，效果如图 9-26 所示。

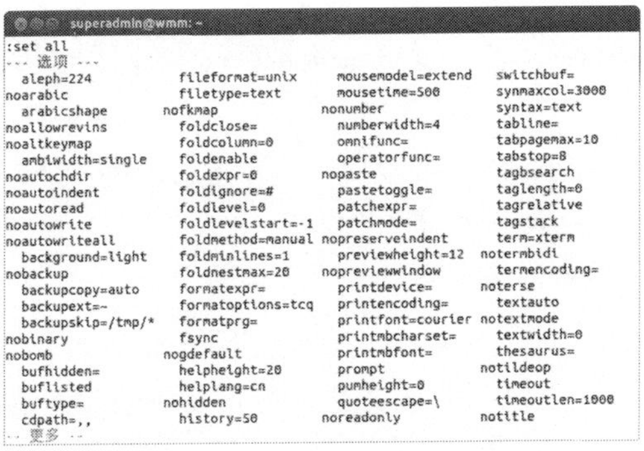

```
superadmin@wmm: ~
:set all
--- 选项 ---
  aleph=224           fileformat=unix      mousemodel=extend    switchbuf=
noarabic              filetype=text        mousetime=500        synmaxcol=3000
  arabicshape       nofkmap              nonumber               syntax=text
noallowrevins         foldclose=           numberwidth=4        tabline=
noaltkeymap           foldcolumn=0         omnifunc=            tabpagemax=10
  ambiwidth=single    foldenable           operatorfunc=        tabstop=8
noautochdir           foldexpr=0         nopaste                tagbsearch
noautoindent          foldignore=#         pastetoggle=         taglength=0
noautoread            foldlevel=0          patchexpr=           tagrelative
noautowrite           foldlevelstart=-1    patchmode=           tagstack
noautowriteall        foldmethod=manual  nopreserveindent       term=xterm
  background=light    foldminlines=1       previewheight=12   notermbidi
nobackup              foldnestmax=20     nopreviewwindow        termencoding=
  backupcopy=auto     formatexpr=          printdevice=       noterse
  backupext=~         formatoptions=tcq    printencoding=       textauto
  backupskip=/tmp/*   formatprg=           printfont=courier  notextmode
nobinary              fsync                printmbcharset=      textwidth=0
nobomb              nogdefault             printmbfont=         thesaurus=
  bufhidden=          helpheight=20        prompt             notildeop
  buflisted           helplang=cn          pumheight=0          timeout
  buftype=          nohidden               quoteescape=\        timeoutlen=1000
  cdpath=,,           history=50         noreadonly           notitle
-- 更多 --
```

图 9-26　显示 vim 的详细配置列表

表 9-1　set 命令的部分选项

选 项 名 称	说　　明
all	列出所有的选项设置情况
term	显示终端类型
ignorance	在搜索中忽略大小写
list	显示制表位（Ctrl+I）和行尾标志（$）
number 和 nu	显示等号
nonumber 和 nonu	不显示行号
nomagic	允许在搜索模式时使用前面不带“\”的特殊字符
nowrapscan	禁止 vi 在搜索到达文件两端时，又从另一端开始
mesg	允许 vi 显示其他用户用 write 写到自己终端上的信息
ruler	终端界面的右下角会出现状态栏说明，而 ruler 就是在显示或不显示该设置值的
showmode	表示是否需要显示--INSERT--之类的字眼在左下角的状态栏
autoindent	表示自动缩排
noautoindent	表示不自动缩排
hlsearch	high light search（高亮度查找），这个就是设置是否将查找的字符串反白的设置值
nohlsearch	取消高亮度查找

（2）练习 6 已经显示过查找结果后的显示效果，下面通过执行:set hlsearch 命令高亮显示查找后的效果，如图 9-27 所示。

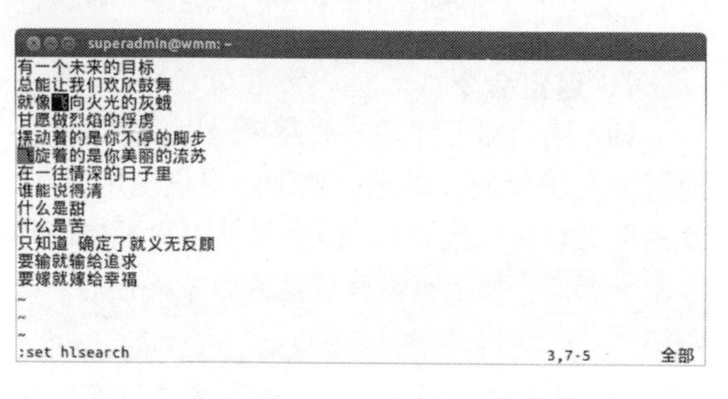

图 9-27 高亮度显示的效果

（3）如果用户想要显示制表位（Ctrl+I）和行尾标志（$）可以执行:set list 命令，如图 9-28 所示。

```
有一个未来的目标$
总能让我们欢欣鼓舞$
就像飞向火光的灰蛾$
甘愿做烈焰的俘虏$
摆动着的是你不停的脚步$
飞旋着的是你美丽的流苏$
在一往情深的日子里$
谁能说得清$
什么是甜$
什么是苦$
只知道 确定了就义无反顾$
要输就输给追求$
要嫁就嫁给幸福$
~
~
~
:set list                                    1,1          全部
```

图 9-28 显示行尾标志

（4）如果用户想要显示文件中文本内容的行号，可以执行:set number 命令或:set nu 命令，效果如图 9-29 所示。

（5）如果用户想要改变某个设置可以通过“:set option(=value)”选项，其中 option 就是列表中的选项名，选项的值“(value)”根据选项不同是可选的设置。每次进入 vim 所有的选项将会被设置为默认值。进入 vim 之后对选项的修改，只在当前窗口有效。

```
  1 有一个未来的目标$
  2 总能让我们欢欣鼓舞$
  3 就像飞向火光的灰蛾$
  4 甘愿做烈焰的俘虏$
  5 摆动着的是你不停的脚步$
  6 飞旋着的是你美丽的流苏$
  7 在一往情深的日子里$
  8 谁能说得清$
  9 什么是甜$
 10 什么是苦$
 11 只知道 确定了就义无反顾$
 12 要输就输给追求$
 13 要嫁就嫁给幸福$
~
~
~
:set nu                                      16,5         全部
```

图 9-29 显示文本行号

通过上面的值进行设置是非常有必要的，但是并不是每一次用户都需要使用 vim 重新设置一次各个参数的值。实际上，用户可以通过配置文件直接规定其所习惯的 vim 环境。

整体 vim 的设置值一般都放置在/etc/vimrc 文件中，不过不建议用户进行修改。但是，用户可以通过~/.vimrc 这个文件，将所希望值进行写入。默认情况下，~/.vimrc 文件并不存在，需要用户亲自动手创建。文件内容格式如下：

```
superadmin@wmm:~$ vim ~/.vimrc
"这个文件的双引号（"）是批注
set hlsearch        "高亮度反白
set backspace=2     "可以随时使用退格键删除
set autoindent      "自动缩排
set ruler           "可以显示最后一行的状态
set showmode        "显示左下角那一行的状态
```

在~/.vimrc 文件中，使用“set hlsearch”与带有冒号的“:set hlsearch”效果是一样的。而双引号则是批注符号，不要用错批注符号，否则每次使用 vim 时都会发生警告信息。该文件创建完成后，用户下次重新以 vim 编辑某个文件时，该文件的默认环境就是这样设置的。

9.5 vim 编辑器的高级操作

上一节已经简单介绍过与 vim 编辑有关的命令，但是有些时候，还有一些其他的功能操作，本节将介绍与 vim 编辑器有关的高级操作。

9.5.1 显示程序文件

如果用户使用 vim 编辑一段 C#语言的应用程序时，vim 会依据文件的扩展名或者是文件内的开头信息判断该文件的内容而自动调用该程序的语法判断式，再以颜色来显示程序代码与一

般信息。vim 的官方网站（http://www.vim.org）也说 vim 是一个“程序开发工具”而不是文字处理软件。因此，通常情况下，许多用户可以把 vim 编辑器还称为“程序编辑器”。

例如，用户使用 vim 命令打开了文件系统中的配置文件 Web.config，效果如图 9-30 所示。

从该图 9-30 中可以获得以下几点信息：

（1）由于 Web.config 配置文件是系统规划的配置文件，因此 vim 编辑器会进行语法检验，所以用户可以看到界面中的内容有不同的颜色。例如，所有深蓝色的行表示的是批注的内容。

（2）在文件的最下面一行左侧显示了该文件的属性，包括 58L 与 2357 个字符。

（3）在文件的最下面一行右侧出现的“1,1”表示光标所在为第一行第一个字符的位置。

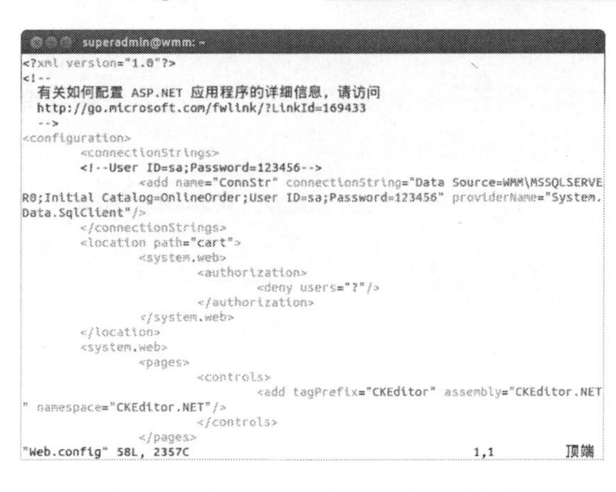

图 9-30　打开 C#语言编写的配置文件

（4）在文件的最下面一行右侧出现的“顶端”表示这个界面占整体文件的哪个位置，用户移动光标时会显示百分比。

9.5.2　块选择

在前面的所有练习中，提供的所有内容都是以行为单位的，那么如果用户想要搞定的是一个块范围就需要使用块选择（Visual Block）。当用户按下相关的命令时就会开始反白，与块选择有关的常用命令有五个。说明如下：

- ❑ **v 命令**　字符选择，会将光标经过的地方反白选择。
- ❑ **V 命令**　行选择，会将光标经过的地方反白选择。
- ❑ **Ctrl+v 命令**　块选择，可以用长方形的方式选择数据。
- ❑ **y 命令**　将反白的地方复制下来。
- ❑ **d 命令**　将反白的地方进行删除。

【练习 8】

本次练习将分别使用 v 命令、V 命令和 Ctrl+v 命令进行选择，然后通过 y 命令将反白的内容进行复制粘贴。步骤如下：

（1）重新执行 vim 命令打开 hello.txt 的文件，界面效果不再显示。

（2）将光标移动到第四行第三个字符后按下 v 键，然后按下向下键（即 l 键），效果如图 9-31 所示。

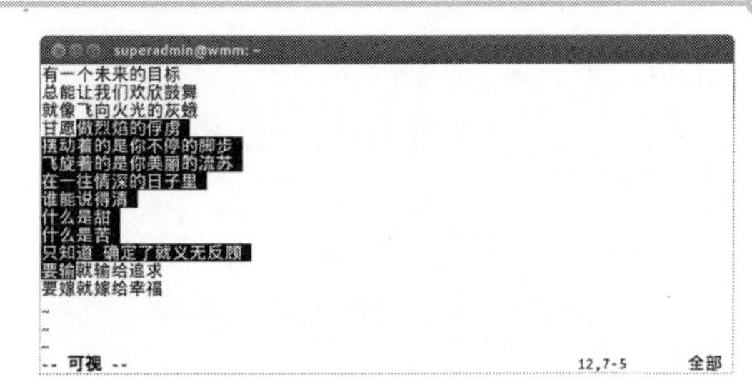

图 9-31　v 命令时的反白效果

（3）按下 Esc 键后单击界面中的任何位置取消选中，按下 V 键（即 Shift+V 快捷键）后再按下向上、下、左或右方向键，效果如图 9-32 所示。

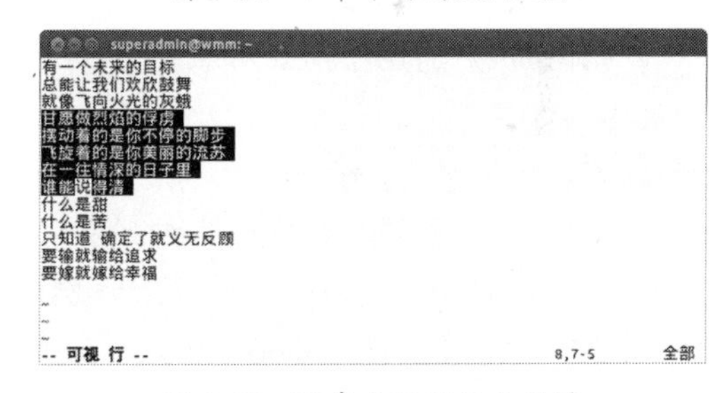

图 9-32　V 命令时的反白效果

（4）按下 Esc 键后单击界面中的任何位置取消选中，然后按下 Ctrl+V 快捷键，此时光标移动过的地方都会反白，效果如图 9-33 所示。

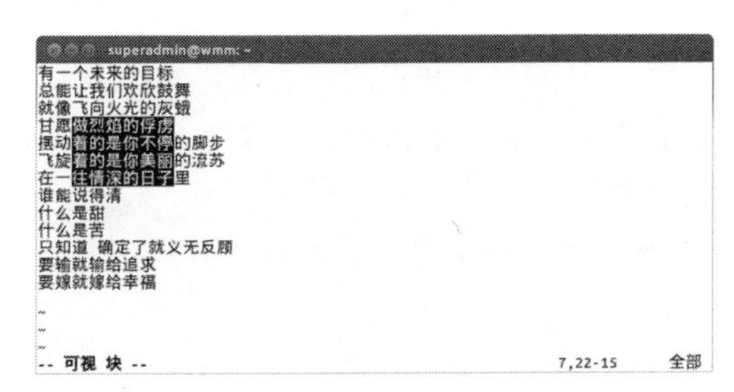

图 9-33　Ctrl+V 命令时的反白效果

（5）继续上一步的操作，直接按下 y 键，用户可以发现，当按下 y 键之后，反白的块将会消失不见，效果如图 9-34 所示。

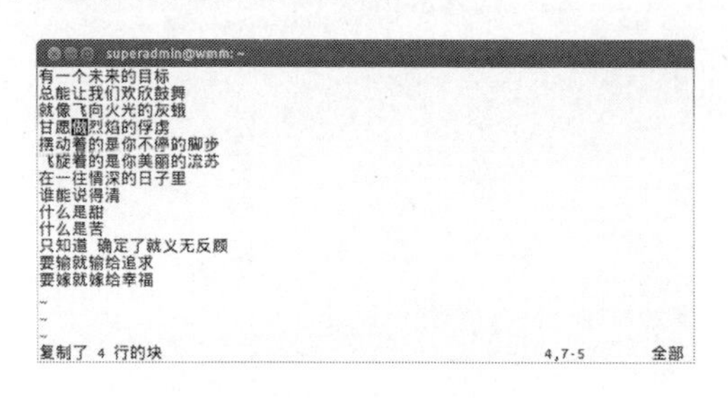

图 9-34　y 命令复制效果

（6）将光标移动到最后一行后按下 p 键进行粘贴，效果如图 9-35 所示。

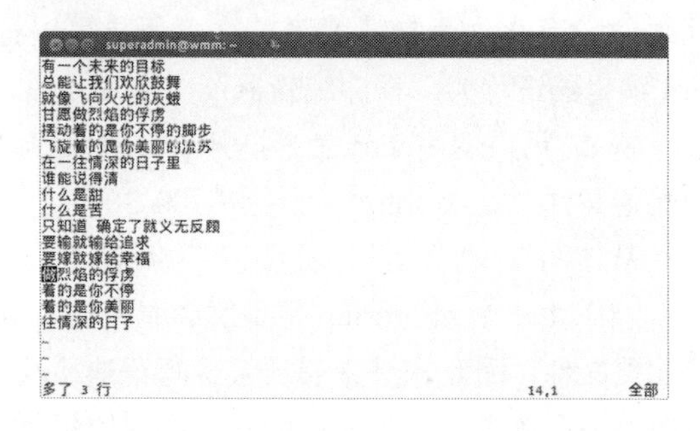

图 9-35　p 命令粘贴效果

9.6 实例应用：多窗口操作文件

9.6.1 实例目标

在介绍本节的实例目标之前，用户可以想象两种情况。说明如下：

（1）如果用户有一个非常大的文件，想查阅到后面的数据时，想要对照前面的数据，是否需要使用 Ctrl+f 与 Ctrl+b（或 Page Up 和 Page Dwon 键）实现上下翻页的查阅呢?

（2）如果用户有两个需要对照着查看的文件，除了对多文件进行编辑外，有没有其他的办法呢?

一般的窗口界面下的编辑软件大多数都有“切割窗口或者是冻结窗口”的功能，该功能可以将一个文件切割成多个窗口展现，那么 vim 编辑器能不能达到这个功能呢？本节实例应用的目标就是使用 vim 编辑器将文件切割成多个窗口。

9.6.2 技术分析

实现多窗口分割显示文件功能时需要使用一个全新的命令：:sp。该命令可以打开一个新的窗口，如果该命令后面有 filename，则表示在新窗口打开一个新文件，否则表示两个窗口为同一个文件内容（同步显示）。

除了:sp 命令外，还将使用到其他的技术。说明如下：

（1）Ctrl+w+j 或者 Ctrl+w+↓　将光标可移动到下方的窗口。按键的做法是首先按下 Ctrl 不放，再按下 w 后放开所有的按键，然后按下 j 键（或向下箭头键）。

（2）Ctrl+w+k 或者 Ctrl+w+↑　将光标可移动到上方的窗口。按键的方法可以参考上面的内容。

（3）Ctrl+w+q　简单来说，就是按下:q 结束离开。例如，如果用户想要结束下方的窗口，那么利用 Ctrl+w+j 或者 Ctrl+w+↓将光标移动到下方窗口后，按下:q 即可离开，也可以按下 Ctrl+w+q 键。

（4）:w 和:q 命令　这两个命令用于保存和退出文件。

（5）J　将光标所在行与下一行的数据结合成一行。

（6）:n　将光标移动到指定的行。

9.6.3 具体步骤

使用多窗口文件进行文件操作的步骤如下：

（1）在打开的终端窗口执行 vim exam.txt

命令打开一个已存在的文件，效果如图 9-36 所示。

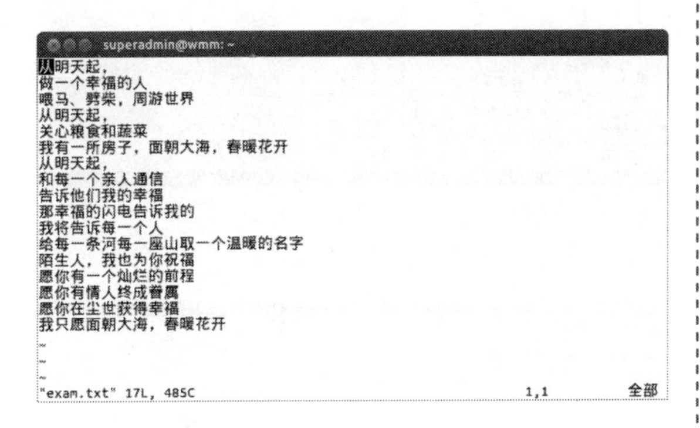

图 9-36 原始文件的文本

（2）用户可以发现前两行的内容非常短，而且第 4 行和下一行、第 7 行和下一行的内容与前两行一样，除了在编辑模式通过上、下、左、右方向键进行操作控制外，有没有一种简单的命令将它们放到一行呢？有。用户可以直接按 J 键，在 vim 的一般模式下，直接按 Shift+J 快捷键可以转换为大写 J 键，完成操作效果。同理可以通过:n 命令将光标移动到指定的第 4 行和第 7 行，然后合并下一行的内容，最终效果如图 9-37 所示。

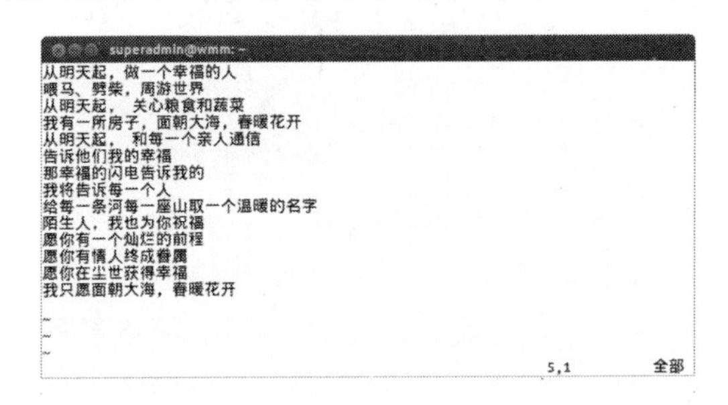

图 9-37 合并到一行的效果

（3）通过执行:sp 命令在新窗口打开另一个新文件，文件的名称是 examoper.txt，效果如图 9-38 所示。在该图中，将原来的文件放在底部，而新窗口打开的文件则放置在顶部区域。

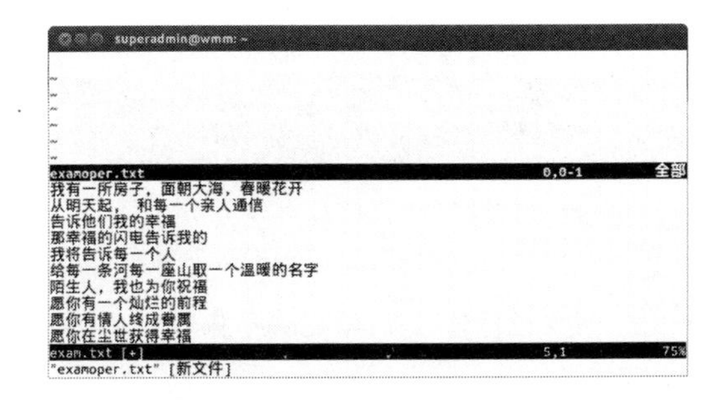

图 9-38 窗口切割效果图

（4）打开的新窗口默认的是一般模式，执行 i 命令添加文本内容，效果如图 9-39 所示。

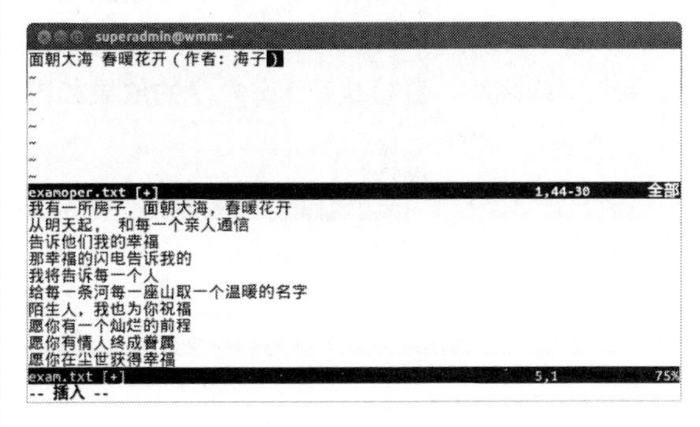

图 9-39 插入文本内容

（5）输入上述文本内容完成后按下 Enter 键回到一般模式，然后按下 Ctrl+w+j 快捷键切换到下方窗口 exam.txt 文件。然后将光标移动到第一行的第一个字符处，执行 4yy 命令复制第一行到第四行的文本，效果如图 9-40 所示。

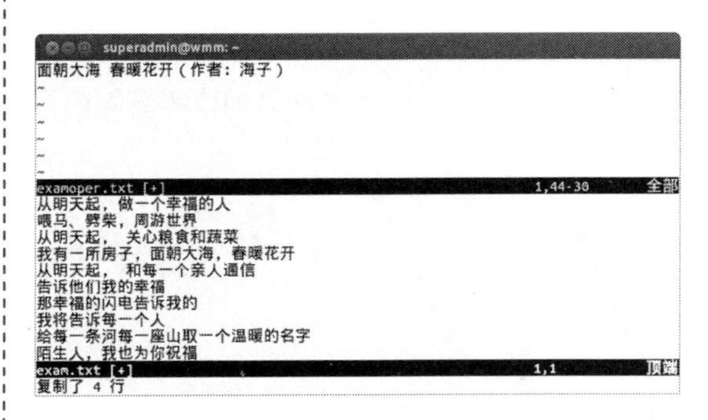

图 9-40 复制文本后的界面效果

（6）使用 Ctrl+w+k 快捷键重新切换到上方窗口文件 examoper.txt，然后按下 p 命令键粘贴内容，如图 9-41 所示。

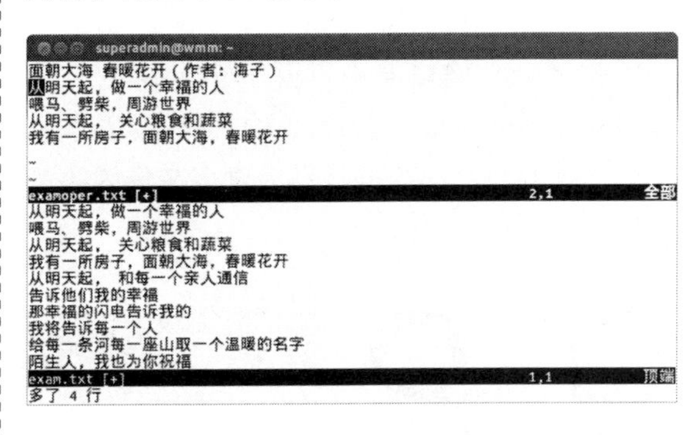

图 9-41 粘贴文本后界面效果

（7）执行:w 命令保存当前文件的内容，保存成功后会在窗口的最后一行显示保存成功的内容。内容如下：

```
"examoper.txt" [新] 5L, 203C 已写入
```

（8）用户在使用:sp 命令时可以不输入文件名，如果不输入文件名，出现的则是同一个文件在两个窗口之间。直接执行:sp 命令的效果如图 9-42 所示。

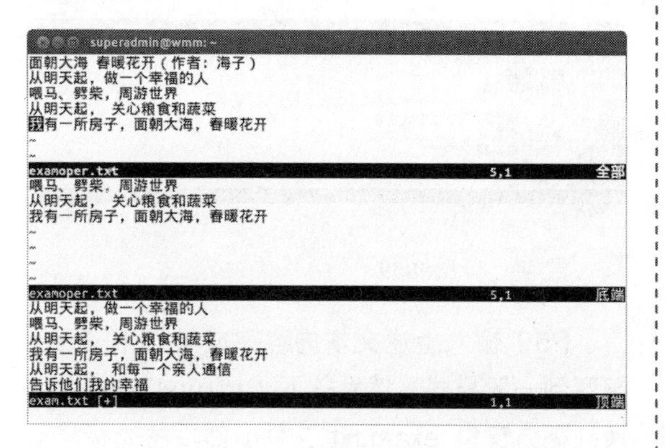

图 9-42　直接使用:sp 命令打开窗口

（9）从图 9-42 中可以看出窗口包含两个 examoper.txt 文件，这两个文件没有任何的区别，用户向其中一个同名文件添加或者删除内容时，另外一个同名文件都会相应的进行改变，如图 9-43 所示。

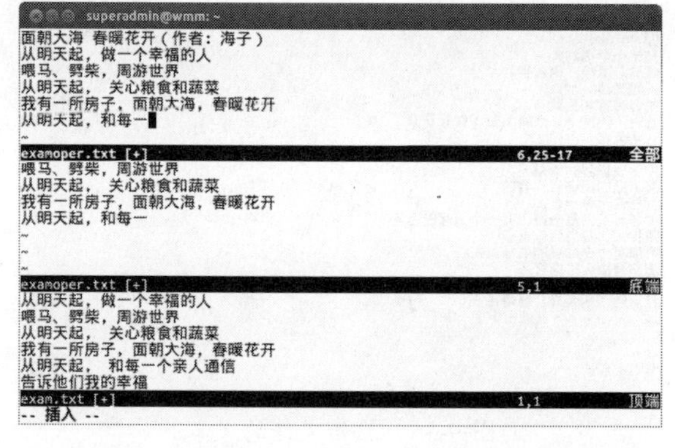

图 9-43　添加内容时两个 examoper.txt 的效果

执行:sp 命令打开的文件是根据光标所在的位置决定的。例如，用户如果将光标切换到 exam.txt 界面，则使用该命令时窗口打开的则是该文件。

（10）内容完成后依次执行:w 和:q 命令保存与退出当前文件，然后再依次退出其他文件。

9.7 拓展训练

1．gedit 编辑器的使用

读者打开 Dash 主页后找到文本编辑器，然后打开该编辑器，并且向该编辑器中添加文本内容。然后对文本实现复制、粘贴、剪切和删除的功能，所有操作完成后保存并退出 gedit 编辑器。

2．nano 编辑器的使用

在 nano 编辑器中打开一个全新的文件 WorkNew.doc，然后向该文件输入内容，输入完成后根据界面底部的提示完成对该文件内容的保存。

3．vi 和 vim 的使用

分别使用 vi 和 vim 打开相同或不同的文件，该文件可以是普通的纯文本文件，也可以是程序文件。打开完成后使用基本操作命令完成插入、删除、复制、粘贴、替换、查找以及保存等操作。

4．打开多窗口

读者通过执行 vim 命令打开一个文件，然后通过执行:sp 命令打开多窗口文件，并且实现对任何一个文件的查找和替换功能。

9.8 课后练习

一、填空题

1. ____________编辑器在 Dash 主页中称为文本编辑器，该编辑器类似于 Windows 操作系统中的写字板。

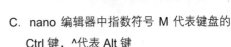

2. vi 编辑器的三种模式是一般模式、__________和命令行模式。

3. vi 编辑器的一般模式到编辑模式中，可以使用__________命令，该命令表示在光标所在的行上面插入一行，并将光标置于该行的行首，等待输入文本。

4. vim 编辑器中鼠标移动包括字符移动、单词移动、行移动和__________。

5. 在 vim 的一般编辑器中输入命令__________时，vim 会显示 vim 的详细配置列表。

二、选择题

1. 下面关于编辑器的说法，选项__________是不正确的。

A. Linux 系统中常用的编辑器分为两类：一类是基于控制台的文本编辑器（例如 gedit 和 nano）；另一类是图形界面编辑器（例如 vi 和 vim）

B. Linux 系统中常用的编辑器分为两类：一类是基于控制台的文本编辑器（例如 nano）；另一类是图形界面编辑器（例如 gedit）

C. nano 编辑器非常简单，在该编辑器中用户通过组合键^R（即 Ctrl+R）可以从其他文件读入数据，可以将某个文件的内容粘贴在文本文件中

D. vim 编辑器是 vi 编辑器的升级版本，因此它们之间有许多命令的含义都是一致的

2. 下面关于 nano 编辑器的说法，选项________是正确的。

A. 在 nano 编辑器使用 nano 命令打开文件时，如果该文件存在可以直接打开；否则会创建一个新文件

B. nano 编辑器与 gedit 编辑器一样，都是编辑器，它们属于同一种类型，因此它们没有多大区别

C. nano 编辑器中指数符号 M 代表键盘的 Ctrl 键，^代表 Alt 键

D. 如果用户想要获取 nano 编辑器的帮助信息，可以直接按下 Ctrl+H 键，或直接按下 F1 键

3. 在 vim 编辑器中，y1G 命令的含义是______。

A. 复制光标所在的那个字符到该行行首的所有数据

B. 复制光标所在的那个字符到该行行尾的所有数据

C. 复制光标所在行到第一行的所有数据

D. 复制光标所在行到最后一行的所有数据

4. vim 打开的文件中移动有 20 行，如果用户想要删除 vim 中光标所在位置到最后一行的所有数据时可以使用__________命令。

A. d0

B. d$

C. dd

D. 20dd

5. vim 打开的文件中移动有 20 行，如果用户想要删除 vim 中光标所在位置到最后一行的所有数据时可以使用__________命令。

A. d0

B. d$

C. dd

D. 20dd

三、简答题

1. vi 的三种模式分别是什么，并对它们进行简单说明。

2. 在 vi 编辑器的一般模式下，用户按下 r 键执行该命令时有什么功能?

3. 在 vi 的环境中，如何将目前正在编辑的文件另存为新文件名为 newfilename?

4. 列举实现多窗口操作文件时需要使用的命令，以及这些命令的含义。

第 10 课 常用的终端命令

Linux 是一种类 UNIX 的操作系统，在 UNIX 的发展早期，类 UNIX 操作系统没有图形界面，只有像 DOS 那样的命令行工作模式。随着 GUI 的发展，为了方便用户使用才在类 UNIX 操作系统上开发了 X-Windows 系统。X-Windows 系统与被广泛使用的 Windows 操作系统非常相似，用户可以使用简单的窗口界面与系统进行交互。虽然使用窗口图形界面的操作简单直观，但是命令行操作方式也有其独特的优势。至今为止，仍然有许多人员在使用 Linux 系统中的命令行，本课将介绍该系统中常用的终端命令。

通过对本课的学习，读者可以了解一些自动匹配命令，也可以掌握与系统显示、系统操作、日期和时间、系统关机重启的相关命令，还可以熟悉联机帮助命令，以及其他常用的一些操作命令等。

本章学习目标：

- ❑ 熟悉终端命令窗口的相关知识
- ❑ 掌握如何使用自动匹配命令匹配环境变量、用户名和主机名
- ❑ 掌握与日期和时间相关的 date 命令和 cal 命令
- ❑ 熟悉与系统显示相关的命令，如 uname、hostname 和 uptime 等
- ❑ 掌握 alias、unalias 和 history 命令
- ❑ 掌握常用的 exit、clear、shutdown 和 reboot 命令
- ❑ 了解帮助命令 help
- ❑ 熟悉 info 命令
- ❑ 掌握 man page 各个组成部分的说明
- ❑ 熟悉 man page 的常用按键
- ❑ 掌握 man 命令的常用操作
- ❑ 了解 Linux 系中的命令与 DOS 命令的区别

10.1 常用的终端命令

最初的 Linux 操作系统是以命令行终端模式来实现人机交互的，用户可以在终端窗口中输入命令进行操作。在 Linux 操作系统中，可以采用三种方式进入命令行终端的工作方式。说明如下：

- 在图形界面下启动终端命令窗口进入命令行工作模式。
- 在系统启动时直接进入命令终端方式。
- 使用远程登录方式。

在上述三种工作模式中，第一种模式是常用的，其次是第二种。在图形界面中，用户可以通过在 Dash 主页中搜索终端，找到该选项后双击打开一个终端窗口，也可以直接按下 Ctrl+Alt+N 进行打开，效果如图 10-1 所示。

图 10-1　终端窗口（第一种方式）

从图 10-1 中可以看到，用户打开命令终端窗口后会提示一个 Shell 提示符。如果是根用户登录系统，则提示符是“#”；如果是普通用户登录系统，则提示符是“$”。用户可以在提示符后输入带有参数选项和参数的字符命令，并且能够在终端窗口看到命令的运行结果。命令执行结束，系统会重新返回一个提示符，等待接收新的命令。另外，用户可以在菜单栏中选择【文件】|【打开终端】选项，单击打开一个终端窗口，打开的效果与图 10-1 所示的效果一样。

如果用户想要从当前普通用户转换为根用户，可以使用“sudo su root”命令进行转换。

终端窗口拥有一些文本编辑器的特征，窗口的右边是一个滚动条（内容过多时滚动条可以显示），用户可以通过它来查看以前输入的命令以及产生的结果。利用终端窗口中菜单栏的【复制】与【粘贴】功能，可以复制任何以前显示过的文本，通过编辑后可以组成更加复杂的命令行，而且利用【复制】和【粘贴】命令还可以在不同标签、不同终端窗口中完成复制功能。

用户也可以通过第二种方式打开一个终端窗口，Ubuntu 12.04 系统安装时默认安装了 6 个工作窗口，用户直接按 Ctrl+Alt+F1 到 Ctrl+Alt+F6 弹出窗口，打开其中一个时的效果如图 10-2 所示。

图 10-2　终端窗口（第二种方式）

在图 10-2 中，用户可以根据提示输入要登录的用户，然后提示密码，最后会显示登录是否成功，成功效果如图 10-3 所示。

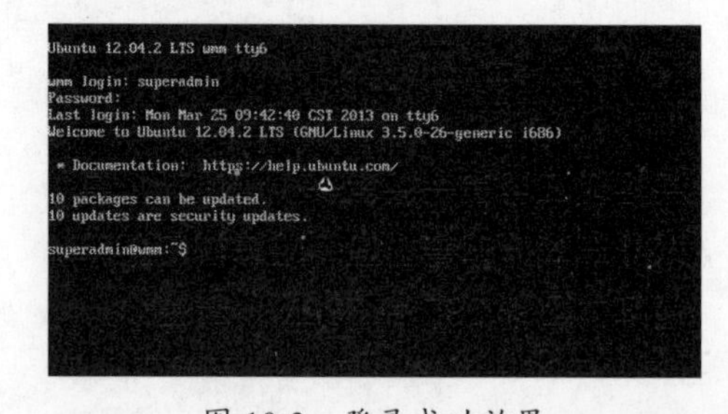

图 10-3　登录成功效果

10.2 自动匹配命令

顾名思义，自动匹配就是用户不输入全部的内容，只输入部分内容后按 Tab 键，系统就可以匹配其他的内容。因此，自动匹配也被称为自动补全。当有多种匹配时，系统会给出提示，按 Esc+? 组合键或者按两次 Tab 键，可以列出所有可能的匹配。自动匹配命令主要应用到三类输入工作中，下面将简单进行介绍。

10.2.1 匹配环境变量

echo 命令表示将命令行中的字符串显示在屏幕上。例如，用户输入以下命令时显示的结果是“Hello MM”。命令如下：

```
superadmin@wmm:~$ echo Hello MM
```

如果用户在该命令后输入的文本是以“$”开始，Shell 就以当前的 Shell 的一个环境变量补全文本。

例如，用户输入命令“echo $P”后按两次 Tab 键，该命令用于显示系统列出环境变量中所有的第一个字母是“P”的可能匹配。效果如下：

```
superadmin@wmm:~$ echo $P
$PATH        $PPID   $PS2      $PWD
$PIPESTATUS $PS1     $PS4
```

继续进行输入，如果用户输入的内容是上面惟一的，例如输入“echo $PP”后按下 Tab 键，系统会自动补全该内容。补全完成后按下 Enter 键，显示结果。效果如下：

```
superadmin@wmm:~$ echo $PPID
4707
```

10.2.2 匹配用户名

用户名的匹配与环境变量的匹配非常相似，如果用户输入的文本以波浪线“~”开始，那么 Shell 会自动匹配补全用户名文本。

【练习 1】

例如，重新使用 echo 命令显示所有以 s 开始的用户名，输入完成后按下两次 Tab 键。效果如下：

```
superadmin@wmm:~$ echo ~s
~saned       ~superadmin/     ~sys/
~speech-dispatcher ~sync/   ~syslog
```

10.2.3 补全主机名

如果用户输入的符号是以“@”开始，那么系统会利用/etc/hosts 文件中的主机名来自动匹配补全文本。

【练习 2】

例如，用户输入命令“mail root@”后按两个 Tab 键，系统会列出所有可用的主机名。效果如下：

```
root@wmm:/# mail root@
@::1  @ff02::2  @ip6-localnet  @wmm
@fe00::0 @ip6-allnodes @ip6-loopback
@ff00::0 @ip6-allrouters @ip6-mcastprefix
@ff02::1 @ip6-localhost @localhost
```

10.3 常用的管理命令

在 Linux 操作系统下包含大约 2000 多个经常使用的命令，虽然这些命令大多都是通过图形操作来完成的，但是命令行快速、高效结合的优点会给系统的使用、管理和维护提供极大的方便。

在本课之前，向读者介绍与文件和目录管理、磁盘管理等文件时已经介绍过常用的命令。另外，还有专门用户进程管理的命令，查看 CPU 信息的命令以及与备份压缩有关的命令等。除了这些命令外，还有些命令用户可能时刻都需要用到，它们不一定非要在某个管理操作中用到，本节将详细介绍这些常用的管理命令。

10.3.1 系统显示命令

系统显示命令就是使用这些命令显示与系统有关的内容，与系统有关的命令有多个。例如，

uname 命令可以显示操作系统的信息；locale 可以显示当前系统的语言设置；hostname 可以显示当前本地主机的名称等。

1. uname 命令

uname 命令非常简单，它就是用于显示操作系统中的信息。直接在终端中输入该命令，然后按下 Enter 键。结果如下：

```
superadmin@wmm:~$ uname
Linux
```

2. hostname 命令

hostname 命令也非常简单，它用于显示当前本地主机的名称。其使用方式与 uname 命令一样，输入该命令后的结果如下。

```
superadmin@wmm:~$ hostname
wmm
```

上述所显示的结果并不是惟一的，该结果也可以是其他的值。所以读者的结果并不是 wmm 也没有关系，它只是显示本地的主机名称。

3. dmesg 命令

dmesg 命令显示系统最后一次启动时内核的内部缓存信息。直接在终端中输入 dmesg 命令后按下 Enter 键，效果如果 10-4 所示。用户可以拖动该图中的滚动条来向上查看具体内容。

```
[   46.056567] init: plymouth-stop pre-start process (1181) terminated with stat
us 1
[  261.774140] type=1400 audit(1364778986.810:24): apparmor="DENIED" operation="
open" parent=1 profile="/usr/lib/telepathy/mission-control-5" name="/usr/share/g
vfs/remote-volume-monitors/" pid=1838 comm="mission-control" requested_mask="r"
denied_mask="r" fsuid=1001 ouid=0
[  409.013081] hrtimer: interrupt took 3466514 ns
[  411.295983] type=1400 audit(1364779136.329:25): apparmor="DENIED" operation="
open" parent=1 profile="/usr/lib/telepathy/mission-control-5" name="/usr/share/g
vfs/remote-volume-monitors/" pid=2589 comm="mission-control" requested_mask="r"
denied_mask="r" fsuid=1002 ouid=0
[ 7020.548375] [sched_delayed] sched: RT throttling activated
[19852.232303] ICMPv6: process `sysctl' is using deprecated sysctl (syscall) net
.ipv6.neigh.default.base_reachable_time - use net.ipv6.neigh.default.base_reacha
ble_time_ms instead
[19852.301436] sysctl: The scan_unevictable_pages sysctl/node-interface has been
 disabled for lack of a legitimate use case.  If you have one, please send an em
ail to linux-mm@kvack.org.
[23520.483215] init: tty6 main process ended, respawning
superadmin@wmm:~$
```

图 10-4　dmesg 命令

4. uptime 命令

uptime 命令用于显示系统自上次启动到现在总的运行时间。在终端中输入该命令后按下 Enter 键。如下所示：

```
superadmin@wmm:~$ uptime
16:46:20 up  7:34,  4 users,  load
average: 0.08, 0.15, 0.37
```

5. locale 命令

locale 命令显示当前系统的语言设置。在终端中输入该命令后按下 Enter 键，效果如图 10-5 所示。

```
superadmin@wmm:~$ locale
LANG=zh_CN.UTF-8
LANGUAGE=zh_CN:zh
LC_CTYPE="zh_CN.UTF-8"
LC_NUMERIC="zh_CN.UTF-8"
LC_TIME="zh_CN.UTF-8"
LC_COLLATE="zh_CN.UTF-8"
LC_MONETARY="zh_CN.UTF-8"
LC_MESSAGES="zh_CN.UTF-8"
LC_PAPER="zh_CN.UTF-8"
LC_NAME="zh_CN.UTF-8"
LC_ADDRESS="zh_CN.UTF-8"
LC_TELEPHONE="zh_CN.UTF-8"
LC_MEASUREMENT="zh_CN.UTF-8"
LC_IDENTIFICATION="zh_CN.UTF-8"
LC_ALL=
superadmin@wmm:~$
```

图 10-5　locale 命令

6. lsmod 命令

lsmod 命令用于显示系统目前已经加载的内核模块。在终端中输入该命令后按下 Enter 键，效果如图 10-6 所示。

```
superadmin@wmm:~$ lsmod
Module                  Size  Used by
vboxsf                 42426  0
vesafb                 13518  1
snd_intel8x0           33463  4
snd_ac97_codec        106118  1 snd_intel8x0
ac97_bus               12671  1 snd_ac97_codec
snd_pcm                81124  2 snd_intel8x0,snd_ac97_codec
snd_seq_midi           13133  0
snd_rawmidi            25426  1 snd_seq_midi
snd_seq_midi_event     14476  1 snd_seq_midi
bnep                   17791  2
rfcomm                 38104  0
bluetooth             189585  10 bnep,rfcomm
ppdev                  12850  0
snd_seq                51594  2 snd_seq_midi,snd_seq_midi_event
```

图 10-6　lsmod 命令

7. cat 命令

在介绍 Linux 系统的文件操作时曾经使用 cat 命令显示文件的文本内容，那么处理显示文本 cat 命令还有没有其他的用途呢？用户可以通过输入命令“cat /proc/filesystems”显示当前使用的文件系统类型，效果如图 10-7 所示。

```
superadmin@wmm:~$ cat /proc/filesystems
nodev   sysfs
nodev   rootfs
nodev   bdev
nodev   proc
nodev   cgroup
nodev   cpuset
nodev   tmpfs
nodev   devtmpfs
nodev   debugfs
nodev   securityfs
nodev   sockfs
nodev   pipefs
nodev   anon_inodefs
nodev   devpts
```

图 10-7　显示当前的文件系统类型

用户还可以通过输入命令“cat /proc/interrupts”显示系统中正在使用的中断号（IRQ），效果如图 10-8 所示。

```
superadmin@wmm: ~
superadmin@wmm:~$ cat /proc/interrupts
           CPU0
  0:        141   XT-PIC-XT-PIC    timer
  1:       9183   XT-PIC-XT-PIC    i8042
  2:          0   XT-PIC-XT-PIC    cascade
  5:     220740   XT-PIC-XT-PIC    ahci, snd_intel8x0
  8:          0   XT-PIC-XT-PIC    rtc0
  9:      52306   XT-PIC-XT-PIC    acpi, vboxguest
 10:      16359   XT-PIC-XT-PIC    eth3
 11:         30   XT-PIC-XT-PIC    ohci_hcd:usb1
 12:       7827   XT-PIC-XT-PIC    i8042
 14:          0   XT-PIC-XT-PIC    ata_piix
 15:      27734   XT-PIC-XT-PIC    ata_piix
NMI:          0   Non-maskable interrupts
LOC:    2990140   Local timer interrupts
```

图 10-8 显示系统正在使用的中断号

10.3.2 日期和时间显示命令

Ubuntu 12.04 安装成功后的界面图形中，右上角显示了系统的当前时间，用户单击时间可以查看不同年份不同月份的日期。当然，用户也可以在终端中输入命令来获取日期和时间。

1. date 命令

date 命令用于显示系统当前的日期与时间。例如直接输入该命令，如下所示：

```
root@wmm:/# date
2013 年 04 月 01 日 星期一 17:25:39 CST
```

date 命令的常用语法有两种，如下所示：

```
date [options] [格式]
date [-u|--utc|--universal] [MMDDhhmm
[[CC]YY] [.ss]]
```

date 能够以给定的格式显示当前时间或是设置系统日期。其中常用的参数如下：

- **-d** 显示指定字符串所描述的时间，而非当前时间。
- **-f** 从日期文件中按行读入时间描述。
- **-r** 显示文件指定文件的最后修改时间。
- **-R** 以 RFC 2822 格式输出日期和时间。
- **-s** 设置指定字符串来分开时间。
- **-u** 即 utc，输出或者设置协调的通用时间。
- **--help** 显示该命令的帮助信息并退出。
- **--version** 显示版本信息并退出。

如果用户在界面中想知道目前 Linux 系统的时间，那么直接在命令行模式输入 date 即可。如下所示：

```
root@wmm:/# date
```

例如，用户配合-s 对系统的日期和时间重新进行设置。如下所示：

```
root@wmm:/# date -s 1990-05-17
1990 年 05 月 17 日 星期四 00:00:00 CDT
```

【练习 3】

例如，用户直接通过--version 显示版本信息并且退出。如下所示：

```
root@wmm:/# date --version
date (GNU coreutils) 8.13
Copyright (C) 2011 Free Software
Foundation, Inc.
许可证：GPLv3+：GNU 通用公共许可证第 3 版
或更新版本<http://gnu.org/licenses/
gpl.html>。
本软件是自由软件：您可以自由修改和重新发布它。
在法律范围内没有其他保证。
由 David MacKenzie 编写。
```

2. cal 命令

cal 命令只用来显示本月份的月历。直接输入该命令后按下 Enter 键，效果如图 10-9 所示。

图 10-9 显示本月份的日历

如果在 cal 命令后添加-y 参数，那么可以显示全年的月份，效果如图 10-10 所示。

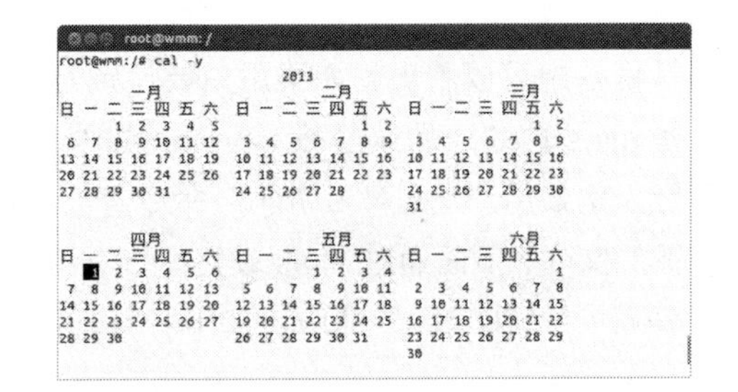

图 10-10 显示全年的月份

用户也可以在 cal 命令后添加-j 参数，按照缩略日期表示形式显示距离 1 月 1 日的天数。例如，按照距离 1 月 1 日的天数显示出前月份，效果如图 10-11 所示。

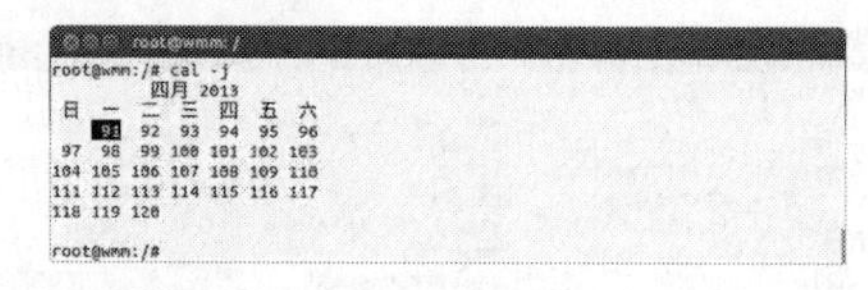

图 10-11　cal 命令添加-j 参数

10.3.3　命令别名与历史命令

最早的 DOS 命令中，清除屏幕上的信息可以使用 cls 命令，而在 Linux 系统中则通过 clear 命令。那么能不能让 cls 命令等于 clear 命令呢？下面我们将介绍与命令有关的两个命令：alias 和 noalias。另外，还将介绍历史命令，该命令可以将用户曾经做过的举动记录下来。

1. 命令别名

alias 命令用来设置别名，用户可以用一个自定义的字符串来代替一个完整的命令行，从而减少打字的工作量。有以下两种常用情况可以使用 alias 命令。

- 当用户使用的惯用命令特别长的时候可以使用。
- 增设默认的选项在一些惯用的命令上面，可以预防一些不小心误删文件的情况发生的时候使用。

alias 命令的语法非常简单，如下：

```
alias [-p] [名称[=值] ... ]
```

如果用户直接使用 alias 命令而不带任何参数，直接执行则显示已经设定的别名，效果如图 10-12 所示。

```
root@wmm:/# alias
alias egrep='egrep --color=auto'
alias fgrep='fgrep --color=auto'
alias grep='grep --color=auto'
alias l='ls -CF'
alias la='ls -A'
alias ll='ls -alF'
alias ls='ls --color=auto'
root@wmm:/#
```

图 10-12　直接使用 alias 命令

【练习 4】

从语法中可以看出，如果用户要设定别名，直接在 alias 命令之后通过 key=value 的形式设置即可。例如用户通过“ls /bin”命令查看 bin 目录下的文件，下面通过 alias 设定别名，用 list 字符串来代替“ls /bin”命令。如下：

```
root@wmm:/# alias list='ls /bin'
```

设定完成后重新输入“alias”命令进行查看，用户可以发现已经设置别名完成，界面效果如图 10-13 所示。

```
root@wmm:/# alias
alias egrep='egrep --color=auto'
alias fgrep='fgrep --color=auto'
alias grep='grep --color=auto'
alias l='ls -CF'
alias la='ls -A'
alias list='ls /bin'
alias ll='ls -alF'
alias ls='ls --color=auto'
root@wmm:/#
```

图 10-13　设定别名完成后的效果

在终端命令行中直接输入 list 命令代替“ls /bin”命令显示文件，界面效果如图 10-14 所示。

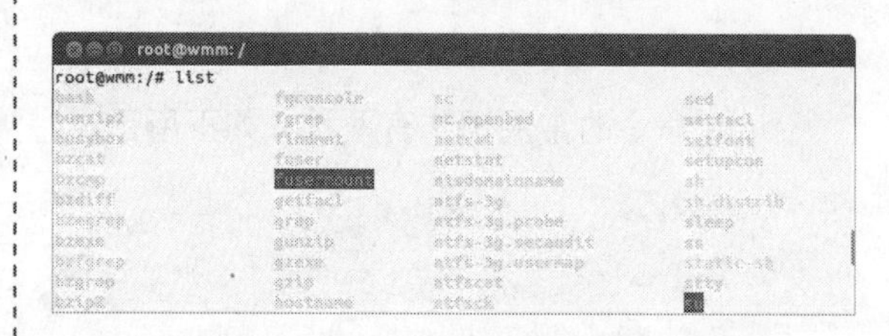

图 10-14　list 命令代替“ls /bin”命令

unlias 命令与 alias 命令相反，使用该命令表示用于取消指定的别名。该命令的语法也非常简单，直接在该命令的后面设定要取消的别名即可。语法如下：

```
unalias [-a] 名称 [名称 ...]
```

【练习 5】

例如取消刚才设定的别名 list。在终端命令行中输入以下命令：

```
root@wmm:/# unalias list
```

上述命令执行完成后，用户可以输入 alias 命令查看发现别名列表中已经不存在 list 项。如果用户再输入 list 命令则会出现错误提示，如图 10-15 所示。

使用 alias 命令可以代替已经存在的命令，读者知道管理员用户的 root 权限可以通过 rm 删除任何数据。因此，当用户使用 root 权限工作的时候需要特别小心，但是总会有失手的时候。一般情况下，为了防止误删除都会采用“-i”。命令“rm -i”在删除每个文件时都会进行询问，增强了安全性。为了简化这个命令，重新对“rm -i”指定别名 rm。如下所示：

```
root@wmm:/# list
未找到 'list' 命令，您要输入的是否是:
 命令 'dist' 来自于包 'nmh' (universe)
 命令 'lst' 来自于包 'lustre-utils' (universe)
 命令 'slist' 来自于包 'ncpfs' (universe)
 命令 'klist' 来自于包 'heimdal-clients' (universe)
 命令 'klist' 来自于包 'krb5-user' (universe)
 命令 'listg' 来自于包 'nauty' (multiverse)
 命令 'hist' 来自于包 'loki' (universe)
 命令 'flist' 来自于包 'nmh' (universe)
 命令 'last' 来自于包 'sysvinit-utils' (main)
 命令 'gist' 来自于包 'yorick' (universe)
 命令 'bist' 来自于包 'bist' (universe)
list: 未找到命令
root@wmm:/#
```

图 10-15　命令不存在的提示

```
root@wmm:/# alias rm='rm -i'
```

直接通过 rm 命令删除指定的文件，如下所示：

```
root@wmm:/# rm /home/superadmin/hello.txt
rm: 是否删除普通文件 "/home/superadmin/hello.txt"?
```

如果用户直接删除则输入“y”确定删除，否则的话输入“n”取消删除。

2．历史命令

历史命令使用 history 来表示，该命令保留了最近执行的命令，用户可以进行查询。默认情况下，可以保留 500 个命令，历史清单从编号 0 开始，直到保留到最大值。

history 命令非常简单，介绍该命令的使用之前首先来看一下它的语法。如下所示：

```
history [-c] [-d 偏移量] [n] 或 history -anrw [文件名] 或 history -ps 参数 [参数...]
```

上述语法中包含多个参数，这些参数的说明如下：

- **-c**　将目前的 Shell 中的所有 history 内容全部清除。
- **n**　它表示一个数字，要列出最近的 n 条命令行。
- **-a**　将目前新增的 history 命令新增入 histfiles 中，如果没有加 histfiles，则会默认写入~/.base_history。
- **-r**　将 histfiles 的内容读到目前这个 Shell 的 history 记忆中。
- **-w**　将目前的 history 记忆内容写入到 histfiles 中。

如果用户直接向终端命令行中输入 history 命令而不添加任何参数，那么会列出内存中的所有历史记录，效果如图 10-16 所示。

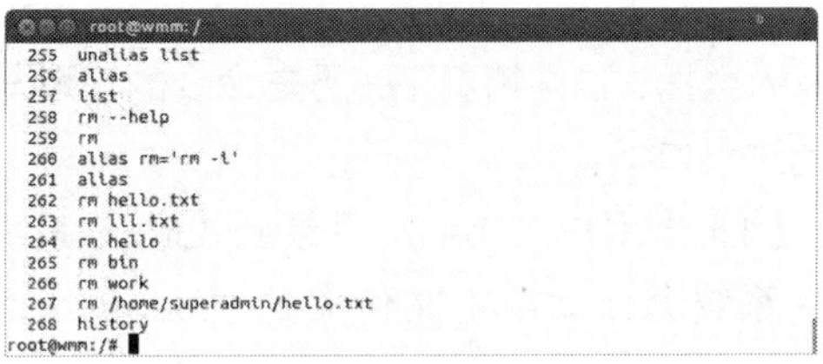

```
 255  unalias list
 256  alias
 257  list
 258  rm --help
 259  rm
 260  alias rm='rm -i'
 261  alias
 262  rm hello.txt
 263  rm lll.txt
 264  rm hello
 265  rm bin
 266  rm work
 267  rm /home/superadmin/hello.txt
 268  history
root@wmm:/# 
```

图 10-16　history 命令

在图 10-16 列出的信息中共分为两列：第一列表示该命令在 Shell 当中的编号代码；第二列则是命令本身的内容。显示的命令内容共有多少行，与内存中的记录有关，可能是几条、十几条，还可能是几百条。

【练习 6】

本次练习通过向 history 命令之后添加参数显示其效果。具体步骤如下：

（1）通过向 history 添加参数 n 显示最近的 5 条记录，将参数 n 的值设置为 5，效果如图 10-14 所示。

```
root@wmm:/# history 5
266  rm work
267  rm /home/superadmin/hello.txt
268  history
269  history --help
270  history 5
```

（2）通过添加参数“-w”将目前的数据写入到内容记录中。默认情况下，写入到~/.base_history 中。完成后查看~/.base_history 的记录，如下所示。

```
root@wmm:/# history -w
root@wmm:/# echo $HISTSIZE
1000
```

（3）如果想要快速执行已经执行过的命令，用户直接使用“!<命令事件号>”。即如果用户想查看第 269 条命令所执行的结果，直接输入“!269”命令。效果如下：

```
root@wmm:/# !269
history --help
bash: history: --: 无效选项
history: 用法: history [-c] [-d 偏移量] [n] 或 history -anrw [文件名] 或 history -ps 参数 [参数...]
```

上面练习 6 第（2）步中向~/.base_history 中写入数据，正常情况下，历史命令的读取与记录的过程如下：

（1）当用户以 bash 登录到 Linux 系统之后，系统会自动由主文件夹的~/.base_history 读取以前曾经下过的命令。至于~/.base_history 中会记录多少条数据，则是由 bash 的 HISTSIZE 这个变量来决定的。

（2）如果用户登录系统之后共执行过 100 次命令，那么用户注销时系统就会将 101-1100 总共 1000 笔历史命令更新到~/.base_history 中。简单来说，历史命令在用户注销时，会将最近的 HISTSIZE 条记录到记录文件当中。

（3）使用“history -w”命令立刻写入。由于 ~/.base_history 记录的条数永远都是 HISTSIZE 那么多，旧的信息会被主动替换，只会保留最新的记录。

10.3.4 系统操作命令

系统操作命令是指与终端窗口清屏、关闭和退出，系统关闭，系统重启和开机等有关的命令。

1. clear 命令

clear 命令用于清屏并把光标移动到左上角。终端命令行如下：

```
root@wmm:/# clear
```

2. exit 命令

exit 命令用于退出并关闭命令行终端。终端命令行如下：

```
root@wmm:/# exit
```

3. mknod 命令

mknod 命令可以用来建立块设备或字符设备文件。在终端命令行中输入“mknod --help”命令可以查看 mknod 的帮助信息，效果如图 10-17 所示。

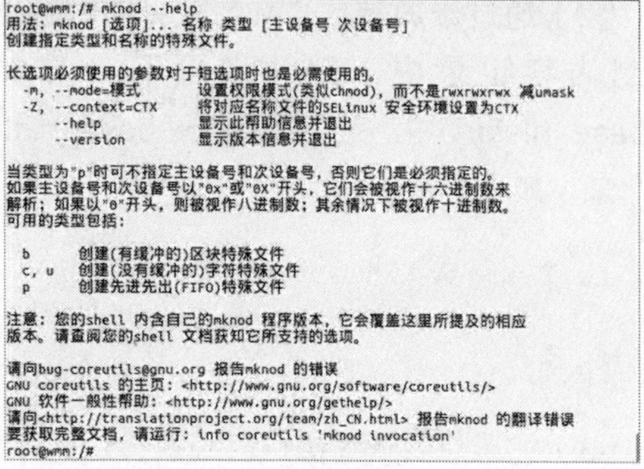

```
root@wmm:/# mknod --help
用法: mknod [选项]... 名称 类型 [主设备号 次设备号]
创建指定类型和名称的特殊文件。

长选项必须使用的参数对于短选项时也是必需使用的。
  -m, --mode=模式          设置权限模式(类似chmod), 而不是rwxrwxrwx 减umask
  -Z, --context=CTX        将对应名称文件的SELinux 安全环境设置为CTX
      --help               显示此帮助信息并退出
      --version            显示版本信息并退出

当类型为"p"时可不指定主设备号和次设备号, 否则它们是必须指定的。
如果主设备号和次设备号以"0x"或"0X"开头, 它们会被视作十六进制数来
解析; 如果以"0"开头, 则被视作八进制数; 其余情况下被视作十进制数。
可用的类型包括:

  b      创建(有缓冲的)区块特殊文件
  c, u   创建(没有缓冲的)字符特殊文件
  p      创建先进先出(FIFO)特殊文件

注意: 您的shell 内含自己的mknod 程序版本, 它会覆盖这里所提及的相应
版本。请查阅您的shell 文档获知它所支持的选项。

请向bug-coreutils@gnu.org 报告mknod 的错误
GNU coreutils 的主页: <http://www.gnu.org/software/coreutils/>
GNU 软件一般性帮助: <http://www.gnu.org/gethelp/>
请向<http://translationproject.org/team/zh_CN.html> 报告mknod 的翻译错误
要获取完整文档, 请运行: info coreutils 'mknod invocation'
root@wmm:/#
```

图 10-17 mknod 命令

Ubuntu 12.04 中的所有设备都放在/dev 目录下，通过 ls 命令可以查看设备文件的特征，如图 10-18 所示。

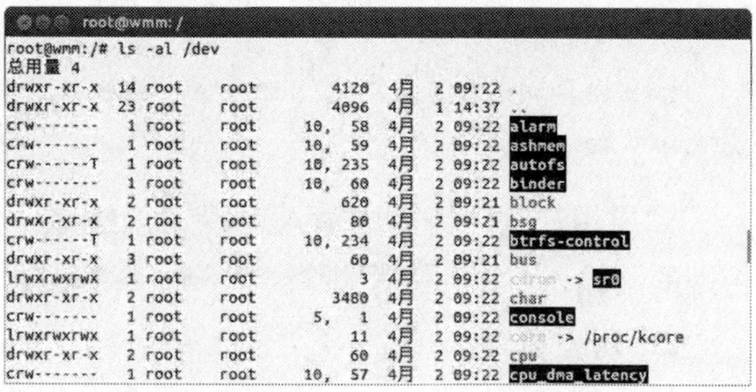

```
root@wmm:/# ls -al /dev
总用量 4
drwxr-xr-x  14 root    root       4120  4月   2 09:22 .
drwxr-xr-x  23 root    root       4096  4月   1 14:37 ..
crw-------   1 root    root    10,  58  4月   2 09:22 alarm
crw-------   1 root    root    10,  59  4月   2 09:22 ashmem
crw------T   1 root    root    10, 235  4月   2 09:22 autofs
crw-------   1 root    root    10,  60  4月   2 09:22 binder
drwxr-xr-x   2 root    root        620  4月   2 09:21 block
drwxr-xr-x   2 root    root         80  4月   2 09:21 bsg
crw------T   1 root    root    10, 234  4月   2 09:22 btrfs-control
drwxr-xr-x   3 root    root         60  4月   2 09:21 bus
lrwxrwxrwx   1 root    root          3  4月   2 09:22 cdrom -> sr0
drwxr-xr-x   2 root    root       3480  4月   2 09:22 char
crw-------   1 root    root     5,   1  4月   2 09:22 console
lrwxrwxrwx   1 root    root         11  4月   2 09:22 core -> /proc/kcore
drwxr-xr-x   2 root    root         60  4月   2 09:22 cpu
crw-------   1 root    root    10,  57  4月   2 09:22 cpu_dma_latency
```

图 10-18 查看设备文件特征

在图 10-18 中，第一个字段表示设备文件的访问权限，该字段的第一个字符表示设备的类型，其中 c 表示字符设备，b 表示块设备；第五个字段是设备的“主设备号”；第六个字段是“辅设备号”。

Linux 系统中的每个物理硬盘可以建立 64 个分区，但是在默认情况下，只能用 fdisk 命令分出 16 个分区。如果需要多于 16 个分区，可以使用 mknod 命令进行创建。例如，建立硬盘/dev/sda 的第 17 个设备文件，即/dev/sda17，设备类型是 b。在终端命令行中输入如下命令：

```
root@wmm:/# mknod /dev/sda17 b 8 17
```

4. shutdown 命令

用户执行 shutdown 命令时会把内存中的数

据写回硬盘并且关闭系统。用户关机时最常用的命令就是shutdown命令，这个命令会通知系统内的各个进程，并且将通知关闭系统中的run level内的一些服务。该命令可以完成以下工作：

- **可以自由选择关机模式** 关机、重启或者进入单用户操作模式即可。
- **可以设置关机时间** 可以设置成现在立刻关机，也可以设置某一个特定的时间才关机。
- **可以自定义关机消息** 在关机之前，可以将自己设置的消息传送给在线用户。
- **可以发出警告消息** 用户有时需要进行一些测试，而不想让其他的用户干扰，或者是明白地告诉用户某段时间要注意一下。这时可以使用shutdown命令来通知用户，但是并不是真正想要的关机。
- 可以选择是否要用fsck检查文件系统。

shutdown命令的简单语法如下：

```
/sbin/shutdown [OPTION]... 时间 [警告信息]
```

在上述语法中，OPTION可以包含多个参数。参数说明如下：

- **-t sec** 在-t后面添加秒数，表示“过几秒后关机”。
- **-k** 只是发送警告消息出去，并不是真正的要关机。
- **-r** 在将系统的服务停掉之后就重启。
- **-h** 将在系统停止服务或关闭电源后立刻关机。
- **-H** 停止或关闭电源后关机（暗示-h）。
- **-p** 关闭电源后关机（暗示-h）。
- **-f** 关机并开机之后，强制略过fsck的磁盘检查。
- **-F** 系统重启之后，强制进行fsck的磁盘检查。
- -c 取消已经在进行的shutdown命令内容。

用户直接在命令行中输入“/sbin/shutdown --help”命令可以查看所有的帮助信息。如果输入“/sbin/shutdown --version”命令则可以查看其版本信息。如下所示：

```
root@wmm:/# /sbin/shutdown --version
shutdown (upstart 1.5)
Copyright (C) 2012 Scott James Remnant, Canonical Ltd.

This is free software; see the source for copying conditions. There is NO warranty; not even for MERCHANTABILITY or FITNESS FOR A PARTICULAR PURPOSE.
```

注意

使用shutdown命令时，时间参数必须加入到命令中，否则shutdown会自动跳到run-level1（即单用户维护的登录情况）。

下面在练习中通过几个简单的小示例演示shutdown命令。

【练习7】

本次练习的具体步骤如下所示：

（1）在终端命令行中输入命令，表示这台机器将会在10分钟之后关机，并且会显示在目前登录者的屏幕上方。命令如下：

```
root@wmm:/# /sbin/shutdown -h 10 'I Will shutdown after 10 mins'
```

（2）shutdown命令配合其他参数使用可以实现系统的重启与关闭。例如，把数据写回到磁盘后立即重新启动。命令行如下：

```
root@wmm:/# /sbin/shutdown -r now
```

（3）直接关闭系统，并且在关闭系统前进行数据同步操作。命令行如下：

```
root@wmm:/# /sbin/shutdown -h now
```

（4）系统再过10分钟之后会自动关机。命令行如下：

```
root@wmm:/# /sbin/shutdown -h +10
```

（5）如果系统要在今天的某个时间关机，可以在终端命令行中输入以下命令：

```
root@wmm:/# /sbin/shutdown -h 18:10
```

上述代码中系统会自动在今天的18:10自动关机，如果用户是在18:10分之后执行的命令，则会隔开才关机。

5. halt、reboot和poweroff命令

halt、reboot和poweroff命令都是可以进行

重启与关机的任务，这三个命令所调用的函数库都差不多。当用户在终端命令中使用命令“man reboot”时会同时出现三个命令，如图 10-19 所示。

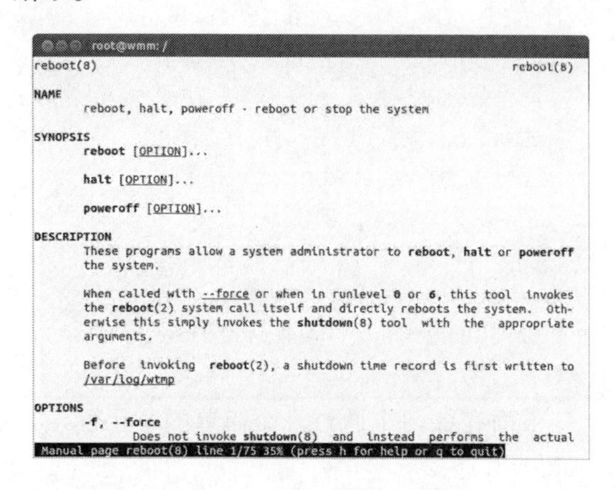

图 10-19　输入“man reboot”

halt 命令用于关闭系统。用户直接在命令行中输入该命令即可，终端命令行如下：

```
root@wmm:/# halt
```

使用 reboot 命令可以重新引导系统，该命令不会自动将内存中的数据写回硬盘，因此可能造成数据丢失。reboot 命令的命令非常简单，直接在终端命令行中输入该命令即可。如下所示：

```
root@wmm:/# reboot
```

用户使用 poweroff 命令关机时需要输入的命令如下：

```
root@wmm:/# poweroff -f
```

通常情况下，用户只要记住 shutdown 和 reboot 命令就可以了，既然 shutdown 命令和其他命令都能够进行关机和重启，那么它们有什么区别呢？默认情况下，这些命令都会完成一样的工作，halt 命令会先调用 shutdown，而 shutdown 命令最后会调用 halt。但是，shutdown 命令可以依据目前已启动的服务来逐次关闭各服务后才关机；halt 却能够在不理会目前系统状况下，进行硬件关机的特殊功能。

6．sync 命令

sync 命令用于将内存中的数据写入到磁盘中。通常情况下，会在软盘或者 U 盘退出系统之前使用该命令，这样以确保内存中的数据写入磁盘，避免不同步现象发生。实际上，命令“shutdown -r now”与命令“sync”+“reboot”等效；命令“shutdown -h now”与“sync”+“halt”等效。

10.3.5　其他常用命令

除了上面介绍的与系统显示、系统操作、日期和时间、命令别名以及历史记录等有关的命令之外，Linux 系统中还有许多的命令没有进行介绍。下面只介绍几种比较常见、比较常用的命令。

1．pwd 命令

pwd 命令用于在屏幕上输出当前的工作目录。该命令的用法非常简单，如下所示：

```
pwd [-LP]
```

例如，用户直接使用 pwd 命令而不加任何参数输入当前的工作目录。如下：

```
root@wmm:/# pwd
/
```

使用 cd 命令进入到 superadmin 用户的目录，然后输入 pwd 命令显示工作目录。命令如下：

```
root@wmm:/# cd /home/superadmin
root@wmm:/home/superadmin# pwd -P
/home/superadmin
```

2．stat 命令

stat 命令显示指定文件或文件系统的相关信息。该命令的语法如下：

```
stat [options] 文件
```

上述语法中参数包括多个，说明如下：

- **-L**　跟随链接信息。
- **-f**　显示文件系统状态而非文件状态。
- **-c**　使用指定输出格式代替默认值，每用一次指定格式换一新行。
- **-t**　使用简洁格式输入。

除了上面的参数外，stat 命令后还可以直接跟--help 和--version 显示信息。它们的说明如下：

- **--help**　显示 stat 命令的帮助信息并退出。

- **--version** 显示版本信息并退出。

例如，用户直接在终端界面中输入命令“stat --version”r 查看版本信息，效果如图 10-20 所示。

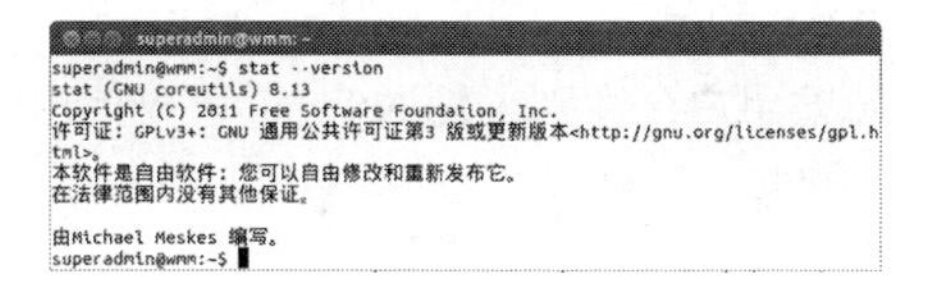

图 10-20 查看 state 命令的版本

【练习 8】

本次练习主要向 stat 命令后添加不同的参数显示相关信息。具体步骤如下：

（1）首先输入 stat 命令，然后向该命令后添加-L 参数，查看 hello.txt 文件的信息。效果如下：

```
superadmin@wmm:~$ stat -L hello.txt
  文件: "hello.txt"
  大小: 324    块: 8   IO 块: 4096   普通文件
设备: 801h/2049d   Inode: 194946   硬链接: 1
权限: (0664/-rw-rw-r--)   Uid: ( 1002/superadmin)   Gid: ( 1002/superadmin)
最近访问: 2013-04-02 10:15:18.035296065 +0800
最近更改: 2013-03-31 16:57:53.891075162 +0800
最近改动: 2013-03-31 16:57:53.983120005 +0800
创建时间: -
```

（2）继续输入 stat 命令，然后向该命令后添加-f 参数显示文件系统的状态信息。效果如下：

```
superadmin@wmm:~$ stat -f hello.txt
  文件: "hello.txt"
    ID: c72efdf508f7bf4d 文件名长度: 255   类型: ext2/ext3
块大小: 4096       基本块大小: 4096
    块: 总计: 1934966    空闲: 926462   可用: 828171
Inodes: 总计: 491520     空闲: 271246
```

（3）向 stat 命令之后添加-t 参数，以简洁的方式显示文件信息。效果如下：

```
superadmin@wmm:~$ stat -t hello.txt
hello.txt 324 8 81b4 1002 1002 801 194946 1 0 0 1364868918 1364720273 1364720273 0 4096
```

3. runlevel 命令

runlevel 命令表示输出以前和现在的运行级别。该命令的语法如下：

```
runlevel [OPTION]... [UTMP]
```

上述语法中需要使用到的参数如下：

- **-q** 减少输出到只有错误。
- **-v** 增加输出，包括信息性消息。

用户也可以直接输入命令“runlevel --help”和“runlevel --level”分别显示该命令的帮助信息和版本信息。

runlevel 命令既然可以显示以前和现在的运行级别，那么这些运行级别分别都有哪些，它们分别表示什么呢？如表 10-1 所示了运行 级别。

表 10-1 运行级别

运行级别	说明
0	关闭系统
1	单用户模式
2	多用户模式，但不支持 NFS
3	完全的多用户模式
4	保留
5	图形用户界面
6	重新启动

例如，直接向终端命令行中输入“runlvel”命令，而不添加任何参数。效果如下：

```
superadmin@wmm:~$ runlevel
N 2
```

上述输入的结果代码中，N 表示没有前一个运行级别，且当前的运行级别是 5。

> **提示**
> 系统的初始运行级别存放在目录文件/etc/inittab 中，不能把系统初始运行设置为 0 或 6，否则系统会无法正常启动。

4. lastb 命令

lastb 是英文 last bad 的缩写，该命令用来显示登录不成功的用户信息。系统将记录登录出错信息并保存放在/var/log/btmp 文件中，lastb 命令会读取并且显示该文件中的内容。如下所示：

```
superadmin@wmm:~$ lastb
```

```
lastb: /var/log/btmp: Permission
denied
```

5. sysctl -a 命令

sysctl -a 命令用于显示 Ubuntu Linux 系统中所有可以设置的内核参数。输入该命令后按下 Enter 键，效果如图 10-21 所示。在该图中，用户可以拖动图中的滚动条来查看其他的参数内容。

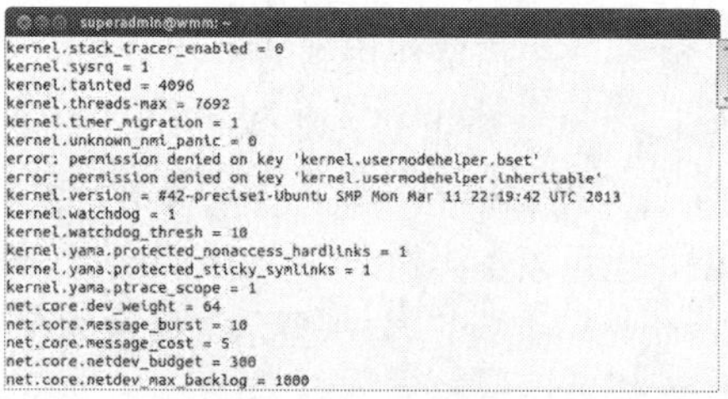

图 10-21 查看内核情况

用户可以直接输入 sysctl 命令进行查看，也可以在该命令后分别添加“--help”和“--version”参数，效果如图 10-22 所示。

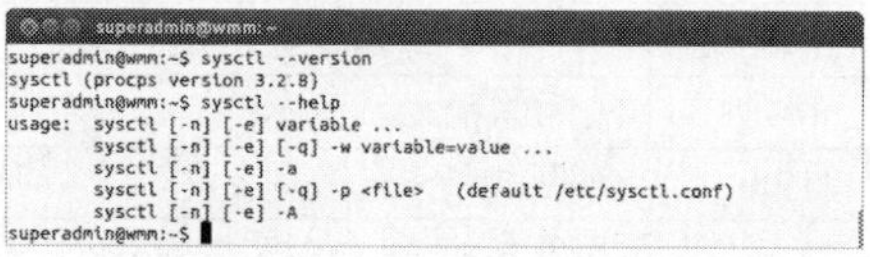

图 10-22 sysctl 添加参数

6. mesg 命令

mesg 命令用于设置是否允许其他用户使用 writer 命令给自己发送信息。mesg 命令也是 Linux 系统的常用命令，该命令非常简单，只有两个值：y 和 n。

如果用户允许别人发送信息，可以使用以下命令：

```
mesg y
```

如果用户不允许别人发送信息，则使用以下命令：

```
mesg n
```

用户还可以在终端命令行中直接输入该命令查看该命令的设置。效果如下：

```
superadmin@wmm:~$ mesg
is y
```

注意

本小节所介绍的有关命令，有些是只有管理的权限才能够进行操作的，例如 halt 命令。为了保险起见，用户可以直接进入管理员权限，然后再进行操作。

10.4 联机帮助命令

Windows 操作系统的不同版本中都会提供与该系统有关的内容，当前 Ubuntu Linux 操作系统也不例外。Windows 系统中提供了丰富的联机帮助信息，包括手册和信息文档页内容。

10.4.1 help 命令

help 命令显示内嵌的相关信息，如果指定了 PATTERN 模式，则给出所有匹配 PATTERN 模式命令的详细帮助，否则会打印一个帮助主题列表。

help 命令的语法如下：

```
help [-dms] [模式]
```

上述语法中的参数说明如下：

- **-d** 输出每个主题的简短描述。
- **-m** 以伪 man 手册的格式显示使用方法。
- **-s** 为每一个匹配 PATTERN 模式的主题仅显示一个用法。简单来说，只显示命令格式。

【练习 9】

例如，用户为 help 命令添加-d 参数显示命令 cd 的简短描述。如下所示：

```
superadmin@wmm:~$ help -d cd
cd - Change the shell working directory.
```

如果为 help 命令添加-m 参数，则会以伪 man 手册的格式显示使用方法，效果如图 10-23 所示。

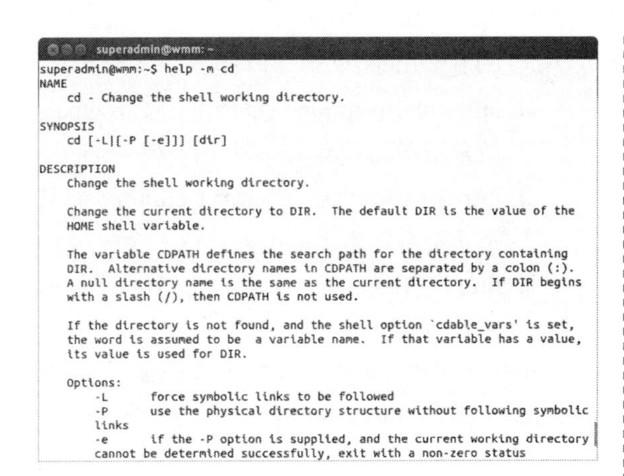

图 10-23 help 命令添加-m 参数

重新更改 help 命令的参数，使用-s 显示命令行格式。如下所示：

```
superadmin@wmm:~$ help -s cd
cd: cd [-L|[-P [-e]]] [dir]
```

技巧

用户并不一定非要在 help 命令后面添加参数，这些参数可以省略，直接在 help 命令后面添加命令名也可以。

help 命令可以查询自身的帮助信息，使用的方法非常简单，直接在终端命令行中输入命令“help help”即可。效果如图 10-24 所示。

```
superadmin@wmm:~$ help help
help: help [-dms] [模式 ...]
    显示内嵌命令的相关信息。

    显示内嵌命令的简略信息。如果指定了 PATTERN 模式，
    给出所有匹配 PATTERN 模式的命令的详细帮助，否则打
    印一个帮助主题列表

    选项：
      -d        输出每个主题的简短描述
      -m        以伪 man 手册的格式显示使用方法
      -s        为每一个匹配 PATTERN 模式的主题仅显示一个用法
        简介

    参数：
      PATTERN   Pattern 模式指定一个帮助主题

    退出状态：
    返回成功，除非 PATTERN 模式没有找到或者使用了无效选项。
superadmin@wmm:~$
```

图 10-24 help 命令查询自身信息

直接在待查询的命令后带上选项参数“--help”也可以查询该命令的帮助信息。前面所介绍的各种命令就是以这种方式查看帮助信息的。例如，直接在 df 命令后面添加--help，效果如图 10-25 所示。

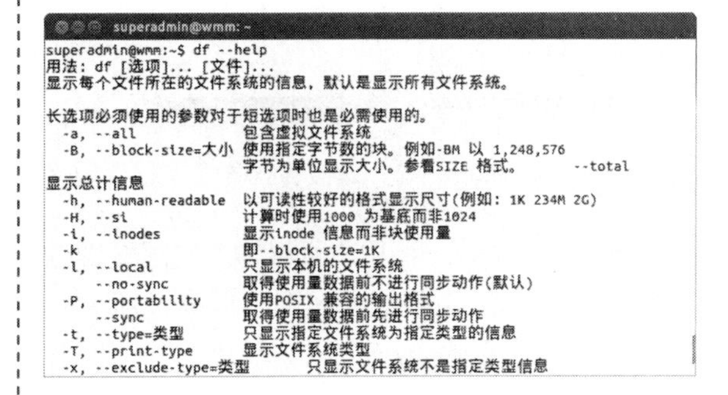

图 10-25 直接在命令后添加--help

10.4.2 info 命令

info 命令可以查看 Textinfo 格式的帮助文档。info 命令是 Linux 系统中提供的其中一种格式的帮助信息，与 man 手册相比，它有更加强大的交互性。

info 命令的语法如下所示：

```
info [options] [MENU-ITEM]
```

上述语法中，如果存在第一个非选项参数，它将是个用于起始的菜单条目，所有在 INFOPATH 变量后跟着的 dir 文件都会搜索此条目。如果不存在此参数，info 合并所有 dir 文件并显示结果。其他任何的后续参数都会被认定是与初始浏览节点有关的菜单项名称。

如下所示了该语法中的常用参数选项。

- **-k** 在所有手册页的索引中查找 STRING。
- **-d** 将 dir 添加到时 INFOPATH 中。
- **-f** 指定想要浏览的 info 文件。
- **-h** 显示此帮助信息并退出。
- **-n** 在首个浏览过的 info 文件中指定节点。
- **-o** 将选中的节点全输出到 FILENAME 中。
- **-R** 输出“原始”的 ANSI 转义符（默认）。
- **-O** 跳转至命令行选项节点。
- **--version** 显示版本信息并退出。
- **-w** 打印 Info 文件在系统中的位置。

info 文档通常都存放在/usr/share/info 目录中。如下所示：

```
superadmin@wmm:~$ ls /usr/share/info
autosprintf.info.gz    find.info.gz
nano.info.gz
bc.info.gz gdbm.info.gz   rluserman.
info.gz
coreutils.info.gz  gettext.info.gz
sed.info.gz
```

```
cpio.info.gz gnupg1.info.gz   spd-
say.info.gz
dc.info.gz grep.info.gz  speech-
dispatcher.info.gz
diffutils.info.gz
grub-dev.info.gz  ssip.info.gz
dir  grub.info.gz      timc.info.gz
dir.old gzip.info.gz   wget.info.gz
ed.info.gz      mtools.info.gz
```

如果用户在终端命令行中直接输入 info 命令，则会显示顶级目录菜单。输入查询后的效果如图 10-26 所示。

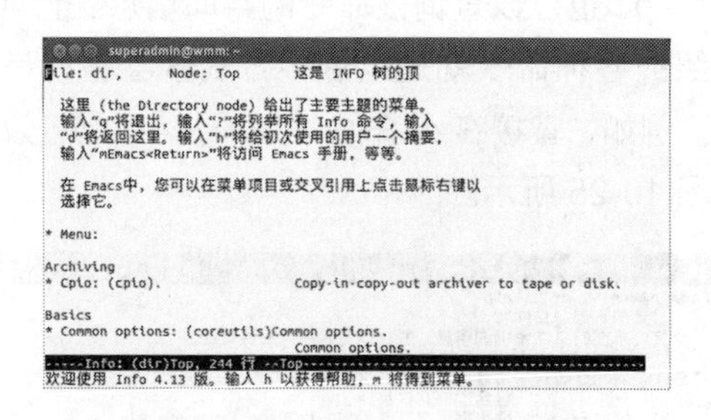

图 10-26　显示顶级目录菜单

根据上面的提示，用户可以输入不同的键进行不同的操作。如果输入？则可以列举所有的 info 命令，如图 10-27 所示。

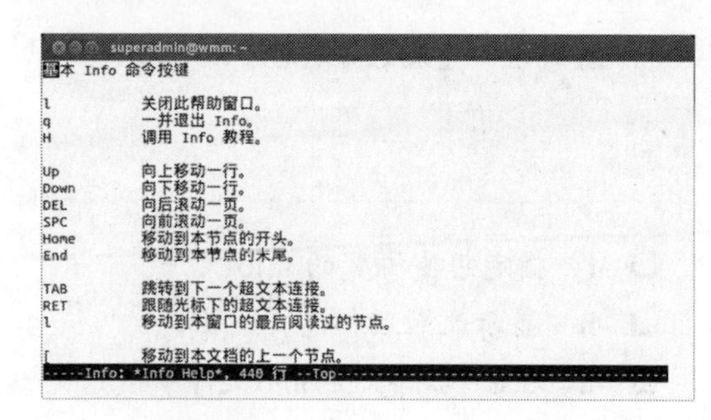

图 10-27　列举出的 info 命令

info 命令后可以跟其他的内容，命令行中可以输入的命令如下：

- **info**　显示顶级目录菜单。
- **info info**　显示 Info readers 的普通手册。
- **info info-stnd**　显示此 Info 程序特定手册。
- **info emacs**　从顶级目录浏览 emacs 节点。
- **info emacs buffers**　在 emacs 手册页中浏览 buffers 节点。
- **info --show-options emacs**　浏览与 emacs 的命令行选项有关的节点。
- **info --subnodes -o out.txt emacs**　将整个手册页输出至 out.txt。
- **info -f ./foo.info**　显示文件./foo.info，而不是查找目录。

例如，用户可以在终端命令行中输入"info info"命令显示 Info readers 的普通手册，效果如图 10-28 所示。

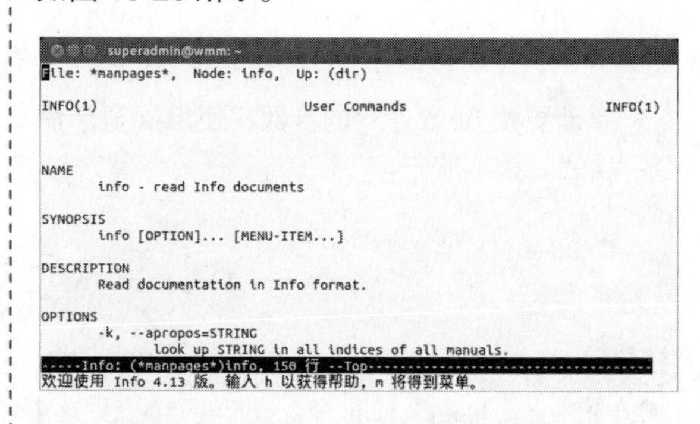

图 10-28　查看 Info readers 的普通手册

除了 info 命令外，用户还可以使用主 pinfo 命令查看 info 文档。pinfo 命令使查看文档的操作更加简单。pinfo 支持彩色显示链接文件，也支持鼠标功能。用户直接在终端命令行中输入 pinfo 命令查看帮助文件列表，如图 10-29 所示。

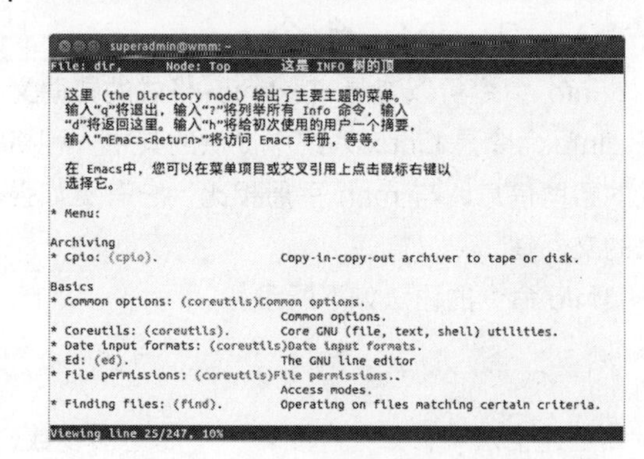

图 10-29　pinfo 命令查看文档

在使用 pinfo 命令查看文档之前，必须确保 pinfo 已经安装。如果没有安装，可以通过"sudo apt-get install pinfo"命令进行安装。

10.4.3　man 命令

man 命令是 Linux 系统中提供的另一种格式的帮助信息，它用于查看 Linux 系统的手册。

手册是 Linux 中广泛使用的联机帮助信息，其中不仅包括常用的命令帮助说明，还包括配置文件、设备文件、协议和库存函数等多种信息。

man 命令的一般格式如下所示：

```
man [option] [章节] 手册页
```

上述语法格式中 option 的值可以有多个，如表 10-2 所示。

表 10-2 option 的取值

名称	说 明
-C	命令该用户的设置文件
-d	输入调试信息
-D	将所有选项都重置为默认值
-f	等同于 whatis
-k	等同于 apropos
-l	把“手册页”参数当成本地文件名来解读
-w	不显示联机手册内容，输出手册页的物理位置
-W	输出 cat 文件的物理位置
-c	由 catman 使用，用来对过时的 cat 页重新排版
-L	定义本次手册页搜索所采用的区域设置
-M	设置搜索手册页的路径为“路径”
-S	使用以半角冒号分隔的章节列表
-e	将搜索限制在扩展类型为“扩展”的手册页之内
-i	查找手册页时不区分大小写字母（默认）
-I	查找手册页时区分大小写字母
-a	寻找所有匹配的手册页
-u	强制进行缓存一致性的检查
-P	使用 PAGER 程序显示输出文本
-r	给 less pager 提供一个提示符
-7	显示某些 latin1 字符的 ASCII 翻译形式
-p	字符串表示要运行哪些预处理器
-t	使用 groff 对手册页排版
-T	使用 groff 的指定设备
-H	使用 www-browser 或指定浏览器显示 HTML 输出
-X	使用 groff 并通过 gxditview(x11)来显示
-Z	使用 groff 并强制它生成 ditroff

例如，用户直接输入“man man”命令可以显示自身的手册帮助信息，效果如图 10-27 所示。

在图 10-30 中，通常会将出现的界面称为 man page，用户可以在里面查询它的用法与相关参数的说明。左上角显示的内容是“MAN（1）”，其中“MAN”表示手册名称，而（1）表示章节号。如果用户“man ifconfig”命令则会在最左上角显示“IFCONFIG（8）”。其中命令“man ifconfig”相当于命令“man 8 ifconfig”，刚好对应上述语法形式中的“man [章节号] 手册名称”。

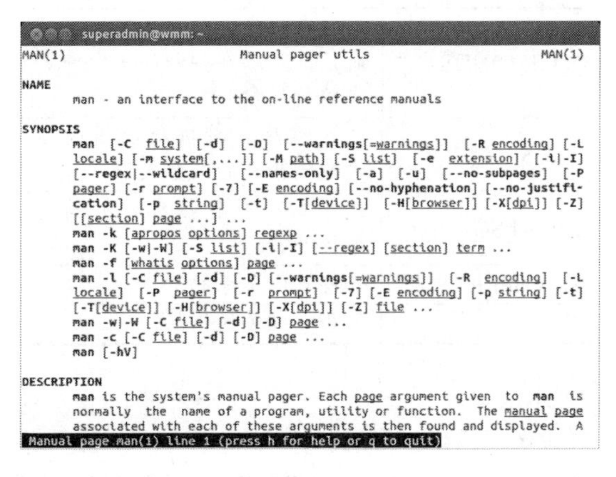

图 10-30 “man man”命令显示自身帮助信息

每一个章节号所代表的含义是不一样的，如表 10-3 对常用的章节号进行了说明。

表 10-3 章节号以及含义

章节号	说 明
1	使用者可以操作的指令或者可执行档
2	系统核心可以呼叫的函数与工具等
3	一些常用的函数(function)与函式库(libary)
4	装置档案的说明
5	设定档或者是某些档案的格式
6	游戏说明
7	管理与协议等。例如 Linux 标准档案系统、网络协定、ASCII code 等说明内容
8	系统管理只用的管理指令
9	用来存放内核例行程序的文档

上述表格中的内容可以使用“man 7 man”来获取更加详细的内容。这张表格说明，如果用户使用 man page 查看某些数据时，就会知道该命令/文件所代表的基本含义是什么了。例如，如果用户执行“man cexp”命令时，出现的第一行是“CEXP（3）”，可以对照表 10-3 中的内容，可以知道 cexp 是一些常用的函数与工具。

另外，从图 10-26 中还可以看出，man page 的内容可以有几个部分组成，如表 10-4 对这几个部分进行了说明。

表 10-4　man page 的组成部分

组成内容	说　明
NAME	简短的命令、数据名称说明
SYNOPSIS	简短的命令执行语法简介
DESCRIPTION	比较完整的说明
OPTIONS	针对 SYSNOPSIS 部分中，有列举的所有可用的选项说明
COMMONDS	当这个程序（软件）在执行的时候，可以在些程序（软件）中执行的命令
FILES	这个程序或数据所使用或参考或连接到的某些文件
SEE ALSO	这个命令或数据有相关的其他说明
EXAMPLE	一些可以参考的范例
BUGS	是否有相关的错误

提示

有时候，除了表 10-4 所提供的命令外，用户还可能会看到 AUTHORS 与 COPYRIGHT 等内容，不过有时候可能也可包含 NAME 与 DESCRIPTION 这些部分。

当终端界面显示的内容过多时，用户可以拖动滚动条来查看详细信息，但是拖动时非常不方便。有没有一些按键能够帮助用户进行查询呢？例如，用于用户进行上、下翻页的快捷键，或者主动查找的关键字等。如在表 10-5 中，详细说明了一些在 man page 中常用的按键。

表 10-5　man page 的常用按键

按　键	说　明
空格键/Page Down	向下翻一页
Home/Page Up	向上翻一页
End	去到最后一页
/string	向下查询 string 字符串，如果要查询 vbird 就输入/vbird
?string	向上查询 string 字符串
n/N	利用/或者?来查询字符串时，可以使用 n 来继续下一个查询（不论是/或?）；可以利用 N 来进行反向查询
q	结束这次的 man page

1. 指定查询特定命令/文件的说明文件

前面已经介绍过，man 命令后面可以跟参数，-f 这个选项可以取得更多与 man 相关的信息。例如，通过-f 命令查询出系统中与 man 命令有关的说明文件。如下所示：

```
superadmin@wmm:~$ man -f man
man (7)       - macros to format man pages
man (1)       - an interface to the on-line reference manuals
```

从上面的结果中可以看出：与 man 命令相关的文件有两个，它们分别是 man（7）和 man（1）。如果用户指定不同的文件时，可以查看不同的文件内容。如下所示：

```
superadmin@wmm:~$ man 7 man
superadmin@wmm:~$ man 1 man
```

如果用户直接执行“man man”命令而不指定数字时，到底需要执行哪个文件呢？这与查询的顺序有关，查询的顺序是记录在/etc 目录下面的配置文件中，首先查询到的那个说明文件就会被先显示出来。一般来说，因为排序的关系通常会先找数字比较小的。从图 10-27 的显示中可以知道是先执行“man 1 man”命令，因此，它与“man man”的执行结果相同。

2. 模糊查询说明文件

-f 命令查询系统中与 man 命令有关的说明文件。那么，在系统的说明文件中，如果查询出与 man 这个关键字相关的说明文件就需要通过在 man 命令后面添加-k 参数进行显示。

例如，在终端命令行中输入命令“man -k man”，效果如图 10-31 所示。

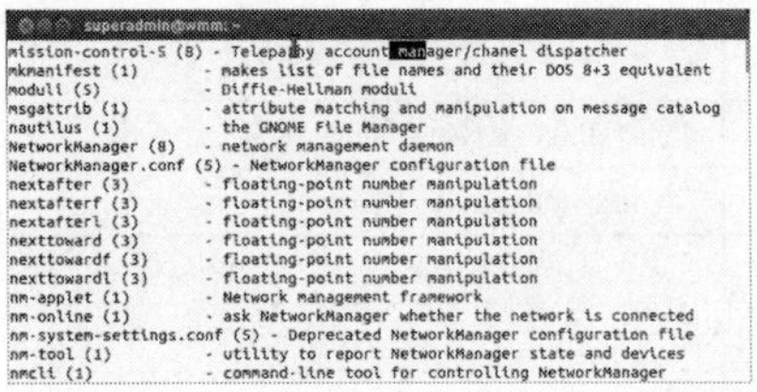

图 10-31　man -k man 命令的效果

3. 按章节查询

man 手册的一般类型存放在/usr/share/man 目录中。用户可以使用 ls 查看组成的不同章节，如下所示：

```
superadmin@wmm:~$ ls -d /usr/share/man/man?
/usr/share/man/man1  /usr/share/man/man4  /usr/share/man/man7
/usr/share/man/man2 /usr/share/man/man5  /usr/share/man/man8
```

```
/usr/share/man/man3  /usr/share/
man/man6
```

每一个课节中都存放着对应类型的手册文件，这些手册文件大多数为“.gz”格式的压缩文件。例如，查看第1课所包含的手册文件。命令如下：

```
cupstestdsc.1.gz      pkcs7.1ssl.gz
cupstestppd.1.gz      pkcs8.1ssl.gz
cut.1.gz              pkexec.1.gz
                //省略部分显示内容
```

4. man 文件的输出

man 虽然具有强大的在线查询功能，但是由于 man 文件的格式不是一般的文本文件，所以很难直接将帮助信息进行打印。通常采用的方法是将 man 的执行结果通过输出重定向，导入到另一个文本文件中进行编辑打印。

例如，直接使用 ls 命令的帮助信息输出到 /ls_help 文件中。命令如下：

```
root@wmm:/# man ls>/ls_help
```

5. whatis 命令和 apropos 命令

Linux 系统中提供了两个命令，这两个命令分别与系统中的“man -f”和“man -k”相对应，它们分别是 whatis 和 apropos 命令。它们的语法如下：

```
whatis [命令或者数据]
opropos [命令或者是数据]
```

注意

whatis 和 opropos 是两个非常特殊的命令，必须要创建 whatis 数据库才行。这个数据库的创建需要以 root 身份执行命令“makewhatis”。

10.5 比较 Linux 的命令与 DOS 命令

Linux 虽然是免费的，但它的确是一个非常优秀的操作系统，与 Windows 相比具有可靠、稳定和速度快等优点，并且它拥有丰富的根据 UNIX 版本改进的强大功能。

Windows 操作系统中使用到的是 DOS 命令，Linux 系统下的命令与 DOW 命令具有很多的相似之处，甚至有些命令完全相同。如表 10-6 列出了一些常用命令在 DOS 命令和 Linux 中的差异，并分别对它们进行了说明。

表 10-6 Linux 命令与 DOS 命令比较

命令类型	Linux 的命令	DOS 命令	Linux 命令示例	DOS 命令示例
复制文件	cy	copy	cp /home/tea/file /tmp	copy c:\tea\file d:\tmp
转移文件	mv	move	mv file.txt /home/tea	move file.txt c:\tea\
删除文件	rm	del	rm /home/tea/newfile.txt	del c:\tea\newfile.txt
编辑文件	gedit	edit	gedit /home/hello.doc	edit c:\hello.doc
比较文件内容	diff	fc	diff file1 file2	fc file1 file2
在文件中查找字符串	grep	find	grep '飞' hello.txt	find "username" hello.txt
格式化软盘	mkfs	format a:	mkfs /dev/fd0	format a:
列举文件	ls	dir	ls	dir
清除屏幕	clear	cls	clear	cls
退出命令	exit	exit	exit	exit
显示或设置日期	date	date	date	date
显示命令帮助	man	/?	man command1	command1 /?
创建目录	Mkdir	mkdir 或 md	mkdir directory1	mkdir directory1
查看文件	Less	more	less hello.txt	more hello.txt

续表

命令类型	Linux 的命令	DOS 命令	Linux 命令示例	DOS 命令示例
显示时间	Date	time	date	time
显示内存情况	free	mem	free	mem
重新命名文件	mv	ren	mv file1.txt file2.txt	ren file1.txt file2.txt
显示当前位置	pwd	chdir	pwd	chdir

下面通过几个简单的练习说明 Linux 中的命令与 DOS 命令不同的显示效果。

1．列举文件

Linux 系统中通过 ls 命令直接列举出当前登录用户主文件夹中的所有文件；而 Windows 系统中通过 DOS 命令 dir 显示磁盘“D:\tmp”文件夹下的所有文件。它们的效果分别如图 10-32 和 10-33 所示。

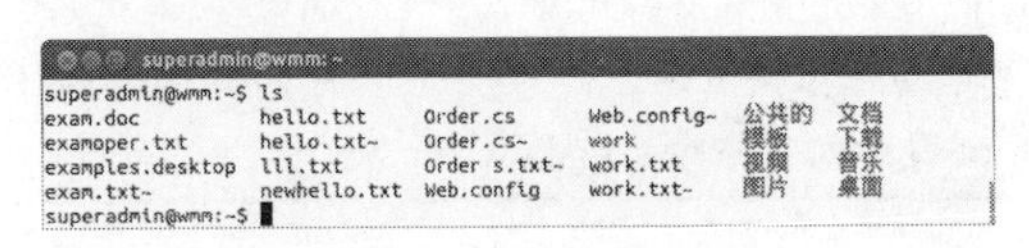

图 10-32　ls 命令列举文件

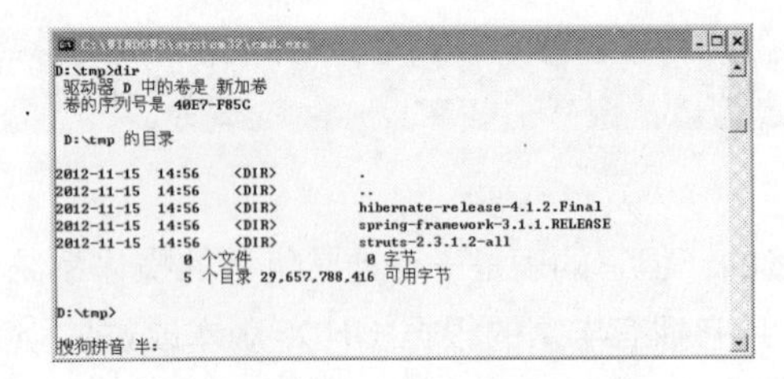

图 10-33　dir 命令列举文件

2．查找文件内容

Linux 系统中通过 grep 命令查找指定文件中的内容，而 DOS 命令是通过 find 来查找的。例如，grep 命令查找 hello.txt 文件中包含“飞”的内容；而 find 命令查找 D 盘中“死水.txt”文件中包含“死水”的内容。它们的效果如图 10-34 和图 10-35 所示。

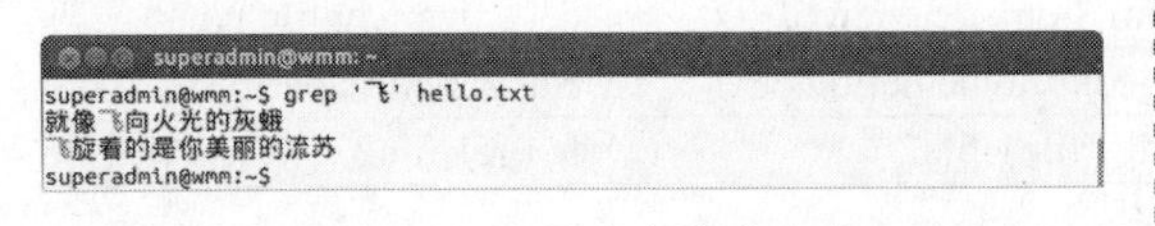

图 10-34　grep 命令查找内容

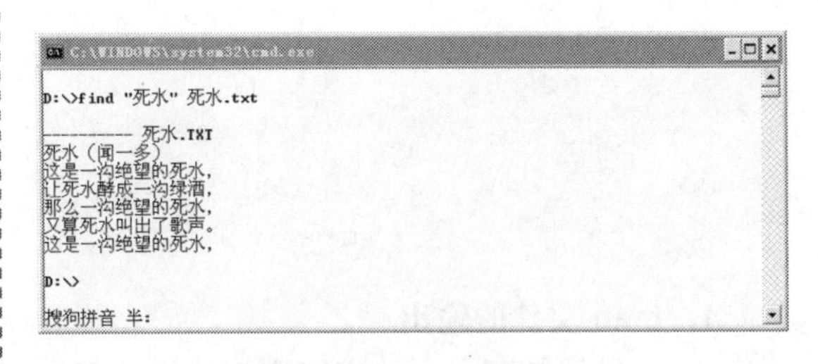

图 10-35　find 命令查找内容

3．比较文件

Linux 中的命令和 DOS 命令比较两个文件的方式基本一样，只不过是命令不一样而已，如图 10-36 和图 10-37 分别所示了使用 diff 命令和 fc 命令比较两个文件的效果。

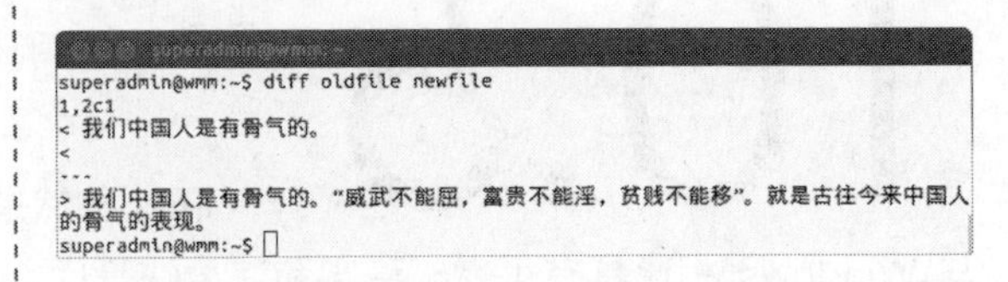

图 10-36　diff 命令比较文件内容

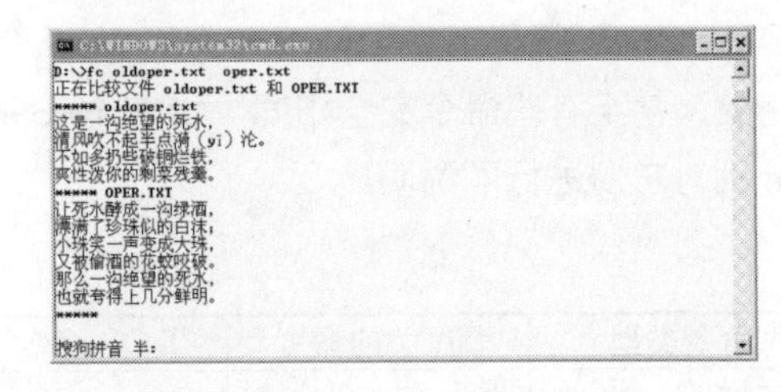

图 10-37　fc 命令比较文件内容

试一试

上面只是举了几个简单的示例分别显示 Linux 系统中的命令与 DOS 命令的不同操作，感兴趣的读者可以对其他的命令试一试。

10.6 拓展训练

1．匹配命令的命令

读者可以打开一个新的终端命令窗口，然后通过与自动匹配相关的命令完成匹配环境变量、匹配用户名和补全主机名的功能。

2. 根据说明完成以下操作

读者可以打开一个新的终端命令窗口，然后按照下面的要求完成操作。如下所示：

（1）输出系统以前和现在的运行级别。

（2）显示 root 目录下的全部文件。

（3）清楚显示的内容。

（4）重新启动，并且引导系统。

10.7 课后练习

一、填空题

1. 当用户输入的命令是以__________开始时，Shell 会以当前的 Shell 的一个环境变量补全文本。

2. __________命令用于显示操作系统中的信息。

3. 用于显示系统当前的日期与时间的命令是__________。

4. 用户在 man 命令后添加参数__________，表示以伪 man 手册的格式显示使用方法。

5. 由于终端界面中与命令行有关的内容太多，李海同学想要清屏，并且清屏后要把光标移动到左上角，那么他可以使用__________命令。

6. runlevel 命令的运行级别是__________时表示图形用户界面。

二、选择题

1. 假设 Linux 系统中的当前日期是 2013 年 4 月 4 日，那么如果用户想要结果是“2013-04-04”，那么横线处应该填写的内容是__________。

```
superadmin@wmm:~$ date __________
2013-04-04
```

A. yyyy-MM-dd

B. 2013-04-04

C. +%Y-%m-%d

D. -s 2013-04-04

2. 关于 man 命令的说法，选项__________是正确的。

A. 用户使用命令“man -f”的效果与命令 apropos 是相对应的

B. 用户使用命令“man -k”的效果与命令 whatis 是相对应的

C. 用户不能够使用“man man”命令进行查询，必须以“man 7 man”为命令格式进行查询，数字不能省略

D. 用户使用命令“man ifconfig”查询的结果与命令“man 8 ifconfig”查询的结果一样

3. 下面关于历史命令和命令别名的选项中，__________的说法是正确的

A. noalias 命令和 alias 命令是两个相反的操作，其中 noalias 命令可以设置命令别名，而 alias 命令则可以取消命令别名

B. noalias 命令和 alias 命令是两个相反的操作，其中 alias 命令可以设置命令别名，而 noalias 命令则可以取消命令别名

C. history 命令只能显示单独命令，该命令后面不能跟任何参数进行设置

D. 默认情况下，history 命令可以保留 500 个命令。但是如果没有 500 个命令，系统会自动补充其他的命令

4. 如果用户在终端命令行中输入命令“cal 13 2013”，那么终端显示提示内容是__________。

A. cal: the month is wrong

B. cal: 13 is neither a month number (1..12) nor a name

C. 什么也不会输出

D. 直接输出 2013 处 1 月份的日历

三、简答题

1. 请说出如何打开终端命令窗口。

2. 如果张梦含同学想要在今天的 14:20 让系统自动关机，她要怎么做?

3. 在 man page 显示的内容中，命令（或文件）后面会接一组数字，这个数字若为 1、5、8，它们表示该查询的命令（或文件）意义是什么?

4. 举例说出 Linux 系统中的命令与 Windows 系统中的 DOS 命令有哪些不同?

第 11 课 Shell 基础

Linux 中的操作大多数通过执行命令来实现，而 Shell 不仅是一种命令语言，而且支持复杂的语法，能够通过对 Shell 脚本的编写来批量执行命令语句。

本课主要讲述 Shell 技术基础，包括 Shell 的作用、类型，Shell 的基础用法、变量和正则表达式等。

本章学习目标：

- 了解 Shell 的作用
- 了解 Shell 的类型和 Bash
- 了解 Shell 变量的作用
- 掌握 Shell 用户变量的用法
- 了解常用的 Shell 系统变量
- 掌握 Shell 命令的特性
- 掌握 Shell 使用历史命令
- 掌握数据流重定向
- 掌握管线命令
- 掌握正则表达式
- 掌握文件格式化

11.1 Shell 简介

Shell 作为一种命令语句，除了在系统的终端或文本界面下实现对语句的执行；还能将 Shell 作为一种程序设计语言，通过复杂的语法来定义为脚本，实现如 C 程序文件一样的语句批量执行。

11.1.1 Shell 概述

Shell 的原意是外壳，用来形容物体外部的架构。Linux 系统的 Shell 作为操作系统的外壳，为用户提供了使用操作系统的接口。

1．Shell 概述

Shell 是命令语言、命令解释程序以及程序设计语言的统称，负责用户和操作系统之间的沟通，把用户下达的命令解释给系统去执行，并将系统传回的信息再次解释给用户，所以 Shell 不仅可看作用户环境，也可称为命令解释器。

除此之外，Shell 还具有比命令行更复杂的功能。它具有可编程语言的语法，利用这些语法可以定义变量、赋值和计算不同的结果，从而建立用户自己的程序。

Shell 提供了用户与操作系统之间通信的方式，有交互方式（如终端命令）和非交互方式（Shell script 方式）。

Shell script 是放在文件中的一串 Shell 和操作系统命令，作为独立的文件，它们可以被重复使用。本质上，Shell script 是将命令行命令简单地组合到一个文件里面，并根据预定义的顺序执行命令。

此外，Shell 还可分为交互式 Shell 和非交互式 Shell。

（1）交互式模式

交互式模式是指 Shell 等待用户的输入，并且执行用户提交的命令，由于需要与用户进行交互，因而被称为交互式 Shell。这种模式也是大多数用户所熟悉的，登录、执行一些命令、退出，当用户退出系统后，Shell 也就终止了。

（2）非交互式模式

在这种模式下，Shell 不与用户进行交互，而是读取存放在文件中的命令，并且执行它们，当读到文件末尾时，Shell 将终止。

Shell 是用户和 Linux 内核之间的接口程序，如果把 Linux 内核想象成一个球体的中心，那么 Shell 就是围绕内核的外层。当从 Shell 或者其他程序向 Linux 传送命令时，内核就会做出相应的反应。Shell 作为一个命令语言解释程序，拥有内建的 Shell 命令集。Shell 也能被系统中其他应用程序调用。用户在提示符后输入的命令都是先由 Shell 解释，然后再传给 Linux 内核的。

2．Shell 分类

Shell 作为一种编程语言有着多种类型，在 Linux 领域最常见的 Shell 是 Bash，即 Bourne Again Shell。Linux 系统包含的其他 Shell 包括 sh，即传统的 Bourne Shell（主流 Linux 和 Unix 发行版本通常都会包含 sh），pdksh（公共域 Korn Shell）以及怀旧的程序员所喜欢的 csh（C Shell）。

大多数 Linux 发布版本，包括 Fedora，默认的 Shell 都是 GNU 的 Bash 或者 Bourne Again Shell。但是其他 Shell，例如 tcsh、ksh、zsh 等也能使用。通过在命令行中输入 Shell 名，可以使用不同的 Shell。作为选择，系统管理员在创建用户账号时，可以指定用户使用另外的 Shell。Shell 的种类及其说明如下。

（1）ash

ash Shell 是由 Kenneth Almquist 编写的，Linux 中占用系统资源最少的一个小 Shell，它只包含 24 个内部命令，因而使用起来很不方便。

（2）Bash

Bash 是 Linux 系统默认使用的 Shell，它由 Brian Fox 和 Chet Ramey 共同完成，是 Bourne Again Shell 的缩写，内部命令一共有 40 个。Linux 使用它作为默认的 Shell 是因为它有诸如以下的特色：可以使用类似 DOS 下面的 doskey 的功能，用方向键查阅和快速输入并修改命令。自动通过查找匹配的方式给出以某字符串开头的命令。包含了自身的帮助功能，只要在提示符下面键入 help 就可以得到相关的帮助。

（3）ksh

ksh 是 Korn Shell 的缩写，由 Eric Gisin 编写，共有 42 条内部命令。该 Shell 最大的优点是几乎和商业发行版的 ksh 完全兼容，这样就可以在不用购买商业版本的情况下尝试商业版本的性能了。

（4）csh

csh 是 Linux 比较大的内核，它是由以 William Joy 为代表的共计 47 位作者编成，共有 52 个内部命令。该 Shell 其实是指向/bin/tcsh 这样的一个 Shell，也就是说，csh 其实就是 tcsh。

（5）zch

zch 是 Linux 最大的 Shell 之一，由 Paul Falstad 完成，共有 84 个内部命令。如果只是一般的用途，是没有必要安装这样的 Shell。

在 Shell 的语法方面，Korn Shell 比较接近一般程序设计语言，而且它具有子程序的功能并提供了较多的数据类型。而 Bourne Shell 所提供的数据类型较少，仅提供了字符串类型和布尔类型。在整体测试下，Korn Shell 表现较佳，然后是 C Shell 和 Bourne Shell。在实际使用中还需要考虑其他的因素。例如，如果速度是要考虑的首要因素，那么很可能应该使用 Bourne Shell，因为它是基本的 Shell，执行的速度较快。

无论是哪一种 Shell，其基本功用都包括解释用户在命令行提示符下输入的指令。Shell 会把命令行中的指令分解为以空白区分开的符号，空白包括了 Tab、空格和换行。如果这些字包含 metacharacter，Shell 将会评估它们的正确用法。另外，Shell 还管理文件输入输出及后台管理。在处理命令行之后，Shell 会寻找命令并开始执行它们。

Shell 的另一个重要功用是提供个性化的用户环境，通常在 Shell 的初始化文件中完成（.profile、.login、.cshrc、.tcshrc 等）。这些文件包括设置终端计算机键盘和定义窗口的特征，设置变量，定义搜索路径、权限、提示符等，以及设置特殊应用程序所需要的变量，例如窗口、文字处理程序及程序语言的链接库。

Shell 本身还是一个解释型的程序设计语言。Shell 程序设计语言支持绝大多数高级语言。Shell 编程语言简单易学，在提示符后能输入的任何命令都可以直接添加到一个可执行的 Shell 程序中。

11.1.2 Bash 简介

Boure Agin Shell（简称 Bash）基于一个早期的 UNIX Shell 即 Bourne Shell，由 Setven Bourne 编写。之后的版本都在以前的基础上进行扩充，而且它已经成为很多商业版本中的基本 Shell，像 sh Shell 和 Korn Shell 等。

Bash 与 Bourne Shell 完全向后兼容，并且在 Bourne Shell 的基础上增加和增强了很多特性。它融入了许多 C Shell 和 Korn Shell 的功能，Bash 有很灵活和强大的编程接口，同时又有很友好的用户界面。以下所示的是 Bash 所做的重要改进。

（1）工作控制

Bash 提供了关于工作的信号和指令。

（2）别名功能

alias 命令可用来为一个命令另起一个名字，它的运行就像一个宏展开成为它所代表的命令。别名并不会替换掉命令的名称，它只是赋予该命令另一个名字。

（3）命令例程

Bash Shell 加入了 C Shell 所提供的命令例程功能。例如，history 工具程序记录了用户最近执行过的命令，命令从 1 开始编号；history 工具程序是一种短期记忆，它记录了用户最近所执行的命令，要查看这些命令，可以在命令行中输入命令“history”，随后将会显示最近执行过的命令清单，并在前面加上编号。

（4）命令列编辑程序

Bash Shell 命令列编辑能力是内建的，可以让用户轻松地在执行之前修改已经输入的命令。如果在输入命令时拼错了字，无须重新输入整个命令，只需要在执行命令之前使用编辑功能纠正错误即可。这尤其适合于使用冗长的路径名称当作参数的命令，命令列编辑作业是 Emacs 编辑命令的一部分。用户可以按 Ctrl+F 快捷键或者按光标键向右移动一个字符，按 Ctrl+B 快捷键或者按光标键向左移动一个字符。按 Ctrl+D 键或者 Delete 键，系统会删除光标目前所在位置的字符。要增加文字，只需要将光标移到当前要插入文字处并输入新字符即可。无论何时，用户都可以通过按Enter键执行命令。

（5）允许用户自定义按键

（6）提供了更丰富的变量类型、命令和控制结构

11.2 变量

变量用来表示不确定的数据值，在对操作系统进行命令时，有些数据并不是一开始就可以确定的，而是通过后来获取的。如编写一个电子邮件的系统，在编辑命令时并不能确定其用户的电子邮件账户及其想要发送的目标账户，因此需要将其定义为变量，在用户使用该系统，并添加了个人账户和目标账户后，由系统为变量赋值，再执行相关命令。

11.2.1 变量简介

变量的使用类似于数学运算中的函数，函数中有自变量和值变量。确定了自变量的值后，才能确定函数的值。

在命令中使用变量，需要首先对变量进行配置，变量是可以直接命名使用的，在没有配置的时候是空的，对变量的配置即为对其内容进行赋值。配置完成后，即可对该变量进行获取及执行相关命令。变量的配置和使用有以下几条规则。

（1）变量与变量内容以一个“=”来连接，如 myname=VBird。通过这种方式可以对变量的内容进行赋值和修改。

（2）变量在被取用时，前面必须要加上美元符号“$”。

（3）等号两边不能直接接空格符。

（4）变量名称可以是英文字母或数字，但是开头字符不能是数字。

（5）变量内容若有空格符可使用双引号，但双引号内的特殊字符如$等，可以保有原本的特性。

（6）变量内容若有单引号，则单引号内的特殊字符为一般字符（纯文本）。

（7）可用转义字符\将特殊符号（如[Enter],$,\,空格符,'等）变成一般字符。

（8）在一串命令中，还需要由其他的命令提供的信息，可以使用反单引号“`”命令“`”或“$”(命令)。特别注意，那个“`”是键盘上方的数字键 1 左边那个按键，而不是单引号。

（9）若该变量为扩增变量内容时，则可用“"$”变量名称“"”或“$”{变量}累加内容。

（10）若该变量需要在其他子程序运行，则需要以 export 来使变量变成环境变量。

（11）通常大写字符为系统默认变量，自行配置变量可以使用小写字符。

（12）取消变量的方法为使用“unset：unset 变量名称”。

（13）变量可以使用 echo 来读出其变量内容。

在编写 Shell 脚本时，可以使用的变量类型有用户变量、系统变量、特殊字符、全局变量、数组变量、局部变量以及位置变量和特殊变量等。而根据变量定义的方式可以分为系统的开发使用中的系统变量，用户也可以配置自己的变量，是编辑用户命令或程序时使用的变量，即用户变量。

提示

如果变量的值包含特殊字符（例如*或者?等），Shell 还会对变量进行扩展。

11.2.2 用户变量

用户命名并赋值的 Shell 变量称为用户变量。用户可以在任何时候修改用户创建的变量的值，或者将其设置为只读。这样它们的值就不会发生改变。还可以将用户创建的变量变成全局变量。全局变量，又称为环境变量，可以被任何 Shell 和从最初 Shell 创建的其他程序访问。为了区分全局变量，通常将全局变量使用大写字母命名，而其他变量使用大小写混合命名。

在 Bash 中如果要将一个值 value 赋值变量 VARIBLE，应该使用如下的语法：

```
VARIBLE=value
```

在 Shell 中，变量的使用不需要声明，可以直接对变量进行赋值或获取；变量和数据的获取可以使用 echo 命令，如图 11-1 所示。

图 11-1 中首先获取 num 的值，该值是一个字符串而并非变量；接下来获取变量 num 的值，值为空；为 num 变量赋值为 123，并再次获取变量的值，得到其值。

图 11-1　变量的赋值及获取

变量可以使用 set 命令来查阅，也可以使用 unset 命令来取消。

如果变量不再使用了，应该将其取消，否则它将伴随着创建时的 Shell 一直存在。使用值 null 可以将变量的值删除，但是不能取消该变量。取消变量的方法是使用 unset 命令，如删除变量 Student 使用语句如下：

```
unset Student
```

使用 unset 命令取消变量，在变量前不能使用 “$” 符号。

11.2.3 Shell 字符

只有使用了“$”符号，才能获取变量，但命令中有各种符号的混用。无论是 Shell 命令还是 Shell 变量，都将使用 Shell 字符，常见的 Shell 特殊字符如表 11-1 所示。

表 11-1　Shell 中的特殊字符

字　符	说　明
$	指示 Shell 变量名的开始
|	管道将命令的标准输出传给下一个命令
#	注释开始
&	后台执行进程
?	匹配一个字符
*	匹配一个或者多个字符
>	输出重定向操作符
<	输入重定向操作符
`	命令替换（后引号或者反撇号，在大多数键盘中该键位于 Tab 键上方）
>>	输出重定向操作符（追加到文件中）
<<	等待直到后继输入串结束（HERE 操作符）
[]	字符范围
[a-z]	从 a ~ z 的所有字符
[a,z]或者[az]	字符 a 或者 z
空格	两个单词之间的分隔符

续表

字　符	说　明
()	在中间为子 shell
{}	在中间为命令区块的组合
~	用户的根目录
!	逻辑运算意义上的『非』 not 的意思
\	跳脱符号：将『特殊字符或通配符』还原成一般字符
;	连续命令下达分隔符：连续性命令的界定 (注意！与管线命令并不相同)
/	目录符号：路径分隔的符号

建立 Shell 脚本时，特殊字符非常有用，但是如果将特殊字符用于变量名或者字符串的一部分，则需要注意程序是否能运行成功。

1．引号与反斜杠

如果开头的“$”用单引号括起来，可以阻止 Shell 使用变量的值。但是，双引号不会阻止，而单引号和反斜杠都可以阻止使用变量的值，如下所示：

```
wmm@wmm:~$ echo $num
123
wmm@wmm:~$ echo "$num"
123
wmm@wmm:~$ echo '$num'
$Num
wmm@wmm:~$ echo \$num
$Num
```

双引号也解决了字符串中包含变量的问题。例如定义两个变量，将第 1 个变量的值与一个字符串合并，并赋值给第 2 个变量，如练习 1 所示。

【练习 1】

定义变量 Var1 和变量 Var2，Var1 的值为“hello”，Var2 的值在 Var1 的基础上添加字符串“ Linux”，使用语句及其执行结果如下所示：

```
wmm@wmm:~$ Var1=hello
wmm@wmm:~$ Var2="$Var1 Linux"
wmm@wmm:~$ echo $Var2
hello Linux
```

2．空白符

因为双引号不会阻止变量替换，但是可以关闭大多数其他字符的特殊意义。例如，向变量赋一个包含空格或者制表符的变量，可以在该值的两边加上双引号，其命令及执行效果如下所示：

```
wmm@wmm:~$ BookName="Ubuntu linux"
wmm@wmm:~$ echo $BookName
Ubuntu linux
wmm@wmm:~$ BookName=Ubuntu\ linux
程序“linux”尚未安装。 您可以使用以下命令安装：
sudo apt-get install user-mode-linux
```

在上述代码中，为 BookName 赋值时，字符串中空格后的单词被作为命令来使用，系统将会提示未找到该命令或该命令未安装。

反斜杠在程序中可以作为转义字符使用，通过反斜杠与特殊符号连用，以显示变量值中的特殊符号。如将上述代码变量值中的空格前加反斜杠，如下所示：

```
wmm@wmm:~$ BookName=Ubuntu\ linux
wmm@wmm:~$ echo $BookName
Ubuntu linux
```

当使用变量作为参数执行一个命令的时候，Shell 将该变量的值来代替变量名，并将该值传递给正在执行的程序。

3．反单引号

反单引号字符（键盘中数字键 1 左边的按键）可以通知 Shell 用其执行结果替代字符串。如将练习 1 中的变量 Var1 的值赋给变量 var，则可以使用 echo 命令获取 Var1 的值，使用反单引号将该值赋给变量 var，使用命令语句及其执行结果如下所示：

```
wmm@wmm:~$ var=`echo $Var1`
wmm@wmm:~$ echo $var
hello
```

11.2.4 系统变量

对于 Shell 来说，系统变量（又称为 Shell 关键字变量）具有特殊的意义，它们的名称一般比较简短而且容易记。当用户启动 Shell 的时候（例如登录），Shell 将从环境中继承一些系统变量。

例如，HOME 表示用户的主目录，而当用户输入命令时，PATH 决定了 Shell 在哪些目录下搜索该命令，同时还决定了搜索时的顺序。当 Shell 启动之后，再创建和（使用默认值）初始化其他系统变量。而对于其他变量，除非用户设置，否则它们都不存在。

系统变量可以通过继承，也可以在 Shell 启动时声明并初始化。可以通过命令行方式或者在初始化文件中为这些变量指定值。通常，用户希望这些变量可用于其他启动的所有子 Shell，包括登录 Shell。对于那些不需要 Shell 自动输出的变量，用户必须使用 export 或 setenv 使这些变量也可以被子 Shell 访问。

1．HOME：用户主目录

默认情况下，用户主目录就是用户登录之后的工作目录。当用户账号被创建的时候，其使用的主目录就已经确定。

当用户登录之后，Shell 继承了用户的主目录的路径名并将其赋给变量 HOME。不同的用户所工作的主目录路径不同，如练习 2 所示。

【练习 2】

分别使用 wmm 用户和 root 用户，获取变量 HOME 的值，并比较它们的结果，其命令和结果如下所示：

```
wmm@wmm:~$ echo $HOME
/home/wmm
wmm@wmm:~$ sudo su root
[sudo] password for wmm:
root@wmm:/home/wmm# echo $HOME
/root
```

wmm 用户的主目录是“/home/wmm”，而 root 用户的主目录是“/root”。在不带参数执行 cd 之后，工作目录的路径名与 HOME 的值一样，均为用户的主目录。另外，Shell 使用 HOME 的值来展开路径名，该路径名使用简写形式（用符号"~"表示）表示用户的主目录。

2．PATH：Shell 查找程序的路径

在向 Shell 中输入一个绝对路径名或者相对路径名时，而不是一个简单的文件名作为命令时，Shell 就会在指定的这个目录下，用指定的文件名查找文件。如果该路径名对应的文件不存在，Shell 将会返回“Command not found”错误信息。如果指定的文件存在，但是用户没有执行权限，或者是用户没有 Shell 脚本的读权限和执行权限，Shell 将返回“Permission denied”错误信息。

如果使用简单的文件名作为命令，Shell 将搜索某些目录，以查找用户想要执行的程序。Shell 在几个目录中搜索文件，查找与该命令具有相同名字且用户具有执行权限或者具有读权限和执行权限的文件。Shell 变量 PATH 控制着这些搜索路径。

当编译 bah 的时候，PATH 的默认值就已经确定。它并不是通过初始化文件设置的，尽管可以在这个文件中修改。通常情况下，默认值规定 Shell 搜索几个用来保存公用命令的系统目录，然后再搜索工作目录。这些系统目录包含 /bin 和 usr/bin 以及其他与本地系统相关的目录。当用户输入命令时，如果 Shell 在 PATH 中列出的所有目录中均找不到命令对应的执行文件（或者如果是 Shell 脚本，但不可读），Shell 将会产生前面提到的错误信息。

3．MAIL：保存电子邮件的目录

变量 MAIL 包含了保存用户邮件文件的路径名，用户邮件文件就是该用户的邮箱，通常是/var/spool/mail/NAME，其中 NAME 是用户的登录名。如果设置了 MAIL，但是没有设置 MAILPATH，那么当邮件到达 MAIL 指定的文件时，Shell 将提醒用户。在图形界面下，可以将 MAIL 删除，这样如果使用图形化的邮件程序时，Shell 就不必在终端窗口中显示邮件提示程序了。

变量 MAILPATH 包含了一个用冒号隔开的文件名列表。如果设置了这个变量，那么当这个列表中的任何一个文件发生改变的时候，

Shell 都会提示用户。

4．PS1：用户主提示符

默认的 Bash 提示符是一个美元符号“$”，当以 root 身份运行 Bash 时，提示符是“#”。变量PS1保存了Shell用来提示用户输入命令的提示字符串。

当用户修改PS1或者prompt的值时，用户的提示符也会发生改变。用户可以自定义 PS1 的显示提示符，如练习 3 所示。

【练习 3】

将“wmm@wmm:~$ ”提示符改为“[wmm@wmm]# ”，则直接修改 PS1 的值，其命令语句及其结果如下所示：

```
wmm@wmm:~$ PS1="[\u@\u]# "
[wmm@wmm]#
```

上述代码中，\u 用来表示用户名，除了\u 以外，还可以使用\h 表示本地主机名、\w 表示工作目录的基名等。

如果用户在多个系统上工作，那么在用户提示符中包含系统名称是非常有用的。例如，可以将提示符改为用户正在使用的系统的名称，后面跟着一个冒号和一个空格。表 11-2 中列出了可以在 PS1 中使用的符号。

表 11-2 PS1 符号

符号	在提示符中的显示
\$	如果以 root 身份运行的话，就显示为"#"，否则显示为"$"
\w	工作目录的路径名
\W	工作目录的基名
\!	当前事件编号
\d	按照“工作日/月/日期”格式显示的日期
\h	计算机的主机名，不包括域名
\H	计算机全名，包含域名
\u	当前用户的用户名
\@	按照 12 小时制，AM/PM 格式显示的当前时间值
\t	按照 24 小时制，HH:MM:SS 格式显示的当前时间
\T	按照 12 小时制，HH:MM:SS 格式显示的当前时间
\A	按照 24 小时制，HH:MM 格式显示的当前时间

5．常用系统变量

系统变量是可以被继承使用的，除了上述所涉及的系统变量，常见的系统变量及其含义如表 11-3 所示。

表 11-3 常用的系统变量

变 量	含 义
BASH_ENV	用于非交互式 Shell 的初始化文件的路径名
CDPATH	Cd 命令的搜索路径
COLUMNS	Select 命令使用的显示宽度
FCEDIT	Fc 默认使用的编辑器名称
HISTFILE	保存历史列表文件中的路径名（默认为~/.Bash_history）
HISTFILESIZE	保存在 HISTFILE 中的最大项数
HISTSIZE	保存在历史表中的最大项数
HOME	用户主目录的路径名，用作 cd 命令的默认参数或用在"~"表达式中
IFS	内部字段分隔符，用于分词
INPUTRC	Readline 初始化文件的路径名（默认为~/.inputrc）
LINES	Select 使用的显示高度
MAIL	保存用户邮件的文件的路径名
MAILCHECK	以秒为单位定义了 Bash 检查邮件的频率
MAILPATH	Bash 检查邮件文件的路径名列表，名字之间用冒号隔开
PATH	Bash 查找命令的目录路径名列表，名字之间用冒号隔开
PROMT_COMMAND	Bash 在显示主提示符之前要执行的命令
PS1	主提示符
PS2	在 Shell 接收用户输入命令的过程中，如果用户在输入行的末尾输入“\”然后按 Enter 键，或者当用户按了 Enter 键但 Shell 判断出用户输入的命令还没有结束时，就显示该辅助提示符，提示用户继续输入命令的其余部分，默认的辅助提示符是“>”
PS3	Select 发出的提示符

续表

变　量	含　义
PS4	Bash 调试符
TERM	终端的类型
UID	当前用户的识别字，它的取值是由数字构成的字符串
PWD	当前工作目录的绝对路径名，该变量的取值随 cd 命令的使用而变化

11.3 Shell 命令

Shell 是一种命令，也是一种编程语言。作为命令，Shell 有着自己独特的地方，包括它的命令补齐、使用通配符、使用历史命令和使用命令别名等。

11.3.1 Shell 命令特性

Shell 作为一种命令，其内部作业控制命令可以将命令行作为后台进程启动，挂起一个运行程序，有选择地重新激活挂起程序或者杀死运行程序，以及完成其他进程控制功能。Shell 命令能够实现的工作如下所示：

- 使用带模式匹配或者表达式的程序搜索文件或者目录。
- 从文件或者命令中获得数据和向文件或者命令传送数据，分别称为输入重定向和输出重定向。
- 将程序的输出过滤或者传送到另一个命令。

Shell 命令与其他的程序语言或命令相比，有着独特的性质，其性质具体包括命令补齐、使用通配符、使用历史命令、使用命令别名、Bash 提示符、快捷键命令、数据流重定向和管线命令。其中，Shell 命令中所涉及的通配符、Bash 提示符和 Shell 快捷键命令如下所示。

1．通配符

通配符在表 11-1 中有简单介绍，但不够详细。Shell 命令行允许使用通配符作为特殊结构的字符串模式。Shell 模式串既可以简单也可以复杂。下面列出了用于 Shell 模式匹配的一些常用字符及其使用。

（1）* 用于匹配任意字符。例如，要查找当前目录中所有以.doc 结尾的文件，可以使用如下所示的命令：

```
# ls *.doc
```

（2）? 用于匹配一个字符。例如，要查找当前目录中所有以.d??结尾的文件（这里的?可以是 0-9、），可以使用如下所示的命令：

```
# ls *.d??
```

（3）[xxx]或者[x-x] 用于匹配字符范围。例如，要列出一个目录中名字包含数字的所有文件，可以使用如下所示的命令：

```
# ls *[0-9]*
```

（4）\x 匹配或者解除特殊字符（例如?）的特殊含义。例如，要创建一个名字包含?的文件，可以使用如下所示的命令：

```
# touch aFile\?
```

另外，Shell 与 Linux 命令对某些字符和正则表达式的解释方式存在差异，因此需要注意这些有着差异的字符和正则表达式。

例如：在文本中查找模式最好使用带正则表达式的命令 grep，简单的通配符应该用来过滤或者匹配命令行中的文件名。

虽然 Linux 命令表达式和 Shell 脚本都能将模式中的反斜线识别为转义字符，但是美元符号“$”有两个不同的含义。表达式中的单个字符模式匹配，脚本中的变量赋值。

2．Bash 提示符

Bash 有两级提示符。第一级是 Bash 在等待输入命令时用户看到的提示符，这也是通常所看到的提示符，存在 Shell 变量 PS1 中。二级提示符存在 Shell 变量 PS2 中，是当 Shell 发现用户的命令不全，告诉用户还需要更多输入时的提示符。

在表 11-2 中列举了变量 PS1 中可以使用的特殊字符，这些字符在变量 PS2 中同样可以使用。除此之外，还有最常用的字符如表 11-4 所示。

表 11-4 常用特殊字符

字符	在提示符中的显示
\#	命令编号（从 1 开始只要输入内容，它就会在每次提示时累加）
\\	显示 \
\j	在此 Shell 中通过按 ^Z 挂起的进程数
\s	显示正在运行的 Shell 名
\v	显示 Bash 的版本
\V	显示 Bash 版本（包括补丁级别）

3．快捷键命令

快捷键命令是一种快捷方便的命令，如同在 Windows 中可以使用 Ctrl + C 快捷键进行复制，使用 Ctrl + V 快捷键进行粘贴，在 Shell 命令中也有可以直接使用的快捷键，如表 11-5 所示。

表 11-5 组合键命令

组合按键	运行结果
Ctrl + C	终止目前的命令
Ctrl + D	输入结束 (EOF)，例如邮件结束的时候
Ctrl + M	就是 Enter 啦
Ctrl + S	暂停屏幕的输出
Ctrl + Q	恢复屏幕的输出
Ctrl + U	在提示字符下，将整列命令删除
Ctrl + Z	『暂停』目前的命令

11.3.2 命令补齐

通常在 Bash（或任何其他的 Shell）下输入命令时，不必把命令输入完整 Shell 就能判断出所要输入的命令。例如，假设当前的工作目录包含以下的文件和子目录。

```
News/  bin/  games/  mail/
samplefile  test/
```

现在要进入 test 子目录，通常会输入如下的完整命令。

```
cd test
```

这条命令能够满足需要，但 Bash 还提供了不同的方法来完成同样的事。因为 test 是当前目录里惟一以字母 t 开头的子目录，Bash 会在只输入字母 t 后就判断出要做的内容。

```
cd t
```

输入上述命令后，惟一的可能就是 test。要让 Bash 自动命令补齐可按下 Tab 键，如下所示：

```
cd test
```

这样，Bash 就自动帮助用户将命令补齐并显示在屏幕上，按回车键开始执行。

11.3.3 使用历史命令

Bash 支持历史命令（history），它可以保留一定数量的，曾使用过的 Shell 命令。便于重复执行同一组命令。

使用历史命令除了可以重复执行命令，还可以显示执行过的命令或执行指定的命令。用户对系统使用的命令都将保存在历史表（history list）中。

历史表通常可保留 1000 行命令，其保存的记录条数是可以改变的，保存条数的是变量 HISTFILESIZE，对该变量执行新的配置或修改变量值，即可改变保存命令的行数。如果已经保留的命令达到了 HISTFILESIZE，则新的命令的添加将导致旧命令的删除。

除了 HISTFILESIZE 变量以外，HISTFILE 变量表示要把历史命令记录在哪个文件当中。另外，fc 命令可以编辑已有的历史命令，该命令会自动打开 vi 编辑器，用户修改命令完成后，保存退出时即可执行新修改的命令了。

每次当用户退出系统时，Bash 自动将当前历史表保存到一个文件中。默认的文件是用户主目录下的.bash_history，下一次登录时，Bash 自动将历史文件的内容加载到命令历史表中。

使用历史命令的最简单的方法是使用上下箭头键，逐个列出使用过的命令。用向上箭头键会使最新敲入的命令显示在命令行上，再次使用就可以得到新的命令，以此类推。向下箭头键反之。

使用历史文件最直接的方法是使用 history 命令。如果 history 命令后不带任何参数，那么整个历史表的内容都会显示在屏幕上。在 history 命令后跟上参数 n 使历史表中最后的 n 条命令被显示出来。history 还可以改变历史文件或历史表的内容，其语法如下：

```
history [参数] [histfiles]
```

history 命令中的参数及其含义如下所示：

- **-r** 告诉 history 命令读取历史文件的内容，并把它们作为当前的历史表。
- **-c** 将目前的 shell 中的所有 history 内容全部消除。
- **-w** 告诉 history 命令把当前历史表写入历史文件（覆盖当前历史文件）。
- **-a** 把当前历史表添加到历史文件的尾部。
- **n** 读取最后 n 行到当前历史表中。

history 命令的这些参数的执行结果都会被送入其后的[histfiles]中，并把该文件作为历史文件。对 history 命令的使用如练习 4 所示。

【练习 4】

执行对最后 4 条命令的显示，则需要直接在 history 命令后跟使用数字 4，其语句及执行结果如下：

```
wmm@wmm:~$ history 4
  168  ls -n
  169  echo $HISTFILESIZE
  170  HISTFILESIZE=1000
  171  history 4
```

由上述代码可以看出，新执行的"history 4"命令被作为这 4 条命令中的一条，被显示出来。

除了使用 history 命令，通过参数也可以对历史命令进行查询或利用，其语句格式及其说明如下。

- **!number** 运行第 number 条命令。
- **!command** 由最近的命令向前搜寻命令串开头为 command 的命令，并执行。
- **!!** 运行上一个命令(相当于按↑按键后，按 Enter)。

以 number 参数为例，了解上述参数的用法。在练习 4 中显示了命令执行的最后 4 条，如使用 number 执行第 169 条命令，其命令语句及其执行结果如下所示：

```
wmm@wmm:~$ !169
echo $HISTFILESIZE
1000
```

历史命令有着局限性，在同一个账户下的多个 Bash 接口对历史命令的写入问题和历史命令的记录时间问题。

由于在 Linux 下，同一个账户可同时使用多个 Bash 接口，而这些接口的使用者是同一个身份，而每一个 Bash 接口之间是没有联系的，他们都将有属于自己的历史命令记录，只有在注销时才会将记录更新。但由于这些 Bash 接口是同一个用户身份，因此最后注销的 Bash 将覆盖其他 Bash 命令记录，造成历史命令的损失。

历史命令无法记录命令下达的时间。这 1000 笔历史命令是依序记录的，但是并没有记录时间，所以在查询方面会有一些不方便。

试一试

读者可以尝试透过~/.bash_logout 来进行 history 的记录，并通过 date 来添加时间参数。

11.3.4 命令别名

Bash 中的命令是可以使用别名的，如经常需要使用的命令，由于指令过长或命令的名称不易理解，可以将该命令指定一个别名，别名的使用与原名的使用效果一致，方便命令的使用。

别名的配置使用 alias 命令和 unalias 命令分别执行对命令别名的配置及取消，如练习 5 所示。

【练习 5】

在"/home/wmm/音乐"位置有文本文档【傲慢与偏见】，对该文档的查阅需要执行较长的命令，将对该文档的查阅命令定义一个别名"catA"，使用命令语句及其执行结果如图 11-2 所示。

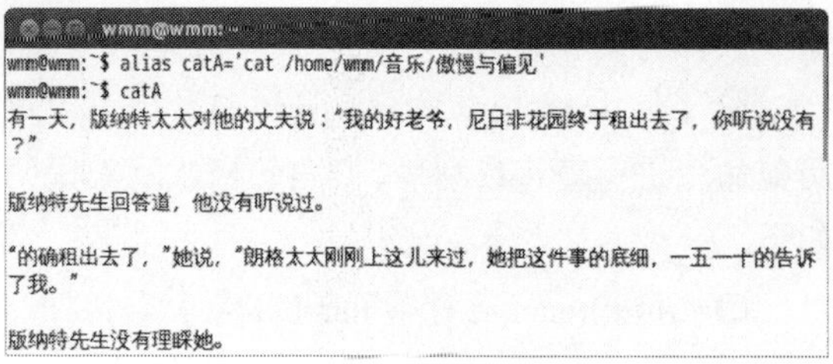

```
wmm@wmm: ~
wmm@wmm:~$ alias catA='cat /home/wmm/音乐/傲慢与偏见'
wmm@wmm:~$ catA
有一天，班纳特太太对她的丈夫说："我的好老爷，尼日非花园终于租出去了，你听说没有？"

班纳特先生回答道，他没有听说过。

"的确租出去了，"她说，"朗格太太刚刚上这儿来过，她把这件事的底细，一五一十的告诉了我。"

班纳特先生没有理睬她。
```

图 11-2　使用别名

如图 11-2 所示，在为命令="cat /home/wmm/音乐/傲慢与偏见"命令使用了别名 catA 后，直接执行 catA 即可显示【傲慢与偏见】文档的内容。

别名的取消使用 unalias 命令，例如取消图 11-2 中的别名，使用命令语句如下：

```
unalias catA
```

11.3.5　数据流重定向

Linux 命令通常由键盘输入，并将命令的输出结果在显示器中显示。数据的输出有两种，一种是命令顺利执行的输出，一种是命令执行有误时的输出。但数据的输出和显示是在命令后由显示器显示，其结果并不能被保存。因此在获取需要的数据时，需要使用数据流重定向技术，将数据转移到指定地方并保存。如使用 ll 命令查询文件，并将查询的结果放在/home/wmm/音乐下的文本文档 llall 中，使用代码及其执行结果如图 11-3 所示。

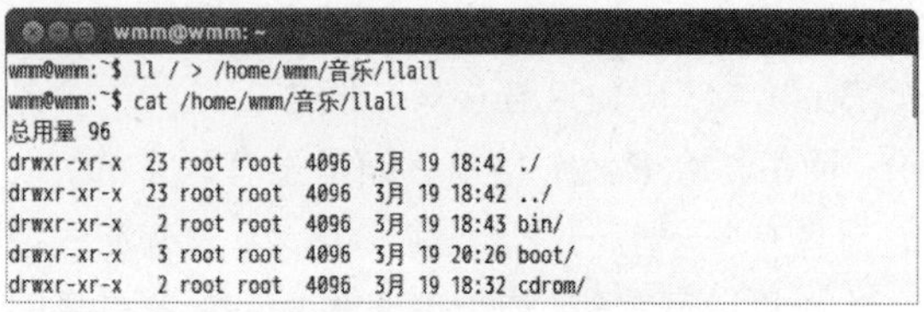

```
wmm@wmm: ~
wmm@wmm:~$ ll / > /home/wmm/音乐/llall
wmm@wmm:~$ cat /home/wmm/音乐/llall
总用量 96
drwxr-xr-x  23 root root  4096  3月 19 18:42 ./
drwxr-xr-x  23 root root  4096  3月 19 18:42 ../
drwxr-xr-x   2 root root  4096  3月 19 18:43 bin/
drwxr-xr-x   3 root root  4096  3月 19 20:26 boot/
drwxr-xr-x   2 root root  4096  3月 19 18:32 cdrom/
```

图 11-3　数据保存

如图 11-3 所示，在获取了查询数据后，并没有显示输出相关数据，而是将数据保存在了 llall 文档中，通过查阅该文档内容，可以找到查询数据。

如图 11-3 所示的例子中，若 llall 文档不存在，则系统自动创建该文档，而当该文件在命令执行前已存在，那么系统会先将该文件内容清空，然后再将数据写入。图中的">"符号即为数据重定向符号，相关操作及其符号说明如下：

- ❑ **标准输入(stdin)**　代码为 0，使用<或<<。
- ❑ **标准输出(stdout)**　代码为 1，使用>或>>。
- ❑ **标准错误输出(stderr)**　代码为 2，使用 2>或 2>>。

数据输出可以使用">"或">>"进行数据的重定向，但是这两个符号的用法和含义是不同的。">"符号的用法在图 11-3 中已经介绍，但是这种方法只能保存数据的一次输出，再次将数据重定向同一个文件则覆盖原数据。">>"符号则解决了这个问题，使用">>"符号将不删除原文件中的数据，而是在原数据的基础上进行数据的累加，将新的数据放在后面。同样，标准错误数据的输出也是如此，其符号及其作用解释如下。

- ❑ **>**　以覆盖的方法将"正确的数据"输出到指定的文件或装置上。
- ❑ **>>**　以累加的方法将"正确的数据"输出到指定的文件或装置上。
- ❑ **2>**　以覆盖的方法将"错误提示数据"输出到指定的文件或装置上。
- ❑ **2>>**　以累加的方法将"错误提示数据"输出到指定的文件或装置上。

数据流重定向的符号还有两个没有用到，标准输入数据同样可以重定向。输入的重定向是将默认的键盘输入转移到文件输入，获取文件内容来执行命令。

试一试

通过数据流的重定向，可以是数据保存在文件中；同样，文件中的数据也可作为输入数据被使用，用户可以尝试使用。

11.3.6　管道命令

管道命令能够处理命令返回的结果，将数据从一个命令传送到另一个命令。使用管道可以在一条命令行上完成复杂的任务。管道在命令行上使用垂线操作符"|"，与各种命令结合，以实现

数据处理。

在介绍管道命令的具体功能之前，介绍一下 less 命令。对文件进行查询时，不可避免的有查询结果过多的情况，使用 less 命令能够使结果只显示一页，在单击【Enter】键后每单击一次显示一行直到结束。其与查询语句结合，用法如下所示：

```
ls -al |less
```

管道命令通常与查询命令结合使用，通过管道命令能够实现的数据结果如下所示：

- 数据捕捉　获取数据结果中的指定行或行中的指定数据。
- 排序统计　对数据结果进行排序或统计。
- 字符串转换　对数据结果进行字符串类型的操作，如删除指定字符等。
- 分割命令　将大文件分解成小文件。
- 参数代换　参数的识别替换。

1. 数据捕捉

数据的捕捉主要使用 cut 命令和 grep 命令。其中，grep 命令用于操作指定行的信息，而 cut 命令用来将同一行中的信息进行分解。

cut 命令用于将同一行里面的数据进行分解，在分析数据或文字数据的时候。以某些字符当作分割的参数，然后将数据加以切割，以取得所需要的数据。不过，cut 在处理多空格相连的数据时，可能会比较吃力一点。cut 命令的参数如下所示：

- **-d**　后面接分隔字符。
- **-f**　后跟数字，依据 -d 的分隔字符将一段信息分割成为数段，用-f 取出第几段。
- **-c**　以字符 (characters) 的单位取出固定字符区间。

grep 命令可以解析一行文字取得关键词，若该行存在关键词，就会整行列出来。grep 命令的语法格式如下：

```
grep [参数] [--color=auto] '关键词' filename
```

- **-a**　将二进制文件以文本文件的方式搜寻数据。
- **-c**　找寻关键词的次数。
- **-I**　忽略大小写。
- **-n**　输出行号。
- **-v**　反向选择，即显示出没有关键词的行。
- **--color=auto**　可以将找到的关键词部分加上颜色。

使用 ls 命令查询 “/home/wmm/文档” 文件夹下的内容与使用 ls 命令与 cut 命令相结合，根据空白符将结果分隔，其命令的结果如图 11-4 所示。

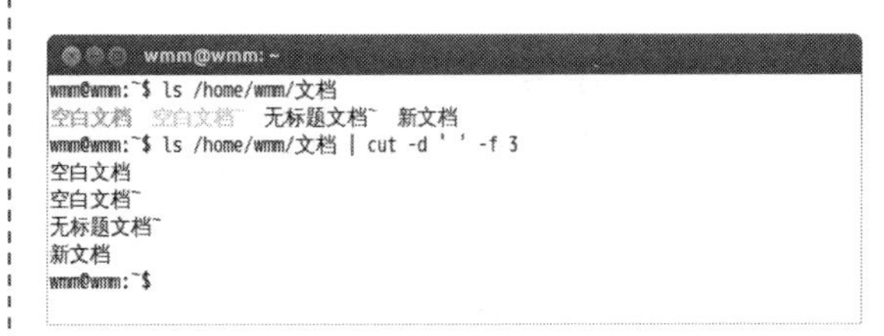

图 11-4　数据捕捉

2. 排序统计

排序统计使用的命令有 sort 命令、uniq 命令和 wc 命令。其中，sort 命令可以依据不同的数据类型进行排序，如使用数字排序的方式进行数字数据的排序；使用字符排序的方式进行字符的排序等。sort 命令的语法格式如下：

```
sort [参数] [file or stdin]
```

sort 命令的选项与参数如下所示：

- **-f**　忽略大小写的差异，例如 A 与 a 视为编码相同。
- **-b**　忽略最前面的空格符部分。
- **-M**　以月份的名字来排序，例如 JAN，DEC 等的排序方法。
- **-n**　使用『纯数字』进行排序(默认是以文字型态来排序的)。
- **-r**　反向排序。
- **-u**　就是 uniq ，相同的数据中，仅出现一行代表。
- **-t**　分隔符，默认是用 [tab] 键来分隔。
- **-k**　以那个区间 (field) 来进行排序的意思。

sort 命令默认是通过结果中的第一个字符进行排序，如使用图 11-4 中的查询结果，将其结果进行排序和反向排序，如图 11-5 所示。

```
wmm@wmm: ~
wmm@wmm:~$ ls /home/wmm/文档 | sort
空白文档
空白文档~
无标题文档~
新文档
wmm@wmm:~$ ls /home/wmm/文档 | sort -r
新文档
无标题文档~
空白文档~
空白文档
wmm@wmm:~$
```

图 11-5　结果的排序和反向排序

除了 sort 命令以外，uniq 命令用来将重复的行删除到只剩一个，即删除重复行。uniq 命令有两个参数：-i 忽略大小写字符的不同；-c 进行计数。其执行的步骤如下所示：

（1）先将所有的数据列出。

（2）将人名独立出来。

（3）排序。

（4）重复行只显示一个。

另外，wc 命令用于列举文件或结果中包含有多少字、多少行和多少字符。它有 3 个参数：-l 表示仅列出行；-w 表示仅列出多少字（英文单字）；-m 表示仅列出多少字符。

uniq 命令和 wc 命令的使用不再举例，用户可尝试使用。

3．字符串转换

字符串转换相关的命令较多，其所实现的功能较全。涉及的命令有 tr 命令、col 命令、join 命令、paste 命令和 expand 命令。其中，tr 命令的用法简单，通常用来删除一段信息当中的文字，或者是进行文字信息的替换，其语法格式如下：

```
tr [参数] 字符串
```

tr 命令只有两个参数："-d" 表示删除信息当中的指定字符串；"-s" 表示取代掉重复的字符。

col 命令的用法特殊，可以用来将[tab]按键取代成为空格键；此外，col 经常被利用于将 manpage 转存为纯文本文件以方便查阅的功能。

col 命令同样只有两个参数："-x" 将 tab 键转换成对等的空格键；"-b" 在文字内有反斜杠 "/" 时，仅保留反斜杠最后接的那个字符。

join 命令用于处理两个文件之间的数据，其主要功能是找出两个文件中有相同数据的行，再通过有相同数据的行将两个文件连在一起。

在使用 join 命令之前，需要确保要处理的文件经过了排序（sort）处理，否则有些比对的项目会被忽略。其语法格式如下所示：

```
join [参数] file1 file2
```

join 命令的参数及其说明如下所示：

- **-t**　join 默认以空格符分隔数据，并且比对第一个字段的数据，如果两个文件相同，则将两笔数据联成一行，且第一个字段放在第一个。
- **-i**　忽略大小写的差异。
- **-1**　表示第一个文件要用那个字段来分析。
- **-2**　表示第二个文件要用那个字段来分析。

试一试

字符串处理的使用不再举例，用户可自行尝试使用。

4．分割命令

使用分割命令能够将一个大文件依据文件的大小或行数来进行分割，使大文件分解成小文件。文件分割使用 split 命令，其语法结构如下：

```
split [参数] file PREFIX
```

split 命令只有两个参数，对其参数和上述语法进行解释如下：

- **-b**　后面可接欲分割成的文件大小，可加单位，例如 b、k、m 等。
- **-l**　以行数来进行分割。
- **PREFIX**　代表前导符的意思，可作为分割后文件名称的前导文字。

如对"/home/wmm/音乐"文件夹下的【llall】文件进行分割，将该文件分割成只有 5 行的小文件，小文件的名称的前导文字为 llall，使用代码及其执行结果如下所示：

```
wmm@wmm:~$ split -l 5 /home/wmm/音
乐/llall llall
wmm@wmm:~$ ls llall*
llallaa  llallac  llallae  llallag
llallai
llallab  llallad  llallaf  llallah
llallaj
```

```
wmm@wmm:~$ cat llallab
-rw-r--r--  1 wmm  wmm   220  3 月
19 18:34 .bash_logout
-rw-r--r--  1 wmm  wmm  3486  3 月
19 18:34 .bashrc
drwx------ 21 wmm  wmm  4096 3月 31
15:29 .cache/
drwx------ 17 wmm  wmm  4096 3月 31
15:29 .config/
drwx------  3 wmm  wmm  4096  3 月
19 20:28 .dbus/
```

上述代码将大的文件 llall 分割，以 llall 作为前导名称，分解成为 llallaa 到 llallaj 这 10 个小文件。在设置了前导符之后，系统将以前导符为基础，在后面依次添加 aa、ab、ac 等作为分割后小文件的名称。查看 llallab 文件的内容，得到了 5 行数据，即为原文件第 6～10 行的数据。

5．参数代换

xargs 命令可以读入 stdin 的数据，并且以空格符或断行字符作为分辨，将 stdin 的数据分隔成为 arguments。若以空格符作为分隔，则一些档名或者是其他意义的名词内含有空格符的时候，xargs 可能就会误判。xargs 命令的语法格式如下所示：

```
xargs [参数] command
```

xargs 命令的相关参数及其使用说明如下所示：

- **-0**　如果输入的 stdin 含有特殊字符，-0 参数可以还原成一般字符。
- **-e**　后面接一个字符串，当 xargs 分析到这个字符串时，就会停止继续工作。
- **-p**　在运行每个命令的 argument 时，都会询问使用者的意思。
- **-n**　后面接次数，每次 command 命令运行时，要使用几个参数的意思。

11.3.7　命令的高级应用

Shell 命令并不只能是一条条简单的语句。在 Linux 中，Shell 命令可以批量执行，也可以在执行中依据不同的条件执行不同的命令。

1．命令的批量执行

命令的高级应用包括对命令的批量执行、以及在执行中依据命令的批量执行有两种方式：一种是将命令以 Shell 脚本的形式运行，在本书第 12 课介绍；一种是在输入命令时使用分号（；）隔开，如练习 6 所示。

【练习 6】

查询“/home/wmm/文档”文件夹下的内容，将该文件下的【空白文档】重命名为【新文档】，重新查询该文件夹下的内容，使用语句及执行结果如图 11-6 所示。

```
wmm@wmm: ~
wmm@wmm:~$ ls /home/wmm/文档
空白文档  空白文档~  无标题文档~
wmm@wmm:~$ mv /home/wmm/文档/空白文档 /home/wmm/文档/新文档;ls /home/wmm/文档
空白文档~  无标题文档~  新文档
wmm@wmm:~$
```

图 11-6　命令连用

首先查询“/home/wmm/文档”文件夹下的内容，接着将对文件重命名的语句与查询语句连用，在修改了文件名称后执行了后面的查询语句。

2．依赖性命令连用

命令虽然可以连用，但连用的命令需要的是不相关联的命令。有些命令的执行依赖于上一条命令的执行结果：当上一条命令正确执行，则执行下一条，否则下一条命令被取消。此时命令的连用将无法正常执行。

Shell 命令提供了“&&”符号和“||”符号，来应对命令间的这种关联。除此之外还要介绍一个变量$?，该变量用于接收 Shell 命令的返回值，这个是关联命令连用的基础。变量$?有两个值，若前一个命令的执行结果正确，则$?=0，否则$?=1。

使用关联命令的连用，首先需要利用命令的返回值，根据其返回值的情况确定接下来执行的命令。将相连的两个命令看作 cmd1 和 cmd2，其通过符号相连的执行如表 11-6 所示。

例如首先查询“/home/wmm/文档/空白文档”是否存在，若不存在则创建该文件，使用命令语句及其执行结果如图 11-7 所示。

表 11-6 依赖性命令连用

命 令	说 明
cmd1&&cmd2	若 cmd1 运行完毕且正确运行 ($?=0)，则开始运行 cmd2 若 cmd1 运行完毕且为错误 ($?≠0)，则 cmd2 不运行
cmd1||cmd2	若 cmd1 运行完毕且正确运行 ($?=0)，则 cmd2 不运行 若 cmd1 运行完毕且为错误 ($?≠0)，则开始运行 cmd2

```
wmm@wmm: ~
wmm@wmm:~$ ls /home/wmm/文档/空白文档||mkdir /home/wmm/文档/空白文档
ls: 无法访问/home/wmm/文档/空白文档: 没有那个文件或目录
wmm@wmm:~$ ls /home/wmm/文档/空白文档
wmm@wmm:~$
```

图 11-7 依赖性命令连用

如图 11-7 所示，执行关联命令，系统提示该文件不存在，再次查询，该文件已经存在，说明在确定该文件不存在之后，执行了后面的创建命令。

11.4 正则表达式

正则表达式的实质是处理字符串，以行为单位来处理字符串。正则表达式透过一些特殊符号的辅助，能够方便、快捷的使用搜寻、删除和取代特定字符串的处理程序。其最常见用法是在系统中根据指定的字符串找出需要的文件或数据。

正则表达式是一种表示法，只要工具程序支持这种表示法，那么该工具程序就可以用来作为正则表达式的字符串处理之用。当前很多的服务器软件都支持正则表达式，因此用户可以放心学习和使用。

Bash Shell 是 Linux 管理中的基础，其正则表达式的字符串表示方式依照不同的严谨度而分为：基础正则表达式与延伸正则表达式。

11.4.1 基础正则表达式

正则表达式是处理字符串的一种表示法。数据在硬件上的记录只有 0 和 1 两种，通过编码转化后来使用，而数据有不同的编码语系，编码的不同直接导致正则表达式输出结果的差异。

例如在数字和英文大小写字母的编码顺序中，zh_TW.big5 及 C 这两种语系的输出顺序分别如下：

- **LANG=C** 数字和字母的编码顺序为：0 1 2 3 4 ... A B C D ... Z a b c d ...z。
- **LANG=zh_TW** 数字和字母的编码顺序为：0 1 2 3 4 ... a A b B c C d D ... z Z。

由上面两种语系顺序可以看出，若获取数据中的大写字母，则通过 LANG=C 语系获取的是连续字节，而使用 LANG=zh_TW.big5 获取连续字节则将小写字母包含在内。因此使用正则表达式时，需要特别留意当时环境的语系，否则会获取到不同的结果。

为了兼容 POSIX 的标准，本课使用 C 语系。为了要避免这样编码所造成的英文与数字问题，因此需要了解一些特殊的符号。这些符号及其含义如表 11-7 所示。

表 11-7 代表符号

特殊符号	代表意义
[:alnum:]	代表英文大小写字节及数字，即 0～9，A～Z，a～z
[:alpha:]	代表任何英文大小写字节，即 A～Z，a～z
[:blank:]	代表空白键与 [Tab] 按键两者
[:cntrl:]	代表键盘上面的控制按键，即包括 CR, LF, Tab, Del.. 等
[:digit:]	代表数字而已，即 0～9
[:graph:]	除了空白字节(空白键与 [Tab] 按键) 外的其他所有按键
[:lower:]	代表小写字节，即 a～z
[:print:]	代表任何可以被列印出来的字节
[:punct:]	代表标点符号 (punctuation symbol)，即："'?!;:#$...
[:upper:]	代表大写字节，即 A～Z
[:space:]	任何会产生空白的字节，包括空白键，[Tab]，CR 等
[:xdigit:]	代表 16 进位的数字类型，因此包括：0-9，A-F，a-f 的数字与字节

处理字符串的命令需要与数据获取命令相结合，这里使用 grep 命令来获取数据，再进行字符串的处理。

grep 命令参数的使用在管道命令小节中已经介绍，除了 11.3.6 小节中的使用方式以外，grep 还有一些进阶选项，其语法格式如下：

```
grep [-A] [-B] [--color=auto] '关键词' filename
```

对上述语法中的参数解释如下所示：

- ❑ **-A** 后面可加数字，为 after 的意思，除了列出该行外，后续的 n 行也列出来。
- ❑ **-B** 后面可加数字，为 befer 的意思，除了列出该行外，前面的 n 行也列出来。
- ❑ **--color=auto** 将匹配的数据使用颜色显示。

grep 是正则表达式中的常用命令，其最重要的功能是进行字符串数据的比对，然后将符合使用者需求的字符串列举出来。grep 列举的是包含了查询字符串的行。

Shell 为了方便使用正则表达式对关键词进行查询，定义了特殊字符来修饰匹配的关键词，这些特殊字符及其使用如表 11-8 所示。

表 11-8 正则表达式特殊字符

字　符	意义与范例
^word	待搜寻的字符串在行首
word$	待搜寻的字符串在行尾
.	代表『一定有一个任意字节』的字符
\	跳脱字符，将特殊符号的特殊意义去除
*	重复零个到无穷多个的前一个字符
[list]	字节集合的字符，里面列出想要获取的字节
[n1-n2]	字节集合的字符，里面列出想要获取的字节范围
[^list]	字节集合的字符，里面列出不要的字符串或范围
\{n,m\}	连续 n 到 m 个"前一个字符"
\{n\}	是连续 n 个的前一个字符
\{n,\}	是连续 n 个以上的前一个字符

使用 grep 命令来获取数据是正则表达式的基础，通过 grep 命令可以实现的功能如下所示：

（1）搜寻特定字符串。

（2）利用中括号"[]"来搜寻集合字节。

（3）行首与行尾字节。

（4）查询任意一个字节或重复字节。

（5）限定连续字符范围。

在获取了数据后，针对字符串的处理是正则表达式的作用，主要通过 sed 命令实现，其可实现的功能如下所示：

（1）以行为单位的新增/删除功能。

（2）以行为单位的取代与显示功能。

（3）部分数据的搜寻并取代的功能。

（4）直接修改文件内容。

sed 命令需要使用参数和动作，其语法格式如下所示：

```
sed[参数][动作]
```

sed 命令可用的参数如下所示：

- ❑ **-n** 使用安静(silent)模式，即只列出经过 sed 特殊处理的行或者动作。
- ❑ **-e** 直接在命令列模式上进行 sed 的动作编辑。
- ❑ **-f** 直接将 sed 的动作写在一个文件内，-ffilename 则可以运行 filename 内的动作。
- ❑ **-r** sed 的动作支持的是延伸型正则表达式的语法。（默认是基础正则表达式语法）
- ❑ **-i** 直接修改读取的文件内容，而不是由屏幕输出。

sed 命令中的动作格式如下：

```
[n1[,n2]]动作
```

其中，n1、n2 是可选的，指定进行动作的行数。如动作需要在 10 到 20 行之间进行的，则表示为"10,20[动作行为]"。其动作可选用的参数如下所示：

- ❑ **a** 新增。后面接字符串，而这些字符串会在新的一行出现。
- ❑ **c** 取代。后面接字符串，这些字符串可以取代 n1、n2 之间的行。
- ❑ **d** 删除。
- ❑ **i** 插入。i 的后面接字符串，而这些字符串会在新的一行出现(目前的上一行);
- ❑ **p** 输出。亦即将某个选择的数据输出。通常与-n 连用。
- ❑ **s** 取代。

11.4.2 延伸正则表达式

基础正则表达式可以处理一组字符串，而延伸正则表达式可以处理群组字符串。延伸正则表达式通过使用“(”和“|”等符号，实现群组字符串的处理。

基础正则表达式已经能够表示字符串，而延伸正则表达式在正则表达式的基础上，简化了整体命令操作。与基础正则表达式相比，延伸正则表达式有如表 11-9 所示的符号辅助字符串的表达。

图 11-9 表达式中的特殊字符

字符	意义与范例
+	重复一个或一个以上的前一个字符
?	零个或一个字符的前一个字符
|	用或(or)的方式找出数个字符串
()	找出群组字符串
()+	多个重复群组的判别

11.5 数据格式化

数据格式化是将数据依据一定的格式输出或处理，以便对数据的查询更直观。查询出的数据，其格式往往不是人们所需要的。

例如查询的数据是表格形式的注册表，其用户名、昵称、邮箱等信息在输出时虽然有空格或其他间隔符，但给人的感觉较乱，不能一目了然。使用数据格式化处理，该信息将根据行和列来显示，清晰明了。

11.5.1 格式化输出

数据的格式化输出依赖 printf 命令，该命令提供了多种可选择的格式参数，以实现对数据的格式处理，其语法结构如下所示：

```
printf '所需格式' 数据或文件
```

printf 命令中的格式参数有以下几个特殊样式：

- **\a** 警告声音输出。
- **\b** 【backspace】键。
- **\f** 清除屏幕(form feed)。
- **\n** 输出新的一行。
- **\r** Enter 按键。
- **\t** 水平的【tab】按键。
- **\v** 垂直的【tab】按键。
- **\xNN** NN 为两位数的数字，可以转换数字成为字节。

另外，一个群组的字符串可以通过格式拆分，其样式及其说明如下所示：

- **%ns** n 是数字，s 代表多少个字节。
- **%ni** n 是数字，i 代表多少整数数字。
- **%N.nf** n 与 N 都是数字，f 代表 floating(浮点)数，N 表示浮点数的字节数，n 表示小数位的字节数。其中，小数点占两个字节。

11.5.2 文件差异对比

文件的差异对比不经常使用，但通过进行两个文件的差异对比，可以确定同一套软件不同版本之间的配置差异，可以确定功能相同的两个文件的配置差异等。

文件的差异对比使用 diff 命令和 cmp 命令。其中，diff 命令以行为单位，通常用在 ASCII 纯文字文档的比对上。diff 通常对比同一个文件(或软件)的新旧版本差异。其语法格式如下：

```
diff [-b/B/i] from-file to-file
```

对上述语法格式的参数及其解释如下所示：

- **-b** 忽略数据行中的空白差异，即忽略空格差异。
- **-B** 忽略空白行的差异。

- -i　忽略大小写的不同。
- from-file　原始比对文件的档名。
- to-file　目的比对文件的档名。

与 diff 命令互补，cmp 命令通常对比非文档文件。diff 主要是以行为单位比对，而 cmp 则是以“位组”为单位去比对，其列举出来的差异是两个文件之间不同的位组。其语法格式如下：

```
cmp [-s] file1 file2
```

cmp 命令只有一个参数“-s”，表示将两文件所有的不同点的位组都列出来，默认只输出第一个不同点。

除了使用工具对文件进行比对，通过使用 patch 命令与 diff 命令相结合，能够根据同一文件系统的不同版本之间的差异将旧版本进行升级处理。patch 命令拥有两个参数：参数“-p”表示取消几层目录；“-R”表示将新文件还原为旧文件。

11.6 实例应用：文件夹操作

11.6.1 实例目标

Shell 所涉及的只是较为松散的命令，因此本实例通过一些松散的命令来实现 Shell 应用。具体要求如下：

（1）找出主文件夹的【下载】文件夹下的文件信息并将其放在文件【下载详情】中。

（2）阅读【下载详情】文件的内容。

（3）查阅【下载】文件夹的内容并将其排序输出。

（4）查询【下载】文件夹下是否有【文档】文件存在，若不存在则创建该文件。

（5）查阅【下载】文件夹的内容。

11.6.2 技术分析

本实例共执行 5 条命令，如下所示：

（1）第 1 条命令需要使用数据的重定向。

（2）第 2 条命令较为简单，直接对文件进行查阅。

（3）第 3 条命令需要使用管道命令，sort 命令对查询结果进行排序。

（4）第 4 条命令是两个相关命令的结合，需要根据文件是否存在来执行下一条语句。

（5）第 5 条命令最为简单，其目的在于审查第 4 条命令的执行效果。

11.6.3 实现步骤

（1）找出主文件夹的【下载】文件夹下的文件信息并将其放在文件【下载详情】中。使用代码如下：

```
ls -al /home/wmm/下载 > /home/wmm/下载详情
```

执行该命令，在主文件夹下有了【下载详情】文件。

（2）阅读【下载详情】文件的内容，执行语句及其执行结果如下所示：

```
wmm@wmm:~$ cat /home/wmm/下载详情
总用量 42660
drwxr-xr-x  2 wmm wmm     4096  4 月 16 10:09 .
drwxr-xr-x 27 wmm wmm     4096  4 月 16 10:12 ..
-rw-rw-r--  1 wmm wmm 21656528  1 月 23 16:46 JJmatch_13558.exe
-rw-rw-r--  1 wmm wmm 21634597  3 月 30 16:46 JJmatch_13558.zip
-r--------  1 wmm wmm   379639  3 月 26 15:46 下载文件.jpg
```

（3）查阅【下载】文件夹的内容并将其排序输出。使用语句及其执行结果如下所示：

```
wmm@wmm:~$ ls -al /home/wmm/下载
|sort
drwxr-xr-x 27 wmm wmm  4096 4月 16
10:12 ..
drwxr-xr-x  2 wmm wmm  4096 4月 16
10:09 .
-r--------  1 wmm wmm  379639 3月
26 15:46 下载文件.jpg
-rw-rw-r--  1 wmm wmm 21634597 3月
30 16:46 JJmatch_13558.zip
-rw-rw-r--  1 wmm wmm 21656528 1月
23 16:46 JJmatch_13558.exe
总用量 42660
```

通过对步骤（2）和步骤（3）的对比，可见该查询结果在执行了排序后被显示。

（4）查询【下载】文件夹下是否有【文档】文件存在，若不存在则创建该文件。使用语句及其执行结果如下所示：

```
wmm@wmm:~$ ls -al /home/wmm/下载/文
档||mkdir /home/wmm/下载/文档
ls: 无法访问/home/wmm/下载/文档: 没有
那个文件或目录
```

（5）再次查询【下载】文件夹详情，其执行语句及其显示结果如下所示：

```
wmm@wmm:~$ ls -al /home/wmm/下载
总用量 42664
drwxr-xr-x  3 wmm wmm  4096 4月 16
10:20 .
drwxr-xr-x 27 wmm wmm  4096 4月 16
10:12 ..
-rw-rw-r--  1 wmm wmm 21656528 1月
23 16:46 JJmatch_13558.exe
-rw-rw-r--  1 wmm wmm 21634597 3月
30 16:46 JJmatch_13558.zip
drwxrwxr-x  2 wmm wmm    4096  4月
16 10:20 文档
-r--------  1 wmm wmm  379639 3月
26 15:46 下载文件.jpg
```

该结果与步骤（3）的结果相比，多了一个【文档】文件，可见步骤（4）在提醒了该文件不存在之后，对文件进行了创建。

11.7 拓展训练

创建操作文件夹

本课学习的是简单的 Shell 命令语句，其使用范围即为文件和文件夹的操作，首先创建一个文件夹及其所包含的文件，并对该文件夹进行操作，要求如下：

（1）创建文件夹，并包含文件【文档】。

（2）找出该文件夹下的文件信息并将其放在文件【详情】中。

（3）阅读【详情】文件的内容。

（4）查阅该文件夹的内容并将其排序输出。

（5）将上一条命令创建别名“lsa”。

（6）查询该文件夹下是否有【文档】文件存在，若存在则创建文件【文档副本】。

（7）使用命令别名查阅该文件夹的内容。

（8）比较该文件夹下【文档】文件与【文档副本】文件的差别。

11.8 课后练习

一、填空题

1. 获取变量的值，需要在变量名前加__________符号。

2. 系统变量__________表示系统主目录。

3. 以覆盖的方法将数据输出到指定位置的符号是__________。

4. 通配符__________用于匹配任意字符。

5. 对历史命令的操作使用__________命令。

6. 创建别名使用__________命令。

7. 别名的取消使用__________命令。

二、选择题

1. 下列不是与系统变量的是__________。

A. PATH

B. MAIL

C. PS1

D. PS0

2. 下 列 不 属 于 history 命 令 的 参 数 的 是__________。

A. -r

B. -c

C. -w

D. -m

3. 下 列 不 属 于 数 据 重 定 向 符 号 的 是__________。

A. >

B. >>

C. ->

D. <

4. 下列对符号的解释错误的是__________。

A. “$”表示指示 Shell 变量名的开始

B. “|”表示管道将命令的标准输出传给下一个命令

C. “&”表示注释开始

D. “~” 表示用户的根目录

5. 下列关于 Bash 提示符错误的是__________。

A. “\#”表示注释开始

B. “\j”在此 Shell 中通过按^Z 挂起的进程数

C. “\s”显示正在运行的 Shell 名

D. “\v”显示 Bash 的版本

6. 下列关于终端命令中的快捷键操作错误的是__________。

A. “Ctrl + C”执行复制

B. “Ctrl + D”输入结束

C. “Ctrl + M” 执行 Enter

D. “Ctrl + S”暂停屏幕的输出

7. 下列表示反向排序的参数是__________。

A. -f

B. -r

C. -b

D. -M

8. cut 命令中，根据指定的分割字符将内容分割的参数是__________。

A. -n

B. -d

C. -f

D. -c

三、简答题

1. 简要概述变量的配置和使用规则。

2. 简要说明常见的集中系统变量。

3. 简单说明管道命令的几种应用。

4. 简单说明正则表达式的作用。

第 12 课
Shell 编程

上一课中已经介绍，Shell 既可以作为命令对系统进行操作，又可以作为程序设计语言编写复杂语句命令。Shell 作为程序设计语言实质是 Shell 作为 Shell script 使用，即 Shell 脚本。

通过将 Shell 编写成为 Shell script 并定义在文本文档中，即可通过程序来批量运行该文档中的命令，以实现 Shell script。本课将主要介绍 Shell script 的作用、相关知识及其使用方法。

本章学习目标：

- ❑ 理解内部变量
- ❑ 理解数组变量
- ❑ 理解位置变量
- ❑ 掌握 declare 命令的用法
- ❑ 掌握 Shell 运算符
- ❑ 掌握 test 命令的用法
- ❑ 掌握常用的条件语句
- ❑ 掌握常用的循环语句
- ❑ 掌握 shift 语句
- ❑ 掌握常用的跳转语句

12.1 Shell 脚本基础

Shell 脚本是将一些 Shell 的语法与命令使用纯文字的形式写进文档，搭配 Shell 命令以及 Shell 的语句，实现用户所需要的功能。

执行 Shell script 文件能够一次执行多条命令，除此之外还能够利用其控制语句有规律的对命令进行执行。Shell script 提供了判定式、条件语句和逻辑语句等重要功能，直接以 Shell 来撰写程序，而不必使用类似 C 程序语言等传统程序撰写。

几乎所有的 Unix 平台下都可以运行 Shell script，甚至 Windows 系列也有相关的 script 模拟器可用。

Shell script 用的是外部的命令与 Bash Shell 的一些默认工具，因此需要使用外部的函式库，其运算速度不及传统的程序语言，因此通常仅用于系统管理。

1．Shell script 文件创建

Shell script 可以使用任意一种文字编辑器来编辑，比如 gedit、kedit、emacs、vi 等。但并不是在编辑器中直接编辑命令语句，即可作为 Shell script 来使用。

在编辑 Shell 语句之前，首先需要告诉系统，这是一个可执行的脚本程序，因此需要在编辑器的首行使用语句如下：

```
#!/bin/sh
```

符号“#!”用来告诉系统执行该脚本的程序。本例使用/bin/sh，也可以使用“#!/bin/Bash”语句。

在文档中编辑语句命令并保存即可。如果要执行该脚本，则首先是该文件成为可执行文件，使用语句如下：

```
chmod +x filename
```

在上述语句中，filename 为脚本文件的文件名，此后在该脚本所在的目录下，输入./filename 即可执行该脚本。

2．使用注释

在 Shell 脚本中以#开始的行表示注释，直到该行结束。使用注释有利于脚本的维护和更新，便于他人使用，或者长时间没有使用后，能够在短时间内了解其作用和工作原理。

Shell script 对语句的执行是以行为单位进行，若命令过长，需要用两行或多行编写，则需要在行的尾部使用“\”符号，说明命令还没有结束。

3．输入输出

由于使用 Shell script 所写的程序是批量执行，因此输入输出数据通常需要使用变量来操作。

在 Shell script 中常用的输入命令是 read 命令，该命令在获取数据后将数据赋值给变量，再由变量参与后面的命令。

在 Shell script 中常用的输出命令是 echo 命令和 printf 命令，这两个命令在本书中的 11 课已经介绍。

4．简单的 Shell script 例子

通过简单的例子，了解 Shell script 的创建、编辑和使用。首先创建一个文本文档，打开并输入如下语句：

```
#!/bin/sh
ls
echo "hello world"
```

接着在终端使用如下语句，将该文件定义为可执行的文件，如下所示：

```
chmod +x /home/wmm/文档/ll
```

其文档文件及其终端的执行结果如图 12-1 所示。在使用了“#!/bin/sh”语句后，该文档被转换成脚本文件，其所编辑的字体颜色也发生变化，根据关键字、变量等使用不同的颜色方便用户查看。

如图 12-1 所示，在文档中定义了两个命令，一个是对系统文件的查询，一个是输出"hello world"字符串，这两条语句被依次执行并显示。

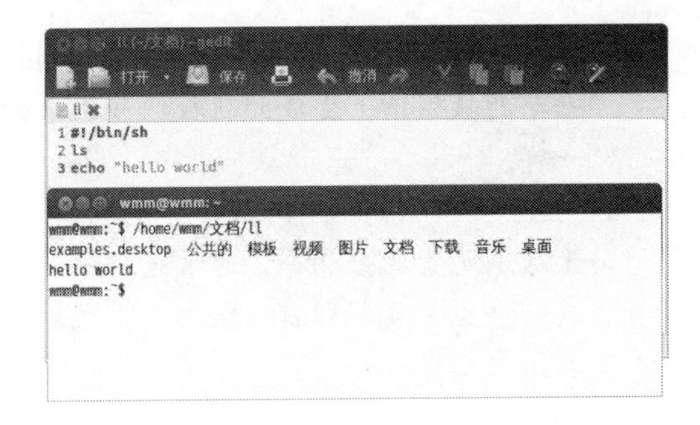

图 12-1 一个简单的 Shell script

12.2 变量

本书的第 11 课已经对变量有了介绍，在系统中有定义好的变量，也有用户自定义的变量。而无论是系统变量还是用户变量，都有特殊的变量，如不能改变变量内容的内部变量是系统变量的一种；而用于定义变量集合的数组变量是用户变量的一种。

12.2.1 Shell 内部变量

内部变量和环境变量类似，也是在 Shell 执行前就定义的变量。内部变量同样可以在 Shell 程序内使用，但是内部变量的值不能修改。常用的内部变量及其使用说明如下所示：

- **$#** 传递给 Shell 程序的位置变量的个数。
- **$?** Shell 程序内最后执行命令或 Shell 程序的返回值。
- **$*** 调用 Shell 程序时，所有传递参数构成的一个字符串。
- **$0** Shell 程序名。
- **$[1-n]** 存储第[1-n]个命令行参数。
- **$@** 存储 Shell 脚本的所有命令行参数。
- **$$** 存储 Shell 脚本的进程号（pid）。
- **$!** 存储上一个后台执行命令的进程号（pid）。

下面举例说明如何在 Shell 脚本中使用内部变量，这些脚本位于 root/test1 文本文件中。如下列语句显示内部变量的值，其文本文档中的语句如下所示：

```
echo "number of parameters is $#"
echo "program name is $0"
echo "parameters as a single string is $*"
```

执行结果如下所示：

```
number of parameters is 0
program name is /home/wmm/文档/ll
parameters as a single string is
```

12.2.2 数组变量

单个变量已经有了介绍，但单一变量并不能满足需求。如将每周的值日生作为变量，这是一个有着次序的 7 个变量，在 Bash 中使用一位数组定义和使用这样的有序变量。

一维数组是一组有着下标的变量，其下标相当于变量的序号，用来区分和确定某个变量。数组的下标是整数并以数字 0 作为起始（数组元素中第 1 个元素的下标为 0）。声明一个数组变量的语法格式如下：

```
name = ( element1 element2 element3)
```

为数组中的变量赋值，其格式与声明格式接近，如为上述数组赋值，使用语句如下：

```
$name=(Spring Summer Autumn)
```

由于数组中变量的下标从 0 开始，因此上述数组中的第 3 个变量下标为 2，获取时使用如下

语句：

```
echo ${name[2]}
Autumn
```

数组中的变量又被称为数组的元素。使用下标[*]和[@]都将提取整个数组元素，但是当它们加上双引号使用时工作机制却明显不相同。

- @符号的含义是把原数组的内容复制到一个新数组中，生成的新数组和原来的一样。
- *符号是把原数组中的所有元素（除了用于区别元素的分隔符，通常是空格）当成一个元素复制到新数组中，生成的新数组中只有一个元素。

12.2.3 位置变量与特殊变量

位置变量通常用来访问命令语句的参数。无论何时，用户输入的命令中，每个参数都将成为位置变量的值。用户通过位置变量访问命令行参数，并可以使用set命令来对位置变量赋值。

如果要向一个Shell脚本传递信息，可以使用位置参数。位置参数的数目是任意个，通过shift命令可以改变其数目。

每个访问参数前要加“$”符号，其中第一个参数为0，表示预留保存实际脚本名字。无论脚本是否有参数，该变量都可用。

如访问参数有4个，则其变量为：$0、$1、$2、$3和$4，其中$0表示脚本名称，剩下的$1、$2、$3和$4表示向脚本传递从1到4的4个参数。

还有一些特殊的变量，通常保存一些系统执行过程中的值，如最后一次执行的命令名、命令行参数的个数以及最近执行命令的状态等。这些变量由系统赋值，用户不能对其进行赋值或修改。这些特殊变量如表12-1所示。

表12-1 特殊变量及其说明

变量	说　明
$#	传递到脚本的参数个数
$*	以一个单字符串显示所有向脚本传递的参数。与位置变量不同，此选项参数可超过9个
$$	脚本运行的当前进程ID号
$!	后台运行的最后一个进程的进程ID号
$@	与$*相同，但是使用时加引号，并在引号中返回每个参数
$-	显示Shell使用的当前选项，与set命令功能相同
$?	显示最后命令的退出状态，.0表示没有错误，其他任何值表明有错误

12.3 变量应用

变量的应用是实现程序设计的目标。在了解变量的概念和分类之后，介绍一下变量的简单应用，包括对变量属性的理解和设置，以及一些变量的简单操作。

12.3.1 变量读取赋值

变量的读取可以使用echo命令，在本书的第11课中已经介绍。但使用echo只能够获取已经存在的变量，并且不能为变量赋值，本节使用read命令，既能够声明变量，又能够获取键盘输入为变量赋值。

read命令有两个参数，在参数后编辑变量名。执行read命令需要用户为声明的变量进行赋值。read命令的参数如下所示：

- **-p** 提示字符，提示用户编辑变量的内容。
- **-t** 等待的时间（单位：秒），用户需要在该时间段内进行输入。

使用read命令创建变量，并为变量赋值，如练习1所示。

【练习1】

声明一个变量num，使用read命令，并定义提示“30秒内输入变量内容：”，定义用户的输入时间为30秒。使用“123”为变量num赋值，使用代码及其执行结果如下所示：

```
wmm@wmm:~$ read -p "30 秒内输入变量内容：" -t 30 num
30 秒内输入变量内容：123
wmm@wmm:~$ echo $num
123
```

在上述语句中，定义了变量及其输入时间和，光标将等待用户的输入。输入字符“123”，则变量 num 被赋予值“123”。

命令中的两个参数均可以省略，并且该语句可以放在 Shell 脚本中，如图 12-2 所示。

如图 12-2 所示，首先接受变量 num 的值，接着使用 echo 命令将该变量与字符串合在一起输出，该变量被成功赋值。

变量的读取和修改是变量的基本操作，但是变量也有只读属性，拥有只读属性的变量将不能被赋值和修改。

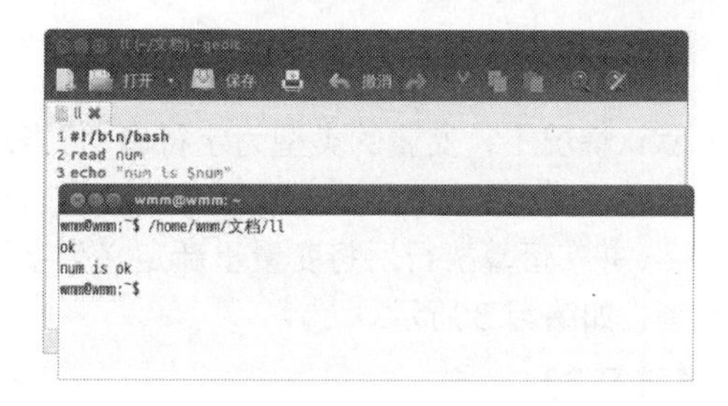

图 12-2　输入参数值

使用 readonly 命令可以将变量定义为只读变量，在将变量定义为只读变量之前，需要确保该变量已经被赋值，否则在定义了只读属性后，将无法为变量赋值。

当使用不带参数的内置命令 readonly 时，它会显示所有只读变量的列表。在这个列表中包含了那些自动设置为只读的系统变量以及用户声明为只读的变量和用户创建的变量。

12.3.2　变量类型操作

Shell script 中的变量是有类型区分的，变量在定义类型之前，默认是字符串类型。变量的类型管理使用 declare 命令或 typeset 命令，这是两个功能一样的命令名称。

declare 命令也可以单独使用，其执行结果是将所有的变量名称与内容查询出来，与 set 的执行结果一样。declare 命令包含的参数及其用法如下所示：

- **-a**　将后面的变量定义为数组类型。
- **-i**　将后面的变量定义为整型。
- **-x**　用法与 export 一样，将变量变成环境变量。
- **-r**　将变量配置成为 readonly 类型，该变量将不能改变其内容，也不能使用 unset 命令。
- **-f**　将后面的变量定义为函数名变量。

Shell script 中的变量是没有浮点类型的，其数值型的变量都是整型。如定义一个未声明类型的变量，为该变量赋值，并修改其类型为整型，如练习 2 所示。

【练习 2】

定义变量 sun 值为“1+2+3”，输出该变量的值。将该变量的类型修改为整型，再次输出该变量的值，其 Shell script 语句如下所示：

```
sum=1+2+3
echo "sun is $sum"
declare -i sum=1+2+3
echo "sun is $sum"
```

执行该脚本文件，使用命令及其执行结果如下所示：

```
wmm@wmm:~$ /home/wmm/文档/ll
sun is 1+2+3
sun is 6
```

如练习 2 所示，在定义变量的类型前，其默认为字符串类型，值为“1+2+3”，而将其定义为整型变量后，该变量的值被作为整型数值进行了 3 个数字之间的加法，最终以 6 作为变量值。

变量的 declare 命令可以定义类型，也可以删除变量属性，其语法是将命令参数前的“-”符号换成“+”符号。如将练习 2 中的脚本语句之后添加语句，如下所示：

```
declare +i sum=1+2+3
echo "sun is $sum"
```

则执行脚本文件，其执行结果如下所示：

```
wmm@wmm:~$ /home/wmm/文档/ll
sun is 1+2+3
sun is 6
```

```
sun is 1+2+3
```

默认情况下，变量的类型为字符串，但当对该数组进行算术运算时，则系统默认将变量转化为数字，并在运算执行后将变量重新定义为字符串类型，如练习 3 所示。

【练习 3】

定义 3 个变量 sum1、sum2 和 sum3，值为“1”、“2”和“3”。定义一个整型变量 sum4 的值为 3 个字符串变量的值相加，输出 sum4 的值，其脚本语句如下所示：

```
sum1=1
sum2=2
sum3=3
declare -i sum4=$sum1+$sum2+$sum3
echo $sum4
```

执行结果为 6，可见系统将 3 个变量根据整型类型进行了加法运算，并赋给了整型变量 sum4。

如在 declare 命令后没有变量名，而只有变量类型，则输出所有具有该变量类型的变量。如使用 declare 命令和-r 选项，则列出所有具有只读属性的 Shell 变量。

12.4 Shell 语句

Shell 语句是脚本语言的基础，Shell 脚本是由一条条的语句命令构成，在语句的基础上使用了 Shell 运算符，包括算术运算符、比较运算符和逻辑运算符等。在运算符的基础上又提供了特殊语句的使用，包括条件选择语句、循环语句和跳转语句等。

12.4.1 算术运算符

算术运算符是运算符中最为简单的，是数学运算中的运算符，包括数学运算中的加、减乘、除以及取余数等，如表 12-2 所示。

表 12-2 算术运算符

运算符	说明	表达式	结果
+	加运算	3+6	9
-	减运算	6-3	3
*	乘运算	6*3	18
/	除运算	6/3	2
%	取余运算	6%4	2
**	幂运算	6**3	216

表 12-2 中的加法运算符在 12.3.2 小节的练习 2 中使用过，其他运算符的用法与加法运算符一样，不再详解。数字可以使用表 12-2 中的运算符，而在二进制的运算中，则需要使用位运算符，如表 12-3 所示。

表 12-3 位运算符

运算符	说明	举例	解释和 value 值
<<	左移	value=4<<2	4 左移 2 位，value 值为 16
>>	右移	value=8>>2	8 右移 2 位，value 值为 2
&	按位与	value=8&4	8 按位与 4，value 值为 0
|	按位或	value=8|4	8 按位或 4，value 值为 12
~	按位非	value=~8	按位非 8，value 值为-9
^	按位异或	value=10^3	10 按位异或 3，value 值为 9

12.4.2 Shell 表达式

Shell 表达式是脚本编程的基础，是编程期间使用非常频繁的编程元素之一。对表达式进行判断或者比较是在 Shell 程序中使用逻辑完成任务的主要部分。

在 Shell 中除了使用 12.4.1 小节中的算术运算符以外，Shell 还提供了用于数据对比的运算符：字符串比较和数值比较运算符。

1．字符串比较

字符串比较运算符可以测试字符串是否相等、字符串长度是否为 0 或者字符串是否为空。Bash Shell 是区分 0 长度字符串和空字符串的。字符串的比较操作符如表 12-4 所示。

表 12-4 字符串操作符

操作符	说　　明
=	比较两个字符串是否相等
!=	比较两个字符串是否不相等
-n	判断字符串的长度是否大于 0
-z	判断字符串的长度是否等于 0

对于两个字符串的比较，如果两个字符串长度不相等，系统会在短字符串尾部添加空格，然后再进行比较。

如定义两个变量 str1 和 str2，值为“abc”和“abc　”两个变量的长度不同，但 str2 只是比 str1 多两个空格。比较两个变量，则结果为 true。

注意

Bash Shell 对空格的要求较严，在书写程序时需要注意空格的使用。

2．数值比较

Bash Shell 不使用如“>”、“<”和“>=”等符号来表示大于和小于等关系的比较，而是用整数表达式来表示。表 12-5 中的操作符可用于比较两个数值。

表 12-5 数值比较操作符

操作符	说　　明
-eq	比较两个数值是否相等（equal）
-ge	比较一个数是否大于或者等于另一个数（greater or equal）
-le	比较一个数是否小于或者等于另一个数（less or equal）
-ne	比较两个数是否不相等（not equal）
-gt	比较一个数是否大于另一个数（greater than）
-lt	比较一个数是否小于另一个数（less than）

3．逻辑操作

逻辑操作是对逻辑值进行的操作，逻辑值只有“是”和“否”两个。如下列出了 Shell 中的 3 个逻辑操作符。

- **!** 对逻辑表达式求非。
- **-a** 对两个逻辑表达式进行 AND 操作（and）。
- **-o** 对两个逻辑表达式进行 OR 操作（or）。

这些比较操作通常与控制语句结合使用，如先判断表达式的返回结果，再进行相应的命令程序。

12.4.3 文件对比判断

除了数据间的对比，在 Bash Shell 中还提供了文件间的对比和判断，包括对文件类型的判断、文件权限的判断以及两个文件间的对比。

使用 test 命令可以检测表达式的执行结果，它可以通过运算符来对比数据，也可以使用参数来判断和对比文件。但该命令的执行不会显示任何结果，只能通过获取系统变量的值来查看其运行结果。

使用 test 命令根据文件类型判断某文件是否存在，可使用的参数及其使用说明如表 12-6 所示。

表 12-6 根据类型判断文件时候存在

参数	说　　明
-e	该文件是否存在？(常用)
-f	该文件是否存在且为文件(file)？(常用)
-d	该文件是否存在且为目录(directory)？(常用)
-b	该文件是否存在且为一个 block device 装置
-c	该文件是否存在且为一个 character device 装置
-S	该文件是否存在且为一个 Socket 文件
-p	该文件是否存在且为一个 FIFO (pipe) 文件
-L	该文件是否存在且为一个连结档

除了判断文件是否存在，还可以判断文件的权限属性，这个判断是针对一个具体文件，需要在参数后接文件名，其使用参数及其说明如表 12-7 所示。

以上是对文件的判断，在 Bash Shell 中还提供了文件间的对比，其 test 使用格式如下所示：

```
test file1 [参数] file2
```

使用 test 命令对文件的对比包括对文件创建时间的对比以及对文件内容的对比，使用参数及其说明如表 12-8 所示。

表 12-7 文件权限判断

参 数	说 明
-r	侦测该档名是否存在且具有『可读』的权限
-w	侦测该档名是否存在且具有『可写』的权限
-x	侦测该档名是否存在且具有『可运行』的权限
-u	侦测该档名是否存在且具有『SUID』的属性
-g	侦测该档名是否存在且具有『SGID』的属性
-k	侦测该档名是否存在且具有『Sticky bit』的属性
-s	侦测该档名是否存在且为『非空白文件』

表 12-8 文件对比

参数	说 明
-nt	(newer than)判断 file1 是否比 file2 新
-ot	(older than)判断 file1 是否比 file2 旧
-ef	判断 file1 与 file2 是否为同一文件，可用在判断 hard link 的判定上。主要意义在判定两个文件是否均指向同一个 inode

文件的对比和判断通常也与控制语句结合使用，如首先判断文件是否存在，再决定对文件的操作是创建还是删除。虽然使用简单语句同样可以实现依据判断结果执行不同命令，但 Bash Shell 所提供的控制语句能够使命令的结构更为清晰，功能也更为强大。

12.5 控制语句

使用一般的命令语句能够顺序的执行，但程序中的语句并不是顺序执行就能满足的，如根据表达式的运行结果进行判断，并根据判断结果执行不同的命令。如对一条语句的重复多次执行等。

Bash Shell 中提供了条件语句、循环语句和跳转语句等，通过对控制流的操作，进行语句的非顺序执行。

12.5.1 条件语句

条件语句是对表达式进行判断，并依据判断结果进行不同控制流的语句。与使用“&&”符号和“||”符号相比，使用条件语句可以在判断了表达式的执行结果后，可执行一条或多条语句。

条件语句有两种，一种是只有一个条件的 if 语句，该语句用于判断一个条件是否成立，以及其结果执行不同的命令；一种是有多个条件的 case 语句，该语句可对一个值进行多个可能性判断，根据不同的值来执行不同语句。

1. if 语句

if 语句只有一个条件判断，在条件成立和不成立时执行不同语句，其语法格式如下所示：

```
if [ 条件语句 1 ]; then
    当条件 1 成立时需要执行的语句
elif [条件语句 2 ]; then
    当条件 1 不成立，而条件语句 2 成立时需要执行的语句
else
    当条件语句 1 和条件语句 2 均不成立是，需要执行的语句
fi
```

如判断两个变量是否相等，若相等，输出两个变量相等的字样；若不相等，则输出两变量不相等的字样，如练习 4 所示。

【练习 4】

定义两个变量 str1 和 str2，值为“abc”和“abc ”两个变量的长度不同，但 str2 只是比 str1 多两个空格。比较两个变量，若相等则输出“str1 等于 str2”，否则输出“str1 不等于 str2”，其脚本语句如下所示：

```
str1=abc
str2="abc  "
if [ $str1 = $str2 ]; then
echo "str1 等于 str2"
```

```
else
echo "str1 不等于 str2"
fi
```

执行脚本，其结果如下所示：

```
wmm@wmm:~$ /home/wmm/文档/11
str1 等于 str2
```

由上述代码可以看出，长度不相等的字符串变量相比较，系统将为短字符串使用空格补充，再进行比较。两个字符串相等，因此条件成立，执行 echo "str1 等于 str2"语句。

if 语句可以嵌套。即一个 if 条件中可以包含另一个 if 条件。if 语句可以没有 elif 和 else 部分，但关键字 fi 表示 if 语句的结束，if 和 fi 必须成对出现。

if 语句的嵌套，即为在条件成立或不成立的情况下，进行了新的判断，如判断一个年份是否是闰年：需要判断该年份是否能被 100 整除，若能被整除则还需要判断该年份除以 100 之后是否仍能被 4 整除；若不能被 100 整除，则直接判断其是否能被 4 整除即可。如练习 5 所示。

【练习 5】

接收键盘输入的年份值，将其值赋给变量 year，判断该年份是否为闰年，在脚本中使用语句如下：

```
#!/bin/bash
read year
declare -i years=$year%100
declare -i str=0
if [ $years = $str ]; then
    years=$year%400
    if [ $years = $str ]; then
    echo "$year 年是闰年"
    else
    echo "$year 年不是闰年"
    fi
else
    years=$year%4
    if [ $years = $str ]; then
    echo "$year 年是闰年"
    else
    echo "$year 年不是闰年"
    fi
fi
```

由于在 Bash Shell 中，语句不能过于复杂，因此需要将年份进行计算之后再进行比较，使用 declare 命令将年份定义为整型变量，并定义整型变量 str 值为 0，以便年份的计算结果与之对比。

本练习将判断需要对比的两个值，都简化为独立的值，而非表达式。即使用“declare -i years=$year%100”语句、“declare -i str=0”语句和“$years = $str”语句来替代“$years%100=0”，否则将无法被正常执行。

练习 5 中首先将年份与 100 取余并赋给 years 变量，若结果为 0，则需要将年份与 400 取余，并依据余数是否为 0 来判断年份是否为闰年；若结果不为 0，则需要将年份与 4 取余，并依据余数是否为 0 来判断年份是否为闰年。

分别以能被 100 整除，但不能被 400 整除的年份 2100 年、能被 100 整除又能被 400 整除的 2000 年、不能被 100 整除又不能被 4 整除的 1999 年和不能被 100 整除而能被 4 整除的 2012 年为例，其执行结果如下所示：

```
wmm@wmm:~$ /home/wmm/文档/11
2100
2100 年不是闰年
wmm@wmm:~$ /home/wmm/文档/11
2000
2000 年是闰年
wmm@wmm:~$ /home/wmm/文档/11
1999
1999 年不是闰年
wmm@wmm:~$ /home/wmm/文档/11
2012
2012 年是闰年
```

练习 5 实现了 if 语句的嵌套，但 if 语句是经常与 test 语句结合使用，来判断语句是否成立。使用 test 语句的语法与使用其他语句语法一样，但使用 test 语句将不需要使用中括号“[]”，如根据数值 1 与 2 是否相等来定义条件语句，其 if 行代码如下：

```
if test 1 -eq 2
```

if 语句中可以包含一条或多条条件语句的结合，分别使用“&&”符号和“||”符号来连接条件语句，如下所示：

- **&&** 表示相连接的两个条件语句都成

立时为 true，相当于并且（AND）。

- || 表示相连接的两个条件语句有一个成立是为 true，相当于或（or）。

如使用“&&”符号和“||”符号重写练习 5 中的代码，实现相同的功能，使用脚本语句如下所示：

```
read year
declare -i yearh=$year%100
declare -i yearr=$year%400
declare -i years=$year%4
declare -i str=0
if [ $yearh = $str ]&&[ $yearr = $str ];
then
    echo "$year 年是闰年"
elif [ $yearh != $str ]&&[ $years =
$str ]; then
    echo "$year 年是闰年"
else
    echo "$year 年不是闰年"
fi
```

上述代码分别将年份与 100 的余数、年份与 400 的余数和年份与 4 的余数定义为变量，年份为闰年的情况有两种，如下所示：

- 一种是年份是 100 的倍数并且年份是 400 的倍数。
- 一种是年份不是 100 的倍数，但是 4 的倍数。

因此使用 if 和 elif 分别判断这两种情况，剩余的情况都不是闰年。其执行结果与练习 5 的执行结果一样。

2．case 语句

case 语句用来判断一个值的多种取值可能，如一年有 12 个月，每个月有不同的需求，因此使用 case 语句判断该月是几月，并根据月份执行不同的命令。在 Bash Shell 中，case 语句的语法格式如下所示：

```
case str in
    str1)
        statements;;
    str2 | str3)
        statements;;
    *)
        statements;;
esac
```

case 的作用是当字符串与某个值相同时就执行那个值后面的操作。如果对于同一个操作有多个值，就可以用分隔符“|”将各个值分开。

在为每个条件所指定的值中也可以带通配符。case 语句的最后一个条件必须是*(星号)，如果其他条件都不满足将会执行它。对于每个指定的条件，其关联的语句直到双分号为止。

在下面的 Shell 脚本 useCase 中，如果提供月份数作为参数，则该程序将能够显示完整的月份名，如果提供的数不在 1 和 12 之间，将会给出一个出错提示信息。

```
#!/bin/Bash
#to test 'case'

case $1 in
    01 | 1) echo "Month is January";;
    02 | 2) echo "Month is February";;
    03 | 3) echo "Month is March";;
    04 | 4) echo "Month is April";;
    05 | 5) echo "Month is May";;
    06 | 6) echo "Month is June";;
    07 | 7) echo "Month is July";;
    08 | 8) echo "Month is August";;
    09 | 9) echo "Month is September";;
    10) echo "Month is October";;
    11) echo "Month is November";;
    12) echo "Month is December";;
    *) echo "Invalid parameter";;
esac
```

该程序的运行结果如下所示：

```
wmm@wmm:~$ /home/wmm/文档/11 5
Month is May
wmm@wmm:~$ /home/wmm/文档/11 05
Month is May
wmm@wmm:~$ /home/wmm/文档/11 11
Month is November
wmm@wmm:~$ /home/wmm/文档/11 44
Invalid parameter
```

该 Shell 脚本根据执行时输入的参数是否是 1 到 12 之间的数，而显示相应的月份信息。从中还可以看出，在 case 的每一项操作的后面都要有两个分号，这就如同 C 语言中在每个 case 语句后都要有 break 才能跳出一样。

12.5.2 循环语句

循环语句用于根据条件重复执行一条或多条命令，循环语句有多种，如 for 语句、while 语句和 until 语句等。这些语句所执行的条件和执行原理各不相同，如下所示。

1. for 语句

Shell 中的 for 循环语句与一般编程语言里的 for 语句有些不同。在 Shell 中，for 的作用是对一组参数执行一个操作。其语法形式如下所示：

```
for curvar in list
do
    statements
done
```

列表是在 for 循环的内部要操作的对象，它们可以是字符串。如果它们是文件，那么这些字符串就是文件名。变量 curvar 是在循环内部用来迭代当前列表中对象的。如果希望对 List 中的每个值都执行一次 statements，可以使用这种格式。在每一次循环中，将 List 中的当前值赋给 curvar。list 可以是包含一组元素的变量或者是用空格分开的值列表。for 语句的第 2 种格式如下所示：

```
for curvar
do
    statements
done
```

在这种形式中，对传递给 Shell 程序的每个位置变量执行 statements 一次。在每次循环中，将位置变量的当前值赋给变量 curvar。这种格式也可以写成如下所示的形式：

```
for curvar in $@
do
    statements
done
```

这里的$@是传递给 Shell 程序的位置变量列表，引用的方式与用户初始调用命令时一致。

下面的 Shell 脚本将使用 for 语句把 apples 赋给用户定义的变量 fruit，然后显示变量 fruit 的值，这个值就是 apples；接着语句把 oranges 赋给变量 fruit 并重写这个过程。当遍历参数表中的所有参数后，for 语句就把控制转移到 done 语句后面的语句，该命令显示一条信息，假定这些脚本位于当前用户的工作目录 root/source 中，其文件名为 showFruit：

```
#!/bin/Bash
for fruit in apples oranges pears
bananas
do
    echo "I Like $fruit"
done
echo "Very good"
```

在命令行中执行该程序，结果如下所示：

```
[root@zht ~]# . source/showFruit
I Like apples
I Like oranges
I Like pears
I Like bananas
Very good
```

在该程序的 for 语句中，首先定义了一个名为 fruit 的变量，它的值依次是：apples、oranges、pears 和 bananas。因为有 4 个变量值，所以 do 和 done 之间的命令会被循环执行 4 次。

2. while 语句

while 语句是 Shell 提供的另一种循环语句，它在指定条件为真时用于执行一组语句，条件为假时，循环就马上终止；如果指定条件开始就为假，循环将不会执行。

while 语句的语法格式为：

```
while expression
do
    statements
done
```

下面将举例说明如何使用 while 语句输出 0 到 9 之间的数，在/root/source 目录中创建文件 exWhile。在这个 Shell 脚本中首先将 number 变量初始化为 0，然后再判断变量 number 的值是否小于 10。脚本中使用选项-lt（小于）来执行数值比较测试，其他常用的数值比较测试选项有：-ne(不等于)、-eq(等于)、-gt(大于)、-ge（大于等于）、-lt（小于）以及-le（小于等于）。对于字符串比较可以用“=”(等于)或者“! =”(不等于)来进行测试比较。

在本例中，只要 number 变量的值小于 10，返回状态就为 true。同时只要返回状态为 true，while 语句就要执行在 do 与 done 语句之间的命令。

```
#!/bin/Bash
number=0
while [ "$number" -lt 10 ]
do
    echo -n "$number"
    ((number+=1))
done
echo
```

该程序的执行结果如下所示：

```
[root@zht ~]# . source/exWhile
0123456789
```

在文件内容中 do 后面的 echo 命令是用来显示变量 number 的值。使用选项-n 来防止 echo 在其输出之后输出换行。接下来的语句通过算术赋值将变量number加1。done语句用来终止循环并把控制返回到 while 语句的开始位置。最后的 echo 使脚本 exWhile 在标准输出上输出一个新的字符行，并在最后的最左侧上出现下一个提示符（产生换行使得 Shell 提示符不会紧跟着字符 9 出现）。

3. until 语句

until 语句与 while 语句的语法结构非常相似，区别在于条件语句的测试位置：一个在语句的开始测试，一个在语句的结束测试。until 语句可以用来执行一系列语句直到指定条件为真，语法格式如下所示：

```
until expression
do
    statements
done
```

until 语句的作用是重复 do 和 done 之间的操作，直到表达式成立。它和 while 非常相似，但是while是在条件成立时才执行，而until是在条件不成立时才执行。

例如，下面的脚本给出了一个包含 read 命令的 until 语句的示例。用户通过终端向 Shell 中输入字符串，一旦输入的字符串使得 until 语句的测试条件为真，那么 until 语句就停止循环并把控制传递给下一条语句。脚本名称为 exUntil 位于/root/source 中，内容如下：

```
#!/bin/sh
password=itzcn
name=no
echo "Please input you password:"
echo
until [ "$name" = "$password" ]
do
    echo -n "is:"
    read name
done
echo "Login success"
```

其执行结果如下所示：

```
[root@zht ~]# . source/exUntil
Please input you password:

is:fedora
is:root
is:som
is:itzcn
Login success
```

12.5.3 shift 语句

shift 语句属于特殊的循环，它用于处理位置变量，一次一个从左到右地处理。如前所述，位置变量用$1、$2、$3 等依次表示。shift 命令的作用是使每个位置变量向左移动一个位置，当前的$1 参数丢弃。

在编写 Shell 程序时，如果用户传给程序的选项有多种，那么 shift 语句将会非常有用。根据指定的选项，所带的参数可以表示不同的含义，也可以不带参数。shift 语句的语法格式如下所示：

```
shift number
```

参数 number 表示需要移动的位置数，该参数可选。若没有指定 number，则默认值为1；即位置变量向左移动一个位置；如果指定了 number，则位置变量向左移动 number 个位置。

例如，下面的示例脚本中 exShif 调用时带有 3 个参数。脚本执行后首先显示参数，然后依次输出都向左移动一个参数直到没有参数可以移动。

```
echo "arg1=$1   arg1=$2   arg1=$3"
shift
echo "arg1=$1    arg1=$2   arg1=$3"
shift
```

为 3 个参数赋值为 1、2、3，使用语句及执行结果如下所示：

```
wmm@wmm:~$ /home/wmm/文档/ll 1 2 3
arg1=1         arg1=2      arg1=3
arg1=2         arg1=3      arg1=
```

一个 Shell 脚本如果想要得到它的任意一个参数，通过重复使用 Shift 命令来循环扫描整个命令行参数是一种很方便的做法。

12.5.4 其他语句

除了上述几种语句外，Shell 还提供了几种辅助性的语句。这些语句不能单独使用，必须与固定的语句结合起来才能发挥作用。例如，在循环语句中使用 break 跳出循环嵌套等。

break 用于立即终止当前循环的执行；continue 用于不执行循环中后面的语句而立即开始下一个循环的执行。这两个语句只有放在 do 和 done 之间才有效。break 语句的语法格式如下所示：

```
break [n]
```

其中，n 表示要跳出几层循环，默认值为1，表示只跳出一层循环。

continue 语句的语法格式如下所示：

```
continue [n]
```

其中，n 表示从包含 continue 语句的最内层循环体向外跳到第几层循环，默认值为 1。循环层数是由内向外编号的。

使用 exit 可以退出子 Shell。在 Shell 执行脚本时，是生成一个子 Shell，用这个子 Shell 来执行脚本的。所以，在脚本里使用 exit 语句就退出了脚本所在的 Shell，即退出了这个脚本。

12.6 使用函数

函数是一个包含多条命令的语句块，函数将多条命令封装在一起，实现一个常用的功能。在定义了函数后，若需要使用该功能，可以对直接函数进行调用，而不再需要编写语句。

12.6.1 函数简介

与使用其他编程语言类似，Shell 程序也支持函数。Shell 允许将一组命令集或者一行语句形式一个可用块，这些块被称为 Shell 函数。函数是完成特定处理功能的一个 Shell 程序，在 Shell 程序内部可以重复多次使用同一个函数。在编写 Shell 程序时，使用函数有助于消除重复代码和组织整个程序。

函数由函数标题和函数体两部分组成。标题是函数名。函数体是指函数内的命令集合。函数名称应当是惟一的，不可以重复。在 Bash Shell 中，函数的语法格式如下所示：

```
函数名() { 命令集合 }
```

或者

```
function 函数名 ()
```

```
{
命令
}
```

函数可以放在一个文件中作为一段代码，也可以单独放在不同的文件中。调用函数的格式如下所示：

```
functionName    param1    param2
param3 ...
```

参数 param1、param2 等是可选的。可以将参数作为一个字符串进行传递，例如$@。函数可以分析参数，就如同它们是从命令行上作为命令行参数传递给 Shell 程序的位置参数一样，但是函数使用传递到脚本内的值。

向函数传递参数就像在一般脚本中使用特殊变量$1、$2...一样，函数取得所传参数后，将原始参数传回 Shell 脚本，因而最好先在函数内设置变量保存所传的参数。

当函数完成处理或者希望函数基于某一测试语句返回时，可以做以下两种处理：

- 让函数正常执行到函数末尾，然后返回脚本中调用函数的控制部分。
- 使用 return 语句返回脚本中函数调用的下一条语句，可以带返回值，0 表示无错误，1 表示有错误。

Shell 中的函数把若干命令集合到一起，通过一个函数名加以调用。如果需要，还可以调用多次。执行函数并不创建新的进程，而是通过 Shell 进程执行。通常情况下，函数中的最后一个命令执行之后，就退出被调函数，也可利用 return 命令立即退出函数，其语法格式为：

```
return [n]
```

其中，n 值是退出函数时的退出值（退出状态），即$?的值。当 n 值为默认值时，退出值就是最后一个命令执行后的返回值。

12.6.2 函数的使用

函数的使用分为函数的创建和调用。函数的创建格式在上一节中已经介绍，如创建一个函数，使其输出“欢迎”字样，函数名定义为 hello，创建语句如下所示：

```
hello()
{
echo "欢迎"
}
```

函数的调用只需要输入函数名，如下所示：

```
hello
```

执行该脚本，执行语句及其执行结果如下所示：

```
wmm@wmm:~$ /home/wmm/文档/11
欢迎
```

另外，函数内可以创建和使用变量，可以接受用户输入的变量。函数体内变量的使用与脚本中的变量使用一样，但其内部的变量名需要从$1 开始，如将上述函数中使用变量，则其函数语句如下：

```
hello()
{
echo "欢迎 $1"
}
```

函数可以与 case 语句结合，如对商品的评价有三个级别，分别是 one、two 和 three，由用户输入这 3 个级别，并由函数 printit()输出用户的选择。使用脚本判断并输出用户输入，使用代码如下所示：

```
function printit(){
     echo "Your choice is $1"
}
case $1 in
  "one")
     printit 1
     ;;
  "two")
     printit 2
     ;;
  "three")
     printit 3
     ;;
  *)
     echo "no"
     ;;
```

```
esac
```

运行该脚本，并输入“one”查看执行结果。运行脚本并输入 67 查看执行结果，其执行结果如下所示：

```
wmm@wmm:~$ /home/wmm/文档/ll one
Your choice is 1
```

```
wmm@wmm:~$ /home/wmm/文档/ll 67
no
```

当用户输入“one”，则函数的变量值为 1，其输出结果为“Your choice is 1”。由于第二次执行时，输入的结果并不在基本范围内，因此需要输出“no”字样。

12.7 实例应用：整数间的运算

12.7.1 实例目标

定义一个函数，用于输出两个数的运算结果。由用户输入对这 2 个数的运算，当用户输入 M 或 m 时执行两数的乘积；当用户输入 P 或 p 时对两个数执行加运算；当用户输入 S 或 s 时对两个数执行减法运算；当用户输入 D 或 d 时对两个数执行除运算。

12.7.2 技术分析

只有在 Shell 脚本中才能使用函数，因此该应用的命令主要放在脚本中。由于该应用需要根据不同的输入显示不同的结果，因此可使用函数显示其输出结果，并使用 case 语句对该函数的变量进行区分赋值。

12.7.3 实现步骤

（1）首先需要需要告诉系统，这是一个可执行的脚本程序，首行命令如下所示：

```
#!/bin/bash
```

（2）接着写函数，用来根据用户的输出显示计算结果，其函数定义如下所示：

```
function num(){
    echo "The result is $1"
}
```

（3）为使用户了解这个运算，输出"12 与 6 之间的运算"字样，使用代码如下所示：

```
echo "12 与 6 之间的运算"
```

（4）最后是 case 语句的使用，由于每一种运算都可以有两种输入，因此需要使用“|”符号将用户输入值隔开，如当用户输入 P 或 p 时，需要将 12 与 6 相加，则需要使用变量接收其相加的结果，并作为 num()函数的变量值，使用代码如下：

```
case $1 in
    P|p)
    declare -i res=12+6
    num $res
    ;;
    S|s)
    declare -i res=12-6
    num $res
    ;;
    M|m)
    declare -i res=12*6
    num $res
    ;;
    D|d)
    declare -i res=12/6
    num $res
    ;;
    *)
    echo "no"
    ;;
```

```
esac
```

（5）对该脚本进行执行，分别使用大写字符P、小写字母 p、s 和数字 6 作为用户输入，来验证脚本的执行，其执行结果如下所示：

```
wmm@wmm:~$ /home/wmm/文档/ll P
12 与 6 之间的运算
The result is 18
wmm@wmm:~$ /home/wmm/文档/ll p
12 与 6 之间的运算
The result is 18
wmm@wmm:~$ /home/wmm/文档/ll s
12 与 6 之间的运算
The result is 6
wmm@wmm:~$ /home/wmm/文档/ll 6
12 与 6 之间的运算
no
```

12.8 拓展练习

字符串合并

定义一个函数，用于输出字符串的合并。接收用户输入的 1 个字符串，并将这个字符串与预定义的字符串“hello”相合并，将用户输入的字符串放在“hello”字符串之后输出。

12.9 课后练习

一、填空题

1. 表示 Shell 程序内最后执行命令或 Shell 程序返回值的变量为__________。

2. 数组变量中，把原数组中的所有元素当成一个元素复制到新数组中的符号为__________。

3. 变量可以在执行中读取用户输入来赋值，使用__________命令。

4. 使用__________命令可以将变量定义为只读变量。

5. 用于变量类型操作的命令是________命令。

6. 表示整形数值幂运算的符号为__________。

7. 函数的创建声明可以在函数前使用_______关键字。

二、选择题

1. 下列关于文件判断的参数错误的是________。
   - A. -e 判断该文件是否存在
   - B. -f 判断该文件是否存在且为文件
   - C. -d 判断该文件是否存在且为目录
   - D. -a 判断该文件是否存在且为一个 block device 装置

2. 判断两个字符串是否不相等的符号是_____。
   - A. <>
   - B. =!
   - C. !=
   - D. -=

3. 判断两个整数是否相等的是__________。
   - A. -ge
   - B. -ne
   - C. -le
   - D. -eq

4. 以下不是文件对比判断的是__________。
   - A. -nt
   - B. -nq
   - C. -ef
   - D. -ot

5. 将变量 num 赋值为 22，则该变量默认为__________类型。
   - A. 字符串
   - B. 整型
   - C. 浮点型
   - D. 整数

6. 下列不属于内部变量的是__________。

A. $#

B. $?

C. $*

D. $%

三、简答题

1. 简要概述 for 循环与 while 循环的区别。

2. 简要概述 if 语句和 case 语句的区别。

3. 简单说明 test 语句的用法。

4. 简单概括函数的作用。

5. 简单说明 Shell script 中的所有控制语句及其作用。

第 13 课 系统性能检测

提高系统的性能、最大化资源的使用效率并且及时对系统进行更新和维护是管理员非常重要的一项操作，对系统而言也尤其重要。Linux 操作系统提供了一些系统资源监制与维护的命令和工具，综合利用这些工具可以有效地提高系统的运行效率。本课的主要内容包括内存、进程、系统日志文件和系统资源检测工具等。

通过对本课的学习，读者可以掌握系统检测器和磁盘使用分析器，也可以掌握查看内存和 CPU 有用的工具，还可以熟悉如何对进程和日志文件进行操作。

本章学习目标：

- ❑ 掌握如何使用系统监视器和磁盘使用分析器
- ❑ 熟悉 proc 文件的内容
- ❑ 了解进程的概念、与程序的区别和进程
- ❑ 熟悉如何启动进程
- ❑ 掌握 pstree、ps 和 top 命令的使用方法
- ❑ 掌握与恢复进程有关的两个命令
- ❑ 熟悉如何设置进程的优先级
- ❑ 熟悉如何终止或结束进程
- ❑ 了解系统日志文件所包含的内容
- ❑ 掌握/etc/rsyslog.conf 配置文件
- ❑ 熟悉/etc/logrotate 文件的内容

13.1 系统资源监测

用户可以通过使用系统自带的系统检测器和磁盘使用分析器来对系统资源进行检测。下面将对系统检测器和磁盘分析器进行介绍。

13.1.1 系统监视器

读者可以在 Ubuntu 12.04 系统的 Dash 主页中找到【系统监视器】，然后通过【系统监视器】来查看系统资源（包括 CPU、内存和磁盘空间等）的使用情况，打开【系统监视器】界面后的效果如图 13-1 所示。

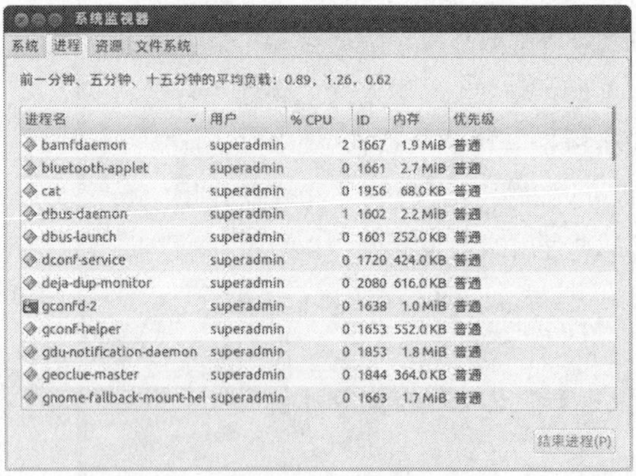

图 13-1 【系统监视器】界面

在图 13-1 中，用户在【进程】选项卡中可以查看当前系统中进程的名称、PID 号、CPU 占用率、状态以及进程优先级等信息，还可以查看系统前一分钟、五分钟、十五分钟的平均负载。

当用户单击【系统】选项卡时可以查看该系统的系统版本、硬件和系统状态等信息，如图 13-2 所示。

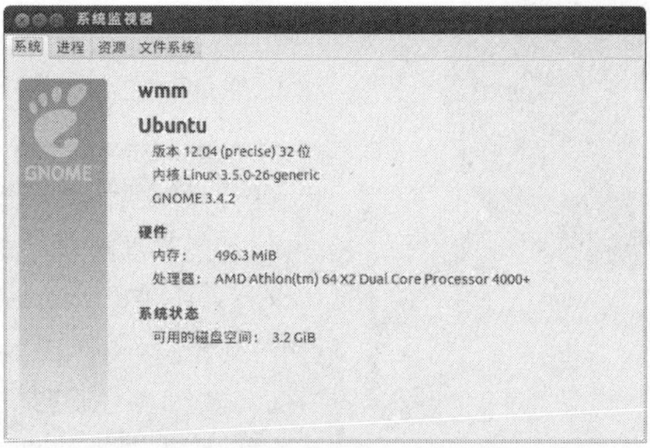

用户单击【资源】选项卡时可以列出 CPU 使用的历史情况、CPU 占用率以及内存和网络的使用情况等，如图 13-3 所示。

【文件系统】选项卡列出了当前已加载的文件系统，单击该选项卡时的效果如图 13-4 所示。

图 13-2 【系统】选项卡

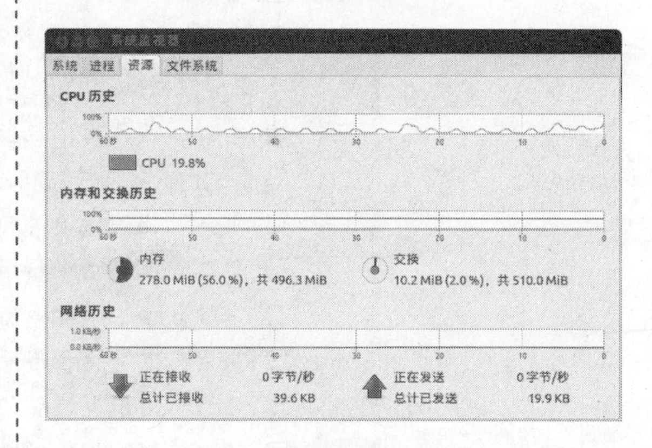

图 13-3 【资源】选项卡

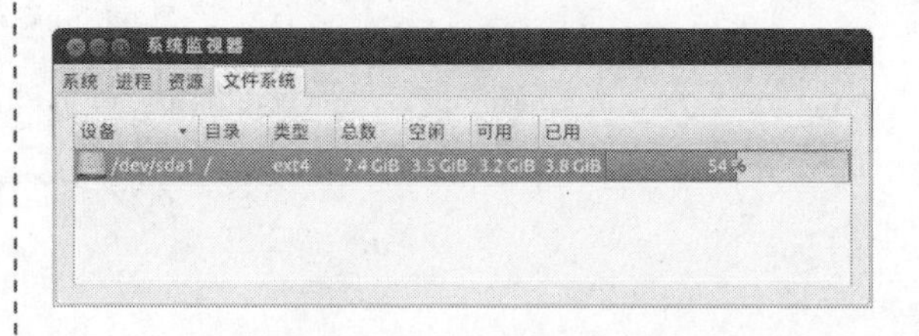

图 13-4 【文件系统】选项卡

13.1.2 磁盘使用分析器

顾名思义，磁盘使用分析器是用来查看磁盘的使用情况，用户直接在 Dash 主页中找到该选项并打开，打开后显示如图 13-5 所示的【磁盘使用分析器】对话框，该对话框显示了已使用的磁盘空间大小。

在图 13-5 中，用户可以单击扫描文件夹信息，也可以扫描文件系统中的远程文件夹，还可以单击窗口右侧的下拉框查看圆环图或者树形

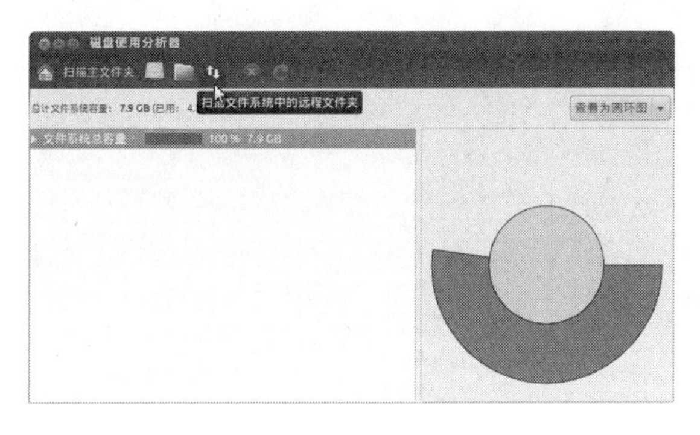

图 13-5 【磁盘使用分析器】对话框

图。当用户单击左侧的选项时可以查看当前系统的目录结构和空间的使用情况，如图 13-6 所示。

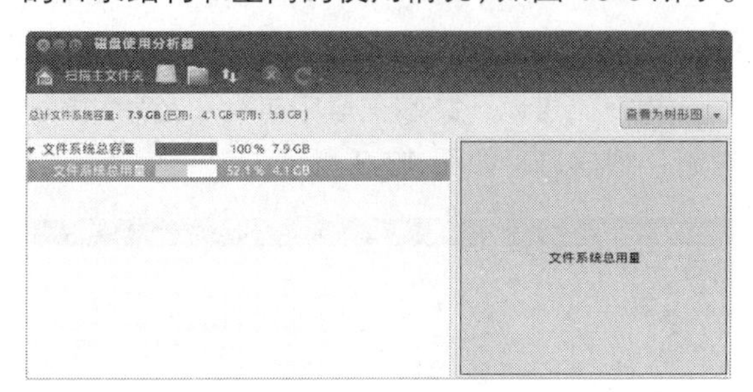

图 13-6 扫描文件系统

13.2 proc 文件查看内核

所有的进程（下节介绍）都是存储在内存中的，而内存当中的数据都是写入到名称为 proc 文件目录下的，因此读者可以直接查看 proc 目录下的文件。proc 不是一个真实的文件系统，不占用外存空间，它只是以文件的方式访问 Linux 内核数据提供接口。用户和应用程序可以通过查看 proc 得到系统的运行信息，也可以改变内核的某些参数。

用户直接在终端窗口中执行 ls /proc 命令可以查看内核信息，如图 13-7 所示。

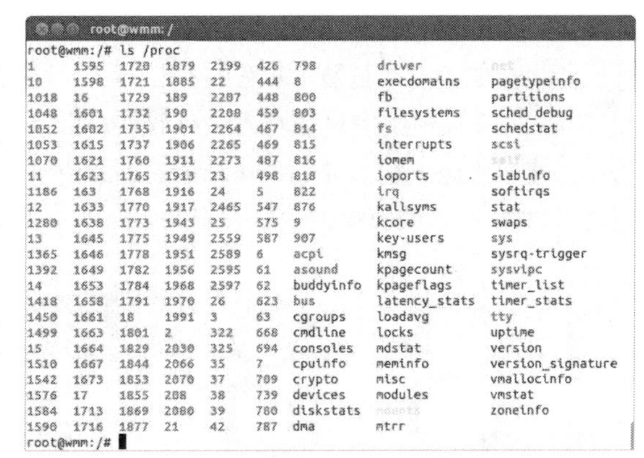

图 13-7 查看 proc 目录下的文件

图 13-7 中的蓝色字体表示目录（即文件夹），黑色字体表示文件。proc 目录下面的文件针对整个 Linux 系统提供了相关的系统参数，如表 13-1 所示。

表 13-1 proc 文件下的系统参数

文件名称	文件内容
/proc/cmdline	加载 kernel 时所执行的相关参数，查阅此文件可以了解系统是如何启动的
/proc/cpuinfo	本机的 CPU 的相关信息，包括频率、类型与运算功能等
/proc/devices	此文件记录了系统各个主要设备的主要设备代号，与 mknod 有关
/proc/filesystems	目前系统已经加载的文件系统
/proc/interrupts	目前系统上面的 IRQ 分配状态
/proc/ioports	目前系统上各个设备所配置的 I/O 地址
/proc/kcore	这个就是内存的大小
/proc/meminfo	使用 free 列出的内存信息，在这里也能够查阅到
/proc/modules	目前的 Linux 系统已经加载的模块列表，也可以想象成驱动程序
/proc/mounts	系统已经挂载的数据，就是使用 mount 这个命令调出来的数据
/proc/swaps	内存加载使用的分区记录
/proc/partitions	使用 fdisk -l 会出现所有的分区，此目录中也有记录
/proc/pci	在 PCI 总线上页每个设备的详细情况，也可以使用 Ispci 来查阅
/proc/uptime	使用 uptime 的时候会出现的信息
/proc/version	内核的版本，就是用 uname-a 显示的内容
/proc/bus/*	一些总线的设备，还有 USB 的设备也记录在该文件中

注意

由于系统的信息总是动态变化的，因此用户或应用程序读取 proc 文件时所获取的数据也都是瞬时的。

用户还可以在终端窗口中执行 ll /proc 命令查看详细信息，如图 13-8 所示。

```
root@wmm:/
root@wmm:/# ll /proc
总用量 4
dr-xr-xr-x 172 root      root        0  4月  8 09:23 ./
drwxr-xr-x  23 root      root     4096  4月  2 17:21 ../
dr-xr-xr-x   9 root      root        0  4月  8 09:24 1/
dr-xr-xr-x   9 root      root        0  4月  8 09:24 10/
dr-xr-xr-x   9 root      root        0  4月  8 09:24 1018/
dr-xr-xr-x   9 root      root        0  4月  8 09:24 1048/
dr-xr-xr-x   9 postfix   postfix     0  4月  8 09:24 1052/
dr-xr-xr-x   9 postfix   postfix     0  4月  8 09:24 1053/
dr-xr-xr-x   9 root      root        0  4月  8 09:24 1070/
dr-xr-xr-x   9 root      root        0  4月  8 09:24 11/
dr-xr-xr-x   9 root      root        0  4月  8 09:24 1186/
dr-xr-xr-x   9 root      root        0  4月  8 09:24 12/
dr-xr-xr-x   9 root      root        0  4月  8 09:24 1280/
dr-xr-xr-x   9 root      root        0  4月  8 09:24 13/
dr-xr-xr-x   9 colord    colord      0  4月  8 09:24 1365/
dr-xr-xr-x   9 root      root        0  4月  8 09:24 1392/
```

图 13-8　proc 查看详细信息

一般情况下，目前主机上的各个进程的 PID 都是以目录的类型存在 proc 中。例如，当系统开机所执行的第一个进程 init 它的 PID 是 9，这个 PID 的所有相关信息都写入在/proc/9/*目录当中。直接在终端窗口中执行 ll /proc/9 命令可以查看 PID 为 9 的数据，主要内容如下：

```
dr-xr-xr-x  9 root root 0  4月  8 09:24 ./
dr-xr-xr-x 168 root root 0  4月  8 09:23 ../
dr-xr-xr-x  2 root root 0  4月  8 10:00 attr/
-rw-r--r-- 1 root root 0 4月  8 10:00 autogroup
-r-------- 1 root root 0 4月  8 10:00 auxv
-r--r--r-- 1 root root 0  4月  8 10:00 cgroup
--w------- 1 root root 0 4月 8 10:00 clear_refs
-r--r--r-- 1 root root 0  4月  8 09:24 cmdline
-rw-r--r-- 1 root root 0  4月  8 10:00 comm
-rw-r--r-- 1 root root 0 4月  8 10:00 coredump_filter
-r--r--r-- 1 root root 0  4月  8 10:00 cpuset
lrwxrwxrwx 1 root root 0 4月 8 10:00 cwd->//
-r-------- 1 root root 0  4月  8 10:00 environ
lrwxrwxrwx  1 root root 0  4月  8 09:24 exe
…（以下省略）…
```

读者仅仅从上述的几行命令中就可以知道/proc/9 目录下的数据非常多，但是最重要的文件有两个：cmdline 和 environ。说明如下：

- **cmdline**　进程被启动的命令串。
- **environ**　进程的环境变量内容。

13.3 进程管理

一个程序被加载到内存当中运行，那么在内存中的那个数据就会被称为进程（process）。进程是操作系统中非常重要的概念，所有系统上的数据都会以进程的类型存在。在 Linux 系统中，触发任何一个事件时，系统都会将它定义为一个进程，并且给予这个进程一个 ID，称为 PID。

13.3.1　理解进程

系统执行一个程序或者命令时可以触发一个事件而取得一个 PID，这样就产生一个进程。进程在操作系统中执行特定的任务，它是一个随着程序执行过程不断变化的实体。

进程在生命周期内将使用系统中的资源，它利用系统中的 CPU 执行指令，使用物理内存存放指令和数据，使用文件系统提供的功能打开并使用文件，同时直接或者间接地使用物理设备。Ubuntu 必须跟踪系统中的每个进程以及资源，以便在进程间实现资源的合理分配。如果系统中有一个进程独占了大部分物理内存或者 CPU 的使用时间，就会影响系统中的其他进程。

Linux 是一个多用户、多任务的操作系统，多用户是指多个用户可以在同一时间用计算机系统；多任务反映在计算机系统中就是多个进程，每一个任务或者作业都是由多个相关的进程来完成的。当用户在命令行中输入命令执行一个程序时，Ubuntu 就会为该程序创建一个或者多个进程，它们彼此分工、相互协作，共同完成该程序要完成的任务，而其中的每一个进程都是一个能被独立调度并能和其他进程并发执行的独立单位。

1. 进程和程序

系统仅识别二进制文件，因此当系统工作的

时候就需要启动一个二进制文件，这个二进制就是程序。

进程就是一个简单的程序，它是由程序产生的，但是它并不等于程序，因此进程与程序有一定的区别。如下所示：

（1）程序是指令和数据的有序集合，其本身没有任何运行的含义，是一个静态的概念；而进程是程序在处理机上的一次执行过程，它是一个动态的概念。

（2）程序可以作为一种软件资料长期存在，它是永久的；进程是有一定生命期限的，它是暂时的。

（3）进程更能真实地描述开发，而程序不能。

（4）进程具有创建其他进程的功能，而程序没有。

（5）同一程序同时运行于若干个数据集合上，它将属于若干个不同的进程，也就是说同一个程序可以对应多个进程。

（6）在传统的操作系统中，程序并不能独立运行，作为资源分配和独立运行的基本单元都是进程。

2．线程

在引入线程的操作系统中，通常都是把进程作为分配资源的基本单位，而把线程作为独立运行和独立调度的基本单位，线程比进程更小，基本上不拥有系统资源，所以对它的调度所付出的开销就会小得多，能更高效地提高系统内多个程序间并发执行的程度。通常在一个进程中可以包含若干个线程，它们可以利用进程所拥有的资源。

近几年来所推出的通用操作系统都引入了线程，以便进一步提高系统的并发性，并把线程视为现代操作系统的一个重要指标。

13.3.2 启动进程

程序或命令的执行实际上是通过进程实现的，那么用户如何启动进程呢？很简单，用户在启动进程时，直接在终端窗口中输入一个命令后按下 Enter 键，这样就会以前台方式启动一个进程。

例如，用户在终端中执行 vi hello.txt 命令打开一个文件，这样就启动了一个进程。如果用户还想要查找一个文件，在 vi 模式下，可以按下 Ctrl+z 快捷键将该进程暂时挂起。命令如下：

```
root@wmm:# vi /home/superadmin/hello.txt

[1]+  已停止                vi hello.txt
```

当用户按下 Ctrl+z 快捷键时屏幕上可以出现[1]，它表示这是第一个工作，而+则表示最近一个被丢进后台的工作，且目前在后台默认下会被取用的那个工作（与 fg 命令有关）。

启动进程完成后，用户可以通过 jobs 命令查看目前后台的工作状态。jobs 命令的语法形式如下：

```
jobs [-lrs]
```

jobs 命令后台可以不跟参数，也可以跟参数-l、-r 和-s。说明如下：

- **-l** 除了列出 job number 与命令串之外，同时列出 PID 的号码。
- **-r** 仅列出正在后台 run 的工作。
- **-s** 仅列出正在后台当中暂停（stop）的工作。

【练习 1】

例如，本节练习首先通过不同的命令打开 3 个进程，然后暂停后台中的进程，最后查看后台进程的工作状态。步骤如下：

（1）首先通过 cd 命令进入到当前用户的工作目录，然后通过 vim 打开目录下的 newhello.txt 文件，然后通过按 Ctrl+z 快捷键暂停工作。命令如下：

```
root@wmm:/# cd /home/superadmin
root@wmm:/home/superadmin# vim new
hello.txt

[1]+  已停止                vim newhello.txt
```

（2）通过 vi 打开目录下的 hello.txt 文件，打开完成后通过 Ctrl+z 快捷键暂停工作。命令如下：

```
root@wmm:/home/superadmin# vi hello.txt

[2]+  已停止                vi hello.txt
```

（3）通过 find 命令查找根目录下的 lll.txt 文件，这时屏幕会非常忙碌，因为屏幕上会显示所有的文件名，按下 Ctrl+z 快捷键可以暂停。主要命令如下：

```
root@wmm:/home/superadmin# find / 111.txt

[3]+  已停止              find / 111.txt
```

（4）通过 jobs 命令查看目前的后台工作状态，并且在该命令后添加参数-ls，用来显示 PID 号和后台中暂停的工作进程。命令如下：

```
root@wmm:/home/superadmin# jobs -ls
[1]  3291 停止      vim newhello.txt
[2]- 3295 停止      vi hello.txt
[3]+ 3297 停止      find / 111.txt
```

13.3.3 基本命令

进程非常重要，那么用户如何能够查询系统上正在运行中的进程呢？很简单，可以使用与进程有关的命令，例如 pstree 命令以树形图的方式显示进程；ps 命令用来检测进程的工作情况等。

1．pstree 命令

pstree 命令将系统中所有的进程以树形图的方式进行显示，树形图默认会以 init 进程为根，如果指定了选项 pid，则只显示以指定进程为根的树形图。pstree 命令的语法格式如下：

```
pstree [ -a ] [ -c ] [ -h | -H PID ]
[ -l ] [ -n ] [ -p ][ -u ] [ -A | -G
| -U ] [ PID | USER ]
```

如下对常用参数进行了说明：

- **-a** 显示进程完整的指令以及参数。
- **-A** 各个进程之间以 ASCII 字符来连接。
- **-p** 显示进程的进程号，即 PID。
- **-h** 高亮显示当前进程以及其父进程。
- **-u** 列出每个进程的所属账号名称。
- **-U** 各进程树之间以 UTF-8 码的字符来连接，在某些终端接口下可能会有错误。

用户可以直接在终端窗口中执行 pstree 命令而不跟任何参数，这样会以树形图方式显示进程以及进程号，如图 13-9 所示。

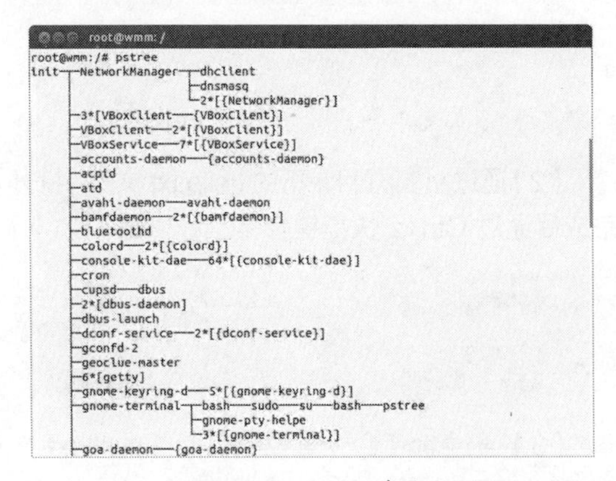

图 13-9　pstree 命令

【练习 2】

首先将 pstree 命令后面的参数指定为-A，这样可以列出目前系统上所有进程树的相关性，如图 13-10 所示。

```
root@wmm: /
     |-system-service-
     |-ubuntu-geoip-pr
     |-udevd---2*[udevd]
     |-udisks-daemon-+-udisks-daemon
     |               `-{udisks-daemon}
     |-unity-applicati---2*[{unity-applicati}]
     |-unity-files-dae---2*[{unity-files-dae}]
     |-unity-lens-vide---{unity-lens-vide}
     |-unity-music-dae---{unity-music-dae}
     |-unity-musicstor---{unity-musicstor}
     |-unity-panel-ser---2*[{unity-panel-ser}]
     |-unity-scope-vid---2*[{unity-scope-vid}]
     |-upowerd---2*[{upowerd}]
     |-upstart-socket-
     |-upstart-udev-br
```

图 13-10　pstree 命令的-A 参数

同其他命令一样，pstree 命令后面也可以跟多个参数，例如在终端中执行 pstree -Aup 命令，指定同时显示 PID 与 users，如图 13-11 所示。

```
root@wmm: /
root@wmm:/# pstree -Aup
init(1)-+-NetworkManager(669)-+-dhclient(708)
        |                     |-dnsmasq(790,nobody)
        |                     |-{NetworkManager}(678)
        |                     `-{NetworkManager}(710)
        |-VBoxClient(1591,superadmin)---{VBoxClient}(1597)
        |-VBoxClient(1600,superadmin)---{VBoxClient}(1603)
        |-VBoxClient(1605,superadmin)---{VBoxClient}(1606)
        |-VBoxClient(1609,superadmin)-+-{VBoxClient}(1611)
        |                             `-{VBoxClient}(1612)
        |-VBoxService(1213)-+-{VBoxService}(1214)
        |                   |-{VBoxService}(1215)
        |                   |-{VBoxService}(1216)
        |                   |-{VBoxService}(1217)
        |                   |-{VBoxService}(1218)
        |                   |-{VBoxService}(1220)
        |                   `-{VBoxService}(1221)
        |-accounts-daemon(1017)---{accounts-daemon}(1026)
        |-acpid(833)
        |-atd(836,daemon)
        |-avahi-daemon(547,avahi)---avahi-daemon(548)
```

图 13-11　显示 PID 与 users

2．ps 命令

ps 命令也是常用的一种命令，该命令用于检测进程的工作情况。进程是正在运行的程序，一直处于动态变化中，而 ps 命令所显示的进程工作状态是瞬时的。如果用户试图连续查看某一进程的工作情况，则必须连续使用 ps 命令或换用能够动态显示进程状态的 top 命令。ps 命令的格式如下：

```
ps [-e] [-f] [-h] [-l] [-w] [-a] [-r]
[-x] [-u] [-A]
```

如下简单说明了 ps 命令常用的参数：

- ❑ **-e** 显示所有的进程。
- ❑ **-f** 全格式，完整地输入所有进程。
- ❑ **-h** 不显示标题。
- ❑ **-a** 不与 terminal 有关的所有进程。
- ❑ **-A** 显示所有的进程，等同于“-e”。
- ❑ **-l** 较长，比较详细地将 PID 的信息进行输出。
- ❑ **-w** 宽格式输出。
- ❑ **-r** 只显示正在运行的进程。
- ❑ **-x** 显示没有控制终端的进程。
- ❑ **-u** 显示进程的所有者及其他详细信息。

例如，用户直接在终端中执行 ps -e 命令查看当前的所有进程，如图 13-12 所示。

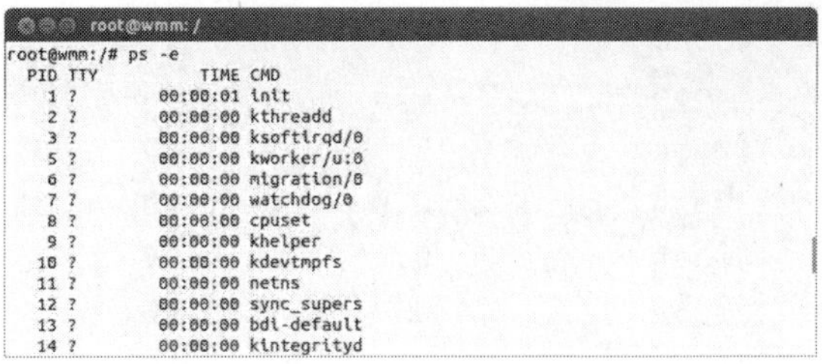

【练习 3】

下面通过为 ps 命令设置不同的参数值显示不同效果的进程。步骤如下：

```
root@wmm:/# ps -e
  PID TTY          TIME CMD
    1 ?        00:00:01 init
    2 ?        00:00:00 kthreadd
    3 ?        00:00:00 ksoftirqd/0
    5 ?        00:00:00 kworker/u:0
    6 ?        00:00:00 migration/0
    7 ?        00:00:00 watchdog/0
    8 ?        00:00:00 cpuset
    9 ?        00:00:00 khelper
   10 ?        00:00:00 kdevtmpfs
   11 ?        00:00:00 netns
   12 ?        00:00:00 sync_supers
   13 ?        00:00:00 bdi-default
   14 ?        00:00:00 kintegrityd
```

图 13-12 查看所有进程

（1）直接在终端窗口中执行 ps -U root -u root -N 命令，该命令用于显示所有不是以 root 身份运行的进程。命令如下：

```
PID TTY          TIME CMD
500 ?        00:00:01 dbus-daemon
515 ?        00:00:00 rsyslogd
547 ?        00:00:00 avahi-daemon
548 ?        00:00:00 avahi-daemon
790 ?        00:00:00 dnsmasq
846 ?        00:00:00 whoopsie
```

（2）继续执行 ps -l 命令仅查看与系统的操作环境有关的进程。命令如下：

```
root@wmm:/# ps -l
F S   UID   PID  PPID  C  PRI   NI ADDR SZ WCHAN        TTY          TIME CMD
4 S     0  2138  2083  0   80   0 -  1831 poll_s       pts/2    00:00:00 sudo
4 S     0  2139  2138  0   80   0 -  1766 wait        pts/2     00:00:00 su
0 S     0  2147  2139  0   80   0 -  1757 wait        pts/2     00:00:00 bash
0 R     0  2263  2147  0   80   0 -  1533 -            pts/2    00:00:00 ps
```

上述多行命令只是显示了部分的内容，数据包括 F、S、UID、PPID、C 和 NI 等。数据说明如下：

- ❑ **F** 代表进程标志（process flags），说明这个进程的权限。
- ❑ **S** 代表进程的状态（STAT）。主要包括 R（Running）、S（Sleep）、D、T、Z（Zombie）。
- ❑ **UID/PID/PPID** 代表此进程被该 UID 所拥有/进程的 PID 号码/此进程的父进程 PID 进程。
- ❑ **C** 代表 CPU 使用率，单位为百分比。
- ❑ **PRI/NI** Priority/Nice 的缩写，代表此进程被 CPU 所执行的优先级，数值越小代表该进程执行越快。
- ❑ **ADDR** 指出进程在内存的哪个部分，如果是个 running 的进程，一般就会显示“-”。
- ❑ **SZ** 代表此进程用掉多少内存。
- ❑ **WCHAN** 表示目前进程是否运行中，如果为“-”表示正在运行中。
- ❑ **TTY** 登录者的终端机位置，如果为远程登录则使用动态终端接口。
- ❑ **TIME** 使用掉的 CPU 时间，它是指进程实际花费 CPU 运行的时间，而不是系统时间。
- ❑ **CMD** command 的缩写，造成该程序的触发进程命令。

（3）继续执行 ps -aux 命令列出目前所有内存当中的进程。命令如下：

```
root@wmm:/# ps -aux
```

```
USER      PID %CPU %MEM   VSZ   RSS TTY      STAT   START   TIME COMMAND
root        1  0.0  0.3  3540  1900 ?        Ss     15:43   0:01 /sbin/init
root        2  0.0  0.0     0     0 ?        S      15:43   0:00 [kthreadd]
root        3  0.0  0.0     0     0 ?        S      15:43   0:00 [ksoftirqd/0]
root        5  0.0  0.0     0     0 ?        S      15:43   0:00 [kworker/u:0]
root        6  0.0  0.0     0     0 ?        S      15:43   0:00 [migration/0]
```

从上面显示的命令可以看出，该命令输出的内容与执行 ps -l 命令所输出的内容并不相同。如下所示该命令各个字段的含义：

- **USER** 该进程属于哪个用户账号。
- **PID** 该进程的进程标识符。
- **%CPU** 该进程使用掉的 CPU 资源百分比。
- **%MEM** 该进程所占用的物理内存百分比。
- **VSZ** 进程使用掉的虚拟内存量（KB）。
- **RSS** 进程占用的固定内存量（KB）。
- **TTY** 进程在哪个终端机上面运行，如果与终端机无关则显示？。另外，tty1~try6 是本机上面的登录者程序。
- **STAT** 进程目前的状态，状态显示与 ps -l 的 S 标识相同（R/S/T/Z）。
- **START** 进程被触发启动的时间。
- **TIME** 进程实际使用 CPU 运行的时间。
- **COMMAND** 进程的实际命令。

（4）由于 ps-aux 命令可以列出系统中执行的所有进程，因而不容易找到特定的进程，但是可以配合使用其他命令查询特定的进程，例如 grep 命令。命令如下：

```
root@wmm:/# ps aux | grep find
root  2281 0.0  0.1  5828  808 pts/2
S+   16:38   0:00 grep --color=auto find
```

3．top 命令

top 命令动态显示当前系统中消耗最多的进程，使用该命令可以监控系统的资源，包括内存、交换分区和 CPU 的使用率等。top 命令与 ps 命令的作用相同，都是用来显示当前的进程以及状态。但是 top 命令能够动态显示，可以不断地刷新当前状态，即 top 命令提供了对系统处理状态的实时检测。

top 命令的格式如下：

```
top [-d 数字] | top [-bcnp]
```

如下对 top 命令的常用参数进行了说明：

- **-d** 间隔秒数，指定每两次屏幕刷新之间的时间间隔。
- **-b** 以批次的方式执行 top，通常会搭配数据流重定向来将批处理的结果输出成为文件。
- **-c** 显示整个命令行而不只是显示命令名。
- **-n** 指定每秒钟内监控信息的更新次数。与-b 搭配表示进行几次 top 的输出结果。
- **-p** 指定某些 PID 来进行查看检测而已。
- **-I** 不显示任何闲置或者僵死进程。
- **-s** 使 top 命令在安全模式下运行，将消除交互命令所带来的潜在危险。
- **-S** 使用累计模式。

例如，用户在打开的终端窗口中执行 top -d 2 命令，表示每两秒钟更新一次 top，效果如图 13-13 所示。

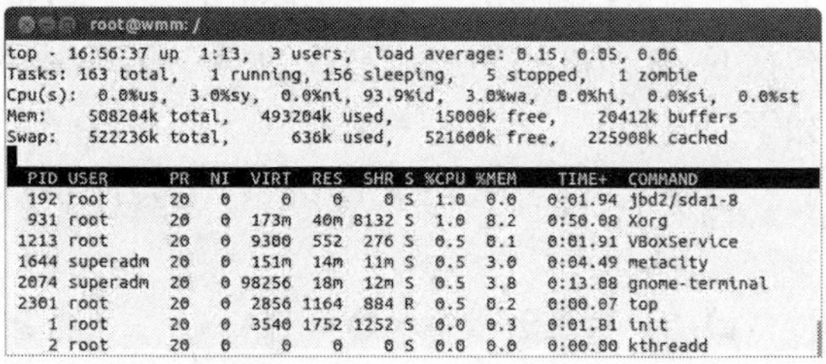

```
root@wmm: /
top - 16:56:37 up  1:13,  3 users,  load average: 0.15, 0.05, 0.06
Tasks: 163 total,   1 running, 156 sleeping,   5 stopped,   1 zombie
Cpu(s):  0.0%us,  3.0%sy,  0.0%ni, 93.9%id,  3.0%wa,  0.0%hi,  0.0%si,  0.0%st
Mem:    508204k total,   493204k used,    15000k free,    20412k buffers
Swap:   522236k total,      636k used,   521600k free,   225908k cached

  PID USER      PR  NI  VIRT  RES  SHR S %CPU %MEM    TIME+  COMMAND
  192 root      20   0     0    0    0 S  1.0  0.0   0:01.94 jbd2/sda1-8
  931 root      20   0  173m  40m 8132 S  1.0  8.2   0:50.08 Xorg
 1213 root      20   0  9300  552  276 S  0.5  0.1   0:01.91 VBoxService
 1644 superadm  20   0  151m  14m  11m S  0.5  3.0   0:04.49 metacity
 2074 superadm  20   0 98256  18m  12m S  0.5  3.8   0:13.08 gnome-terminal
 2301 root      20   0  2856 1164  884 R  0.5  0.2   0:00.07 top
    1 root      20   0  3540 1752 1252 S  0.0  0.3   0:01.81 init
    2 root      20   0     0    0    0 S  0.0  0.0   0:00.00 kthreadd
```

图 13-13 每隔两秒执行一次 top 命令

在图 13-13 中，第一行的信息分别表示系统的目前时间（即 16:56:37）、开机到目前为止所经过的时间（即 up 1:13）、已经登录系统的人数（即 3 users）以及系统在 1、5、15 分钟的平均工作负载。第二行显示了目前进程的总量与个别进程在什么状态。第三行则显示 CPU 的整体负载。第四行和第五行表示目前的物理内存与虚拟内存的使用情况。第六行是 top 进程使用的资源情况，而下面的部分则是每个进程使用的资源情况。

在前台执行 top 命令会占据整个前台，这时用户可以按下 q 键进行退出。除了该键之外，常用的其他键说明如下：

- ? 显示在 top 当中可以输入的按键命令。
- **P** 以 CPU 的使用资源排序显示。
- **M** 以内存的使用资源排序显示。
- **N** 以 PID 来排序显示。
- **T** 由该进程使用的 CPU 时间累积（TIME+）排序。
- **k** 终止一个进程。系统将提示用户输入需要终止的进程 PID，以及需要发送给该进程什么信号。
- **r** 给予某个 PID 重新制定一个 nice 值。
- **q** 离开 top 软件的按键。

如果用户想要使用内存进行排序可以按下 M 键；如果要恢复则按下 p 键；如果想要离开则直接按下 q 键。同样，用户也可以将 top 命令的结果输出成为文件。在终端窗口执行以下命令：

```
root@wmm:/# top -b -n 2 > /home
/superadmin/top.txt
```

4. time 命令

time 命令非常简单，它用来计算执行一个进程所需要的时间，包括实际 CPU 时间、用户时间和系统时间等。

【练习 4】

例如，用户查看执行命令时所需要的时间。命令如下：

```
root@wmm:/# time ls
bin    dev   initrd.img      lost+found  mnt   root  selinux  tmp  vmlinuz
boot   etc   initrd.img.old  ls_help     opt   run   srv      usr  vmlinuz.old
cdrom  home  lib             media       proc  sbin  sys      var

real    0m0.174s
user    0m0.008s
sys     0m0.036s
```

5. cat 相关命令

用户在 cat 命令后添加内容可以查看与进程有关的信息，例如，cat /proc/cpuinfo 命令可以显示 CPU 的相关信息；cat /proc/filesystems 命令可以显示当前文件系统的类型；cat /proc/interrupts 命令显示系统正在使用的中断号等。

【练习 5】

首先打开终端命令界面，执行 cat /proc/cpuinfo 命令显示与 CPU 有关的信息，如图 13-14 所示。

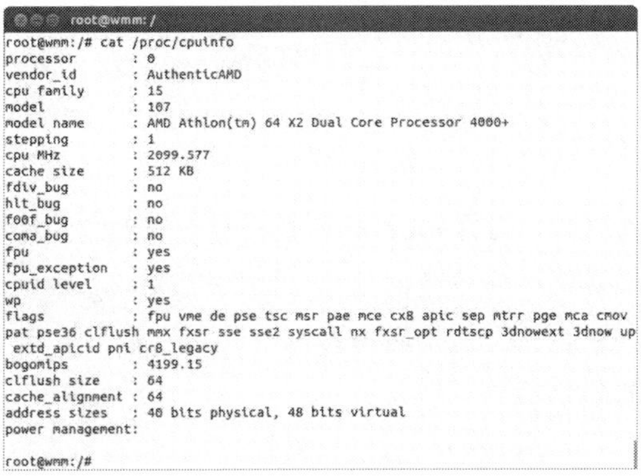

```
root@wmm:/# cat /proc/cpuinfo
processor       : 0
vendor_id       : AuthenticAMD
cpu family      : 15
model           : 107
model name      : AMD Athlon(tm) 64 X2 Dual Core Processor 4000+
stepping        : 1
cpu MHz         : 2099.577
cache size      : 512 KB
fdiv_bug        : no
hlt_bug         : no
f00f_bug        : no
coma_bug        : no
fpu             : yes
fpu_exception   : yes
cpuid level     : 1
wp              : yes
flags           : fpu vme de pse tsc msr pae mce cx8 apic sep mtrr pge mca cmov
pat pse36 clflush mmx fxsr sse sse2 syscall nx fxsr_opt rdtscp 3dnowext 3dnow up
 extd_apicid pni cr8_legacy
bogomips        : 4199.15
clflush size    : 64
cache_alignment : 64
address sizes   : 40 bits physical, 48 bits virtual
power management:

root@wmm:/#
```

图 13-14　显示与 CPU 有关的信息

继续执行 cat /proc/interrupts 命令显示系统正在使用的中断号，如图 13-15 所示。

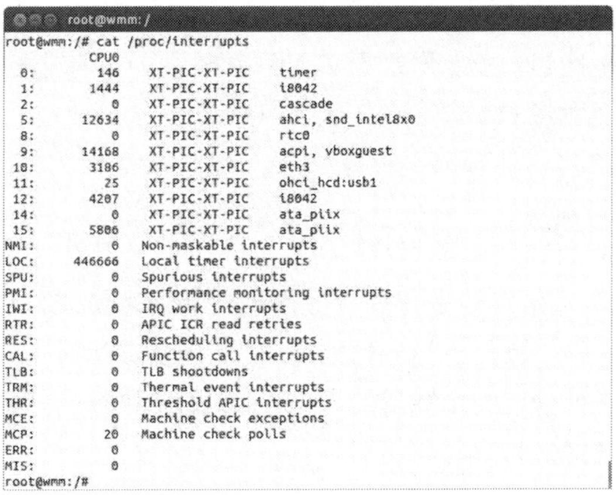

```
root@wmm:/# cat /proc/interrupts
           CPU0
  0:        146   XT-PIC-XT-PIC    timer
  1:       1444   XT-PIC-XT-PIC    i8042
  2:          0   XT-PIC-XT-PIC    cascade
  5:      12634   XT-PIC-XT-PIC    ahci, snd_intel8x0
  8:          0   XT-PIC-XT-PIC    rtc0
  9:      14168   XT-PIC-XT-PIC    acpi, vboxguest
 10:       3186   XT-PIC-XT-PIC    eth3
 11:         25   XT-PIC-XT-PIC    ohci_hcd:usb1
 12:       4207   XT-PIC-XT-PIC    i8042
 14:          0   XT-PIC-XT-PIC    ata_piix
 15:       5806   XT-PIC-XT-PIC    ata_piix
NMI:          0  Non-maskable interrupts
LOC:     446666  Local timer interrupts
SPU:          0  Spurious interrupts
PMI:          0  Performance monitoring interrupts
IWI:          0  IRQ work interrupts
RTR:          0  APIC ICR read retries
RES:          0  Rescheduling interrupts
CAL:          0  Function call interrupts
TLB:          0  TLB shootdowns
TRM:          0  Thermal event interrupts
THR:          0  Threshold APIC interrupts
MCE:          0  Machine check exceptions
MCP:         20  Machine check polls
ERR:          0
MIS:          0
root@wmm:/#
```

图 13-15　显示系统正在使用的中断号

13.3.4 恢复进程

需要将某个进程暂时挂起，被挂起的进程会被投入到后台，处于暂停状态，然后在需要的时候或者合适的时候再恢复被挂起的进程，使之处于执行状态。要挂起当前运行的前台进程，只需要按下 Ctrl+z 快捷键。要恢复进程的运行，可以采用以下两种方式。

（1）使用 fg 命令使被挂起的进程返回至前台运行。

（2）使用 bg 命令恢复挂起的进程并使之在后台运行。

例如，用户正在使用 vim 编辑器，这时想创建一个目录以存放所编辑的文件，可以按下 Ctrl+z 快捷键（当 vim 处于命令模式时按下此组合键）将 vim 进程暂时挂起，等到目录创建完成后，再使用 fg 命令使 vim 返回至前台继续运行。如下所示：

```
root@wmm:/# vim file1.txt
[1]+  Stopped            vim file1.txt
root@wmm:/# mkdir mydir
root@wmm:/# fg
```

除此之外，也可以将被挂起的进程恢复至后台继续运行。例如，使用 find 命令查找 a.txt 文件，在文件未找到之前使用 Ctrl+z 快捷键将其暂时挂起，接着再执行 vim 命令启动 vim 编辑器，然后将 vim 进程也挂起，这时系统会向用户显示提示。如下所示：

```
[2]+  Stopped                    vim
```

fg 命令是将后台工作拿到前台来处理，而 bg 命令是让工作在后台下的状态变成运行中。下面通过一个练习对 fg 和 bg 命令进行简单的使用。

【练习 6】

本次练习首先通过 jobs 命令查看工作，然后再通过 fg 命令取出工作，最后会通过 fg 命令更改工作状态。步骤如下：

（1）用户在打开终端窗口中执行 jobs 命令查看工作。如下所示：

```
root@wmm:/# jobs
[1]-  已停止   vim file1.txt
[2]+  已停止    find /home/superadmin/
hello.txt
```

（2）用户直接按下 fg 命令默认取出那个+的工作，即[2]，立刻按下 Ctrl+z 快捷键。然后通过执行 fg %1 命令直接取出那个工作号码，然后按下 Ctrl+z 快捷键，最后再通过 jobs 命令查看工作。命令如下：

```
root@wmm:/# fg
root@wmm:/# fg %1
vim file1.txt

[1]+  已停止             vim file1.txt
root@wmm:/# jobs
[1]+  已停止             vim file1.txt
[2]-  已停止  find/home/superadmin/
hello.txt
root@wmm:/#
```

通过上面的命令可以看出，fg 命令能够将后台工作拿到前台来处理。为什么第二次输出的结果和第一次输出的结果相同呢？这是因为使用 fg %1 命令时将每一号工作放到前台后又放回到后台，这时最后一个被放入到后台的将变成 vim 的操作，所以会出现[1]+的情况。另外，如果执行 fg -number 命令则表示将“-”号的那个工作号码拿出来，而[2]-就是那个工作号码。

（3）用户既然使用 Ctrl+z 快捷键可以将工作丢到后台暂停或挂起，同样也可以让一个工作在后台下运行。首先用户执行以下命令后按下暂停键，如下所示：

```
root@wmm:/# find / -perm +7000 >
/tmp/text.txt

[3]+  已停止  find / -perm +7000 >
/tmp/text.txt
```

（4）执行 jobs 命令查看所有的工作，接着通过 bg 1 命令查看工作。当用户使用 bg 命令时会在命令行的最后方多一个“&”符号。如下所示：

```
root@wmm:/# bg 1
[1] vim /file1.txt &
```

13.3.5 进程优先级

在 Linux 操作系统中，进程有运行、就绪和阻塞三种状态，并且在这三种状态之间进行切换。每个进程都有相应的优先级，优先级决定它何时运行和接收多少 CPU 时间，每个正在被执行的进程都会被赋予一定的使用 CPU 优先级。

系统相同时间有多个进程在运行中，只是大部分的进程都处于休眠状态，如果同时唤醒所有的进程，那么 CPU 究竟应该处理哪个进程呢？这就需要从优先执行序与 CPU 调度两个方面来考虑。

当用户在终端窗口中执行 ps -l 命令时，输出的命令结果可以找到 PRI 和 NI 列（参考练习 3 第（2）步）。这个 PRI 的值越低代表越优先被执行，这个 PRI 的值是由内核动态调整的，用户无法直接调整 PRI 值。但是，如果用户想要调整进程的优先执行序时，需要通过 nice 值，即 NI。一般来说，PRI 与 NI 的关系如下所示：

```
PRI (new) = PRI (old) + nice
```

虽然 nice 的值可以影响 PRI，但是最终的 PRI 仍然要经过系统分析才会做出决定。针对上述 PRI 和 NI 的相关性，需要注意以下几点。

（1）nice 值有正负之分，当值为负时，程序就会降低 PRI 值，会变得比较优先被处理。

（2）nice 值的可调整范围是-20~19。

（3）root 可以随意调整自己或他人进行的 nice 值，且调整范围是-20~19。

（4）一般用户可以调整自己或他人进程的 nice 值，范围仅为 0~19（避免一般用户抢占系统资源）。

（5）一般用户仅可将 nice 值越调越高，例如 nice 的本来值是 5，则将来仅能调整到大于 5。

从上面的内容可以得出结论，如果用户要调整某个进程的优先级，就是要调整某个进程的 nice 值。nice 值的设定有两种方式，说明如下：

- 一开始执行程序就立即给予一个特定的 nice 值：nice 命令。
- 调整某个已经存在的 PID 的 nice 值：renice 命令。

1. nice 命令

nice 命令是新执行的命令，需要立即赋予新的 nice 值。命令的语法格式如下：

```
nice [-n 数字] command
```

上述语法格式中，n 的取值范围是-20~19 之间的整数，表示进程执行时的优先级。-20 表示最高等级，而 19 表示最低等级。其中-20~-1 之间的等级只有系统管理员才能设置。如果没有使用 nice 命令对程序执行时的优先级进行设定，系统默认等级是 0；如果使用了 nice 命令但是没有指定等级，系统默认等级是 10。

例如，对于“vi test1 &” 命令来说，如果没有使用 nice 命令，则系统默认赋予的优先级是 0。对于“nice vi test2 &”命令来说，使用了 nice 命令，但是没有指定优先级，因此默认的优先级是 10。对于“nice -25 vi test3 &”命令来说，使用 nice 命令指定的优先级是 25，超出系统最大值，系统会以最低等级 19 运行。对于“nice -25 vi test4 &”命令来说，使用 nice 命令指定的优先级是-25，超市系统最小值，系统会以最高等级-20 运行。

【练习 7】

本次练习通过命令更改系统中的 NI 值，更改该值的前后分别查看系统中的进程。步骤如下：

（1）在终端界面中执行 vim 命令，该命令打开当前用户目录下的 hello.txt 文件，然后通过按下 Ctrl+z 快捷键挂起。如下所示：

```
root@wmm:/# vim /home/superadmin/hello.txt

[1]+  已停止    vim /home/superadmin/hello.txt
```

（2）通过执行 ps -l 命令查看系统中正在运行的进程。命令如下：

```
root@wmm:/# ps -l
F S   UID   PID  PPID  C PRI  NI ADDR SZ WCHAN  TTY          TIME CMD
4 S     0  2112  2006  0  80   0 -  1831 poll_s pts/0    00:00:00 sudo
```

```
4 S    0 2113  2112  0  80   0 -  1766 wait     pts/0    00:00:00 su
0 S    0 2121  2113  0  80   0 -  1791 wait     pts/0    00:00:00 bash
4 T    0 2137  2121  0  80   0 -  3640 signal   pts/0    00:00:00 vim
0 R    0 2138  2121  0  80   0 -  1533 -        pts/0    00:00:00 ps
```

（3）使用 nice 命令为一个 NI 的值是-5，用于执行 vim。命令如下：

```
root@wmm:/# nice -n -5 vim &
[2] 2140
```

（4）重新执行 ps -l 命令查看正在运行的进程，观察效果。命令如下：

```
root@wmm:/# ps -l
F S  UID   PID  PPID  C PRI  NI ADDR SZ WCHAN   TTY     TIME     CMD
4 S    0  2112  2006  0  80   0 -  1831 poll_s  pts/0   00:00:00 sudo
4 S    0  2113  2112  0  80   0 -  1766 wait    pts/0   00:00:00 su
0 S    0  2121  2113  0  80   0 -  1791 wait    pts/0   00:00:00 bash
4 T    0  2137  2121  0  80   0 -  3640 signal  pts/0   00:00:00 vim
4 T    0  2140  2121  0  75  -5 -  3546 signal  pts/0   00:00:00 vim
0 R    0  2141  2121  0  80   0 -  1533 -       pts/0   00:00:00 ps
```

2．renice 命令

renice 命令可以用于设置优先级并且执行相应的程序，但是该命令是对一个已经存在的程序进行执行，它只是对优先级进行了调整。renice 命令的语法格式如下：

```
renice [n 数字] [ [进程号] [-u 用户名] [-g 用户组] ]
```

在上述语法中，n 表示进程的优先等级，它是-20~19 的整数；进程号是指进程的 PID 值；[-u]或[-g]用于改变用户或用户组中所有进程执行的优先级。

> **注意**
> renice 命令进程号对进程进行指定，而 nice 命令使用程序的名称。renice 命令的参数 n 前面不需要加上“-”符号，而 nice 命令的参数 n 前面需要加上“-”符号。

【练习 8】

本次练习在以上练习的基础上进行更改，找出自己的 bashPID，并将该 PID 的 NI 值调整到 15。命令如下：

```
root@wmm:/# renice 15 2121
2121 (process ID) old priority 0, new priority 15
```

继续输入 ps -l 命令查看正在运行的进程，效果如下：

```
root@wmm:/# ps -l
F S  UID   PID  PPID  C PRI  NI ADDR SZ     WCHAN   TTY      TIME      CMD
4 S    0  2112  2006  0  80   0 -    1831   poll_s  pts/0    00:00:00  sudo
4 S    0  2113  2112  0  80   0 -    1766   wait    pts/0    00:00:00  su
0 S    0  2121  2113  0  95  15 -    1791   wait    pts/0    00:00:00  bash
4 T    0  2137  2121  0  80   0 -    3640   signal  pts/0    00:00:00  vim
4 T    0  2140  2121  0  75  -5 -    3546   signal  pts/0    00:00:00  vim
0 R    0  2193  2121  0  95  15 -    1533   -       pts/0    00:00:00  ps
```

从上面的命令可以看出，虽然用户修改的是 bash 进程，但是该进程所触发的 ps 命令当中的 NI 值也会变成 15。整个 NI 的值是可以在父进程和子进程之间进行传递。另外，除了 renice 之外，top 命令同样可以调整 NI 值。

3．系统监视器更改优先级

除了使用命令外，用户还可以以系统监视器更改进程的优先级。首先在系统监视中选择需要更改的优先级进程，单击右键并在快捷键菜单中选择【改变优先级】选项，然后选择要设置的优先级级别，如图 13-16 所示。

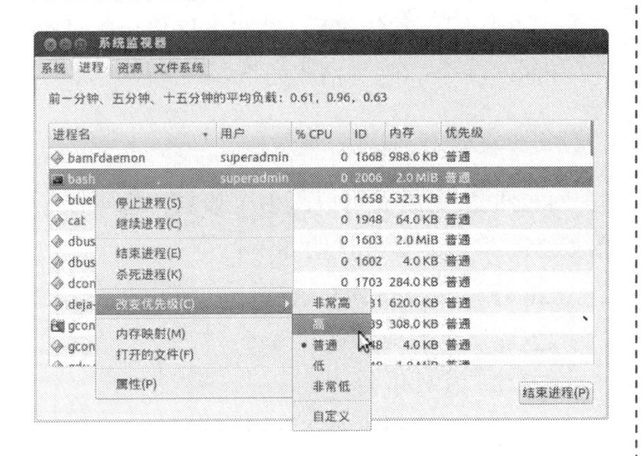

图 13-16 更改优先级级别

在图 13-16 中，用户也可以选择【自定义】选项，在弹出的【更改进程】对话框中拖动水平设置新的优先级，如图 13-17 所示。

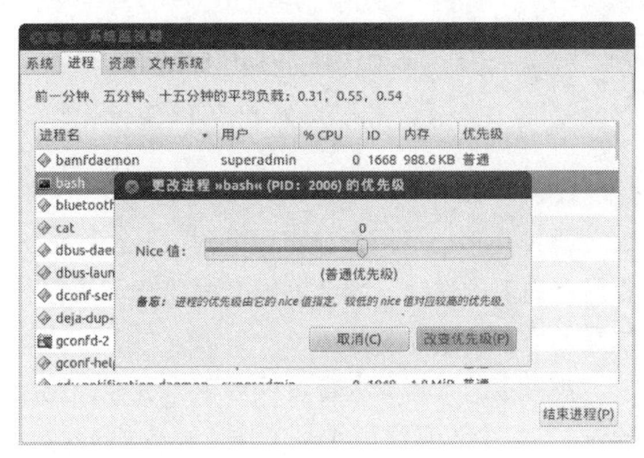

图 13-17 自定义优先级级别

13.3.6 终止进程

作为系统管理员，为了使系统具有较佳的整体性能，有时候需要强制终止某个进程，例如，当某个进程已经“僵死”或者某进程占用了大量的 CPU 时间等情况发生时就有必要终止或者撤销该进程。

用户要终止一个进程有多种方法，常用方法如下所示：

- 使用 Ctrl+c 快捷键，它可以用来终止一个前台进程。例如，用户可以使用 fg 命令将进程调到前台，然后再使用该组合键终止进程。
- 在系统监视器中结束或终止进程，如上图 13-16 所示。
- top 命令的 K 键终止进程。
- 使用 kill 命令。
- 使用 killall 命令。

1. kill 进程

使用 kill 命令可以终止一个进程，它实际上是向指定的进程发送特定的信号，从而使该进程根据该信号执行特定的动作，信号可以用信号名，也可以用信号码。该命令的语法格式如下：

```
kill [-s 信号声明 | -n 信号编号 | -信号声明] 进程号 | 任务声明 ...
```

或

```
kill -l [信号声明]
```

上述格式中常用的参数说明如下所示：

- **-l** 这个是 L 的小写，列出目前 kill 能够使用的信号有哪些。
- **-1** 重新读取一次参数的配置文件，类似于 reload。
- **-2** 代表由键盘输入 Ctrl+c 同样的操作。
- **-9** 立刻强制删除一个工作。
- **-15** 以正常的程序方式终止一项工作，与-9 是不一样的。

用户在使用 kill 命令时，如果没有使用信号选项，则 kill 命令就会向指定进程发送中断信号，该信号的信号名为 SIGTERM（也即 TERM），信号码为 15。如果指定进程没有捕捉到该信号，它将被终止运行。使用这种方式终止进程时，进程会自动结束并能够处理好结束前的相关事务。当使用不带信号选项的 kill 命令不能终止某些进程时，可以使用带信号选项的 kill 命令向进程发送 kill 信号，kill 信号的信号名为 SIGKILL（简写为 KILL）、信号码为 9，这样就会强行终止该进程。

> **注意**
> 使用 kill 命令终止进程可能会带来副作用，例如数据丢失、终端无法恢复到正常状态等，所以应当慎重使用该命令。

【练习 9】

例如，用户首先通过 jobs 命令查看后台的工作进程，然后将第 2 个工作强制删除。命令如下：

```
root@wmm:/# jobs
[1]-  已停止    vim /home/superadmin/
hello.txt
[2]+  已停止            nice -n -5 vim
root@wmm:/# kill -9 %2; jobs
[1]-  已停止    vim /home/superadmin/
hello.txt
[2]+  已杀死            nice -n -5 vim
```

再过几秒之后用户还可以通过 jobs 命令查看后台的工作进程，就会发现 2 号工作不见了，这是因为它被删除了。

继续通过 job 命令查看后台工作进程，然后通过 kill 命令正常终止 1 号工作。命令如下：

```
root@wmm:/# kill -SIGTERM %1
```

在上面的命令中，-SIGTERM 与-15 的效果是一样的，用户可以直接在终端命令行中输入命令"kill -l"进行查看。

试一试

如果用户要终止一个进程，而又不知道其 PID 时，可以先使用命令"ps | grep 进程名"获得进程 PID，然后使用带 kill 信号的 kill 命令强行"杀死"该进程，读者可以亲自动手一试。

2．killall 命令

使用 killall 命令也可以终止进程，该命令使用进程名称来终止相应进程的执行，如果系统中具有多个相同名称的进程，这些进程将全部被终止。killall 命令的语法格式如下：

```
killall [-信号] 进程名
```

killall 命令后面可以跟多个参数，也可以不跟参数。常用的参数说明如下：

- **-Z** 只杀死拥有 scontext 的进程。
- **-e** 要求匹配进程名称。
- **-I** 忽略小写。
- **-g** 杀死进程组而不是进程。
- **-i** 交互模式，杀死进程前先询问用户。
- **-l** 列出所有的已知信号名称。
- **-q** 不输出警告信息。
- **-s** 发送指定的信号。
- **-v** 报告信号是否成功发送。
- **-w** 等待进程死亡。
- **--help** 显示帮助信息。
- **--version** 显示版本显示。

killall 命令的使用非常简单，可以直接在该命令后跟进程的名称。如下所示：

```
root@wmm:/# killall vi
```

13.4 系统日志文件

日志文件记录了系统在什么时间、哪个主机、哪个服务出现的信息等。这些信息包括用户识别数据、系统故障排除须知等信息。详细而准确地分析以及备份系统的日志文件是一个系统管理员应该要进行的任务之一。在第 4 课介绍文件时已经简单提到过日志文件，下面将进行详细介绍。

13.4.1 系统日志文件概述

日志文件（Log Files）是包含关于系统消息的文件，包括内核、服务、在系统上运行的应用程序等。不同的日志文件记录了不同的信息。例如，有的是默认的系统日志文件，有的仅用于安全消息。当试图诊断和解决系统问题时，如试图载入内核驱动程序或者寻找对系统未经授权的使用企图时，日志文件会非常有用。

Linux 主机在后台有相当多的 daemons 同时在工作，这些工作中的进程总是会显示一些信息，这些显示的信息最终会被记载到日志文件中。

1．日志文件的重要性

通过查看屏幕上面的错误信息与日志文件的错误信息，用户可以解决大部分的 Linux 问题，因此系统管理员需要随时关注日志文件。

日志文件的重要性表现在以下几个方面。

（1）解决系统方面的错误

对 Linux 系统非常熟悉的读者可以知道，

Linux 系统用久了会发现系统可能出现的一些错误信息，这些错误包括硬件捕获不到或者是某些系统程序无法顺利运行的情况。由于系统会将硬件检测过程记录在日志文件内，因此管理员只需要通过查询日志文件就能够了解系统做了什么事。

（2）解决网络服务的问题

由于网络服务的各种问题都会被写入特别的日志文件，因此用户在完成了某些网络服务的设置后，如果无法顺利启动某个服务，那么只需要找到日志文件进行查看即可。例如，如果用户无法启动邮件服务器，可以查看一下/var/log/maillog 日志文件，或许会有意想不到的收获。

（3）过往事件记录簿

如果用户想要了解为什么 WWW 服务（apache 软件）在某个时刻流量特别大，可以通过日志文件找出该时间段内 IP 在联机与查询的网页数据，就能够查找出原因。

2．日志文件需要的相关服务和进程

日志文件的产生有两种方式：一种是由软件开发商自行定义写入的日志文件与相关格式（例如 WWW 软件 apache）；另一种则是由 Linux distribution 提供的日志文件管理服务来统一管理，只要用户将信息交给这个服务，它就会自动将这些信息分类放置到相关的日志文件中。

针对日志文件所需要的功能，用户需要的服务进程与程序有三种：syslogd、klogd 和 logrotate。说明如下：

- **syslogd** 主要登录系统与网络等服务的信息。
- **klogd** 主要登录内核产生的各项信息。
- **logrotate** 主要进行日志文件的轮替功能。

13.4.2 认识日志文件

大多数日志文件都是文本文件，使用文本编辑器就能方便地打开。默认情况下，只有超级用户才有读取大多数日志文件的权限。

Linux 系统中的日志文件可以分为两类：一类是系统日志；另一类是应用程序日志。系统日志是每个 Linux 系统都有的，它记录着系统发生的各种各样的事件信息。而应用程序日志取决于所运行的应用程序，以及如何产生日志。

大多数日志文件都存放在/var/log 目录中，用户可以在终端窗口中执行 ls /var/log 命令查看该目录下的所有日志文件，如图 13-18 所示。

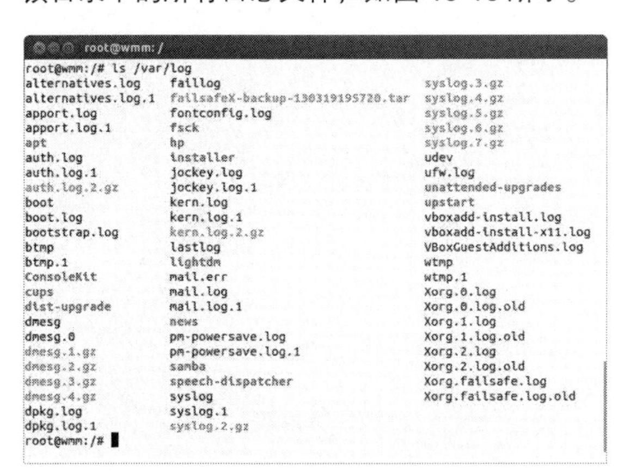

图 13-18 /var/log 目录下的文件

如果要查看某个日志文件的内容，可以使用文本编辑器打开该日志文件。日志文件的内容通常都详细记录着程序的执行状态、日期、时间和主机等信息。只要能够充分利用日志文件，就能获得系统运行的详细信息。下面介绍几个常用的日志文件。

1．/var/log/dmesg 日志文件

/var/log/dmesg 日志文件记录了在开机的时候内核检测过程所产生的各项信息。例如，CPU、硬盘驱动器、PCI 设备以及各个分区上使用的文件系统等信息。用户可以直接通过文本编辑器打开该文件，也可以直接在终端界面中通过执行 dmesg 命令打开，效果如图 13-19 所示。

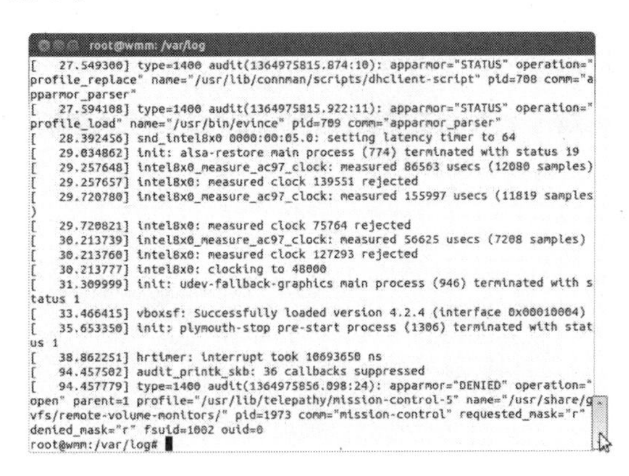

图 13-19 /var/log/dmesg 日志文件

2. /var/log/lastlog 日志文件

该文件可以记录系统上面所有的账号，在最近一次登录系统时的相关信息。用户在每次登录时都会被查询，该日志文件是一个二进制文件。打开该日志文件时不能通过文本编辑器打开，但是可以直接在终端窗口中执行 lastlog 命令，如图 13-20 所示。

```
root@wmm:/var/log# lastlog
用户名           端口     来自             最后登陆时间
root                                       **从未登录过**
daemon                                     **从未登录过**
bin                                        **从未登录过**
sys                                        **从未登录过**
sync                                       **从未登录过**
games                                      **从未登录过**
man                                        **从未登录过**
lp                                         **从未登录过**
wmm              tty6                      五  3月 22 10:32:13 +0800 2013
guest-0tyJcr                               **从未登录过**
admin            tty6                      五  3月 22 17:54:32 +0800 2013
proxy                                      **从未登录过**
```

图 13-20　/var/log/lastlog 日志文件

3. /var/log/wtmp 日志文件

这个日志文件记录了每个用户登录、注销以及系统的启动和停机事件。因此随着系统的正常运行时间的增加，该文件的大小也会越来越大，增加的速度取决于系统用户登录的次数。

/var/log/wtmp 文件是一个数据库文件，因此该文件不能使用文本编辑器打开，但是可以通过在终端窗口中执行 last 命令打开。last 命令可以通过访问这个日志文件获取这些信息，并能以反序从后向前显示用户的登录记录，last 也能根据用户、终端 tty 或者时间显示相应的记录。

last 命令有两个可选参数，说明如下所示：

- **last -u 用户名**　显示用户上次登录的情况。
- **last -t 天数**　显示指定天数之前的用户登录情况。

用户在终端中执行 last 命令时的效果如图 13-21 所示。

```
root@wmm:/# last
superadm pts/2        :0.0              Wed Apr  3 15:58   still logged in
reboot   system boot  3.5.0-26-generic Wed Apr  3 15:56 - 16:36  (00:39)
reboot   system boot  3.5.0-26-generic Wed Apr  3 15:50 - 16:36  (00:45)
superadm pts/0        :1.0              Wed Apr  3 11:46 - 11:48  (00:02)
superadm pts/2        :1.0              Wed Apr  3 09:41 - 11:29  (01:47)
superadm pts/0        :1.0              Wed Apr  3 09:40 - 09:41  (00:01)
reboot   system boot  3.5.0-26-generic Wed Apr  3 09:11 - 16:36  (07:25)
reboot   system boot  3.5.0-26-generic Wed Apr  3 09:08 - 16:36  (07:28)
reboot   system boot  3.5.0-26-generic Wed Apr  3 09:06 - 16:36  (07:30)
superadm pts/1        :0.0              Tue Apr  2 13:41 - 17:41  (04:00)
reboot   system boot  3.5.0-26-generic Tue Apr  2 13:40 - 16:36 (1+02:55)
reboot   system boot  3.5.0-26-generic Tue Apr  2 13:36 - 16:36 (1+02:59)
superadm pts/0        :1.0              Tue Apr  2 09:25 - crash  (04:10)
superadm pts/0        :1.0              Tue Apr  2 09:25 - 09:25  (00:00)
superadm pts/0        :1.0              Tue Apr  2 09:24 - 09:25  (00:00)
reboot   system boot  3.5.0-26-generic Tue Apr  2 09:22 - 16:36 (1+07:14)
reboot   system boot  3.5.0-26-generic Tue Apr  2 09:20 - 16:36 (1+07:16)
reboot   system boot  3.5.0-26-generic Tue Apr  2 09:18 - 16:36 (1+07:17)
reboot   system boot  3.5.0-26-generic Tue Apr  2 09:16 - 16:36 (1+07:19)
reboot   system boot  3.5.0-26-generic Tue Apr  2 09:15 - 16:36 (1+07:21)
reboot   system boot  3.5.0-26-generic Tue Apr  2 09:12 - 16:36 (1+07:23)
reboot   system boot  3.5.0-26-generic Mon Apr  1 17:50 - 17:51  (00:00)
```

图 13-21　last 命令查看/var/log/wtmp 文件

注意

wtmp 是二进制文件，它们不能被诸如 tail 之类的命令粘贴或合并（使用 cat 命令）。用户需要使用 who、w、users、last 和 ac 等命令来使用这两个文件包含的信息。

上面已经介绍了/var/log/目录下的主要文件，细心的用户在其他的资料中还可以看到其他的一些文件，这些文件也非常重要，例如/var/log/cron 或/var/log/message 文件。默认在 Ubuntu 系统中，这些文件是不显示的，那么如何让它们显示呢？很简单，以/var/log/cron 的显示为例，主要步骤如下：

（1）用户需要修改与 rsyslog.conf 文件（下节介绍）有关的内容，观察该文件可以发现，此文件包含/etc/rsyslog.d/目录下的以.conf 结尾的文件。修改 50-default.conf 文件，找到相关内容，将其前面的“#”去掉。内容如下所示：

```
#cron.*              /var/log/cron.log
```

（2）在终端窗口中执行以下命令启动 rsyslog 服务，如下所示：

```
service rsyslog restart
```

（3）在终端窗口中执行以下命令启动 cron 服务，如下所示：

```
service cron restart
```

（4）用户可以到相关的目录查找是否已经存在相关的文件，也可以通过命令查看内容。命令如下：

```
root@wmm:/home/superadmin# tail -f
/var/log/ cron.log
Apr 13 10:08:29 wmm cron[2711]: (CRON)
INFO (pidfile fd = 3)
Apr 13 10:08:29 wmm cron[2712]: (CRON)
STARTUP (fork ok)
Apr 13 10:08:29 wmm cron[2712]: (CRON)
INFO (Skipping @reboot jobs -- not
system startup)
Apr 13 10:17:01 wmm CRON[2763]: (root)
CMD(cd/&& run-parts --report /etc/
cron.hourly)
```

13.4.3 /etc/rsyslog.conf 文件

不同的 Linux 发行版使用不同的 syslog 程序来记录系统日志。例如，有的版本使用 syslog.conf 文件，有的版本使用 rsyslog.conf 文件，还可能有其他配置文件的出现。在 Ubuntu 12.04 版本中使用 rsyslog.config 配置文件记录各种服务与信息。syslog.conf 文件和 rsyslog.conf 文件的格式基本一样，下面介绍 rsyslog.config 文件。

rsyslog.config 文件的语法格式如下所示：

```
服务名称[.=!]信息等级 信息记录到文件名或设备或主机
```

从上述语法格式可以知道，rsyslog.config 文件主要由服务名称、信息等级和文件、设备或主机三部分组成。如下所示了该配置文件的部分内容：

```
#
# Set the default permissions for all log files.
#
$FileOwner syslog
$FileGroup adm
$FileCreateMode 0640
$DirCreateMode 0755
$Umask 0022
$PrivDropToUser syslog
$PrivDropToGroup syslog
#
# Where to place spool files
#
$WorkDirectory /var/spool/rsyslog
#
# Include all config files in /etc/rsyslog.d/
#
$IncludeConfig /etc/rsyslog.d/*.conf
```

1. 服务名称

syslog 本身有设置一些服务，用户可以通过这些服务来存储系统的信息。如表 13-2 所示了常用的服务，用户可以通过在终端窗口中执行 man 3 syslog 的命令查询相关的信息。

2. 信息等级

信息等级是指信息的紧急程度，如果在一行中出现多个服务名称[.=!]信息等级，各项之间需要使用分号进行分隔。例如，“kern.emerg”表示来自内核的紧急信息；“mail*;daemon.noctice”表示所有与邮件相关的信息和来自守护进程的警告信息。

表 13-2 syslog 常用的服务

服务类型	说 明
auth(authpriv)	与安全认证以及权限修改相关的命令
cron	例行性工作调度 cron/at 等生成信息日志的地方
daemon	守护进程，与各个 daemon 有关的信息
kern	内核信息产生的地方
lpr	与打印信息有关的地方
mail	邮件系统，与邮件收发有关的信息记录在这个文件中
news	与新闻组服务器有关的信息
syslog	syslog 程序自身所生成的信息
user， uucp，local0-local7	与 Unix like 机器本身有关的一些信息

syslog 将信息主要分为 7 个等级，如表 13-3 按照信息的紧急程序由上到下逐渐递减，即最上面的信息等级越高。

表 13-3 syslog 的信息等级

信息等级	说 明
emerge (panic)	最高的紧急等级，意指系统已经几乎要死机的状态。通常情况下，只有硬件出现问题导致整个内核无法顺利运行时，才会出现这样的信息
alert	警告，已经很有问题的等级
crit	这个是临界点 critical 的缩写，表示错误已经很严重了。处于临界状态
err(error)	一些重大的错误信息，例如配置文件的某些设置值造成服务器无法启动
warning (warn)	警告信息，可能有问题，但是不至于影响到整个 daemon 运行的信息
notice	除了 info 外，还需要注意一些信息
info	一般性信息，只是一些基本的信息说明而已

除了表中所列出的 7 个信息外，还有两个特殊的等级：debug（错误检测等级）和 none（不登录等级）。当用户想要做一些错误检测或者是

忽略掉某些信息时，就可以使用它们。

这些全部的信息等级都会遵循向上的原则，例如 err 选项则表示所有高于或者等于 err 等级的消息都会被处理，即所处理的信息包括 err、crit、alert 和 emerge。如果等级设置为 debug 则表示所有的消息都需要被处理。如果用户希望匹配某个确定的紧急程序，则需要使用等号进行设定，例如“kern.=alert”表示只对内核产生的紧急信息进行处理。

3．文件、设备或主机

用户将信息设置完成后放置在哪里呢？通常所使用的都是文件记录，但是也可以输出到设备（如打印机），还可以记录到不同的主机上。如表 13-4 所示了一些放置信息的常用去处。

表 13-4　设置信息的常用去处

放置名称	说　明
远程主机	即@主机名，转发给另一台主机上的 syslog 程序
远程 IP	即@IP 地址，转发给另一个 IP 地址的主机
*	代表目前在线的所有人，转发给所有用户的终端上
文件的绝对路径	通常放置在/dev/log 里面的文件
用户名称	将信息发给用户列表中的所有用户，用户名之间使用逗号分隔
｜程序	通过命名管道转发给程序
打印机或其他	例如打印机设备

4．基本练习

从 rsyslog.conf 文件中可以了解到所有的配置文件信息都包含在/etc/rsyslog.d 目录下的.conf 文件中。rsyslog.conf 文件支持通配符“*”和“none”，其中“*”表示匹配全部；“none”则表示忽略全部。

【练习 10】

根据 rsyslog.conf 文件中的内容，用户可以直接进行配置。例如，如果用户将 mial 相关的数据写入到/var/log/maillog 中，在相关文件中进行如下设置：

```
mail.info /var/log/maillog
```

例如，用户需要将新闻组资料（new）和例行性工作调度（cron）的信息都写入到/var/log/cronnews 中，但是需要将这两个程序的警告信息额外地记录到/var/log/cronnews.warn 中。需要在文件中设置：

```
new.*;cron.*   /var/log/cronnews
news.=warn;cron.=warn   /var/log/
cronnews/cronnews.warn
```

例如，messages 文件需要记录所有的信息，但是就是不想记录 cron、mail 和 news 的信息。需要在文件中进行设置，以下两种方式可以任意选择一种：

```
*.*;news,cron,mail.none       /var/
log/messages
*.*;news.none;cron.none;mail.none
/var/log/messages
```

例如，发生了内核恐慌（emerge），需要用户将消息发送到所有登录的用户。配置如下所示：

```
kern.emerg       *
```

13.4.4　系统日志的图形化管理

系统日志可以进行图形化管理，图形化的方式非常简单，直接在 Dash 主页中找到【系统日志查看器】选项，然后弹出如图 13-22 所示的窗口。在该窗口中，用户可以查看分类日志，还可以利用菜单中的选项过滤或打开其他日志文件等。

图 13-22 【系统日志查看器】窗口

13.5 认识 logrotate 的配置文件

logrotate 是针对系统日志文件来进行轮替的操作，因此，它记载了在什么状态下才将日志文件进行轮替的设置。与 logrotate 这个程序有关的参数配置存放在/etc/logrotate.conf 和/etc/logrotate.d/目录文件下。/etc/logrotate.conf 是主要的参数文件；而/etc/logrotate.d/只是一个目录，该目录中的所有文件都会被主动读入/etc/logrotate.conf 中进行。另外，在/etc/logrotate.d/的文件中，如果没有指定一些详细设置，则以/etc/logrotate.conf 文件的规定来指定默认值。

logrotate 的主要功能就是将旧的日志文件移动成旧文件，并重新建立一个新的空文件来记录。如下所示了/etc/logrotate.conf 文件的内容：

```
# see "man logrotate" for details
# rotate log files weekly
weekly
# keep 4 weeks worth of backlogs
rotate 4
# create new (empty) log files after
rotating old ones
create
# uncomment this if you want your log
files compressed
#compress
# packages drop log rotation
information into this directory
include /etc/logrotate.d
# no packages own wtmp, or btmp --
we'll rotate them here
/var/log/wtmp {
    missingok
    monthly
    create 0664 root utmp
    rotate 1
}
/var/log/btmp {
    missingok
    monthly
    create 0660 root utmp
    rotate 1
}
# system-specific logs may be
configured here
```

上述格式中，weekly 表示默认每个礼拜对日志文件进行一次 rotate 的工作；rotate4 默认保留 4 个日志文件；create 表示新建一个新的日志文件来继续存储。另外，使用 include 表示包含/etc/logrotate.d 目录下的所有文件。

13.6 拓展训练

管理进程

做好进程管理工作也是确保系统保持较佳整体性能的重要途径之一。本拓展练习使用常用的方法对系统中的进程进行管理。

（1）在系统中创建文件 oldfile.txt 和 newfile.txt，然后在终端窗口上执行 find /-name oldfile.txt 命令启动一个进程，在该进程还未执行完成时，按下 Ctrl+z 快捷键将该进程暂时挂起，然后使用 ps 命令查看该进程的有关信息。

（2）在终端窗口中执行“find /-name newfile.txt &”命令启动一个进程，然后执行 jobs 命令查看当前在后台有哪些进程。

（3）在终端窗口中执行 top 命令，查看系统中的资源状况，查看完毕后按下 q 键终止进程的执行。

（4）执行 ps -ef 命令查看系统中所有进程的详细信息。

（5）执行 ps aux 命令查看系统用户的全部进程。

13.7 课后练习

一、填空题

1. __________命令用来查询目前系统后台的工作状态。

2. 用户通过按下快捷键__________将某一个进程挂起。

3. __________命令将系统中所有的进程以树形图的方式进行显示。

4. Ubuntu 提供了恢复被挂起进程的命令。其中，可以将被挂起进程恢复至后台继续运行的命令是__________。

5. 与恢复进程有关的命令包含__________命令和 renice 命令。

二、选择题

1. 一般情况下，Ubuntu Core Linux 系统中的系统日志文件主要存放在__________目录中。

A. /proc

B. /var

C. /usr

D. /tmp

2. 关于 ps 命令和 top 命令的说法，正确的是__________。

A. ps 命令可以监控系统的资源；而 top 命令则可以检测进程的工作情况

B. ps 命令和 top 命令都可以检测进程，这两个命令之间没有多大的区别

C. top 命令是选取一个时间点的进程状态，而 ps 命令则是可以持续检测进程运行的状态

D. ps 命令是选取一个时间点的进程状态，而 top 命令则是可以持续检测进程运行的状态

3. 下列选项__________所述的方法不可以终止一个进程。

A. 使用 killall 命令

B. 使用 top 命令的 K 键功能

C. 使用 delete 命令

D. 使用 kill 命令

4. 关于进程和程序的不同点，下面说法不正确的是__________。

A. 进程是一个动态的概念，而程序是一个静态的概念

B. 进程是有一定生命周期，程序则是作为一种软件长期存在

C. 同一个程序可以对应多个进程

D. 进程和程序都能够真实地描述开发

5. nice 命令和 renice 命令的选项，__________是错误的。

A. nice 命令只是调整了某个已经存在的进程 PID 的 Nice 值；renice 命令是新执行的命令，它会给定一个特定的 Nice 值

B. 无论是 nice 命令，还是 renice 命令，其参数 n 的取值范围都在-20~19 之间

C. 如果使用了 nice 命令但是没有指定等级，系统默认等级是 10

D. nice 命令的参数 n 前需要添加“-”符号；renice 命令的参数 n 前不需要添加“-”符号

6. 更改系统进程的优先级时 PRI 与 NI 的关系是__________。

A. PRI（new）= PRI（old）*nice

B. PRI（new）= PRI（old）+nice

C. PRI（new）= PRI（old）-nice

D. PRI（new）= PRI（old）%nice

三、简答题

1. 用户改变进程的优先级有几种方法，其操作是什么?

2. 说出配置文件/etc/rsyslog.conf 的语法格式，并简要说明服务名称、消息等级以及设备、文件或主机。

3. 请尽可能多地说出你所知道的结束进程的方式。

4. 请说出 proc 目录下的文件，并且对说出的文件进行说明（至少三种）。

第 14 课 网络配置与网络安全

一个完整的操作系统离不开网络的配置和安全管理。Linux 强大的网络功能与当前绝大多数主流的网络操作系统保持着良好的兼容性，用户不仅了解当前系统的网络配置信息。无论是将 Linux 作为客户机还是服务器都需要对网络进行管理和维护，尤其是在网络通信时更侧重于对信息安全性的考虑。

本课将从网络配置和网络安全两个大的方面来进行介绍。通过对本课内容的学习，读者可以了解计算机网络的发展历史，也可以熟悉与网络配置有关的文件，还可以熟练地使用与网络管理有关的命令。另外，读者还将会熟悉与网络安全有关的内容，例如计算机病毒与防护和防火墙。

本章学习目标：

- ❑ 了解计算机网络的发展历史
- ❑ 熟悉如何查看系统中的网络连接
- ❑ 掌握/etc/network/interfaces 文件的信息
- ❑ 熟悉与网络配置有关的其他文件
- ❑ 掌握 ping 命令和 ifconfig 命令的使用
- ❑ 掌握 nslookup 和 netstat 命令的语法和使用
- ❑ 了解 route 命令的基本使用
- ❑ 了解安全定义和安全对策
- ❑ 熟悉计算机病毒的特征、种类以及如何预防
- ❑ 掌握 iptables 命令的语法以及常用的选项参数
- ❑ 掌握如何使用 iptables 命令进行简单的操作

14.1 网络基础

计算机网络是将地理位置分散的多台计算机按照通信协议有机地连接起来，以实现计算机之间的信息交通、资源共享和协同工作的计算机复合系统。本节主要了解计算机网络的发展和系统中网络连接的查看。

14.1.1 计算机网络的发展

1969 年美国高级研究计划署组织成功研制了世界上公认的第一个远程计算机网络——ARPAnet 网络。该网络在建成时只有 4 个试验节点，到 1971 年 2 月已经扩充为具备 15 个节点、23 台主机的计算网络，并正式投入使用。现代计算机网络的许多概念和方法都起源于 ARPAnet，因此，人们通常将其视为计算机网络的起源，同时也是 Internet 的起源。计算机网络发展至今，共经历了四个阶段。

1．以单计算机为中心的联机终端系统

计算机网络主要是计算机技术和信息技术相结合的产物，它从 20 世纪 50 年代起步至今已有 50 多年的发展历程。20 世纪 50 年代以前，计算机主机相当昂贵，而通信线路和通信设备相对便宜。为了共享计算机主机资源和进行信息的综合处理，形成了第一代以单主机为中心的联机终端系统。

2．初级计算机网络

随着计算机网络技术的进一步发展，到 20 世纪 60 年代中期，计算机网络不再局限于单计算机网络，许多单计算机网络相互连接形成了有多个单主机系统相连接的计算机网络，这时的计算机网络被称为“初级计算机网络”。

3．开放式的标准化计算机网络

20 世纪 70 年代末到 20 世纪 90 年代初逐渐形成了开放式标准化计算机网络。在开放式的网络中，所有的计算机和通信设备都遵循共同认可的国际标准，从而保证不同厂商的网络产品可以在同一网络中顺利地进行通信。

4．新一代的计算机网络

互联网的进一步发展要求新一代计算机网络必须提供一种高速、大容量和安全的综合性数字信息传递机制。通过使用 IPv6 技术，新一代互联网的 IP 地址空间将进一步扩展，使现有的 IPv4 地址空间紧缺的问题将得到解决；通过采用多层次路由结构、分层目录管理等技术，新一代互联网将有可能解决目前网络管理的无政府状态。

总之，正在研究与发展中的“新一代的计算机网络”将向着全面互联、高速和智能化的方向发展，并将继续得到更广泛的应用。

14.1.2 查看网络连接

网络配置信息通常都放置在文件中，在介绍与网络配置有关的内容之前，首先需要查看网络连接。了解 Windows 操作系统的用户知道如何查看计算机的网络。同样，在 Linux 系统中也存在着相似的网络。

用户查看网络和网络连接的方式非常简单，在 Dash 主页中找到【网络】选项并打开【编辑】对话框。在该对话框中用户查看有关信息，单击图 14-1 中的【选项】按钮弹出【正在编辑】对话框，可以修改网络信息，效果如图 14-1 所示。

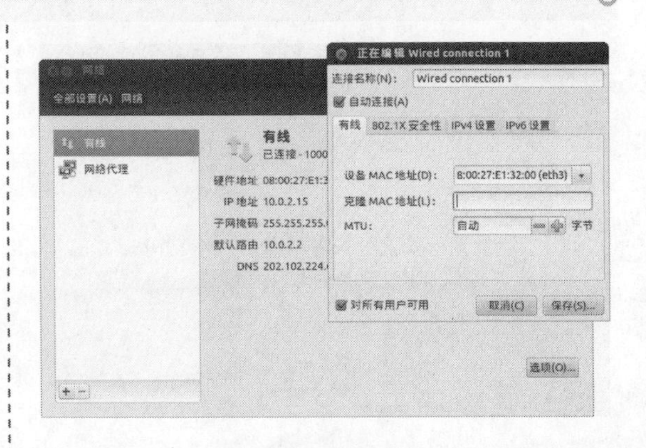

图 14-1 查看网络

在 Dash 主页中找到【网络连接】选项并单击打开，这种方式也可以查看当前的网络连接，其中包括的名称是有线、无线、移动宽带、VPN 和 DSL 选项卡。在【有线】选项卡中单击【添加】按钮添加新的网络连接，或者单击【编辑】按钮编辑当前的网络信息，如图 14-2 所示。

图 14-2 查看网络连接

14.2 网络配置文件

很多情况下，用户只是了解当前系统的网络状态是不够的。在进行网络访问时，还需要配置网络配置文件，这些配置文件都位于 etc 目录下。

14.2.1 基本信息配置文件

Red Hat 类的操作系统，其配置文件是在 /etc/sysconfig/network-scripts 目录下，Ubuntu 与 Red Hat 以及其他的 Linux 发行版本不同，它的配置文件是/etc/network/interfaces，该文件主要实现对 IP 地址的配置和多网卡的配置等。

用户可以通过执行 vi、vim 或其他命令打开 /etc/network/interfaces 文件。文件内容如下：

```
superadmin@wmm:~$ cat /etc/network/interfaces
auto lo
iface lo inet loopback
```

上述内容中的两行内容表示 lo 接口的配置信息。其中第一行是系统开机时，自动启动 lo 接口；第二行是设置 lo 接口的地址信息，这里设置为本地回环（loopback）。

用户可以继续向/etc/network/interfaces 文件中添加内容，例如，为网卡配置静态 Ubuntu IP 地址。内容如下：

```
auto eth0
iface eth0 inet static
address 192.168.1.21
gateway 192.168.1.1
netmask 255.255.255.0
```

上述内容所示了第一块网卡 eth0 的配置信息，它一共包括 5 行。第一行是系统开机时，自动启动 eth0 接口，该接口为系统默认的第一块网卡所在的接口；第二行设置 eth0 接口的地址信息，如果 inet 设置为 dhcp 则是动态获取 IP，如果是 static 则用自定义的 IP，这里使用后者；第三行 address 设置 eth0 接口的一个静态 IP 地址；第四行 geteway 设置 eth0 接口的静态网关地址；最后一行 netmask 设置 eth0 接口的子网掩码。

除了设置上述的内容外，用户还可以通过 network 和 broadcast 等设置相关信息。

【练习 1】

前面的内容只是演示了一个网卡如何对应一个地址。有时候，一个网卡可以有多个地址，而且在不同的接口中可以配置多个网卡。步骤如下：

（1）如果在同一个网卡设备上有多个地址，可以继续在上面的基础上添加内容。如下所示：

```
auto eth0:1
iface eth0:1 inet static
address 192.168.1.22
gateway 192.168.1.1
netmask 255.255.255.0
```

上面内容在 eth0 接口上添加了一个新的 IP 地址，这样使 eth0 有两个 IP 地址：一个是 1.21；另一个是 1.22。这样的配置方式常用于一块网卡多个地址的配置，冒号后面的数字是任意写的，只要不重复就行。

（2）在不同的接口中可以配置多个网卡，下面为系统启动两个接口 eth0 和 eth1。eth0 的配置在 2～5 行，eth1 的配置信息在 6～9 行。命令如下：

```
auto eth0 eth1
iface eth0 inet static
address 192.168.0.111
gateway 192.168.1.1
netmask 255.255.255.0
iface eth1 inet static
address 192.168.0.222
gateway 192.168.1.1
netmask 255.255.255.0
```

（3）如果全部的内容完成后，用户可以执行命令使网络设置生效。命令如下：

```
sudo /etc/init.d/networking restart
```

/etc/network/interfaces 文件的配置方式有多种，针对不同的用户级别和网络需要可以灵活的进行配置，读者也可以通过其他方式获取更多的帮助。

14.2.2 其他网络配置文件

除了 /etc/network/interfaces 文件外，Ubuntu Linux 中还有几个常用的网络配置文件，如 /etc/iftab 表示网卡 MAC 地址绑定、/etc/hostname 显示了主机名，以及/etc/hosts 文件列出主机列表等。下面将对几个常用的配置文件进行介绍。

1. /etc/hosts 文件

/etc/hosts 文件是主机名映射文件，该文件包含了 IP 地址和主机名之间的映射，还包括主机名的别名。用户在该文件中加入客户机的 IP 地址和主机名的匹配项时可以减少登录等待的时间。

TCP/IP 网络上进行 IP 地址与域名转换有两种方法：DNS 服务器和/etc/hosts 文件的配置。对于大量的域名解析采用 DNS 服务器，在小型网络中则使用后者提供解析。在没有域名服务器的情况下，系统上所有的网络程序都通过查询该文件来解析对应于某个主机名的 IP 地址，否则用 DNS 来解决。

用户可以通过文本编辑器或执行命令打开该文件，该文件的格式是 IP 地址、主机名/域名、别名。原始记录如下所示：

```
127.0.0.1   localhost
127.0.1.1   wmm
# The following lines are desirable
for IPv6 capable hosts
::1     ip6-localhost ip6-loopback
fe00::0 ip6-localnet
ff00::0 ip6-mcastprefix
ff02::1 ip6-allnodes
ff02::2 ip6-allrouters
```

通常/etc/hosts 里面的第一条记录会定义服务器虚拟 loopback 接口的 IP 地址。它通常映射到名称 localhost.localdomain（代替服务器自己的通用名称）和 localhost（短别名）。用户可以向文件中添加新的内容，例如，百度的 IP 地址是 220.181.6.184，在/etc/hosts 文件中添加如下内容：

```
218.28.144.36  baibai   abcd   ABCD
```

其中第一列表示 IP 地址，第二列表示域名，而 abcd 列和 ABCD 列均属于别名。主机名和域名有一定的区别：主机名通常在局域网内使用，通过/etc/hosts 文件主机名被解析到对应的 IP；域名通常在 Internet 上使用，但是如果本机不想使用 Internet 上的域名解析，可以更改/etc/hosts 文件加入自己的域名解析。

2．/etc/hostname 文件

/etc/hostname 文件非常简单，它存放了当前计算机的名称。用户可以通过执行 hostname 命令查看计算机名称。

```
superadmin@wmm:~$ hostname
wmm
```

如果当前名称不是用户想要的结果，可以直接在 hostname 命令后紧跟名称进行修改。但是，用户在该文件中修改完成后还需要修改 /etc/hosts 文件中相对应的名称。

3．/etc/host.conf 文件

/etc/host.conf 文件指定了解析主机名的方式，执行相关的命令可以查看该文件中的内容。如下所示：

```
superadmin@wmm:~$ cat /etc/host.conf
# The "order" line is only used by old
versions of the C library.
order hosts,bind
multi on
```

上述内容“order hosts,bind”中的 order 指定主机名查询顺序，其参数 host 和 bind 为使用逗号隔开的查找方法。host 和 bind 分别代表 /etc/hosts 和 DNS，这里规定解析顺序是先到 /etc/hosts 文件中查找，然后再到 DNS 服务器的记录中查找。“multi on”则表示允许一个主机名对应多个 IP 地址。

4．/etc/resolv.conf 文件

/etc/resolv.conf 配置 DNS 服务器的客户信息，它包含了主机的域名搜索顺序和 DNS 服务器的地址，每一行包含一个关键字和由一个或多个空格隔开的参数。执行如下命令查看文件内容，最后一行指定了 DNS 服务器的地址。命令如下：

```
superadmin@wmm:~$ cat /etc/resolv.
conf
# Dynamic resolv.conf(5) file for
glibc resolver(3) generated by
resolvconf(8)
#     DO NOT EDIT THIS FILE BY HAND --
YOUR CHANGES WILL BE OVERWRITTEN
nameserver 127.0.0.1
```

/etc/resolv.conf 文件对于普通非 Ubuntu DNS 服务器的计算机来说，是必不可少的。如果没有设置本机为 Ubuntu DNS 服务器，同时又要解析域名，就必须指定一个 DNS 服务器的地址。用户最多可以写三个地址，作为前一个失败时的候选 Ubuntu DNS 服务器。

5．/etc/services 文件

/etc/services 文件是一个端口映射文件，该文件的内容非常简单，只是包含了所有服务和端口号之间的映射，许多网络程序中都需要使用该文件。

/etc/services 文件的内容格式如下：

```
cmip-man     163/tcp              # ISO mgmt over IP (CMOT)
cmip-man     163/udp
cmip-agent   164/tcp
cmip-agent   164/udp
mailq        174/tcp              # Mailer transport queue for Zmailer
mailq        174/udp
xdmcp        177/tcp              # X Display Mgr. Control Proto
xdmcp        177/udp
nextstep     178/tcp    NeXTStep NextStep  # NeXTStep window
nextstep     178/udp    NeXTStep NextStep  #  server
bgp          179/tcp              # Border Gateway Protocol
bgp          179/udp
prospero     191/tcp              # Cliff Neuman's Prospero
```

上述内容的第一列是主机服务名，“/”前面的内容是端口号，后面的内容可以是 tcp 或 udp。除了“#”注释的内容外，后面的列表示前面服务的别名。管理员可以通过修改文件的端口设置对应服务的访问端口。

14.3 常用网络管理命令

Ubuntu Linux 中提供了许多与网络管理有关的命令，通过这些命令，用户可以查看网络状态、网络地址或域名解析等。

14.3.1 网络状态：ping

ping 命令主要用来测试网络的连通性。该命令的语法格式如下所示：

```
ping [-LRUbdfnqrvVaAD] [-c count] [-i interval] [-w deadline]
    [-p pattern] [-s packetsize] [-t ttl] [-I interface]
    [-M pmtudisc-hint] [-m mark] [-S sndbuf]
    [-T tstamp-options] [-Q tos] [hop1 ...] destination
```

以下内容是对常用选项进行说明：

- **-c count** 测试中发出的分组数。如果不指定 count，ping 命令会连续发送测试分组，直到按 Ctrl+c 组合键强行中断命令。
- **-s packetsize** 以字节为单位指定分组报文的大小，默认为 56 字节。
- **-b** 允许 ping 广播地址。
- **-q** 只显示最后的统计信息，静默模式。
- **-t** 设置 TTL，即 IP 的生存期。
- **-T tstamp-options** 设置指定的 IP 时间戳。

用户可以在当前主机上测试到另一台主机 Computer2 是否连接成功，直接执行 ping Computer2 命令即可。

【练习 2】

本次练习通过为 ping 命令指定不同的选项参数测试网络的连通。步骤如下：

（1）执行 ping wmm 命令测试本机的网络连通，显示 3 条信息后按下 Ctrl+c 组合键显示内容。如下所示：

```
superadmin@wmm:~$ ping wmm
PING wmm (127.0.1.1) 56(84) bytes of data.
64 bytes from wmm (127.0.1.1): icmp_req=1 ttl=64 time=0.067 ms
64 bytes from wmm (127.0.1.1): icmp_req=2 ttl=64 time=0.062 ms
64 bytes from wmm (127.0.1.1): icmp_req=3 ttl=64 time=0.055 ms
//按下 Ctrl+c 后的效果
--- wmm ping statistics ---
3 packets transmitted, 3 received, 0% packet loss, time 1999ms
rtt min/avg/max/mdev = 0.055/0.061/0.067/0.008 ms
```

（2）使用选项“-c 5”指定发送分组的数量是 5。命令如下：

```
superadmin@wmm:~$ ping www.baidu.com -c 5
PING www.a.shifen.com (61.135.169.105) 56(84) bytes of data.
64 bytes from 61.135.169.105: icmp_req=1 ttl=53 time=32.2 ms
64 bytes from 61.135.169.105: icmp_req=2 ttl=53 time=17.0 ms
64 bytes from 61.135.169.105: icmp_req=3 ttl=53 time=18.7 ms
64 bytes from 61.135.169.105: icmp_req=4 ttl=53 time=31.1 ms
64 bytes from 61.135.169.105: icmp_req=5 ttl=53 time=21.5 ms
--- www.a.shifen.com ping statistics ---
5 packets transmitted, 5 received, 0% packet loss, time 20196ms
rtt min/avg/max/mdev = 17.096/24.155/32.285/6.335 ms
```

（3）使用选项“-s”指定发送分组的大小。例如，向域名 www.baidu.com 发送 2 个分组，每个分组的大小是 6300 字节。命令如下：

```
superadmin@wmm:~$ ping -c 2 -S 6300 www.baidu.com
PING www.a.shifen.com (61.135.169.105) 56(84) bytes of data.
64 bytes from 61.135.169.105: icmp_req=1 ttl=53 time=23.6 ms
64 bytes from 61.135.169.105: icmp_req=2 ttl=53 time=23.8 ms
--- www.a.shifen.com ping statistics ---
2 packets transmitted, 2 received, 0% packet loss, time 5040ms
rtt min/avg/max/mdev = 23.651/23.770/23.890/0.195 ms
```

14.3.2 网络地址：ifconfig

Windows 系统中使用 ifconfig 命令可以显示或修改当前网络接口的配置信息，而 Ubuntu Linux 系统也有与它相似的命令——ifconfig。

在终端窗口中执行 ifconfig -h 命令查看语法，如下所示：

```
ifconfig [-a] [-v] [-s] <interface> [[<AF>] <address>]
  [add <address>[/<prefixlen>]]
  [del <address>[/<prefixlen>]]
  [[-]broadcast [<address>]]  [[-]pointopoint [<address>]]
  [netmask <address>]  [dstaddr <address>]  [tunnel <address>]
  [outfill <NN>] [keepalive <NN>]
  [hw <HW> <address>]  [metric <NN>]  [mtu <NN>]
  [[-]trailers]  [[-]arp]  [[-]allmulti]
  [multicast] [[-]promisc]
  [mem_start <NN>] [io_addr <NN>] [irq <NN>] [media <type>]
  [txqueuelen <NN>]
  [[-]dynamic]
  [up|down] ...
```

ifconfig 命令的常用参数说明如下所示：

- **-a** 显示所有的接口信息，包括活动和非活动的。
- **-v** 以冗余模式显示详细信息。
- **-s** 以短列表格式显示接口信息，每个接口只显示一行摘要数据。
- **<interface>** 显示一个指定接口的信息。
- **<address>** 设置指定接口的 IP 地址。
- **netmask<address>** 为一个指定接口设置网络掩码。
- **broadcast<address>** 为一个指定接口设置广播地址。
- **up** 激活一个不活动的接口。
- **down** 关闭一个接口，与 up 相反。

【练习 3】

本次练习设置 ifconfig 命令的不同选项参数，从而查看不同的效果。步骤如下所示：

（1）不带任何选项执行 ifconfig 命令，该命令可以查看当前系统中活动的网卡信息，如图 14-3 所示。

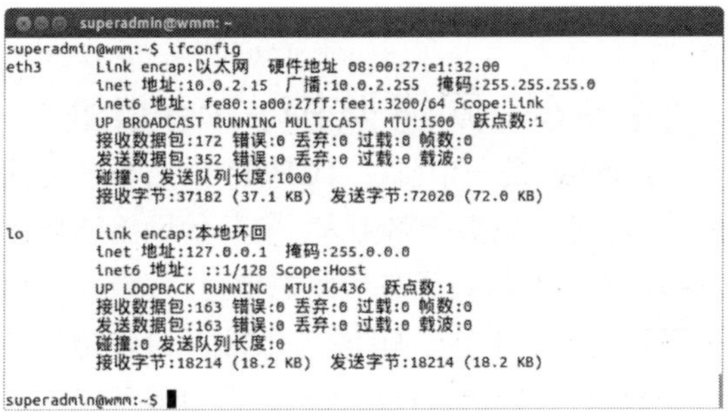

```
superadmin@wmm:~$ ifconfig
eth3      Link encap:以太网  硬件地址 08:00:27:e1:32:00
          inet 地址:10.0.2.15  广播:10.0.2.255  掩码:255.255.255.0
          inet6 地址: fe80::a00:27ff:fee1:3200/64 Scope:Link
          UP BROADCAST RUNNING MULTICAST  MTU:1500  跃点数:1
          接收数据包:172 错误:0 丢弃:0 过载:0 帧数:0
          发送数据包:352 错误:0 丢弃:0 过载:0 载波:0
          碰撞:0 发送队列长度:1000
          接收字节:37182 (37.1 KB)  发送字节:72020 (72.0 KB)

lo        Link encap:本地环回
          inet 地址:127.0.0.1  掩码:255.0.0.0
          inet6 地址: ::1/128 Scope:Host
          UP LOOPBACK RUNNING  MTU:16436  跃点数:1
          接收数据包:163 错误:0 丢弃:0 过载:0 帧数:0
          发送数据包:163 错误:0 丢弃:0 过载:0 载波:0
          碰撞:0 发送队列长度:0
          接收字节:18214 (18.2 KB)  发送字节:18214 (18.2 KB)

superadmin@wmm:~$
```

图 14-3 ifconfig 命令

（2）使用“ifconfig <interface>”命令可以显示指定接口的信息（无论接口是否处于活动状态），执行 ifconfig eth3 命令的效果如图 14-4 所示。

图 14-4 ifconfig eth3 命令

（3）使用“ifconfig <interface> down”命令可以关闭指定的接口，例如关闭以太网接口，执行命令效果如图 14-5 所示。

```
superadmin@wmm:~$ sudo ifconfig eth3 down
[sudo] password for superadmin:
superadmin@wmm:~$ ifconfig eth3
eth3      Link encap:以太网  硬件地址 08:00:27:e1:32:00
          BROADCAST MULTICAST  MTU:1500  跃点数:1
          接收数据包:178 错误:0 丢弃:0 过载:0 帧数:0
          发送数据包:360 错误:0 丢弃:0 过载:0 载波:0
          碰撞:0 发送队列长度:1000
          接收字节:38118 (38.1 KB)  发送字节:72642 (72.6 KB)

superadmin@wmm:~$
```

图 14-5 ifconfig eth3 down 命令

14.3.3 域名解析：nslookup

nslookup 命令是查询一台机器的 IP 地址和其对应的域名，所有的用户都可以使用，它一般需要一台域名服务器来提供域名服务。如果用户已经设置好域名服务器，那么可以使用这个命令查看不同主机的 IP 地址对应的域名。其语法格式如下：

```
nslookup [IP地址/域名]
```

例如，用户在本机的终端窗口中执行 nslookup 命令，然后输入待查询的域名，如图 14-6 所示。

```
superadmin@wmm:~$ nslookup
> www.google.cn
Server:         127.0.0.1
Address:        127.0.0.1#53

Non-authoritative answer:
Name:   www.google.cn
Address: 203.208.46.148
Name:   www.google.cn
Address: 203.208.46.147
Name:   www.google.cn
Address: 203.208.46.145
Name:   www.google.cn
Address: 203.208.46.146
Name:   www.google.cn
Address: 203.208.46.144
> exit

superadmin@wmm:~$
```

图 14-6 nslookup 命令的交互模式

在图 14-6 中，用户输入 nslookup 命令按下 Enter 键后所显示的“>”是 nslookup 命令环境的命令符，在该提示符后输入要查询的域名或 IP 地址。如果不再查询时直接执行 exit 命令退出 nslookup 命令环境。

用户可以不进入 nslookup 命令的交互模式，直接使用命令查询 IP 或域名所使用的服务，效果如图 14-7 所示。

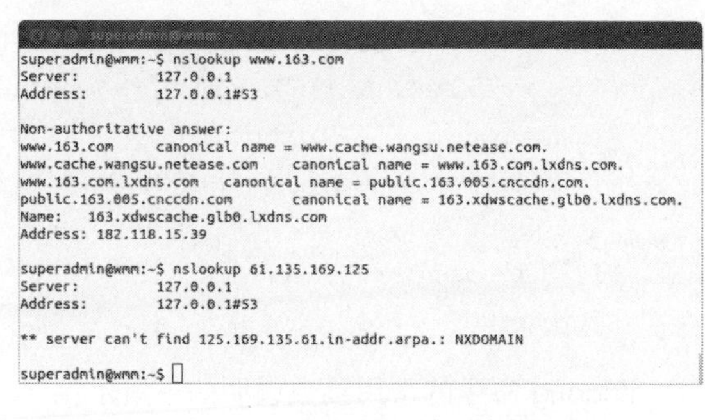

图 14-7 nslookup 命令的非交互模式

14.3.4 网络监控：netstat

netstat 是一个监控 TCP/IP 网络非常有用的工具，它可以显示路由表、实际的网络连接以及每一个网络接口设备的状态信息。netstat 用于显示与 IP、TCP、UDP 和 ICMP 协议相关的统计数据，一般用于检验本机各端口的网络连接情况。

netstat 命令的语法格式如下：

```
netstat [-vWeenNcCF] [<Af>] -r
netstat {-V|--version|-h|--help}
netstat [-vWnNcaeol] [<Socket> ...]
netstat { [-vWeenNac] -i | [-cWnNe]
-M | -s }
```

netstat 命令的常用参数如下所示：

- **-r** 显示路由表内容。
- **-a** 显示所有活动的 TCP 连接，以及计算机侦听的 TCP 和 UDP 端口。
- **-n** 显示活动的 TCP 连接，但是，只以数字形式表现地址和端口号，却不尝试确定名称。
- **-e** 显示以太网统计信息，如发送和接收的字节数和数据包数，可以与-s 结合使用。
- **-v** 显示详细信息。

- **-s** 按协议显示统计信息，默认情况下显示TCP、UDP、ICMP和IP协议的统计信息。

例如，直接执行 netstat -V 或 netstat --version 命令显示版本相关信息。如下所示：

```
superadmin@wmm:~$ netstat --version
net-tools 1.60
netstat 1.42 (2001-04-15)
Fred Baumgarten, Alan Cox, Bernd Eckenfels, Phil Blundell, Tuan Hoang and others
+NEW_ADDRT +RTF_IRTT +RTF_REJECT +FW_MASQUERADE +I18N
AF: (inet) +UNIX +INET +INET6 +IPX +AX25 +NETROM +X25 +ATALK +ECONET +ROSE
HW:  +ETHER +ARC +SLIP +PPP +TUNNEL +TR +AX25 +NETROM +X25 +FR +ROSE +ASH +SIT
+FDDI +HIPPI +HDLC/LAPB +EUI64
```

【练习4】

在 netstat 命令后连接不同的参数显示内容。步骤如下：

（1）通过执行 netstat -p -tcp 命令查看 tcp 协议类型的连接。命令如下：

```
superadmin@wmm:~$ netstat -p -tcp
（并非所有进程都能被检测到，所有非本用户的进程信息将不会显示，如果想看到所有信息，则必须切换到 root 用户）
激活 Internet 连接 (w/o 服务器)
Proto Recv-Q Send-Q Local Address     Foreign Address     State     PID/Program name
tcp   1 0 bogon:41888    mulberry.canonical:http CLOSE_WAIT  2060/ubuntu-geoip-p
......
```

上述内容 Proto 表示协议的名称；Local Address 表示本地计算机的 IP 地址和正在使用的端口号；Foreign Address 表示连接插槽的远程计算机的 IP 地址和端口号码；state 表明了 TCP 连接的状态。state 所包含的值有：CLOSE_WAIT（收到FIN，准备结束）、CLOSED（关闭）、ESTABLISHED（数据传递状态）、FIN_WAIT_1（发 FIN）、FIN_WAIT_2（收到 FIN 的 ACK）、LAST_ACK（被动关闭）、LISTEN（监听）、SYN_RECEIVED（收到 syn）、SYN_SEND（发送 syn）、和 TIMED_WAIT（超时）。

（2）如果需要显示当前主机监听的所有端口，可以向 netstat 命令后添加-ln 参数。命令如下：

```
superadmin@wmm:~$ netstat -ln
激活 Internet 连接 (仅服务器)
Proto Recv-Q Send-Q Local Address           Foreign Address         State
tcp        0      0   127.0.0.1:53          0.0.0.0:*               LISTEN
tcp6       0      0   :::25                 :::*                    LISTEN
udp        0      0   0.0.0.0:5353          0.0.0.0:*
udp        0      0   0.0.0.0:50214         0.0.0.0:*
udp6       0      0   :::5353               :::*
udp6       0      0   :::47729              :::*
活跃的 UNIX 域套接字 (仅服务器)
Proto RefCnt Flags      Type       State         I-Node   路径
unix  2      [ ACC ]    流       LISTENING     11542    @/tmp/.ICE-unix/1698
unix  2      [ ACC ]    流       LISTENING     9454     private/tlsmgr
......
```

（3）执行命令显示以太网统计信息和所有协议的统计信息，效果如图 14-8 所示。

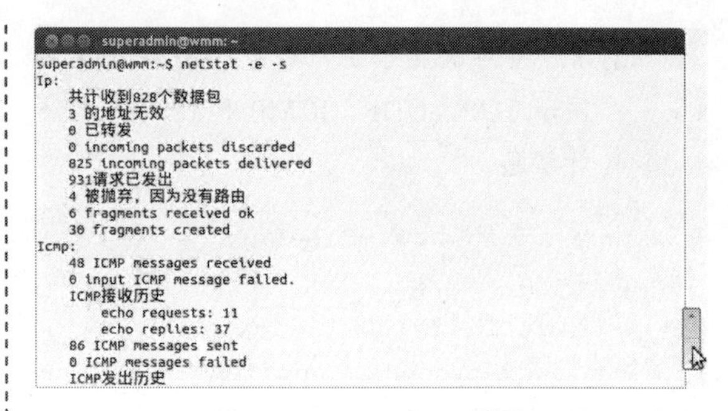

图 14-8　netstat -e -s 命令

14.3.5　路由检测：route

除了上面所介绍的常用命令外，与网络有关的命令还有多个，其中最常用的就是 route 命令。route 命令可以用来显示或动态修改当前系统的路由表，从而实现与其他网络的通信。

Linux 系统在一个局域网中，局域网中有一个网关，为了使机器能够访问 Internet，就需要将这台机器的 IP 地址设置为 Linux 机器的默认路由，这就是设置路由所要解决的问题。route 的常见语法格式如下：

```
route [-nNvee] [-FC] [<AF>]
              //显示核心路由表
route [-v] [-FC] {add|del|flush} ...
              //为 AF 修改路由表
route {-V|--version}
              //显示版本和作者信息并退出
```

如果用户执行不带任何参数的 route 命令，可以显示当前系统的路由信息。命令如下：

```
superadmin@wmm:~$ route
内核 IP 路由表
目标          网关        子网掩码         标志  跃点   引用   使用   接口
default      bogon       0.0.0.0         UG    0      0      0      eth3
10.0.2.0     *          255.255.255.0    U     1      0      0      eth3
link-local   *           255.255.0.0     U     1000   0      0      eth3
```

例如，用户直接执行命令显示版本和作者信息。命令如下：

```
superadmin@wmm:~$ route -V
net-tools 1.60
route 1.98 (2001-04-15)
+NEW_ADDRT +RTF_IRTT +RTF_REJECT +I18N
AF: (inet) +UNIX +INET +INET6 +IPX +AX25 +NETROM +X25 +ATALK +ECONET +ROSE
HW:  +ETHER +ARC +SLIP +PPP +TUNNEL +TR +AX25 +NETROM +X25 +FR +ROSE +ASH +SIT
+FDDI +HIPPI +HDLC/LAPB +EUI64
```

14.4 网络安全

网络安全是一门涉及计算机科学、网络技术、通信技术、密码技术、信息安全技术、应用数学、数论、信息论等多种学科的综合性学科。在现在网络安全中，网络攻击是常见的一种方式，而且随着网络的普及和发展，网络安全已经越来越得到大家的认可。

14.4.1　安全定义

网络安全是指网络系统的硬件、软件及其系统中的数据受到保护，不会因为偶然的或者恶意的原因而遭受到破坏、更改、泄露，系统连续可靠正常地运行，网络服务不中断。从广义来说，凡是涉及到网络上信息的保密性、完整性、可用性、真实性和可控性的相关技术和理论都是网络安全的研究领域。

网络安全从本质上讲就是网络上的信息安全，所涉及的领域非常广泛。主要包含以下四个方面：

（1）网络运行系统安全。

（2）网络上系统信息的安全。

（3）网络上信息传播的安全，即信息传播后果的安全。

（4）网络上信息内容的安全。

14.4.2 安全对策

造成计算机网络不安全的因素有很多，包括自然灾害（如雷电、地震和火灾）、物理损坏（如硬盘损坏、设备使用寿命到期等）、设备故障（如停电、电磁干扰等）以及意外事故等。Linux 采用了读/写权限控制、审核跟踪和核心策权等多种安全措施，使 Linux 成为目前最具有安全性和稳定性的操作系统之一。然而 Linux 系统的安全性是建立在防范基础上的，脱离这些基础还是会有很多漏洞。

1. 确保端口安全

TCP 和 UDP 都使用端口号使数据包能够正确指向对应的应用程序，黑客在向计算机发起攻击前，通常会利用各种手段对目标主机的端口进行刺探和扫描，收集目标主机系统的相关信息以决定进一步攻击的方法和步骤，因此必须确保端口的安全。

对于一些比较容易受攻击的端口（例如 13、19、20、25 和 53 等），一定要采取保护措施加以防范，对于暂不使用的端口应该及时关闭，还需要经常使用 netstat 等网络命令进行检测，查看是否有可疑的活动端口。

2. 确保连接安全

大多数情况下，用户都需要通过远程登录来管理服务器，一旦用户登录成功就可以在主机上执行相应的操作。

Linux 自带了一种非常安全的远程连接工具 Openssh，它提供了一种优秀的连接加密和验证机制。

3. 确保系统资源安全

对系统的用户设置资源限制可以防止 DOS 类型的攻击，用户可以在/etc/security/limits.conf 文件中对用户可以使用的内存空间、CPU 时间和最大进程数等资源的数量进行设置。

4. 确保账号和密码安全

账号和密码的安全问题占整个系统安全问题的一大部分，这一部分非常重要。如果用户密码被破解，那么整个系统的安全机制和访问模式将会受到威胁。因此，密码安全是系统安全的基础和核心。

确保账号和密码安全有效的做法之一是经常修改密码。在 Ubuntu Linux 系统中，用户可以通过 chage 和 passwd 进行设置密码。

密码是用户随意设置的，但是一个安全的密码可以为用户省去许多麻烦，从而提供其安全性。一个好的密码可以遵循以下原则，如下所示：

- 至少使用 8 个字符。
- 包含大写字母、小写字母、数字以及非字母数字的字符（如标点符号）。
- 不使用普通用户的名字或昵称。
- 不使用普通的个人信息，如生日、电话或身份证号等。
- 不要包含重复的字母或数字。

14.5 计算机病毒与防护

网络安全存在很大的安全隐患，计算机病毒便是其中之一。计算机病毒通过 Internet 的传播给上网用户带来极大的危害，可以使计算机和计算机网络系统瘫痪、数据和文件丢失。近几年来，随着计算机技术和网络技术的发展，计算机病毒也迅速地更新换代且破坏力越来越强。

14.5.1 产生背景和危害

计算机病毒的产生是计算机技术和以计算机为核心的社会信息化进程发展到一定阶段的必然产物。它产生的背景有以下两点。

（1）计算机病毒是计算机犯罪的一种新的衍化形式。

计算机病毒是高技术犯罪，具有瞬时性、动态性和随机性。不易取证，风险小破坏大，从而刺激了犯罪意识和犯罪活动，它是某些人恶作剧和报复心态在计算机应用领域的表现。

（2）计算机软硬件产品的脆弱性是根本的技术原因。

计算机的数据从输入、存储、处理和输出等环节，比较容易误入、篡改、丢失、做假和破坏；程序容易被删除、改写；计算机软件设计的手工方式，效率低下且生产周期长；用户没有办法事先了解一个程序有没有错误，只能在运行中发现、修改错误，并不知道还有多少错误和缺陷隐藏在其中。这些脆弱性就为病毒的侵入提供了方便。

计算机一旦感染或受到计算机病毒的攻击就会破坏系统，表现在多个方面，如下所示：

- 破坏系统硬件，造成计算机损坏。
- 破坏文件分配表，造成磁盘数据的丢失。
- 占用大量内存可用空间，造成内存空间不足。
- 占用大量 CPU 时间，从而造成系统瘫痪。
- 删除或恶意修改磁盘文件。
- 非法获取用户的敏感信息，例如账号、密码和联系电话等。
- 造成网络阻塞。

14.5.2 病毒的特征

计算机病毒在网络上通过公共匿名 FTP 文件传播，也可以通过邮件和邮件的附加文件进行传播。主要特征如下所示：

1．繁殖性

计算机病毒可以像生物病毒一样进行繁殖。当正常程序运行的时候，也进行运行自身复制，是否具有繁殖和感染的特征是判断某段程序为计算机病毒的首要条件。

2．破坏性

计算机中病毒后，可能会导致正常的程序无法运行，把计算机内的文件删除或受到不同程度的损坏，通常表现为增、删、改、移。

3．传染性

传染性是病毒的基本特征，在生物界中，病毒通过传染从一个生物体扩散到另一个生物体。且在适当的条件下，它可以得到大量繁殖，并使被感染的生物体表现出病症甚至死亡。同样，计算机病毒也会通过各种渠道从已被感染的计算机扩散到未被感染的计算机，在某些情况下造成被感染的计算机工作失常甚至瘫痪。

一台计算机感染病毒后如果不及时处理，那么病毒会在这台电脑上迅速扩散，计算机病毒通过各种可能的渠道，例如软盘、硬盘、移动硬盘和计算机网络等去传染其他的计算机。因此，是否具有传染性是判别一个程序是否为计算机病毒最重要的条件。

4．潜伏性

计算机病毒有依附于其他媒介而寄生能力，这种媒介称为宿主。一个编制精巧的计算机病毒程序，进入宿主主机后不会马上发作，而是可以静静地躲起来。一旦满足触发条件，就要四处繁殖和扩散，继续危害系统。

5．隐蔽性

计算机病毒具有很强的隐蔽性，有的可以通过病毒软件检查出来，有的根本就查不出来，有的时隐时现、变化无常，这类病毒处理起来通常很困难。

6．可触发性

病毒因某个事件或数值的出现，诱使病毒实施感染或进行攻击的特性称为可触发性。为了隐蔽自己，病毒必须潜伏，少做动作。病毒既要隐蔽又要维持杀伤力，它必须具有可触发性。

病毒的触发机制是用来控制感染和破坏动作的频率的。病毒具有预定的触发条件，这些条件可能是时间、日期、文件类型或某些特定数据等。病毒运行时，触发机制检查预定条件是否满足，如果满足则启动感染或破坏动作，使病毒进行感染或攻击；如果不满足则病毒会继续潜伏。

14.5.3 病毒的种类

根据计算机病毒的性能、特点和专家多年对计算机病毒的研究，按照科学的、系统的、严密的方法，计算机病毒可以分为不同的种类。

1. 根据病毒所存在的媒体

根据病毒存在的媒体，可以将病毒分为四种：网络病毒、文件病毒、引导型病毒和混合型病毒。说明如下：

- 网络病毒 这种病毒通过计算机网络传播感染网络中的可执行文件。
- 文件病毒 这种病毒会感染计算机中的文件，例如 COM、EXE 和 DOC 等。
- 引导型病毒 这种病毒会感染启动扇区（Boot）和硬盘的系统引导扇区（MBR）。
- 混合型病毒 前三种病毒的混合型，例如多型病毒。

2. 根据病毒传染渠道

根据病毒传染的方法可分为驻留型病毒和非驻留型病毒。

驻留型病毒感染计算机后，把自身的内存驻留部分放在内存（RAM）中，这个部分程序挂接系统调用并合并到操作系统中去，它处于激活状态，一直到关机或重新启动。

非驻留型病毒在得到机会激活时并不感染计算机内存，一些病毒在内存中留有小部分，但是并不通过这一部分进行传染，这类病毒也被划分为非驻留型病毒。

3. 根据病毒的破坏能力

根据病毒自身的破坏能力将病毒分为以下几种。

- 无害型 除了传染时减少磁盘的可用空间外，对系统没有其他影响。
- 无危险型 这类病毒仅仅是减少内存、显示图像、发出声音及同类音响。
- 危险型 这类病毒在计算机系统操作中造成严重的错误。
- 非常危险型 这类病毒删除程序、破坏数据、清除系统内存区和操作系统中重要的信息。

14.5.4 病毒的预防

虽然 Linux 系统的安全性比较高，但还是不能对病毒掉以轻心，因此用户必须养成良好的预防病毒的习惯。可以从以下几个方面入手。

（1）经常使用杀毒软件进行更新，以快速检测到可能入侵计算机的新病毒或者变种。

（2）使用安全监视软件（与杀毒软件不同，比如 360 安全卫士和瑞星卡卡），它主要防止浏览器被异常修改、插入钩子、安装不安全恶意的插件等。

（3）使用防火墙或者杀毒软件自带防火墙。

（4）关闭电脑自动播放（网上有），并对电脑和移动储存工具进行常见病毒免疫。

（5）定时全盘病毒木马扫描。

（6）注意网址正确性，避免进入山寨网站。

（7）不随意接受、打开陌生人发来的电子邮件或通过 QQ 传递的文件或网址。

（8）使用正版软件。

（9）使用移动存储器前，最好要先查杀病毒，然后再使用。

14.6 防火墙

在 14.5.4 节预防病毒时提到了防火墙，它是一种位于内部网络与外部网络之间的网络安全系统。系统防火墙是抵御网络攻击的第一道防线，因此对防火墙的合理配置将能够有效地防止系统被攻击。

14.6.1 了解防火墙

在网络中，所谓的“防火墙”是指一种将内部网和公众访问网（例如 Internet）分开的方法，它实际上是一种隔离技术。防火墙是在两个网络通信时执行的一种访问控制尺度，它能允许用户“同意”的人和数据进入你的网络，同时将用户“不同意”的人和数据拒之门外，最大限度地阻止网络中的黑客来访问网络。

使用防火墙不仅能够强化安全策略，还能够有效地记录 Internet 上的活动，也能限制暴露用户点。防火墙是一个安全策略的检查站，所有进出的信息都必须通过防火墙，防火墙便成为安全问题的检查点，使可疑的访问被拒绝于门外。

如图 14-9 所示了一个典型的防火墙体系网络结构。在该图中，防火墙的一端连接企事业单位内部的局域网，而另一端则连接着互联网，所有的内、外部网络之间的通信都要经过防火墙。

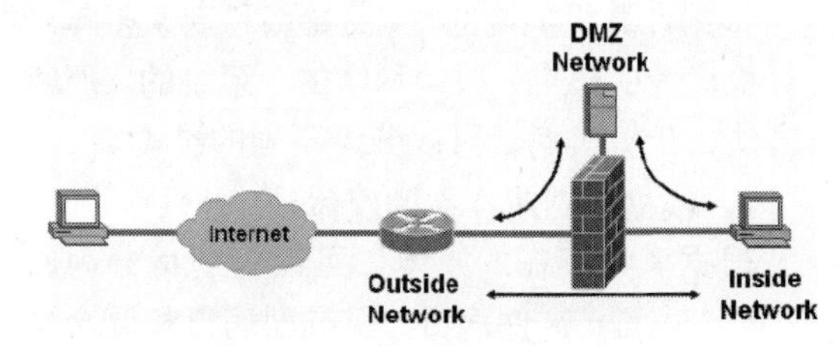

图 14-9　防火墙体系网络

14.6.2　防火墙设置

许多用户在配置防火墙时都遵循“先拒绝所有连接，然后允许某些非常满足特殊规则的连接通过”的原则，这样的设置使所有的数据流都必须经过防火墙，最大程度地提高系统的安全性。

在 Ubuntu Linux 系统中，用户可以通过 Ubuntu 软件中心查找与防火墙有关的工具，然后根据自己的需要进行安装，查找结果如图 14-10 所示。

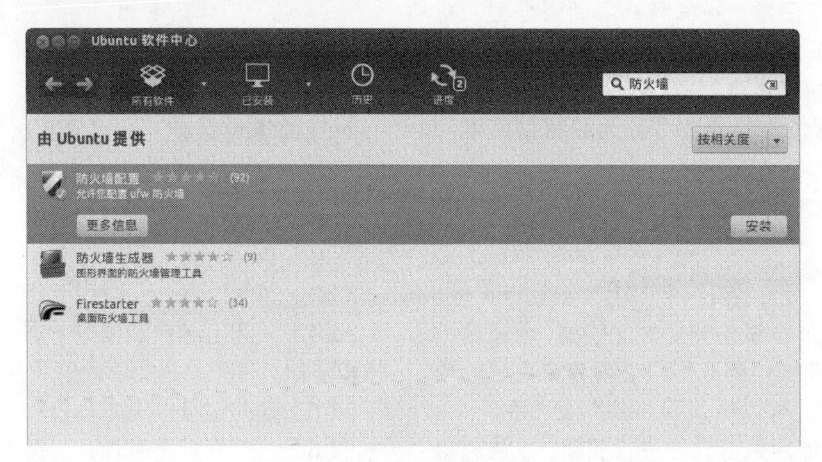

图 14-10　查找防火墙工具

安装图 14-10 中的防火墙配置，然后在 Dash 主页中找到 Firewall Configuration 选项并打开，解锁成功后开启防火墙设置传入和传出的信息。用户也可以单击防火墙中的 Add a rule 项添加新的内容，效果如图 14-11 所示。

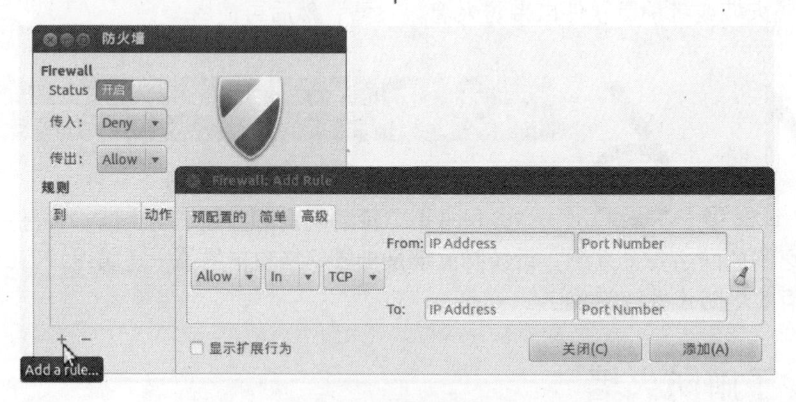

图 14-11　防火墙设置

14.6.3 iptables 工具

iptables 是与最新的 3.5 版本 Linux 内核集成的 IP 信息包过滤系统。如果 Linux 系统连接到互联网或 LAN、服务器或连接 LAN 和互联网的代理服务器，则该系统有利于在 Linux 系统上更好地控制 IP 信息包过滤和防火墙配置。

简单地说，为了使用户的系统更加安全和稳定，所以要做好防火墙的工作。iptables 在防火墙里面做的很出色，因此下面将学习有关 iptables 的知识。

1. iptables 的结构

iptables 的结构是：iptables→tables→chains→rules。简单来说，iptables 由多个 tables（表）组成，tables 表由 chains（链）组成，而链又由许多 rules（规则）组成。如图 14-12 所示了 iptables 的结构。

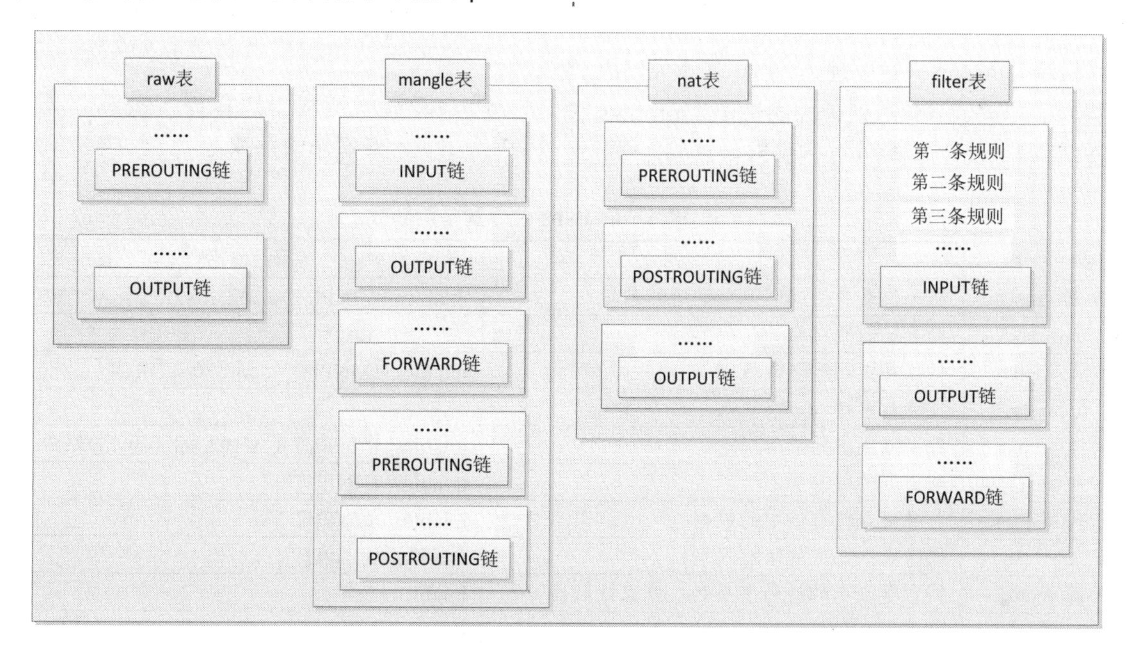

图 14-12 iptables 的结构图

从图 14-12 中可以看出，Linux 系统中的 iptables 有 4 个内建表：filter 表、nat 表、mangle 表和 raw 表。

（1）filter 表

filter 表是 iptables 的默认系统表，用于一般数据包的过滤。如果用户没有自定义表，则会默认使用 filter 表。该表具有三种内建链，如下所示：

- **INPUT 链** 处理来自外部的数据，即网络数据包流向服务器。
- **OUTPUT 链** 处理向外发送的数据，即网络数据包从服务器流出。
- **FORWARD 链** 将数据转发到本机的其他网卡设备上。

（2）nat 表

nat 表用于要转发的数据表，该表中包含三种内建链：PREROUTING、OUTPUT 和 POSTROUTING。说明如下：

- **PREROUTING 链** 网络数据包到达服务器时被更改。
- **OUTPUT 链** 网络数据包从服务器流出。
- **POSTROUTING 链** 网络数据包在即将从服务器发出时可以被更改。

（3）Mangle 表

mangle 表用于数据包以及头部的更改，使用该表还可以为数据包附加一些外带数据。mangle 表的五个内建链如下所示：

- **INPUT 链** 网络数据包流向服务器。
- **OUTPUT 链** 网络数据是由服务器本地产生的。

- ❑ **FORWARD 链**　网络数据包经由服务器。
- ❑ **PREROUTING 链**　网络数据包到达服务器时可以被更改。
- ❑ **POSTROUTING 链**　网络数据包在即将从服务器发出时可以被更改。

（4）raw 表

raw 表用于处理异常，它包含两个内建链：PREROUTING 和 OUTPUT。

2．iptables 命令语法

用户通过使用 netfilter/iptables 系统提供的特殊命令 iptables 来建立规则，并将其添加到内核空间的特定信息包过滤表内的链中。iptables 语法区分大小写，用户在使用过程中需要注意。

其语法格式如下所示：

```
iptables -[ACD] chain rule-specification [options]
iptables -I chain [rulenum] rule-specification [options]
iptables -R chain rulenum rule-specification [options]
iptables -D chain rulenum [options]
iptables -[LS] [chain [rulenum]] [options]
iptables -[FZ] [chain] [options]
iptables -[NX] chain
iptables -E old-chain-name new-chain-name
iptables -P chain target [options]
iptables -h (print this help information)
```

在上述语法格式中包含多个参数，如表 14-1 所示了一些常用的参数。

表 14-1　iptables 命令的常用参数

参　数	说　明	示　例
-A 或--append	将一条或多条规则附加到链的末尾	iptables -A INPUT -s 192.168.0.15 -j ACCEPT
-C 或--check	检查规则的存在	
-D 或--delete	从链表中删除一条规则	iptables -D INPUT –dport 80 -j DROP
-I 或--insert	在链表中插入一条规则	
-R 或--replace	替换链表中的某条规则	iptables -R INPUT 1 -s 192.168.0.1 -j DROP
-L 或--list	列出链中所有规则	iptables -L INPUT
-S 或--list-rules	打印链或所有链中的规则	iptables -S INPUT
-F 或--flush	删除规则链中的所有规则	iptables -F INPUT
-Z 或--zero	将所有表中的链的字节和数据包计数器清零	iptables -Z
-N --new	创建一个命令中指定名称的新规则链	iptables -N study
-X	删除指定的用户定义链	iptables -L study
-E	重命名某个用户定义的链，不更改链本身内容	iptables -E study mystudy
-P 或--policy	设置链的默认策略，所有与链中任何规则都不匹配的信息包将被强制作用此链的策略	iptables -P OUTPUT DROP

注意

读者在使用-X 删除指定的用户定义链时，必须保证链中的规则都不使用时才能删除。如果没有指定链，则删除所有的用户定义链。

除了规则外，iptables 命令的语法格式中还包含选项（options），这些常用选项的说明如下：

（1）-p proto 或--protocol

该选项通知匹配用于检查某些特定的协议，协议示例有 TCP、UDP、ICMP 或这三种协议的任何组合列表以及 ALL。协议组合列表中要用逗号隔开各个协议，而 ALL 是默认匹配，可以使用“!”位于某个协议前面表示除去该协议以外的所有协议。如下命令所示：

```
iptables -A INPUT -p TCP,ICMP
iptables -A INPUT -p !UDP
```

上述两条命令都执行同一个任务：指定所有的 TCP 和 ICMP 信息包都与该规则匹配。而! UDP 表示除去 UDP 以外的所有协议。

（2）-s address[/mask][...]或--source

它匹配称为源地址匹配，用于根据源地址或地址范围确定是否允许或拒绝数据包通过过滤器，可以使用“!”符号，表示不与该项匹配，默认源匹配与所有 IP 地址都匹配。如下命令所示：

```
iptables -A OUTPUT -s 192.168.0.15
iptables -A OUTPUT -s 192.168.0.15/20
```

上面两条命令指定规则与所有来自 192.168.0.15 和 192.168.0.15 到 192.168.0.20 地址段范围内的信息包匹配。如果要表示规则与 192.168.0.15 之外的所有源地址的信息包匹配，命令如下所示：

```
iptables -A OUTPUT -s !192.168.0.15
```

（3）-d 或--destination

该匹配称为目的地址匹配，用于根据信息包的目的 IP 地址，与它们匹配。该匹配还允许对某一范围内的 IP 地址进行匹配，同样可以使用“!”号使用方式与源地址匹配相同，如下面的命令：

```
iptables -A INPUT -d 192.168.0.15
iptables -A INPUT -d 192.168.0.15/20
iptables -A INPUT -d !192.168.0.15
```

（4）-v 或--version

打印 iptables 命令的版本信息，如下所示：

```
iptables -V
```

3．iptables 命令目标

规则（rules）包括一个条件和一个目标，以下三点是理解 iptables 规则的关键。

（1）如果满足条件，则执行目标（target）中的规则或者特定值。

（2）如果不满足条件，则会判断下一条 Rules。

（3）目标值（Target Values）。

用户可以使用的内建目标值有 ACCEPT、DROP、QUEUE 和 RETURN。除了这些值以外，还有一些扩展目标。说明如下：

- **ACCEPT** 允许防火墙接收数据包。
- **DROP** 防火墙丢弃包。
- **QUEUE** 防火墙将数据包移交到用户空间。
- **RETURN** 防火墙停止执行当前链中的后续 Rules，并返回到调用链（the calling chain）中。
- **DNAT** 修改数据包中的目的地址，并且只能用于 nat 表的 PREROUTE 和 OUTPUT。
- **LOG** 使用该目标时，将使用内核的日志记录机制对数据包进行日志记录。

14.6.4 iptables 应用

前面几个小节已经对防火墙和 iptables 进行了介绍。下面主要实现与 iptables 命令有关的简单操作。

1．启动和停止 iptables

启动和停止 iptables 有两种方式：一种是自动启动，自动启动是检查 iptables 是否能在系统启动时自动启动，chkconfig 命令可以显示在系统不同的运行级别上，服务被设置的自动启动状态。使用 chkconfig 检查 iptables 的命令是 chkconfig --list iptables；另一种是手动启动，手动启动非常简单，启动、关闭和重新启动 iptables 时的效果如图 14-13 所示。

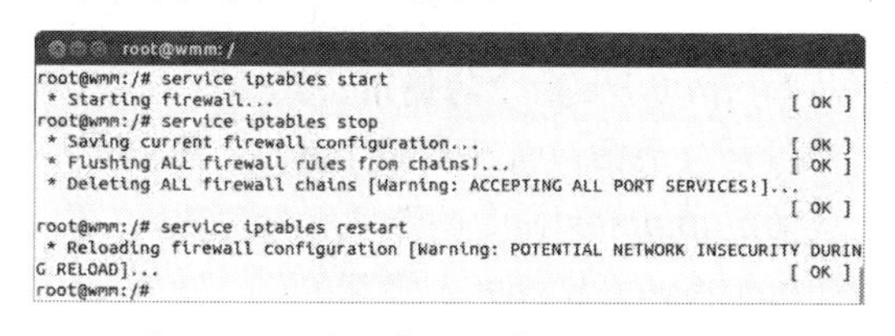

图 14-13 手动启动、停止和重启效果

2．iptables 的可用规则

用户执行 iptables --list 命令或者 iptables -L -n 命令可以查看防火墙的可用规则，如果当前系统没有定义防火墙，则会显示默认的 filter 表中的链。在终端窗口执行 iptables --list 命令的效果如图 14-14 所示。

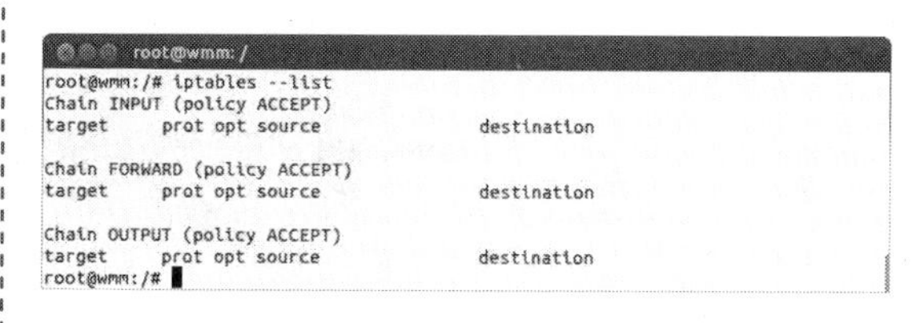

图 14-14 iptables --list 命令

如果用户想要查看 mangle 表中的可用规则，执行命令效果如图 14-15 所示。

3．iptables 的规则操作

通常情况下，用户需要使用 iptables 进行基本的规则操作，常用的操作是清除规则、添加和修改规则以及保存等。

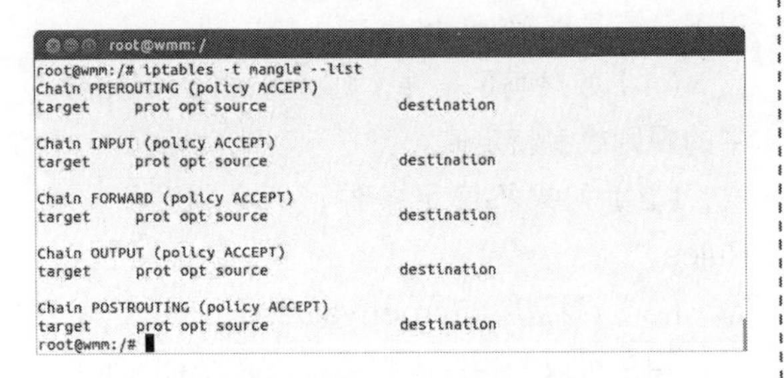

图 14-15　查看 mangle 表的可用规则

不管用户在安装 Linux 时有没有启动防火墙，如果想配置属于自己的防火墙，就需要清除 filter 的所有规则。命令如下：

```
[root@wmm ~]# iptables -F          清除预设表 filter 中的所有规则链的规则
[root@wmm ~]# iptables -X          清除预设表 filter 中使用者自定链中的规则
```

通过为 iptables 命令的选项和参数设置不同的值来设置其规则，设置完成后重新执行 iptables -L -n 命令来查看规则，如图 14-16 所示。在该图所示的设置操作中，第一行设置允许

```
root@wmm:/# iptables -A INPUT -s 127.0.0.1 -d 127.0.0.1 -j ACCEPT
root@wmm:/# iptables -A OUTPUT -j ACCEPT
root@wmm:/# iptables -P INPUT ACCEPT
root@wmm:/# iptables -P OUTPUT ACCEPT
root@wmm:/# iptables -P FORWARD ACCEPT
root@wmm:/# iptables -A FORWARD -j REJECT
root@wmm:/# iptables -A INPUT -j REJECT
root@wmm:/# iptables -L -n
Chain INPUT (policy ACCEPT)
target     prot opt source               destination
ACCEPT     all  --  127.0.0.1            127.0.0.1
REJECT     all  --  0.0.0.0/0            0.0.0.0/0
eject-with icmp-port-unreachable

Chain FORWARD (policy ACCEPT)
target     prot opt source               destination
REJECT     all  --  0.0.0.0/0            0.0.0.0/0
eject-with icmp-port-unreachable

Chain OUTPUT (policy ACCEPT)
target     prot opt source               destination
ACCEPT     all  --  0.0.0.0/0            0.0.0.0/0
root@wmm:/#
```

图 14-16　设置规则

本地回环接口；第二行设置允许所有本机向外的访问；通过-P 设置默认策略，指定所有的规则链为 ACCEPT；最后通过-A 指定禁止其他未允许的规则访问。

如果用户设置的规则过多查看规则会不方便，用户可以将规则按照数字序号进行显示，执行命令效果如图 14-17 所示。

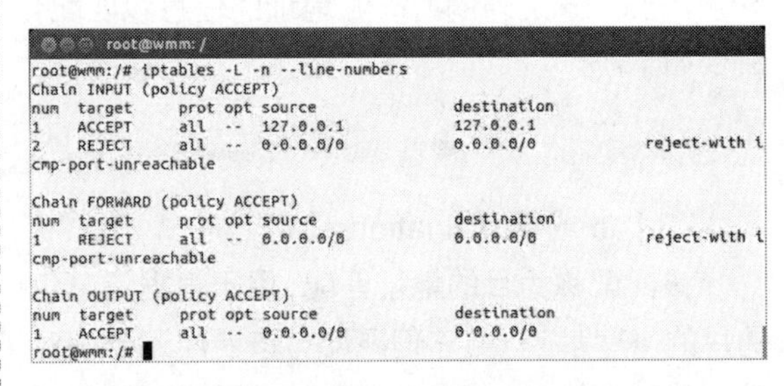

图 14-17　按序号显示规则

用户可以删除指定的规则。例如删除第四条规则的命令如下所示：

```
[root@wmm ~]# iptables -D INPUT 4
```

当用户删除和添加规则后，这些更改并不能永久生效，这些规则很有可能在系统重启后恢复原样。为了让配置永久生效，可以执行操作如下所示：

（1）Ubuntu Linux 保存到现有规则，命令如下所示：

```
root@wmm:/#      iptables-save      > /etc/iptables.rules
```

（2）新建一个 bash 脚本，并保存到 /etc/network/if-pre-up.d/目录下。这样，每次系统重启后 iptables 规则都会被自动加载。

14.7 拓展训练

1．使用网络管理命令

在打开的终端窗口中执行与网络管理有关的命令（例如 ping、ifconfig、netstat 和 nslookup）进行操作。

2．iptables 命令的使用

打开终端窗口首先启动 iptables 服务，然后通过指定 iptables 命令的选项和参数清除、添加和查看（按照数字序号）规则。

14.8 课后练习

一、填空题

1. __________命令用来测试网络的流通性。

2. __________文件是网络基本配置文件，它可以实现对 IP 地址和多网卡的配置。

3. 根据计算机病毒存在的媒体，可以将其分为网络病毒、文件病毒、__________和混合型病毒。

4. __________命令可以显示路由表实际的网络连接和每个网络接口设备的状态信息。

二、选择题

1. 下面选项中，错误的选项是__________。

   A. /etc/host.conf 文件指定了解析主机名的方式，执行相关的命令可以查看该文件中的内容

   B. 端口映射文件是指/etc/services 文件

   C. 用户可以向/etc/network/interfaces 文件中添加内容实现配置多个网卡的功能

   D. /etc/hostname 文件存放了计算机的名称，该文件不能进行更改

2. 下面选项__________不能预防计算机病毒。

   A. 经常使用杀毒软件进行更新，快速检测到可能入侵计算机的新病毒或者变种

   B. 随意输入网址进行访问，即使进入山寨网站也没有关系，危害不大

   C. 定时全盘病毒木马扫描

   D. 不随意接受、打开陌生人发来的电子邮件或通过 QQ 传递的文件或网址

3. 如果用户想要按数字序号显示可用规则，可以执行__________命令。

   A. iptables --list

   B. iptables --list --line-numbers

   C. iptables -n

   D. iptables -n --line-numbers

4. __________命令实现了与其他网络的通信，显示或动态修改当前系统的路由表。

   A. netstat

   B. nslookup

   C. route

   D. ifconfig

5. iptables 所提供的内建目标值（不包含扩展目标）不包括__________。

   A. LOG

   B. DROP

   C. QUEUE

   D. RETURN

三、简答题

1. 请说出/etc/hosts、/etc/hostname、/etc/host.conf 文件分别表示什么?

2. 列举计算机病毒的特征、危害以及如何预防。

3. 请正确描述 iptables 的结构，并对结构中的内建表进行说明。

第 15 课 文件压缩与备份

文件的压缩与备份是文件常用的操作，有着减少存储空间和供不时之需的作用。用户对于自己需要保存的作品或资料，往往需要做个备份。而直接对文件进行复制，除了占用存储资源，文件的完整性也容易被破坏。

文件的压缩打包在减少文件存储空间的同时，保证了文件的完整性及安全性。本课主要讲解文件的压缩、解压、打包和写入光盘等操作，实现文件的压缩与备份。

本章学习目标：

- ❑ 了解文件压缩常用工具
- ❑ 掌握文件的压缩和解压
- ❑ 掌握文件的打包技术
- ❑ 掌握文件的解包
- ❑ 熟练使用归档管理器
- ❑ 掌握文件系统的备份
- ❑ 掌握文件系统备份的还原
- ❑ 了解光盘备份技术

15.1 文件的压缩与解压缩

较大的文件除了占用磁盘存储空间，其在传输过程中也不方便。压缩命令将这些较大文件按照一定的压缩规则将其压缩并减少了占用的磁盘空间。

有文件的压缩，就要有文件的解压缩，以供用户使用完好的文件。本节主要介绍文件的压缩与解压缩。

15.1.1 压缩文件概述

在 Windows 操作系统中，有对文件进行压缩和解压的工具，可以直接对文件进行单击右键，选择压缩或解压的命令。而在 Linux 操作系统中，文件的压缩和解压工具需要通过命令的方式来实现。

在 Linux 操作系统中，不同的压缩工具将会使文件被压缩成不同的文件类型，有不同的扩展名。

经常使用 Windows 的用户可以知道，常用的压缩文件扩展名有.zip 或.rap。而在 Linux 中用户会碰到多种扩展名的压缩文件，如.tar、.tar.gz、.tgz、.gz、.Z 和.bz2 等。

Linux 操作系统中常用的压缩工具有：bzip2 工具、gzip 工具和 compress 工具。这些工具虽然可以实现对文件的压缩，但针对的都是单一的文件，若想对若干文件进行集体的压缩，则需要对文件进行打包。

bzip2 工具、gzip 工具和 compress 工具压缩出来的文件扩展名不同，其对应的压缩文件扩展名如表 15-1 所示。

表 15-1　压缩文件扩展名

扩展名	说　明
.Z	compress 命令压缩的文件
.gz	gzip 命令压缩的文件
.bz2	bzip2 命令压缩的文件
.tar	tar 命令打包的数据，并没有压缩过
.tar.gz	tar 命令打包的文件，其中并且经过 gzip 的压缩
.tar.bz2	tar 命令打包的文件，其中并且经过 bzip2 的压缩

15.1.2 compress 工具

在压缩工具中，compress 是较早的工具，其目前已经不再流行，通常只有在非常旧的 Unix 机器上面还会找到这个软件。因此要了解这个工具的使用，需要安装 ncompress 软件。compress 工具的压缩命令格式如下所示：

```
compress [选项] 文件或目录
```

compress 工具所包含的选项和参数如下所示：

- **-r** 连同目录下的文件一起压缩。
- **-c** 将压缩数据输出。
- **-v** 显示压缩后的文件资讯以及压缩过程中的一些档名变化。

compress 工具解压缩命令的格式如下：

```
uncompress 文件.Z
```

在默认的情况下，会删除被 compress 压缩的原始文件，而压缩文件会被创建起来，其扩展名是.Z。

由 compress 压缩的文件可以被 gzip 工具解压缩。在 compress 工具之后由 GNU 组织所开发出的 gzip 工具已经能够取代 compress。目前使用最多的是 gzip 工具与 bzip2 工具。

15.1.3 gizp 工具

gzip 工具是应用最广泛的压缩工具，使用 gzip 工具可以解压由 compress、zip 与 gzip 等软件所压缩的文件。gzip 工具的压缩命令格式如下：

```
gzip [选项] 文件或目录
```

gzip 工具所包含的选项和参数如下所示：

- **-c** 将压缩的数据输出，可透过数据流重导向来处理。
- **-t** 检验一个压缩档的一致性。
- **-d** 解压缩。
- **-v** 显示原文件/压缩文件的压缩比等资讯。
- **-#** 压缩等级，-1 最快，但是压缩比最差，-9 最慢，但是压缩比最好；默认是-6。

文件有压缩就有对应的解压缩。使用-d 参数可以将文件解压缩，而使用 zcat 命令可以读取纯文字文档被压缩后的文件。使用 gzip 工具压缩文件，并查看文件压缩前后的大小变化，如练习 1 所示。

【练习 1】

查看/home/w/home/wmm/【文档】文件夹下的【空白文档】的大小，接着将该文件压缩，并再次查看其大小，步骤如下：

（1）查看/home/w/home/wmm/【新建文档】文件夹，通过图形界面查看该文件夹下的文件，并通过命令查看其文件大小，命令语句如下：

```
ls -l /home/wmm/新建文档
```

该文件夹下图形界面如图 15-1 所示。该文件夹下可视的只有一个【空白文档】文件。

图 15-1 文档文件夹

（2）使用 gzip 工具对文件实行压缩，并对文件重新查询，在终端使用语句如下：

```
gzip /home/wmm/新建文档/空白文档
ls -l /home/wmm/新建文档
```

执行上述命令，终端显示结果如图 15-2 所示。由图 15-2 可知，原文件夹下有两个文件，除了【空白文档】文件，还有一个隐藏的文件。而在压缩之后，文件夹下剩余两个文件，原【空白文档】的大小由 562 变成了 435，后缀名变为.gz。

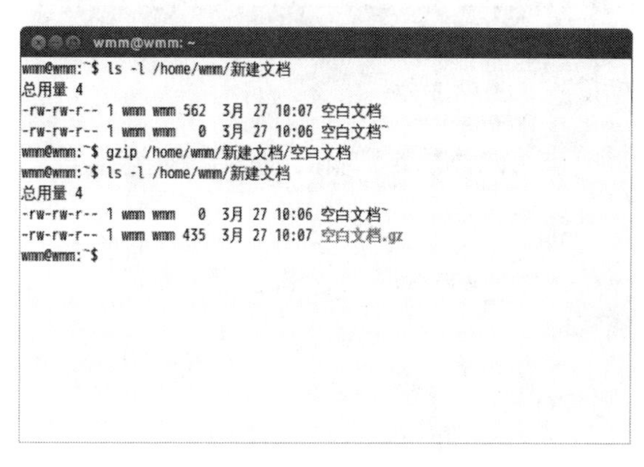

图 15-2 文件的压缩

再次查看界面中的文件夹和文件，如图 15-3 所示。可视的还是只有一个文件，但该文件已经不是原来的文件，而是压缩后的文件。由图 15-2 可以看出，原文件直接被删除，被新建的压缩文件所代替。

图 15-3 压缩文件

文件能够被压缩，就需要能够被解压缩，使用 zcat 命令读取练习 1 中被压缩的文档文件，如练习 2 所示。

【练习 2】

为/home/w/home/wmm/【新建文档】文件夹下的【空白文档】解压，查看效果。在终端使用语句如下：

```
zcat/home/w/home/wmm/新建文档/空白文档.gz
```

执行结果如图 15-4 所示。文档的内容被读出，但该文档仍然是压缩状态。zcat 命令只是将被压缩的文档解压读取，并没有将原文件解压缩。

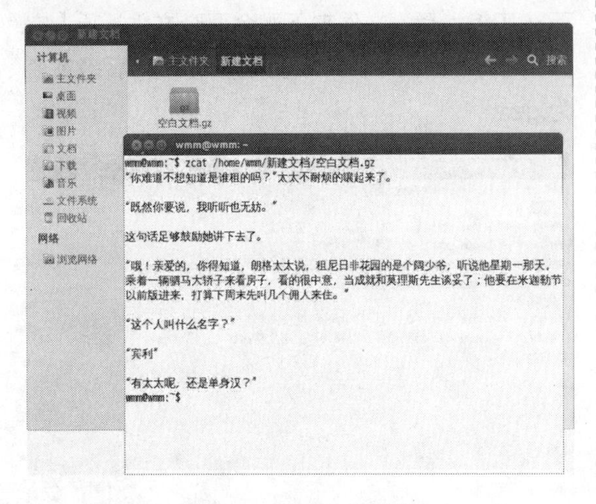

图 15-4　读取压缩文档

如图 15-4 所示，被压缩的文件并没有被解压，而解压同样使用 gzip 命令，只是使用-d 参数。如练习 3 所示。

【练习 3】

为/home/w/home/wmm/【新建文档】文件夹下的【空白文档】解压，查看效果。在终端使用语句如下：

```
gzip -d /home/w/home/wmm/新建文档/空白文档.gz
```

执行结果如图 15-5 所示。文档的内容没有被读取，而原文件已经变成了文档文件，文件被成功解压缩。

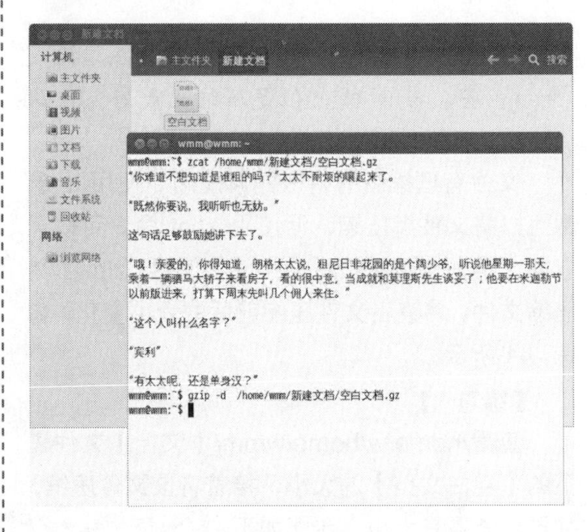

图 15-5　文件解压缩

15.1.4 bzip2 工具

bzip2 工具通过分析和有效记录文件内容的方法来压缩文件，压缩后文件与原文件完全不同，具有许多非打印字符，所以无法直接浏览其内容。

对于包含许多重复信息的文件，如文本文件或图像数据，使用 bzip2 命令压缩效果尤其出色。

使用 bzip2 命令的一般语法结构如下所示：

```
bzip2 [参数] 文件或目录
```

bzip2 工具所包含的选项和参数如下所示：

- **-c**　将压缩的过程产生的数据输出到屏幕上。
- **-d**　解压缩的参数。
- **-k**　保留原始文件，而不会删除原始的文件。
- **-z**　压缩的参数。
- **-v**　可以显示出原文件/压缩文件的压缩比等信息。
- **-#**　与 gzip 同样的，都是在计算压缩比的参数，-9 最佳，-1 最快。

bzip2 工具的使用与 gzip 工具类似。同样以练习 1 中的文件为例，使用 bzip2 工具进行压缩和解压，与使用 gzip 工具作对比，如练习 4 所示。

【练习 4】

为/home/w/home/wmm/【新建文档】文件夹下的【空白文档】文件压缩，并查看压缩效果。在终端使用语句如下：

```
bzip2/home/w/home/wmm/新建文档/空白文档
ls -l /home/wmm/新建文档
```

执行结果如图 15-6 所示。文件被以.bz2 为后缀名的文件代替，文件被压缩至大小 437。与使用 gzip 工具相比，bzip2 工具的性能更好。

虽然 bzip2 工具的压缩性能更好，但压缩实质与 gzip 工具大不相同，尝试以 zcat 命令读取压缩文件，效果如图 15-7 所示。

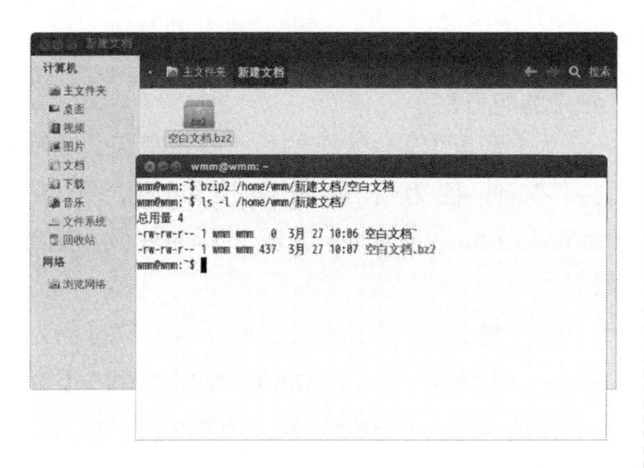

图 15-6　bzip2 工具压缩文件

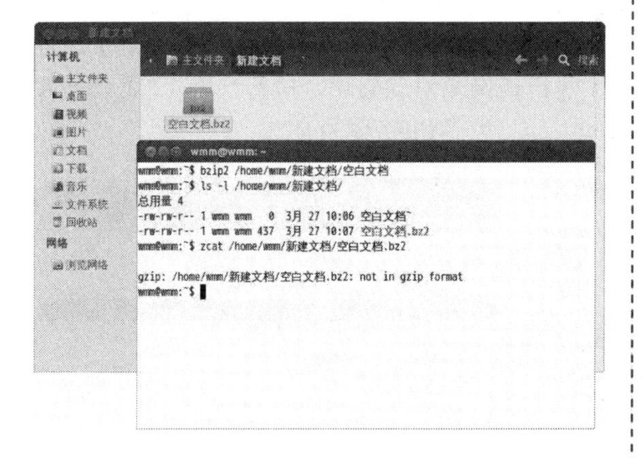

图 15-7　bzip2 命令压缩下的文档文件读取

由图 15-7 可以看出，使用 bzip2 命令压缩的文件，只有使用 bzip2 命令来解压才能使用。若想在不解压缩的情况下阅读，则可以使用 bzcat 命令，如图 15-8 所示。

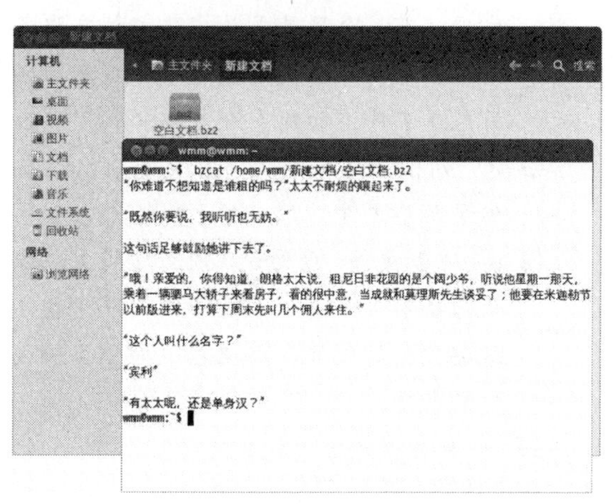

图 15-8　.bz2 文件的阅读

15.2 文件打包

由于 Linux 系统下的压缩工具只对单一文件进行压缩，因此在对多个文件进行统一的压缩时，需要使用打包工具。

tar 工具是一款常用的打包工具，可以将多个目录或文件打包成一个大文件。同时还可以透过 gzip 和 bzip2 的支持，将打包的文件同时进行压缩。由于 tar 的使用广泛，目前 Windows 的 WinRAR 也支持.tar.gz 文件的解压缩。

tar 工具（tape archive）是一个多功能的工具，其名源于它的原始功能：创建和读取归档文件和备份磁盘。现在经常利用 tar 为某一特定文件创建档案（备份文件），也可以在档案中改变文件，或者向档案中加入新的文件。

15.2.1 tar 工具的用法

tar 工具只是一个打包工具，但它可以与压缩工具结合，将打包好的文件包压缩和解压。使用 tar 程序打的包称为 tar 包，tar 包文件的命令通常都是以.tar 结尾的。生成 tar 包后，就可以用其他的程序来进行压缩了。

使用 tar 命令的一般语法结构如下所示：

```
tar [主选项+辅选项] 打包文件名或目录名
```

由上述语法可以看出，tar 命令中的选项有主选项和辅选项的区别，这两种选项是结合使用的。其中主选项的主要取值如下所示：

- **-c**　创建新的档案文件。如果用户想备份一个目录或是一些文件，就要选择这个选项。

- **-r** 把要存档的文件追加到档案文件的未尾。例如用户已经做好备份文件，又发现还有一个目录或是一些文件忘记备份了，这时可以使用该选项，将忘记的目录或文件追加到备份文件中。
- **-t** 列出档案文件的内容，查看已经备份了哪些文件。
- **u** 更新文件。就是说，用新增的文件取代原备份文件，如果在备份文件中找不到要更新的文件，则把它追加到备份文件的最后。
- **x** 从档案文件中释放文件。

辅助选项，有以下多个可用值：

- **f** 使用档案文件或设备，这个选项通常是必选的。
- **k** 保存已经存在的文件。例如我们把某个文件还原，在还原的过程中，遇到相同的文件，不会进行覆盖。
- **m** 在还原文件时，把所有文件的修改时间设定为现在。
- **M** 创建多卷的档案文件，以便在几个磁盘中存放。
- **v** 详细报告 tar 处理的文件信息。如无此选项，tar 不报告文件信息。
- **w** 每一步都要求确认。
- **z** 用 gzip 来压缩/解压缩文件，加上该选项后可以将档案文件进行压缩，但还原时也一定要使用该选项进行解压缩。

通过 tar 命令，可以将同类型的文件在一起，使用“*”符号表示一个或多个字符，而*.bmp 则表示所有.bmp 类型的文件。对 tar 命令的使用，如练习 5 所示。

【练习 5】

为【音乐】文件夹下的所有文件打包，打包后的文件名为【音乐文档.tar】，放在/home/w/home/wmm/【音乐】文件夹下，步骤如下：

（1）将【音乐】文件夹下的所有文件打包为【音乐文档.tar】，放在/home/w/home/wmm/【音乐】文件夹下，使用语句如下所示：

```
tar-cvf/home/wmm/音乐/音乐文档.tar 音乐
```

（2）对/home/w/home/wmm/【音乐】文件夹执行查询，语句省略。执行步骤（1）和步骤（2）后，效果如图 15-9 所示。

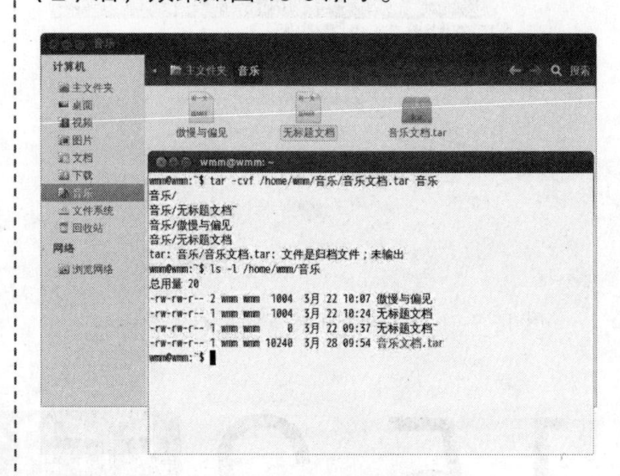

图 15-9 文件打包

如图 15-9 所示，打包中包含了原文件夹下有 3 个文件：无标题文档~、傲慢与偏见和无标题文档。打包后的文件直接放在了原文件夹下。重新查阅原文件夹，包含了 4 个文件，而打包后的文件大小比打包前的 3 个文件总大小还大，可见打包并不能将文件压缩，只是将多个文件放在一个文件中。

15.2.2 文件包压缩

通过使用 tar 工具与 bzip2、compress 和 gzip 等压缩工具相结合，可实现对文件的打包和压缩。

在 Linux 操作系统下，tar 工具与不同的压缩工具结合产生不同类型的压缩文件。常见的如表 15-2 所示。

表 15-2 常见的打包文件压缩

压缩工具	文件扩展名
compress	.tar.Z
gzip	.tar.gz
bzip2	.tar.bz2

以使用 gzip 工具为例，对练习 5 中创建的

【音乐文档.tar】文件进行压缩，如练习 6 所示。

【练习 6】

为【音乐】文件夹下的【音乐文档.tar】进行压缩，放在/home/wmm/【音乐】文件夹下，并在压缩后对文件夹进行查阅，使用代码如下：

```
gzip /home/wmm/音乐/音乐文档.tar
ls -l /home/wmm/音乐/
```

执行上述语句，效果如图 15-10 所示。原文件夹下的打包文件已经被替换为压缩后的文件。而该文件的大小比其中所包含的单个文档文件的大小还要小。被 gzip 工具压缩后的文件扩展名变为.tar.gz。

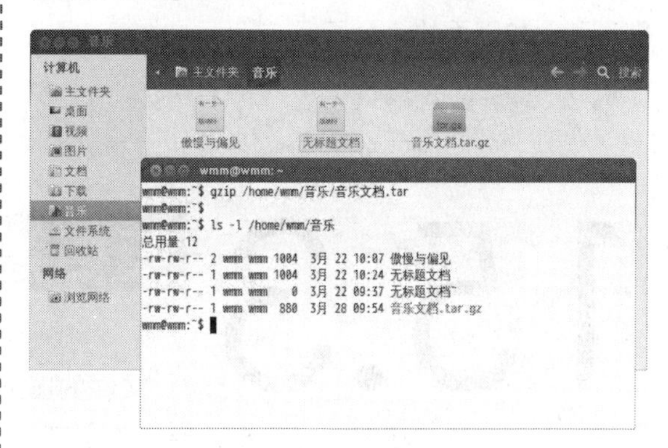

图 15-10　打包文件的压缩

15.2.3　解包

打包后的文件需要使用工具进行解包，而打包压缩过的文件，则需要解压后，再解包。压缩包是通过哪种工具进行压缩的，还需要使用对应的工具进行解压缩。如练习 6 中的包被 gzip 工具压缩，则可以使用 gunzip 命令进行解压。压缩工具与对应的解压命令如表 15-3 所示。

表 15-3　压缩文件对应的解压命令

压缩工具	压缩文件后缀名	解压命令	对压缩文件的读取
bzip2 工具	.bz2	bunzip2 命令	bzcat 命令
gzip 工具	.gz	gunzip 命令	zcat 命令

解压后的解包，则可以使用 tar 工具中的-xvf 选项，如对练习 6 中的压缩文件进行解压，首先使用 gunzip 命令解压，再使用 tar 命令解包，如练习 7 所示。

【练习 7】

为【音乐】文件夹下的【音乐文档.tar.gz】文件进行解压，并查阅解压后的文件，步骤如下。

（1）对【音乐文档.tar.gz】文件进行解压，在终端使用代码如下：

```
gunzip /home/wmm/音乐/音乐文档.tar.gz
```

执行结果如图 15-11 所示。原文件被替换成解压后的文件。

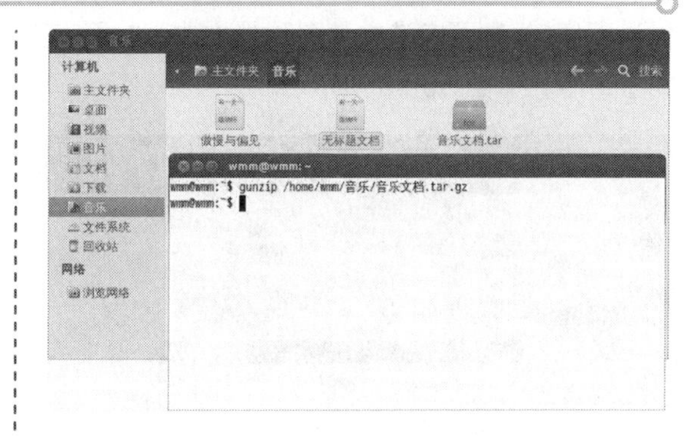

图 15-11　打包文件的解压

（2）对【音乐】文件夹下的【音乐文档.tar】文件进行解包查阅，在终端使用命令语句如下：

```
tar -xvf /home/wmm/音乐/音乐文档.tar
```

执行结果如图 15-12 所示。【音乐文档.tar】文件并没有发生改变，只是打包文件中的内容被读取了出来。

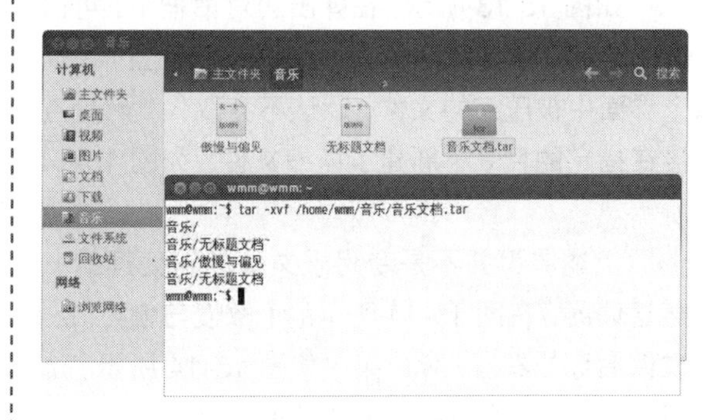

图 15-12　打包文件的查询

除了使用上述解压命令，直接用 tar 工具同样可以实现解压，使用-x 参数。

但是，对于不同类型的压缩文件，需要使用不同的选项参数来解压，如下所示：

- -z 参数实现.tar.gz 格式的文件解压。
- -j 参数实现.tar.bz2 格式的文件解压。

使用 tar 命令与-x 参数并结合和，可以直接解压和，如下面的命令所示：

```
tar -xzf *.tar.gz
tar -xjf *.tar.bz2
```

上面两个命令的解压过程与前面介绍的先解压压缩包，再解压 tar 包步骤的功能相同，使用 tar 命令与参数的结合更直观。

15.3 归档管理器

文件的压缩、解压和打包等操作，是可以通过图形界面来实现的。管理文件的压缩、打包相关操作的窗口，即为归档管理器。

15.3.1 图形界面压缩文件

如对【音乐】文件夹下的【傲慢与偏见】文件进行压缩，则可在该文件名称处右击，选择【压缩】命令，如图 15-13 所示。

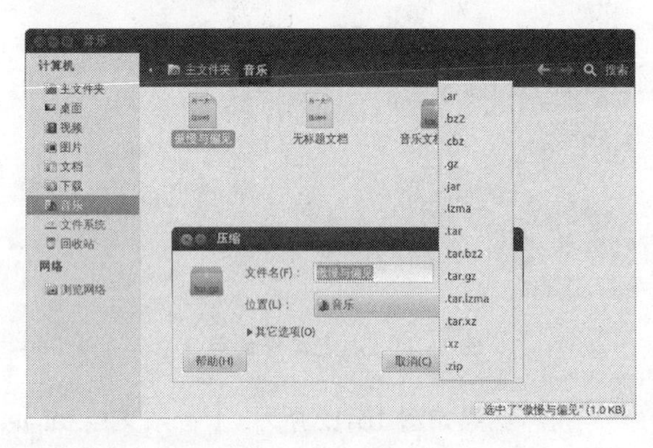

图 15-13 文件的界面压缩

如图 15-13 所示，在弹出的对话框中，可以为所选的文件选择压缩方式和保存的位置。在这个界面中被压缩的文件，默认不会取代，而是直接在指定的目录下新建了压缩文件，如图 15-14 所示。

上述界面并不是专用于文件压缩处理的归档管理器，在图 15-14 所示的【傲慢与偏见.gz】文件名称处右击，弹出菜单如图 15-14 所示。选择【使用归档管理器打开】选项，即可打开归档管理器，如图 15-15 所示。

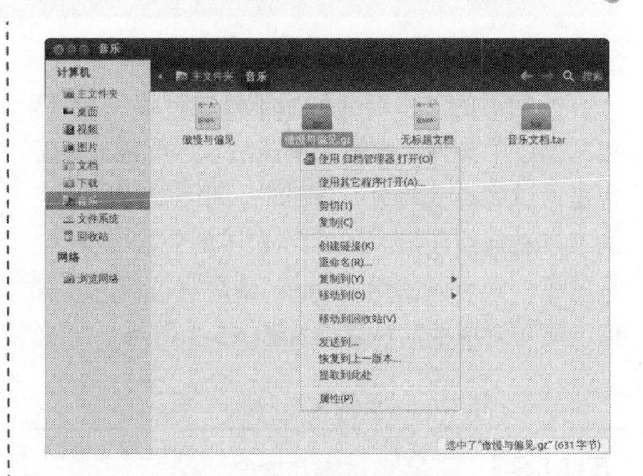

图 15-14 界面中的文件压缩

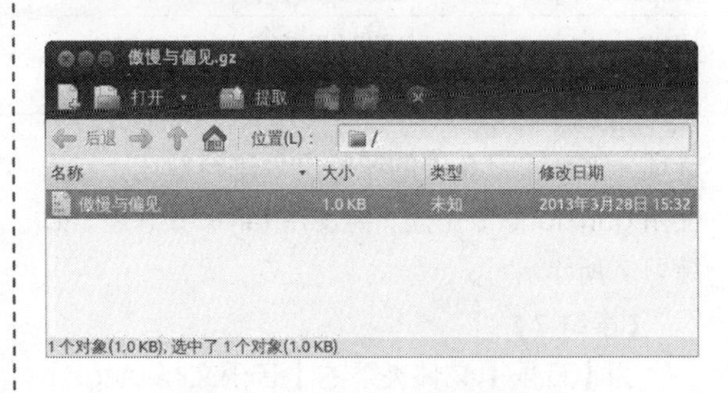

图 15-15 归档管理器中的文件

如图 15-15 所示，在归档管理器中，文件显示的是其原始大小。但是归档管理器的最大作用并不是针对这个单一的文件，而是创建一个可以包含多个文件的打包压缩文件。

15.3.2 文件打包

使用归档管理器创建一个打包压缩文件，首先在如图 15-15 所示的位置单击，该按钮是新建打包压缩文件的功能，此时打开的对话框如图 15-16 所示。

如图 15-16 所示，在名称后的文本框中输入需要创建的文件名称，在下一行输入该文件需要保存的位置，单击【创建】按钮完成创建。该文件默认是以.tar.gz类型保存的，如图 15-17 所示。

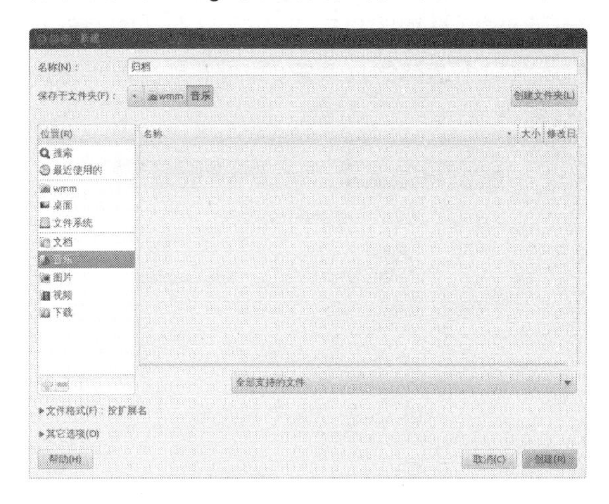

图 15-16　新建归档文件

图 15-17　归档文件

在图 15-17 所示的窗口上部提供了要添加包含文件的按钮。如单击 按钮，效果如图 15-18 所示。打开的窗口中可以添加任意位置的任意文件。

添加完成后，在图 15-17 所示的窗口下会有添加的文件列表，如图 15-19 所示。关闭该窗口，归档文件被创建完成。

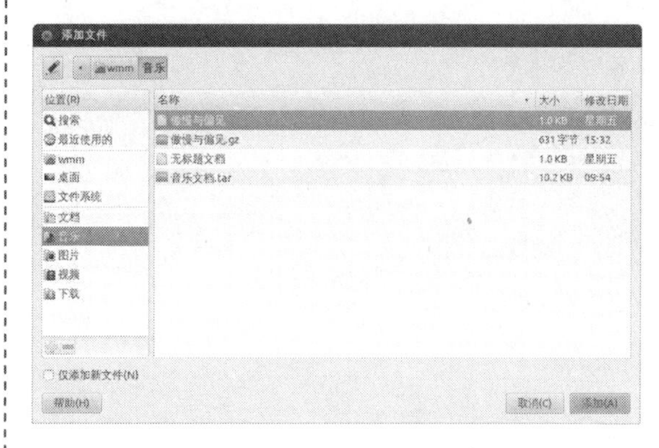

图 15-18　为归档文件添加所需文件

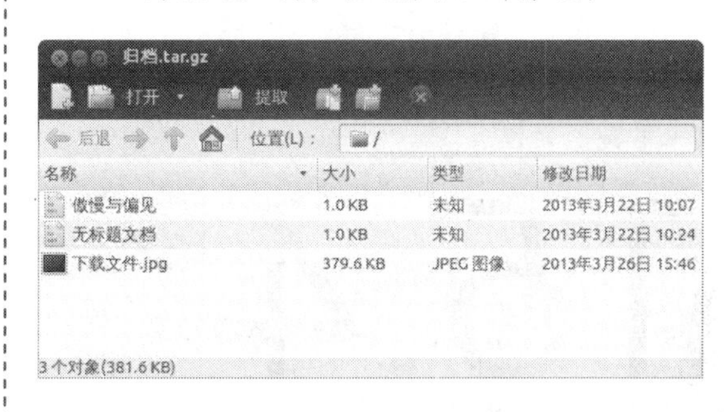

图 15-19　归档文件列表

为了查看该归档文件是否像刚才操作的一样包含上述文件，使用命令语句对该文档进行查阅，如图 15-20 所示。

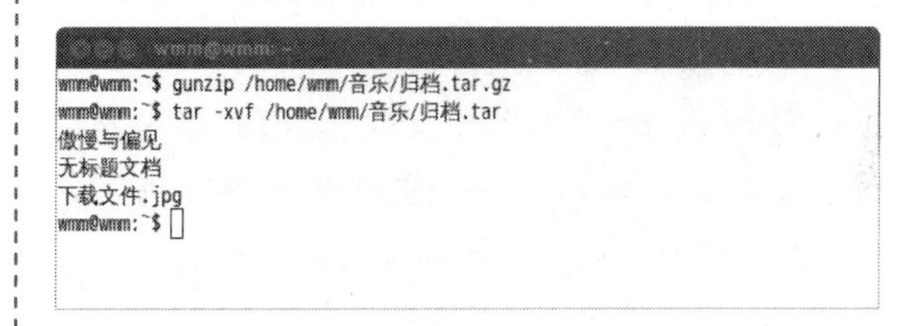

图 15-20　查看归档文件

15.3.3　文件解压提取

此归档管理器本身即有压缩的功能，又有解压的功能。因此不妨将该文件重新压缩，压缩后如图 15-21 所示。

在图 15-21 中文件处右击，有图示的弹出菜单，选择【打开】命令，即可呈现如图 15-19 所示的窗口。在归档管理器中，这些文件已经相当于解压状态，在需要查阅的文件名处右击，选择【打开】命令，即可查阅需要的文件。

对文件进行解压提取，同样是在图 15-19 所示的窗口中，对所需要文件进行右击，选择【提

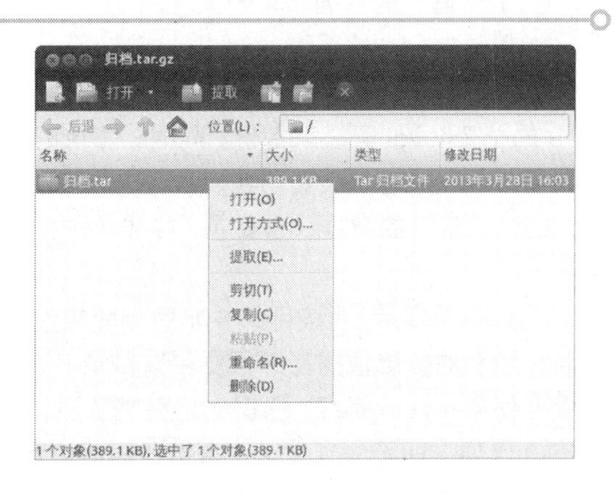

图 15-21　对压缩文件包的操作

取】命令，如图 15-22 所示。

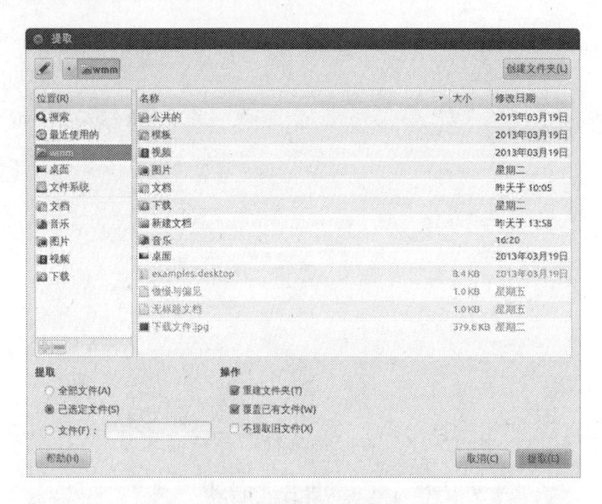

图 15-22　文件提取解压

在如图 15-22 所示的窗口中选择需要的提取方式，单击【提取】按钮执行文件的提取，执行后有对话框如图 15-23 所示。而在图 15-22 所示窗口下选择的目录中，即可看到提取出来的文件。

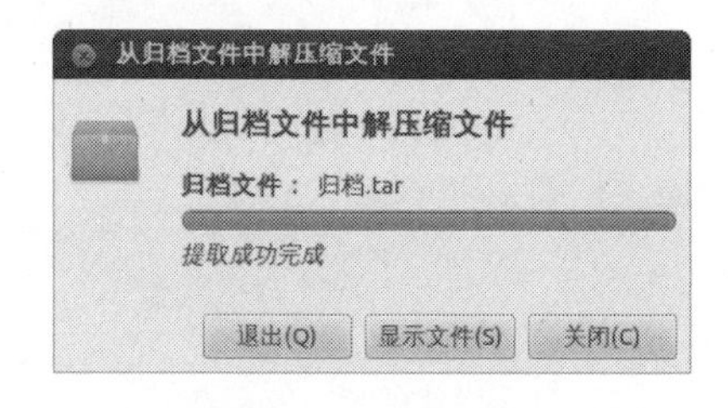

图 15-23　文件的提取

15.4 文件备份

文件的备份和文件的打包压缩不同，文件的备份是针对整个文件系统或目录的，而打包和压缩是针对文件或文件夹。

15.4.1 备份

在文件系统的备份中，最常用的是 dump 命令。它除了能够针对整个 filesystem 备份之外，也能够针对目录来备份。

使用 dump 命令备份文件，可以对备份的过程制定等级。如对同一个文件系统进行第二次 dump 备份时，若指定等级为 1，则新的备份只需要记录该文件系统与首次备份时有差异的文件。

虽然 dump 命令既可以备份文件系统，又可以备份目录，但是这些备份是有限制的，如下所示：

（1）当备份的数据为单一文件系统

如果是单一文件系统（filesystem），那么该文件系统可以使用完整的 dump 功能，包括利用 0 ~ 9 的十个 level 等级来备份。同时，备份时可以使用挂载点或者是装置档名。

（2）待备份的数据只是目录，并非单一文件系统

例如备份目录，而该目录并非独立的文件系统时，所有的备份数据都必须要在该目录底下，且仅能使用 level0 等级，即仅支持完整备份，不支持-u 选项，即无法创建这个备份的时间记录。

dump 常用的选项和参数如下所示：

- **-S**　仅列出待备份数据需要多少磁盘空间才能够实现备份，不执行备份。
- **-u**　将 dump 备份的时间记录到文件中。
- **-v**　将 dump 的文件过程显示出来。
- **-j**　加入 bzip2 的支持，将数据进行压缩，默认 bzip2 压缩等级为 2。
- **-level**　备份等级，从-0 ~ -9 共 10 个等级。
- **-f**　与文件的打包类似，后面接产生的文件，可以接装置名称。
- **-W**　列出具有 dump 配置的范围，是否有过备份。

对文件系统进行配置，首先需要了解系统中有哪些文件系统，以及这些文件系统的位置和名称，使用 df -h 命令，如图 15-24 所示。

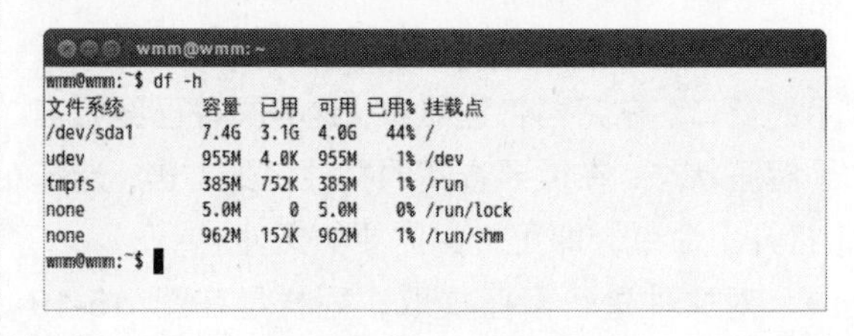

图 15-24　文件系统

对文件系统进行备份，可以使用文件系统的名称，也可以使用其挂载点。如 udev 文件系统，也可以使用/dev 进行备份。文件备份首先需要确保系统中安装有 dump 工具，若系统中没有 dump，则使用如下语句进行安装。

```
sudo apt-get install dump
```

如对图 5-24 中的/run 挂载点进行备份，即对 tmpfs 文件系统进行备份。备份前首先需要将身份转变成 root 用户，一般用户没有文件备份的权限，再执行备份，如练习 8 所示。

【练习 8】

将用户变为 root 用户，并对/run 挂载点进行备份，将备份文件放在/home/wmm/【文档】文件夹下，步骤如下。

（1）将用户转换成 root 用户，使用命令语句如下所示：

```
sudo su root
```

上述语句执行后，终端将提示输入原用户的密码，以确定该用户有权限转换成 root 身份。

（2）执行备份，备份的执行需要指定备份等级、目标文件的创建位置和需要备份的文件，使用语句如下：

```
dump -0 -f /home/wmm/文档/dump.dump /run
```

执行结果如图 15-25 所示。由图可以看出，在【文档】文件夹下，已经创建了该文件的备份文件 dump.dump。

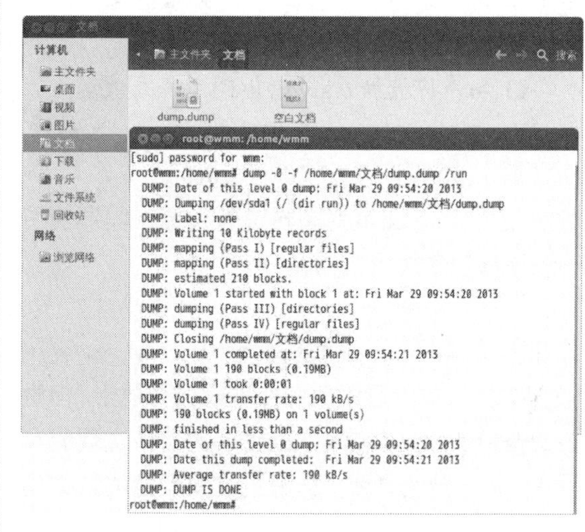

图 15-25 文件备份

15.4.2 还原

文件系统备份的目的就在于在需要的时候恢复系统数据，因此文件系统的还原同样重要。

对 dump 备份系统的还原需要使用 restore 命令，该命令有四个参数表示四种不同的还原模式，因此这四个参数不能同时使用。这四个参数及其说明如下所示。

- **-t** 此模式用在查看 dump 的备份档中含有什么重要数据，类似 tar-t 功能。
- **-C** 此模式可以将 dump 内的数据跟实际的文件系统做比较，最终会列出在 dump 文件内有记录的，但与目前文件系统不一致的文件。
- **-i** 进入互动模式，可以仅还原部分文件，用在 dump 目录时的还原。
- **-r** 将整个 filesystem 还原的一种模式，用在还原针对文件系统的 dump 备份。

除了上述四个还原模式参数意外，其他较常用到的选项和参数可以与模式结合使用，如下所示。

- **-h** 查看完整备份数据中的 inode 与文件系统 label 等资讯。
- **-f** 需要还原的 dump 文件。
- **-D** 与-C 进行搭配，查出后面接的挂载点与 dump 内有不同的文件。

如对练习 8 中所备份的文件进行还原，执行如下代码：

```
restore -t -f /home/wmm/文档/dump.dump
```

执行结果如图 15-26 所示。还原信息中介绍了文件的备份时间、文件系统中的详细内容等。

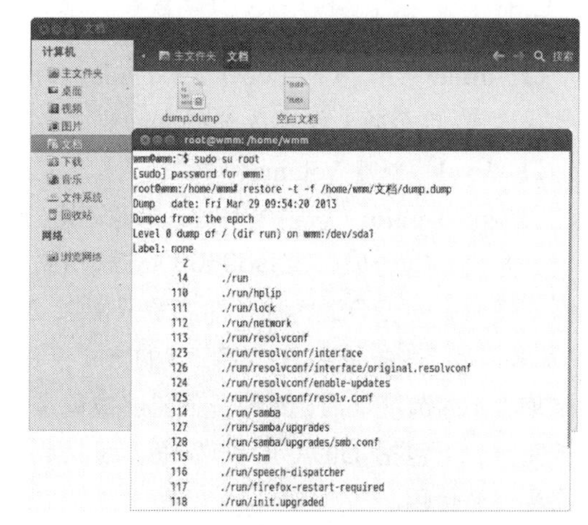

图 15-26 文件还原

15.4.3 cpio 工具

文件的备份除了使用 dump 命令，还可以使用 cpio 工具。cpio 是一个可以备份任何东西的工具，包括装置设备文件。

cpio 工具所备份的文件类型相对齐全，但 cpio 工具无法自动找到所需要备份的数据，需要与 find 命令结合使用。cpio 工具备份文件的选项和参数如下所示：

- **-o** 将数据 copy 输出到文件或装置上。
- **-B** 让默认的 Blocks 可以添加至 5120bytes，默认是 512bytes。

使用 cpio 工具对备份进行还原，需要使用的选项与参数如下所示：

- **-i** 将数据自文件或装置复制到系统中。
- **-d** 自动创建目录。
- **-u** 自动的将较新的文件覆盖较旧的文件。
- **-t** 需配合-i 选项，可用在“察看”以 cpio 创建的文件或装置的内容。
- **-v** 让储存的过程中文件名称可以在屏幕上显示。
- **-c** 一种较新的 portable format 方式储存。

试一试

cpio 工具的使用，在这里不再举例，其用法与其他命令类似，读者可以尝试使用 cpio 工具进行数据的备份和还原。

15.4.4 光盘备份

文件的备份可以保存在不同的介质上，但重要的备份使用光盘是最安全的。对备份实现光盘写入，通常分为两步：先将所需要备份的数据建为一个映像档（iso），利用 mkisofs 命令来处理，再将该映像档烧录至光盘或 DVD 当中，利用 cdrecord 命令来处理。

1．创建映像

将文件写入光盘，首先需要将文件转换成映像，能够写入 DVD。映像的创建使用 mkisofs 命令，其常用的选项和参数如下所示：

- **-o** 后面接你想要产生的那个映像档档名。
- **-r** 透过 RockRidge 产生支持 Unix/Linux 的文件数据，可记录较多的资讯。
- **-v** 显示建置 ISO 文件的过程。
- **-mfile** -m 为排除文件（exclude）的意思，后面的文件不备份到映像档中。
- **-Vvol** 创建 Volume。
- **-graft-point** graft 有转嫁或移植的意思。

光盘的格式一般称为 iso9660，这种格式一般仅支持旧版的 DOS 名称，即名称只能以 8.3（名称 8 个字节，扩展名 3 个字节）的方式存在。如果加上-r 的选项之后，文件资讯能够被记录的比较完整，可包括 UID/GID 与权限，因此-r 选项需要注意使用。

一般默认的情况下，所有要被加到映像档中的文件都会被放置到映象档中的根目录，因此可能会造成烧录后的文件分类不易的情况。所以需要使用-graft-point 这个选项，利用如下的方法来定义位于映像中的目录。

（1）映像档中的目录所在=实际 Linux 文件系统的目录所在。

（2）/movies/=/srv/movies/(在 Linux 的/srv/movies 内的文件，加至映像档中的/movies/目录)。

（3）/linux/etc=/etc(将 Linux 中的/etc/内的所有数据备份到映像档中的/linux/etc/目录中)。

2．光盘写入

光盘的写入，使用 cdrecord 命令进行文字介面的烧录行为，这个命令常见的选项和参数如下所示：

- **-scanbus** 用在扫描磁碟流并找出可用的烧录机，后续的装置为 ATA 介面。
- **-v** 在 cdrecord 运行的过程中，显示过程而已。
- **dev=ATA:x,y,z** 后续的 x,y,z 为系统上烧录机所在的位置。
- **blank=[fast|all]** blank 为抹除可重复写入的 CD/DVD-RW，使用 fast 较快，all 较完整。
- **-format** 仅针对 DVD+RW 这种格式的 DVD。

除了上述选项以外，还有可选的，用于写入 CD/DVD 时可使用的选项，常见的选项如下所示：

- ❑ **-data** 指定后面的文件以数据格式写入，不是以 CD 音轨(-audio)方式写入。
- ❑ **speed=X** 指定烧录速度。
- ❑ **-eject** 指定烧录完毕后自动退出光盘。
- ❑ **fs=Ym** 指定多少缓冲内存，可用在将映像档先缓存至缓冲内存。默认为 4m。

针对 DVD 的选项功能选项如下所示：

- ❑ **driveropts=burnfree** 打开 BufferUnderrun Free 模式的写入功能。
- ❑ **-sao** 支持 DVD-RW 的格式。

CD/DVD 都是使用 cdrecord 这个命令，因此不论是 CD 还是 DVD 片，下达命令的方法类似。但是 DVD 的写入需要额外的 driveropts=burnfree 或-dao 等选项的辅助才行。

15.5 实例应用

15.5.1 文件夹的打包压缩

新建【文档文件夹】文件夹及其所包含的 3 个文档文件，实现对文件夹的打包、压缩和提取，步骤如下。

（1）首先是创建文件夹及 3 个文档文件，步骤省略。文件夹放在/home/wmm/【文档】文件夹下，如图 15-27 所示。

图 15-27 文档文件夹

（2）将【文档文件夹】打包，将打包后的文件放在/home/wmm/【文档】文件夹下，使用语句如下所示：

```
tar -cvf /home/wmm/文档/文档文件夹.tar /home/wmm/文档/文档文件夹
```

执行上述语句，效果如图 15-28 所示。在【文档】文件夹下有【文档文件夹.tar】文件。

（3）将【文档文件夹.tar】文件压缩成.tar.bz2 文件，使用语句如下：

```
bzip2 /home/wmm/文档/文档文件夹.tar
```

执行上述语句，效果如图 15-29 所示。在【文档】文件夹下有了【文档文件夹.tar.bz2】文件。

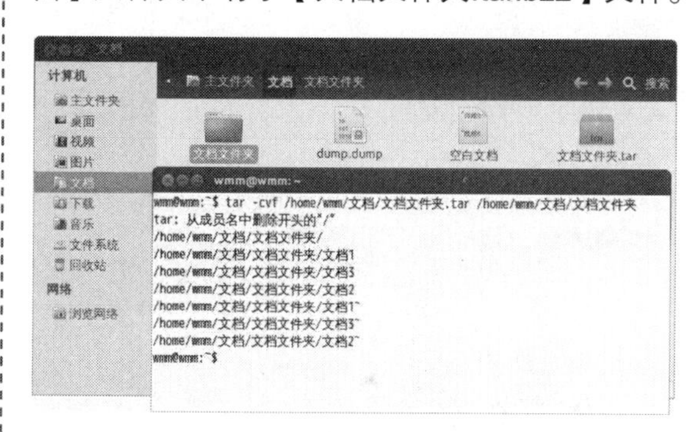

图 15-28 【文档文件夹】文件打包

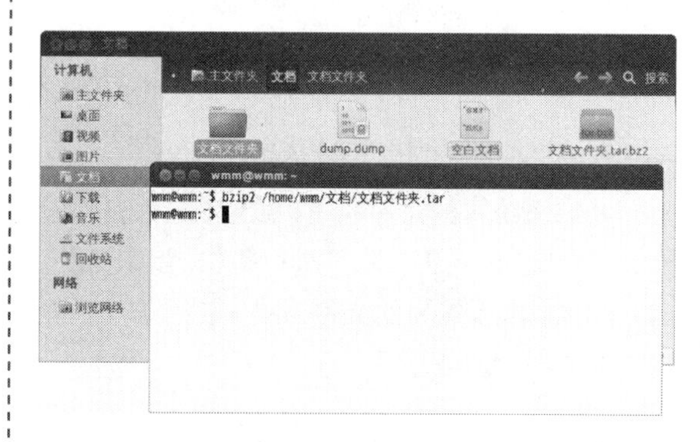

图 15-29 【文档文件夹.tar】文件压缩

（4）对【文档文件夹.tar.bz2】文件中的【文档 1】进行提取，将【文档 1】放在/home/wmm/【视频】文件夹下。使用归档管理器打开【文档文件夹.tar.bz2】如图 15-30 所示，在【文档 1】处右击，选择【提取】命令。

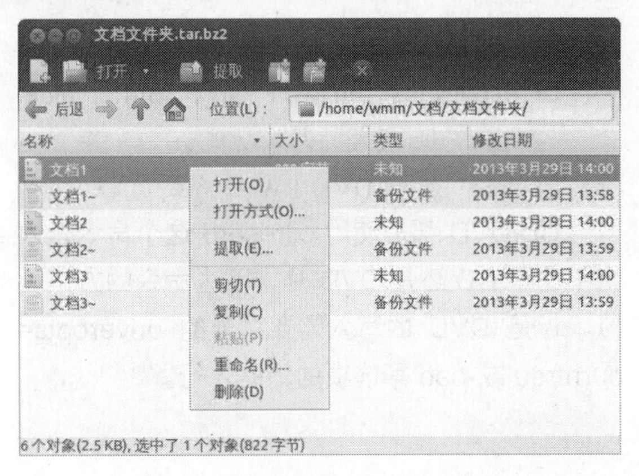

图 15-30　选择需要提取的文件

（5）在如图 15-29 所示的窗口中选择需要提取的文件并提取，后有如图 15-30 所示的窗口。在最上方选择提取出的文件需要保存的位置，单击【提取】按钮实现文件提取，如图 15-31 所示。

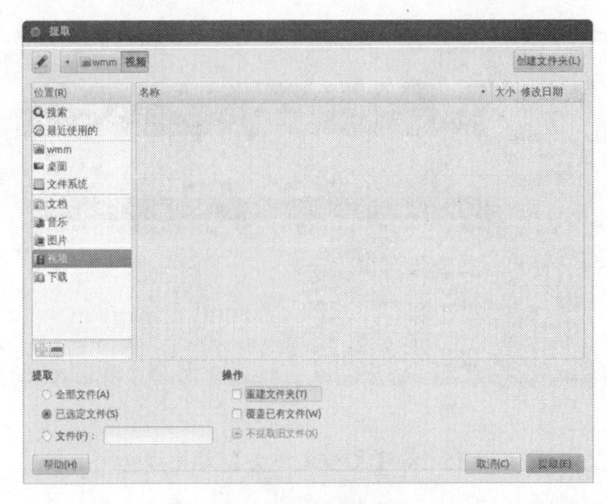

图 15-31　选择保存路径

（6）上述步骤已经将文件提取，在步骤（5）之后有提示框如图 15-32 所示。

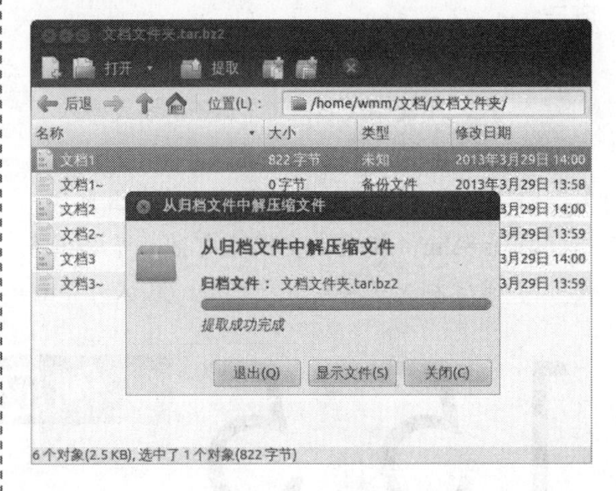

图 15-32　文件提取

（7）选择【显示文件】按钮，有如图 15-33 所示的窗口，文件被成功提取。

图 15-33　【视频】文件夹下的【文档 1】

15.5.2　文件系统备份

找出系统中的文件系统，找出该文件备份需要的磁盘空间，将文件系统进行备份。步骤如下。

（1）找出系统中的文件系统，使用语句及显示结果如图 15-34 所示。

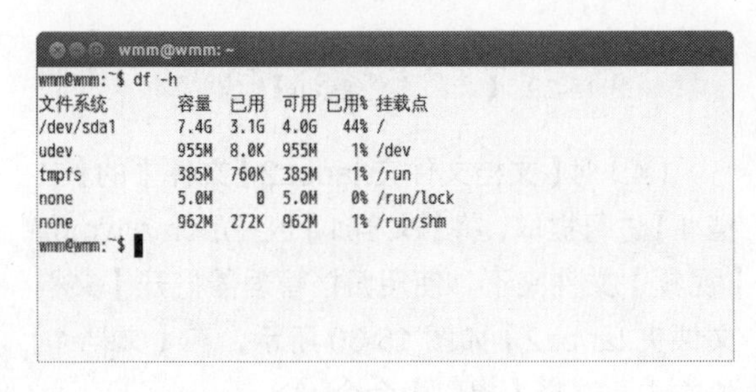

图 15-34　文件系统查询

（2）由图 15-34 中可以看出，这里列举了 5 个文件系统，以 udev 文件系统为例，将文件备份至 /home/wmm/ 视频文件夹下，使用代码如下：

```
sudo su root
dump -0f /home/wmm/视频/udev.dump
/dev
```

执行结果如图 15-35 所示。在 /home/wmm/【视频】文件夹下，可以看到该文件的备份文件。

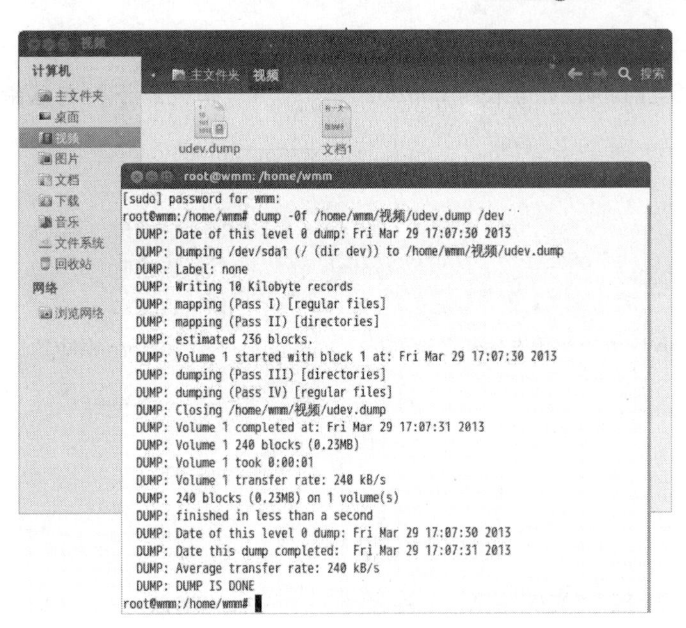

图 15-35 udev 文件系统备份

15.6 拓展训练

最小文件系统备份

找出系统中的最小的文件系统，找出其备份所需要的磁盘空间，并将其备份。尝试为备份后的文件进行压缩。

15.7 课后练习

一、填空题

1. 常用的压缩工具有__________、gzip 工具和 compress 工具。

2. gzip 工具中的__________选项可以将文件解压。

3. 使用 gzip 工具压缩的文件后缀名为__________。

4. 在界面中对文件进行打包、压缩和解压的是__________。

5. 常用的文件打包工具是__________工具。

6. 文件备份的最常用工具是__________工具。

7. 对 dump 备份文件进行还原的是__________命令。

二、选择题

1. 下列说法正确的是__________。

A. tar 命令只能对文件进行打包

B. tar 命令可以对文件进行解压

C. tar 命令可以对文件进行压缩

D. tar 命令能够解压 dump 备份文件

2. 下列说法正确的是__________。

A. gzip 工具只能对文件进行压缩

B. gzip 工具能对一个文件夹下的多个文件进行压缩

C. bzip2 工具能解压被 compress 工具所压缩的文件

D. gzip 工具能解压被 compress 工具所压

缩的文件

3. 下列 bzip2 工具的选项中，能使用 bunzip2 命令取代的是__________。

A. -c

B. -d

C. -k

D. -z

4. 下列不是 dump 命令的常用选项和参数的是__________。

A. -S

B. -v

C. -a

D. -j

5. bzip2 工具所压缩的文件后缀名是__________。

A. .bz2

B. .bz

C. .bz1

D. .bzp

6. 下列属于打包压缩文件的后缀名的是__________。

A. tar

B. .tar.bz

C. .gz.tar

D. .tar.Z

7. 下列 restore 命令的选项中，能与-r 选项同时使用的是__________。

A. -t

B. -C

C. -i

D. f

三、简答题

1. 简要概述文件压缩的几种方法。

2. 简要概述文件解压的几种方式。

3. 简单说明归档管理器的功能。

4. 简单概括 tar 工具的作用。

第 16 课 Linux 下的 C/C++编程

在 Linux 下进行编程，是大多数 Linux 使用者选择 Linux 操作系统的原因。Linux 操作系统提供了丰富的编程语言和大量的开发工具，是非常好的编程环境，最常见的是 Linux 下的 C/C++编程。

C++语言是 C 语言的超集，C++编译器也能正确地编译 C 语言程序，最重要的是 C++语言是一种面向对象的编程语言。掌握 C++语言最重要的是掌握其编程思想，即面向对象的编程方式和思维方式。本课以 C/C++编程为例介绍 Linux 下编程。

本章学习目标：

- 了解 C/C++语言基础
- 掌握 gcc 的执行过程
- 掌握 gcc 命令的使用
- 掌握 g++命令的使用
- 掌握 gdb 常用命令
- 掌握 makefile 文件的编写
- 掌握 makefile 变量的使用
- 了解 makefile 文件的规则
- 了解 make 常用命令

16.1 C/C++编程

在介绍 Linux 下的 C/C++编程之前，首先需要了解 C/C++的基础知识，以便在 Linux 操作系统下进行编辑执行。

16.1.1 C 语言

C 语言在 B 语言的基础上发展，既具有高级语言的特点，又具有汇编语言的特点。虽然在 C 语言之后，越来越多的编程语言被开发并流行，但 C 语言的稳定性使其依然是比较流行的编程语言之一。

1. C 语言的特点

C 语言允许直接访问物理地址，对硬件进行操作生成目标代码质量高，程序执行效率高，可移植性好、表达力强。主要特点如下所示：

（1）C 语言属于“中级语言”

它把高级语言的基本结构和语句与低级语言的实用性结合起来，还可以像汇编语言一样对位、字节和地址进行操作，而这三者是计算机最基本的工作单元。

（2）C 语言是结构化的语言

C 语言采用代码及数据分隔，使程序的各个部分除了必要的信息交流外彼此独立。这种结构化方式可使程序层次清晰，便于使用、维护以及调试。C 语言是以函数形式提供给用户的，这些函数可方便调用，并具有多种循环、条件语句控制程序流向，从而使程序完全结构化。

（3）C 语言功能齐全

C 语言具有各种各样的数据类型，并引入了指针概念，可使程序效率更高。另外，C 语言也具有强大的图形功能，支持多种显示器和驱动器，而且计算功能、逻辑判断功能也比较强大，可以实现决策目的。C 语言可移植性强。C 语言适合多种操作系统，如 DOS、Windows、Linux，也适合多种体系结构，因此尤其适合嵌入式领域的开发。正是出于这些特性，使 C 语言得到越来越多的使用。

2. 简单的 C 语言示例

在了解 Linux 下的 C 语言编程之前，首先要对 C 语言所编写的程序有了解，如下所示为一个简单的 C 语言示例，用于输出“Hello, world”字样。

```
# include <stdio.h>
int main(void)
{
    printf("Hello, world!\n");
    return 0;
}
```

在上述代码中，首行包含文件说明，表明该示例包含了头文件“stdio.h”。头文件中通常包含了程序的常用功能，在编写时包含头文件，即可使用头文件中写好的功能。

上述代码中有一个函数块 main()函数，该函数通过 printf()方法输出字符串“Hello, world”并使用“\n”来换行。

main()函数是 C 语言中的主函数，每一个 C 语言程序可以有一个或多个文件构成，但每一个独立的程序都有且只有一个 main()函数，系统将从 main()函数开始编译执行。

提示

在 Ubuntu 平台下，C 语言源文件通常是.c 类型的文件。如将文本文件修改其文件名（以.h 结尾），并写入 C 语言代码，则该文件即成为 C 语言源文件。

16.1.2 C++编程

C++语言源于 C 语言，在 C 语言的基础上增加 class 关键字和类。C 语言到 C++语言的发展，不仅是语法或出现形式的改变，更重要的是编程思想的转变，是从过程化的编程方式到面向对象编程方式的转变。

1. 面向对象的 C++特点

面向对象的编程方式是现代编程的重要核心，它将现实世界的某些原则抽象成编程思想，并指导编程开发的系统方法，又称为 OO（Object-Oriented）方法。该方法建立在“对象”基础上，每一个对象都是编程某种具体事件的抽象，一组具有相同属性或性质的对象组织为一个类，某个类又可实例化某个特殊的对象。继承性是对具有层次关系的类的属性和操作进行共享的一种方式。

面向对象就是基于对象概念，以对象为中心，以类和继承为构造机制来认识、理解、刻画客观世界和设计、构建相应的软件系统的方法。这些内容都需要读者在实际编程经验中体会学习。与 C 语言相比，C++所增添的机制和功能有 8 条，如下所示：

- 类型检查更为严格。
- 增加了面向对象的机制。
- 增加了泛型编程的机制（template）。
- 增加了异常处理。
- 增加了运算符重载。
- 增加了标准模板库（STL）。

2．简单的C++示例

C++是在 C 语言的基础上发展的，它们在很多方面是兼容的。掌握了 C 语言，再进一步学习 C++就能以一种熟悉的语法来学习面向对象的语言，从而达到事半功倍的目的。

C++对于大小写是敏感的，同样以输出“Hello, world”字样为例，在 C++的源文件中，使用代码如下所示：

```
#include <iostream>
using namespace std;
int main()
{
    cout<<"Hello World!\n";
    return 0;
}
```

在上述代码中，“#”开始的内容被称为预处理指令，这一行的作用是把一个叫做 iostream 的头文件包含到我们的程序中。

C++默认是不包含任何头文件的。“#include <iostream>”语句用于添加头文件。如果头文件不使用.h，则需要加入“using namespace std;”语句，表明程序中直接使用 std 名字空间内的标识符。

std 名字空间包含了所有标准 C++提供的类和函数。C 语言中的头文件都是以.h 结尾的，而标准的 C++提倡使用没有扩展名的头文件。

在一个 C++示例中，一个完整的程序同样需要有且只能有一个 main()主函数，程序的编译和执行由该函数开始。

> **提示**
> 在 Ubuntu 平台下，C++源文件通常是.C、.cc 或.cxx 类型的文件。与 C 语言文件类似，如将文本文件修改文件名（以.C、.cc 或.cxx 结尾），则该文件即成为 C++源文件。

16.1.3 Linux 下 C/C++编程环境

一个语言的编程环境最重要的就是编译器，编译器能够识别某种语言语法结构及语义结构。解析用户代码内容，并根据代码语义执行相应的内容。Linux 下 C/C++编译器一般采用 gcc，而照顾到 Linux 的特殊性，还需要为其编程配备多种环境。

1．编辑器

Linux 编辑器与 Windows 基本相同，但又具有特别之处。前面的章节中详细介绍过 vi 编辑器，它是 Linux 常用的一款文本编辑器。如果用户不习惯使用，还可以在 GNOME 或 KDE 桌面环境下，使用各种各样的文本编辑器。即使使用最简单的 gedit 文本文档，其编译也能顺利进行。

2．编译器

编译是指源代码转化生成可执行代码的过程，完成该工作执行多个步骤。编译过程是非常复杂的，它包括词法、语法和语义的分析、中间代码的生成和优化、符号表的管理和出错处理等。

Linux 中，最常用的编译器是 gcc 编译器。它是 GNU 推出的功能强大、性能优越的多平台编译器，其执行效率与一般的编译器相比平均效率要高 20%～30%，堪称为 GNU 的代表作品之一。

3．调试器

调试器并不是代码执行的必备工具，而是程序员调试程序的专用工具。有编程经验的读者都知道，在编程的过程当中，调试所消耗的时间远远大于编写代码的时间。因此，有一个功能强大、使用方便的调试器是必不可少的。gdb 是绝大多数 Linux 开发人员所使用的调试器，它可以方便地设置断点、单步跟踪等操作，足以满足开发人员的需要。

4．项目管理器

Linux 中的项目管理器是 make，在之前章节中曾经反复使用过该命令。它有些类似于 Windows 中 Visual C++里的“工程”，它是一种控制编译或者重复编译软件的工具。另外，它还能自动管理软件编译的内容、方式和时机，使程序员能够把精力集中在代码的编写上而不是在源代码的组织上。

16.2 GCC 编译器

无论是 C 还是 C++所编写的语句，都需要有编译器对其进行编译执行，在 Linux 下最为常用的编辑器为 GCC 编译器，它几乎支持所有的程序开发语言。

16.2.1 GCC 编译器简介

gcc 原名为 GNU C Compiler，是一套由 GNU 开发的编程语言编译器。它是一套以 GPL 许可证所发行的自由软件，也是 GNU 计划的关键部分。

GCC 原本作为 GNU 操作系统的官方编译器，现已被大多数类 Unix 操作系统（如 Linux、BSD、MacOSX 等）采纳为标准的编译器，GCC 同样适用于微软的 Windows。GCC 是自由软件过程发展中的著名例子，由自由软件基金会以 GPL 协议发布。

1．gcc 概述

该编译器最开始时定位于 C 语言编译器，经过多年的发展已经能够支持 Ada 语言、C++语言、Java 语言、Objective C 语言、Pascal 语言和 COBOL 语言等。gcc 的含义也不只是 GNU C Compiler，而是 GNU Compiler Collection 即 GNU 编译器家族。

打开终端窗口，输入下面的命令可以查看到当前安装的gcc版本，使用语句及其结果如下所示：

```
wmm@wmm:~$ gcc --version
gcc (Ubuntu/Linaro 4.6.3-1ubuntu5) 4.6.3
Copyright © 2011 Free Software
Foundation, Inc.
本程序是自由软件；请参看源代码的版权声明。
本软件没有任何担保；
包括没有适销性和某一专用目的下的适用性担保。
```

2．gcc 规则

gcc 编译器能将 C、C++语言源程序、汇编代码和目标程序编译、连接成可执行文件，如果没有给出可执行文件的名字，gcc 将生成一个名为 a.out 的文件。在 Linux 系统中，可执行文件没有统一的后缀，系统从文件的属性来区分可执行文件和不可执行文件。而 gcc 则通过后缀来区别输入文件的类别，首先来介绍 gcc 编译器所遵循的部分约定规则。

- .c 为后缀的文件，C 语言源代码文件。
- .a 为后缀的文件，是由目标文件构成的档案库文件。
- .C、.cc 或.cxx 为后缀的文件，是 C++源代码文件。
- .h 为后缀的文件，是程序所包含的头文件。
- .i 为后缀的文件，是已经预处理过的 C 源代码文件。
- .ii 为后缀的文件，是已经预处理过的 C++源代码文件。
- .m 为后缀的文件，是 Objective-C 源代码文件。
- .o 为后缀的文件，是编译后的目标文件。

- ❑ .s为后缀的文件，是汇编语言源代码文件。
- ❑ .S为后缀的文件，是经过预编译的汇编语言源代码文件。

gcc编译器在执行时，会根据不同的后缀对该文件进行编译，那么gcc编译器的执行过程又是如何呢?

16.2.2 gcc的执行过程

当用户使用configure;make;make install时，gcc编译器在后台做了很多繁重的工作。使用gcc由C语言源代码文件生成可执行文件的过程不仅仅是编译的过程，而是要历经四个相互关联的步骤：预处理（也称预编译，Preprocessing）、编译（Compilation）、汇编（Assembly）和连接（Linking）。这四个步骤是顺序执行的，执行顺序如图16-1所示。

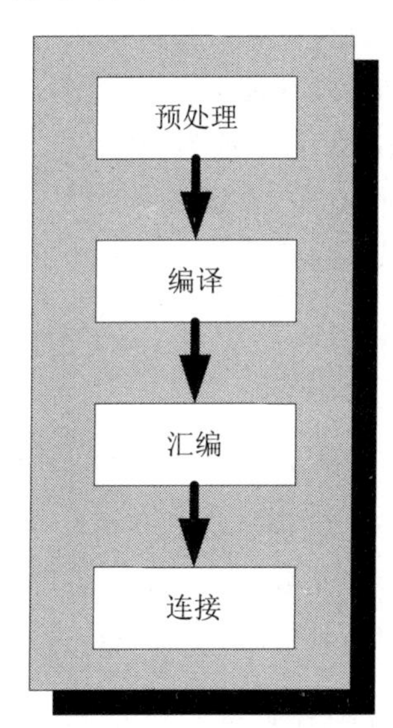

图16-1 执行顺序图

命令gcc首先调用cpp预处理器进行预处理，在预处理过程中，对源代码文件中的文件包含（include）、预编译语句（如宏定义define等）进行分析，接着调用cc1编译器进行编译，在这个阶段根据输入文件生成以.o为后缀的目标文件。

汇编过程是针对汇编语言的步骤，调用as汇编器进行工作。一般情况下，.S为后缀的汇编语言源代码文件和汇编、.s为后缀的汇编语言文件经过预编译和汇编之后都生成以.o为后缀的目标文件。

当所有的目标文件都生成之后，gcc就调用ld连接器来完成最后的关键性工作，这个阶段就是连接。连接器搜索指定的函数库，找到程序使用的函数，并将这些函数的目标模块与本程序的目标代码结合在一起。在连接阶段，所有的目标文件被安排在可执行程序中的恰当位置。同时，该程序所调用到的库函数也从各自所在的档案库中连到合适的地方。

16.2.3 GCC语法

通过gcc命令可以打开并使用gcc编译器，如在编译C程序时，gcc命令的格式如下所示：

```
gcc [参数] 要编译的文件 [参数] [目标文件]
```

命令中“选项”就是编译器所需要的参数，“要编译的文件”是需要编译的相关文件名，而命令中“目标文件”是可选值，gcc编译器可以根据选项自动生成相关目标文件，如.o文件或.s文件等。在使用gcc编译器的时候，必须给出一系列必要的调用参数和文件名称。gcc编译器的调用参数大约有100多个，其中大多数参数可能根本就用不到，这里只介绍几种其中最基本、最常用的参数。

- ❑ **-c** 使用该参数时对文件只进行编译，不连接成为可执行文件，编译器只是由输入的.c等源代码文件生成.o为后缀的目标文件，通常用于编译不包含主程序的子程序文件。
- ❑ **-o output_filename** 确定输出文件的名称为output_filename，同时这个名称不能和源文件同名。如果不给出这个选项，gcc就给出预设的可执行文件a.out。
- ❑ **-g** 产生符号调试工具（GNU的gdb）所必要的符号资讯，要想对源代码进行调试，就必须加入这个选项。

- **-O** 优化选项，对程序进行优化编译、连接，使用这个选项后整个源代码会在编译、连接过程中进行优化处理，这样产生的可执行文件的执行效率可以提高。但是，编译、连接的速度就相应地要慢一些。
- **-O2** 比使用-O 参数具有更好的优化编译、连接，当然整个编译、连接过程会更慢。
- **-Idirname** 将 dirname 所指出的目录加入到程序头文件目录列表中，是在预编译过程中使用的参数。

这里需要对-Idirname 参数进行一下说明。首先，C 程序中的头文件包含两种情况：

```
(1) #include <stdio.h>
(2) #include "myinc.h"
```

使用尖括号的头文件，预处理程序 cpp 在系统预设包含文件目录（如/usr/include）中搜寻相应的文件，而使用引号的头文件，cpp 在当前目录中搜寻头文件。这个选项的作用是告诉 cpp，如果在当前目录中没有找到需要的文件，就到指定的 dirname 目录中去寻找。在程序设计中，如果需要的这种包含文件分别分布在不同的目录中，就需要逐个使用-I 选项给出搜索路径。

- **-Ldirname** 将 dirname 所指出的目录加入到程序函数档案库文件的目录列表中，是在连接过程中使用的参数。在默认状态下，连接程序 ld 在系统的预设路径中（如/usr/lib）寻找所需要的档案库文件，该选项告诉连接程序，先到-L 指定的目录中去寻找，然后到系统预设路径中寻找，如果函数库存放在多个目录下，就需要依次使用这个选项，给出相应的存放目录。
- **-lname** 在连接阶段装载名字为“libname.a”的函数库，该函数库位于系统预设的目录或者由-L 选项确定的目录下。例如，-lm 表示连接名为“libm.a”的数学函数库。

16.2.4 编译 C/C++代码

使用 gcc 编译 C 语言文件和 C++文件是不一样的，但是在编译之前，首先需要编辑完成 C 语言文件和 C++文件。

1. 编译 C 语言源文件

C 语言源文件的名称是以.c 结尾的，首先在主文件夹下的【图片】文件夹下创建 C 语言源文件【C.c】，并在文件中编辑程序如图 16-2 所示。对该文件进行编辑保存，【图片】文件夹下有两个文件。

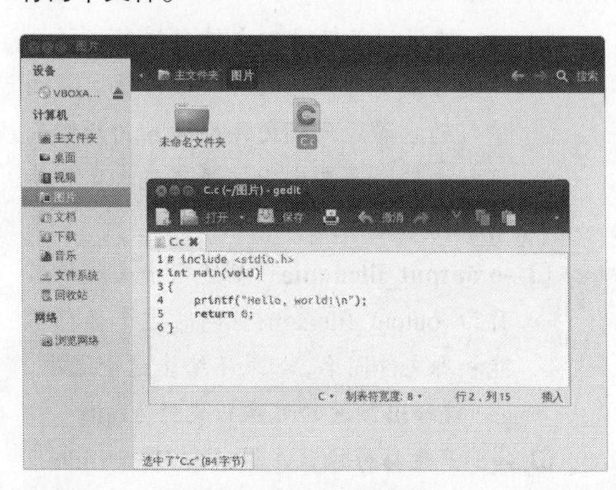

图 16-2 编辑 C 语言源文件

如图 16-2 创建了 C 语言源文件【C.c】，在该文件创建后，需要将源代码文件使用 gcc 命令生成一个可执行文件，使用下面的命令：

```
gcc home/wmm/图片/C.c
```

此时，预编处理、编译、汇编和连接一次完成，生成一个系统默认名为 a.out 的可执行文件，a.out 文件默认将被创建在主文件夹下。

执行 gcc *.c 命令在每一次编译程序时，都会产生新的 a.out 将覆盖原来的程序，如果在一个庞大的程序中，用户无法清楚地了解是哪个程序创建了 a.out。此时可以通过使用-o 编译选项，告诉 gcc 编译器修改可执行文件的名称。

如将该【C.c】源代码文件，编译成一个其他名称的可执行文件【C.out】，可以使用-o 参数，命令如下所示：

```
gcc -o C.out home/wmm/图片/C.c
```

上述命令执行后，生成一个 C.out 可执行文件。用户可以在终端容器中输入该执行文件的名称即可执行该文件，如图 16-3 所示。

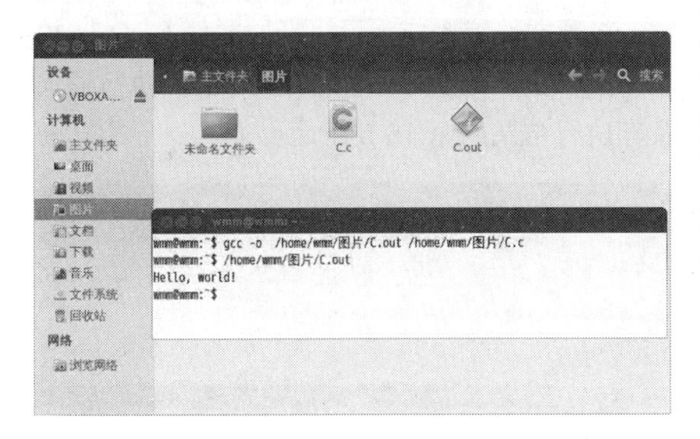

图 16-3　C 语言文件编译

如图 16-3 所示，在主文件夹下的【图片】文件夹下，有了可执行文件【C.out】。生成了可执行的文件后，在终端直接运行该文件，即可执行编辑的 C 语言命令，图 16-3 中通过运行【C.out】文件，得到了源文件的输出。

2．编译多个源文件

对于稍为复杂的情况，比如有多个源代码文件、需要连接档案库或者有其他比较特别的要求：

下面的练习 1 使用 g++编译两个源文件，其中【fun.h】文件中只有一个函数 fun()，用来计算一个数的阶乘，该文件中没有主函数，是用来辅助主函数执行的；而另一个文件【main.c】则需要定义主函数，并调用【fun.h】文件中的 fun()以执行数值的阶乘计算。详细步骤如练习 1 所示。

【练习 1】

首先是在【fun.c】文件中定义阶乘计算函数 fun(int n)，【fun.c】文件中使用代码如下所示：

```
# include <stdio.h>
int fun(int n)
{
    int a=1;
    for(int j=1;j<=n;j++)
    {
        a=a*j;
    }
    printf("%d \n",a);
    return a;
}
```

接下来定义主函数，在 main.c 文件中添加“int fun(int n);”语句以便主文件被顺利编译。主函数中需要调用函数 fun()，其内容如下所示：

```
#include <stdio.h>
#include <stdlib.h>
int fun(int n);
int main(int argc,char **argv)
{
    int n=atoi(argv[1]);
    printf("%d的阶乘是: %d \n",n,fun(n));
    return 0;
}
```

使用 g++命令同时编译两个或多个源文件，如将上述两个文件编译成为可执行文件 main，使用语句如下所示：

```
gcc -o /home/wmm/图片/main/home/
wmm/图片/fun.c /home/wmm/图片/main.c
```

上面命令将 main.c 和 fun.c 同时编译成可执行文件【main】，编译时 main.c 和 fun.c 的顺序没有要求。编译完成后，分别使用 5 和 6 作为参数，执行【main】文件，使用语句及其执行结果如下所示：

```
wmm@wmm:~$ /home/wmm/图片/main 5
120
5 的阶乘是: 120
wmm@wmm:~$ /home/wmm/图片/main 6
720
6 的阶乘是: 720
```

由结果可以看出，在使用 printf()函数时，输出函数 fun()的值之前，首先调用了该函数，输出了运算结果。

试一试

练习 1 使用 gcc 命令同时编译多个文件，使用 g++命令也能实现，但g++命令主要用于编译C++文件。

3．编译 C++源文件

由于 gcc 命令只能编译 C++源文件，而不能自动和 C++程序使用的库连接。因此通常使用 g++命令来编译 C++文件。g++命令并不是默认安装的，因此在使用前可以通过下面的语句判断该命令是否已安装。

```
g++ -v
```

上述命令的执行结果为 g++命令的安装详情，若没有安装，则需要通过下面的语句安装 g++命令：

```
sudo apt-get install g++
```

安装完成后，即可创建并编译 C++源文件，其编译过程与使用 gcc 命令编译 C 语言的过程一样，如练习 2 所示。

【练习 2】

在主文件夹的【图片】文件夹下创建一个简单的 C++文件【CC.cc】，用于输出一句“Hello, world”字样，其【CC.cc】代码如图 16-4 所示。

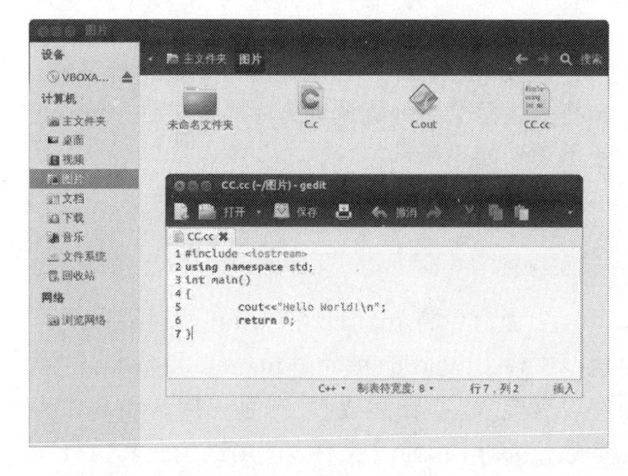

图 16-4　创建 C++源文件

在源文件创建之后，使用 g++命令及-o 参数，将源文件编译成为可执行的文件【CC】，放在主文件夹下的【图片】文件夹下，其执行语句及其执行结果如图 16-5 所示。

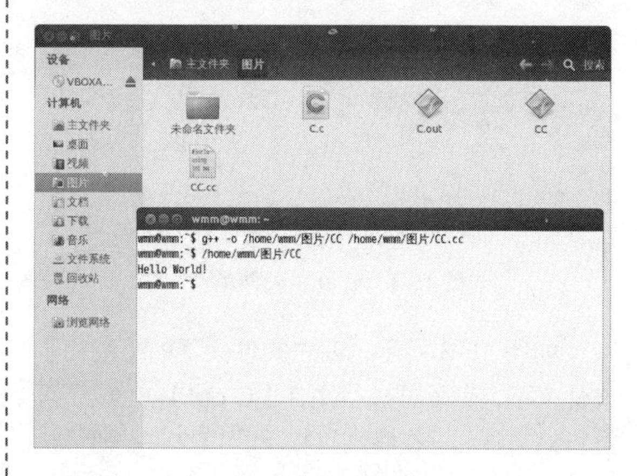

图 16-5　编译 C++源文件

如图 16-5 所示，g++的使用方法与 gcc 的使用方法类似，同样以-o 参数生成了关于 C++源文件的可执行文件。

16.2.5　gcc 与 g++

在 16.2.4 小节中，分别使用 gcc 命令来编译 C 语言文件，而使用 g++命令编译 C++文件，但并不是gcc只能编译c代码;g++只能编译c++代码。

后缀为.c 的，gcc 把它当作是 C 程序，而 g++当作是 c++程序来编译；后缀为.C、.cc 或.cxx 的，两者都会认为是 c++程序。虽然 c++是 c 的超集，但是两者对语法的要求是有区别的。C++的语法规则更加严谨一些。

在编译阶段，g++会调用 gcc，对于 c++代码，两者是等价的。但是因为 gcc 命令不能自动和 C++程序使用的库联接，所以通常用 g++来完成链接，为了统一将编译和链接都用 g++命令实现，但并不是 c++程序只能用 g++命令。

对于__cplusplus 宏的定义，这个宏只是标志着编译器将会把代码按 C 还是 C++语法来解释。如果后缀为.c，并且采用 gcc 编译器，则该宏就是未定义的，否则就是已定义。

编译可以用 gcc 和 g++命令，而链接可以用 g++或者 gcc -lstdc++。因为 gcc 命令不能自动和 C++程序使用的库联接，所以通常使用 g++来完成联接。但在编译阶段，g++会自动调用 gcc，二者等价。

16.3　GCC 编译器流程

GCC 编译器对源文件进行编译的过程分为三段，预处理阶段、编译和汇编阶段以及连接阶段。

16.3.1　预处理

熟悉C语言编程的用户都清楚，一个C语言程序必须包含相应的头文件，即某些.h 文件。这些文件有些是用户自定义，有些是系统头文件。头文件是把数据类型和函数声明集中到一起。这可以保证数据结构定义的一致性，以便程序的每一部分都能以同样的方式看待一切事情。

1．预处理（Pre-Processing）简介

预处理是在程序源代码被编译之前，由预处理器对程序源代码进行的处理。这个过程并不对程序的源代码进行解析，但它把源代码分割或处理为特定的符号用来支持宏调用。

在 C 语言程序中，#include 指令和#define 指令都属于预处理指令。这类指令一般被用来使源代码在不同的执行环境中被方便地修改或者编译。在源代码中这些指令会告诉预处理器执行特定的操作。比如告诉预处理器在源代码中替换特定字符等。

例如在自定义头文件中，可以包含用户自定义的内容，如在一个头文件中定义了一个常量 N，使它的值为 5，则对后面语句的编译中，所有的 N 将被替换为 5，使用预处理语句如下所示：

```
#define N 5;
```

使用预处理指令来定义常量，可以替换程序中可能会有变化的值，而不需要在该值发生改变时依次修改，如练习 3 所示。

【练习 3】

创建头文件，定义常量 N 为 3.14，定义一个函数 rl()，用于接收圆的半径，返回圆的周长。创建源文件调用函数 rl()来计算圆的周长，步骤如下所示：

（1）创建头文件【round.h】，定义常量 N 为 3.14，定义一个 rl()函数，使用代码如下：

```
#define N 3.14;
double rl(int n)
{
return 2*n*N;
}
```

（2）创建源文件【round.c】，调用头文件【round.h】中的 rl()函数，分别输出半径为 6 和半径为 5 圆的周长，使用代码如下所示：

```
#include <stdio.h>
#include"round.h"
int main()
{
printf("圆的半径为 6，其周长为 %f \n",rl(6));
printf("圆的半径为 5，其周长为 %f \n",rl(5));
return 0;
}
```

（3）编译这两个文件为可执行文件 /home/wmm/图片/round，执行该文件，其使用命令及其执行结果如下所示：

```
wmm@wmm:~$ gcc -o /home/wmm/图片/round
/home/wmm/图片/round.h /home/wmm/图片/round.c
wmm@wmm:~$ /home/wmm/图片/round
圆的半径为 6，其周长为 37.680000
圆的半径为 5，其周长为 31.400000
wmm@wmm:~$
```

由上述执行结果可以看出，预定义的常量被作为 double 类型参与程序的执行，但是编译器如何确定头文件中预定义的类型，因为在预处理期间，编译器实际上把程序中用到的头文件复制到 C 语言源文件中。

源代码中的预编译指示以"#"为前缀。用户可以通过在 gcc 后加上-E 选项来调用预编译器，用户可以使用该参数来生成一个文件，用于查看预处理期间编译器执行的动作。如使用【round.txt】文件来保存预处理期间执行练习 3 的动作，使用语句如下：

```
gcc -E -o /home/wmm/图片/round.txt
/home/ wmm/图片/round.c
```

上面命令执行后，在“/home/wmm/图片”目录下产生一个 round.txt 文件，该文件内容显示了编译器在预处理阶段所做的动作，如图 16-6 所示。

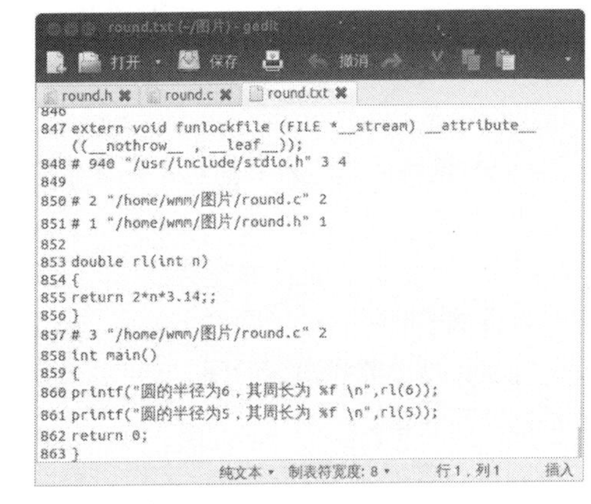

图 16-6 round.c 文件编译

如图 16-6 所示，round.txt 文件中共有 863 行内容，也就是说在执行 round.c 文件时，需要将头文件与 round.c 结合，共要处理 863 行内容。

编译器的确进行预处理，将使用到的头文件插入到源代码中。预处理过程通过三个主要任务给代码很大的灵活性，如下所示：

- 把头文件复制到要编译的源文件中。
- 用实际的值替换 define 的内容。
- 在调用宏的地方进行宏替换。

如此一来就可以让整个源文件使用预定义的符号常量，而这些符号常量定义在头文件中，如果它的值发生了变化，所有使用该符号常量的地方都能自动更新。

2．预编译头技术

gcc 中预编译阶段有一项非常重要的技术，称为预编译头技术，它是 gcc 编译器的重要理念。首先结合练习 3，介绍使用编译器实现头文件与源代码结合使用。

练习 3 中有 C 语言文件 round.c 引用了头文件 round.h。那么按照没有预编译头技术时，源文件与头文件结合的流程是：首先将 round.c 生成一个 round.o 文件，接下来将 round.c 与 round.h 结合生成另一个 main.o 文件，最后再将 round.o 与 main.o 链接成可执行文件。

我们知道，在 C 语言编译中头文件不产生代码，它只依附于具体的源代码文件才有意义。编译器读入源文件时，round.c 需要将其解析成内部表示，然后再将引入的头文件解析成内部表示，最后再将两段内部表示拼接起来。

在上面实例中只有 1 个源文件，也就是说需要将 round.c 解析成内部表示，然后再将 round.h 解析成内部表示。初看起来在如此小的程序中，浪费时间会很短暂，但在大程序中这里使用的时间便相当可观了。

而 gcc 预编译头技术首先将头文件解析成临时文件，在某个源代码程序文件需要时，现读入该临时文件，这样做对于某个大型 C 语言工程能够节省很多时间。由上面的分析可以知道，预编译可以为用户节省很多时间，其目的也就是为节省时间而创建的。

预编译头技术是在用户编译文件时自动进行的，当用到用户自定义的头文件时，会自动产生一个*.h.gch 文件，该文件便是编译器对头文件解析的内部表示。

该.h.gch 文件产生后，当每次有源程序文件引入了头文件时，就不需要再将该头文件解析成内部表示，而直接使用解析后的.h.gch 文件。当然用户还可以单独地编译一个头文件，编译的命令为 g++，该命令的使用方法如下所示：

```
g++ *.h
```

使用该命令就是将头文件当作.c 文件来使用，命令执行后在头文件当前目录下产生一个*.h.gch 文件，这就是所需要的。

用户不需要直接使用.h.gch 文件，可以在需要的地方直接在源代码中使用#include 包含.h.gch 的头文件，这样做节省了编译器对头文件的解析时间。可以使用 g++命令编译系统提供的头文件，但不能直接编译。

使用 g++命令编译的头文件必须位于当前目录下。用户可以在当前工具目录下创建一个头文件，如将其命名为 head.h，并写入下面的内容：

```
#include <stdio.h>
#define N 5;
```

接下来，使用 g++命令编译该头文件，如下所示：

```
wmm@wmm:~$ g++ /home/wmm/图片/head.h
```

用户会看到当前目录下产生的一个 head.h.gch 文件，接下来可以编写一个主函数文件 test.c，代码如下所示：

```
#include "head.h"
int main()
{
   printf("你好! \n");
    return 0;
}
```

编译该 test.c 文件，如下所示：

```
wmm@wmm:~$ gcc /home/wmm/图片/test.c
wmm@wmm:~$ ./a.out
你好!
```

可以看到，代码执行的结果是正确的。如此

一来，当用户在代码中包含了head.h头文件时，就不需要再次使用stdio.h头文件。对于某些复杂的头文件，预编译技术是很实用的。gcc编译器在使用某个头文件之前，首先会查找该头文件的.gch文件，如果存在则直接使用，如果不存在则调用相应的头文件中的内容并进行编译。

如果要实际比较使用预编译技术和不使用预编译的区别，可以使用参数-H来查看编译器加载的头文件个数。如上面例子中test.c使用head.h头文件，该文件是经过预编译的，那么执行下面的命令，如下所示：

```
wmm@wmm:~$ gcc -H /home/wmm/图片/test.c
! head.h.gch
```

那么可以看到结果，test.c加载了head.h.gch文件。那么如果将test.c文件中头文件更改为：

```
#include <stido.h>
```

再次使用“gcc -H test.c”命令，可以看到不同的内容。不同的结果，不言而喻地说明了问题。特别是遇到庞大的工程文件时，明显地提高了运行速度。

16.3.2 编译和汇编

编译（Compiling）和汇编（Assembling）是gcc编译器最重要的两个阶段，其中在编译阶段，主要进行源代码完整性检测然后将代码翻译成汇编语言。而汇编阶段主要进行汇编代码向目标代码的翻译。本节通过详细介绍编译和汇编两个阶段，使读者更深入地了解gcc编译器。

1. 编译阶段

编译阶段是一个中间步骤，在该阶段中gcc编译器首先要检查代码的规范性、是否有语法错误等，以确定代码实际要做的工作，在检查无误后再把代码翻译成汇编语言。一定要这样做，它必须通过分析代码搞清楚用户编写代码究竟想要实现什么功能。如果用户出现语法错误，编译器就会出现提示，这样编译就失败了，人们有时会把这一步误解为整个过程。但是，实际上还有许多工作要gcc去做。

编译阶段产生一个.s的文件，这里可以使用-S参数进行查看，使用该选项只进行编译而不进行汇编，生成汇编代码。以练习3中的round.c为例，执行语句如下所示：

```
gcc -S /home/wmm/图片/round.c
```

命令执行后，在主文件夹下产生一个round.s文件，该文件便是编译的内容，产生汇编代码。该文件的内容如图16-7所示。

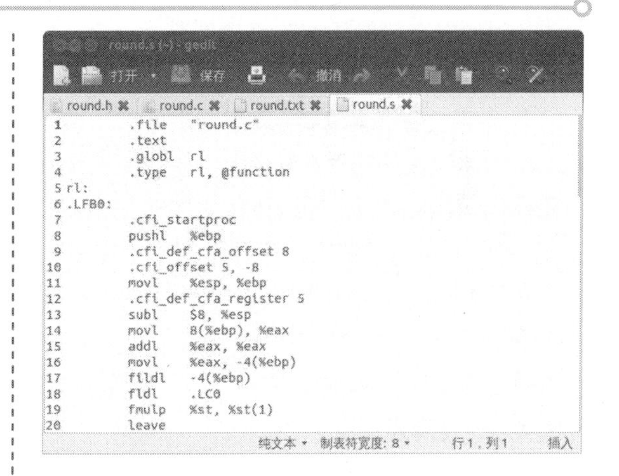

图16-7 round.s文件

2. 汇编阶段

汇编阶段调用as命令将编译阶段产生的.s文件转换为目标代码即.o文件，事实上目标代码并不能在CPU上运行，但它离完整的可执行文件已经很近了。编译器选项-c把.c文件转换为以.o为扩展名的目标文件。如果运行下面的命令：

```
gcc -c /home/wmm/图片/round.s -o round.o
```

命令执行后就将round.s文件翻译成名为round.o的文件，该文件为二进制文件的目标代码。当然用户还可以将任意一个.c文件直接翻译成创建一个目标文件，同样使用参数-c，命令如下所示：

```
gcc -c /home/wmm/图片/round.c
```

该命令执行后，会直接经过预处理、编译和汇编阶段，直接在主文件夹下生成名为round.o的目标文件。正如前面介绍，用户无法使用round.o执行该文件，但它已经接近完整的可执行文件。

16.3.3 连接

连接（Linking）阶段是 gcc 编译器工作的最后一个阶段，它的作用是将前面过程中产生的目标代码转换成可执行文件。

1．函数库

大多数现代操作系统都使用函数库，编译时函数库并不连接到程序中，而在程序开始时加载。函数库一般分为静态库和动态库两种。

静态库又称为归档库，是指编译的最后阶段将归档库添加到可执行的文件中。这样做使可执行程序在第一次运行时的速度稍快一些，但代价是给程序的维护带来不便，同时还增加程序文件的大小。但在运行时也就不再需要库文件了，其后缀名一般为.a。

动态库又称为共享库，较之静态库有许多优势，被大多数现代操作系统使用，是 gcc 在编译时默认使用的函数库。在编译时这些动态库不会连接到程序中，而是在程序开始时加载进来。Linux 下动态库的后缀名为.so（share object，共享目标文件），一般格式为*.so.x，其中 x 表示函数库版本的值，如 libc.so.6 就是动态库。

2．连接阶段

重新审视以上 round.c 这个小程序，在该程序中并没有定义 printf 的函数实现，且在预编译中包含的 stdio.h 中也只有该函数的声明，却没有定义函数的实现。那么，是在哪里实现 printf 函数的，系统把这些函数实现都被做到名为 libc.so.6 的库文件中，在没有特别指定时，gcc 会到系统默认的搜索路径/usr/lib 下进行查找，也就是链接到 libc.so.6 库函数中，这样就能实现函数 printf 了，而这也就是连接的作用。

连接器 ld，使用下面的命令，接受前面编译和汇编阶段创建的目标文件，并将目标文件转换为可执行文件。

```
gcc /home/wmm/图片/round.o -o run
```

round.o 为汇编阶段产生的目标文件，命令中使用参数-o 输出可执行文件 run，运行该可执行文件可以得到如下内容。

连接器从 round.o 目标文件中找到 main 函数，并把它包括在可执行文件。同时也可以将多个目标文件合成一个可执行文件，如练习 3 中的两个文件，可以将它们汇编成目标代码，然后使用下面的代码产生新的可执行文件。

目标文件的真正好处在于，如果用户想再次使用 round.c 中定义的函数，需要做的就是包含 round.h 文件并把 round.o 目标文件连接到新的可执行文件中即可。像这样的代码重用是经常发生的，虽然用户并没有编写 printf 函数，连接器却能从代码中使用#include <stdio.h>语句包含的文件中找到它的声明，并把存储在 C 库（/lib/libc.so.6）中的目标代码连接进来。

这种方式使用户可以使用已能共享的函数库，即只关心我们所要解决的问题。这就是为什么头文件中一般只含有数据和函数声明，而没有函数体。

一般情况下，用户可以为连接器创建目标文件或函数库，以便连接可执行文件。代码可能产生问题，因为在头文件中并没有放入任何函数声明。

16.4 gdb 调试器

调试是所有程序员都会面临的问题。如何提高程序的调试效率，更好更快地定位程序中的问题从而加快程序开发的进度，是所有程序员需要面对的。gdb 调试器是一款 GNU 开发组织并发布的 UNIX/Linux 下的程序调试工具。它没有图形化的友好界面，但是它功能强大，本节将详细介绍 gdb 的使用方法。

16.4.1 使用 gdb 调试器

gdb 一是款性能强大的调试器，在终端窗口中使用 gdb 命令来对需要的文件进行调试。本节主要介绍 gdb 调试器的一般使用方法。

1. 准备工作

gdb 调试器并没有图形界面，与 gcc 编译器相同操作在终端模式下。如果需要充分利用 gdb 调试器来调试程序，那么被调试的程序必须使用-g 选项来编译程序，该选项使 gcc 产生调试器所需要的额外信息。

这些信息包括一个符号表，即程序中用到的所有变量的名称和它们相关值的列表。如果没有符号表信息，调试器将不能显示变量的值和类型，如果在编译程序时没有使用-g 选项，gdb 将不能用行号来识别源代码行。

如编写下面一个名称为 math.c 的 C 文件，用于计算 10 的阶乘和 1 ~ 10 这 10 个数字的和，代码如下所示：

```
#include <stdio.h>
int mather(int n)
{
int ret=1;
int i=1;
switch(n)
{
case 1:
    for(;i<=10;i++)
    {
        ret=ret*i;
    }
    break;
case 2:
    for(;i<=10;i++)
    {
        ret=0;
        ret=ret+i;
    }
    break;
}
return ret;
}
int main()
{
printf("10 的阶乘为 %d \n",mather(1));
printf("1 到 10 的和为 %d \n",mather(2));
return 0;
}
```

接下来使用-g 选项来编译该文件，生成一个可执行文件【math】，接下来使用 gdb 命令来调试该文件，命令如下所示：

```
root@wmm:/home/wmm# gcc -g /home/
wmm/图片/math.c -o math
root@wmm:/home/wmm# gdb math
GNU gdb (Ubuntu/Linaro 7.4-2012.04-
0ubuntu2.1) 7.4-2012.04
Copyright (C) 2012 Free Software
Foundation, Inc.
License GPLv3+: GNU GPL version 3 or
later <http://gnu.org/licenses/gpl.
html>
This is free software: you are free
to change and redistribute it.
There is NO WARRANTY, to the extent
permitted by law.  Type "show
copying"
and "show warranty" for details.
This GDB was configured as "i686-
linux-gnu".
For bug reporting instructions,
please see:
<http://bugs.launchpad.net/gdb-lin
aro/>...
Reading symbols from /home/wmm/
math...done.
(gdb)
```

当执行 gdb mytest 命令后，在 gdb 的启动画面中指出了 gdb 的版本号、使用的库文件等信息，接下来就进入了由（gdb）开始的命令行界面了。由上述执行结果可以看出，该命令并没有结束，而是在等待用户的输入。在光标指示处输入指定的 gdb 命令，进行程序的调试与显示。

2. 显示源程序

在 gdb 命令输入状态下，使用 list 参数可以显示调试程序的源文件内容。默认情况下，list l 命令可以显示 10 行内容，如下所示：

```
(gdb) list 1
1    #include <stdio.h>
2    int mather(int n)
3    {
4    int ret=1;
5    int i=1;
6    switch(n)
7    {
8    case 1:
9        for(;i<=10;i++)
10       {
(gdb)
```

由上述结果可以看到，终端执行时显示了十行源代码。但接着看下面的 10 行却不能使用 list

2 命令，而是使用 list 命令，如下所示：

```
(gdb) list 1
1    #include <stdio.h>
2    int mather(int n)
3    {
4    int ret=1;
5    int i=1;
6    switch(n)
7    {
8    case 1:
9         for(;i<=10;i++)
10        {
(gdb) list
11             ret=ret*i;
12        }
13        break;
14   case 2:
15        for(;i<=10;i++)
16        {
17             ret=0;
18             ret=ret+i;
19        }
20        break;
(gdb)
```

从显示的源代码中也可以看出，gdb 调试器列出源代码明确地给出了对应的行号，这样就可以方便代码的定位。

查看剩下的语句，使用 list 命令，直到源代码结束，此时再输入 list 命令，其结果如下所示：

```
(gdb) list
Line number 30 out of range;
/home/wmm/图片/math.c has 29 lines.
```

在使用“list 1”命令之前，如直接使用 list 命令，并不能显示从首行开始的代码行。

3. 运行代码

在 gdb 调试器中同样可以执行代码，执行代码时默认从第一行开始。使用的命令为 r，如果用户希望从某行开始执行，那么可以在 r 命令后面跟上行号。如对于 math 在 gdb 下使用 r 命令，可以看到如下内容：

```
(gdb) r
Starting program: /home/wmm/math
10 的阶乘为 3628800
1 到 10 的和为 10
[Inferior 1 (process 2950) exited normally]
```

可以看到，在显示的内容中显示了执行程序所在的位置及其执行结果等信息。

4. 设置断点

设置断点是调试程序中经常使用的手段，也是非常重要的手段。它可以使程序到一定位置暂停程序的运行。因此，程序员在该位置处可以方便地查看变量的值、堆栈情况等，从而找出代码的症结所在。

在 gdb 中设置断点的方法也非常简单，设置断点的命令为 b，后面跟上需要设置断点的行号，如果用户需要在第 10 行设置断点，则使用命令为：

```
(gdb) b 10
Breakpoint 1 at 0x8048407: file
/home/wmm/图片/math.c, line 10.
```

上面信息所示用户在第 10 行创建了一个断点。当用户执行程序时，遇到断点的时间就会停止执行，如下所示：

```
(gdb) r
Starting program: /home/wmm/math

Breakpoint 1, mather (n=1) at
/home/wmm/图片/math.c:11
11          ret=ret*i;
```

当程序运行到第 10 行的时候，就会停止运行，此时程序显示出第 11 行内容。

5. 查看断点情况

调试时可以设置多个断点，为了便于管理可以查看调试过程中设置各种断点的详细信息，使用 info b 命令，如下所示：

```
(gdb) info b
Num  Type      Disp Enb Address     What
1   breakpoint   keep y  0x08048407
in mather
         at /home/wmm/图片/math.c:10
    breakpoint already hit 1 time
```

从显示的信息中可以看到有关断点的详细信息，包括断点数目，断点所在位置及其他信息。

6. 单步运行代码

在代码调试过程中单步执行代码可以有效

地查找出错位置，特别是遇到断点。Gdb 中用户可以使用 n 命令或 s 命令进行单步运行代码。如遇到断点处，使用 s 命令执行效果如下所示：

```
(gdb) s
9       for(;i<=10;i++)
```

7. 恢复程序运行

在程序遇到断点或停止后，通过调试查找出问题所在并解决问题。如果不需要单步执行，可以使用 c 命令，它会把剩余还未执行的程序执行完毕，并显示剩余程序中的执行结果。如在断点后，使用 c 命令可以显示如下内容：

```
(gdb) c
Continuing.
1 到 50 的总和为: 1275

Program exited with code 033.
```

执行完毕后，程序处于停止状态，但并没有退出 gdb 调试器。如果需要退出该调试器可以使用 Ctrl+D。

8. 查看程序变量

gdb 中可以查看程序中的各种变量当前值，使用命令为：

```
p 变量名
```

但需要注意的是，只有当调试代码处于运行或暂停状态时，才可以查看程序当前变量的内容。如果程序运行结束或未开始运行状态，无法查看。此时可以为程序设置断点，然后运行程序，获得程序的暂停状态。如下面命令所示：

```
(gdb) p n
$1 = 1
```

上面代码首先在程序第一行设置了一个断点，接下来使用 r 命令运行程序，遇到断点时程序暂停。此时使用命令 p 查看变量 n 的值，显示信息可以看到变量值为 50。

9. 退出 gdb

使用命令 q 或 quit 退出 gdb 调试器，如下所示：

```
(gdb) q
A debugging session is active.

    Inferior 1 [process 2954] will be
    killed.

Quit anyway? (y or n)
```

当退出调试器时，如果有程序正在被调试，会询问用户是否退出，输入 y 可实现退出。使用 Ctrl+D 可不经过询问而直接退出。

16.4.2　gdb 基本命令简介

在 16.4.1 小节中结合多个命令介绍了 gdb 的一般使用方法，gdb 是一个功能强大而实用的调试器，它的功能不止前面介绍的那些，gdb 全部功能都是使用命令实现的。

gdb 的命令可以通过查看 help 进行查找，由于 gdb 的命令很多，因此 gdb 的 help 将其分成了很多种类（class），用户可以通过进一步查看相关 class 找到相应命令。如下所示：

```
(gdb) help
List of classes of commands:

aliases -- Aliases of other commands
breakpoints -- Making program stop at
certain points
data -- Examining data
files -- Specifying and examining
files
internals -- Maintenance commands
obscure -- Obscure features
running -- Running the program
stack -- Examining the stack
status -- Status inquiries
support -- Support facilities
tracepoints -- Tracing of program
execution without stopping the
program
user-defined -- User-defined commands

Type "help" followed by a class name
for a list of commands in that class.
Type "help all" for the list of all
commands.
Type "help" followed by command name
for full documentation.
Type "apropos word" to search for
commands related to "word".
Command name abbreviations are
allowed if unambiguous.
```

从上面信息中可以看到，gdb 中命令分为多个类：aliases、breakpoints、data、file 等，这些分类中定义了各自功能的命令，如果需要查看该分类中具体的命令，可以使用 help 后跟分类名，如查看 files 分类的各种命令，可以使用下面的方法，如下所示：

```
(gdb) help files
Specifying and examining files.

List of commands:

add-symbol-file -- Load symbols from
FILE
add-symbol-file-from-memory -- Load
the symbols out of memory from a
dynamically loaded object file
cd -- Set working directory to DIR for
debugger and program being debugged
core-file -- Use FILE as core dump for
examining memory and registers
directory -- Add directory DIR to
beginning of search path for source
files
edit -- Edit specified file or function
exec-file -- Use FILE as program for
getting contents of pure memory
file -- Use FILE as program to be debugged
forward-search -- Search for regular
expression (see regex(3)) from last
line listed
generate-core-file -- Save a core
file with the current state of the
debugged process
list -- List specified function or line
load -- Dynamically load FILE into
the running program
nosharedlibrary -- Unload all shared
object library symbols
path -- Add directory DIR(s) to
beginning of search path for object
files
pwd -- Print working directory
remote -- Manipulate files on the
remote system
---Type <return> to continue, or q
<return> to quit---
remote delete -- Delete a remote file
remote get -- Copy a remote file to the
local system
remote put -- Copy a local file to the
remote system
reverse-search -- Search backward
for regular expression (see regex(3))
from last line listed
search -- Search for regular expression
(see regex(3)) from last line listed
section -- Change the base address of
section SECTION of the exec file to
ADDR
sharedlibrary -- Load shared object
library symbols for files matching
REGEXP
symbol-file -- Load symbol table from
executable file FILE

Type "help" followed by command name
for full documentation.
Type "apropos word" to search for
commands related to "word".
Command name abbreviations are
allowed if unambiguous.
```

可以看到，使用 help files 命令后，列举了 files 中的所有可用命令，并在各个命令后配备有简要注释。如果用户知道某个命令，但不清楚具体使用方法，同样可以使用 help 命令来查看该命令的具体功能，如查看 cd 命令的具体解释，可以使用下面的方法：

```
(gdb) help cd
Set working directory to DIR for
debugger and program being debugged.
The change does not take effect for
the program being debugged
until the next time it is started.
```

16.4.3 gdb 基本命令

使用 help 命令可以看到，gdb 中各种命令分为不同的种类。工具命令所执行的功能，将其命令分为以下几种。

- 工作环境相关命令。
- 断点相关命令。
- 源代码查看相关命令。
- 查看运行数据相关命令以及修改运行参数命令。

1. 工作环境相关命令

gdb 中提供了多个命令，可以让用户对程序相关的工作环境进行相应的设定，甚至还可以使用 shell 中的命令进行相关的操作，其功能极其强大。相关命令如表 16-1 中所示，由于 gdb 命令很多，这里只介绍一些使用频率较高的命令。

表 16-1 工作环境相关命令

命 令	含 义
set args 运行参数	指定运行参数
show args	显示设置好的运行参数
path 路径	设置程序的运行路径
show paths	查看程序的运行路径
set enVironment [=value]	设置环境变量
show enVironment [var]	查看环境变量
cd 目录	进入目录，与 shell 命令中 cd 命令相同
Pwd	显示当前工作目录
shell command	运行 shell 的命令

2．断点相关命令

有程序调试经验的读者都明白设置断点对调试程序的含义，合理地设置断点能提高程序调试的效率。在 gdb 使用一节中曾经介绍过如何在调试程序中设置行断点，而设置断点的方法不止有行断点，还能设置函数断点和条件断点。与断点相关的命令，如表 16-2 所示。

表 16-2 断点相关命令

命 令	含 义
break 行号或函数名<条件表达式>	设置断点
tbreak 行号或函数名<条件表达式>	设置临时断点，到达后自动删除
delete [断点号]	删除指定断点，若没有断点号，则删除程序中所有断点
disable [断点号]	停止指定断点
enable [断点号]	激活指定断点
condition [断点号] <条件表达式>	修改相应断点的条件
ignore [断点号] <条件表达式>	程序执行中，忽略对应断点
info b	查看程序中断点信息

前面已经介绍过行断点，这里为大家介绍一下函数断点和条件断点的设置方式。

（1）函数断点

设置函数断点的方法简单，只需要在断点设置命令后添加需要设置断点的函数名即可，如在 math 中为 mather ()函数添加函数断点，可以使用下面的命令：

```
(gdb) break mather
Breakpoint 1 at 0x80483ea: file
/home/wmm/图片/math.c, line 4.
```

函数断点的设置位置是在函数的实际定义处，并非其在主函数中调用位置。

（2）条件断点

设置条件断点时，可以使用条件表达式，一般情况下设置条件断点的命令格式如下所示：

```
break [行号]或函数名 if表达式
```

如在第 7 行处设置断点，使用语句及其运行结果如下所示：

```
(gdb) break 7
Breakpoint 2 at 0x8048411: file
/home/wmm/图片/math.c, line 7.
```

在设置了函数断点和行号断点之后，再使用 info b 命令查看断点信息，可以得到如下内容：

```
(gdb) info b
Num  Type        Disp Enb Address     What
1    breakpoint  keep y   0x080483ea
in mather
                   at /home/wmm/图片/math.c:4
2    breakpoint  keep y   0x08048411
in mather
                   at /home/wmm/图片/math.c:7
```

3．gdb 中源码相关命令

gdb 中提供的源码相关命令，这些命令便于用户查看及操作源代码，其中一些常用命令如表 16-3 中所示。

表 16-3 源码相关命令

命 令	含 义
list <行号>|<函数名>	查看指定位置源代码
file [文件名]	加载指定文件
Forward-search 正则表达式	源码向前搜索
Reverse-serarch 正则表达式	源码向后搜索
show directories	显示定义了源文件搜索路径

4．运行数据相关命令

Gdb 中查看运行数据是指当程序处于“运行”或“暂停”状态时，可以查看的变量及表达式的信息，其常见命令如表 16-4 所示。

表 16-4 运行数据相关命令

命 令	含 义
print 表达式丨变量	查看程序运行时对应表达式和变量值
x<n/f/u>	查看内容变量内容，其中 n 表示显示内存长度，f 表示显示的格式，u 表示当从前地址往后请求显示的字节数

续表

命　令	含　义
display 表达式	设定在单步运行或其他情况中，自动显示的对应表达式的内容

5．修改运行参数相关命令

在 gdb 调试器提供了修改运行参数的相关命令，用户可以修改运行参数并按照用户当前输入值继续运行。设置运行参数的命令常用的是 set，使用该命令时需要在程序单步运行的情况下，命令的使用方法如下所示：

```
set argc 变量值
```

对 set 命令的使用，首先需要定义一个包含有参数的文件，如练习 4 所示。

【练习 4】

定义一个文件【setv.c】，用于接收一个整数，并计算输出它的阶乘，使用 main()函数调用，定义文件代码如下所示：

```
#include <stdio.h>
#include <stdlib.h>
int fun(int n)
{
    int ret=1;
    int i=1;
    for(;i<=n;i++)
    {
        ret=ret*i;
    }
    return ret;
}
int main(int argc,char **argv)
{
    int m=atoi(argv[1]);

    printf("%d 的阶乘是: %d \n",m,fun(m));
    return 0;
}
```

首先编译该文件，生成一个可执行文件【setv】，通过 gdb 执行该文件，步骤省略。接下来为函数赋值，在终端使用命令及其执行结果如下所示：

```
(gdb) set args 6
(gdb) r
Starting program: /home/wmm/setv 6
6 的阶乘是: 720
[Inferior 1 (process 3100) exited
normally]
```

如果该文件已经被执行至非首行，则修改变量时显示结果如下所示。选择“y”命令并确定即可。

```
(gdb) set args 5
(gdb) r
The program being debugged has been
started already.
Start it from the beginning? (y or n) y
Starting program: /home/wmm/setv 5
5 的阶乘是: 120
[Inferior 1 (process 3098) exited
normally]
```

注意

对运行参数的修改，只针对当次代码运行，并不修改源代码，当用户再次完整执行源代码时又会得到源代码相同的相应结果。

16.5 make 工具

对 C 语言和 C++的编译和运行，通过 gcc 和 gdb 就可以实现。但一个 C/C++工程，往往有几百个文件代码构成，如果只有一个或少数几个文件进行了修改，就需要把所有的文件重新编译一遍。

因为编译器并不知道哪些文件是最近更新的，而只知道需要包含这些文件才能把源代码编译成可执行文件。程序员就不能不再重新输入数目如此庞大的文件名以完成最后的编译工作，这样就会浪费许多时间。使用 make 工具能够解决这个问题，它能够根据文件的更新时间，减少编译的工作量。

16.5.1 make 简介

make 又称为工程管理器，最早出现在 Unix 系统中，用于自动安装、组织、编译和维护一个程序。

编译过程分为预处理、编译、汇编和链接四个不同的阶段，其中编译阶段仅检查语法错误，在链接阶段则主要完成函数链接和全局变量的链接。因此对于没有改动的源代码却不需要重新编译，而只要把它们重新链接进去就可以了。所以，人们就希望有一个工程管理器能够自动识别更新了的文件代码，同时又不需要重复输入冗长的命令行，这样 make 工程管理器也就应运而生了。

在 Linux 中，一个文件被创建或更新后有一个最后修改的时间，make 工程管理器它能够根据文件时间戳自动发现更新过的文件而减少编译的工作量，而对没修改的文件则忽略不管，并且 make 命令不会漏掉任何一个需要更新的文件。

要使用 make 命令必须写一个名为 makefile 的文件，该文件描述项目中文件之间的关系，提供更新每个文件的命令。make 通过读入 Makefile 文件的内容来执行大量的编译工作。

用户只需编写一次简单的编译语句就可以了，大大提高了实际项目的工作效率，并且几乎所有 Linux 下的项目编程均会涉及到它。

16.5.2 makefile 文件

makefile 文件的作用就是为 make 命令提供向导，告诉 make 需要做什么，也可以这么说，make 工程管理器中 makefile 文件的地位最重要。makefile 文件中包含一些目标文件(target)，对每一个目标，提供了实现该目标的一组命令和这个目标有依赖关系的其他目标或文件名。

makefile 文件的定义规则如下所示：

```
Target : Dependencies
    Command
```

上面格式中，Target（目标）是程序产生的文件，像可执行文件和目标文件，目标也可以是要执行的动作，例如 clean 动作。

目标后面的 Dependencies（依赖）是目标的实现所依赖的文件，通常是.o 类型的文件；一个目标通常依赖于多个文件。

Command（命令）是 make 执行的动作，一个规则可以有多个命令，每个占单独一行，每个命令行的起始字符必须为 Tab 字符。命令通常使用 gcc 或 g++命令，用来编译 C 语言文件或 C++文件。

使用 makefile 文件来编译管理工程文件，文件数量最好大于 3 个，否则直接使用 gcc 或 g++命令即可。对于 makefile 文件的编辑和使用，这里通过练习来介绍，如练习 5 所示。

【练习 5】

定义 3 个文件，其中一个是头文件【Divisor.h】，用于定义一个常量 165。另外两个是包含了该头文件的源文件，其中【Divisor.c】文件用于输出头文件中所定义的常量，在 100 以内的约数；【DivisorNum.c】文件用于返回头文件中所定义的常量，在 100 以内的约数的个数并不进行输出。

上述 3 个文件定义完成后，编辑 makefile 文件以编译管理这三个文件，详细步骤如下所示：

（1）首先定义头文件，该文件只是定义 1 个常数 N，用于源文件中的代码执行，代码如下所述：

```
#include <stdio.h>
#define N 165
```

（2）接下来是【DivisorNum.c】文件，用于返回 N 在 100 以内的约数的个数，并不进行输出，其文件代码如下所示：

```
#include <stdio.h>
#include"Divisor.h"
int Dnum()
{
int i = 2;
int num=0;
for (; i < 101; i++)
{
    if (N% i == 0)
    {
        num = num+1;
        continue;
    }
}
return num;
}
```

（3）最后是源文件【Divisor.c】，用于输出N在100以内的约数，并调用【DivisorNum.c】文件中的Dnum()函数，以输出约数的数量。其文件代码如下所示：

```
#include <stdio.h>
#include"Divisor.h"
Dfun()
{
int i = 2;
int num=1;
for (; i < 101; i++)
{
    if (N% i == 0)
    {
        num = i;
    printf("%d的约数有 %d \n",N,num);
        continue;
    }
}
return num;
}
int Dnum();
int main()
{
Dfun();
printf("%d的约数有%d个\n",N,Dnum());
}
```

（4）在完成了3个文件之后，进行makefile文件的编辑。这一步是最重要的，是软件工程中，将各个文件结合在一起的一步。首先创建文本文档并命名为【makefile】，如将上述3个文件使用makefile文件结合在一起，在【makefile】文件中编辑代码如下：

```
divisor:/home/wmm/图片/Divisor.o
/home/wmm/图片/DivisorNum.o
    gcc /home/wmm/图片/Divisor.o
    /home/wmm/图片/DivisorNum.o -o
    divisor

/home/wmm/图片/Divisor.o:/home/wmm/
图片/Divisor.c /home/wmm/图片
/Divisor.h
    gcc -c /home/wmm/图片/Divisor.c
    -o /home/wmm/图片/Divisor.o

/home/wmm/图片/DivisorNum.o:/home/
wmm/图片/DivisorNum.c/home/wmm/图片
/Divisor.h
    gcc -c /home/wmm/图片/DivisorNum.
    c -o /home/wmm/图片/DivisorNum.o
```

对上述代码的解释如下：

- 首行中的divisor是执行目标，也是整个工程最终的可执行文件。冒号后的文件是divisor在执行中所要依赖的文件。divisor的执行是在/home/wmm/图片/Divisor.o文件和/home/wmm/图片/DivisorNum.o文件这两个目标文件的基础上。
- 首行后是命令语句，命令语句需要在前面使用Tab键，否则无法被识别。该命令语句是针对前面的执行目标所执行的命令，将两个目标文件生成可执行文件。
- 接下来的语句是另一个执行目标，以及其所依赖的文件。/home/wmm/图片/Divisor.o目标文件的创建，需要依赖/home/wmm/图片/Divisor.c文件和头文件/home/wmm/图片/Divisor.h。
- 在【Divisor.o】执行目标语句之后，是创建该执行目标所执行时需要使用的命令。即将/home/wmm/图片/Divisor.c文件编译成为目标文件/home/wmm/图片/Divisor.o。

由上面4条语句可以看出，【makefile】文件中的代码总是由目标语句和命令语句构成。在目标语句之后，即为实现或创建该目标所要执行的命令。根据这些命令将整个工程中的文件结合在一起，最终构成一个可执行文件，运行这个工程。

最后两句同样是一条目标语句和一条命令语句，用于描述/home/wmm/图片/DivisorNum.o文件的依赖，以及该文件的生成。

（5）makefile文件创建后即可使用make命令进行执行，执行中将依次执行文件中的所有命令，生成一系列的目标文件和可执行文件，如对上述的makefile文件进行执行，使用-f参数指定makefile文件，其语句及其执行结果如下所示：

```
wmm@wmm:~$ make -f /home/wmm/图片
/makefile
gcc -c /home/wmm/图片/DivisorNum.c
```

```
-o /home/wmm/图片/DivisorNum.o
gcc /home/wmm/图片/Divisor.o/home/
wmm/图片/DivisorNum.o -o divisor
```

（6）上述代码执行过后，在系统的主文件夹下生成了可执行文件【divisor】，运行该文件，其结果如下所示：

```
wmm@wmm:~$ /home/wmm/divisor
165 的约数有 3
165 的约数有 5
165 的约数有 11
165 的约数有 15
165 的约数有 33
165 的约数有 55
165 的约数有 0 个
```

（7）由上述结果可以看出，3 个文件被成功的结合在一起。但 makefile 文件的目的并不是结合工程中的文件，而是快速找出修改过的文件，并产生 makefile 文件的新的目标。如将【DivisorNum.c】文件中添加一条语句，用来输出约数的个数，添加语句如下：

```
printf("约数的个数为 %d 个\n",num);
```

重新生成【divisor】文件，并执行该文件，结果如下所示：

```
wmm@wmm:~$ make -f /home/wmm/图片
/makefile
gcc -c /home/wmm/图片/DivisorNum.c
-o /home/wmm/图片/DivisorNum.o
gcc /home/wmm/图片/Divisor.o /home/
wmm/图片/DivisorNum.o -o divisor
wmm@wmm:~$ /home/wmm/divisor
165 的约数有 3
165 的约数有 5
165 的约数有 11
165 的约数有 15
165 的约数有 33
165 的约数有 55
约数的个数为 6 个
165 的约数有 6 个
```

make 工作时首先会检查相关文件的时间戳。首先，在检查 divisor、Divisor.o 和 DivisorNum.o 三个文件的时间戳之前，它会向下查找那些把 Divisor.o 和 DivisorNum.o 作为目标文件的时间戳。比如 DivisorNum.o 依赖 DivisorNum.c 文件和 Divisor.h 文件，如果这些文件中任何一个的时间戳比 DivisorNum.o 新，则命令“gcc -c /home/wmm/图片/DivisorNum.c -o /home/wmm/图片/DivisorNum.o”会执行，从而更新 DivisorNum.o。

在以 DivisorNum.o 文件和 DivisorNum.o 文件为目标的文件检查过后，则检查以这两个文件为依赖的 divisor 文件。

同样的道理，主要目标所依赖的文件时间戳比目标要新，则重新执行编译语句，直到最后的目标 divisor 文件生成。这样，make 就完成了自动检查时间戳的工作，开始执行编译工作。这也就是 make 工作的基本流程。

16.5.3 makefile 变量

练习 5 中描述了 makefile 文件编辑和执行的全过程，虽然文件在执行时是快速有效的，但 makefile 文件的编译较为复杂。

为了简化编辑和维护 makefile，make 允许在 makefile 文件中创建和使用变量。变量是在 Makefile 中定义的名字，用来代替一个文本字符串，该文本字符串称为该变量的值。

在具体要求下，这些值可以代替目标体、依赖文件、命令以及 makefile 文件中的其他部分。在 Makefile 中的变量定义有两种方式：一种是递归展开方式，另一种是简单方式。

递归展开方式定义的变量是在引用该变量时进行替换的，即如果该变量包含了对其他变量的应用，则在引用该变量时一次性将内嵌的变量全部展开。虽然这种类型的变量能够很好地完成用户的指令，但是它也有严重的缺点，即不能在变量后追加内容。递归展开方式的定义格式如下所示：

```
VAR=var
```

上面格式中，VAR 代表变量名。变量名是不包括:、#、=结尾空格的任何字符串。同时，变量名中包含字母、数字以及下划线以外的情况应尽量避免，因为它们可能在将来被赋予特别的含义。

变量名的大小写敏感的，例如变量名 trick、Trick 和 TRICK 代表不同的变量。推荐在 makefile 内部使用小写字母作为变量名，预留大写字母作为控制隐含规则参数或用户重载命令选项参数的变量名。

简单扩展型变量的值在定义处展开，并且只展开一次，因此它不包含任何对其他变量的引用，从而消除变量的嵌套引用。简单扩展方式的定义格式为：

```
VAR: =var
```

不管是何种变量的定义方式，在 makefile 文件中使用变量的格式是统一的，如下所示：

```
$(VAR)
```

makefile 中的变量分为用户自定义变量、预定义变量、自动变量及环境变量。自定义变量的值由用户自行设定，而预定义变量和自动变量为通常在 Makefile 都会出现的变量，其中部分有默认值，也就是常见的设定值，当然用户可以对其进行修改。

1．自定义变量

自定义变量允许用户自由地使用各种变量，如修改练习 5 中的 makefile 文件，将最终生成的可执行文件改为 Divisor 文件，分别使用如下变量：

- 变量 Divisoro 表示/home/wmm/图片/Divisor.o。
- 变量 DivisorNumo 表示/home/wmm/图片/DivisorNum.o。
- 变量 Divisorc 表示/home/wmm/图片/Divisor.c。
- 变量 Divisorh 表示/home/wmm/图片/Divisor.h。
- 变量 DivisorNumc 表示/home/wmm/图片/DivisorNum.c。

则练习 5 中的 makefile 文件，其代码修改如下所示：

```
Divisoro=/home/wmm/图片/Divisor.o
DivisorNumo=/home/wmm/图片/DivisorNum.o
Divisorc=/home/wmm/图片/Divisor.c
Divisorh=/home/wmm/图片/Divisor.h
DivisorNumc=/home/wmm/图片/DivisorNum.c
Divisor:$(Divisoro) $(DivisorNumo)
	gcc $(Divisoro) $(DivisorNumo)
	-o Divisor

$(Divisoro):$(Divisorc) $(Divisorh)
	gcc -c $(Divisorc) -o $(Divisoro)

$(DivisorNumo):$(DivisorNumc) $(Divisorh)
	gcc -c $(DivisorNumc) -o
	$(DivisorNumo)
```

2．预定义变量

makefile 提供了预定义变量，该变量包含了常见编译器、汇编器的名称及其编译选项。表 16-5 列出了 Makefile 中常见预定义变量及其部分默认值。

表 16-5　预定义变量

命　令	含　义
AR	库文件维护程序，默认值为 ar
AS	汇编程序名称，默认值为 as
CC	c 编译器名称，默认值为 cc
CPP	c 预编译器名称，默认值为$(cc) -E
CXX	C++编译器名称，默认值为 g++
FC	FORTRAN 编译器名称，默认值为 f77
RM	文件删除程序的名称，默认值为 rm -f
ARFLAGS	库文件维护程序的选项，无默认值
ASFLAGS	汇编程序选项，无默认值
CFLAGS	c 编译器选项，无默认值
CPPFLAGS	c 预编译的选项，无默认值
CXXFLAGS	C++编译器选项，无默认值
FFLAGS	FORTRAN 编译器选项，无默认值

3．自动变量

在前面例子中用户可以看到，makefile 文件的目标体中包含了目标文件和依赖文件，但在编译语句中同样包含了目标文件和依赖文件，为了进一步简化 makefile 文件的编写，引入了自动变量。

自动变量通常用来代表编译语句中出现的目标文件和依赖文件等，并且具有本地含义，即不同的目标体中出现相同的自动变量，代表了不同的目标文件和依赖文件。自动变量及其含义如表 16-6 所示。

表 16-6 自动变量

变量	含 义
$*	不包含扩展名的目标文件名称
$+	所有的依赖文件，以空格分开，并以出现的先后为序，可能包含重复的依赖文件
$<	第一个依赖文件的名称
$?	所有时间戳比目标文件晚的依赖文件，并以空格分开
$@	目标文件的完整名称
$^	所有不重复的依赖文件，以空格分开
$%	如果目标是归档成员，则该变量表示目标的归档成员名称

4．环境变量

在 makefile 文件中还可以使用环境变量。使用环境变量的方法相对比较简单，make 在启动时会自动读取系统当前已经定义了的环境变量，并且会创建与之具有相同名称和数值的变量。但是，如果用户在 makefile 文件中定义了相同名称的变量，那么用户自定义变量将会覆盖同名的环境变量。

16.5.4 makefile 规则

make 工程管理器进行工作所依据的 makefile 文件有定义好的规则，该规则包括了目标体、依赖文件及其之间的命令语句。

一般情况下，makefile 文件中的一条语句就是一个规则。为了简化 makefile 的编写，make 定义了隐式规则和模式规则。

1．隐式规则

隐式规则能够告诉 make 怎样使用传统的技术完成任务，这样，当用户使用它们时就不必详细指定编译的具体细节，而只需要把目标文件列出即可。Make 会自动搜索隐式规则目录来确定如何生成目标文件。如练习 5 中的文件，可以使用如下代码：

```
divisor:/home/wmm/图片/Divisor.o /home/wmm/图片/DivisorNum.o
    gcc /home/wmm/图片/Divisor.o /home/wmm/图片/DivisorNum.o -o divisor
```

在该例中省略了后面两个目标体，是因为 make 的隐式规则，所有的.o 文件都可由.c 文件自动调用。

使用隐式规则还有一点很重要，就是隐式规则只能查找相同文件名的不同扩展名的文件，如上例中 main.o 只能由 main.c 生成。如果目标文件变为 mymain.o，则无法使用隐式规则。

makefile 中定义了多个隐式规则，常见的隐式规则如表 16-7 所示。

表 16-7 隐式规则

改变文件格式	规 则
C 编译：.c 变为.o	$(CC) –c $(CPPFLAGS) $(CFLAGS)
C++编译：.cc 或.C 变为.o	$(CXX) -c $(CPPFLAGS) $(CXXFLAGS)
Pascal 编译：.p 变为.o	$(PC) -c $(PFLAGS)
Fortran 编译：.r 变为-o	$(FC) -c $(FFLAGS)

2．模式规则

不同于隐式规则，模式规则可以用来定义相同处理规则的多个文件。隐式规则仅仅能够用 make 默认的变量来进行操作，而模式规则还能引入用户自定义变量，为多个文件建立相同的规则，从而简化 makefile 的编写。使用模式规则时，makefile 中的相关文件前必须用%标明。

16.5.5 make 命令

使用 make 工程管理器非常简单，只需要进入相应的源代码目录中使用 make 命令，或在命令的后面键入目标名即可建立指定的目标，如果直接运行 make，则建立 makefile 中的第一个目标。

除此之外，make 命令还有一系列的参数选项，以实现多种功能。如通过使用 make install 命令，实现源代码安装。

在 makefile 文件中允许宏的使用，这样在其他操作系统中的用户可以只改变一些本地的值，像所用到的软件工具的名称、位置或者文件名等，就可以使程序正常运行。

make 有丰富的命令行选项，可以完成各种不同的功能。表 16-8 列出了常用的 make 命令行选项。

表 16-8　make 命令选项

选项	含　义
-C 目录	读取指定目录下的 makefile 文件
-f file	读取当前目录下的 file 作为 makefile 文件
-i	忽略所有的命令执行错误
-I 目录	指定被包含的 makefile 所有目录
-n	只打印要执行的命令，但不执行这些命令
-p	显示 make 变量数据库和隐含规则
-s	在执行命令时不显示命令
-w	如果 make 在执行过程中改变目录，则打印当前目录名

16.6 实例应用：使用 gdb 与 make 管理 C 语言程序

16.6.1 实例目标

创建包含带有参数 main()函数的 C 语言程序，用于输出数字的奇偶性，通过 gdb 命令来调试运行，要求如下所示：

（1）查看程序前 10 行代码。

（2）提供参数 5，查看运行效果。

创建 C 语言头文件，指定常数 N=15；创建 C 语言源文件，输出 100 以内，N 的倍数；创建 C 语言源文件，返回 100 以内 N 的倍数的个数。使用 make 命令对这 3 个文件进行结合管理。

16.6.2 技术分析

本实例通过 gdb 命令对单个文件进行调试管理，又使用 make 命令对关联的 3 个文件进行管理，是对 gdb 命令和 make 命令的应用。

16.6.3 实现步骤

实现本实例，首先需要应用 gdb 命令对单个文件进行调试管理，需要创建该文件才能接着进行，步骤如下。

（1）创建【show.c】文件，用于输出数字的奇偶性，该文件使用代码如下所示：

```
#include <stdio.h>
#include <stdlib.h>
int main(int argc,char **argv)
{
    int m=atoi(argv[1]);
    if(m==0)
    {
        printf("%d 是偶数 \n",m);
    }
    else if(m%2==0)
    {
        printf("%d 是偶数 \n",m);
    }
    else
    {
        printf("%d 是奇数 \n",m);
    }
    return 0;
}
```

（2）执行编译文件为可执行文件 shows，并使用 gdb 命令运行，使用语句及其执行结果如下所示：

```
wmm@wmm:~$ gcc -g /home/wmm/图片
/show.c -o shows
wmm@wmm:~$ gdb shows
GNU gdb (Ubuntu/Linaro 7.4-2012.04-
0ubuntu2.1) 7.4-2012.04
Copyright (C) 2012 Free Software
Foundation, Inc.
License GPLv3+: GNU GPL version 3 or
later<http://gnu.org/licenses/gpl.html>
This is free software: you are free
to change and redistribute it.
There is NO WARRANTY, to the extent
permitted by law. Type "show copying"
and "show warranty" for details.
This GDB was configured as "i686-
linux-gnu".
For bug reporting instructions,
please see:
<http://bugs.launchpad.net/gdb-lin
aro/>...
Reading symbols from /home/wmm/
shows...done.
```

（3）查看前10行的代码，使用gdb命令list，使用语句及其执行结果如下所示：

```
(gdb) list
1    #include <stdio.h>
2    #include <stdlib.h>
3    int main(int argc,char **argv)
4    {
5         int m=atoi(argv[1]);
6         if(m==0)
7         {
8              printf("%d是偶数 \n",m);
9         }
10        else if(m%2==0)
```

（4）为该程序传递参数值为5，并查看运行效果。使用gdb命令set赋值，使用r查看效果，其语句及其执行结果如下所示：

```
(gdb) set args 5
(gdb) r
Starting program: /home/wmm/shows 5
5是奇数
[Inferior 1 (process 2502) exited
normally]
```

（5）接下来是通过make命令管理含有3个文件的工程，首先创建C语言头文件multiple.h，指定常数N=15，代码如下所示：

```
#include <stdio.h>
#define N 15
```

（6）创建C语言源文件multipleNum.c，返回100以内N的倍数的个数。该文件没有主函数，只有返回整型的函数，其代码如下所示：

```
#include <stdio.h>
#include"multiple.h"
Mnum()
{
int i = 1;
int num=0;
for (; i < 101; i++)
{
    if (i%N  == 0)
    {
        num = num+1;
        continue;
    }
}
return num;
}
```

（7）创建C语言源文件multiple.c，输出100以内N的倍数。该文件需要有主函数，并在主函数中调用multipleNum.c文件的Mnum()函数，使用代码如下：

```
#include <stdio.h>
#include"multiple.h"
Mfun()
{
int i = 1;
int num=1;
for (; i < 101; i++)
{
    if (i%N  == 0)
    {
        num = i;
     printf("%d的倍数有 %d \n",N,num);
        continue;
    }
}
return num;
}
int Mnum();
```

```
int main()
{
Mfun();
printf("%d 的倍数有 %d 个\n",N,
Mnum());
}
```

（8）使用 make 命令对这 3 个文件进行结合管理，为上述 3 个文件编写 makefile 文件，使用代码如下：

```
multiple:/home/wmm/图片/multiple.o
/home/ wmm/图片/multipleNum.o
   gcc /home/wmm/图片/multiple.o
   /home/wmm/图片/multipleNum.o -o
   multiple

/home/wmm/图片/multiple.o:/home/
wmm/图片/multiple.c /home/wmm/图片
/multiple.h
   gcc -c /home/wmm/图片/multiple.c
   -o /home/ wmm/图片/multiple.o

/home/wmm/图片/multipleNum.o:/home
/wmm/图片/multipleNum.c /home/wmm/
图片/multiple.h
   gcc -c /home/wmm/图片/multipleNum.
   c -o /home/wmm/图片/multipleNum.o
```

（9）执行步骤（8）中编写的 makefile 文件，并执行该文件生成的可执行文件，使用命令及其运行结果如下所示：

```
wmm@wmm:~$ make -f /home/wmm/图片
/makefile
gcc -c /home/wmm/图片/multiple.c -o
/home/ wmm/图片/multiple.o
gcc /home/wmm/图片/multiple.o /home/
wmm/图片/multipleNum.o -o multiple
wmm@wmm:~$ /home/wmm/multiple
15 的倍数有 15
15 的倍数有 30
15 的倍数有 45
15 的倍数有 60
15 的倍数有 75
15 的倍数有 90
15 的倍数有 6 个
```

16.7 拓展训练

使用 gdb 与 make 管理 C++语言文件

创建包含有带参数 main()函数的 C++程序，用于输出用户提供的参数，通过 gdb 命令来调试运行。

创建 C++头文件，指定常数 N=15；创建 C++源文件，输出 100 以内，N 的倍数；创建 C 语言源文件，返回 100 以内 N 的倍数的个数。使用 make 命令对这 3 个文件进行结合管理。

16.8 课后练习

一、填空题

1. C 语言源文件的后缀名为__________。
2. .C 是__________源文件的后缀名。
3. 后缀为.c 的，g++当作是__________程序来编译。
4. 后缀为.c 的，gcc 把它当作是__________来编译。
5. #include 指令属于__________指令。
6. C 语言文件编译过程中的目标文件后缀名为__________。
7. 通过 gcc -o 所生成的文件名默认为__________。

二、选择题

1. 下列说法错误的是__________。

A. 后缀为.c的，gcc把它当作是C程序来编译

B. 后缀为.c的，g++把它当作是c++程序来编译

C. 后缀为.C、.cc或.cxx的，gcc把它当作是C程序来编译

D. 后缀为.C、.cc或.cxx的，g++把它当作是c++程序来编译

2. 下列不属于gcc命令流程的是__________。

A. 预处理

B. 编译

C. 连接

D. 执行

3. 下列关于gdb命令错误的是__________。

A. set args 指定运行参数

B. show args 显示设置好的运行参数

C. show paths 设置程序的运行路径

D. Pwd 显示当前工作目录

4. gcc通过后缀来区别输入文件的类别，下列类型判断错误的是__________。

A. .C为后缀的文件，C语言源代码文件

B. .cc或.cxx为后缀的文件，是C++源代码文件

C. .i为后缀的文件，是已经预处理过的C源代码文件

D. .ii为后缀的文件，是已经预处理过的C++源代码文件

5. 下列make命令中的预定义变量，说法错误的是__________。

A. CC为c编译器名称，默认值为cc

B. CPP为c预编译器名称，默认值为$(cc) -E

C. CXX为C++编译器名称，默认值为g++

D. FC为FORTRAN编译器名称，默认值为fc

6. 下列关于gdb源码相关命令错误的是__________。

A. list <行号>|<函数名>查看指定位置源代码

B. file [文件名] 加载指定文件

C. show directories 设置源文件搜索路径

D. Forward-search 正则表达式源码向前搜索

三、简答题

1. 简要概述gcc与g++的区别。

2. 简要概述gcc编译器的流程。

3. 简单说明gdb调试器的常用命令。

4. 简单概括使用make的优点。

5. 简单列举gcc规则。

习题答案

第 1 课　Linux 系统的入门知识

一、填空题

1. 开发性
2. 发行版本
3. Ubuntu
4. Shell
5. 内核
6. 命令解析器
7. 逻辑文件系统
8. 硬件无关部分

二、选择题

1. B
2. D
3. A
4. D
5. B
6. C
7. D
8. A
9. C

第 2 课　Ubuntu 系统入门

一、填空题

1. 英语（美国）
2. 单击
3. kubuntu-desktop
4. 硬件
5. 颜色和渐变
6. 下载
7. ext4

二、选择题

1. B
2. D
3. A
4. C
5. D
6. D

第 3 课　Linux 文件系统

一、填空题

1. Ext2
2. 符号连接
3. rwxw-x
4. 目录文件
5. 硬链接
6. 只读
7. /etc/syslog.conf

二、选择题

1. A
2. C
3. D
4. B
5. D
6. C
7. D

第 4 课　用户权限管理

一、填空题

1. 普通用户
2. userdel
3. usermod
4. groupdel
5. passwd
6. sudo

二、选择题

1. C
2. D
3. C
4. A

5. A
6. B
7. B

第 5 课　Linux 系统的磁盘管理

一、填空题
1. IDE
2. SWAP
3. free
4. df
5. -m
6. quotaon

二、选择题
1. B
2. C
3. C
4. A
5. D
6. A

第 6 课　软件包管理工具

一、填空题
1. 二进制软件包
2. Deb
3. 期望状态
4. 程序依赖性
5. apt
6. apt -get autuclean
7. aptitude

二、选择题
1. D
2. B
3. C
4. A
5. C
6. A
7. D

第 7 课　Linux 系统的办公软件

一、填空题
1. LibreOffice Writer
2. 菜单栏
3. LibreOffice Cale
4. SUM
5. LibreOffice Impress
6. PDF

二、选择题
1. B
2. D
3. C
4. A
5. C
6. B

第 8 课　网络应用

一、填空题
1. 电子邮件
2. Wget 工具
3. Flash
4. Ctrl
5. about:config
6. 制作网站镜像
7. Empathy

二、选择题
1. C
2. B
3. B
4. A
5. D
6. C
7. C

第 9 课　Linux 系统中的编辑器

一、填空题
1. gedit
2. 编辑模式
3. O
4. 页移动
5. :set all

二、选择题
1. A
2. A
3. C
4. B

5. B

第 10 课　常用的终端命令

一、填空题

1. $
2. uname
3. date
4. -m
5. clear
6. 5

二、选择题

1. C
2. D
3. B
4. B

第 11 课　Shell 基础

一、填空题

1. $
2. HOME
3. >
4. *
5. history
6. alias
7. unalias

二、选择题

1. D
2. D
3. C
4. C
5. A
6. A
7. B
8. B

第 12 课　Shell 编程

一、填空题

1. $?
2. *
3. read
4. readonly
5. declare
6. **
7. function

二、选择题

1. D
2. C
3. D
4. B
5. A
6. D

第 13 课　系统性能检测

一、填空题

1. jobs
2. Ctrl+z
3. pstree
4. bg
5. nice

二、选择题

1. B
2. D
3. C
4. D
5. A
6. B

第 14 课　网络配置与网络安全

一、填空题

1. ping
2. /etc/network/interfaces
3. 引导型病毒
4. netstat

二、选择题

1. D
2. B
3. B
4. C
5. A

第 15 课　文件压缩与备份

一、填空题

1. bzip2 工具
2. -d

3. .gz
4. 归档管理器
5. tar
6. dump
7. restore

二、选择题

1. B
2. D
3. B
4. C
5. A
6. D
7. D

第 16 课　Linux 下的 C/C++编程

一、填空题

1. .c
2. C++
3. C++
4. C 程序
5. 预处理
6. .o
7. a.out

二、选择题

1. C
2. D
3. B
4. A
5. D
6. C